Marie Louise van der Straten
Prise de L'ALLIACE française
à l'occasion des escamens
de capacité B.A. Le 24/11/1922

VOYAGE
AUTOUR DU MONDE

PAR

LE COMTE DE BEAUVOIR

AUSTRALIE
JAVA, SIAM, CANTON
PÉKIN, YEDDO, SAN FRANCISCO

OUVRAGE COURONNÉ PAR L'ACADÉMIE FRANÇAISE

PARIS
E. PLON ET Cⁱᵉ, IMPRIMEURS-ÉDITEURS
RUE GARANCIÈRE, 10
—
1878

*Offert par monsieur et madame Henri Saint.
à l'Alliance Française
Buenos Aires, 24 avril 1927.*

VOYAGE
AUTOUR DU MONDE

L'auteur et les éditeurs déclarent réserver leurs droits de traduction et de reproduction à l'étranger.

Ce volume a été déposé au Ministère de l'intérieur (section de la librairie) en juin 1878.

PARIS. — TYPOGRAPHIE DE E. PLON ET Cⁱᵉ, RUE GARANCIÈRE, 8.

VOYAGE
AUTOUR DU MONDE

PAR

LE COMTE DE BEAUVOIR

Ouvrage couronné par l'Académie française

NOUVELLE ÉDITION
ILLUSTRÉE DE 360 GRAVURES

PARIS
E. PLON et Cie, IMPRIMEURS-ÉDITEURS
RUE GARANCIÈRE, 10

1878

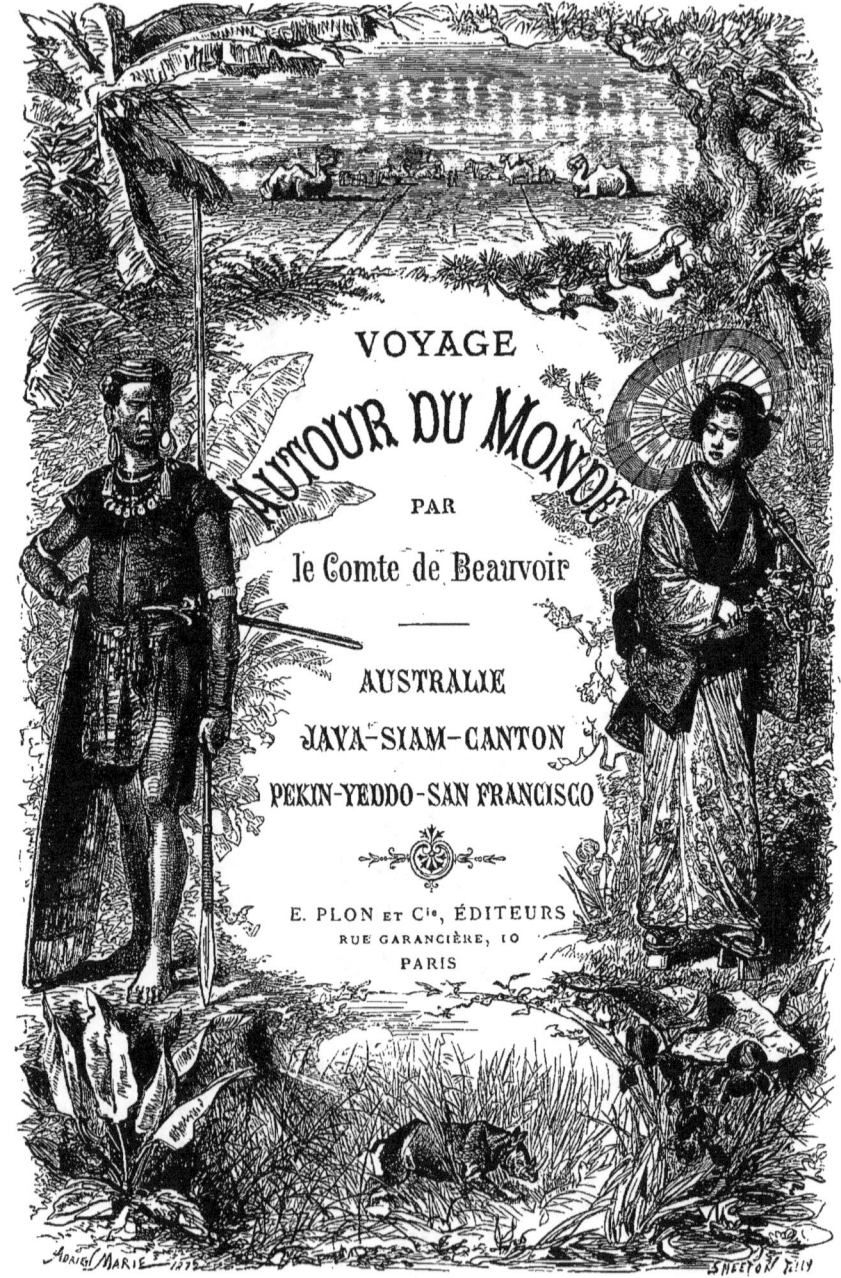

AVANT-PROPOS

> J'étais là, telle chose m'advint.
> La Fontaine.

Si je puis espérer la bienveillance du lecteur pour le journal de mon voyage autour du monde, c'est en lui disant que j'avais vingt ans, depuis huit jours seulement, quand je faisais voile pour l'Australie, et qu'après avoir, sur un parcours de seize mille neuf cents lieues, visité tant de contrées du globe comme en un magnifique panorama, je viens affronter à vingt-deux ans les périls de la publicité.

C'était uniquement pour mes parents que j'avais pensé écrire mon journal : il était la consolation promise à ceux que je quittais. J'y ai consigné tout ce que j'ai vu et appris pendant mon long voyage ; je devrais plutôt dire que j'y ai consacré le peu de temps que me laissaient, pour écrire, les accidents variés d'une vie agitée et toute remplie. Chaque soir, après les fatigues du jour, je jetais bien vite mes notes sur le papier, et chaque malle qui partait pour l'Europe apportait aux miens le trop court récit de mes mouvements.

Lorsque je contemplais devant moi cet espace infini où je ne devais pas les voir, ou bien quand je regardais en arrière vers ces parages où je les savais attristés de mon absence, c'était une heure d'encouragement et de force nouvelle, de délices et d'aspirations élevées, que celle où je traçais pour eux le journal de tous les instants de ma vie jeune, active, folle et enthousiaste, ou mélancolique, calme et sérieuse.

Mais puis-je espérer que ces lignes écrites à la hâte, tantôt sur la table vacillante d'un navire ballotté par la mer, tantôt sur mes genoux à la fin d'une journée de chasse, ou dans quelque hutte de cannibale, inspireront à ceux qui les liront une pâle impression des joies sincères, des émotions vives et des souvenirs délicieux de mon voyage ?

Ces souvenirs de chaque heure, tels qu'ils se présentaient à moi, sous la Ligne ou près du Pôle Sud, je les ai laissés dans leur ensemble, quelquefois confus et sans transitions, ce qui est le propre du journal ; et j'ai retranché seulement tout ce qui, m'étant personnel, ne pouvait intéresser que ma famille. — Je viens simplement, et avec la timidité, mais aussi avec toute l'ardeur de la jeunesse, raconter ce qui m'a frappé dans la succession des grandes images, des faits curieux, des aventures, des dangers peut-être, de longues navigations et de pays lointains.

Que l'on me pardonne donc ce que peut avoir de monotone le récit, même abrégé, d'une première traversée de trois mois, et que l'on excuse des ardeurs trop folles dans les chasses émouvantes des plaines sans fin de l'Australie ou de la jongle brûlante de Java ; que l'on veuille bien me permettre aussi d'effleurer, en passant, quelques sujets sérieux, tels que les constitutions des colonies australiennes et les statistiques commerciales de l'Extrême Orient, puis de rire de bon cœur dans les harems des sultans javanais, devant le peloton des amazones du roi de Siam, et au déjeuner que je fis à Pékin avec le régent de la Chine !

Si j'ai pu, dans un voyage rapide, embrasser tant de choses diverses, je n'ai en cela aucun mérite ; je le dois à des circonstances exceptionnelles : car dans ces lointaines et dangereuses pérégrinations, je ne volais pas de mes propres ailes. J'avais l'honneur d'accompagner un jeune prince qui, depuis ma plus tendre enfance, voulait bien m'appeler son ami ; qui, lui, avait déjà bien couru les mers comme élève, puis comme enseigne dans la marine des États-Unis d'Amérique, où il avait conquis ses grades par de solides et brillantes études, et qui, après six ans de service à la mer, voulait faire pour son instruction le tour du globe.

Dans les premiers mois de l'année 1866, trois jeunes princes de la maison d'Orléans partaient d'Europe, pour exercer dans de lointains voyages leur intelligence et leur activité, qu'ils ne pouvaient, par le fait de leur exil, consacrer au service de leur pays : — le duc d'Alençon, lieutenant de l'armée espagnole, dans la glorieuse expédition des Philippines, commandait l'artillerie et faisait si vaillamment ses premières armes ; — le prince de Condé allait aux Indes et en Australie... où la mort, hélas ! l'arrêta à l'entrée d'une carrière qui promettait d'être si belle ; — le duc de Penthièvre, fils du prince de Joinville, entreprenait le tour du monde !

C'est ce dernier que j'avais le bonheur de suivre : il fut partout reçu et fêté par des hommes de cœur qui lui faisaient, avec une prévenance et une somptuosité inouïes, les honneurs de leur patrie adoptive. Si j'ai pu glaner quelques épis dans une moisson que j'aurais dû rapporter si abondante, j'ai à cœur de placer ici, avant tout, l'expression la plus vive de ma reconnaissance pour ceux qui nous ont accueillis avec la plus cordiale hospitalité.

Je dois aussi cet hommage à nos amis d'outre-mer, en mémoire d'un de nous qui n'est plus !... Car les beaux souvenirs de notre voyage tant rêvé ont été mêlés des plus cruelles douleurs, et un voile de deuil devait couvrir pour nous, au retour, le brillant passé qui avait réalisé toutes nos espérances du départ : — il devait m'être réservé le triste devoir de rapporter en France le cercueil de M. Fauvel, lieutenant de vaisseau, cet homme d'un cœur si attachant, si élevé, et d'une science si solide, qui n'avait point quitté le Prince depuis sept ans, — que nous aimions comme un second père, — et qui, après avoir partagé toutes nos émotions comme tous nos périls dans un voyage dont il était l'âme, succombait, vingt jours avant de toucher l'Europe, aux fièvres pestilentielles des marécages tropicaux.

Maintenant que le lecteur nous connaît tous trois, qu'il voit presque un enfant pour narrateur et le tour du monde à faire, je lui demande son indulgence pour un simple *Journal de Voyage*.

Sandricourt, décembre 1868.

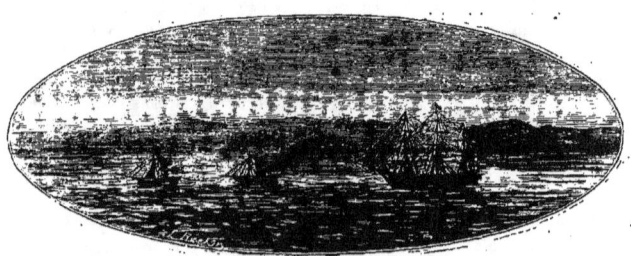

« Deux remorqueurs entraînent rapidement l'*Omar-Pacha* entre les berges de la Tamise. » (*Voir p.* 6.)

Le clipper *l'Omar-Pacha*.

AUSTRALIE

I

DÉPART

Les préparatifs sont faits : l'heure est arrivée où toutes les ardeurs des trois voyageurs doivent être étouffées par les poignantes émotions du départ. Une triste cérémonie, celle des funérailles de la reine Marie-Amélie, avait été dans cette même semaine comme le dernier et touchant tableau de notre vie d'Europe ; le deuil extérieur et le deuil des cœurs étendent une ombre lugubre sur tous nos parents accourus au quai de Gravesend et dévorant du regard le navire qui va nous emporter jusque dans l'océan Austral ; leurs larmes coulent comme pour bénir le vaisseau qui, pendant six mille lieues, portera les voyageurs au milieu des tempêtes, et qui n'aura pourtant à affronter que la plus faible partie de tous les périls appréhendés par des cœurs de mères. C'est là une de ces scènes émouvantes que ceux qui les ont le plus ressenties ne peuvent ni ne veulent décrire, mais qui laissent dans l'âme une impression ineffaçable !

Tous les nôtres montèrent à bord afin de voir dans ses moindres détails ce qui allait devenir pendant trois mois notre demeure, et, pour ainsi dire, notre monde. Comme le cœur s'attache aux choses matérielles, quand elles sont reliées par une union si frappante aux destinées de ceux qu'on aime ! Comme on veut voir ce pont qui sera le jardin de notre île flottante, ces cabines que quelques-uns appellent nos prisons, ce carré où nous développerons nos cartes, et cette haute mâture qui sera exposée à la fureur des vents ! Qui ne comprendra qu'après la joie vive que nous avait inspirée la décision d'un voyage autour du monde, après l'impatience de voir les premières étapes d'une campagne dont le plan ne faisait qu'exciter, à chaque phase nouvelle, nos jeunes imaginations, qui ne comprendra qu'à cette heure solennelle où il fallut s'arracher pour longtemps... à nos parents bien-aimés, les forces nous aient manqué et que nous ayons éclaté en sanglots !

Mais le temps est inexorable ; à une heure de l'après-midi, le 9 avril 1866, notre navire à voiles, l'*Omar-Pacha*, lève l'ancre, et deux remorqueurs l'entraînent rapidement entre les berges de la Tamise sous un ciel pluvieux et sombre.

II

NOTRE TRAVERSÉE JUSQU'AUX APPROCHES DE L'AUSTRALIE

En mer. — Océan Austral, 5 juillet 1866, 39° 15′ latitude sud ; 137° longitude est.

Il y a déjà près de trois mois que nous avons échangé nos derniers signaux d'adieu et que nous sommes en mer : trois ou quatre journées nous séparent encore de l'Australie, et je veux vous dire rapidement ce qu'a été notre longue traversée.

Pendant les vingt premiers jours, nous luttons constamment avec les vents contraires : à peine entrons-nous dans la Manche qu'une grande brise du Sud-Ouest soulève la mer et nous fait louvoyer sans repos. Chaque matin les côtes de France, chaque soir les feux d'Angleterre, nous apparaissent tour à tour : au bout d'une semaine, les rivages de la Bretagne s'effacent peu à peu, se confondant avec la ligne de l'horizon, et nous prenons hardiment notre aire dans l'océan Atlantique, tantôt secoués par les chocs capricieux et saccadés d'une grosse mer, tantôt bercés par les longues et paresseuses lames d'une houle endormie.

Dans la nuit du 1ᵉʳ mai, tandis que la lune éclaire de sa vive lumière une mer en furie, et que les grandes ombres des voiles de l'arrière se dessinent en sombres couleurs sur la blancheur vacillante des voiles de l'avant, le navire s'arrête court : sa voilure de *trois mille mètres carrés de toile* est « masquée » et gonflée en sens inverse par le vent, qui a sauté bout pour bout en une seconde ; c'est une heure d'angoisse poignante, et nous ne sommes sauvés que par l'énergie du capitaine, qui est un excellent marin. — Nous sommes près de Madère, et cette île enchanteresse, aux forêts de géraniums et d'orangers, est le point où cessent nos épreuves. La brise douce et régulière nous vient ; nos yeux cherchent sur l'horizon les îles Canaries, et le pic de Ténériffe nous apparaît dans toute sa majesté : nous en sommes encore à 75 milles (129 kilom.) !

En ce moment, la masse de neige argentée brille de tout son éclat ; peu à peu les rayons de pourpre du soleil cessent d'éclairer une à une les voiles pâlissantes du navire ; ils fuient successivement et vont se concentrer sur la cime neigeuse, pour couvrir insensiblement sa blancheur éclatante du rose le plus transparent. Nous nous trouvons dans le crépuscule, enveloppés de je ne sais quelle teinte sombre, mais le Pic brille encore ! Une rougeur étincelante s'est réfugiée à son sommet ; une multitude de petits nuages forment autour de lui une auréole légère, et quand le dernier rayon d'un soleil de feu vient mourir sur cette neige rosée, la brise du soir disperse ces nuages, qui semblent emporter dans leur fuite les reflets d'une dernière lueur. Les vents les portent vers nous comme un voile céleste aux mille couleurs, puis ils s'éteignent et s'engloutissent un à un dans la nuit qui nous couvre déjà. (*Voir la gravure, p. 9.*)

Là nous entrons dans la zone charmante des vents alizés. Plus de tempêtes, plus de brises contraires, plus d'inquiétudes, plus de ces moments terribles et émouvants de la navigation à voiles où une manœuvre mal faite met tout en danger. Le navire prend un air de fête : on dresse la tente sur le pont ; toutes les voiles sont dehors ; la température, qui n'excède pas 28° centigrades, nous fait convertir le pont en un vrai salon, où nous installons tous nos livres et nos instruments de musique.

Dans la solitude des mers, tout spectacle nouveau offre un nouveau charme. Voici tout autour de nous, sur la crête des vagues, des myriades de « galères », délicieux habitants des mers tropicales, qui déploient une sorte de grand éventail à mille facettes plus transparentes que le cristal. La lumière du soleil fait scintiller toutes les couleurs de l'arc-en-ciel dans ces petites voiles légères et brillantes que la brise pousse doucement sur l'écume, et le navire, dans sa marche rapide, porte le trouble au milieu de leurs petits bataillons bleus, orange, roses et lilas.

Le 4 mai, nous passons le tropique du Cancer. Chaque soir, sur la mer phosphorescente, notre sillage s'étend comme une route d'un marbre blanc parsemé d'innombrables étoiles brillantes, et les parois du navire sont illuminées par les millions d'étincelles électriques que la vague affolée rassemble, puis disperse, en les faisant flotter par saccades sur le bleu sombre de la mer. Par moments, il y a des éclairs immenses de lumière dans la profondeur de l'eau, des éclairs qui montent en zigzag à la surface, et des ondes de fluide électrique qui jettent une magique lueur, s'étendant pour va- ciller, pâlir et mourir. Mais ce qui me charme le plus, ce dont aucune féerie ne donnera jamais idée, ce sont les grandes lames qui se brisent avec fracas dans le fond noir de la nuit contre le gaillard d'avant, et dont l'écume jaillit pour retomber sur le pont en une pluie de perles de feu.

« Les poissons volants viennent en foule s'abattre sur le pont. »

Le jour, ce sont les vols de poissons volants, qui s'élancent hors de la lame comme des dards. Semblables à des hirondelles qui planent, ils effleurent à peine l'écume des vagues et s'abattent soudain comme une pierre qui tombe. Rien de plus gracieux que les reflets azurés de leurs ailes vibrantes, la transparence de tout leur petit corps et l'espièglerie de leur vol; les petits fous, dans un coup d'aile mal calculé, viennent en foule s'abattre sur le pont pour sauter dans la poêle à frire, et au lieu de retremper leurs ailes argentines dans la lame, ils vont passer au beurre sur un bon feu.

En approchant de la Ligne, nous nous attendons à tomber dans les calmes qui séparent en général les zones des deux alizés. Ces calmes, que l'on craint tou-

« Le *Pic de Ténériffe* brillait encore, tandis que nous étions déjà dans le crépuscule. » (*Voir p. 7.*)

jours, sont la seule ombre au tableau que présente la navigation dans ces parages. Par la brise la plus douce venant modérer à chaque instant l'ardeur du soleil, que nous avons eu un instant au zénith, nous voguons doucement et sûrement sur une mer tranquille. Tout est gai, car on sait que l'alizé sera fidèle, on sait où il mènera le navire ; c'est un compagnon pour des semaines entières ; il ne mourra qu'à cette zone fatale des calmes qui est engendrée par sa rencontre avec l'alizé opposé, l'un venant du Nord-Est et l'autre du Sud-Est.

Pour nous, fort heureusement, au lieu de rester comme une bouée pendant des semaines, et de pouvoir jeter le long du bord chaque soir une plume qu'on retrouve dormant à la même place chaque matin, nous n'avons eu qu'un instant d'arrêt. Un alizé nous quitte, nous attendons : un grand bloc de nuages vient de l'Équateur à notre rencontre, crève sur nos têtes, qu'il inonde comme le ferait un fleuve entier tombant en cascade, et ce déluge d'une pluie tropicale (c'est le cas de le dire), nous apporte la brise régulière qui naît au cap de Bonne-Espérance et souffle sur Sainte-Hélène. — L'alizé Sud-Est, qui nous pousse maintenant dans un courant vers le Sud, nous porte avec sécurité le long des terres du Brésil, comme si nous allions au cap Horn. Mais, dans les basses latitudes, après un crochet sur la carte, nous sommes certains de trouver les « grands frais » d'Ouest, qui doivent nous conduire au-dessous du cap de Bonne-Espérance et jusqu'en Australie.

Quelle merveille d'être arrivé à si bien connaître les courants de l'atmosphère et des eaux, qu'on est assuré sur ces mers immenses d'atteindre plus vite un point donné en suivant les deux côtés d'un angle droit qu'en prenant l'hypoténuse ; on gagne ainsi en trois mois, par d'étranges détours, la terre australienne, qu'on n'atteindrait pas en cinq par le tracé le plus court sur la carte !

C'est un jour de classique gaieté que celui du passage de la Ligne. Si on ne la fait plus voir au novice en fixant un cheveu au gros bout d'une longue lunette, le « baptême de l'Équateur » est toujours une occasion de rire. L'entrain, du reste, le travail et la jeunesse, qui ne chôment pas à bord, sont les trois autres compagnons des trois voyageurs. Pour moi qui assistais en ignorant d'abord aux manœuvres de notre navigation à voiles, j'ai vite profité de la fortune qui m'était donnée de courir les mers avec deux marins aussi instruits que mes deux compagnons ; et l'étude de la théorie dans le « carré », de la pratique sur le pont, m'a donné une véritable passion pour « la voile ». L'alerte constante, le coup d'œil dans la manœuvre, la majesté d'une voilure inclinée par le vent, sont autant de charmes, dès qu'on est initié à cette science dont notre rapide *Omar-Pacha* nous donne le spectacle. Voilà pourquoi le duc de Penthièvre a préféré la route d'un voilier, sur lequel il pouvait mieux suivre toutes les études du marin, à la voie des malles de Suez, où l'on est plutôt un colis. L'*Omar-Pacha* a gagné la dernière course que quatre navires ont faite de Melbourne à Londres : un *steeple-chase* de six mille lieues, avec les vagues immenses pour obstacles. En soixante-dix jours il est arrivé à la métropole, tandis que tel de ses rivaux en a mis jusqu'à cent onze. Il jauge douze cents tonneaux, porte quarante-deux hommes d'équipage et contient des cabines pour seize passagers : mais nous y sommes bien à l'aise, car, en dehors de nous trois et de Louis, le fidèle et actif serviteur du prince, le hasard ne nous a donné que deux compagnons de route : une jeune veuve et son fiancé, qui trouvent peut-être les Français du bord un peu bruyants, et dont l'idylle maritime est d'un plaisant spectacle, quand la molle brise du soir emporte les échos de leurs douces causeries. Ils ne prennent pas comme nous le meilleur parti, qui est celui de rire d'une nourriture qu'on ne connaît guère sur la terre ferme. De la soupe qui est de l'eau et du poivre, et des sauces qui sont du poivre et de l'eau ; beaucoup de morue le matin et encore plus le soir, du hareng, de l'eau jaunâtre, conservée dans des caisses en fer, et digne d'un aquarium : voilà la base de l'ordinaire. Heureusement, il y a du lait en boîtes et dix moutons, que nous dégustons en commençant par la tête et en finissant par la queue. Quant aux gallinacés, ils prennent en général leur vol par-dessus bord, et nous avons déjà échelonné quelques poules qui avaient l'air fort ébahi au moment où elles tombaient au milieu des lames.

Mais autant tout est fixe et régulier à bord, autant tout est continuellement changeant autour de nous. Aux mouettes ont succédé les « paille-en-queue », jolis oiseaux qui traînent derrière eux deux longues plumes minces comme une paille, et aux poissons volants, les dauphins, les dorades aux couleurs éblouissantes de bronze moiré d'or, et les requins de trois mètres, dont la prise, après une longue lutte, est une joie générale à bord. Au-dessus de nos têtes, sur un ciel d'une pureté admirable, brillent de nouvelles étoiles : les constellations de la vieille Europe se sont peu à peu abaissées : la Grande Ourse, suivie de la Polaire, a disparu sous la ligne sombre des flots de l'horizon septentrional. En pensant aux miens par ces belles nuits, aux miens qu'elle éclaire et qui la regardent peut-être en rêvant à moi à cette même heure, je lui disais adieu comme à une amie que Dieu seul sait s'il me sera donné de revoir !

En avant, la Croix du Sud s'élève chaque soir par degrés plus haut dans le firmament, comme pour nous montrer les terres voisines du pôle austral, et c'est ainsi qu'un peu de brise, frappant sur la toile de notre mâture, nous a conduits en un mois si loin, que nous ne sommes plus sous le même ciel, et que nous ne voyons plus briller les *mêmes* étoiles que vous.

Passant la Ligne le 13 mai, et le Capricorne le 21, nous suivons le courant des côtes du Brésil jusqu'au 30e degré de latitude Sud, par 28° de longitude Ouest. Là seulement nous commençons à « faire de l'Est » : nous laissons au Nord les rochers de Tristan d'Acunha, et le 5 juin nous coupons le méridien du cap de Bonne-Espérance, à 450 milles (208 lieues) au Sud. Nous voici plus bas que le 42e parallèle, entre l'Afrique et l'Australie, profitant des courants constants et des « grands frais » d'Ouest qui nous portent rapidement vers Melbourne. Je suis là sous l'impression saisissante des grandes tempêtes qui se succèdent pour nous dans l'océan Austral.

L'ouragan venant de l'Ouest nous pousse avec une rapidité qui donne le

« L'ouragan venant de l'Ouest nous pousse avec une rapidité vertigineuse. » (5 juin 1866.)

vertige, et le spectacle emporte l'admiration. Des nuages lourdement chargés et courant bas nous bornent l'horizon à un mille ou deux : avec toute sa mâture, notre navire disparaît entièrement dans le ravin creusé par deux lames : tout écumante et haute comme lui, une muraille d'eau le suivant, le dominant sans relâche et menaçant de s'effondrer à chaque minute sur son «couronnement», est poussée par des rafales d'une force extraordinaire, qui sifflent et bourdonnent à la fois dans les « manœuvres dormantes » de notre gréement en fer. Nous nous parlons à voix forte sans nous entendre : nous nous attachons aux râteliers des haubans pour ne pas être balayés par les « lames vertes » qui déferlent de temps à autre sur le pont, et y promènent une masse d'eau qui couvre la dunette jusqu'à trois pieds de hauteur. Quatre hommes, attachés aux reins par une corde, sont à la barre, luttant, se cramponnant de toutes leurs forces, et fléchissant quelquefois épuisés sous un coup trop violent du gouvernail. Deux « grelins » sont tendus sur le pont dans le sens de la longueur, et les hommes, pour ne pas être enlevés par-dessus bord, s'y retiennent avec une sorte d'effort convulsif. Le roulis nous secoue avec de si terribles soubresauts, qu'il est impossible, même aux matelots, de se tenir debout. Nous avons jusqu'à 46° d'amplitude d'oscillation, et sous ce souffle effrayant que les marins appellent ouragan, et qui fait 144 kilomètres à l'heure, nos mâts plient jusqu'à l'emplanture et notre coque craque partout aux chocs répétés des lames. Nous n'avons pourtant que deux voiles, « un foc et le petit hunier au bas ris » : tout le reste est à sec de toile et offre encore une énorme résistance au vent : un ris de moins, et toute notre mâture « viendrait en bas ». Une force tellement formidable nous emporte, qu'avec ces quelques mètres de toile nous faisons 278 milles (128 lieues) en vingt heures !

Plus de mille mètres séparent les sommets de deux vagues qui se suivent. Nous gagnons la vague de vitesse ; nous échappons à celle dont la crête écumante domine d'abord le couronnement, et nous montons lentement sur celle qui nous précède, et dont tout à l'heure nous ne voyions le sommet qu'en faisant passer nos regards par-dessus les « barres de perroquets de misaine »! Nous étions enfoncés dans un ravin, nous voici pendant quelques secondes en suspens sur une crête qui marche et moutonne en nous portant : nous dominons alors toutes ces collines régulières qui se poursuivent. Quand, au contraire, nous descendons entraînés sur cette pente effrayante, nous ne pouvons plus rien voir de l'horizon, et la vague que nous venons de franchir nous abrite un moment des rafales. En effet, à une telle distance au-dessous du cap de Bonne-Espérance et du cap Horn, et dans ce grand espace circulaire autour du pôle sud, il n'est aucune terre qui arrête ou qui brise ces longues armées de lames. Dans ce mouvement perpétuel en un même sens des courants de la mer et des airs, où naissent-elles, où meurent-elles, ces vagues qui se creusent en raison directe de la distance parcourue, et dont les sommets, dans ce tour du monde antarctique, ne s'éloignent les uns des autres que pour laisser entre eux un plus grand abîme ?

Un jour, le vent donne plus du travers ; à trois ou quatre cents mètres de nous, passe en sens inverse un trois-mâts anglais : ceux qui le montent sont, en dehors de notre propre équipage, les premiers êtres humains que nous voyons depuis ceux des rivages de la Tamise : nous nous saluons par gestes, nous distinguons les figures, mais chaque grande lame qui arrive par le travers, et qui vient se placer entre lui et nous, le dérobe entièrement à nos regards avec ses vergues, ses voiles et toute sa haute mâture ! Par moments seulement, quand la mer nous relève, nous apercevons, tantôt au-dessous de la ligne de flottaison tout son ventre en plaque de cuivre laissé par l'eau à découvert jusqu'à la quille, tantôt son pont tout oblique se présentant à nous comme le flanc d'une colline. C'est alors seulement que nous nous rendons compte de notre propre situation : le soir, le soleil apparaît au moment de son coucher ; sa vue nous est tour à tour donnée et retirée par le mouvement alternatif des vagues roulantes. Une extrémité de nos vergues fouette de temps à autre la crête des flots : deux fois en six heures, le petit hunier est déchiré par le vent et vole en éclats : les lambeaux de toile, s'arrachant des « ralingues », battent avec fracas les vergues et les « galhaubans », et leurs coups sont si violents, que les hommes suspendus dans les hunes risquent d'être enveloppés par eux, sans pouvoir les maîtriser. Avec des haches, ils coupent les « drisses », et les voiles nous devancent, emportées comme un cerf-volant gigantesque. (*Voir p.* 13.)

Courir plus vite que la mer, afin que celle-ci défonçant nos sabords de l'arrière n'envahisse pas le carré, ou, balayant le pont d'un seul coup de l'arrière à l'a-vant, ne brise la claire-voie et les écoutilles, établir assez de toile pour nous « appuyer » sans rompre nos mâts, telles sont les conditions de notre sécurité relative dans ce bouleversement extraordinaire des éléments. Chaque minute offre une émotion, un danger nouveau : je suis avec passion les péripéties de notre lutte de huit journées et de sept nuits, ne rentrant que peu d'heures dans le carré, que les odeurs des eaux de la cale rendent inhabitable, et où une lampe, balancée comme un pendule, nous guide mal dans l'obscurité à laquelle nous nous condamnons pendant tous les jours de cette semaine. La claire-voie, en effet, a dû être doublée extérieurement de toiles et de planches, afin qu'elle ne fût pas défoncée lorsqu'un mètre d'eau venait à la couvrir.

C'est dans une de ces tempêtes que retentit tout à coup ce cri affreux : « A man over board ! » — Dans un violent choc de roulis, un homme tombe de l'extrémité de la grande vergue : il se heurte contre le bastingage dans sa chute, et il disparaît dans les vagues. Nous sautons sur le canot suspendu à tribord, nous coupons les cordes qui empêchent de l' « amener » ; c'est le seul disponible, hélas ! mais, lancés à toute vitesse comme nous le sommes sur une pareille mer, nous ne voyons même plus le malheureux ; il n'a pu se cramponner à la bouée de sauvetage jetée de l'arrière ; il a eu sans doute les reins brisés dans sa chute, et il n'a pu se soutenir longtemps. L'angoisse est poignante ; la mer est si forte que toute embarcation sombrera à coup sûr, et le capitaine défend absolument que l'on mette le canot à la mer ; il ne veut pas laisser huit êtres vivants s'exposer à une mort aussi certaine pour rechercher seulement un cadavre. Par malheur, dans la nuit précédente, les lames avaient déferlé si fort sur le flanc du navire, qu'elles avaient brisé les « saisines » du véritable canot de sauvetage qui seul aurait pu peut-être résister à l'état de la mer ; il avait fallu dès le matin empêcher les lames de balayer cet unique moyen de salut en cas d'incendie ou de naufrage, et le mettre à l'abri sur la partie centrale du pont.

Ce pauvre jeune homme était âgé de vingt et un ans; il finissait son temps de pilotin. Je le vois encore chantant dans la matinée : quels courts instants l'ont

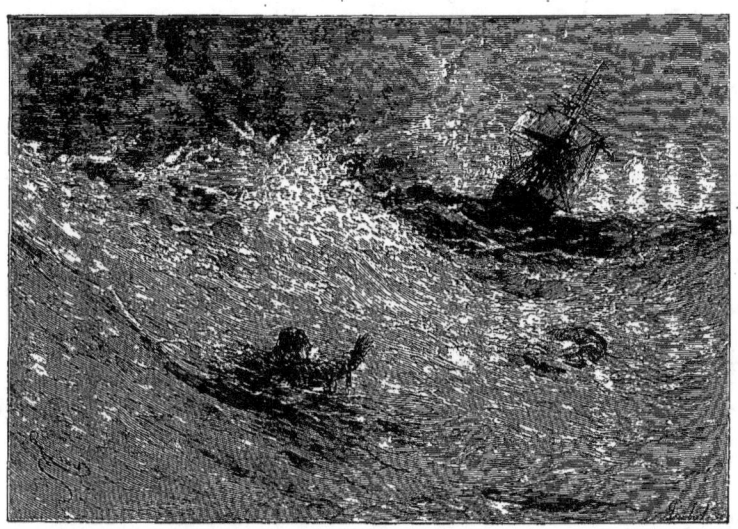

« Quelle douleur pour lui de voir fuir le vaisseau ! » (9 juin 1866.)

vu passer de la vie à la mort ! Mais, s'il a eu le temps de reprendre connaissance et de se soutenir sur la surface de l'eau, quelle douleur pour lui de voir fuir le vaisseau où étaient ses compagnons, — de sentir ses bras faillir, et l'Océan rouler sur lui les flots qui allaient le submerger pour toujours !

Peu de jours après cette catastrophe, nous avons enfin une accalmie, et les oiseaux de mer, poussés par la faim, approchent de plus près le navire pour glaner dans son sillage. En suspendant simplement une balle de plomb à un long fil de soie sous l'arrière, les damiers, ou pigeons du Cap, viennent s'entortiller les ailes dans ces lignes presque invisibles. — Les frégates au vol alourdi se laissent prendre de nuit dans le gréement; mais les albatros surtout nous mettent en émoi. Quand le premier solitaire des mers australes nous apparut sur l'horizon, on l'aurait pris pour une pirogue rasant l'écume des lames : peu à peu il s'approche; son corps, ses longues ailes sont d'une blancheur brillante; ses yeux sont roses, et un collier de même couleur est tracé sur son cou. C'est l'oiseau du monde qui a les plus grandes ailes! Plusieurs de ces albatros s'attachèrent vite à notre navire, et leur troupe vorace ne cessa, dans d'éternels circuits, de planer autour de nous. Au bout d'une corde de cinq cents mètres, nous jetons un appât : aussitôt l'oiseau affamé décrit en planant une lente spirale, et fait briller au soleil les reflets soyeux de ses ailes *qui ont quinze pieds d'envergure :* il se pose sur la vague en maintenant, comme les voiles d'une galère antique, ses antennes à demi repliées, saisit sa proie, plonge à pic dès qu'il sent l'hameçon, et il faut plusieurs matelots pour l'amener jusque sur le pont (*voir la gravure*, p. 20): j'en eus pour ma part toute la peau des mains emportée. — Chose curieuse, une fois saisis, ces oiseaux courent affolés sur le pont, sans pouvoir jamais prendre leur élan pour s'envoler, et restent ainsi captifs sans qu'aucun lien les retienne. Mais, avec quinze pieds d'envergure, quel coup d'aile lorsqu'ils fouettent le vent d'un sifflement saccadé ! Je crois vraiment que si un de ces grands monstres volants s'abattait sur nos plaines, il mettrait bien des laboureurs en fuite; et pourtant ceux-ci pourraient se rassurer, car ce gigantesque oiseau est aussi bête que lâche : une mouette l'attaque et lui donne vite la chasse, ce qui nous amuse toujours.

S'il est vrai que la corde servant à crocher d'immenses albatros m'a bien meurtri les mains, elles sont heureusement encore bonnes pour tenir le sextant, et c'est une grande joie pour moi de faire « le point » chaque jour. Loin de l'atmosphère viciée d'une salle d'étude de collége, où, sur des tableaux barbouillés, la cosmographie et la trigonométrie m'avaient, je l'avoue, toujours un peu — et peut-être beaucoup ennuyé, je puis ici admirer toutes les beautés de la théorie et la mettre en pratique. — Elle fut émouvante l'heure où, dans la solitude des mers, je pus la première fois me dire; le sextant en main : « En ce jour, à cette heure, je suis là, — au point que je marque sur la carte, avec le ciel pour point de repère ! »

Ne nous faut-il pas aussi un bon fonds d'entrain pour que nos journées ne nous paraissent point longues? Il est vrai que, allant droit à l'Est, et faisant souvent cent lieues par jour au-devant de la marche apparente du soleil, nous n'avons que des jours de *vingt-trois heures et demie!*

III

DÉBARQUEMENT A MELBOURNE

Première vue de la terre. — Entrée dans la baie de Port-Philipp. — Nouvelle de la mort du Prince de Condé. — Débarquement. — Chemin de fer. — La ville. — Aborigènes devant l'Opéra. — Le Musée. — Les prisons.

En mer, 7 juillet 1866.

Enfin, après avoir vu quatre-vingt-huit fois le globe du soleil sortir des flots en avant de nous, et s'y replonger derrière nous, c'est hier que nous attendait la dernière émotion de notre traversée. « Si les chronomètres n'ont pas varié, si nous ne nous sommes pas trompés dans nos calculs, c'est ce soir, nous disions-nous, que nous verrons les feux de la terre australienne! » Les vigies sont anxieuses sur les « barres de cacatois »; un silence d'attente et de joie règne sur ce pont où tous les cœurs battent, où tous les yeux s'efforcent de percer l'horizon. Cette fois, que les heures paraissent longues! A neuf heures et demie, nous refaisons encore « le point estimé »; si la brise nous pousse toujours avec la même force, il ne nous faut plus qu'une demi-heure pour atteindre la zone éclairée par le phare. O merveille de la navigation! à l'heure dite, après trois mois passés entre le ciel et l'eau, un triple hourra poussé du haut des mâts annonce que les vigies voient la lueur du phare, voient la terre! C'est le cap Otway. Vite nous montons dans les hunes pour distinguer ces feux tant désirés; vingt minutes après, leurs rayons sont visibles de la dunette. Une fois ce point relevé, nous mettons le cap sur la baie de Port-Philipp. Rien ne peut donner une idée de l'agitation qui règne autour de nous : les échos du bord répètent nos joyeuses chansons, et personne cette fois ne dormira, tant l'animation et le tapage éclatent de toutes parts : la Providence nous rend à la terre, on ne parle plus de « faire le trou dans l'eau », comme disent les matelots, on prépare les malles, on emballe les sextants. L'Australie, l'Australie, la voilà! Nos trois mois de navigation semblent à cette heure se résumer comme un beau rêve mené à bonne fin, comme ce temps de recueillement, qui doit être le prélude de l'action, et comme une période délicieuse d'intimité et de travail, où les jours ont succédé aux jours sans que nous en eussions conscience.

Dès que le soleil apparaît, quel bonheur de braquer nos lunettes sur les rives que nous longeons de loin! De hautes grèves couvertes d'une sombre verdure, à l'aspect sauvage, se déroulent devant nous, et c'est une joie indicible d'apercevoir une terre que, pendant tant d'années, on n'a jamais pensé devoir fouler, et que six mille lieues séparent de notre Europe. — En sondant la profondeur des baies, en évitant les bancs de la côte, en relevant les promontoires saillants, il semblait que nous repassions en quelques heures toutes nos lectures sur les découvertes des grands navigateurs en ces parages, comme celui qui, après avoir lu les longs récits d'une guerre, en visite les champs de bataille.

Mais le peu que nous connaissons encore du domaine de l'histoire ne fait qu'animer plus vivement à cette heure solennelle notre curiosité pour un continent dont, pendant tant de siècles, nos aïeux ont ignoré l'existence. Il semble que nous entrions non-seulement dans un monde nouveau au point de vue géographique, mais dans un nouveau monde de pensées : ces montagnes abruptes, qui se dessinent au loin avec les caractères d'une nature vierge, contrastent avec les phares, ces œuvres de la main de l'homme. Cette civilisation naissante, sur une terre arrachée à l'inertie ou à la barbarie, n'est-ce pas un ensemble encore enveloppé d'un voile mystérieux? Que de secrets pour nous qui arrivons ballottés par la mer avec toutes nos idées, et qui avons,

« L'albatros décrivit en planant une lente spirale. » (*Voir p.* 18.)

pour ainsi dire, emporté notre atmosphère d'Europe! Je me hâte toutefois de vous dire que nous abordons ce rivage sans préjugé ni présomption, résolus à *attendre* la première impression, à la saisir, quittes à la voir peut-être combattue plus tard par une plus mûre expérience! Devant nous est la terre des mines d'or, des troupeaux immenses, des villes nées d'hier! C'est là que nous allons exercer notre activité de vingt ans, pour jouir de tous les spectacles... Et pourtant le premier bonheur que j'espère y trouver, bonheur incomparable qui est l'objet de toutes mes pensées du jour et de la nuit, c'est de lire vos lettres arrivées avant moi, les lettres d'Europe, qui ont pris par le canal de Suez et les paquebots la route la plus courte pour l'Australie!

La liesse est si grande à bord que tout le monde a un peu perdu la tête. Nous suivons la côte, et toute la matinée nous longeons rapidement une série de grèves sablonneuses naissant l'une de l'autre : mais nous filons si bien que, tout d'un coup, grand émoi! nous nous apercevons que nous avons manqué la passe; nous allons droit sur les récifs! La passe, en effet, est à douze milles derriere nous : il faut alors de longues heures pour lutter contre vent et marée : tout espoir d'arriver à quai le soir même est perdu, et nous louvoyons comme nous l'avons fait il y a trois mois dans la Manche. Un soleil superbe éclaire sur la crête des collines de gros buissons d'un vert sombre : au milieu de bois d'une sorte de pins-parasols, s'ouvrant à leur sommet comme des éventails, au milieu de roches et de grosses masses d'une végétation noirâtre, semblables à autant de mamelons, sont semées de petites maisons blanches avec leurs jardins, de vrais cottages de la vieille Angleterre.

A trois heures et demie l'entrée est

« Il fallut plusieurs matelots pour amener l'albatros sur le pont. » (*Voir p.* 18.)

franchie, et ce n'est pas chose facile, car elle n'a guère qu'un mille de large, et le courant y est des plus violents. La *Santé*, avec son vilain drapeau jaune, vient s'assurer que nous n'apportons ni le choléra ni la peste des animaux, puis nous entrons sous toutes voiles dans la baie de Port-Philipp, grand bassin de quatre cents milles carrés, un vrai lac sauvage entouré comme d'une grande ceinture de grèves sombres. Melbourne est au fond : un grand nombre de navires appareillent et sortent en nous saluant, espérant bien échapper aux dangers que nous venons de courir pendant des milliers de lieues ; d'autres « mouillent », et le bruit de leurs chaînes qui se déroulent, mêlé au chant de leurs manœuvres, vient jusqu'à nous ; d'autres dorment sur leurs ancres, échelonnés comme des bouées gigantesques sur les méandres de la route qui nous conduira à la ville. Mais le soleil se couche sans que ses rayons aient éclairé pour nos yeux l'extrémité de la baie, et tout à coup la brise tombe net, le calme est plat! Au moment même de la plus vive curiosité, nous voici arrêtés court, à vingt lieues du terme de notre navigation!

Mais, hélas! avant même que nous eussions franchi la passe et vu la terre de près, la première personne étrangère montée à bord depuis notre départ, la première voix nouvelle que nous entendions, celle du pilote, venait nous apprendre la mort récente du prince de Condé! Ce que ce coup fut pour nous, après trois mois passés sans nouvelles des nôtres, après trois mois nourris de l'espérance que sur cette terre lointaine nous rejoindrions ce prince au cœur si aimant et aux aspirations si généreuses, ce que cette nouvelle affreuse nous causa de douleur, vous pouvez le penser, vous qu'elle a surpris avec toutes les horreurs laconiques d'un télégramme.

Mais combien notre cœur saignait davantage, à nous qui voyions cette terre où il a expiré! La veille, nous nous réjouissions de le retrouver là, de parcourir l'Australie avec lui, de partir avec lui pour la Chine et le Japon. Pauvre prince! mourir à vingt ans, loin de sa mère, à six mille lieues de son pays; mourir victime des nobles instincts qui l'avaient porté à chercher l'instruction dans les contrées les plus lointaines, à mettre à l'épreuve, avec une virile énergie, toutes les forces de son esprit et de son corps, pour répondre à toutes les belles espérances conçues de lui, parce qu'il avait déjà tant donné! Sa grande piété, la fermeté de son caractère et l'élévation de son sens politique pourraient-elles jamais être oubliées! Pauvre prince, qui succomba doublement exilé! que la mort arracha aux ardeurs dont son âme brûlait pour cette France que l'on porte avec soi partout et toujours, et dont il voulait, Français infatigable, faire partout aimer et admirer le nom, en travaillant pour elle jusque chez les nations des antipodes.

S'il était mort si loin de sa famille et de ses amis, si, né au palais de Saint-Cloud, il était venu expirer sur les rivages d'où la Pérouse envoya de ses nouvelles pour la dernière fois avant de mourir, et que Dumont d'Urville, par ordre du roi Louis-Philippe, touchait en allant au pôle sud, ne croyez point pourtant qu'il y mourut sans que bien des cœurs sur ces lieux mêmes fussent frappés de douleur. Il s'était montré si grand et si affable, si instruit et si attachant, que toute une cité, inquiète durant sa maladie, fit de ses funérailles un deuil public! La Cour suprême et les Chambres suspendirent la session : le Gouverneur, les magistrats, tous les corps de l'État, les officiers de terre et de mer, M. Louis Sentis, consul général de France, toute la colonie française et nos officiers d'un navire de guerre sur rade suivaient le cortége : les boutiques furent fermées; tous les navires du port croisèrent leurs vergues : leurs pavillons et ceux des édifices publics flottaient à mi-mât. Sydney, en ce jour, Sydney tout entier qu'il avait gagné à lui, avait voulu honorer sa mémoire.

Mais nous, ses amis..... quelle tristesse nous étouffait en rêvant à lui, en pensant à lui dans le silence d'une mer de marbre, tandis que la nuit nous apportait, avec les sombres pensées, une vue que le jour nous avait refusée!

La lueur des lumières de Melbourne, semblable à la lueur de nos capitales, se détache le soir dans le lointain : les éclats du bruit et du tumulte d'une grande ville ne nous arrivent que par intervalles; le sifflement du chemin de fer, le rauque timbre des bateaux à vapeur qui entrent et qui sortent, viennent seuls nous arracher à nos tristes rêveries.

Ainsi se fait notre première entrée sur le continent australien, entre les impressions que nous ressentons à la vue des indices de la vie d'un peuple, et les larmes que nous versons pour la mort d'un ami! et nous avons fait la moitié du tour du globe pour ne plus même trouver de celui que nous aimions tant..... un cercueil!

8 juillet.

Toute une nuit, toute une matinée, toute une après-midi de calme plat nous retiennent immobiles dans ce grand lac, en vue de la ville, que nous désirons tant parcourir. C'est vraiment le supplice de Tantale! notre esprit n'est plus à bord, et puis ce n'est plus un navire que notre maison flottante, immobile et sans roulis. Avec la nuit, un peu de brise vient enfin nous porter plus près de la lueur pour nous quitter encore. De nouveau les gros anneaux des chaînes de nos ancres sortent de la cale avec un bruit de tonnerre, et, pour une nuit encore, cette fois à cinq lieues du quai, l'ancre va dormir au fond de l'eau; et nous, pour la dernière fois aussi sans doute, dans les tiroirs qui nous ont servi de couchette pendant trois mois.

Mais voici un vague bruit dans le lointain : ce sont les saccades de rames qui battent la mer; régulier et en cadence, ce bruit augmente plus distinctement à chaque instant : ce sont des canots! ils accostent; sont-ce des naturels armés de lances? Non, c'est le boucher, puis le boulanger, puis le marchand de légumes, puis un monsieur de la police, tous en chapeaux noirs et vêtus comme nous, qui, bravant la nuit, viennent s'assurer la clientèle de l'*Omar-Pacha*. Les conversations s'engagent; tout nous intrigue. Eh bien, vous seriez tombés dans la salle des Pas-Perdus du Palais-Bourbon en un jour de séance orageuse, que vous n'auriez point glané d'autres paroles! On ne nous répond que « crise politique, crise commerciale; lutte des deux Chambres; querelles animées des partisans de la protection ou du libre échange; appel au suffrage universel »; bref, nous sommes, à ce qu'il paraît, arrivés à ce bout du monde en un moment où la vie politique passionne au suprême degré les esprits. Ces bons Australiens me paraissent fort chauds dans leurs discussions; et si, ma foi, cette image des agitations de notre Europe est une surprise au premier abord, nous ne pouvons que nous dire à nous-mêmes : « De ces discussions jaillira peut-être pour nous la vérité sur les affaires de ce pays si peu connu de nous, et toute cette machine civile et gouvernementale nous apparaîtra-t-elle dans son entier, puisque tous ses rouages vont être en mouvement! »

9 juillet.

Il n'y a plus qu'un pas à faire, et nous serons au port. Melbourne n'est pas situé sur la baie même, mais à deux ou trois milles du rivage; son port est Sandridge, relié à la ville par un chemin de fer. Nous voici au milieu d'une cinquantaine de grands navires aux hautes mâtures, et tout, autour de nous, est animé comme la rade du Havre ou de Marseille. Nos hommes sont affairés dans la mâture : ils grimpent et dégringolent comme des singes en forêt ; c'est qu'ils larguent et sèchent les voiles aux rayons doucement échauffants du soleil du matin. Arrivé au port, le navire prend un tout autre aspect ; on lui fait une vraie toilette, et en voyant une à une flotter comme mortes ces voiles que j'avais si souvent regardées se gonfler ou « fasseyer » au vent, en voyant mettre au repos ces cordages tout à l'heure tant agités et ces vergues qui pliaient hier encore sous les efforts des rafales, ces soins plus calmes me faisaient penser à l'éternelle histoire du pigeon voyageur séchant au soleil ses ailes fatiguées dans ses vols lointains, secouant tout ce que

Le prince de Condé.

les intempéries des plus dangereux parages ont donné de sauvage à son aspect, et cachant les vides qu'ont laissés les plumes éparses emportées par les vents.

C'est alors que les canots nous entourent, tout chargés de fruits, de verdure, de légumes et de volailles ; mais bientôt les choses prennent une teinte officielle : place soit faite à la yole d'un navire de guerre ! Un officier vient demander à quelle heure nous débarquerons. Quelques instants après un autre canot arrive : c'est le capitaine de frégate commandant la *Victoria*, qui monte à bord pour saluer le Prince : « Le Gouverneur, lui dit-il, l'envoie le féliciter sur son arrivée dans la colonie, et désire savoir quand il entrera à Melbourne, afin de l'y recevoir avec les plus grands honneurs, pendant que la *Victoria* le saluera de vingt et un coups de canon. » Certes ce fut un moment de douce joie pour le duc de Penthièvre que de se voir, dès le premier pas sur cette terre, reçu et fêté en souve-

ENTRÉE DANS PORT-PHILIPP

« Cet ensemble de quais encombrés, de locomotives qui sifflent, de vapeurs qui chauffent, de grues qui crient, est bien fait pour surprendre le voyageur. »

nir de sa race et du nom de son père, mais il supplia le commandant d'arrêter tous ces préparatifs et tous ces honneurs, qu'il ne saurait accepter à cause de l'exil et de son double deuil. La yole repart à tire-d'aile, et nous attendons un remorqueur, qui vient s'atteler à notre lourde masse. Nous prenons à notre bord son capitaine, dont les ordres sont répétés sur le Tugg par un de ces petits mousses à voix glapissante, comme chaque vapeur en a sur la Tamise ou dans le pas de Calais; nous glissons lentement entre tous les navires mouillés, et à trois heures et demie nous sommes contre le quai. L'heure est arrivée, heure d'émotion et de joie, heure entrevue, rêvée et espérée pendant trois mois, où nous allons toucher la terre après un parcours de *six mille trois cent quatre-vingts lieues* [1]!

Certes, en débarquant à Port-Philipp, dès le premier abord je fus saisi d'étonnement, voyant à quel point la civilisation y est avancée. Deux longues jetées en bois s'avancent à angle droit au milieu du port; une quarantaine de navires de gros tonnage y sont rangés de chaque bord; les rails du chemin de fer vont, sur quatre rangs, jusqu'à l'extrémité de chaque jetée; les trains ne cessent de se succéder; plus de trente grues à vapeur sont en mouvement, les unes prenant à fond de cale les cargaisons, les autres remplissant les navires vides d'innombrables ballots de laine arrivant de l'intérieur. Cet ensemble de locomotives qui sifflent, de grues qui crient, de vapeurs

qui chauffent, ne vous laisse pas croire que vous êtes dans des terres si proches du pôle sud (*voir la gravure*, p. 25). A cette heure nous faisons nos adieux à notre *Omar-Pacha*, et nous rendons grâces à Dieu qu'il nous ait apportés sains et saufs sur le continent austral. Mais, par un contraste curieux, ce vaisseau nous laisse tant de souvenirs, que le quitter, c'est quitter un ami [1].

A quatre heures un quart, nous mettons pied à terre : c'est un moment qui étourdit un peu après trois mois passés sur des planches, et, à part toutes les idées que fait naître dans l'âme la joie de sentir enfin la terre sous ses pieds; je vous assure que les moindres cailloux impressionnent beaucoup les nouveaux débarqués. — Nous passons à côté du *Moravian*, un frère de construction de l'*Omar-Pacha*, qui vient d'arriver de Londres en soixante-treize jours; mais ses mâts ont été brisés, ses bastingages emportés, et trois pieds d'eau ont inondé ses cabines pendant plus de huit jours. Comme nous sommes heureux de n'avoir point de pareils souvenirs!

Du quai à la station il n'y a qu'une centaine de mètres; nous nous présentons au guichet : on refuse de nous délivrer des billets, en nous disant que le gouvernement de la colonie de Victoria entend nous défrayer de tout sur ses lignes pendant notre séjour. On ne saurait être plus aimable! En un quart d'heure nous sommes à Melbourne; nous sautons dans un fiacre et descendons à Scott's hotel, que

---

[1] Nos vitesses ont été :
En avril, de. . 73'28 par jour, soit 135 kil.
En mai, de . . 171'84 — 318
En juin, de. . 182'57 — 338
En juillet, de . 221'57 — 409

[1] L'*Omar-Pacha* ne devait plus poursuivre longtemps sa brillante carrière. Le 22 avril 1869, il fut entièrement détruit par les flammes, en pleine mer, entre les Açores et l'Équateur!

l'on nous a recommandé comme le meilleur de la ville. Là on nous apporte nos lettres, et nous les dévorons avec une joie indicible ! Quels doux sentiments en les ouvrant ! avec quelle anxiété nous nous serrons tous trois près de la lumière pour les lire, et comme chacun communique aux autres les bonnes nouvelles !... Elles ont deux mois de date, et les réponses que nous enverrons en Europe par la première malle ne viendront donc rassurer nos chers parents qu'après une longue attente de cinq mois et demi !

Puis nous regardons sans relâche autour de nous, ce que l'on nous rend du reste au centuple, bien que l'on ne nous attendît qu'au bruit du canon et de la musique militaire ! Bientôt, pendant le dîner (et quel beau dîner, dans lequel des légumes verts, inconnus à notre palais depuis trois mois, nous paraissent exquis !), on nous apporte une grande enveloppe sur un plat : c'est le Melbourne-Club qui nous a spontanément et à l'unanimité nommés parmi ses membres : une autre enveloppe encore plus grande la suit, c'est l'administration du chemin de fer qui nous envoie des « passes libres » pour toutes les lignes : une troisième, c'est notre nomination à l'Union-Club ; puis des monceaux de cartes de tous les notables et fonctionnaires de la ville, une vraie pluie ! articles de journaux qui nous annoncent dans l'édition du soir ; sérénades sous les fenêtres..... que sais-je ? Sur ce, nous nous échappons, aussi réjouis d'une nourriture fraîche, servie sur une table immobile, sans morues pétrifiées ni haricots secs, que stupéfaits de la magnificence de l'hôtel, un vrai « Meurice », et touchés de l'accueil si cordial annoncé partout. Ce fut vraiment une partie de plaisir pour nous de courir ce soir-là les grandes rues de Melbourne, Collins street et Bourke street, deux belles artères parallèles, bien larges, garnies de grands trottoirs dallés, éclairées au gaz : ce sont les rues Vivienne et Richelieu de céans. D'un bout à l'autre les boutiques les mieux fournies, avec des étalages qu'envieraient nos villes de second ordre en France, nous retiennent en vrais badauds. On m'avait tant dit qu'une paire de bottes coûtait ici cent francs, que je suis surpris d'y voir toute chose au même prix que chez nous. Oui, c'est une surprise que de débarquer à Melbourne : longues files de voitures de place comme à Londres, théâtres, promeneurs en foule, luxueuses maisons à hauts étages, « policemen » irréprochablement tenus, restaurants ouverts, porteurs ambulants d'affiches posées par devant et par derrière, squares éclairés, tout donne à cette ville, sauf la largeur des rues, la ressemblance la plus frappante avec l'Angleterre ; et, depuis que nous avons vu la terre, il me semble que la couleur locale de ces pays-ci consiste précisément à n'être pas couleur locale, et que la colonie ressemble d'une façon inouïe à la métropole. Je ne sais si je me trompe, mais, à cette première vue de la ville australienne, la pensée me vient que nous aurons ici à rechercher dans l'ordre moral comme dans l'ordre matériel, non pas dè ces excentricités telles que les voyageurs avides de choses baroques veulent en voir partout, mais bien tout ce qu'il y a d'étonnant dans cette *fidèle reproduction de l'ancien monde* sur une terre inconnue il y a deux cents ans, vierge encore il y a trente-trois ans !

« Nous étions là, lisant les télégrammes à sensation, quand vint à passer un groupe d'aborigènes : quel contraste ! » (*Voir p.* 32.)

10 juillet.

Malgré la plus vraie des modesties, il me faut vous le dire, nous voici positivement dans les grandeurs : toute une ville s'occupe de nous : on a la bonté de s'arracher nos personnes comme nos cartes de visite. Pardonnez-moi ce *nous* que j'inscris comme le mot fameux d'une servante de curé qui répondait : « *Nous* confesserons et *nous* dirons la messe demain », mais c'est plus commode et vous me comprenez. Eh bien, c'est quelque chose ici qu'un prince ! D'abord on n'en a jamais vu dans la colonie, ensuite on lui sait un gré infini d'avoir affronté les périls et les fatigues d'une navigation de trois mois, pour venir à l'aventure visiter les créations, les travaux, les institutions d'un groupe d'hommes isolés sur un continent que les cartes d'il y a quarante ans appelaient encore *terra australis incognita*. Aussi un visiteur comme lui, inconnu jusqu'alors en ces parages, se sent-il du premier coup le grand événement du jour; aussi est-ce pour lui une joie sincère que de voir chacun rivaliser de réelle sympathie et de franche cordialité : dès lors, plus un embarras, plus un obstacle ; l'hospitalité anglaise ne s'inspirant que des élans du cœur, et d'un simple désir exprimé faisant vite pour nous une réalité, déploie avec empressement à notre égard, dès la première heure, tout ce qu'elle a de classique et de loyal.

Ce matin nous étions chez le Gouverneur par intérim, le brigadier général Carrey; puis nous sortions de la ville, avides de voir de la verdure, et curieux de savoir si la nature du sol serait aussi anglaise que l'est l'apparence de tout Melbourne. Passant de la grande navigation à la petite, nous prenons une légère barque et nous remontons le Yarra-Yarra, fleuve qui traverse la ville d'un bout à l'autre. C'est un fleuve vu par le gros bout de la lunette, où ne peuvent naviguer que les yoles, mais n'importe : tout sur ses rives est nouveau pour moi, figuiers de Barbarie, aloès, grands caoutchoucs, bosquets de plantes grasses, grands arbres à gomme rouge et à gomme bleue : aussi passons-nous de longues heures à le remonter en ramant vigoureusement. Mais, en somme, plus nous nous écartons de la ville, plus le pays est plat. Les rives sont verdoyantes, mais uniformes et peu jolies; les eucalyptus répandus à profusion, magnifiques comme troncs, ont un feuillage effilé, semblable à celui du saule pleureur, qui fait trop l'effet de millions de loques grisâtres suspendues verticalement aux branches, ne donnant ni ombre contre les rayons du soleil, ni abri contre la pluie.

Comme nous rentrons dans Melbourne, nous y trouvons une étonnante agitation de grands placards enluminés annoncent que la malle d'Europe est arrivée à Adélaïde (la capitale de l'Australie du Sud), et que les télégrammes vont être publiés. La malle n'arrive qu'une fois par mois, et il faut venir si loin pour voir combien cette divulgation en un seul jour des nouvelles accumulées et ignorées depuis un mois surexcite les esprits : encore dix minutes, et voici de nouveaux placards avec les formules à sensation :

Grandissime guerre en Europe[1] *!*
Gigantesques armements !

---

[1] Premières nouvelles de la guerre entre la Prusse et l'Autriche, en 1866.

*Gigantesque panique monétaire!
Plus d'argent, plus de crédit!*

Ces informations laconiques nous mettent dans une grande anxiété. — Cinq minutes après, voici un placard comme ceux qui annoncent nos courses de Longchamps : les groupes l'attaquent à l'assaut :

Courses d'Epsom. Derby: lord Lyon, 1er !!!

Et aussitôt, parmi les parieurs anxieux, les uns de sauter de joie, les autres de se faufiler hors de la foule avec la démarche, la conscience et la mine piteuses de l'homme malheureux qui vient de perdre quelques milliers de livres sterling pour une course courue à des milliers de lieues d'ici. Ainsi, ce n'est point assez qu'il y ait à Epsom cette vaste enceinte pour le jeu du *betting;* il prend le télégraphe et vient faire perdre au chercheur d'or, de ce côté de la Ligne, l'or encore enfoui dans les veines de la terre! et tout cela pour des chevaux qu'il n'a jamais vus et qu'il ne verra sans doute jamais.

Nous étions là, avides de nouvelles (*voir la gravure*, p. 29), au milieu de cette foule anglaise trépignant, s'agitant comme dans les rues de la Cité de Londres, quand nos yeux furent frappés soudain d'un spectacle contrastant étrangement avec toutes les idées de fusil à aiguille et de derby anglais contenues dans les télégrammes : un groupe vient à passer, groupe fétide et horrible d'hommes et de femmes à la peau plus noire que celle des crocodiles, aux cheveux crépus et immondes, au visage déprimé et bestial! Ce sont des aborigènes! Des lambeaux de trop vieux pantalons cachent peu leur corps repoussant; un ensemble pitoyable de vieilles bottines au bas d'une cuisse et d'une jambe nues, de guenilles européennes aux couleurs, qui furent peut-être écossaises, devenues aussi noires que la peau qu'elles recouvrent à peine, de chapeaux gibus réduits à l'état d'une pomme tapée, ou de « hats » emplumés dont les a gratifiés quelque Irlandaise craignant de rougir de leurs vêtements absents, un ramassis de loques misérables sur des corps affreux, tel est l'aspect des antiques possesseurs de ce continent! telle est la race à laquelle, à tort ou à raison, nous sommes venus disputer ce sol immense pour la refouler chaque jour plus avant dans les bois! Les uns, enivrés de tabac et de liqueurs fortes (deux choses sans doute bien nouvelles pour eux), se heurtaient, en se traînant, aux glaces des vitrines, des magasins de nouveautés, des coiffeurs et des changeurs, ou s'arrêtaient pour admirer un parieur, « un bookmaker », additionnant ses différences sur son livre de paris. Les autres, c'étaient surtout des femmes, prenant le milieu de la rue, semblaient tout interroger autour d'elles, et, la bouche béante, les bras tombants, promenaient sur la foule des regards ébahis. Voyant ainsi ces badauds du désert accourus pour contempler les merveilles d'une ville civilisée, je me demandais ce qui devait se passer dans leur âme, — leur âme... — oui, sans doute, ils en ont une, quelque repoussante qu'en soit l'enveloppe! Ceux d'entre eux qu'un paquet inculte de cheveux blancs couronnait comme une boule de neige sur un torse, des bras et des jambes d'ébène, mais d'ébène sale, ces vieillards amaigris aux membres semblables à des bâtons, qui sait s'ils n'étaient pas venus *il y a trente-quatre ans,* quand la terre et la forêt étaient vierges, là où s'élève aujourd'hui une ville de 130,000 âmes, éclairée au gaz ? Qui sait s'ils n'avaient pas chassé l'opossum dans les arbres creux, là où l'on fait queue aujourd'hui sur un trottoir dallé, pour prendre des billets d'Opéra ? En moins de la moitié d'une vie humaine, le sifflement des locomotives a succédé aux cris aigus et sauvages des cacatois, et, au lieu des feux des Anthropophages allumés la nuit de sommet en sommet pour signaler des Blancs à manger, les fils du télégraphe traversent des campagnes cultivées et viennent

SALLE DU MUSÉE

« En nous disant cela, le savant professeur nous mettait en présence de la patte d'un dynornis. » (*Voir p.* 38.)

annoncer à toute une ville agitée... le vainqueur du derby anglais !

En leur donnant l'aumône avec des pièces marquées à l'effigie de la reine d'Angleterre, je pensais à la série des vicissitudes qui les avaient réduits à quitter la vie nomade des prairies, la vie libre des forêts, pour le pavé d'une cité où la splendeur des autres humains leur faisait voir leur propre misère, à eux inconnue jusqu'alors : je pensais malgré moi à cette fameuse convention conclue en 1836 entre les premiers colons et les Naturels, et par laquelle ceux-ci avaient *échangé un millier de lieues carrées du territoire de Victoria contre trois sacs de verroteries, dix livres de clous et cinq livres de farine !*

11 juillet.

Ne demandez pas à un homme débarqué d'avant-hier une chasse curieuse ou une découverte de pépites d'or : je voudrais encore vous faire voir Melbourne, vous emmener par la pensée en tous ses points principaux, pour vous montrer que cette Australie que l'on croit chez nous, et que je croyais moi-même si perdue et si sauvage, possède tous les luxes de l'Europe.

Nous sommes entrés dans plusieurs banques, vrais comptoirs de la Cité, si l'on considère la multiplicité des affaires et le nombre des commis; vrais palais, tant les édifices sont grands, élégamment construits et soignés dans les moindres détails. Quant au Melbourne-Club, il n'a rien à envier aux cercles de Paris : tout y est tenu avec une recherche exquise. Là est le rendez-vous des gens actifs de la ville et des « squatters », qui viennent de temps en temps se distraire de la solitude des bois et se retremper dans la vie du monde. Ce sera là pour moi une agréable réunion, où je me promets de puiser dans toutes les conversations ce qui pourra m'éclairer sur ce pays.

Pour les Anglais, les institutions de comfort ne viennent toutefois qu'après les institutions d'utilité publique. Melbourne a une bibliothèque qui ne compte que dix années d'existence et qui possède déjà 41,000 volumes : elle a coûté 120,000 livres sterling à la colonie. Nous avons été frappés, en la visitant, et du nombre des lecteurs qu'elle rassemble et de l'entente parfaite de sa construction. Je me figurais l'habitant de l'Australie, ou fonçant un puits dans les roches aurifères, ou lavant l'or au bord d'un solitaire ruisseau, ou parcourant à cheval des prairies sans fin ! J'ai été tout surpris de trouver à cette bibliothèque, dans un silence religieux, plus de quatre cents hommes de la classe ouvrière, disséminés à leur gré dans les différentes sections, étudiant les livres pratiques où ils cherchaient tout ce que la science pouvait apporter de développements à la branche du métier qu'ils avaient embrassé. On les reçoit avec le costume de l'atelier et sur la simple inscription de leur nom au registre d'entrée.

Plus scientifique que littéraire, plutôt utilitaire que théorique, cette bibliothèque, qui compte une moyenne de cinq cents lecteurs par jour, montre combien le gouvernement de la colonie s'efforce de moraliser par le travail une population encore éprouvée par la passion des aventures, par la fièvre de l'or, et qu'une surexcitation générale porte aujourd'hui avec non moins d'ardeur vers les études industrielles. Je devais retrouver presque le même public au Polytechnical Hall, grand amphithéâtre où des cours de physique et de chimie attirent beaucoup de monde.

Je suis bien frappé, comme vous pouvez le penser, de cette rapide civilisation et de cette entente admirable pour instruire les classes vivant d'un travail manuel. Ce qui m'étonnait d'abord, c'est que l'ouvrier eût du loisir pour ces heures d'enseignement; mais on me dit qu'il ne travaille que huit heures par jour; dès lors il lui reste le temps de faire succéder la gymnastique de l'esprit à celle du corps.

Quand on demande ici quel est le fondateur, le grand instigateur, le président du Club, de la Bibliothèque, du Polytechnical Hall, du Musée national, de toutes les institutions politiques, scientifiques et bienfaisantes de Melbourne, on vous nomme sir Redmund Barry. Affable et actif, il nous a montré avec un soin minutieux le Musée national, où il faut chercher une reproduction frappante de l'histoire contemporaine de l'Australie. Nous y avons, je crois, passé six heures, et nous nous promettons d'y retourner souvent.

En premier lieu, c'est surtout un musée consacré à l'instruction de l'ouvrier. Tout ce qui se rattache aux mines d'or, depuis la cuvette en fer-blanc du premier « digger » jusqu'aux machines à vapeur les plus compliquées pour le broiement du quartz, ce qui est architecture, machines agricoles, machines à tisser, industries de tout genre enfin, y est amplement représenté : mais la science vient vite y tenir sa place.

Le Cabinet d'histoire naturelle vous ravirait. Ce pays, par tout ce que j'en vois, me semble si étrange, que je ne puis passer sous silence ce qu'il y a de plus saillant à sa surface, et c'est dire la série innombrable des marsupiaux. Depuis le kanguroo de huit pieds de haut, jusqu'au rat ou à la souris lilliputienne, tous les mammifères natifs de cette terre, un seul excepté, la race humaine (il ne lui manquerait plus que cela!), *ont la poche*, comme une boîte aux lettres dans laquelle, en courant, ils mettent leur progéniture. Voyez-vous cette gradation de huit pieds à un demi-pouce, à plus de quarante échelons différents, d'animaux portant fourrure, ayant quatre pattes et ne courant que sur deux, galopant non pas avec les mains, mais avec les petits dans leur poche? Je n'ai plus qu'une idée, c'est de tendre des souricières dès ce soir, et surtout d'aller chercher les grands kanguroos dans les plaines lointaines! Ne craignez rien, si Dieu nous prête vie, nous leur donnerons une belle et bonne poursuite!

Le caractère le plus curieux de la faune moderne de l'Australie, c'est l'apparence d'isolement et d'éloignement des types habitant les autres parties du monde. Ici les groupes génériques sont fréquemment distincts du même genre d'animal habitant des latitudes similaires, vivant des mêmes moyens et exerçant ailleurs les mêmes fonctions essentielles; et cette distinction se fonde sur des caractères tellement importants qu'ils indiquent des familles, des races et des ordres nouveaux qui ne se trouvent nulle part ailleurs. Mais pour le voyageur qui, comme nous, ne peut que parcourir à l'aventure la surface d'un pays, visiter ses villes et traverser ses forêts, c'est dans cet édifice qu'il faut chercher les descriptions des entrailles de cette terre, y puiser, comme à une source vive, les renseignements sur tous les secrets qu'elle dérobe à nos yeux, et que des savants hardis et distingués sont allés lui arracher.

Nous étions guidés, au milieu de tant de choses curieuses, par le savant professeur Mac Coy, qui, dans ce dédale bien ordonné, éclairait pour nous chaque chose de ses vives lumières. Il s'est fait un nom en remontant dans l'histoire de la terre à la date de cet isolement, et en combattant l'opinion qui s'était généralement accréditée sur la formation de ce continent. Cette opinion se formulait ainsi : *L'Australie est le sol le plus ancien de formation; elle est restée terre ferme, au-dessus du niveau de la mer, à une période pendant laquelle les formations mésozoïque et camozoïque furent déposées sur le globe.*

Mais cela est nié par M. Mac Coy, qui, par

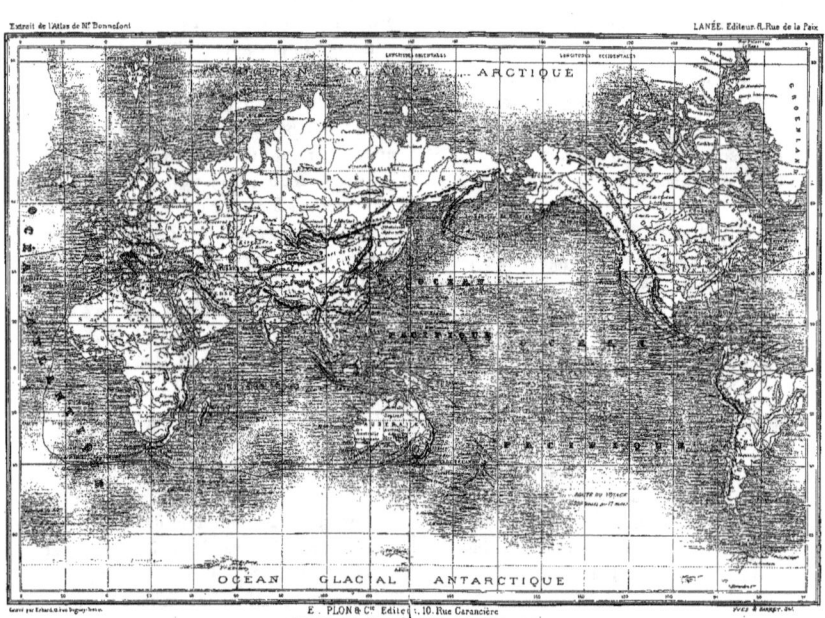

CARTE ET ITINÉRAIRE DU VOYAGE.

les fouilles les plus ardues dans les mines, dans les crevasses, s'est rendu un compte exact de l'époque et du mode de formation des roches qui sont l'écorce de cette terre. « La couche du terrain sédimentaire, la première qui recouvre cette écorce des terrains primitifs formés autour de la masse terrestre encore fluide et incandescente, possède, nous dit-il, les mêmes types spécifiques de vie animale que ceux qui caractérisent ces couches si anciennes dans le pays de Galles, la Suède et l'Amérique du Nord. Puis viennent les terrains identiques avec ceux de ces pays, les schistes et les roches fossilifères : le Canada, l'Écosse et la province de Victoria ont sous ce rapport vécu absolument de la même vie en cet âge reculé. »

Pendant l'époque tertiaire, que ne peuvent admettre ceux qui croient l'Australie le plus ancien des continents, la plus grande partie du pays fut couverte par la mer, comme en Europe ; car toutes les traces de créations animales et végétales antérieures furent détruites et remplacées par des espèces tout à fait différentes d'animaux et de plantes, se rapprochant davantage de celles qui habitent aujourd'hui la terre australienne et les mers avoisinantes. Ainsi donc il n'est plus admissible, d'après lui, que l'Australie ait eu un sort différent de celui du reste du monde et soit restée émergente pendant la période oolithique. A l'appui de cette idée viennent les fossiles, montrant qu'ici, comme en Amérique et en Europe, les races d'animaux qui habitent le monde furent précédées par les mêmes particularités anatomiques que celles qui leur sont propres aujourd'hui.

En nous disant cela, le savant professeur nous mettait en face de la patte d'un *dynornis*. Oh ! quelle patte, mes amis ! A elle seule, elle est aussi grande que moi, et c'est dire quelque chose comme cinq pieds neuf pouces ! Cette patte donc, patte grandiose et majestueuse, qui avait dû faire les enjambées des bottes de sept lieues dont nous parlent les contes de l'enfance, vient de la Nouvelle-Zélande, et je vous laisse à penser ce que devait être le corps qu'elle portait ! Le dynornis, qu'on a construit par la théorie, grâce à ce pilon digne d'un appétit d'Anthropophage, était, paraît-il, tout pattes, car il n'avait point d'ailes. Eh bien, cet antétype a laissé en Nouvelle-Zélande un descendant absolument semblable, mais lilliputien, le petit kiwis (*apteryx*). (*Voir la gravure, p.* 40.) A l'instar de cet oiseau sans ailes que les siècles se sont chargés de réduire à sa plus simple expression, à l'instar du paresseux de l'Amérique du Sud précédé par le *megatherium*, ce monstre dont la charpente osseuse, pesant plusieurs milliers de kilogrammes, est grande comme une cabane de chasseur, l'Australie a eu pour ses kanguroos actuels un aïeul kanguroo présentant exactement les mêmes particularités anatomiques, mais si colossal qu'il fait frémir quand on voit les ossements enchaînés aux parois du Musée, avec une étiquette portant *deprotodon* pour nom de baptême. C'est près du lac Timboon qu'ont été trouvés ces monstres, *tous à poche,* bien entendu ; évidemment toute une famille bourgeoise aurait tenu dans cette poche comme dans un omnibus, et je vous avoue que je me félicite fort que la période tertiaire ait supprimé ces hôtes désagréables des bois que nous nous proposons d'explorer.

Chose curieuse : il paraît que dans les matières dures qui enclavaient les ossements du kanguroo géant, heureusement submergé, il y avait des veines ferrugineuses et aurifères, ce qui donne *le même âge* aux dépôts d'or en Australie et en Russie.

Le Musée est situé sur une hauteur, et, de ses vastes fenêtres, nous pouvions voir la côte opposée d'Hobson's-Bay d'où sont tirés des gisements de miocène que M. Mac Coy nous faisait comparer à des spécimens des mêmes gisements du bassin de Paris. — Ce petit peu de sol de la patrie transporté aux antipodes et, dans ses écarts les plus saillants, exactement pareil à celui que nous foulions, remuait, je l'avoue, plus encore mes pensées que ne le faisait la preuve palpable donnée par lui de la loi de représentation des centres spécifiques, qui joue un rôle si important dans la vie organique du globe. En outre, ici comme en Europe, les coquillages vivants et ceux des dépôts miocènes sont séparés par plusieurs degrés de latitude, ce qui démontre le refroidissement graduel de notre globe pendant ces périodes reculées.

Tels sont les motifs pour lesquels notre savant guide repousse la théorie d'une Australie *sortie des mers avant tous les autres continents :* telles sont les identités qu'il constate des couches de cette terre avec les nôtres; mais alors, combien il est singulier que sa surface soit différente de celle des autres contrées, et que les explorateurs aient trouvé tant de déserts de pierres, tant de plaines privées de terre végétale, tant de ravages causés par quelques incompréhensibles cataclysmes! Les uns croient à un archipel devenu continent et dont les parties dénudées seraient des bras de mer desséchés soudain; les autres veulent que l'Australie soit, tout d'un coup, par un gigantesque soubresaut, sortie des eaux, qui l'auraient submergée plus longtemps qu'aucune autre terre, et ils expliquent son incroyable aspect en disant qu'elle n'a encore eu le temps ni de laisser croître assez les forêts sous lesquelles jaillissent les sources, que chaque jour écoulé rend plus nombreuses, ni de se couvrir du limon engendré par les cours d'eau, ni de faire broyer et pulvériser par l'action du soleil et de l'air la croûte compacte trop subitement arrachée aux eaux, qui l'enveloppe encore. Pour ces derniers, le nombre si minime, sur un sol aussi immense, des indigènes qui l'habitaient à l'heure de la découverte, l'aspect de chaos antédiluvien du centre du continent, la rareté des grands cours d'eau, la bizarre végétation, qui la couvre, l'alternative de sécheresses inouïes et d'inondations subites des vallées, semblent indiquer que ce sol, trop récemment lavé par les eaux de la mer ou de longs déluges, n'est pas encore arrivé à sa maturité, et que l'homme l'a conquis sur le néant bien des siècles trop tôt.

Je me sens entraîné trop loin par le souvenir de tout ce que j'ai entendu aujourd'hui; mais si j'ai eu la fortune d'entendre un homme expérimenté disserter sur les vérités les plus bizarres de la géologie d'un pays, si j'ai été charmé par ses paroles, je sens trop maintenant comme un vaste tourbillon dans mon esprit indigne de ses lumières, et je vois combien ma mémoire aussi bien que mon papier sont impuissants à vous en transmettre un pâle reflet. Ne m'en veuillez pas, et comptez que je ne recommencerai plus.

J'ai donc voulu, ce soir même, après la courte séance du Polytechnical Hall, secouer un peu ma cervelle de toute la science qui la chargeait : nous avons été rire de tout notre cœur à un charmant spectacle, le *Skating-room*[1], salle des patineurs. C'est un fait remarquable que les hommes éloignés de leur terre natale cherchent à en renouveler tous les plaisirs là où ils se sont exilés ; à reproduire

L'aptéryx, descendant lilliputien du dynornis. (*Voir p.* 38.)

une image de la patrie, en dépit des obstacles apportés par les climats les plus différents. En Australie, il ne gèle jamais à glace ; n'importe : « nous patinerons », ont dit les Anglais, et là, sur un vaste parquet brillant comme un miroir, voilà trois cents personnes qui patinent avec de petites roulettes : le tapage est infernal, mais le coup d'œil bien amusant. Les uns, bien expérimentés et bien adroits, glissent élégamment comme sur la Serpentine : ce sont surtout des dames, et rien de gracieux comme leurs évolutions

[1] Qui aurait pu deviner à cette époque que la mode des *skating-rooms* ou *rinks* viendrait des antipodes faire fureur à Paris?

légères en capricieux zigzags; les autres, risquant maladroitement une jambe trop lourde, se culbutent, se cognent à cha- que instant et tombent dans tous les sens : les bras font les ailes de moulin à vent; c'est une dégringolade et une compote de

« La grande route que nous suivîmes était bordée de hauts eucalyptus. » (*Voir p. 42.*)

tombés, de tombants, de chancelants. Nous nous souviendrons toujours d'un immense gentleman, infatigable dans ses chutes, qui chaque fois entraînait avec lui jusqu'à terre des grappes de patineurs, assez imprudents pour l'approcher :

grands, petits, gros ou maigres, sylphes ou masses, tous riaient gaiement, sans souci d'un public très-nombreux, qui faisait chorus !

12 juillet.

Aux yeux de bon nombre de personnes, l'Australie n'est encore qu'une colonie *pénitentiaire* du Royaume-Uni et un refuge d'aventuriers chercheurs d'or. On se figure sans doute que nous y coudoyons à chaque pas, que nous y avons pour commensaux des convicts, des assassins ayant tué père et mère, avec circonstances atténuantes, en un mot, toute la variété des criminels humains ; on loue l'Europe de les avoir déversés sur une terre perdue, comme des animaux malfaisants dont il faut se débarrasser, et la couleur *convict* est ainsi passée comme une même teinte générale sur toute la carte de l'Australie! Mais c'est là une erreur, et tel n'est point l'état des choses.

La Nouvelle-Galles du Sud et la Tasmanie ont subi ce fléau depuis 1788 jusqu'à 1840 ; mais si la population saine et pure de Sydney ne put écarter cette importation pestilentielle qu'en 1840, en repoussant avec un impétueux élan un navire chargé de convicts, la colonie de Victoria eut le bonheur de ne jamais en recevoir de la mère patrie : elle refusa, elle aussi, les navires montés par les condamnés que les sociétés de la Nouvelle-Galles du Sud et de la Tasmanie rejetaient de leur sein ; et, à part les désordres de la fièvre de l'or, son histoire est pure.

Je vous dis cela, non-seulement parce qu'on ne rencontre pas de ces « messieurs » sur les trottoirs de Melbourne, mais parce que nous avons été visiter *le seul endroit* où il y ait des criminels en Victoria, les prisons de Pentridge, situées à quatre lieues de Melbourne, où ils sont bel et bien séquestrés dans des cellules et entourés de hauts murs de granit. Ce fut d'abord pour nous une occasion de voir la campagne qui environne la ville, et jamais visite de prison ne ressembla plus à une partie de plaisir.

La grande route que nous suivîmes était bordée d'eucalyptus et fréquentée par de gros chariots couverts arrivant de l'intérieur. (*Voir p.* 41.) Un lunch nous attendait chez le colonel Champ, directeur de la prison ; à côté des murs noirs qui défient l'escalade, il a réuni autour de lui tout ce dont le gai contraste peut faire oublier si triste voisinage : sa fille d'une rare beauté, un cottage coquet, un parc soigné et éblouissant de fleurs, des gazons anglais ; jolie entrée de prison, ma foi ! Bientôt nous passons le seuil, ce qui donne toujours un petit sentiment de froid : nous parcourons les corridors et les cellules ; tout est en granit, construit sur les plans les plus récents et d'une admirable propreté, une prison modèle, si vous voulez. Cent gardiens armés de carabines y circulent : les corridors sont comme les rayons d'une lumière s'échappant d'un centre unique d'où l'œil d'un Cerbère galonné surveille tout, et donne l'alarme par des sonnettes électriques. Chaque cellule possède une bibliothèque où figure en première ligne « the holy Bible ».

Là sont tous les criminels de la colonie ; ils sont aujourd'hui au nombre de *neuf cent cinquante*, ce qui est peu pour une population de *six cent vingt-six mille âmes*. Nous avons visité leurs travaux : d'abord ces immenses bâtiments de la prison, qui peuvent contenir un nombre quadruple d'habitants, ont été construits par les condamnés : l'oiseau a forgé et scellé lui-même les barreaux de sa cage. Un grand mur d'enceinte enveloppe les jardins destinés à leurs travaux agricoles et à leur subsistance : viennent ensuite des écoles, des ateliers de menuiserie, de serrurerie, de cordonnerie, de tissage de laine et de toile entre lesquels ils sont répartis. Certes, c'est peut-être trop d'affirmer que le travail par lui-même ait moralisé beaucoup de ces coupables; mais les registres de la colonie constatent que bien des hommes libérés des prisons de Pentridge ont eu dans la suite une conduite honnête. Sans doute ces travaux, qui occupent d'abord utilement le temps des prisonniers, et qui leur amassent une somme proportionnée à leur zèle, les ont formés au travail : ils sortent de là instruits sur l'écriture et le calcul, sachant à fond plusieurs métiers fortement rétribués dans la colonie, et ils reprennent leur place dans la vie pour n'y plus porter le trouble : ils ont, en effet, le moyen de gagner désormais de quoi vivre dans l'aisance.

En parcourant les ateliers, nous remarquons deux Nègres aborigènes, deux vrais enfants réellement affreux, mais dont le regard est plein de douceur : leurs dents toutes blanches, que laisse voir une bouche fendue jusqu'aux oreilles, font autant de contraste avec le noir de leur peau, que le rire jovial et permanent propre aux races nègres, avec le vêtement qu'il a fallu leur imposer, celui des « travaux à perpétuité ». Ils ont l'air si rieur, que nous nous intéressons tout naturellement à eux : et d'abord, rien de plus nouveau pour nous que des Aborigènes ! Pour nous montrer leur adresse, ils lancent de longues piques à d'énormes distances, et atteignent avec elles des cailloux que nous jetons en l'air. — « Quel a été leur crime ? » ne tardons-nous pas à demander au colonel. — « Celui qui rit le plus en ce moment a tué trois matelots, nous répond-il, et l'autre, deux femmes blanches. » Temps d'arrêt immédiat dans notre pitié pour eux. « Nous ne les avons pas condamnés à mort, continue le colonel, parce qu'ils sont Aborigènes, et que jamais ici nous n'avons pendu ces hommes, dont les croyances comme les instincts sont si différents des nôtres que, pour eux, l'homicide n'est guère un crime ; nous réussirons mieux à les dompter par la douceur que par la cruauté. »

Certes, ce sont là de belles paroles, et un gouvernement qui professe de tels principes en envahissant, au nom de la civilisation, des terres occupées par des races barbares, doit mériter l'admiration de l'Europe. Comme corollaire à ce principe, on me citait un exemple de la juste répression, *dans la province de Victoria et de la Nouvelle-Galles du Sud*, de tout crime commis par les blancs sur des indigènes : un jour, près de la maison d'un squatter, à cent cinquante lieues dans l'intérieur, une tribu tout entière fut trouvée hachée en morceaux et à demi consumée par un feu à peine éteint. Était-ce quelque tribu rivale qui venait de remporter une sanglante victoire ? Non, c'étaient sept convicts employés à la garde des troupeaux, sept hommes blancs, qui avaient, sans provocation, assailli de pauvres êtres incapables de se défendre ! — La cour de Sydney n'hésita pas à les condamner à mort, et les fit exécuter.

IV

MONUMENT ÉLEVÉ A BURKE

Un bronze coulé dans la colonie. — Feuilles autographes du journal de l'explorateur Burke. — Il traverse l'Australie du Sud au Nord. — Fatale méprise de ses compagnons. — Il meurt de faim au retour. — Ses restes retrouvés.

Le monument de Burke et de Wills. (*Voir p.* 46.)

Un bon galop, mon allure favorite, nous ramène à Melbourne; et chaque fois, je vois des choses que je ne vous ai point encore décrites. — Voici un mo-

Bas-relief du monument de Burke : *Retour à Cooper's Creek*.

Bas-relief du monument de Burke : *Mort de Burke*.

Bas-relief du monument de Burke : *King retrouvé*.

nument en bronze. Un monument ! chose si rare, dit-on, dans les villes de l'Amérique, parce qu'elles n'ont que deux cents ou cent ans d'existence. Combien n'est-ce pas plus étonnant dans cette cité de Melbourne, où il n'y avait, il y a quinze ans, en tout et pour tout, que quelques huttes en écorce d'arbre et quelques tentes !

Eh bien, c'est au sommet d'une colline, par lequel passe l'artère la plus populeuse, que se détache un haut piédestal supportant un groupe en bronze, groupe sculpté (œuvre de M. Summers), coulé et monté dans la colonie même. Deux hommes y sont représentés s'appuyant fraternellement l'un sur l'autre et sondant du regard l'infini ! L'un d'eux est Burke : ce nom seul, peut-être à peine connu en Europe, remplit ici toutes les imaginations et fait battre tous les cœurs; ce nom est aujourd'hui pour toute l'Australie plus que ne fut celui de Coriolan pour l'ancienne Rome, celui de Bonaparte en messidor; car Burke fut le premier à le traverser de part en part, de l'Océan Austral à l'Océan Pacifique ! Des labeurs héroïques, une constance surhumaine, une exploration unique dans le monde, ont fait de lui un grand homme. Mais sa noble ambition, une ambition de découvertes qui tenait du fanatisme, ne put jouir de son triomphe, et ce monument vient perpétuer le souvenir de la seule chose qui manquât encore à sa gloire, la consécration que donne le malheur !

Depuis que nous avons mis le pied sur cette terre, il n'est pas une personne qui ne nous ait longuement parlé de lui : beaucoup de ceux que nous voyons l'ont intimement connu et l'ont aimé; il avait eu leurs passions, leurs bonnes fortunes ou leurs misères; il avait pris largement sa part dans les premiers travaux qui ont créé ici une grande nation; il était dévoré d'ambition, voilà son crime. Mais pensez combien son image est vivante devant moi, quand j'entends raconter ses aventures à tous ses amis, qui hier l'exhortaient de leurs derniers vœux, et dont les larmes coulent encore lorsqu'ils se lamentent aujourd'hui de n'avoir pu réussir à le sauver, et surtout quand je lis les feuilles *autographes* de son journal que l'on conserve ici religieusement ! A demi déchirées, usées et portant l'empreinte de toutes ses courses errantes, elles ont été retrouvées au milieu des déserts, là où il les avait ensevelies avant de mourir isolé sur le sable brûlant.

Il me semble que je le vois courant au Nord à travers le désert, cherchant l'Océan et ne trouvant qu'un océan de pierres desséchées; mourant de faim, et ayant encore cent lieues à faire pour trouver des vivres; expirant pour avoir voulu entreprendre une grande mission, et sentant, après l'avoir noblement accomplie, que peut-être le monde ignorera sa dernière œuvre ! Je l'avoue : j'ai la tête si pleine des récits de tous, le cœur si ému par tant d'infortunes racontées à chaque heure presque par des témoins oculaires, et décrites d'une façon si touchante par Burke lui-même dans ses notes de chaque jour, que je veux aujourd'hui vous parler de cet homme, et vous tracer en traits rapides l'historique de sa mémorable et triste campagne.

Pendant plus de vingt ans, les provinces voisines de Victoria avaient fait à l'envi des efforts répétés pour explorer l'intérieur de l'Australie; dans ce concours de toutes les énergies en une aventureuse arène, la colonie de Victoria avait semblé rester à l'écart, soit qu'elle fût fiévreusement tourmentée par la recherche de l'or ou absorbée dans le paisible élevage des troupeaux. Mais en 1860, le don de vingt-cinq mille francs fait par un citoyen désireux d'encourager une tentative de la part de sa cité d'adoption, donna soudain à la grande colonie de l'or un essor nouveau vers un nouveau but, et l'expédition qu'elle projeta dès lors a autant éclipsé les autres par la magnificence de ses préparatifs que par la grandeur des désastres de la fin, expédition baptisée par les souffrances, payée de la vie de dix hommes, mais féconde en résultats admirables.

Le gouvernement de Victoria lui donne pour chef l'ancien cadet de Woolich, l'ex-officier de hussards hongrois, *O'Hara Burke,* déjà populaire parmi tous, brave et franc, avide de réputation, plein de mépris pour le gain, fougueux jusqu'à l'héroïsme, enthousiaste jusqu'à l'utopie. Mais l'excès de ces qualités devait être la cause de sa perte et de celle des siens. Il y avait moins de rage aventureuse, mais plus de calme, de réflexion et de science dans la tête de vingt-six ans de son second, le jeune Wills, qui devait être l'astronome indispensable pour diriger la colonne dans la mer des déserts ; sa famille avait déjà perdu un de ses membres, sur l'*Érèbe,* avec sir John Franklin, dans l'expédition au pôle nord ; elle devait laisser un autre martyr des découvertes du monde sous les sables du Capricorne.

C'est le 20 août 1860 que les hardis pionniers se mettent en route; ils sont dix-sept, et, Burke en tête, ils partent au milieu des acclamations de tout un peuple. Jamais la population de Melbourne n'avait vu un si imposant spectacle : ils étaient fiers, ils avaient de grandes choses dans le cœur, les vœux de tous les suivaient ; le gouvernement avait donné deux cent cinquante mille francs, les particuliers cinquante mille ; ils avaient vingt-sept chameaux, qu'on avait été tout exprès chercher aux Indes, vingt-sept chevaux des plus robustes, des tentes, des vêtements et des vivres pour quinze mois. Rien, paraît-il, ne peut donner une idée de la sympathie qui leur fut témoignée par la population de Melbourne : des milliers de personnes leur donnèrent la conduite jusqu'à cinq et six lieues dehors de la ville, et ne les quittèrent qu'après une triple salve de hourras et de « farewell! » Les uns, en effet, avaient la conviction que l'aventureuse cohorte trouverait une mer intérieure, dont le fond serait scintillant d'or, et ils fondaient cet espoir sur ce fait que les fleuves charriant le précieux métal prennent naissance près des côtes de l'Océan et s'enfoncent d'abord droit vers l'intérieur; les autres promettaient aux pionniers la découverte de prairies sans fin, et, comme c'est la coutume en de pareilles circonstances, tous prévoyaient « monts et merveilles », et nul ne croyait au danger.

Jusqu'au Murray la route fut longue. Burke, trop dur pour lui-même, ne ménageait point assez les autres. Il était parti blessé et rongé par une peine de cœur, n'entrevoyant plus qu'une douleur amère, malgré l'espoir du triomphe ; il était trop anxieux de l'avenir, trop fougueux, pour commander avec calcul.

Trois des siens se querellent avec lui et le quittent; il les remplace mal à la frontière des terres encore connues; et l'union désormais sans obstacle de la téméraire

Portrait de Burke.

énergie du chef et de la douceur docile de son lieutenant sera la cause de toute la série de leurs affreux malheurs.

La route qu'il traça à travers ce continent immense peut se diviser en trois principales étapes : *Menindie,* à six cents kilomètres de Melbourne ; *Cooper's Creek,* à six cents kilomètres plus au nord, presque au centre du continent ; à l'extrémité nord enfin, à plus de mille

Portrait de Wills, premier lieutenant de Burke.

kilomètres du centre, le rivage de l'O- céan *Pacifique.*

Mais, pour bien suivre les péripéties de cette exploration, il ne faut point perdre de vue que ces trois étapes sont comme trois relais, où le pionnier en péril doit trouver le renfort sur lequel il compte, et où le moindre malentendu, la plus petite négligence, peut causer de grandes souffrances au premier rendez-vous manqué, la détresse au second, la catastrophe la plus tragique au troisième. — Nous suivrons, si vous le voulez bien, ce récit, non en voyant comme à vol d'oiseau les événements se dérouler un à un, mais en recueillant les informations à mesure qu'elles ont été apportées à Melbourne soit par ceux des compagnons de Burke qui purent revenir, soit par les hommes de bonne volonté qui coururent à la recherche de l'explorateur. Les débuts sont pénibles; trop de bagages et trop de vivres à porter retardent chaque jour une impatiente ardeur. Tous les hommes sont pourtant de solides « bushmen », expression australienne que « homme des bois » ne réussit pas à traduire. Ne craindre ni la pluie ni le soleil, coucher dans la boue, n'avoir d'autre ambition que de sonder l'horizon des prairies ou des forêts sans fin, galoper à l'aventure, porter la barbe d'un patriarche et le costume d'un bandit, découvrir les terres, qu'elles produisent or ou gazon, forêts ou pierres, mais les découvrir avant tout et leur donner son nom, voilà le « bushman ». Mais cette vie des bois, qui faisait des hommes plus durs aux fatigues et aux privations que les bêtes de somme et les chameaux, donna à Burke des compagnons que l'habitude de l'infini du désert rendait inexacts et insouciants.

Il laisse, le 19 octobre 1860, la moitié de ses gens, de ses bêtes et de ses bagages à Menindie, sous le commandement de son autre lieutenant Wright, avec *l'ordre exprès* de le rejoindre, après un court temps de repos, à Cooper's Creek, où sera formé son grand dépôt central... et ce n'est qu'à la fin de janvier 1861, plus de trois mois après, que Wright se remet en marche vers le rendez-vous indiqué par son chef!

Cependant les mois avaient succédé aux mois; juin commençait, et aucune nouvelle de Burke n'était parvenue à Melbourne. Il était pourtant expressément convenu que le chef donnerait, de temps à autre, de ses nouvelles, afin que le comité institué à cet effet pût venir à son secours. La pensée que ces malheureux étaient perdus et mouraient de faim dans le désert remua toutes les âmes. Melbourne tout entier, fiévreusement agité, organise alors une contre-expédition pour rechercher les explorateurs, et la confie au jeune Howitt. Les autres colonies sont émues et l'imitent ; Mac Kinlay part d'Adélaïde, Walker de la Terre de la Reine; Landsborough aborde avec un navire au golfe de Carpentaria. Ainsi ces quatre colonnes de gens de cœur, en quelques jours équipées et bien fournies, tendant toutes vers le centre, espérant couper dans les cercles répétés qu'elles décriront la trace du grand explorateur perdu, partent de quatre points différents, du Nord, du Sud, du Sud-Ouest et du Nord-Est, de quatre points distants de près de huit cents lieues les uns des autres. Admirable élan d'une nation généreuse! Étonnante union, qui, si elle ne prouvait déjà l'audacieuse constance de la race anglo-saxonne dans les aventures, montrerait du moins combien les communications sont rapides sur le littoral de cette terre presque aussi grande que l'Europe, et combien, d'une extrémité à l'autre, comme par une étincelle électrique, tout prend feu à la fois quand une grande cause est en péril et qu'il faut des hommes énergiques. Chose étrange que ce contraste entre l'activité européenne du littoral et l'inconnu absolu de l'intérieur des terres.

C'est le jeune Howitt qui fut l'heureux explorateur ; c'est lui qui envoya les grandes mais fatales nouvelles. — A la date du 29 juin, en traversant la rivière de Loddon, quel n'avait pas été son étonnement, en effet, de trouver déjà en voie de retour des compagnons de Burke! Il s'était hâté de les questionner : ces hommes étaient deux lieutenants de l'explorateur, Wright qui avait été laissé à Menindie avec ordre d'aller plus au nord, à Cooper's Creek, et Brahe qui avait eu ordre d'attendre en cette dernière étape le retour de Burke ; comment se faisait-il que ces deux hommes revinssent sans leur chef! c'est ce qu'ils ne tardèrent pas à raconter, sinon à expliquer.

En deux mois, Burke avait traversé heureusement la série, tantôt de déserts, tantôt de prairies, qui sépare Menindie de Cooper's Creek ; c'était la moitié du trajet total de Melbourne au golfe de Carpentaria. Mais il est là au mois de janvier, souffrant de toutes les horribles chaleurs de l'été ; hommes et bêtes sont affaiblis et abattus ; la route semble fermée de toutes parts ; c'est en vain qu'il attend le renfort de Wright, et déplore un *retard* qui va le priver de chameaux et de vivres ; c'est en vain que Wills pousse une reconnaissance avec trois chameaux jusqu'à cent cinquante kilomètres vers le Nord pour trouver de l'eau. Pas une source! pas une oasis dans les mirages lointains ! pas une flaque d'eau stagnante! Son compagnon laisse échapper les chameaux, et il doit alors refaire à pied, sans boire une goutte d'eau, sous un soleil de feu et cinquante degrés de chaleur, une longue route jusqu'au camp de Cooper's Creek.

Burke pense avec raison que, dans de pareilles conditions, il devait s'aventurer avec le moins de monde possible dans le désert de pierres, qu'il fallait laisser dans l'oasis de Cooper's Creek les invalides avec leurs vivres, et de plus toutes les *provisions devant servir à la route de retour*. Il laisse à Brahe, l'un des siens, le commandement de ce dépôt, avec l'ordre de l'attendre au moins trois mois, et après cette limite, *aussi longtemps que ses vivres le lui permettront*. Ah! si Wright, laissé au premier échelon d'une campagne qui ne pouvait réussir que si chacun observait la consigne, était sorti plus tôt de sa léthargie, que de désastres eussent été évités!

Cependant Burke, l'énergie en personne, poursuit son œuvre : il prend avec lui Wills, son second, Gray, et King, un ancien soldat, six chameaux, un cheval et des vivres pour trois mois : il ne veut point se laisser abattre, et part aussi irrévocablement résolu que par le passé à découvrir le rivage de l'Océan Pacifique. Le 16 décembre 1860, les quatre explorateurs, entrant dans la partie la plus ardue et la plus inconnue de leur tâche, sortent du camp de l'oasis : en traversant la rivière, en abordant sur l'autre rive, ils agitent encore les bras en criant à leurs camarades : « Attendez-nous, attendez-nous! » (*Voir la gravure, p.* 53.)

Et pourtant Brahe, Wright et leurs hommes revenaient sans Burke! Le premier avait longtemps lutté dans son camp contre les attaques sanglantes des Aborigènes; la chaleur était devenue épouvantable; il constatait à chaque heure le niveau de l'eau empestée, son unique ressource, qui baissait, qui baissait de plus en plus : il avait ainsi attendu quatre mois! Enfin plusieurs de ses hommes moururent; les survivants étaient minés par le scorbut, les provisions allaient manquer : il se décida à quitter son poste, à la dernière extrémité, affirme-t-il, à la fin d'avril. Il ne doutait plus que Burke ne fût mort : pourtant, à tout hasard, il avait laissé quelques provisions dans la cachette de l'oasis.

Comme il revenait, au bout de deux ou trois étapes, il rencontra Wright et sa troupe! Par quelle série de déplorables retards celui-ci arrivait-il *quatre* mois trop tard au rendez-vous fixé? Ces deux hommes, une fois réunis, ont comme un dernier remords : ils retournent ensemble à Cooper's Creek; mais n'y voyant de retour aucun de leurs camarades, ils disent adieu pour la dernière fois au désert qui les a sans doute ensevelis, et ils reprennent le chemin de Melbourne. C'est d'eux-mêmes que le jeune Howitt, en les croisant sur le Loddon, apprend ces tristes nouvelles! Il les envoie aussitôt à la ville, où elles soulèvent l'indignation de tous, et, quant à lui, il continue énergiquement sa route vers le Nord.

En un mois et demi il s'avance dans une contrée qui est toute différente de celle qu'avaient vue les premiers pionniers : là où les autres avaient trouvé des sables arides, il trouve des vallées inondées, et, à travers des prairies sans fin, il poursuit sa route jusqu'aux environs de Cooper's Creek; il voit écrit dans l'écorce d'un arbre ce mot « dig », qui signifie « creuse », et, en creusant la terre, il trouve la caisse en fer où Brahe avait laissé par écrit les motifs et la date de son départ, et... à ces papiers *il voit mêlés ceux de Burke* annonçant qu'il avait traversé le continent jusqu'à l'Océan Pacifique, et qu'il est revenu à Cooper's Creek! Voici ce que racontait l'infortuné explorateur dans le fragment de journal qu'il déposa au pied de l'arbre et grâce auquel une partie de la douloureuse énigme fut révélée au jeune Howitt et par lui à Melbourne.

C'était le 16 décembre 1860 qu'il était parti de l'oasis avec ses trois compagnons. Pendant près de deux mois, il avança rapidement, découvrant chaque jour des terres plus fertiles : la prairie éternelle succédait au désert de pierres; les arbres leur donnaient de l'ombre, des ruisseaux fréquents une eau courante. Les Indigènes le plus souvent fuyaient épouvantés devant eux; deux ou trois fois pourtant ils s'étaient laissé joindre et avaient donné du poisson séché aux voyageurs. Çà et là il y avait bien des lagunes d'eau salée, des collines de sable rouge, des espaces ravagés par je ne sais quels cataclysmes extraordinaires, et couverts de pierres amoncelées. Mais bientôt une haute chaîne de montagnes se dessina dans la direction du Nord : il les appela les « monts Standish », et à leurs pieds se déroulèrent devant lui une si belle nature, des forêts si vertes, des plaines si riches en végétation, arrosées de cours d'eau si vivaces, qu'il appela cette terre la « Terre promise ».

Après les émotions d'une découverte nouvelle à chaque heure, de passages accidentés de rivières, de luttes contre les Indigènes, contre les serpents, con-

Deuxième étape. — Cooper's Creek, 16 déc. 1860. — Burke laisse au centre de l'Australie les invalides de sa colonne avec des vivres destinés à les nourrir et à lui servir pour la route du retour. Il les quitte en leur criant : « Attendez-nous! » (*Voir p. 51.*)

Près de l'Océan Indien : ils hachent, ils grimpent, ils se débattent dans un dédale de racines au milieu desquelles la marée montante menace de les engloutir. (*Voir p. 55.*)

tre les nuées de rats qui les assaillent durant la nuit, ils sont entourés d'une végétation si touffue qu'ils ne peuvent plus se frayer une route qu'à la hache. Burke et Wills laissent leurs deux compagnons en arrière et s'aventurent à pied, sentant je ne sais quoi de salin dans l'air; brisés par la fatigue, abattus par la chaleur, ils luttent et avancent, jusqu'au 11 février, à travers les fourrés les plus impénétrables et les marais où ils enfoncent jusqu'aux épaules. Ce jour-là ils trouvent un canal de la mer, où ils s'arrêtent épuisés ; la marée par son flux et son reflux en inonde et en découvre tour à tour, sous leurs yeux, les berges sauvages, où les vénéneux palétuviers étendent leurs rameaux jusque sous les lames. Plus de doute, ce ne peut être que l'Océan Pacifique ! Après six mois de labeur, ils se sentent à quelques pas du glorieux accomplissement de leur grande mission. Ils hachent, ils grimpent, ils escaladent tous les points les plus élevés d'où ils pourront dominer l'horizon, mais ils retombent, harassés et énervés, dans les marais boueux d'où la mer s'est retirée le matin même, et où bientôt le flux de cette mer qu'ils ont tant cherchée, le flux qui monte, vient presque les engloutir. (*Voir la gravure, p.* 53.) Cet Océan qui manque de les faire périr, ils veulent à toute force le voir ! Mais cette consolation leur est refusée. Moïse du moins ne vit-il pas du mont Nébo la terre de Chanaan ! Mais, quant à eux, ils ont beau faire de surhumains efforts, ils ne peuvent se dégager des racines gigantesques des palétuviers, ni passer du marécage à la mer : la vue même de ces flots bleus était réservée à d'autres qui avaient assurément moins mérité de les voir.

Pourtant, au fond, leur but était atteint ; mais le spectre de la faim était là dans toute son horreur devant leurs yeux. Ils avaient emporté pour *douze* semaines de vivres ; ils étaient à moitié route, et *il leur en restait à peine pour cinq.* L'angoisse poignante que leur inspirait la disette grandissait chaque jour davantage, et la précipitation qu'elle causait dans leur marche de retour a dû hâter aussi, par son excès, la mort de leurs bêtes et leur propre épuisement. Des pluies torrentielles défoncent tellement les vallées, qu'ils risquent encore cent fois d'être engloutis. Le 6 mars, Burke est presque mourant pour avoir mangé un morceau de grand serpent qu'il a fait cuire ! Le 20, il commence à alléger la charge de ses chameaux qui ne peuvent plus avancer, et à jeter, par bête, environ soixante livres de ces provisions dont il craint tant de manquer. — Ainsi les navires envahis par les eaux jettent à la mer tout ce qui les charge, quel qu'en soit le prix ! Le 30 mars, les malheureux tuent un de leurs chameaux. Le 10 avril, c'est le tour de Billy, le cheval favori de Burke, et sur lequel il était parti de Melbourne. (*Voir la gravure, p.* 56.) Le 11, ils sont forcés de faire halte un quart d'heure pour attendre Gray, qui ne peut plus marcher ; la faim les exaspère tant que, malgré la générosité de leur cœur, ils en arrivent à rudoyer leur ami !...... Le pauvre Gray n'était pourtant coupable que de mourir de faim : quoiqu'on eût décidé de réserver la farine pour la dernière extrémité, il avait, quant à lui, trouvé ce triste moment venu, et il s'était caché derrière un arbre pour en manger un peu ! Comme les dernières souffrances incomprises de ce malheureux Gray durent revenir quelques jours plus tard à la mémoire de ses deux compagnons, quand ils se sentirent, eux aussi, à l'agonie!

Enfin, le 21 avril au soir, ils arrivent à l'oasis! ils n'étaient plus que des squelettes vivants ; ils appellent de la voix leurs camarades auxquels ils avaient tant dit : « Attendez-nous »... mais l'oasis est déserte, pas une voix humaine ne leur répond!... En cherchant, éperdus, ils voient bientôt inscrit sur l'écorce d'un arbre «dig», ce mot de tout à l'heure, ils fouillent : quelques provisions de vivres avaient été laissées par Brahe dans la caisse en fer, des papiers y étaient aussi, expliquant les motifs du départ, et ils

« Le retour fut une longue torture : le chameau ne pouvait même plus porter la charge des vivres, et il fallut tuer Billy. » (*Voir p. 55.*)

étaient datés..... *du jour même, du 21 avril au matin!*

Ainsi, après une course presque désespérée jusqu'à l'Océan et un retour plus désespéré encore, après avoir perdu ou mangé leurs chameaux et leurs chevaux, excepté deux, après avoir fait la plus grande découverte que puisse enregistrer l'histoire de l'Australie, ils arrivent à l'oasis à laquelle ils avaient tant rêvé dans leurs tortures, les hommes qui les auraient sauvés, *sur lesquels ils comptaient*, sont partis depuis sept heures seulement! (*Voir la gravure, p. 57.*)

Que devenir? Épuisés au point de ne pouvoir faire quelques pas, devaient-ils tenter, avec des bêtes demi-mortes, de suivre, pendant six cents kilomètres, une caravane bien montée et longtemps reposée? devaient-ils courir après le salut, à quelques milles en avant, sans avoir la force de jamais l'atteindre? Certes c'eût été le parti le plus sage, est-il facile de dire, quand on juge les faits une fois accomplis et que l'on n'est pas éperdu par des mois de torture. Mais Burke ne peut à cette heure raisonner de sang-froid : il se souvient qu'il y a près du mont Désespoir, à cent cinquante kilomètres de là, une «station» de moutons : celle-là au moins, se dit-il, ne fuira pas devant lui; après deux jours de repos, il entraîne donc Wills et King avec quelques provisions dans cette direction. Avant de quitter l'oasis, il dépose dans la caisse de fer le journal de sa décou-

« Ils arrivent exténués à l'oasis... et découvrent que Brahe l'a quittée... le matin même. » (Voir p. 56.)

verte, de son retour, journal dans lequel il déplore enfin l'abandon de son lieutenant et annonce sa marche vers le mont Désespoir.

Pour mettre le comble à tant d'infortunes, *pendant* que Burke, se traînant à peine et abîmé de douleur, perdait de vue l'oasis et se dirigeait vers l'ouest, Brahe et Wright, qui s'étaient rencontrés, comme vous vous en souvenez, le 23 avril, reve-naient à *cette même oasis*, poussés par le remords, pour s'assurer que personne n'était de retour : aussi légers qu'imprudents, ils ne songèrent pas à creuser dans le sable et à fouiller la cachette! S'ils l'avaient fait avec le moindre soin, ils eussent découvert le dépôt de Burke *daté du matin même* et appris l'itinéraire de sa route... Burke eût été sauvé! Mais non, ils se bornent à constater qu'à la surface de la terre toute chose semble dans le même état qu'à leur départ, et ils repartent sans plus ample examen, vers le Sud-Ouest, pour le Darling.

Ainsi deux fois de suite dans la même semaine, ces hommes qui se cherchaient, et dont la réunion eût mis une heureuse fin aux plus affreux supplices, s'étaient trouvés, sans le savoir, tout près les uns des autres, *dans un rayon de quatorze kilomètres* seulement, au milieu de l'immensité des déserts !

Pendant ce temps Burke, Wills et King, naturellement inconscients de la présence si rapprochée de ceux qui auraient dû être leurs sauveteurs, descendent la vallée du Cooper, emportant avec eux les maigres provisions de la cachette. Un chameau tombe de fatigue, ils le tuent et sèchent sa chair au soleil : le lendemain meurt la dernière de leurs bêtes de somme. A bout de ressources, ils se traînent jusque vers une tribu aborigène chez laquelle un tel spectacle fait taire les plus féroces instincts ; elle les prend en pitié et partage avec eux sa nourriture, une graine atroce, appelée « nardou », qu'ils mâchent à grand'peine et qu'ils ne peuvent digérer... Et ils vivent ainsi jusqu'au 15 mai.....

Tout d'un coup, par un réveil d'habitudes nomades, les Noirs s'enfuient et ne reparaissent plus. Ainsi, ceux dont les trois voyageurs avaient si longtemps craint les hostilités, mais qui étaient devenus leur providentielle ressource, les abandonnaient soudain sans motifs ! Alors, la nécessité les pousse à continuer leur marche vers le mont Désespoir, et à se traîner jusqu'au 24 mai sur une terre sablonneuse et brûlante. Ne découvrant rien sur l'horizon, ils tombent de fatigue

et renoncent désormais à cette dernière espérance. Vraiment le malheur les poursuivait, car depuis on a suivi leurs traces et l'on a trouvé que, s'ils avaient marché seulement un jour de plus, ils auraient vu la montagne... et, encore un coup, ils auraient été arrachés à la mort !

Le 27 mai, ils sont de retour à Cooper's Creek, vivant de nardou, cette graine dont la mastication les épuise et dont le suc ne les nourrit pas. « *Ils viennent,* écrivent-ils, *revoir l'oasis et mourir !* »... et ils enfouissent dans la caisse la relation, en quelques lignes, de leur dernière tentative. Combien de temps dura cette demi-mort, c'est ce que nous apprennent les mots tracés encore de temps à autre par Wills ou Burke et déposés, comme le testament de leurs dernières heures, dans la caisse en fer, au pied de l'arbre ! C'était pour eux comme une consolation d'écrire, presque dans leur agonie, des fragments de mots destinés à leurs concitoyens, et montrant tout ce qu'ils avaient souffert en vrais martyrs de l'amour de la science et des découvertes.

Le 20 juin, le nardou qu'ils broyaient ne les soutenait presque plus : deux lignes de Wills en ce jour disent « *qu'il est trop douloureux de se sentir abandonné, et que pour lui il ne peut plus durer* ». Le 22, il écrit « *qu'il se couche sur le sable pour ne plus se relever ; que désormais ce sera King, le plus valide, qui portera ses derniers adieux dans la cachette* ». Du 29 juin sont datés ses derniers mots tracés dans une lettre à son père, pleine de douceur et de résignation : « *Ma mort... ma mort est certaine d'ici à quelques heures, mais mon âme est calme !* »

Le jeune Howitt ne trouva plus, sous

l'arbre de triste mémoire, rien d'autre qui pût l'éclairer sur le sort de Wills. Était-il mort ou bien vivait-il? Où pouvait être son squelette desséché ou son corps râlant encore? Les derniers mots d'O'Hara Burke sont datés d'un jour plus tôt que ceux de Wills, du 28 juin : quoique faible et mourant, il voulait encore chercher la tribu des Noirs, son unique espoir de salut! Ses adieux portaient plus de vigueur, mais autant d'héroïque résignation : «*King survivra, j'espère; il a montré une grande âme : notre tâche est remplie; nous avons les premiers gagné les rivages de l'Océan..., mais nous avons été aband...* » Ce dernier mot n'était pas achevé, il n'eut pas le courage de l'écrire.

Ils avaient expiré sans doute, lui et les siens, et ils étaient restés sans sépulture après avoir fermé la tombe où étaient ensevelis leurs écrits qui dévoileraient les mystères du continent et qui témoigneraient de leurs douleurs surhumaines. Aucun autre vestige ne donnait d'indication. Quand Howitt était arrivé, la cachette était bien recouverte de sable. Dans toutes les traces confuses et répétées, marquées sur le sol, indiquant d'innombrables allées et venues du camp à la flaque d'eau, impossible de distinguer la dernière.

Howitt chercha dans toutes les directions environnantes, trompé chaque jour par des empreintes de pieds de chameau qui le ramenaient, par de longs détours, toujours à l'oasis, quand enfin le 10 septembre, au milieu des traces de pieds nus d'une tribu de Naturels, il trouve l'empreinte d'une chaussure! C'est pour lui un moment d'angoisse, et bientôt, découvrant au milieu des bois les feux des Noirs, il y arrive soudain et aperçoit un malheureux couvert de guenilles, une ombre d'être humain, faible à ne pouvoir se tenir debout, témoignant par des yeux étincelants une joie délirante, mais ne parvenant point à proférer un son !

C'était un survivant de la grande expédition ! c'était King, l'ancien soldat ! (*Voir la gravure, p.* 60.) Peu à peu la parole lui revint avec les forces, et il put alors raconter ce qui était advenu aux trois voyageurs, depuis le jour où il avait recouvert de sable la cachette, et où, pour tous en ce monde *excepté* pour lui, tout était resté mystère.

Le 28 juin, Wills à l'agonie l'avait supplié d'aller à la recherche des Naturels : il mettait en eux tout espoir de salut, il avait confié à Burke sa montre et un mot d'adieu pour son père, puis les trois amis, tant éprouvés par de communes tortures, s'étaient séparés douloureusement pour ne plus se revoir sur cette terre. Au bout de deux jours de marche, Burke tomba anéanti, demandant à son compagnon « *de ne le point quitter jusqu'à ce qu'il fût mort* », et de laisser ensuite sans sépulture son cadavre exposé au soleil des déserts dans lesquels il avait tracé la route de son siècle et trouvé la mort.

Le 29, il se sent fléchir pour la dernière fois sur le sol desséché : ses narines s'enfoncent dans le sable, il regarde la Croix du Sud, qui est le signe consolateur des mourants dans l'hémisphère austral, puis ses yeux s'éteignent, et il meurt en se débattant dans le sable du désert !

Le dernier survivant, tout éperdu, revint à la rivière sur les bords de laquelle il avait laissé l'infortuné Wills... qui était mort aussi, mais sans un ami pour lui fermer les yeux. King erra alors seul dans les bois, pleurant ses deux chefs ; enfin il retrouva la tribu hospitalière dont la nourriture le soutint plus longtemps qu'elle n'avait pu le faire pour ses deux compagnons. Howitt, guidé par lui, retrouva les deux squelettes que les Naturels avaient abrités et couverts de feuillage en signe de respect : à côté de Burke, à sa droite, était son revolver. Howitt enterra ses restes mortels dans l'Union-Jack, le pavillon national, la plus digne sépulture qui soit due à un brave, et après avoir récompensé les Naturels qui semblaient s'associer à sa douleur, il reprit le chemin de Melbourne, rapportant le

« Howitt retrouve parmi les noirs une ombre d'être humain, faible à ne pouvoir se tenir debout : c'était King ! » (*Voir p.* 59.)

journal et le *testament* des explorateurs.

Le 9 décembre de la même année, il repartait pour visiter de nouveau ces tombes solitaires, chargé par la colonie Victoria de rapporter les restes des deux héros australiens ; un an après, tous les habitants de Melbourne recevaient en deuil le triste cortége. Ils voulurent honorer par des funérailles publiques, d'une magnificence inconnue jusqu'alors, et par un monument élevé au centre de la cité, ces hommes morts à la fleur de l'âge en se dévouant pour leurs concitoyens. — Mais non, de tels hommes ne meurent pas tout entiers ; c'est à leur audace, à leur désintéressement, à leur dévouement et à leurs souffrances, que l'Australie doit son merveilleux développement d'énergie et de vie, de prospérité et

« Guidé par King, Howitt retrouve les deux squelettes de Burke et de Wills que les Naturels avaient abrités. » (*Voir p.* 60.)

de splendeur! Du Nord, du Sud, de l'Est et de l'Ouest, elle a eu ainsi ses hardis pionniers ; ils ont avancé dans l'inconnu et, le plus souvent, ils y ont succombé ; mais la route était ouverte par eux, et la colonisation, la richesse et la vie les ont suivis. Et, ne l'oublions pas, dans ce nouveau monde, où le désert est le champ de bataille, où l'explorateur est le soldat et l'apôtre de la civilisation, quand dix-sept hommes ont été en péril, une population d'un million d'âmes s'est levée pleine d'angoisse : pour les sauver, ce que peut la force humaine, la force héroïque, elle l'a fait.

Mais si la mort a triomphé de ces viriles tentatives, la ville née d'hier sait du moins honorer ses grands hommes, et nous, voyageurs et étrangers, pleins d'admiration pour leur histoire, ne devons-nous pas nous incliner devant ce deuil qui la couvre encore, et saluer en eux les créateurs d'un empire dont les destinées futures semblent aussi augustes que ses commencements sont extraordinaires?

V

MELBOURNE ET SES ENVIRONS

Quartier européen. — Quartier chinois. — Chasse au cerf. — Perruches et cacatois. — Récits sur la Nouvelle-Zélande. — Un ex-zouave nous porte secours.

13 juillet.

Nous continuons aujourd'hui à nous rendre compte de Melbourne, à visiter les établissements de bienfaisance, les écoles, les hôpitaux, les Chambres, que sais-je? Qui ne se croirait en Europe en parcourant les rues bien alignées qui mènent à ces édifices, et surtout en visitant ces édifices eux-mêmes? Mais non, je me trompe; chez nous, trop souvent, un espace rétréci, des constructions anciennes, des emplacements irréguliers, consacrés par l'usage, ont fait que la perfection des connaissances de notre époque n'a pu qu'améliorer ce qui existait déjà et en tirer le meilleur parti possible ; ici, du premier jet, depuis la fondation jusqu'à la dernière pierre, l'homme a tiré son cordeau sur un sol libre de toute entrave, a pu créer son œuvre sur les plans les plus parfaits qu'il a fallu des siècles pour acquérir et qu'il applique entièrement en un seul jour.

Toutefois, chaque chose en ce monde a les défauts de ses qualités, et cette ville semble être sortie de terre bien trop uniforme et rappelle trop nos nouveaux boulevards : ici manquent tout à fait l'art ancien et la variété pittoresque de quelques vieux quartiers, comme ceux que M. Haussmann n'a pas encore pu badigeonner chez nous. Mais ici M. Haussmann se serait bien ennuyé! Car avant de construire, il n'y aurait pas eu moyen de faire l'ombre d'une expropriation ni d'une démolition !

Le Parlement, où siégent la Chambre Haute et la Chambre Basse, a voulu être un petit Parthénon ; il a du cachet et du grandiose.

Je regrette bien que la session de cette année soit déjà terminée ; dans ces belles salles, dignes des représentants d'un peuple libre, on se dit des vérités et l'on fait vite les affaires. Pour une société qui s'étend tout d'un coup sur des milliers de lieues carrées, qui s'en partage l'exploitation rapide, qui couvre le sol de villes et en fouille les entrailles pour extraire des millions de lingots d'or, ce n'est point une sinécure d'être l'âme multiple qui discute et qui sanctionne les lois ; une salle remplie des « Parliamentary acts and reports » fait foi que les assemblées se sont vivement acquittées de la besogne.

Passer de la salle des Pas-Perdus, qui a répété, nous dit-on, les échos de bien des orages politiques, à un quartier où les accents les plus dissonants, les plus inconnus frappent nos oreilles, ce n'est pas une bien longue course. Nous voici dans le quartier chinois. Ces « Celestial gentlemen », comme on les appelle ici, sont des pantins affreux et se ressemblent tous ; quand on en a vu un, c'est comme si l'on en avait vu cinq cents ; jaunes comme du jus de tabac, criards comme des cacatois, odoriférants à faire fuir des rats, déguisés en dandies et en fashionables européens, ils rentrent leur longue queue de cheveux sous le collet de leur gilet, ce qui détruit tous leurs charmes. Du reste, à qui plaire ? Le gouvernement, qui a été obligé d'arrêter l'invasion des bandes chinoises pendant plusieurs années, se contente à présent de leur imposer une taxe et de leur interdire formellement d'amener avec eux leurs douces compagnes. Des Chinois, passe ! dit-il, mais des Chinoises, jamais !

J'ai peut-être eu tort de lever si vite ce lièvre chinois : c'est une question brûlante ; son apparition a effarouché les uns ; ils ont poussé des cris d'alarme, qui ont scandalisé les autres.

Les réclames dorées de la découverte des mines d'Australie, parvenues, quoique un peu tard, jusqu'à l'Empire du Milieu, avaient tout d'un coup arraché à leurs pagodes des milliers de Chinois : ils franchirent l'Océan, chargés pour tout capital du sac de riz qui devait les nourrir pendant la traversée, et ils inondèrent les placers.

Apre au gain, travailleur infatigable, sobre comme un ermite, « John Chinaman », avec la patience, la ténacité, la succion de l'insecte, réussissait à merveille à pomper la richesse du pays, et une fois son magot collectionné, il s'en retournait, l'un portant l'autre, dans l'hémisphère nord !

Qu'a fait la colonie naissante ? Elle a imposé à tout Chinois, le jour de son débarquement, une capitation de deux cent cinquante francs ; elle n'a permis sur les navires qui arrivaient de Chine qu'un « Celestial » par dix tonneaux de marchandises, et une fois sur les placers, elle a frappé chacun d'eux d'une taxe de douze francs cinquante par mois. C'était restreindre à grands coups l'immigration, mais soulever une vraie tempête politique.

Si la race blanche, disaient les uns, est venue, après d'innombrables périls et des dépenses énormes, planter son pavillon sur la terre australe; si sa colonisation pastorale a transformé des savanes en prairies fertiles qui rappellent les comtés de l'Angleterre ; si des hommes comme Burke, Sturt, Landsborough et Leichardt se sont sacrifiés pour l'ouvrir à la civilisation; si cette race a fait des routes, ouvert des ports, construit des villes et des chemins de fer, créé une magnifique organisation sociale, commerciale et politique, et fondé pour elle une seconde patrie à six mille lieues de la terre natale, est-il juste que, le jour où a pondu la poule aux œufs d'or, des milliers de Chinois viennent mettre la main sur la couvée et la disputer avec avidité?

Que l'élément chinois soit profitable aux populations « tagales » des Philip-

ENVIRONS DE MELBOURNE
Les « creeks » où nous avons chassé le cerf. (*Voir p.* 67.)

pines et aux races malaises de Java et de la Polynésie, soit! parce qu'il donne là une race métisse qui tient du père et qui fait des hommes plus intelligents, mieux bâtis et plus industrieux !

Mais en Australie, grâce à un climat vivifiant et à une vie qui engendre la force, voici la race anglo-saxonne qui prend ses plus beaux développements sur une terre vierge; voici une nation qui s'improvise et qui songe à l'avenir ;

mais la richesse vite acquise du mineur chinois forme trop de contraste avec la pauvreté de l'immigrante Irlandaise à peine débarquée. Aussi bon nombre d'esprits ont-ils estimé que ces hommes jaunes, petits, aux yeux en coulisse, à nez épaté, ne devaient pas devenir les heureux maris des blondes filles de l'Érin, et les pères bénis de toute une jeunesse bigarrée et bâtarde, parlant un langage demi-asiatique.

LIVRAISON 9.

Telles sont les considérations qui ont poussé les Chambres à restreindre l'invasion des Chinois; quant aux Chinoises, on a pris un parti plus radical, et on leur a catégoriquement refusé de débarquer en Australie.

Mais ne croyez point que cette sorte d'immigrants n'ait pas ses défenseurs zélés. Pour ces derniers, les lois de restriction ne sont autre chose que l'application de la fable du loup et de l'agneau : ce n'est point là l'hospitalité de la race anglo-saxonne, c'est une tyrannie égoïste qui fait tache sur la terre de la liberté, et la race la plus éclairée ne doit point exclure d'une commune moisson une race pauvre qui vient laborieusement glaner avec elle.

Il était assez piquant, je vous l'assure, de visiter ce quartier avec deux hommes dont l'un était un chinophile et l'autre un chinophobe; mais, pour ma part, ce dernier m'a convaincu, et je comprends qu'il ait à cœur de voir pure de toute tache cette population qui s'élève, la première qui soit née sur ce sol, de voir un régime de protection assuré à ces hommes malheureux, à ces familles éprouvées, qui ont eu le courage de quitter l'Europe pour venir chercher, je ne dis pas fortune, mais leur pain de chaque jour sur cette terre lointaine, dans les paisibles travaux des champs ou dans l'aventureuse recherche de l'or. « Pourquoi, concluait-il, ceux-là récolteraient-ils, eux qui n'ont pas semé? »

Excepté pour les Chinois, rien de plus libéral, du reste, et de plus hospitalier que la colonie de Victoria. Que l'immigrant soit Français, Italien ou Américain, il y est appelé aux mêmes droits et à la même indépendance que les Anglais.

Ces derniers font ici plus des dix-neuf vingtièmes de la population ; puis viennent les Allemands. — Quant à nous, nous y soutenons noblement notre réputation de cuisiniers, de perruquiers et de modistes! Ce n'est que par eux que l'on connaît ici le nom français! « Comment se fait-il, nous disait-on, que jamais un homme bien posé ne vienne ici? Regardez pourtant tous les hommes distingués d'Angleterre qui ne nous dédaignent pas ! »

Le drapeau tricolore y jouit cependant d'un grand prestige, non pas qu'on parvienne souvent à le voir flotter sur la poupe des navires de la rade, mais parce que chaque malle d'Europe apporte ce je ne sais quoi de fougueux et de brillant qui est le propre de notre nation. — Oui, on a ici une haute idée de la France, et cela nous réjouit l'âme! En revanche, voici les hommes politiques et responsables de cette terre libre, libre jusqu'à l'illimité dans sa presse, dans ses Chambres, dans ses réunions, et ils nous demandent de leur expliquer ce que c'est que les candidatures officielles, les ministres non responsables, les premiers et derniers avertissements, les suppressions de journaux, la prison préventive, les prohibitions de « meetings ». — Bref, toute notre litanie nouvelle et le *De profundis* de nos libertés sont de l'hébreu pour eux; je le comprends, et je ne connaîtrais que des arguments chinois pour leur répondre.

14 juillet.

Aujourd'hui, que le baromètre et le chronomètre restent au repos! Je vais en tenue dès le matin à une chasse à courre, une chasse au cerf, pour laquelle le capitaine Standish m'a donné un magnifique cheval. — Le rendez-vous est à sept milles de Melbourne, et je ne pouvais croire, à l'aspect de toute la route, que j'étais en un pays sauvage encore il y a quinze ans : il me semblait que je me rendais à Epsom, aux « Surrey Stag Hounds », à voir sur cette grande route animée tant de phaétons légers et de voitures à quatre chevaux. Nous sommes plus de cent cinquante cavaliers au départ : des habits rouges, des amazones, des enfants sur des ponies. Quant au cerf, il avait pris l'expérience des voyages en doublant le cap de Bonne-Espérance : il venait en effet d'Angleterre, et, tout comme dans son pays natal, un quart d'heure avant l'arrivée des chiens, on ouvrit les portes d'une caisse fixée sur des roues dans laquelle il était enfermé. N'est-ce point surprenant de voir que partout où s'établissent les Anglais, que ce soit à Gibraltar, au cap de Bonne-Espérance ou en Australie, ils apportent avec eux les usages et les plaisirs de leur première patrie?

Ils ont leurs Joutes de Cricket comme leurs meutes pour le Cerf et le Kanguroo, et bien des équipages des comtés d'Angleterre les plus renommés pour le sport leur envieraient, je crois, le choix de leurs chiens, l'adresse de leurs chevaux, et le brillant de leurs cavaliers, qui se disent, non sans raison, les premiers « steeple-chasers » du monde. — Nous voici lancés : galopade effrayante dans des prairies, des champs de blé, des lagunes coupées de crevasses ; la chasse va un train d'enfer ; les obstacles se succèdent sans qu'on puisse reprendre haleine ; ils sont innombrables, grand Dieu ! et hauts à faire frémir ! Ceux de l'Irlande, que j'ai vus de près, ne supportent pas la comparaison avec ceux-ci qui s'élèvent entre deux fossés fort profonds et qui se composent de trois et quatre grosses poutres d'un pied de large et de haut, taillées à quatre faces régulières, étagées à intervalles. Aussi faut-il les franchir lestement ou se briser soi-même. — Quant à moi, je le confesse, je crois avoir eu rarement si belle occasion de sentir mon cœur battre et de vider les arçons ; un peu de bonheur, et ma bonne étoile, qui est de tous les hémisphères, m'ont permis de courir ventre à terre, pendant une heure et demie, par-dessus cette jolie pépinière d'obstacles sans me rien casser ! Il n'en a pas été de même du pauvre cerf, qui s'est cassé la jambe au fond d'un ravin, où tous les « habits rouges » sont arrivés en descendant une pente terrible.

Le maître d'équipage eut l'amabilité de m'inviter le soir au dîner du « hunt », au club, où tout était servi avec le luxe que vous pouvez imaginer chez les heureux de la terre de l'or ; c'était bien le type de ces dîners de chasse anglais, pleins de verve et d'entrain et d'où sont exilées les carafes d'eau pure. Que de sujets sont venus sur le tapis, depuis Paris, ses spectacles, ses beautés, jusqu'aux savanes, aux kanguroos et au pôle sud !

Le récit de la Joute de Cricket qui a eu lieu il y a deux ans est venu à son tour : les « onze champions » d'Australie ont combattu en champ clos contre les « onze » d'Angleterre, qui s'étaient embarqués et avaient fait six mille lieues pour venir jouer ici une *partie de cricket*. — C'est vraiment par trop fort ! Une fois leur partie gagnée, les onze d'Angleterre, après s'être vus cordialement fêtés par les vaincus, s'en sont retournés par le cap Horn, comme s'ils avaient fait la chose la plus ordinaire du monde, avec un billet d'aller et retour pour les antipodes.

Dimanche 15 juillet.

Les cloches, dès le matin, sonnaient leur gai carillon, et les hymnes sacrées de la vieille Europe nous allaient droit au cœur. Non-seulement la nef de l'église catholique était toute pleine, mais un grand nombre de fidèles étaient encore à genoux en dehors des portes. — Il y a beaucoup de catholiques à Melbourne : l'évêque dirige en ce moment les travaux d'une grande cathédrale, à demi terminée, pour laquelle les Chambres, nous dit-on, ont voté une très-forte

Cacatois blanc à crête jaune, aussi commun en Australie que les corbeaux chez nous.

somme d'argent. — La question des cultes sur cette terre de la liberté doit être bien intéressante ; je vais me mettre en quête de renseignements, et, dès que j'aurai des données, je vous les enverrai dans ma prochaine lettre.

Un dimanche passé dans une ville australienne est aussi triste et aussi morne que dans une cité anglaise : et ce n'est pas peu dire! Les grandes artères sont désertes ; on y entendrait une mouche voler ! Le vent seul siffle dans les jolis arbres des Fitz-Roy Gardens, le petit bois de Boulogne austral, où l'autre jour, mais non aujourd'hui, un gai concert en plein air nous charmait tous ! Ah! mes amis, où sont donc nos joyeux dimanches de France?

16 juillet.

Un bon cheval et une carriole, des fu-

« Notre plomb blessa un cacatois qui appela, en se débattant, les autres au secours. » *(Voir p. 72.)*

sils, des bottes et des munitions, voilà notre affaire ; et avant le jour nous partons, le prince et moi, pour aller à onze lieues d'ici courir dans des bois qu'on nous dit remplis de perroquets ! Faire mon *ouverture* de perroquets, c'est comme un rêve magique pour moi ! Je n'en ai pas dormi, croyez-le bien !

Notre route est une voie trois fois large comme les nôtres, tracée toute droite vers le Nord : elle est flanquée de chaque côté d'espaces à demi entretenus, destinés aux voyages des troupeaux ; le sol est rougeâtre et plutôt sablonneux. — Voici que nous rencontrons bientôt environ trois cents bœufs ; ils viennent de l'intérieur, pour approvisionner Melbourne, ses faubourgs et les navires de la rade. Trois hommes à cheval les guident : la longue barbe de ces conducteurs, qui me paraît tout à fait nationale en Australie, leur haute stature, leurs grandes bottes et leur vaste chapeau de feutre biscornu, leur donnent un farouche aspect de bandit. — Dans les prairies entrecoupées de bois galopent des troupeaux de chevaux : ils sont tous de race anglaise et répandus ici à profusion ; il faut en vérité qu'il y en ait un bien grand nombre, car nous rencontrons successivement quatre ou cinq bûcherons s'en allant à leur ouvrage au petit galop sur leur monture : celui-ci porte sa cognée, celui-là sa serpe, un autre une scie (*voir la gravure, p.* 72), un quatrième une marmite.

A midi nous sommes au village qu'on nous avait indiqué. Il a nom Dandenong, et se compose de quatre maisons en bois. Vite nous chargeons les fusils, recrutons un brave Irlandais tout roux et père de huit enfants ; nous obtenons qu'il nous guidera dans les bois et les prairies pour tuer des perroquets, sans enfourcher un de ses chevaux, ce qui l'étonne considérablement. « Aller à pied », cela lui paraît vulgaire, même à la chasse à tir.

Ce fut alors une course pleine d'émotions au milieu des prés et des bois de cette vallée sauvage. J'ai vu là les arbres à gomme rouge dans toute leur splendeur, et ils m'ont rempli d'admiration : je n'ai jamais contemplé en Europe des troncs aussi gigantesques et des branches aussi étendues.

La forêt sauvage, des ravins avec des *fougères-arbres trois fois plus grandes que l'homme*, des troupeaux de bœufs et de chevaux qui paissent sans gardien sous les bois immenses, des arbres séculaires, arrachés et amoncelés par les tempêtes, des troncs pourris par la racine menaçant de tomber, des traces des feux que les Naturels ont allumés à leurs pieds : ah ! je ne puis vous dire assez ce qu'il y a de saisissant dans cet ensemble ! Nous grimpons aux roches, nous passons des ruisseaux, à cheval sur des troncs d'arbre, nous courons comme des fous après de délicieuses perruches ! Sans notre brave Irlandais, nous nous serions perdus cent fois. — Mais que c'est joli à voir voler au soleil ces bandes de perruches qui poussent des cris perçants ! Quelles admirables couleurs ! Vingt, trente, cinquante s'envolent à la fois et disparaissent comme un dard ! Tout à coup un ramage effrayant se fait entendre au loin : nous y courons. Plus de trois à quatre cents cacatois blancs se disputaient par terre les graines de leur repas du soir ; ils étaient à une demi-lieue de nous. Ce qu'était le ramage étourdissant de ce congrès d'oiseaux criards, dont la moitié faisait le guet, tandis que l'autre, comme sur une grande nappe blanche, piquait du bec dans le gazon, jamais vous ne pourrez l'imaginer : malgré une marche savante et tournante, à quatre pattes et à plat ventre, au milieu du fourré, des herbes et des roches, nous eûmes grand'-peine à nous rapprocher; notre gros

« Nous rencontrons un bûcheron s'en allant, suivant la mode du pays, à cheval à son travail. » (*Voir p.* 71.)

plomb pourtant décrocha un cacatois, qui, secouant sa crête jaune, appela en se débattant les autres au secours (*voir la gravure, p.* 69). Un *tolle* général de la gent criarde lui répondit : elle volait à cinq portées de fusil au-dessus de notre tête, en chantant avec fureur l'hymne de deuil de notre magnifique victime.

La soirée vient trop vite; nous rentrons dans une de ces quatre maisons en bois qui semblent perdues sous les grands arbres : une d'elles est une petite auberge, où une brave femme nous fait un fricot, et nous dînons fort gaiement. J'ai la chance de tomber après dîner sur un livre des plus drôles : ce sont les impressions de voyage d'un Australien en Europe. Le bonhomme en débarquant en

« Mais de cygnes noirs... pas même l'ombre. » (*Voir p.* 75.)

France décrit les naturels des campagnes et des villes tout comme nous décrivons les Chinois. Il y a là une bonne dose d'originalité. En dépit de cette lecture attrayante, la nuit me paraît interminable !

Sont-ce les cris des cacatois qui me poursuivent, ou sont-ce les parents du cancrelat occis pour s'être promené autour du rôti, à la fin du dîner, qui auraient sur moi vengé sa mort ?

Le lendemain les étoiles brillaient encore quand nous étions déjà au fond des bois et dans l'eau jusqu'aux genoux. Messieurs les perroquets, rouges, écarlate, bleu clair, verts, orange ou lilas, se réveillent aux premiers rayons du soleil, mais ils sont farouches et se sauvent aussi vite que la dernière ombre de la nuit. Il y en a de telles myriades qui crient de tous côtés, il y a des arbres si couverts de perruches tigrées et de vrais moineaux verts qui en pendent comme des grappes, que nous fîmes encore une chasse dont les joies m'ont complétement tourné la tête ; nous rapportions le soir à Melbourne le plus joli trophée que l'on puisse voir, et dont on aurait pu faire une délicieuse aquarelle. Quatre-vingt-cinq pièces en tout ! des grues bleues, des cacatois blancs, mais surtout des perroquets et des perruches, dont les couleurs vives et étincelantes, depuis le grenat jusqu'à l'azur, font de vrais bijoux. Singulière chose, que « leur ramage ressemble si peu à leur plumage » ! Tandis qu'en Europe les bois résonnent du chant harmonieux des oiseaux et que le rossignol vous ravit avant l'aurore, ici les cris les plus aigus et les plus discordants forment une musique criarde. Mais aussi, pour les consoler, la nature ne leur a-t-elle pas donné la plus éblouissante des parures ?

18 juillet.

Journée officielle : visites rendues à l'évêque, au maire, aux consuls ; ce soir nous avons grand dîner chez le Gouverneur, brigadier général Carrey, « un soldat toujours heureux », revenu le matin d'une tournée de six jours dans l'intérieur ; les ministres étaient là, ainsi que les hauts fonctionnaires de la colonie, et, de plus, beaucoup de dames en grande toilette au milieu des uniformes rouges à galons dorés de l'état-major. — C'est réellement notre première rentrée dans le monde civilisé : après trois mois de vie maritime et solitaire qui donnent à l'âme je ne sais quoi de timide, il me semblait que je sortais alors ébahi d'un rêve ; tout ce que cette impression a de nouveau et de bizarre, ceux-là seuls peuvent le comprendre qui ont connu les longues solitudes sur mer ! Mais dans ce salon, la conversation s'anime vite, et l'intérêt ne chôme pas. Je suis aussitôt frappé de tout ce que nous racontent les officiers revenant de la Nouvelle-Zélande, où ils ont fait de longues campagnes. Le général y a commandé avec gloire, et des aquarelles jetées sur le papier entre deux batailles nous font passer en revue tous les sites des îles d'Eaheinomauwe et de Tavia-Poonammoo. — Le dernier arrivé de ces parages est un jeune officier à la figure martiale, le colonel Tupper, qui a voulu venir au dîner quoiqu'il se fût cassé la jambe il y a un mois à la chasse à courre ; cette jambe, il l'avait cassée deux mois auparavant, aussi à la chasse à courre, et cette fois-là c'était déjà un cas de récidive ! Vous le voyez, les chutes de cheval viennent dans la hiérarchie des chances d'avancement, en Australie, encore avant les flèches des sauvages ! Cet officier m'a raconté sur la Nouvelle-Zélande les choses les plus curieuses ; il m'a montré, dans les trophées de la salle d'armes, des haches de pierre, des lances empoisonnées, des costumes *complets* de dames et de demoiselles, c'est-à-dire des colliers et des boucles d'oreilles ; les Maoris sont, paraît-il, des hommes magnifiques, guerriers dans l'âme, coureurs agiles, accessibles aux sentiments d'honneur et très-amateurs de côtelettes humaines ; un prisonnier pour eux représente un rôti ; la cuisine y est un art; et des pierres chauffées à blanc, un fourneau économique ; l'entre-côte humaine ne se cuit qu'entre deux couches de plantes aromatiques, et seulement quand elle est faisandée. — Ces fêtes-là ne sont pas *encore* de celles qu'on nous propose : on voudrait d'abord organiser les bals les plus brillants, mais notre deuil nous les fait refuser.

22 juillet.

Nous voici de retour d'une nouvelle expédition de chasse : le capitaine Standish nous a emmenés à Snapper Point; c'est le cap extrême qui ferme la baie de Port-Philipp du côté de l'Est et qui la sépare de l'Océan Austral; nous y avons été par terre, tantôt en longeant la plage, tantôt à travers les grands bois sauvages, tantôt enfin sur les rochers qui dominent la mer. Un vilain serpent, un ancien matelot qui était déjà ici en 1840, ce qui est l'époque mérovingienne de la colonie, — et qui, pour se consoler de richesses perdues au jeu, chasse les phoques; enfin beaucoup de perruches ravissantes, telles furent nos rencontres pendant toute la journée qu'il nous fallut pour gagner la pointe.

Là est un brave insulaire qui possède une dizaine de lévriers d'Écosse acharnés contre le kanguroo. Le jour suivant, nous nous engageâmes avec lui dans la forêt (où il serait certes bien facile de s'égarer), en galopant par-dessus les troncs d'arbre dans les hautes herbes. (*Voir la gravure, p.* 76.) Nous étions convenus que celui qui tirerait trois coups de revolver annoncerait ainsi aux autres qu'il se sentirait perdu. Nous avons suivi ventre à terre la bande des lévriers; mais la chasse a été si vite au milieu du fourré et d'une sorte de jongle, que nous n'avons tous vu qu'une fois morts les trois kanguroos de petite taille que les chiens forcèrent. On se fait terriblement casse-cou dans ces belles galopades, qui inspirent un charme inconnu, semblable à une sorte d'ivresse. On voudrait toujours les percer plus avant, ces forêts sans fin, dont chaque temps de galop soulève un voile mystérieux.

En rentrant au petit village, les colons, nous voyant passionnés pour la chasse, nous annoncent une grande nouvelle : « A deux lieues d'ici, il y a un étang enfoncé dans les bois; de là, depuis trois jours, aux rayons du soleil levant, on voit s'envoler des bandes de cygnes noirs qui reviennent y coucher à la nuit. » Nous dire cela, c'était mettre le feu aux poudres; à quatre heures du matin, le 21, par une obscurité complète, nous nous acheminons sur une grève rocheuse, vers le ravin désigné ; plus nous approchons, plus nos précautions sont grandes; silence, battements de cœur, marche sur la pointe des pieds, et tout cela dans un terrain antédiluvien ! Les deux lieues sont faites, la nuit s'évanouit, l'aurore paraît. Le soleil de neuf heures brille... mais de cygnes noirs, pas même l'ombre! (*voir la gravure, p.* 73) c'était un bel et bon canard, et de ces canards qu'on ne tue pas.

Dans notre route de retour, un de nos chevaux faillit nous faire faire une pirouette de trois cents pieds, du haut d'une corniche qui dominait la mer; pris d'une folle panique, il reculait éperdument, et l'abîme était à dix mètres derrière nous.

Un homme vient à notre secours; il se cramponne hardiment d'un seul bond au cheval qui menace de nous briser tous ou de nous noyer; son poignet de fer le secoue à tout rompre; il lutte et se donne du cœur en lançant un sonore juron : c'est un Français! Ancien soldat d'Afrique, couvert de cicatrices sur la figure et sur la poitrine, il parle bientôt de ses campagnes : « J'ai fait la guerre pendant « sept ans sous le drapeau tricolore, et huit « fois j'ai été blessé. Puis j'ai passé au ser« vice d'Abd-el-Kader, mais, vu que je n'ai « pas eu comme lui le grand cordon de la « Légion d'honneur, je suis parti mou« rant de faim, et je suis venu ici gratter « la terre pour y trouver de l'or. » — C'était, il faut l'avouer, une curieuse rencontre.

« Nous nous engageâmes dans la forêt en sautant par-dessus les grands arbres. »
Gravure d'après une photographie. (Voir p. 75.)

VI

LES MINES D'OR

Aspect étrange de Ballarat. — Un lingot de 184,000 francs. — Un théâtre aux mines. — Traitement des filons de quartz aurifère. — Puits creusés dans les sables d'alluvion. — Orpailleurs à la superficie. — Port de Geelong. — Ravages des lapins importés.

23 juillet.

Nous partons, nous aussi, pour les mines d'or; elles sont à cent cinquante kilomètres de Melbourne. Cette route qui mène à tant d'illusions et à tant de richesses, que des milliers d'hommes firent à pied, souvent sans chaussures, avec une tente et une pioche pour tout avoir, et

Le point appelé depuis Ballarat, où a été découverte la première pépite d'or, et sur lequel a été construite la ville de Ballarat. (*Voir p. 70.*)

qu'ils refirent peu de temps après portant sur eux les sacs pleins de la poudre d'or que le travail de leurs mains avait gagnée, cette route, au terme de laquelle tant de joueurs virent la fin de leur fortune, tant de malheureux celle de leur misère, ne porte-t-elle pas inscrites à chacune de ses bornes les dates les plus émouvantes de l'histoire de l'Australie?

Aujourd'hui une ligne ferrée rejoint Melbourne à Ballarat, et en quatre heures on passe de la ville commerçante à la ville aurifère. Nous traversâmes donc avec la rapidité de la vapeur les prairies fertiles qui entourent Melbourne comme une vaste ceinture, puis les bois d'eucalyptus dont les locomotives viennent chaque jour troubler les échos. Nous croisons de temps en temps les méandres de la route ancienne, encore poudreuse, mais déserte aujourd'hui. Nos compagnons nous racontent tous les souvenirs qu'elle fait revivre en eux : c'est le 10 juin 1851 que la première parcelle d'or fut découverte dans le lit d'un ruisseau tributaire du Loddon; le 20 juillet, au mont Alexandre; le 8 septembre, à Ballarat! (*Voir la gravure*, p. 77.) Vingt mille personnes en un mois, cent cinq mille en une année, se ruèrent toutes haletantes par ce chemin vers les collines fortunées dont il suffisait de fouiller la surface pour ramasser des trésors : ce que devait être l'aspect de la route où une foule anxieuse courait à la recherche de l'or comme chez nous on court au feu, qui peut l'imaginer?

Mais tout à coup notre attention est éveillée par un changement étonnant dans la nature qui se déroule devant nous. La grande ombre des forêts semble dissipée par un coup de foudre; la verdure des prairies est morte; les troncs immenses des arbres sont abattus par la main de l'homme, amoncelés en désordre, gisants sur un terrain bouleversé; la vallée est grattée, lavée, torturée (*voir la gravure*, p. 81); c'est un dédale de travaux, un chaos de fouilles infernales, et çà et là, dans cet ensemble vertigineux, de grands tuyaux, par des convulsions poussives, vomissent la vapeur; des cloches sonnent, des roues de fer s'engrènent et crient, des pompes gigantesques crachent des eaux bourbeuses, et une fourmilière humaine s'agite! c'est Ballarat. La recherche de l'or a fait ici une vallée d'un aspect diabolique. Je ne connais rien qui puisse frapper à un plus haut degré l'imagination de celui qui ne s'est jamais figuré ce que l'homme peut tenter dans ses fiévreux travaux, pour arracher l'or des entrailles de la terre. C'est Ballarat, où un pauvre ouvrier sentit un jour sa pioche enclavée dans un bloc solide qui n'était autre qu'un lingot d'or, pesant 2,600 onces, et valant 260,000 francs. C'est dans cette vallée et sur ces collines torturées que les hommes ont récolté une moisson d'or égale à leurs ravages, près de *quatre milliards de francs*.

Ici il n'y eut pendant bien des années qu'un camp immense; les faubourgs sont composés de tentes éparses où viennent bivouaquer les derniers arrivants. Mais la ville proprement dite est une fidèle image de Melbourne; c'est une ville qui compte trente mille âmes et treize années d'existence; elle a de belles maisons et de grandes rues; le jour elle est sillonnée de voitures, le soir éclairée au gaz; elle est remplie de clubs, de théâtres, de bibliothèques, de banques; le mineur enrichi s'y promène paisiblement; plus de revolvers, plus d'attaques nocturnes, plus de scènes sanglantes sur les tables de jeu. Çà et là de nombreux groupes d'hommes couverts de boue et ruisselants de sueur sortent de terre pour prendre leur repas; ce sont les chercheurs d'or qu'emploient de grandes compagnies; les galeries qu'ils percent à cinq cents pieds sous terre s'étendent sous toute la surface de la ville. On a construit ces centaines de maisons le plus près possible des veines aurifères; mais je ne m'étonnerais pas s'il fallait bientôt démolir toute la ville pour suivre les nombreux filons sur lesquels elle repose, et qui, après avoir été la cause de sa naissance, seraient devenus bien vite la cause de sa destruction.

Tous ici nous racontent le singulier spectacle que présentait Ballarat, il y a dix ans, au moment où la fièvre de l'or était à son paroxysme et où se trouvaient réunis tous les mineurs qui, depuis, se sont disséminés vers les innombrables centres de mines que les années ont fait découvrir: les pépites d'or se trouvaient à la surface du sol, mêlées à un gravier poudreux qu'on lavait le long des ruisseaux; des groupes d'hommes couraient d'une vallée à une autre, dès qu'ils apprenaient la découverte de trésors nouveaux, et, une pioche dans une main, un revolver dans l'autre, chacun allait glaner la poudre d'or! Les uns gagnaient souvent sept et huit cents francs avant leur déjeuner, mais ce repas, il fallait le payer cent francs!

Un cordonnier me racontait qu'il passait sa matinée à gratter la terre et à laver l'or : souvent il trouvait ainsi trois ou quatre cents francs en quelques heures. Puis il se mettait à faire des bottes et il les suspendait à un pieu devant sa tente. Arrivaient bien vite des groupes de mineurs, la ceinture pleine de lingots, mais les pieds sans chaussures : les bottes étaient mises à l'enchère : chacun sortait de sa poche des pincées de poudre d'or, et encore quatre ou cinq cents francs, pour une seule paire, venaient enrichir l'adroit ouvrier!

Le soir, ceux qui avaient la tête un peu chaude se réunissaient sous quelque tente, ou à l'abri de planches clouées en désordre: là, à la lueur d'une torche blafarde, on jouait avec frénésie : la poudre d'or à peine lavée était la monnaie courante; les mineurs jetaient leurs enjeux à pleines poignées, et les heureux amassaient en une nuit tout le fruit de bien des heures de travail!

Les plus sages, les enrichis de la veille, serraient leurs lingots dans leurs ceintures, s'en allaient en silence coucher sous une tente étroite, dans quelque enfoncement de la vallée, — un demi-millionnaire sous la tente et dans la boue! Souvent il devait passer la nuit sans sommeil, tenant le doigt sur la gâchette de son revolver et faisant feu sur les maraudeurs qui connaissaient ses richesses.

Comme je me trouve ici avec un grand nombre de personnes qui ont mené pendant plusieurs années cette vie émouvante, qui me montrent les lits des ruisseaux où elles ont fait les plus belles découvertes de lingots ou de paillettes, il me semble, à les entendre, que je vois toutes les péripéties, les agitations, les entraînements de cette époque où tout tenait du vertige! L'or a quelque chose de fascinant qui fait comprendre les désordres et les scènes sanglantes de ces milliers de joueurs enivrés, qui amassaient des trésors à l'envi l'un de l'autre.

La première chose que j'ai vue à Ballarat est un lingot trouvé dernièrement par un simple mineur et acheté par un banquier qui nous reçut le plus aimablement du monde. Ce lingot d'or pur pesait 1,830 onces (184,000 francs). C'est un bloc qui semble torturé et ondu-

« La recherche de l'or a fait ici une vallée d'un aspect diabolique : c'est un dédale de travaux, un chaos de fouilles. » (*Voir p.* 78.)

leux : ses formes arrondies ne sont brisées que par les coups de pioche de l'heureux mortel qui le découvrit : la pioche est encore là, religieusement conservée et gardée en trophée, comme ces épées qui ont glorieusement fini leur temps. Eh bien, le croiriez-vous, cet homme est ruiné aujourd'hui : en quelques mois il a tout joué et tout perdu ; il travaille au service des grandes compagnies, avec un

LIVRAISON 11.

modeste salaire, et désormais s'il trouve encore un trésor, ce ne sera plus pour lui.

Dans cette même banque, nous vîmes apporter des sacs de pépites d'or que des commis entassaient dans les coffres ; d'autres faisaient fondre les paillettes sur un feu ardent, et, tout ruisselants devant les casseroles remplies de l'or en fusion, ils enlevaient avec une cuiller l'écume impure qui en couvrait la surface ; d'autres enfin passaient de balance en balance des blocs de ce précieux métal, coulé dans des moules oblongs et frappés au coin : se sentir 12,000 francs, 25,000 francs d'un seul morceau dans la main, et se jeter l'un à l'autre ce bloc comme les briques que se lancent nos ouvriers, voilà leur constante occupation.

Avant la nuit, nous avons encore visité la ville chinoise, dont une odeur nauséabonde nous repoussait au premier abord : le spectacle était plus pittoresque. Les Chinois ici sont déguisés en Européens, ce qui leur donne tout à fait l'aspect de singes habillés en hommes : ils se carrent en véritables « dandies », fumant de gros cigares et remplissant les rues de leurs cris aigus ; ils ont aussi leurs banques, décorées d'enseignes écarlate, où chaque soir, après avoir glané comme Ruth la Moabite dans les champs du riche Booz, ils viennent verser ce qu'ils ont découvert dans les terres déjà vingt fois lavées : ce sont les chiffonniers des placers.

Ce soir, on donnait au Théâtre Colonial les *Pirates de la savane*; la salle, remplie de mineurs sortant des galeries souterraines en costume de travail, était à mon avis plus pittoresque encore que la scène ; c'était un public fiévreux, en grandes bottes et en chemise de flanelle rouge, couvrant d'applaudissements une enfant, jeune et jolie actrice italienne, dont la timidité contrastait singulièrement avec ces spectateurs rudes et farouches.

24 juillet.

Nous partons de bonne heure avec plusieurs ingénieurs et de grands propriétaires de mines ; nous devons voir avec eux les *trois* genres d'exploitation : le *travail des filons de quartz*, le *travail d'alluvion*, le *travail à la surface de la terre*.

Une grande colline domine Ballarat : elle s'appelle le Black-Hill, « la colline noire », quoiqu'elle soit toute blanche ; un de ses mamelons est complétement coupé : la main de l'homme en a passé au tamis toutes les parcelles, et en quelques années il a été peu à peu, mais en entier, transporté à deux cents mètres de sa position première ; des tranches de soixante mètres de haut sont taillées dans le Black-Hill comme dans un gâteau, et des orifices immenses laissent voir le jour de part en part. Après avoir escaladé les remblais successifs de quartz broyé qu'on a rejeté du sein de la colline, nous nous trouvons à l'entrée des galeries qui la sillonnent à l'intérieur dans tous les sens.

Chacun porte une bougie en main et doit marcher tout voûté dans une atmosphère viciée, humide et étouffante. Nous nous laissons glisser à de grandes profondeurs, le pied passé dans la bague d'une corde, et peu à peu nous nous habituons à la vue de l'abîme. (*Voir la gravure, p.* 85.) Vraiment, quand on plonge dans ces galeries et dans ces puits, on est tenté de croire que c'est l'enfer : cette obscurité, l'odeur de la poudre, le rauque tonnerre de la mine qui éclate, ces hommes courbés, demi-nus, ruisselants, travaillant le roc sonore à la lueur d'une torche, tout est d'un aspect saisissant. — Du moins, si c'est l'enfer, est-ce l'enfer des riches! L'or brille à nos yeux en veines scintillantes, incrustées dans le quartz que les mineurs font sauter avec la poudre. Aussitôt une veine découverte, on la suit opiniâtrément dans ses écarts : elle varie en épaisseur d'un demi-pouce jusqu'à vingt et cinquante pieds, et en richesse de 500 francs à 25,000 francs le mètre cube, mais sa direction est constante; elle est l'esclave du méridien magnétique, et s'enfonce dans l'intérieur de la terre presque toujours avec une inclinaison de onze degrés.

Nous avons suivi dans leurs moindres détails ces filons aurifères : le plus riche n'avait guère que deux pieds carrés de section, mais l'ingénieur nous dit que, depuis deux jours, il rendait 225 onces, 22,500 francs à la tonne, ce qui est, paraît-il, quelque chose de phénoménal comme richesse. Nous aurions dû déjà le deviner à l'air rayonnant de toutes les physionomies. Dans cette galerie, une quinzaine d'ouvriers torturaient ce filon et n'en laissaient point échapper une parcelle. Le quartz, une fois réduit en morceaux d'une grosseur moyenne, était jeté à la pelle dans de petits wagons d'un mètre cube qui roulaient sur des rails jusqu'à l'orifice. — Tel est le premier travail : les wagons arrivent de toutes parts à un point central, sous une grande baraque en bois; la boue, les cailloux, le quartz et l'or qu'ils contiennent, en un mélange indescriptible, sont déversés en tas et attendent la série d'opérations d'où l'or sortira pur.

La mine du Black-Hill est, nous dit-on, « une des plus considérables de l'Australie », et tout s'y fait si vite et sur une si grande échelle, que nous avons suivi un mètre cube de quartz aurifère depuis le moment où la poudre le fit sauter, jusqu'à celui où l'or fut arraché entièrement aux matières qui le tenaient prisonnier.

La grande baraque en bois abrite les machines à vapeur destinées à broyer le quartz. A cet effet, soixante gros pilons de fer, pesant chacun mille kilogrammes, sont mis en mouvement par une machine à vapeur qui les élève de trois pieds, et les laisse retomber de tout leur poids, soixante à soixante-dix fois par minute. Ce pilon ou « bocard » est un cube en fer battu monté sur une haute tige, s'emboîtant aisément dans une forte caisse en fer, fixée sur de solides fondations. Dans ces soixante caisses, dont le fond est garni d'une épaisse couche de mercure, on jette au fur et à mesure des pelletées de quartz aurifère; tandis que le pilon broie le quartz à coups redoublés, un violent courant d'eau est amené dans chaque caisse par plusieurs orifices percés dans une des parois. La paroi opposée est formée de fortes toiles métalliques qui ne laissent échapper que les matières parfaitement pulvérisées. C'est un sable blanchâtre où l'œil distinguerait à peine l'or de l'agate, de la glaise ou du fer. Ce sable s'écoule des caisses en fer par soixante rigoles inclinées environ à sept ou huit degrés, et balayées par un courant constant. Ces rigoles ont huit mètres de long : l'étendue du premier mètre, à la partie supérieure, est garnie de six petites tringles de bois, horizontales et perpendiculaires au courant; elles arrêtent les paillettes d'or pur que leur poids suffit pour rendre stables. Les trois mètres qui suivent sont garnis de dix-huit tringles de trois centimètres de haut, qui maintiennent chacune une nappe de mercure; enfin les quatre derniers mètres sont recouverts de fines couvertures de laine.

C'est avant d'arriver à l'extrémité inférieure de chaque rigole, que le sable de quartz aurifère broyé dépose successivement toutes les parcelles d'or qu'il contenait. Chaque nappe de mercure, sur laquelle les parties hétérogènes glissent comme sur un miroir, retient au contraire l'or qui s'amalgame immédiatement.

Les couvertures de laine ne viennent à la suite que comme une sorte de barrière de sûreté destinée à arrêter les paillettes qui, grâce à un courant trop fort ou à une saturation non observée du mercure, auraient pu échapper aux barrages des quatre premiers mètres.

Voilà donc l'or amalgamé avec le mercure. Recueillir cet amalgame, le saturer en le pressant dans un sac en peau de chamois, le porter sur un feu bien activé, est l'affaire de quelques minutes, et le joli moment est arrivé : c'est celui de séparer l'or du mercure. Comme sur un bon feu le mercure se volatilise, tandis que l'or ne fait que fondre, le précieux mélange est déposé dans la cornue d'un alambic : le mercure s'envole en vapeur pour aller se condenser de nouveau dans une chambre voisine; l'or reste au fond de la casserole ! O heureuse casserole ! que de millions ont passé par elle ! De cette seule montagne, on a déjà extrait plus de 22 millions de francs, et pourtant les galeries horizontales n'ont été poussées encore qu'à 460 pieds. Le terrain concédé à la Compagnie est un bloc rectangulaire dont la surface supérieure est de 12 hectares 14 centiares, et dans lequel elle peut creuser jusqu'aux antipodes, s'il lui plaît ; elle ne paye que 750 francs au gouvernement par année. Bientôt même aucune espèce de taxe ne pèsera plus sur les mines.

En moyenne, machines et salaires, taxes et surveillance, outillage et amortissement compris, la tonne de quartz coûte ici 8 fr. 75 c. à extraire du filon souterrain seulement, et 16 fr. 25 c. en tout, une fois élevée jusqu'à la surface du sol et rendue à la machine à broyer.

Chaque bocard nécessite un cheval-vapeur dans la machine, et broie à peu près 2,234 kilogr. de quartz en vingt-quatre heures. En douze mois, ces 60 pilons ont broyé 55,264 tonnes de quartz, qui ont donné 2,059,600 fr., ce qui fait 89 fr. par tonne. L'or a été recueilli dans les proportions suivantes :

Dans la première partie de
la rigole. 66,08 0/0
Par les nappes de mercure. 22,95 —
Dans les couvertures. . . 10,97 —

La quantité d'eau nécessaire pour laver constamment les caisses en fer et les rigoles est de 36 litres par caisse et par minute, ce qui fait 51,840 litres par jour. Le grand malheur est que l'eau est fort rare. Quant au mercure, il en faut 20 kilogr. pour charger une caisse et ses rigoles. Si l'or est en gros grains, l'amalgame rendra deux tiers de son poids en or. Si l'or est en grains moyens, il y aura une livre pesant d'or pour une livre de mercure. Si l'or est en molécules très-fines, l'amalgame ne produit qu'un tiers d'or pur.

Telles sont sur le Black-Hill les notes

« Le pied passé dans la bague d'une corde, chacun de nous se laisse à tour de rôle glisser jusqu'à 300 pieds de profondeur. » (*Voir p.* 82.)

que j'ai pu prendre au crayon, en écoutant les ingénieurs, tandis que ma tête était brisée par le tapage infernal que faisaient, en tombant sur le quartz, ces 30,000 kilogr. de fer, formant un ensemble de 3,600 chocs épouvantables par minute, et pendant que mes yeux contemplaient les reflets brillants de l'or arraché à la boue !

La recherche de l'or dans le quartz est de beaucoup la plus dispendieuse, mais aussi elle est la plus sûre : une fois un filon découvert sur quelque crête de montagne rocheuse, le mineur peut le suivre avec confiance. Les savants ont reconnu que cet or est d'une création plus récente que les roches qui le renferment : il est dû à une de ces commotions qui, dans l'histoire des bouleversements géologiques, ont si souvent ébranlé les roches déjà existantes. L'écorce du monde aurait alors été en travail ; des fissures se seraient formées, et par elles se seraient élancés des filets légers du métal, qui était en fusion au centre de notre planète ; puis la fournaise souterraine se serait éteinte ; les courants légers de vapeurs d'eau et d'or, de soufre et de fer, se seraient arrêtés, et la cohésion aurait renfermé pour toujours des trésors dans les plus dures formations de roches.

Il y a en ce moment en Australie 2,029 filons bien distincts en cours d'exploitation ; ils s'étendent sur une surface de plus de 2,036 kilomètres carrés, et la dernière statistique affichée au bureau des mines donne, sur 3,110,328 tonnes de quartz, 64 fr. 25 c. d'or par tonne. Telle est la moyenne de sept années, de 1859 à 1865, pour toutes les mines de quartz du continent australien (elle était de 96 fr. 30 c. en 1860) ; mais, si nous prenions pour exemple une partie de ce sol, nous y verrions qu'un espace de 36,388 hectares a produit la somme énorme de 2,319,680,900 fr., c'est-à-dire 61,900 fr. par hectare ; que telle compagnie à Korong broya longtemps du quartz à raison de 10,400 fr. par tonne ; que telle autre à Kangaroo-Flatt trouva un filon où il y eut jusqu'à 9 kilogr. d'or pour 1,000 kilogr. de quartz.

Je veux encore vous citer cette mine de Castlemain, qui a produit 26,600 fr. par tonne de quartz pendant un mois ; elle avait une machine de 18 chevaux, manœuvrant 18 pilons qui broyaient 180 tonnes, ce qui produisait 3,990,000 fr. par semaine. Ses frais d'établissement et ses achats de machines s'étaient élevés à 450,000 fr. ; les salaires de ses 120 ouvriers étaient montés à 24,000 fr. pour un mois ; la taxe qu'elle payait au gouvernement était de 6,000 fr., et les frais divers de transport, d'inspection, de mercure, furent évalués à 100,000 fr.

Aussi, quand à la fin du mois le directeur rendit ses comptes, les actionnaires furent-ils appelés à entendre le bilan suivant :

Produit. . . . . 15,000,000 fr.
Dépenses. . . .   580,000
Bénéfice net. . . 14,420,000

Je pourrais entrer dans de semblables détails pour le puits de « la Misère », qui donna pendant sept mois un produit constant de 200,000 fr. par jour, et pour celui de Wrhoo, où le filon avait 270 pieds d'épaisseur, et rendait 11,000 fr. à la tonne. Je pourrais me laisser entraîner à vous citer tous ces points fortunés où quelques heureux puisèrent des millions en quelques jours ; mais si je voulais vous parler aussi du nombre immense de ceux qui, sans découvrir *un rouge grain d'or*, ont creusé jusqu'à 500 et 600 pieds de profondeur dans le roc des puits qui leur coûtèrent 400 et 500,000 fr., vous seriez étonnés de voir combien d'hommes se

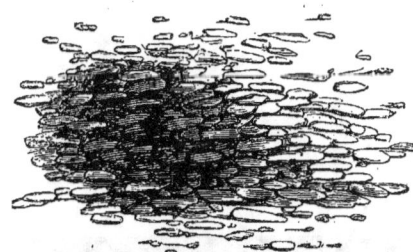

Poussière d'or après le lavage.

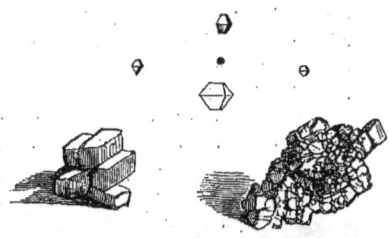

Cristallisation d'or.

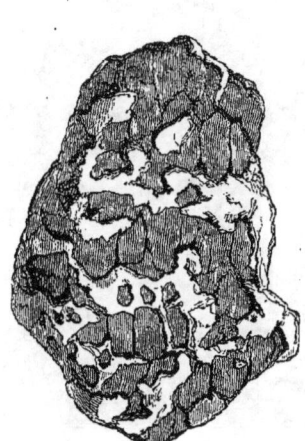

Fragment de quartz contenant de l'or.

Paillettes d'or dans le quartz.

ruinent là où tant d'autres deviennent millionnaires.

Comme en toute chose, dans les mines de quartz, il y a heur et malheur : il ne faut les juger ni par les brillants exemples ni par les désastres qu'elles nous présentent ; les statistiques sont là et nous disent que ces mines ont donné

« Nous remontons à la surface en même temps qu'une grande quantité de boue chargée d'or. » (*Voir* p. 92.)

En 1863. . . . 49,349,900 fr.
En 1864. . . . 50,361,800
En 1865. . . . 45,000,000

Elles comptent aujourd'hui 17,730 mineurs, 522 machines à vapeur, formant un total de 9,070 chevaux.

Mais c'est là encore peu de chose en comparaison des richesses que l'on nous cite dans les mines d'alluvion. En sortant de la baraque remplie d'or du Black-Hill, nous gagnâmes les terrains sablonneux qui sont au sud de Ballarat, à travers un dédale incroyable de mamelons artificiels, de vallées creusées d'hier, de terrains bouleversés qui faisaient penser à ce verset : «Montes exsultaverunt sicut arietes, et colles sicut agni ovium! » Nous voici à la mine d'alluvion qu'on appelle « Albion », devant un immense trou béant, percé à 319 pieds sous terre, et laissant échapper des vapeurs chaudes et empestées : une machine, cachée sous une bâtisse en planches, non loin de là, fait tourner rapidement avec un tapage infernal une chaîne sans fin qui élève du fond du puits et déverse à son orifice de grands seaux en fer battu remplis de boues jaunâtres.

Nous commencions à savoir, par une première expérience, qu'il n'y a rien au monde de plus sale qu'une mine d'or; aussi acceptons-nous avec plaisir des bottes et des vêtements complets de mineurs, quoique l'équipement offert exhale à dix pas un parfum de mineur et de Chinois mélangés qui soulève le cœur; et vite (le cœur bat bien un peu), nous passons un pied dans une bague de fer, nous nous cramponnons fébrilement à la chaîne, et nous descendons jusqu'à 300 pieds de profondeur, avec la rapidité d'un paquet qu'on jetterait d'un cinquième étage. C'est une de ces sensations poignantes, à peu près aussi désagréables qu'un seau d'eau bouillante reçu en pleine poitrine, une véritable expérience des lois de la chute des corps. Au fond de ce trou, la chaleur est suffocante : des courants d'air brûlants se croisent aux carrefours des galeries; celles-ci s'étendent de tous côtés sous la surface du sol, comme si des centaines de lapins avaient creusé d'innombrables terriers en zigzag. Nous avons de l'eau jusqu'au genou; nous pataugeons dans ces glaises gluantes; nous marchons voûtés tout bas, souvent à quatre pattes, tenant tantôt entre les doigts, tantôt fichée à notre chapeau, une chandelle fondante qui s'éteint quelquefois, et alors la tête se cogne contre les pointes rebelles des roches. Le pied toujours passé dans la bague d'une corde qu'un treuil enroule ou déroule, nous ne cessons de monter et de descendre par de petits puits resserrés dont nos épaules éraillent les parois, et, pendant près de deux heures, nous parcourons tout ruisselants les méandres de ce labyrinthe souterrain.

Mais au milieu de cette boue, à travers les vapeurs étouffantes de ces eaux chaudes, combien il est fascinant de voir les lingots d'or briller comme des étoiles scintillantes, dans le gravier qui forme les parois des galeries! En voici devant nous, à droite, à gauche, de petits amas qui semblent incrustés! Voici dix, vingt, trente lingots amassés par la nature comme en un petit nid n'est-ce pas la poule aux œufs d'or qui a niché sous cette terre? J'étais ravi de voir tout le long des galeries cette poudre de grains d'or, que la pioche des mineurs faisait tomber devant nous : les petits wagons, glissant sur des rails, portaient la boue aurifère à une grande galerie centrale, où des chevaux les remorquaient jusqu'au puits de la chaîne sans fin. Rien de triste comme l'allure de ces pauvres chevaux, qui traînent ces chariots à trois cents pied sous terre : ils sont condamnés à l'obscurité jusqu'à leur mort, et leurs écuries son des terriers. Pour les faire passer par ce puits d'un mètre carré, il a fallu, paraît-il, les ficeler comme un saucisson, les installer debout sur leurs cuisses de derrière, les attacher à la chaîne et les faire descendre comme un ballot jusqu'au fond !

Notre longue promenade sous terre nous a fait voir toute la disposition des veines d'or dans les terrains d'alluvion. Elles ne sont plus, comme dans le quartz, régulièrement dirigées du Nord au Sud, elles ne s'enfoncent plus dans la terre à un angle donné. Tout au contraire, ces longues traînées de sable aurifère semblent jetées sous le sol comme les fils d'une gigantesque toile d'araignée : le caprice est leur loi ; on dirait qu'elles ont été semées par les cours incertains de mille ruisseaux errants.

C'est qu'en effet ces veines ne sont autre chose que les lits de ruisseaux qui n'existent plus. Dans cet abîme obscur et profond, là où nous sommes comme enterrés vifs, des ruisseaux ont coulé qui lavaient les couches de schiste et qui charriaient de l'or. Puis il s'est formé au-dessus d'eux toute une couche de glaise, de gravier et de roc, et un nouveau ruisseau a coulé sur ce roc, y a déposé son lit d'or ; enfin une nouvelle couche de terre, comme celle de tout-à-l'heure, s'est formée au-dessus de lui. Ainsi il y a, dans cette écorce de la terre, de l'or répandu comme d'étage en étage, et la veine la plus riche sera toujours celle du plus ancien cours d'eau. C'est au petit bonheur qu'il faut creuser la terre pour arriver à ces gisements anciens; rien n'en peut indiquer l'existence.

Mais une fois que le lit d'or d'un ruisseau desséché est découvert, les groupes de mineurs le fouillent avec acharnement, le suivent de près comme s'il voulait leur échapper, et n'en laissent point perdre une parcelle. C'est là un travail délicat et intéressant ; car, si le ruisseau a formé quelque delta et s'est divisé en filets d'eau divergents, s'il a eu ses cascades et ses cataractes, il devient bien facile de perdre sa trace : de là ces galeries irrégulières et tortueuses, qui montent à pic ou qui descendent en spirale, et qui sont toutes creusées dans un gravier émaillé de paillettes brillantes.

Nous remontons à la surface du sol en même temps qu'une masse énorme de boues aurifères. (*Voir la gravure*, p. 89.) Quatre bassins cimentés, semblables à ceux du Rond-Point des Champs-Élysées, sont destinés à les recevoir. Les « puddlings engine », herses de fer en sens opposé, y sont agitées par une machine à vapeur, tandis qu'un courant d'eau traverse les bassins et entraîne avec lui toutes les parties légères du gravier : les paillettes d'or, retenues par leur poids spécifique, tombent au fond du bassin et forment bientôt une couche épaisse. Pourtant des parcelles de gravier, de roc, de pyrites, restent toujours mêlées aux couches de paillettes d'or. Les ouvriers alors arrêtent le courant d'eau, vident le bassin à la pelle et jettent les précieuses pelletées dans le « sluice », longue auge de bois inclinée en pente douce, formée à sa partie inférieure d'une planche rugueuse, et par laquelle un nouveau courant d'eau passe avec rapidité. Cette auge est longue d'environ quinze mètres. Une dizaine d'ouvriers agitaient avec des râteaux et faisaient passer, d'une extrémité à l'autre, le gravier mêlé de paillettes qu'on y jetait au fur et à mesure, et, après une heure d'attente, nous vîmes le « sluice » entiè-

« Ils détournent quelque filet d'eau de la montagne, et y lavent le sable aurifère. » (Voir p. 95.)

rement débarrassé des cailloux et du gravier : un chef d'équipe détourna alors le courant, et, avec une simple brosse, il récolta toutes les paillettes arrêtées par les aspérités des planches de l'auge, exactement comme on enlève les miettes de pain sur la nappe d'une table. Toutes ces miettes brillantes, encore mêlées de parcelles de gravier, un adroit ouvrier les porta dans une cuvette d'étain, et les fit osciller légèrement en les plongeant dans une eau pure. C'est un moment plein d'émotion : comme un nuage sombre qui s'évanouit, les dernières teintes de la glaise et du gravier sont emportées, et en un clin d'œil l'or est là, sorti des appareils les plus primitifs et les plus simples, mais brillant dans toute sa pureté en paillettes légères et fragiles.

Pour moi, dès le premier abord, toutes ces paillettes me semblèrent chose merveilleuse : vite on les pesa; mais il n'y en avait que soixante onces (6,000 fr.), triste et misérable journée, paraît-il ! C'est ce qu'ont produit, pendant vingt-quatre heures de travail, cent ouvriers payés 10 fr. par huit heures, trois cents charretées d'un mètre cube, une machine de trente chevaux-vapeur et quinze chevaux nature.

La moyenne du produit de chaque semaine est, nous dit-on, de 60,000 fr., et les frais d'exploitation montent quelquefois jusqu'à 42,000 fr.

Tout à côté est le puits de la compagnie de Waterloo ; l'inspecteur des mines a constaté que, depuis douze mois, la valeur d'or obtenue est de 675,000 fr., et que les frais se montent à 145,600 fr.

Plus loin, nous visitons le puits assez curieux creusé à mi-chemin entre les mines de « la Tour ronde » et de « la Jaquette rouge » : les deux compagnies travaillaient à quatre cents pieds sous terre : les deux filons respectifs ne tardèrent pas à se rencontrer et à se confondre ; le conflit s'engagea, et la haute cour des mines, rendant les deux compagnies copropriétaires, se chargea de l'exploitation pour leur compte commun. Le travail dura dix-huit semaines : 250,000 tonnes de gravier furent extraites et produisirent 800,000 fr. ; les frais ne s'étaient élevés qu'à 250,000 fr.

L'*alluvion* occupe dans les statistiques de Victoria une place bien plus importante que le *quartz* ; elle compte :

4,131 machines — 19,000 chevaux-vapeur

65,481 mineurs.
5,835 sluices.

Ce genre d'exploitation a fait passer par le contrôle de l'État :

En 1863. . . . 113,356,000 fr.
En 1864. . . . 104,183,000
En 1865. . . . 109,380,000

En résumé, après les premiers moments de stupéfaction qu'inspire la vue de ces masses d'or extraites de la boue sous nos yeux, après cette première fascination qui fait comprendre toute la fièvre de l'or, je dois dire que j'ai été frappé du peu de perfection des machines et des moyens employés. Tous ces hommes sont tellement habitués à manier des pelletées de sable aurifère, à trouver de l'or partout et toujours, qu'ils négligent de traiter minutieusement le minerai, qu'ils ont été chercher cependant à une si grande profondeur sous terre : ils vont au plus pressé ; ils prennent à la terre ce qu'elle leur offre le plus facilement, sans s'inquiéter de tout ce qu'ils perdent. Ils sont comme des moissonneurs qui, craignant l'orage, se hâtent de sauver le plus gros de la récolte et se disent : « Tant mieux pour ceux qui glaneront ! »

Les voilà, en effet, ceux qui glanent ! ce sont les simples « diggers » : nous en avons vu aujourd'hui des centaines : ils sont à la fois comme les tirailleurs avancés ou comme les traînards du gros corps d'armée des mineurs. Européens indociles ou aventureux, Chinois vagabonds et misérables, ils portent sur eux tout leur matériel, et s'en vont, tantôt dans les petites vallées inexplorées, tantôt sur les tertres formés des détritus des grandes mines, tenter la fortune pour eux seuls : ils ont une sorte de berceau en bois recouvert d'un grillage destiné à écarter les gros cailloux : d'une main, ils font constamment osciller le berceau ; de l'autre, ils versent de l'eau sur l'appareil : l'eau entraîne le sable et dissout la glaise ; le petit gravier reste seul mélangé aux paillettes d'or et aux lingots. Au bout d'une heure ou deux, ils ramassent au fond du berceau tout ce que l'eau n'a point entraîné, ils le mettent dans l'antique et classique cuvette de fer-blanc, et vont au plus proche ruisseau « laver » la poussière d'or. Rien de joli comme le mouvement de va-et-vient qu'ils impriment aux petites ondes s'agitant dans la précieuse cuvette : ils suivent d'un regard anxieux ce léger nuage brillant de paillettes d'or, qui vient se condenser petit à petit jusqu'au centre, grâce à son poids, tandis que les dernières vagues qui contiennent gravier et glaise sont rejetées et disparaissent. La moyenne de ces journées, nous disait l'inspecteur des mines, varie de douze à dix-neuf francs de bénéfice. De temps à autre le solitaire aventurier trouve, dans le sable déjà vingt fois balayé et tamisé, des lingots de soixante à cent francs ; beaucoup aiment ce travail où le caprice guide et où l'indépendance absolue charme ces êtres nomades, qui couchent sous un arbre ou dans quelque grotte sombre, espérant toujours découvrir pour eux seuls quelque trésor considérable.

C'était la vie que menaient tous les mineurs pendant les cinq ou six premières années qui suivirent la découverte de l'or. De leurs mains ils ont tamisé toute la surface de ces plaines, qui alors étaient couvertes d'une vraie moisson du précieux métal ; presque chaque jour chacun trouvait quelque lingot important ; c'était le jeu avec ses tentations et ses passions brûlantes ! Mais combien, même aujourd'hui, cette vie d'homme des bois, quoique souvent pénible et misérable, me tenterait davantage que la condition des dix-sept mille mineurs employés dans ce petit *Ballarat* par les grandes compagnies ! Chose curieuse, en effet, de penser que dans cette Australie, où la main-d'œuvre est si chère, où chaque charpentier et chaque forgeron gagnent aisément de dix-huit à vingt-trois francs par jour, le mineur d'or est payé onze francs vingt-cinq centimes seulement : c'est le métier le moins rétribué ici. Il est vrai que le mineur reçoit de la Compagnie un terrain voisin de la mine, pour y construire sa maison et y cultiver un jardin ; qu'en cas de maladie ou de misère, sa famille est soignée et secourue aux frais de ses patrons ; mais, tandis que le « digger » jouit seul de sa découverte d'un lingot de trente francs, le mineur salarié éprouve bien souvent la terrible torture qui résulte pour lui lorsqu'il reçoit le modique salaire de onze francs vingt-cinq centimes le jour où il a trouvé au bout de sa pioche, dans le puits de la Compagnie, des lingots de cent et cent cinquante mille francs !

Enfin, il y a une troisième sorte de mineurs : ce sont des groupes de cinq et six hommes qui s'associent et lavent en commun le sable des vallées : leur travail consiste à entretenir une longue rigole en bois, appelée « sluice ». Ils détournent quelque filet d'eau de la montagne jusqu'à leur terrain, et chacun y apporte sa charretée de sable (*voir la gravure, p. 93*) ; deux ou trois d'entre eux agitent avec des fourches le gravier que le courant emporte, et tous les soirs ils brossent le fond de la rigole et partagent la poudre d'or. Nous en avons vu un groupe de quatre qui nous dirent que la faible quantité de quatre grains (60 centigr.) par charretée leur assurait un gain suffisant; ils lavaient en moyenne une tonne toutes les cinq minutes. Ailleurs, après avoir enlevé une couche de onze pieds de terre noire, cinq mineurs trouvèrent un sol d'une richesse si constante, qu'ils gagnèrent pendant longtemps chacun quatre cents francs par semaine.

Bref, tous ces différents genres d'exploitation ont déjà, depuis 1851, produit la somme énorme de près de *trois milliards huit cent millions de francs*, et il est d'heureux mortels qui ont découvert plus de cent et deux cent mille francs d'un coup.

Voici les noms et les valeurs de quelques-uns des plus fameux lingots:

Le Sarah Sands.	280,000 fr.
Le Welcome.	268,000
Le Blanche Barkly . . .	184,000
Un bloc d'or trouvé par un enfant aborigène dans le détritus d'une grande mine.	122,000

J'en ai vu ensuite une liste de cent cinquante variant entre 10,000 et 80,000 francs, puis une autre de quatre-vingt-dix-huit, formant un total de 3,621,000 francs.

Que d'heureux coups de pioche! que d'émotions délirantes! Que de souvenirs éveillent tant de trésors, fiévreusement arrachés à une terre qui les cachait depuis des siècles! Que je suis enchanté d'avoir parcouru aujourd'hui tous ces terrains bouleversés, où chacun dégageait l'or du roc ou du gravier, d'être descendu dans ces puits profonds, d'avoir même lavé au bord d'un ruisseau quelques pelletées de sable aurifère, et détaché à six cents pieds sous terre deux ou trois cailloux où brillent des veines d'or! Ç'a été pour nous une grande fortune de faire cette course très-fatigante, mais aussi bien curieuse, avec les propriétaires des plus grandes mines et deux ingénieurs du gouvernement.

C'est le gouvernement, comme de juste, qui s'est déclaré propriétaire du sol. Dans le principe, il accorda à chaque mineur une surface de huit pieds carrés où il lui permit de creuser, moyennant une licence de 37 fr. 50 c. par mois: de plus, il mit une taxe de 4 fr. 40 c. par once d'or (100 francs) sortant la colonie. Dans ces temps de fièvre vertigineuse, où les bandes de mineurs récemment débarqués parcouraient les placers, il s'efforça de maintenir l'ordre, mais ce ne fut pas toujours sans effusion de sang. De nombreux détachements d'une admirable police à cheval furent organisés; ils inspectaient les campagnes occupées par les mineurs et faisaient tous les deux jours de grandes battues, afin de se faire montrer par chacun sa licence, et de le maintenir dans ses huit pieds carrés: les délinquants étaient punis de la prison et de 1,000 francs d'amende.

Aujourd'hui il suffit de 6 fr. 25 c. par an pour que le mineur ait sa propriété garantie contre toute convoitise. La taxe sur l'exportation a été abaissée à 1 fr. 94 par once d'or et sera même entièrement abolie l'an prochain. Ainsi une grande révolution économique s'est opérée: les taxes tombent, et l'exploitation vraiment productrice a passé des particuliers aux

LES MINES D'OR
La découverte, — le guet, — le jeu, — le travail.

grandes compagnies : le gouvernement leur loue pour de longues années les terrains d'exploitation, et tous demandent à l'État appui et contrôle. Chaque district a sa Cour des mines, dont les juges sont nommés par le gouvernement, et, pour les appels, un *Mining Board*, composé de dix membres élus par tous les inscrits.

Aussi maintenant tout est-il réglé et se passe-t-il en bon ordre : ce qui était il y a quinze ans fureur et presque folie est rentré dans les éléments réguliers de la prospérité coloniale. La spéculation seule a conservé ses hasards : c'est une bourse, un jeu constant ! Je vois dans le journal d'aujourd'hui le taux d'actions qui se vendaient dans la première semaine de juin à raison de 15 fr. 65 c. l'une et qui rapportent maintenant 75 francs par semaine; la Compagnie a enfin trouvé son magot ! Voici une autre mine, « la Warrana », où l'on a trouvé cette semaine 6,000 onces d'or (60,000 fr.) dans un terrain de sept mètres cubes ! Quant à moi, si j'excepte mes charmants souvenirs, je ne rapporte que mes trois cailloux valant 50 francs d'or tout au plus ! je m'en vais encore content, dussent mes chers cailloux ne point croître ni multiplier en route !

La course de Ballarat terminée, nous allons le 25 à *Geelong*, petit port sur la baie de Port-Philipp, d'un aspect pittoresque et charmant : là on nous promet, non plus de l'or, mais du gibier. Avant toute chose nous trouvons à chasser des myriades de puces qui nous assaillent avec acharnement : cet animal sociable abonde décidément d'une manière incroyable dans la cinquième partie du monde. Le 25, nous prenons le chemin accidenté de Barnon-Park, grand domaine des environs où nous faisons force coups doubles sur des perroquets et des lapins (*voir la gravure, p.* 101). Le brave M. Austin, propriétaire de céans, eut, il y a dix ans, l'heureuse idée d'importer ces derniers d'Angleterre, et ils ont engendré une telle fourmilière de descendants, que leur propriétaire donnerait maintenant bien des lingots pour se débarrasser de ces rongeurs, qui dévastent ses 30,000 acres ou 12,140 hectares de terrain. 30,000 acres, songez-y ! voilà le modeste domaine d'un homme qui débarqua ici en sabots il y a vingt-neuf ans. J'aimais à entendre ce brave vieillard raconter son histoire : s'installer au milieu des sauvages, dans ce coquet assemblage de verdoyantes collines, faire le coup de fusil sur les Noirs qui l'attaquaient comme sur les kanguroos, en gardant ses moutons; voir si vite prospérer son troupeau, qu'après six ans il demande au gouvernement de lui assurer son bien contre l'invasion des nouveaux colons : tels sont les commencements du *squatter*. Puis le gouvernement lui loue, pendant quinze ans, à raison de 1 fr. 25 c., ce *run* de 30,000 acres : ses moutons, qui réussissent comme ses lapins, lui donnent trois millions de francs en quelques années, et il finit par acheter cette terre au prix de 750,000 francs. Actuellement, il a deux cents chevaux pur sang, un nombre considérable de bœufs, dont je ne me rappelle pas exactement le chiffre, et trente-sept mille moutons. Toutes ces bêtes se promènent à l'aventure dans d'immenses prairies naturelles, ombragées par des arbres à gomme rouge et à gomme bleue.

VII

IMPRESSIONS SUR LES INSTITUTIONS POLITIQUES ET SOCIALES

Éléments de la colonie. — « Self-government. » — Suffrage universel. — Parlements et ministres.

29 juillet.

Nous voici revenus à Melbourne, l'esprit encore rempli du souvenir des mines; mais il faut aussi que je vous parle à la hâte non plus de résultats matériels que nous avons pu relever, mais de

Bibliothèque de Melbourne.

tout l'ensemble politique et social de ce pays où nous avons débarqué depuis deux semaines.

Certes le voyageur qui arrive ici après quatre-vingt-onze jours de mer est dès l'abord émerveillé, et, par ce qu'il contemple, disposé à l'enthousiame. Mais les détails échappent encore à son esprit, et il faut vraiment quelques jours de résidence pour juger plus sainement les choses et mieux profiter de ce que racontent les gens importants du pays. C'est pour cette raison que je ne vous ai rien dit encore, dans ma première lettre, du gouvernement et de l'état social de Victoria.

Ce qui me frappait alors et ce qui est encore aujourd'hui l'objet de mon admiration, c'est la grandeur et le développement de cette colonie; c'est de voir une ville de cent trente mille âmes, une société formée, un gouvernement régu-

« Le chemin accidenté de Geelong à Barnon-Park. » 20 juillet 1860. (*Voir p. 49.*)

lier, fonctionnant par la liberté la plus entière et issu de cette même liberté, et tout un ensemble de monuments grandioses et utiles, de services publics, chemins de fer et télégraphes, hôpitaux et asiles, qui révèlent dès l'abord la puissance commerciale de l'Angleterre, doublée de l'esprit de progrès américain. C'est un contact subit avec une civilisation pratique des plus avancées, n'ayant de pareille en Europe que dans certaines capitales, et offrant un étonnant contraste entre les brillantes créations de cette jeune cité et la routine de tant de gouvernements de l'ancien monde.

Songez que c'est là où deux colons seulement, Batman et Sams, ont débarqué avec quatre cents moutons en 1835, au milieu des tribus sauvages du Yarra-Yarra; que, pendant seize ans, leurs imitateurs se sont disséminés dans l'intérieur, en faisant paître leurs troupeaux toujours croissants dans les prairies qu'il suffisait d'explorer et de déclarer siennes pour en devenir possesseur; qu'en 1851, une grande découverte y fit déborder le torrent des immigrants et y amena des aventuriers de toutes les nations, et que pourtant cette colonie, s'affranchissant à cette même date des charges et des errements de la vieille province de la Nouvelle-Galles du Sud, sut faire de l'ordre avec du désordre, et, maîtrisant des éléments aussi hétérogènes, s'organiser si une et si prospère, que le voyageur en demeure stupéfait au premier abord.

C'est réellement un beau spectacle! On respire ici un air vivifiant. Ah! c'est que la liberté est la mère de toutes ces belles choses! c'est que toutes ces colonies, indépendantes entre elles, s'administrent entre elles; c'est que le gouvernement de la reine d'Angleterre leur a gracieusement offert de tracer elles-mêmes les articles de leurs constitutions, et que, loin d'accroître leurs charges par une administration autoritaire, loin de les mener comme un régiment ou un équipage, loin de régenter à coups de décrets méfiants et despotiques des populations qui débarquent pour chercher fortune, et d'imposer en toutes choses l'appui ou le consentement de l'État, on les a déclarées et laissées *libres* du premier coup, et jouissant de la plénitude de leurs droits. Elles sont devenues de vrais États, ayant leurs Chambres, leur système électoral (bien différent de celui de la métropole), votant elles-mêmes leurs budgets, leurs lois, leurs institutions de tous genres; et elles sont arrivées si vite à un tel *degré de prospérité*, qu'on *est tenté* de se demander si une *fée* n'a pas présidé à la formation d'éléments si divers.

Les fées de l'Australie sont l'or et les troupeaux.

La fièvre de l'or a amené des flots de population. Pendant une première période, chacun s'est rué sur le métal qui procurait toutes les jouissances; il y a eu un véritable bouleversement social! Il semblait que de même que les mineurs en fouillant les collines et en soulevant les vallées nivelaient le sol, de même la société qui venait inonder ce pays fût nivelée, elle aussi, au delà de toute expression. Jusqu'à ce moment, la colonie de Victoria, à l'encontre des vieilles colonies pénales de l'Australie, avait eu des débuts lents, mais favorables. Formée peu à peu par des hommes d'entreprise et de cœur, d'une position sociale relativement élevée, ayant toujours repoussé avec énergie l'introduction chez elle de l'élément *convict*, elle présentait au moment de son indépendance, sauf une condition, les plus belles chances de civilisation qui eussent été données à un pays, depuis la constitution des États-Unis d'Amérique. C'était une petite Angleterre qui se formait sur le modèle de la mère patrie, avec des idées plus libérales seulement. Elle avait bien les *squatters*, influents, riches, gentlemen, qui donnaient le ton à cette société supérieure pour une colonie, mais elle manquait de bras pour multiplier ses produits, et ses produits manquaient surtout de consommateurs. L'or les lui donna ; ils arrivèrent par vingt mille en quatre semaines. La grande majorité était composée d'aventuriers, mais qu'importe ! c'était un grand mouvement qui créait la vie sociale, commerciale et politique ; et la fièvre de l'or, quels qu'en fussent dans le principe les désastreux effets, devait enfanter dans la douleur une société dont le développement a été prodigieux. En le constatant, on participe à la fièvre qui l'a accompagné. Mais avant le succès, vint l'épreuve : on n'enfreint pas impunément les lois naturelles, et une croissance anormale, artificielle, est fatalement condamnée à un état maladif ou à des excès généraux. Des hommes de rien se sont trouvés tout à coup, par le rendement des mines ou le prix des terrains, possesseurs de fortunes énormes ; et le plus clair du gain des « diggers », passant entre les mains des « publicans » (cabaretiers), enrichissait et faisait monter au sommet la lie de la population. Alors, en effet, les scènes sanglantes de Ballarat, les émeutes contre la police ont mis un instant en danger un gouvernement forcément trop faible pour résister à une pareille effervescence. L'autorité pourtant, renforcée de toute la partie saine du peuple, a été victorieuse : la réaction s'est faite : tout à l'heure c'était un groupe d'hommes, dès lors c'était un peuple tout entier, éclairé par les dangers de la veille, voulant assurer la prospérité du lendemain, qui constitua son gouvernement sur les bases de l'égalité, de la sécurité et de la justice. Ce gouvernement devait être fort, puisque ceux-là mêmes sur lesquels il devait s'exercer furent les premiers à le sanctionner ; et il se montra juste, puisque tous les citoyens devaient prendre leur part égale dans les affaires ! De là naturellement l'élément démocratique partout, poussé peut-être à l'extrême dans ses conséquences, mais se soutenant malgré ses vices originels, malgré ses égarements et les fautes où il se laissa entraîner quelquefois. Quand il pèche un moment, ce gouvernement a pour excuse que la majorité des citoyens le veut ainsi ; quand il réussit, quand il opère les merveilles de colonisation dont nous sommes témoins, chacun peut en prendre sa part de gloire, car c'est le « self-government ».

Voilà donc ce qu'a amené la découverte de l'or : de toutes les contrées du monde, plus de quatre-vingt-dix mille immigrants *par an* jusqu'en 1855, et trente mille depuis, sont accourus au bruit des richesses des mines. Mais l'or tout seul aurait tué ce pays, comme il tua autrefois l'Espagne, s'il ne s'était trouvé sur ce sol des hommes qui reconnurent que la véritable richesse de l'Australie n'était pas uniquement dans les mines, que celles-ci n'en étaient, pour ainsi dire, que l'*occasion*, et qu'il y avait à côté de la récolte de l'or une industrie tout aussi lucrative, une industrie qui n'était plus basée sur le hasard ou la fortune du joueur, mais qui avait son assiette sur un élément de production progressive, non plus épuisable comme l'or, mais renaissant au contraire tous les ans

Le « Luncheon » de deux heures en 1834 et en 1866.

avec plus de vigueur. C'est l'*élevage des bestiaux* sur ces immenses prairies dont la colonie de Victoria est couverte. Tel est le point fondamental de l'empire australien; telle est l'idée qui a poussé un groupe d'hommes persévérants à se détacher ou à rester éloignés de la foule des mineurs, et à s'exiler dans les prairies, afin d'élever chacun des troupeaux dont le nombre n'est pas croyable pour ceux qui ne les ont pas vus, ici vingt mille bœufs, là cent cinquante mille moutons! Et si l'on peut dire que l'époque de la découverte de l'or est celle de la naissance de cette colonie, le jour où les squatters se sont mis à l'œuvre n'a-t-il pas été avec bien plus de raison celui du salut de cette contrée! Leurs premiers établissements, avant 1851, étaient bien peu de chose en comparaison de l'essor que prit quelques années après cet élément de richesse, dont les conditions furent transformées par les milliers d'immigrants, établis depuis lors, qui fondaient des villes, cultivaient les céréales, et formaient, à côté de la colonie pastorale, ses compléments : la colonie agricole et la colonie manufacturière.

Les mines ont donc été peu à peu désertées pour les champs. Bien qu'elles aient rendu, depuis leur origine, plus de trois milliards huit cents millions de francs, il n'y a pourtant en exploitation que la vingtième partie des terrains reconnus aurifères. Si, dès 1854, leur produit va diminuant graduellement, et si l'année dernière il a à peine atteint la moitié du chiffre de cette époque, croyez bien que ce n'a été qu'un déplacement d'une richesse qui s'est dix fois accrue par là même, au profit de cette classe moyenne, constituée entre les mineurs et les « squatters », et qui forme la majeure partie de la population.

C'est dans son sein que s'est vivifié un esprit démocratique d'opposition aux « squatters », qui en effet représentent l'aristocratie de la terre, et dont l'influence, pénible à la masse, quoiqu'elle protégeât l'industrie mère de la colonie, me paraît avoir été jalousée par les gouverneurs eux-mêmes. Naturellement les premiers coups leur furent portés : c'était la lutte de la petite culture contre la grande, du morcellement contre l'unité, des « land jobbers » contre l'élément stable et conservateur du pays. Eh bien, franchement, si, dans le principe, les circonstances ont fait aux squatters la part bien large, en leur assurant des fortunes rapides et considérables, ils ont eu par contre bien des périls à affronter, en s'établissant au risque de leur vie dans l'intérieur, au milieu d'Aborigènes mal disposés. Mais, maintenant qu'ils ont réussi, maintenant que la civilisation s'étend à grands pas dans la colonie, on trouve que leurs terrains sont trop grands et leurs fortunes trop faciles à faire. On ne se souvient pas de leur noble audace, de leur persévérance, de leur œuvre, qui a confirmé la prospérité de la colonie, et on leur fait une guerre à outrance.

C'est un grand intérêt pour nous d'assister à cette querelle politique, de faire causer les membres des différents partis, de voir combien les rôles ont changé en peu d'années. Il y a douze ans, qui disait « mineur » disait presque millionnaire, et le « squatter » était perdu dans le « bush » au milieu de ses troupeaux; depuis, le « squatter » a eu deux débouchés constants pour ses produits : la consommation de la viande dans la colonie, et surtout l'exportation des laines. Le mineur, au contraire, se fatigue de creuser le sol, et ils sont bien rares maintenant ceux qui gagnent des six cents francs par jour, comme dans le bon temps. Aujourd'hui donc toute la richesse est du côté des « squatters ».

Ces éléments opposés sont en présence : le suffrage universel est l'arène où ils viennent lutter l'un contre l'autre.

L'ensemble du gouvernement a toutes les apparences d'une monarchie constitutionnelle, dont le roi n'est autre qu'un gouverneur nommé par la métropole. Je croirais presque que c'est une république avec un quasi-président.

Le gouverneur, nommé pour sept ans par la Reine, touchant deux cent cinquante mille francs par an pour représenter dignement le pouvoir exécutif dont il est investi, accepte les ministres que lui impose la majorité des Chambres, écarte ceux qu'elle désapprouve : il est la main digne et conciliatrice qui écrit ; la colonie dicte par la voix des deux assemblées qu'elle nomme.

Ces deux assemblées sont : 1° la Chambre Basse ou « Assembly ». Elle se compose de soixante-dix-huit membres, nommés pour cinq ans par le suffrage universel. Les seules conditions nécessaires pour être électeur et éligible sont d'avoir vingt et un ans et de résider deux mois avant le vote dans le district où l'on est inscrit. Après le 23 novembre 1867, il faudra en outre, pour avoir droit de suffrage, savoir lire et écrire. Le vote se fait au scrutin secret. Cette Chambre est convoquée par le « message » du gouverneur ; elle peut être prorogée ou dissoute, mais la Constitution ne permet pas qu'il s'écoule plus d'un an entre la fin et le commencement de deux sessions. Elle a le droit d'initiative des lois sur le budget, et, en un mot, toutes les prérogatives de la Chambre des Communes en Angleterre. Par la liberté illimitée de réunion et de presse, et par l'absence de toute pression administrative, elle est la représentation la plus immédiate et la plus directe des citoyens. C'est grâce à elle que la majorité des six cent vingt-six mille habitants de la colonie ne paye que les impôts auxquels elle consent, ne subventionne que les travaux qu'elle juge utiles, n'entretient une administration que pour lui demander un appui et non des ordres, et ne voit employer les revenus publics ainsi que les sources organiques de sa richesse que selon ses intérêts véritables.

2° La Chambre Haute ou *Council* représente l'élément conservateur ; elle est nommée par les propriétaires et les capacitaires. Composée de trente membres élus par les six grandes circonscriptions de Victoria, elle ne peut être dissoute, mais elle se renouvelle graduellement par les élections partielles, qui, tous les deux ans, pourvoient aux sièges de six députés sortants. Les électeurs appelés à nommer cette Chambre doivent avoir vingt-cinq mille francs en propriété, ou deux mille cinq cents francs en revenu : ces chiffres, qui paraîtraient énormes en Europe, s'étendent ici bien plus largement que vous ne pouvez le penser. Songez qu'un homme à gages, berger ou autre, gagne à lui seul la moitié de cette dernière somme. Votent encore pour le Council les gradués d'une université, les médecins, les avocats, les juges, etc. C'est l'adjonction des capacités obtenue sans une révolution.

Enfin les ministres, organes indiqués, essentiels, et avant toute chose *responsables*, de cet ensemble de rouages parlementaires, s'engagent par serment à se retirer du jour où ils n'auront plus l'appui et la confiance de la Chambre.

Il est vraiment intéressant de voir sur cette jeune terre le gouvernement du pays par le pays mis en pratique, l'école de la vie politique ouverte à tous, déga-

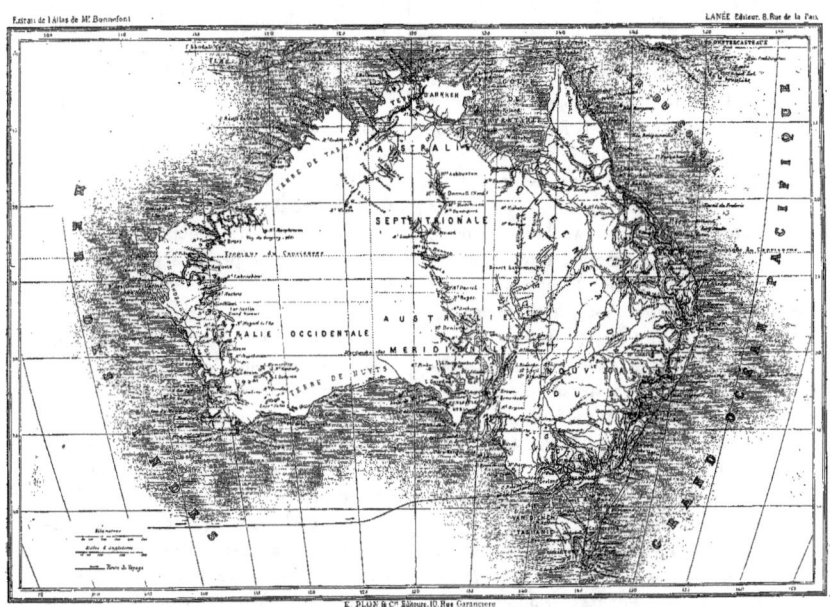

CARTE DU CONTINENT AUSTRALIEN, ET TRACÉ DU VOYAGE.

gée des préjugés comme des obstacles des anciens continents : la population de cette colonie libre est là abandonnée à elle-même ; elle y fait tout ce dont elle est capable : elle n'a rien eu à détruire, elle a eu tout à créer ; il n'y a peut-être pas au monde, en ce moment, un seul autre point où l'expérience d'une organisation libérale, indépendante, livrée à ses propres forces, soit moins gênée et par suite plus concluante. — Il semble que la race anglo-saxonne ait laissé de l'autre côté de la Ligne tout ce qui l'arrêtait encore en Europe, pour prendre résolument ici la voie du progrès. Cette franche hardiesse a engendré des merveilles : elle a fait une Europe libre et prospère dans l'hémisphère Sud ; elle a créé non plus une colonie, mais un monde nouveau, que l'on serait tenté de croire enfanté en quelques années, tout policé, tout libéral, tout prospère. Je vous parlerai plus tard des détails, mais j'ai voulu que ma première impression vous parvînt : elle est aussi sincère qu'imprévue pour moi ; mais mon admiration, pour être immense, n'est pas cependant aveugle. Je vois, en effet, à côté de résultats prodigieux, les imperfections sinon nécessaires, du moins presque toujours fatalement attachées à toute œuvre humaine.

D'abord il y a dans la croissance un arrêt qui frappe les yeux. Nous étions stupéfaits des dépenses inouïes de la construction simultanée de tant d'édifices grandioses ; quand nous les avons examinés de près, nous avons vu que pas un seul n'était entièrement terminé. Pendant cette fièvre de construction, on avait trouvé un trésor, et on le croyait inépuisable ; évidemment les membres de la municipalité ont passé par cette ivresse et ont été réveillés trop tôt par l'épuisement de la caisse.

Mais voici qui est plus grave : un temps d'arrêt vient depuis un an d'être mis aussi à la richesse publique, qui avait jusque-là fait d'admirables progrès. C'est qu'il y a aujourd'hui dans la colonie un parti protectionniste qui triomphe. Le dernier gouverneur, étant sorti de son rôle de neutralité et s'étant mêlé de la querelle politique « en partisan », a dû quitter sur-le-champ la colonie. Le suffrage universel consulté a renvoyé sur les bancs de la Chambre Basse une majorité protectionniste : de là immédiatement une pluie de tarifs sur les importations et une diminution radicale des taxes d'exportation. Voici du reste quelle fut l'origine du conflit.

L'épuisement des « diggins » à la surface avait arrêté presque subitement le mouvement de l'immigration. Cependant, par une disposition aussi sage que prévoyante, qui affectait la moitié du produit de la vente des terres à favoriser l'immigration européenne, les bras commençaient à affluer de nouveau, et l'on allait voir remonter le produit des mines. Ceci ne faisait pas le compte des démocrates, qui regrettaient les salaires fabuleux de 1851, et qui concluaient que plus les bras seraient rares, plus les salaires seraient élevés. Sous l'influence de cette idée, le secours aux immigrants fut rayé du budget, et voilà pourquoi avec des champs d'or presque illimités à exploiter, le produit des mines décroît graduellement. Je ne sais vraiment de quoi se plaignent les ouvriers : ils gagnent tous de dix-huit à vingt-trois francs par jour en ne travaillant que huit heures.

et des personnes compétentes m'ont dit qu'ils pouvaient fort bien vivre, avec trois repas de viande et un bon logement, pour cinq francs par jour s'ils sont célibataires, et huit francs s'ils n'ont qu'une famille d'un nombre moyen.

Mais, engagée sur cette pente d'égoïsme et fortifiée par le succès, la masse ne s'est pas arrêtée là. Poussée par les idées nouvelles d'hommes à systèmes et par des industriels étrangers pressés de faire fortune, elle a voulu faire monter encore le prix des salaires en soumettant à des droits protecteurs, à leur entrée dans la colonie, tous les objets manufacturés. Mais, mettre en regard de l'industrie européenne une industrie locale à l'état d'enfance, au milieu d'une population clairsemée, avec une main-d'œuvre triple, du charbon colonial à quarante-sept francs et du charbon anglais à quatre-vingt-dix francs la tonne, c'était (on ne l'a vu que trop tard) faire monter les denrées de vingt pour cent, éloigner de Melbourne les navires qui en faisaient l'entrepôt de leurs chargements pour les autres colonies, épuiser l'épargne, arrêter les travaux, en un mot, « tuer la poule » au lieu de la laisser « pondre » ! Les ouvriers en sont devenus les premières victimes; l'expérience les a avertis, et la réaction commence. Il y a cela d'admirable dans la liberté pratiquée par des esprits sages, qu'on peut revenir de la mauvaise voie plus vite encore qu'on n'y est entré. Le pays va être consulté, et tout fait croire que les Chambres nouvelles ramèneront le bonheur si merveilleux des quatorze premières années.

Telles sont les impressions générales que m'a données le spectacle de la grandeur, de la prospérité et aussi des fautes de la colonie de Victoria. Le jeu de ses institutions parlementaires, qui est de l'histoire ancienne pour tout esprit libéral, peut seul faire une grande colonie; il est passionnant à suivre sur ce terrain neuf, où un peuple d'hommes faits a débarqué — a créé — et a prospéré!

VIII

VOYAGE DANS L'INTÉRIEUR

Bendigo. — Marche à la boussole dans les prairies. — Le Murray. — Chasse aux cygnes, aux pélicans, aux dindons sauvages. — Duel avec un vieux kanguroo. — L'autruche d'Australie. — Les Noirs. — Une « station » de bœufs.

La politique, qui est toujours le sujet des conversations de la ville, m'a entraîné : plus tard je vous donnerai des chiffres. Mais aujourd'hui je ne veux plus penser qu'à la colonie pastorale, aux établissements des « squatters » perdus dans l'intérieur et dont on me dit les choses les plus intéressantes

Comme pour répondre à ce désir, une occasion favorable ne tarde point à se présenter : un des « squatters » de la colonie, M. Kapel, que nous avons connu au Melbourne-Club, vient en effet d'arranger pour nous un voyage qui nous promet intérêt et plaisir : il nous conduit avec lui dans sa ferme ou « station », sur les bords du Murray, au milieu du désert des prairies, à l'extrémité des terrains que parcourent les troupeaux.

30 juillet.

Nous nous mettons en route et débutons par traverser en chemin de fer les cinquante lieues qui séparent Melbourne de Bendigo. La voie est bonne, les ponts sont solides, et nous ne nous plaignons que d'aller trop vite dans ce pays nouveau (*voir la gravure*, p. 113). Quant à Bendigo, c'est un centre de mines qui est une fidèle image de Ballarat. Les Chinois y abondent. On ne nous y fait grâce ni d'un puits ni d'une galerie aurifère.

« Notre légère voiture est traînée par quatre chevaux non ferrés et récemment pris au laço ; nous nous dirigeons à la boussole, sans nous laisser tromper par le mirage. »

31 juillet.

Ce matin, nous disons adieu aux villes et aux chemins de fer; le moment bien heureux de notre petite expédition est arrivé. M. Kapel nous emmène, le prince et moi, dans les prairies. En Australie, pour ces voyages dans l'intérieur, on ne connaît qu'une seule espèce de voiture, le léger « buggy » américain, perché sur de grandes roues effilées; avec lui, on passe partout. Je n'en crois pas encore mes yeux en songeant à ce que sont les chemins dans ce pays (encore est-on bien heureux quand il y en a!), et quelle surprise est réservée au voyageur qui passe de la voie ferrée à la plaine inculte et sauvage. Notre légère carriole est attelée de quatre chevaux, pris au laço dans les prairies, et ne connaissant que la voix pour être guidés.

Viaduc du chemin de fer entre Melbourne et Bendigo. 31 juillet. (*Voir p.* 112.)

Notre hôte et son Noir sont sur le devant du « buggy », hurlant pour diriger nos bêtes; pendant les premières heures nous traversons des forêts, si l'on peut appeler de ce nom des prairies ombragées d'arbres clair-semés : bon nombre de ces arbres du reste sont tombés à terre : nos chevaux les évitent avec une rare adresse.

Partis de grand matin, nous cheminons d'abord pendant cinq heures dans ces bois, où les cacatois et les perruches voltigent au-dessus de nos têtes en faisant un tapage incroyable. Peu à peu toute trace même bien vague d'ornières disparaît; nous avançons dans une sorte de désert de prairies, une plaine verte avec de très-rares petits bouquets d'arbres, et de grands troupeaux errant çà et là; ici aucune route tracée, la boussole est notre guide; souvent des ruisseaux assez forts nous barrent la voie; on passe tout cela au petit bonheur et au grand galop : voilà qui me va! Notre hôte nous raconte que souvent ces ruisseaux sont tellement grossis par les pluies, qu'il laisse là sa voiture, et s'en retourne chez lui à cheval avec son Noir, traversant alors les rivières à la nage, et ne revenant chercher son « buggy » qu'après quelques jours ou, s'il le faut, quelques semaines.

Rien de grandiose comme ces espaces infinis où l'on se sent si loin de tout être humain; la plaine est si unie qu'elle ressemble à une mer de verdure; seul le « Mont Espérance », dans le lointain, rompt la monotonie de la campagne. De temps à autre des troupeaux de bœufs errants se montrent à nos yeux : ici le mirage les rend gigantesques; là il les reflète en double, et nous les fait voir par centaines, la tête en bas et les pieds en l'air. Pendant bien longtemps nous croyons voir un lac éloigné où le miroir des eaux renverse l'image des arbres de ses rives; ce lac, nous voulons toujours en approcher, mais il fuit devant nous, car c'est le *mirage*. Ce qui me frappe, c'est que pas un caillou n'a été heurté par nos chevaux, ni aperçu par nous; le gazon sur un sol doux et uni, le gazon partout et toujours, voilà ce que nous avons vu. (*Voir p.* 112.)

Comme le soleil se couchait, nous avions fait trente lieues, et nous nous arrétions dans un petit bouquet de bois, près d'une mare couverte de canards sauvages. Là, notre hôte nous fait faire la halte de nuit; nous mettons les chevaux au piquet, allumons du feu et faisons rôtir un frugal dîner; après quoi, roulés dans nos manteaux, nous dormons sur le sol humide et à la belle étoile, en compagnie des escadrons d'insectes des prairies, fort amateurs de chair blanche et aussi familiers que la mouche du vieil Horace.

1er août 1866.

Nos chevaux sont d'une humeur parfaite; attentifs à notre boussole, nous pointons droit au Nord-Ouest. Le paysage ressemble à celui d'hier : toujours des prairies à perte de vue et de grands troupeaux qui se sauvent devant nous. La halte du jour se fait sur les bords du « Loddon », non loin de l'endroit où le jeune Howit avait rencontré les infortunés compagnons de Burke. Tout à coup nous voyons, à une grande distance, sept casoars, les autruches de l'Australie, suivant au grand trot la lisière d'un bois; il aurait fallu un canon rayé pour les atteindre, et nous ne pouvons braquer sur eux que nos lunettes.

Au moment où le soleil se couche, après avoir traversé bien des ruisseaux, nous arrivons au « Murray », cours d'eau profond coulant à pleins bords, ombragé par de grands arbres qui semblent dominer toute cette plaine. Sur l'autre rive est la « station » de M. Kapel. Une corde est attachée à un arbre de chaque côté de l'eau ; nous démontons les roues de la voiture, nous plaçons celle-ci sur une espèce de ponton, et nous voilà cramponnant nos mains à la corde et passant l'eau avec nos quatre chevaux qui nagent autour de nous. Rien de plus pittoresque que cette navigation d'un nouveau genre, de conserve avec nos chevaux luttant contre le courant, puis abordant gaiement à la rive opposée, ce qui n'est pourtant point chose facile ! (*Voir la gravure, p.* 117.)

Sur cette rive est la case de M. Kapel ; c'est une vraie cabane de bois avec trois chambres ; le toit est en écorce d'eucalyptus, et les lianes épaisses qui l'enveloppent lui donnent l'aspect le plus sauvage. Voilà treize ans que notre hôte habite en ce lieu. Il est un charmant garçon, encore assez jeune, venu là pour faire sa fortune, et vivant seulement avec un ami d'enfance qui partage son exil volontaire, au milieu de ses prairies et de ses troupeaux. Aujourd'hui sa tâche est remplie, et dans six mois il reviendra millionnaire en Angleterre. Il a, sur un espace immense de prairies, des milliers de vaches, des bœufs, des centaines de chevaux ; il a entouré son « run » de barrières, et avec quinze hommes il suffit à tout pour garder ses troupeaux et les envoyer à Melbourne. Quant à l'ami de M. Kapel, c'est un véritable « homme des bois », à barbe gigantesque. Tous deux sont assez aimables pour nous dire qu'ils sont ravis de nous avoir ; ils espèrent nous faire faire de belles chasses, et, après une bonne causerie autour du grand feu de bois et un bon dîner de bœuf, de beurre et de fromage, chacun s'en va dormir avec délices. Tout est fort rustique ici ; le vent souffle dans la cabane à faire chavirer une chaloupe ; les souris font de grands steeple-chases dans nos chambres, et, ma porte étant cassée, les oiseaux de nuit entrent avec curiosité pour regarder ma chandelle ; mais l'air est si sain, si pur, que nous ne songeons même pas à nous garantir du frais de la nuit : ma seule pensée, je l'avoue, est de bien vite finir mon journal.

5 août.

En quatre jours nous avons déjà parcouru à deux et trois lieues à la ronde les environs de notre hutte. Nous partons toujours avant le lever du soleil, bien armés et pliant sous le poids des munitions ; et c'est seulement bien tard dans la soirée que nous rentrons au logis, pour dévorer du bœuf rôti et laver nous-mêmes nos fusils. Nous avons d'abord, en pénétrant dans les bois, fait un feu infernal sur les vols superbes de cacatois blancs à crête jaune, de perroquets roses et verts, de perruches omnicolores et inséparables, écarlate ou bleu de ciel, qui s'élançaient, rapides comme l'éclair, hors des gros arbres à gomme. A ce propos j'ai remarqué que les « Inséparables », ces délicieuses bêtes tigrées qui passent chez les oiseleurs d'Europe pour des modèles de fidélité conjugale, se montraient beaucoup moins affectées dans la campagne australienne, et voltigeaient fort bien soit isolées... soit par groupes de trois. Les perruches volent comme nos tiercelets ; c'est donc un tir difficile, mais charmant. Que de douzaines ont péri de nos mains !

« 2 août. — Nous passons le Murray en naviguant de conserve avec nos chevaux. » (*Voir p.* 116.)

Et comme nos courses et nos coups répétés sous les grands arbres nous enchantaient! Mais peu à peu, en voyant qu'il y avait ici autant de ces ravissantes bêtes aux couleurs de l'arc-en-ciel que de pierrots chez nous, nous décidâmes — peut-être un peu tard — de les respecter. Nous avions une ample moisson de crêtes et d'ailes éblouissantes, destinées à orner des petits chapeaux d'Europe.

Dès lors nous sortons des bois et suivons les bords du Murray, des nuées de canards sauvages s'élèvent en tourbillonnant : si nous n'en avons pas vu un millier dans la première matinée, je veux renoncer à vous raconter nos chasses. Leur vol est comme un nuage dont le soleil fait courir l'ombre au-dessus des petits lacs; mais nous commençons par en voir mille, sans pouvoir en tirer un seul; une moitié fait le guet et l'autre moitié ne dort pas. Cependant en nous faufilant tous deux à travers les lianes, en nous traînant sur les pieds et les mains dans les herbes, nous arrivons jusqu'à une petite anse sauvage d'où un chant étrange avait de loin frappé nos oreilles. C'est une bande de cygnes noirs! Ils s'envolent, tendant le cou tout droit et battant majestueusement les ailes; trois tombent avec fracas et se débattent dans l'eau; le duc de Penthièvre avait fait coup double; j'en ai un pour ma part, et je suis dans la joie.

C'était toujours le matin, à la clarté des étoiles, que nous réussissions le mieux dans nos équipées; nous allions à la découverte autour des flaques d'eau que forme le Murray. Le premier jour nous avions tué des cygnes; le second jour c'était le tour des « pélicans » que notre plomb atteignait tandis qu'ils dormaient sur une patte, la poche toute gonflée de poissons. Puis nous surprenions une véritable nuée de grues bleues et de grues blanches. Rien de sauvage comme les grues australiennes, et bien malin celui qui les approche! Jamais nous n'avons vu tant de gibier, mais jamais aussi il ne nous a fallu tant de plans d'attaque, de marches à plat ventre et de feux convergents! En trois matinées nous avons abattu de la sorte trente-cinq de ces beaux oiseaux, qui, réunis, forment le plus rare assemblage de couleurs que l'on puisse imaginer. Quelques-unes de ces bêtes ont de beaux colliers rouges; d'autres, des aigrettes fines comme des plumes de marabout; d'autres enfin, les spatules, ont le bec long d'un demi-pied, large d'un pouce, aplati et garni de petites dents. Tout étonnés d'avoir tué tant de grands oiseaux, nous sommes contraints de retourner à la cabane, et de chercher un moyen de les rapporter. Notre hôte a un nègre vêtu seulement d'une paire de bottes et d'un morceau de peau d'opossum : c'est le *factotum* de l'oasis. Sur un signe, il enfourche le poney, part au galop, avise dans la prairie quelques chevaux qui paissent, lance son laço et nous en ramène un. Désormais nous n'avons plus à courir à l'aventure, nous aidant du soleil et de la boussole; le moricaud nous guide en conduisant le cheval chargé de gibier.

Après les oiseaux d'eau, nous cherchons à joindre des *dindons* sauvages qui se tiennent tantôt isolés au milieu des prairies, tantôt par compagnies de douze ou quinze. La tête haute, l'œil au guet, ces dindons sont les plus astucieuses bêtes que je connaisse. Nous débutons par en poursuivre une compagnie de dix-sept, *pendant trois heures*, sans parvenir à les approcher; mais la ruse nous vient bientôt en aide : nous envoyons le moricaud chercher tantôt un cheval que l'âge rend docile, tantôt une vache de bon caractère. Dès que nous distinguons le grisâtre dindon dans la plaine, nous nous masquons par le flanc de la vache ou du cheval, que nous faisons tourner en cercle; en rétrécissant patiemment et constamment le cercle, nous nous trouvons au bout d'une heure à portée du gros oiseau, qui crête son jabot et fait la roue comme ces messieurs de nos basses-cours; j'ai essayé de siffler, pour voir s'il me répondrait par son glougloussement, ainsi que cela se passe en Europe; mais ce mode de distraction ayant eu peu de succès, j'ai eu recours à trois chevrotines qui l'ont mis par terre : nous en avons ainsi tué jusqu'à quatre et cinq par jour, et chacun pesait de vingt-trois à vingt-cinq livres. Voilà encore une chasse difficile! Avec de la tactique, de la patience et du coup d'œil, je m'amuse royalement dans ces plaines giboyeuses.

Bref, dans notre petite guerre de quatre jours, dont je ne vous cite que quelques épisodes, nous avons fait un feu infernal, et tué trois cent vingt pièces environ : n'est-ce pas un joli total? Pourquoi faut-il qu'il y ait toujours à regretter quelque belle bête, qui court encore! Nous avons risqué, en effet, plus d'une balle sur des troupeaux de deux et trois cents kanguroos, qui nous semblaient de grandeur humaine, et qui fuyaient toujours à cinq ou six cents mètres devant nous. Aucun n'est tombé..... Cinq casoars nous ont apparu un moment, à une distance plus grande encore : aucun n'a roulé sur le pré... Aussi, ce soir, après avoir épuisé nos meilleures munitions, fondons-nous de nouvelles balles, et désormais ce sera une vraie guerre entre les grands animaux et nous.

Quand nous rentrons à la cabane, il nous reste encore de la besogne; bien que souvent trempés jusqu'aux os par une pluie battante, nous lavons chacun avec le plus grand soin nos fusils, et je commence à trouver que c'est quelquefois pénible, quand on est très-fatigué; mais nos armes doivent être bien tenues, c'est à ce prix que nous tuerons beaucoup. Que d'émotions de chasseurs nous avons eues en un temps si court! que de coups de fusil heureux! Quelles chasses délirantes! En ferons-nous jamais de pareilles? Aussi voulons-nous garder quelques spécimens de ces beaux oiseaux pour les rapporter en Europe, et, dès le premier jour, nous sommes-nous mis à l'œuvre. Leur ouvrir le ventre, retirer les chairs, retourner la peau, la badigeonner d'arsenic et de savon, tel est le nouveau passe-temps grâce auquel nous pourrons rapporter un véritable musée d'histoire naturelle. Ah! que je voudrais rester encore un long temps dans cette petite cabane! Quoique nous soyons en hiver, nous n'y avons guère froid; il fait ici la température du commencement de mai en France. La nourriture y était des plus simples à notre arrivée, nous vivions de bœuf seulement (notre hôte en a vingt mille, soyez donc sans crainte); mais notre chasse nous donne actuellement des festins : dindon sauvage d'une chair exquise, *flanqué* de perruches rôties, écrevisses et morues du Murray, prises par les Noirs; voilà un magnifique ordinaire. Nous sommes dans le calme de la prairie, vivant de la vie sauvage, tuant les

« Nous envoyons le nègre à la recherche de quelques chevaux, nécessaires à notre nouvelle excursion. » (*Voir* p. 124.)

plus jolis oiseaux du monde, oubliant les villes et la civilisation; notre hôte voudrait nous garder six mois. Bien qu'il ne soit pas chasseur, il se passionne pour nos expéditions et reste à la maison pour veiller aux repas. C'est un homme intelligent, aimable et enjoué, auquel une longue solitude a donné une originalité d'esprit et une cordialité si franche, qu'il a gagné tout à fait nos cœurs.

6 août.

Nous avons brûlé tant de poudre autour de notre hutte de *Gonn*, que toutes les nuées d'oiseaux se sont envolées. Kapel nous emmène ce matin dans la direction Nord-Est, vers une cabane qui, située à sept lieues d'ici, est le centre d'un autre « run » où paissent également des troupeaux qui lui appartiennent. Nous partons donc pour trois jours, bien armés et n'ayant que de la poudre et du plomb pour bagages. Montés sur de bons chevaux pris au laço hier soir, nous galopons gaiement dans la plaine, en faisant le coup de fusil de temps à autre. Ces chevaux, que la bride gêne singulièrement, galopent un peu à l'aventure, sans fers aux pieds, ni avoine dans l'estomac; quand il leur prend des envies subites de rejoindre les troupeaux nomades de leurs frères, rien ne les arrête! et, comme les poulains de nos prés, ils partent la tête haute et hennissent follement, en sautant avec une agilité extraordinaire par-dessus les broussailles et les troncs d'arbres amoncelés. J'aime bien ces allures vagabondes et ces galopades quelque peu numides; même après une course involontaire, nous ramenons toujours nos sauvages montures auprès de notre hôte,

qui nous guide à travers un dédale de ruisseaux, de lacs, de bois et de grandes herbes.

Le soleil de midi est fort chaud dans ces plaines, même dans les bois, je dois le dire, car dans ceux-ci l'ombre est inconnue; l'arbre à gomme avec ses feuilles effilées, qui tombent perpendiculaires comme celles du saule pleureur, ne nous avait pas un instant l'autre jour préservés de la pluie; en revanche, ces feuilles, par un *singulier phénomène*, se présentent toujours de profil au soleil, et le suivant ainsi tout le jour dans sa marche apparente, en laissent si bien passer les rayons qu'aucune ombre n'est projetée sur le sol. Quelque étrange que soit cette disposition, je confesse qu'il est monotone de ne trouver, comme nous l'avons fait, que cette unique espèce d'arbre! Pendant notre route, nous faisons feu sur de beaux oiseaux, les « native companions », grues bleues à collier et à toque écarlate, hautes de trois pieds et demi, qui marchent magistralement et à pas comptés dans la plaine. Une d'elles, blessée à mort, nous fait faire plus d'une lieue d'une course effrénée à sa poursuite, et nous l'atteignons au milieu d'une panique immense, dont nous sommes la cause. Plus de quatre mille bœufs en effet fuient devant nous; successivement effarouché par notre marche, chaque groupe de cent ou deux cents bêtes à cornes se sauve en avant, tête baissée et queue en panache; bientôt tous les fuyards ne forment plus qu'un seul troupeau dont les charges désordonnées nous font bien rire. Comme pour rendre plus frappant un contraste avec ces animaux lancés à toute vitesse, des carcasses blanches gisent en repos dans les plaines dénudées ; elles sont échelonnées le long des cours d'eau où, pendant la sécheresse des deux dernières années, les pauvres bêtes venaient par centaines boire une dernière fois les dernières flaques d'une eau bourbeuse et empestée.

Nous voici dans une nouvelle hutte : l'endroit s'appelle « *Noo-rong* ». Là loge un « *over-seer* », homme des bois à la solde de notre hôte, chargé de surveiller à lui tout seul plus de quatre milliers de bœufs. C'est une paisible et rustique demeure que celle de ce brave homme, demeure où les insectes des prairies viennent seuls lui tenir compagnie. Un petit lac est tout près ; c'est l'heure du coucher du soleil ; les longues files de bœufs se dessinent dans la plaine ; ils avancent tous vers nous et viennent boire lentement ; quelques aigles planent au-dessus de nous, et l'un d'eux enlève, pendant qu'il tombe, un canard argenté que nous venons de tuer.

De l'autre côté de la hutte, qui est toute en écorce d'arbres, est le «*paddok*», enceinte à plusieurs compartiments, qui s'étend sur près de trois ou quatre arpents, et destinée aux bœufs ou aux chevaux malades. Tel est l'aspect, modeste et sauvage, de ces habitations perdues dans les prairies : on sent l'infini tout autour de soi ! mais..... sur soi, pendant la nuit, que d'escadrons de fourmis ne sent-on pas ! Nous étions roulés, le prince et moi, dans le même manteau, et ce fut là que les fourmis blanches livrèrent bataille aux fourmis rouges. Nous combattîmes ces armées par de grands nuages de tabac ; mais il y a des moments où ces impertinentes bêtes rendraient féroce un honnête homme !

De grand matin, le 7 *août*, nous envoyons le moricaud à la recherche de quelques chevaux, nécessaires à nos excursions, et cela nous amusa fort de le voir faire un grand circuit, descendre dans le vallon en criant à tue-tête, de façon à faire rentrer dans l'enclos un groupe de coursiers quasi sauvages, surpris pendant qu'ils erraient librement. (*Voir la gravure, p.* 121.) C'est sur leur dos que nous allons faire une reconnaissance dans les environs. Kapel, toujours si excellent et si attentif, commande la colonne, et son ami, le gros Harrisson, ne doute de rien : ce dernier descend au grand galop dans les ravins et remonte de l'autre côté à la même allure, en prenant le cou de son cheval entre ses bras. Rien de curieux comme d'entendre les mots qu'échangent par moments nos deux compagnons.

« Oh ! quelle découverte ! disait l'un ; reconnaissez-vous cette jument pie suivie d'un grand et d'un tout jeune poulain ?

— Eh oui, c'est *Jenny !* Il y a trois ans que nous ne l'avions vue et qu'elle se cache dans nos bois. »

Plus loin, c'était je ne sais quel taureau fameux que reconnaissait son propriétaire, après bien des mois de disparition.

Tout à coup, après une longue marche dans une plaine toute verte coupée de petits bosquets, nous tombons sur un groupe de quinze ou vingt kanguroos de la grande espèce et de deux cents plus petits : ils se sauvent en mettant leurs enfants dans leur poche avec précipitation. De ces petits, hauts de deux pieds, je ne vous parle pas, car ils fourmillent dans les buissons, et nous en avons tué tous ces jours-ci comme on tue des lapins chez nous : c'était pour le double plaisir du coup de fusil le jour et du souper le

« Le kanguroo me charge; un peu ému, je lui tire un premier coup de revolver qui le manque. » (*Voir p.* 128.)

soir. Nous piquons donc droit sur les grands : nous en distinguons un fort beau, et nous nous décidons à le forcer en le suivant à vue, sans chien : le plaisir consiste à crever le cheval ou le kanguroo, au hasard. Au bout de dix minutes environ, et après avoir fait des bonds immenses, l'animal traverse un bois où nous le perdons; bientôt il débuche; je me trouve seul à sa poursuite, enfonçant si bien mes éperons que je ne pouvais plus les retirer du flanc de mon cheval; mais le kanguroo a toujours une avance de plus de cent mètres! Enfin je gagne peu à peu, me voici côte à côte avec lui. Mais j'avais été assez insensé pour ne pas emporter d'armes dans cette promenade, et je n'osais guère l'approcher, car nos hôtes nous ont prévenus que c'est un animal dangereux, quand il est sur ses fins. (L'an passé, ils avaient quatre grands lévriers, qui ont chacun été brisés en deux morceaux par les griffes d'un vieux kanguroo.) Enfin la bête haletante tombe à terre, elle est forcée! j'avoue que je n'en pouvais plus moi-même à force de rouler mon cheval; cependant l'animal se relève, s'accule contre un arbre, fait briller des yeux terribles, et agite convulsivement ses pattes de devant : il m'attend! Heureusement, le prince m'avait rejoint, et il était armé; il met fin à notre duel en plaçant une balle dans le cœur de la bête.

Notre kanguroo est superbe : sa fourrure est semblable à celle du renard; il pèse cent quarante livres, et a *huit pieds six pouces* de la tête au bout de la queue! Les prairies sont détrempées, et nous avons pu mesurer ses bonds par son « volcelet » : ils étaient de plus de six mètres; il courait uniquement sur les pattes de derrière, le corps un peu incliné en avant, tandis que sa lourde queue, relevée toute droite, lui servait de balancier; quand il se sentait fatigué et voulait reprendre son souffle, il s'asseyait en s'appuyant sur la première moitié de sa queue, et ressemblait ainsi à un marchand de coco s'étayant sur son bâton.

En rentrant à la hutte, nous ôtons selle et bride à nos chevaux, que nous renvoyons immédiatement et sans autres soins à la vie libre et nomade des prairies; pour des chevaux qui ne vivent que d'herbe, c'est une bonne journée de steeple-chase; demain nous en prendrons de frais.

8 août.

Cette fois, malgré une pluie torrentielle, qui a converti les prairies en marais, je veux tenter d'avoir, à nouveau, un duel avec un vieux kanguroo; j'ai mon revolver, et je suis plein d'entrain. Je pars avec Kapel; nous débusquons un *old man* à poil roux, qui paraît fort beau : course ventre à terre, mais bien plus dure que celle d'hier, car les chevaux glissent affreusement; — pendant une demi-heure c'est le kanguroo qui gagne sur nous; bientôt le cheval de mon compagnon tombe dans un bourbier; en roulant il est encore si animé qu'il me crie : « Kill my horse! kill him, but kill the kangaroo[1]! » Je redouble de vitesse, et, après trois quarts d'heure environ de course effrénée (j'étais comme un fou), je finis par joindre la bête au moment où je désespérais de l'atteindre, car mon cheval fléchissait et était à bout d'haleine : j'étais à vingt pas, le kanguroo se retourne et me

[1] Tuez mon cheval! tuez-le! mais tuez le kanguroo!

charge; toujours au galop, je lui tire, un peu ému, un coup de revolver; la balle le frappe dans les pattes de devant : il tourne casaque, puis charge de nouveau. Ma première balle le manque (*voir la gravure, p.* 125), mais je lui offre dans le flanc un second *avertissement* qui le culbute, et un troisième qui le *supprime*. Une dernière balle l'achève et met fin aux soubresauts épouvantables qu'il fait en mourant à mes pieds.

Je ne puis vous dire combien sont émouvantes, et cette course effrénée, le pistolet au poing, et cette fantasia autour de la bête qui vous charge avec fureur, après l'angoisse si longue de savoir qui sera forcé du cheval ou du kanguroo! La balle qui a tué l'animal est entrée par une épaule et est sortie par l'autre. La fin de la chasse surtout est passionnante; car la bête à l'hallali se défend vigoureusement, fait des bonds dans tous les sens, en étendant ses bras munis de griffes énormes : les yeux surtout, qui au repos paraissent si doux, prennent alors une expression que la douleur rend effrayante. J'étais seul à jouir de ces émotions, et perdu dans la plaine! Comme j'aurais été heureux de les partager avec vous!

Pour retrouver la cabane, je dus pendant deux heures prendre le contre-pied de ma course et suivre mes traces, fortement empreintes dans le gazon; nous attelâmes alors un petit chariot à roues pleines, et vinmes tous chercher ma belle prise, dont nous enlevâmes la peau; je vous la rapporte : vous verrez ses griffes et les trous de mes balles.

La pluie torrentielle continue : il nous faut déguerpir sur-le-champ, car l'inondation commence, et dans ce pays elle prend vite de terribles proportions; les ruisseaux que nous avons passés à gué ont déjà monté d'un mètre; ce sera le triple demain matin, et, si nous nous attardions de quelques heures, nous serions bloqués peut-être pour un mois. Nous n'étions de retour à Gonn que bien avant dans la nuit; la pluie avait cessé pendant quelques heures, et le clair de lune avait favorisé le passage dangereux des rigoles d'hier, devenues rivières aujourd'hui. Je suis trop fatigué pour vous raconter les détails et les péripéties de ce retour accidenté, mais croyez bien que c'est à l'énergie de nos bons chevaux que nous devons d'être tous ici au bercail.

11 août.

Pendant trois jours, la chasse au pélican a réussi à merveille; puis, grâce à la ruse, nous avons tué deux émeus, ou casoars, pour notre collection. Quand nous apercevions un groupe de ces beaux oiseaux, cette sorte d'autruche grise, trottant tout aussi vite qu'un cheval, nous prenions en main une branche verte qui nous cachait le visage, et nous nous enveloppions le corps d'une couverture rouge écarlate qui traînait jusqu'à terre, et qui nous donnait l'air d'un guerrier de Judée. Vraiment, si je n'avais été si ému par mon amour pour la chasse, j'aurais bien pu rire de moi-même, quand je m'avançais ainsi majestueusement dans les prairies. — L'autruche est comme le taureau : elle fond sur tout ce qui est rouge. Attiré soudain par l'apparition de cette couleur qu'il voit à l'horizon, l'escadron prend le grand trot; le cou tendu, les folles bêtes s'élancent à la suite l'une de l'autre, comme en une charge de guerre. A cent mètres du prince, le chef de file s'arrête, et toutes l'imitent : la ruse est découverte et la panique les emporte; mais le prince avait admirablement logé une balle dans la tête de la plus grande, qui roula roide morte. Hier ce fut ma carabine qui fit tomber à son tour un de ces oiseaux coureurs : les os de leurs cuisses sont aussi forts qu'un poignet d'homme, leurs pattes ont plus de trois pieds de haut, et leur gros plumage gris est si touffu, qu'il retombe tout autour de leur corps comme un parasol; il y a de quoi orner plusieurs chapeaux de l'ancien régime. Quant aux ailes, je les ai longtemps cherchées; je n'ai trouvé qu'un petit moignon de cinq à six pouces de long, et sans une seule plume.

Nous avons trouvé plusieurs de leurs œufs dans la plaine : ils sont plus petits que ceux de l'autruche, mais d'une cou-

Le roi Tatambo, d'après une photographie.
(Voir p. 130.)

La fille du roi Tatambo, d'après une photographie.

leur superbe. C'est un vert émeraude foncé, poli et brillant. Nos hôtes nous affirment une autre singularité de ces oiseaux : c'est le mâle qui couve[1] assidûment, et pendant que, fidèle au nid légitime, il reste immobile, échauffant pendant des semaines sous ses plumes la future nichée, madame Casoar court gaiement les pampas!

[1] Ceci nous a été confirmé depuis par les naturalistes de l'Académie de Melbourne.

Enfin nous avons vu des Noirs! Aujourd'hui en effet, dans un ravin, en poursuivant un cygne, nous tombons sur le camp d'une tribu de Naturels : quelques fourrures d'opossum jetées au hasard sur leurs corps les garantissent à peine du froid. Quant à leur camp, il se compse d'une série de huttes en feuilles sèches; elles sont si basses qu'ils ne peuvent y entrer qu'à quatre pattes : huttes et gens exhalent une odeur nauséabonde; ils sont fétides, étiques, épouvantables. Pauvres êtres! ils ont pourtant l'éternelle gaieté du Nègre : ils rient d'une façon grotesque, mais naïve, et roulent de gros yeux blancs tout veinés de sang. Nous leurs donnons quelques canards que nous venions de tuer, et aussitôt la bande joyeuse danse autour de nous. C'est un vieillard, noir comme la réglisse, mais orné d'une chevelure et d'une barbe blanches comme la neige, qui dirige cet orchestre de grenouilles noires chantant au bord de l'eau : il ôte le peu de fourrure qui le couvre; le seul vêtement qu'il avait avant' la danse, il le tient à la main en signe de commandement; toute la tribu l'imite, et nous nous trouvons, à bien peu de frais, les témoins d'une fête fantastique : hommes et femmes, vêtus en archanges, faisaient la ronde et gambadaient; nous nous tordions de rire, et ils étaient ravis. On appelle ce vieux Noir le roi Tatambo : notre hôte l'a photographié l'an dernier, et je vous envoie, avec son portrait, celui de la plus jeune et de la plus jolie de ses filles (*voir les gravures, p.* 129).

C'était·aujourd'hui notre avant-dernière après-midi à Gonn : nous en avons joui comme de vrais enfants, car au moment où nous rentrons pour déjeuner avec notre hôte, il nous dit qu'il croit l'époque bonne pour envoyer *huit cents bœufs* à Melbourne, d'où ils seront ensuite dirigés sur les différents centres de mines; il nous propose de monter à cheval avec lui pour les choisir. Nous voyons là ce que les Australiens appellent un « cattle hunting », une vraie chasse à courre aux bœufs. Nous nous mettons avec empressement de la partie que nous trouvons des plus amusantes. Kapel a réuni le plus grand nombre des hommes disséminés sur son territoire; ils sont huit ou neuf à cheval, armés de fouets à manche court, mais à mèche d'une longueur de trois mètres. Nous partons au galop, — chacun dans une direction différente, pour découvrir jusqu'à trois et quatre lieues de la hutte les troupeaux éparpillés dans les plaines. C'est comme une petite guerre de tirailleurs où chacun fait une fantasia à sa guise. Dès que nous voyons un groupe de trente ou quarante bêtes à cornes, nous les chargeons à toute vitesse, en les harcelant tantôt à droite, tantôt à gauche, jusqu'à ce qu'elles aient atteint une colline de sable qui domine la plaine et qui est le rendez-vous général. C'est vraiment un sport charmant! Ces charges au grand galop nous amusent, et je vous assure que notre « troupeau de chasse », cornes baissées et queues au vent, fut gaillardement poussé jusqu'à l'enclos désigné, malgré les ruisseaux et les ravins (*voir la gravure, p.* 133) : à nous deux, le prince et moi, nous en avons sûrement ramené environ quatre cents de plus de deux lieues à la ronde, malgré les détours, ressemblant bien plutôt à des O qu'à des S, que nous faisait faire notre gros gibier dans ses folâtres galopades. Vers cinq heures, il y avait sur la colline environ *trois mille* vaches et bœufs, tout essoufflés et haletants après leur course involontaire. Les hommes alors ont fait leur choix, les bœufs les plus gras ont été « galopés » de nouveau jusqu'à une autre colline proche. Mais ce dont vous ne vous ferez jamais une idée, c'est du désordre qui régnait autour de nous et qui faisait du reste le plus grand charme de cette fête rurale : bœufs ruant, chargeant ou beuglant, vaches folâtrant et gambadant, cet ensemble offrait le plus singulier des coups d'œil. Peu après le coucher du soleil, nous rendons aux « refusés » la clef des champs, et nous allumons un long cordon de grands feux autour du troupeau des huit cents « admis » parmi tant d'appelés : la moitié des hommes reste pour faire la ronde, ce qui n'est pas une petite besogne. Il faisait nuit noire quand nous redescendions vers la hutte : les silhouettes des bœufs, et celles des hommes à cheval qui gardaient le troupeau, se dessinaient sur le ciel à la lueur des feux, et les lugubres mugissements de tant de bêtes captives, étonnées et ahuries, auxquelles répondaient les bandes errant librement, rendaient extraordinaire cette plaine qui jusqu'alors nous avait semblé paisible et silencieuse.

12 août.

Dès le matin le troupeau part pour Melbourne; il a plus de cent lieues à faire à pied; quatre hommes l'escortent. Le premier obstacle de cette longue route est le « Murray », qui a certes bien cent soixante mètres de large à l'endroit qu'il faut chercher pour trouver des berges d'un abord aisé. Les hommes poussent le troupeau au grand galop entre les deux longues barrières qui aboutissent au fleuve : les bêtes sont tellement *lancées* qu'elles ne peuvent plus s'arrêter à temps; les premières sont en un instant bousculées et jetées à la rivière par toutes celles qui les chargent par derrière et qui ne voient pas l'eau : l'élan est immense et général; bientôt elles sont toutes à la nage, se culbutant l'une l'autre, grimpant en désordre sur la rive opposée.

Nous aussi, nous allons partir : demain, au petit jour, il faudra absolument quitter ce lieu de délices, où nous avons fait de si belles chasses et couru si joyeusement; nous comptons demander l'hospitalité dans une « station de moutons », qui est à vingt-cinq lieues d'ici. Le voyage est l'état normal de tout homme en Australie, et je n'ai vu sur nulle terre plus cordiale réception.

Ici, par exemple, à deux cents pas de la cabane, il y a la « hutte hospitalière », qui existe dans chaque « station » de l'intérieur. Le soir, après le repas, nous allions voir avec notre hôte si quelque berger errant y était venu chercher refuge, et trois fois nous y fûmes guidés par les grands feux qu'avaient allumés les nouveaux arrivants. Kapel leur donnait immédiatement des rations de bœuf et de biscuit. C'étaient des aventuriers, bergers ou tondeurs, qui venaient se recommander aux squatters, s'ils avaient besoin que l'on donnât un coup de main au « cattle hunting », ou que l'on aidât à abattre des bois. Ces gens vivent toute une année errant dans les prairies, courant les aventures, sans gîte et sans repos, et ils aiment passionnément cette vie nomade! Il faut vraiment que les aspects tout physiques d'un pays influent singulièrement sur les affections morales de ceux qui l'habitent! Que d'hommes j'ai déjà vus, en Australie, si amoureux de l'aventure et de l'inconnu, si peu soucieux du lendemain! Et nous-mêmes, n'avons-nous pas changé aussi depuis un mois? Nous voudrions encore longtemps vivre ainsi en sauvages et en nomades, coucher dans nos manteaux, galoper sur ces chevaux presque libres, et pénétrer toujours plus avant dans ces prairies et ces pampas, en nous disant dans nos courses folles : « Peut-être que dans ce ravin aucun Blanc n'a encore mis le pied ! » Oui, cette vie a des charmes que vous ne pouvez connaître en Europe; mais notre bon ami Fauvel nous attend impatiemment à Melbourne, et vous nous attendez à six mille lieues d'ici. Partons donc! malgré tous les regrets; mais si je me suis bien amusé dans ces plaines, j'ai aussi bien cherché à en rapporter d'utiles informations. Je crois savoir maintenant à fond ce que c'est qu'une station de « squatter », une « station de bœufs », et je pense ne pouvoir mieux en donner une idée qu'en vous disant ce qu'a fait notre hôte, M. Kapel.

En 1846, trois hommes résolus vinrent s'établir ici aux bords du Murray, pour faire paître leurs troupeaux, dans ces prairies jusqu'alors inexplorées, où ils avaient à repousser souvent les attaques des Noirs, qui tantôt venaient brûler leurs cabanes, tantôt faisaient une guerre acharnée à leurs bestiaux. Ces hommes se tracèrent un « run », espace immense de prairies qu'ils déclarèrent vouloir occuper à leurs risques et périls contre les Aborigènes, et s'assurer, pour un temps donné, contre les empiétements de tout nouvel arrivant européen. Leurs limites une fois tracées, ils en firent la déclaration au gouvernement, qui est propriétaire du sol de la colonie : ce sol, il l'a vendu en certains endroits, il le vend encore ou le loue à son gré. Il y a donc ici des propriétaires qui, une fois tels, ne payent plus aucune taxe à l'État, et les « squatters ». Ces derniers ne sont autre chose que les fermiers de l'État, ils lui payent tant par an, et, pendant leur bail, jouissent de tout ce qui se trouve sur leur « run », c'est-à-dire des bois qui le couvrent, en plus des prairies, et ce n'est pas un médiocre profit. En New-South-Wales (où nous sommes aujourd'hui), l'État estime les bonnes comme les mauvaises conditions du « run », le fait explorer par une commission formée d'un nombre égal de ses représentants et de ceux des « squatters », et demande par an un prix général qui exempte son fermier de toute nouvelle taxe. J'aurai plus tard occasion de vous dire comme quoi, dans la province de Victoria, les choses se passent autrement, et comment, dans cette autre colonie, le « squatter » paye tant par tête de bétail et rien pour la terre.

Mais je reviens à mes moutons, ou plutôt à mes bœufs. Ces hommes donc choisirent un superbe terrain compris entre deux rivières, le « Murray » et le « Walkool », deux excellentes barrières naturelles, deux sources de fécondité et d'arrosement, sur lesquelles ils pouvaient compter sans crainte pour abreuver leurs troupeaux. Le « Murray » leur servait de barrière sur une longueur de *trente* kilomètres : les deux runs de « Gonn » et de « Moorgatta » comprenaient 257 *kilomètres carrés* ou plus de 30,350 *hectares;* celui de « Noorong », 458 *kilomètres carrés* ou 50,584 *hectares,* ce qui fait un total de 715 *kilomètres carrés!* Ils prirent un bail de quatorze ans, pour lequel ils payèrent chaque année au gouvernement la modique somme de 7,500 fr. Ce bail expirait en 1860. Telle est l'histoire succincte des fondateurs de ce « run ». Voyons maintenant ce qu'a fait notre ami Kapel.

Il est arrivé ici en 1852, et, traitant avec ces « squatters » qui avaient en six ans fait leur fortune, il a pris leurs trois « runs » en sous-location. Pour l'*indem-*

11 août. — « Nous poussons devant nous trois mille bœufs têtes baissées et queues au vent. » (Voir p. 130.)

nité de cession des runs de Gonn et de Moorgatta et la *monture*, qui se composait de 1,500 vaches, il leur donna 250,000 fr. Pour l'indemnité de Noorong, 500 bêtes à cornes et une ligne de solides barrières de bois, construites par eux et s'étendant sur 27 kilomètres, il leur paya la somme de 450,000 fr. Le Walkool au Nord, le Murray au Sud, coulent tous deux presque parallèlement à une distance variant de 25 à 35 kilomètres. Cette barrière de bois, perpendiculaire aux deux cours d'eau, fermait complétement les « runs » sur la partie Est. A l'Ouest, Kapel les ferma également en construisant sur ce quatrième côté du rectangle une barrière de fil de fer, longue de 35 kilomètres. Ajoutez-y 34 kilomètres de barrières pour les divisions intérieures, et le prix de ces clôtures s'élèvera à 80,625 fr., ou 1,225 fr. 50 c. par kilomètre. Ainsi les dépenses de premier établissement étaient de 715,000 fr.

Au chapitre des charges régulières, il paye d'abord chaque année les 7,500 fr. du bail fait avec l'État jusqu'en 1860 par ses prédécesseurs; à cette époque il a repris en son propre nom un nouveau bail de dix ans pour le même territoire : le gouvernement alors le taxe à 17,375 fr. par an.

Vient ensuite son personnel : il ne se compose que de *quinze* hommes, employés sur cet immense espace tant à réparer les barrières qu'à surveiller les troupeaux, à les rassembler et à les mener à Melbourne dans certaines saisons. Ces hommes, il leur donne une paye de 25 fr. par semaine, ce qui fait une dépense de 19,500 fr. par an; avec la nourriture qui lui coûte autant, l'entretien complet de tout son monde lui revient à 37,500 fr.

Un homme pour *mille* bœufs, n'est-ce pas une chose étonnante au premier abord? Mais tout est simplifié par ces grandes lignes droites de barrières, tracées, comme en Amérique, au milieu des prairies, où, si l'on n'a pas des bouquets de bois presque sous la main, on emploie le fil de fer avec avantage.

Viennent ensuite les frais d'entretien des barrières (3,000 fr.), la location de terrains de repos pour ses bêtes aux portes de Melbourne, de Ballarat et de Bendigo (10,000 fr.), même somme pour « divers », voilà un total de 77,875 fr. pour les dépenses annuelles.

Voici maintenant un aperçu des recettes. Notre hôte envoie tous les ans, de mai à septembre, une dizaine de ses hommes au loin dans la colonie et les colonies voisines : ceux-ci vont surtout dans les contrées qui ont souffert de la sécheresse, et chez les petits cultivateurs. Ils achètent, à raison de 50 ou 60 fr. par tête, tout le bétail maigre ou jeune qu'ils peuvent trouver. Il y a trois ans, par exemple, Kapel a acheté quinze mille bêtes âgées de trois à sept ans, à raison de 50 fr.; il les a revendues l'année dernière grasses et superbes au prix de 175 fr. en moyenne sur les différents marchés de Victoria : elles lui avaient coûté 750,000 fr.; il les a revendues 2,625,000 fr. Quel gain immense en vingt-quatre mois!

Ce sont les pluies du printemps qui décident de la fortune du « run ». Je voudrais que vous vissiez avec quelle joie notre hôte regarde chaque matin les progrès de la nappe de verdure qui s'étend autour de nous, sans que les yeux en trouvent les limites. Nous sommes en août : c'est notre mois d'avril. Les brins d'herbe touffus n'ont guère plus de deux pouces de haut ; mais ils sont si verts et si vivaces, qu'on se croirait vraiment sur un gazon d'Angleterre. Si le soleil ne brûle pas trop tôt ces prairies qui promettent tant, Kapel n'aura même pas besoin de deux ans pour engraisser ses nouvelles bêtes maigres.

Il a, de fondation, un troupeau de *mille* vaches choisies pour la reproduction, et un lot de *cent* poulinières qui errent en pleine liberté. Je m'étonnais l'autre jour des lignes si pures, des dos si droits, des poitrines si larges, des cous si nerveux et des têtes si carrées de toutes ces bêtes à cornes. « Comment, disais-je à Kapel, sur des milliers de bœufs, avez-vous tant de bêtes modèles? C'est en vain que j'ai cherché un bœuf ensellé ou une de ces vaches voûtées et à long museau, comme on en voit dans nos campagnes. Mais non, ici toutes leurs épines dorsales sont tirées au cordeau et leurs têtes faites au moule ! » — « Ceci vient, me répondit-il, de la seule mesure antilibérale qu'ait prise notre gouvernement démocratique. Étalons, béliers et taureaux *ne peuvent être introduits* dans la colonie que s'ils ont été primés en Angleterre ou dans les colonies voisines : tous ces chevaux sont des « pur-sang », dont le père a coûté 35,000 fr., rendu à Melbourne ; les moutons que vous avez vus courant les prés depuis Bendigo jusqu'ici, sont des mérinos allemands des plus purs ; on a fait acheter en Saxe des béliers qui revenaient ici à 12,000 fr. : tous mes élèves enfin, qui sont des « Durham », descendent de ce taureau magnifique que vous avez vu l'autre jour galopant près du Walkool ; il m'a coûté 20,000 fr. et vient du « cattle-show » de Londres, où il avait remporté un grand prix. »

Quinze mille bêtes d'une race si pure! Ne sont-ce pas là des chiffres étourdissants, et pour les croire, ne faut-il pas, comme je le fais en ce moment, voir ces beaux troupeaux errer et paître dans cet immense espace clôturé? Je demandais à mon hôte combien il pensait avoir de vaches et de bœufs cette année : « Impossible de vous le dire, mon ami, me répondit-il : je ne puis le savoir qu'à mille ou deux mille près, car il en meurt quelquefois beaucoup dans les bois ; il m'en naît aussi beaucoup sans que j'en sache rien : nous ne serons renseignés sur ce point que vers Noël ; à ce moment, pendant une dizaine de jours, je galoperai dans mon « run », depuis le matin jusqu'au soir, et nous pousserons tous nos troupeaux dans le grand pré de deux kilomètres carrés qui est près de la maison : tout ce qui sera gras, nous le confinerons dans un autre enclos. Je crois qu'il n'y en aura que sept mille cette année ; car j'ai perdu beaucoup à la sécheresse d'il y a quatre ans, 500,000 fr. environ. Eh bien, ces sept mille bêtes, je les enverrai par troupeaux de cinq à six cents dans les « paddoks » que j'ai près de Melbourne, de Ballarat, de Bendigo et de tous les centres de mineurs : j'espère les vendre 250 fr. en moyenne. S'il en est ainsi, je céderai mon « droit » et m'en retournerai en Angleterre : on m'en a déjà offert 2,250,000 fr. l'année dernière, et j'ai refusé. Grâce au Murray, tandis que d'autres « runs » sont en souffrance, le mien prospère tous les jours : cette humidité de la rivière fait ma fortune, et je compte tout à fait cette année tirer de mon «droit» 750,000 fr. de plus que l'on ne m'en avait offert. »

Voilà de ces choses que l'on ne voit qu'ici et qui sont bien intéressantes à étudier! Tout le temps de mon séjour,

Nos compagnons et compagnes de chasse à Gonn, d'après une photographie.
(*Voir p.* 139.)

j'ai appris quelque détail nouveau, et, chaque soir, après les douces causeries autour du feu de la cabane, j'ai consigné sur un bout de papier ces chiffres que Kapel m'énumérait avec tant de complaisance et que j'avais toujours grand'peur d'oublier. Quoique je croie connaître maintenant « une ferme de bœufs », je ne saurais pourtant vous donner un chiffre du bénéfice net par année : notre « squatter » ne le sait jamais au juste, puisqu'il règle toujours ses comptes à mille ou quinze cents vaches près ! Bref, si la vie des prairies le retient encore un an (et 'elle a bien des charmes, cette existence sauvage), s'il ne se décide pas encore à céder son bail et ses troupeaux pour les 2,250,000 fr. qu'on lui propose ou les 3,000,000 de fr. qu'il espère, il aura ce qu'il appelle une année ordinaire. En regard des 77,875 fr. de frais annuels, il vendra quatre mille bœufs pour 700,000 fr., et quatre-vingts jeunes chevaux pour 24,000 fr.; son bénéfice sera donc encore de plus de 640,000 fr.

Pendant cette année, il lui sera né au moins cinq mille veaux, tant de son troupeau choisi que de ses « vaches de passage », et, en donnant un millier de bêtes, comme part du diable, à la maladie et aux accidents, il aura de nouveau en 1867 quinze mille bêtes sur son « run ». Après avoir, depuis 1852, rapporté chaque année entre 400,000 et 500,000 fr., ce capital flottant pourra du jour au lendemain être converti par lui en près de trois millions : quinze années de labeur lui auront assuré un joyeux retour en Europe ! Mais je crains que ces chiffres ne vous fatiguent, et je m'arrête : souvenez-vous seulement d'un *propriétaire de quinze mille bœufs,* d'un *locataire de sept cent quinze kilomètres carrés*[1], et dites-vous qu'il y a encore dans ce pays extraordinaire des gens qui possèdent trois et quatre fois plus que Kapel.

[1] Superficie double de celle du département de la Seine.

IX

UN PROPRIÉTAIRE DE SOIXANTE MILLE MOUTONS

Thule. — Pêche aux flambeaux. — Un « corrobori », danse de guerre des Noirs. — Bilan d'une « station » de moutons. — L'ornythorynx. — Contrastes dans la nature australienne. — Echuca et son chemin de fer.

13 août.

A cheval encore ! nous nous faisons suivre de nos bêtes chargées de peaux de kanguroo, d'autruche et de cygne, et sur la rive nord du fleuve nous prenons la direction Est-Sud-Est : six rivières nous barrent le passage; l'inondation en rend les approches fort périlleuses, mais avec des éperons ne passe-t-on point partout ? Le soir, un joli assemblage de cabanes nous apparaît dans le lointain : c'est la *station de Thule,* où M. Woolselley nous reçoit à merveille. Il a là, autour de lui, *quatre mille bœufs* et *soixante mille moutons !* Une vallée de « lagunes » s'étend à perte de vue vers le Nord : bois profonds entourés d'eau, lacs nombreux de droite et de gauche, îlots de roseaux et de lianes, tout nous promet des chasses superbes.

14 août.

Une tribu de Noirs est campée près de nous; ils se distinguent de ceux que nous avons vus l'autre jour par des raies blanches marquées à la chaux sur le front et sur la poitrine : notre vue paraît les réjouir, et, tandis que leurs horribles femmes, demi-nues, tenant leurs marmots sur le dos, ricanent en groupe sur le seuil (ou plutôt le trou d'ouverture) de leurs huttes empestées, quelques hommes nous suivent et paraissent tout feu, tout flamme pour la chasse. Ils nous tiennent en vérité lieu de chiens : grues et cygnes tombaient-ils blessés au milieu d'un lac, vite les Noirs se jetaient à l'eau, nageaient pendant un quart d'heure et nous rapportaient nos bêtes. Soudain ils tombaient à plat ventre et nous indiquaient par les gestes les plus énergiques de faire comme eux : c'était quelque vol de pélicans qui approchait. Ces braves gens, ornés de bâtonnets dans le nez, d'anneaux de bois dans les lèvres, semblent nos esclaves, et, avec quelques bouts fumants de cigare comme don de joyeux avénement, nous devenons facilement les rois de cette tribu de négrillons! Les gestes seuls sont notre langue : vous pouvez donc être assurés que nous n'aurons point de discussions politiques. (*Voir la gravure, p.* 137.)

En revanche, nous nous faisions par instants si mal comprendre, que vers le coucher du soleil nous nous trouvâmes bel et bien perdus. Le tabac et quelques gouttes d'eau-de-vie avaient troublé les sens de nos noirs acolytes, et, tandis que nous poursuivions une bande d'ibis, nos hommes disparurent. Nous nous étions beaucoup éloignés de la cabane; c'étaient des lieux tout à fait déserts et inconnus; nous étions affolés, pataugeant dans la bourbe, prisonniers dans les lianes, sans boussole et sans une étoile au ciel pour nous guider. Après trois mortelles heures, nous sentîmes tout à coup sous bois une odeur affreuse : « Je la reconnais, m'écriai-je, c'est le parfum de nos Noirs! » A deux cents pas de là, en effet, nous trouvâmes toute notre troupe dormant profondément au pied d'un arbre. Ils furent vraiment bons enfants; à peine éveillés, ils reprirent nos lourds trophées d'oiseaux ainsi que leurs lances qui étaient piquées en terre autour d'eux, et nous ramenèrent au pas de course jusqu'à la cabane.

Les Noirs devaient décidément aujourd'hui nous attirer à eux sans relâche ; car, pendant que nous dînions tout affamés après une pareille course, nous entendîmes tout à coup des cris bizarres, signes de l'agitation de la tribu. Nous arrivons; le lac est comme illuminé de torches fumantes (*voir la gravure, p.* 141); des formes humaines, noires comme la nuit, le parcourent en zigzag, brandissant une sorte de javelots. Mis en liesse par l'arrivée des nouveaux Blancs, ils ont, paraît-il, organisé une pêche aux flambeaux; couchés ou à genoux sur des troncs d'arbres creusés, tenant d'une main une torche résineuse, de l'autre un harpon fait d'arêtes piquantes, les chefs sillonnent le lac, et percent vigoureusement le flanc de gros poissons attirés par la lumière; ceux-ci se débattent furieusement, et trois fois un de ces Nègres chavire. Bientôt ils amènent sur la rive une dizaine de belles morues d'eau douce, le « Murray codd »; quelques-unes ont quatre pieds de long. La tribu tout entière s'agite et pousse des cris incroyables ; ces dames noires, qui paraissaient timides au commencement, se rapprochent peu à peu en riant toujours et en tenant de petits javelots. Ce sont des armes terribles : un crochet d'hameçon est fixé à la pointe, et, une fois dans le corps de l'ennemi, on ne peut l'en faire sortir qu'en le lui faisant traverser de part en part : jolie perspective, du reste! Bientôt les grands poissons sont mis en trophée sur un tertre ; chaque Noir brandit sa torche et sa pique ; la danse de guerre, le « corrobori », commence. Simulacre de combats, sauts de mouton, cris aigus, voltes et demi-voltes à cloche-pied, luttes corps à corps, rien n'y manque de ce que Cook et la Pérouse ont raconté jadis. Cette fête dura fort tard ; le spectacle était si étrange, que les heures passaient inaperçues pour

« La danse de guerre, le *corrobori*, commence. » — 14 août.

nous. Rien d'incroyable comme cette danse macabre, où les membres amaigris de ces corps d'ébène se dessinaient à la lueur rougeâtre. Les cris sauvages d'une cadence monotone donnaient je ne sais quoi de fantastique à ces êtres noirs, vêtus à peine d'une ceinture de peau d'animal sauvage, gambadant frénétiquement en armes autour de leur proie. Le « corrobori » se termine par une ronde immense et un grand feu d'herbes sèches qui éclaire la tribu. Nous nous retirons alors, aussi stupéfaits qu'enchantés de ce spectacle.

A la suite de cette fantasmagorie, j'ai été vivement frappé de la différence qu'il y avait entre les accents rudes des chants de guerre et la douce harmonie du langage usuel. En effet, après avoir déposé leurs armes, plusieurs chefs, et même des femmes, vinrent nous regarder de près, et nous débiter un flot de paroles dans lesquelles abondaient les voyelles. Je n'ai retenu de ce dialecte, peu enseigné dans nos lycées, que quelques mots utiles :

Narra-waraggarah. Vite, dépêche-toi.

Thule, 14 août. — « Le lac est comme illuminé; les Noirs, couchés ou à genoux sur des troncs d'arbres, tiennent d'une main un harpon, de l'autre une torche fumante. »

Tattawattah-onga-	
nina.	Conduis-moi.
Pounnamountah. . .	Un casoar.
Loah-maggalantah.	De l'eau.
Luggahnah olaïbah-	
na.	À droite.
Luggahnah ahouïo-	
la.	À gauche.

J'emporte de cette tribu le meilleur souvenir. Nageant comme des chiens de Terre-Neuve, bavards comme des pies, ces Noirs m'ont fait rire toute la journée.

Le lendemain, ils nous ont tous deux promenés par monts et par vaux; pour les récompenser, nous les avons peu à peu chargés d'une soixantaine de gros oiseaux d'eau et d'une dizaine de dindons. Mais je n'ai plus à vous parler de chasse; je voudrais plutôt vous dépeindre nos soirées dans la cabane lorsque, fumant vingt pipes d'un tabac délicieux, chacun raconte autour du feu quelque chose de sa vie, un souvenir d'Europe, une nouvelle d'Australie. Hier, on ne parlait que du « corrobori », ce cancan national et militaire des sauvages; ce soir, nous apprenons de notre hôte ce que c'est qu'une *station de moutons*.

Lorsqu'en 1855 il débarqua en Australie, il vint à cheval jusque dans ces prairies, et cet endroit lui plut : le site était sauvage et verdoyant; il voulait créer sans entraves, régner à lui seul sur des espaces immenses, et de tous côtés ne voir sur l'horizon que les moutons de son duché. Il a vécu en ermite, en homme des bois; mais il a réussi, et nous semble tout fier de son œuvre. Il a en effet *soixante mille bêtes* à laine qui parcourent son « run », espace de plus de *cent un mille hectares* de prairies. Il n'a pas eu de clôtures à faire, tandis que dans les fermes de bœufs cette lourde dépense est nécessaire. Les moutons que nous avons vus ces jours derniers, en chassant dans ces plaines, errent par troupeaux de mille, et chaque troupeau n'a qu'un seul berger qui le suit à cheval; ils couchent en plein air, hiver comme été, gagnant toujours de proche en proche, dans leur vie nomade, les vallées où les attirent l'herbe tendre et le « salt-bush », petit buisson rampant presque à terre et fournissant un feuillage qui paraît très-salé au goût. Je me souviendrai toujours à ce propos de l'effet pittoresque que produisait certain gros arbre à gomme des environs de la station de Thule (*voir la gravure*, p. 144), où se groupait chaque jour, pendant une ou deux heures, un troupeau de passage, sous la garde de son vigilant Mélibée. — Hélas, aucune Amaryllis ne se trouvait pourtant sous ce feuillage!

Il paraît qu'il est des « runs » où une moyenne d'*un* hectare est suffisante pour deux moutons par an; mais ici même, me disait notre hôte, il en faut environ *quatre* pour *trois* moutons, à cause des sécheresses de quelques plateaux, des lagunes, des bois clair-semés; par conséquent, aujourd'hui il en faut quatre-vingt mille pour tout son peuple paissant. Reste donc un surplus de prairies qui lui permettrait d'élever encore à plus de soixante-quinze mille le nombre de ses bêtes.

Comme premières mises de fonds, il a eu d'abord à construire des cabanes, des magasins à vivres, des chariots, en un mot à se munir, pour lui et ses bergers, de tout le matériel nécessaire à une installation, quelque rustique qu'elle fût, au milieu de prairies où aucun Blanc ne s'était encore établi. Cela lui revint à

« Autour d'un gros arbre à gomme des environs de Thulé, se groupait chaque jour quelque troupeau de passage sous la garde d'un berger à cheval. »
(Voir p. 145.)

« Les tondeurs échelonnés en file indienne travaillent à l'ombre; quant à la laine, elle est éparpillée sur le toit, afin de sécher aux rayons du soleil. »
(Voir p. 146.)

environ 10,000 francs. Puis, cent bons chevaux, pour le transport de ses laines et le service de ses bergers, lui coûtèrent 40,000 francs. Enfin, il acheta chez les « squatters » établis à trente et quarante lieues à la ronde huit mille brebis (à une moyenne de *onze* francs), qui devaient être les mères de ces troupeaux immenses que nous voyons maintenant; il les dissémina sur ses cent un mille hectares en huit groupes errant à l'aventure. 88,000 francs pour les brebis et 10,000 francs pour cent béliers; total de l'achat : 98,000 francs.

Voici maintenant ses frais annuels : la commission pastorale du gouvernement, après examen des bonnes et des mauvaises conditions du terrain, a évalué en bloc la location du « run » à 18,750 francs par an, plus 25 francs par mille moutons : soit 28,250 francs.

Il a actuellement soixante hommes en service permanent pour la garde et la surveillance de ses troupeaux et vingt pour ses transports, tous payés à raison de 25 francs par semaine et nourris pour un prix égal : ils lui coûtent donc en tout 104,000 francs.

Dans les mois favorables à la tonte, des brigades d'une centaine de tondeurs parcourent les prairies, s'arrêtent dans chaque « run » et font leur besogne avec une étonnante rapidité. En moyenne, ces cent tondeurs rasent chacun vingt-cinq moutons par jour, total deux mille cinq cents. En vingt-quatre ou vingt-cinq jours les toisons des soixante mille bêtes tombent sous leurs ciseaux, et vite la laine est récoltée. Outre la nourriture des hommes (7,875 francs), la tonte, qui est de 20 francs par cent moutons, revient encore à environ 19,875 francs. Ce moment-là est vraiment curieux, paraît-il; car de même que, chez nous, des bandes de moissonneurs courent de ferme en ferme et font tomber sous la faux les blés qui couvrent le sol, de même ici, quand les brigades de tondeurs s'abattent dans les prairies, en bien peu de jours des milliers de moutons sont mis à nu. Cette opération se fait avec une rapidité extrême; en général, on construit avec des planches une sorte de long corridor couvert qui sert à la fois à mettre à l'ombre les tondeurs échelonnés en file indienne, et à exposer au soleil, pour la sécher, la laine à peine coupée que l'on éparpille sur le toit. (*Voir la gravure, p.* 145.)

Aussitôt ce premier travail terminé, on lave la laine pour la sécher à nouveau, puis les heureux propriétaires l'empilent à la hâte en hautes pyramides. Ils ont pour la tonte de la laine les mêmes angoisses que nos agriculteurs pour leurs récoltes. Une fois la laine à point, il faut en effet agir en toute diligence, l'envoyer à Melbourne et l'expédier sur le marché de Londres, pour profiter des premières demandes. L'embarras de nourrir tant de bêtes accumulées en un même point les presse encore plus de ne pas marchander le nombre des bras; et si le beau temps paraît fixe, qu'ils ne perdent pas si belle occasion! Les orages ont en effet causé bien des ruines après la tonte, et ceux qui ont agi trop lentement dans la belle saison ont vu à l'approche de l'automne des milliers d'agneaux tués par les grêles terribles de l'Australie, et les brebis, saisies par le froid sous des pluies de deux ou trois mois, mortes par centaines en quelques jours. Quand on aura inventé une machine à vapeur pour tondre les moutons, quelle belle économie ce sera pour les « squatters » !

La tonte est la transition entre les dépenses et les bénéfices.

Chaque mouton donne une moyenne de laine qui, une fois bien lavée, pèse à peu près cinq livres. Les soixante mille bêtes de notre hôte lui ont rapporté cette année trois cent mille livres de laine qui, immédiatement vendues pour le marché de Londres à raison de 1 fr. 87 c. la livre, ont produit un total de 561,000 francs. Actuellement le « run » de Thule ne compte que soixante mille bêtes; mais, il y a trois mois, il en avait plus de soixante-huit mille. Dans cet espace de temps, le troupeau gras de huit mille moutons a été vendu, pour la boucherie, à Melbourne et à Ballarat, au prix de 15 francs la pièce, soit 120,000 francs.

Cette année est donc une année magnifique pour le « run » de Thule; à quelques mille francs près, me disait M. Woolselley, il en résulte cette balance :

DÉPENSES ANNUELLES.		RECETTES.	
Bail. . . .	20.250 f	Vente de	
Bergers. .	104.000	la laine..	561.000 f
Tondeurs .	19.875	Boucherie.	120.000
Transports et divers.	15.000		681.000 f
	159.125 f		

BÉNÉFICE NET : 521.875 fr.

Notez qu'en entrant en bail, il avait mis dans l'entreprise un capital de 140,000 francs, mais que s'il en sortait actuellement, il ne perdrait que quelques mille francs consacrés à ses cabanes et à ses chariots, tandis qu'il lui resterait ses soixante mille moutons, qui représentent un capital de 1,625,000 francs.

Voilà donc à grands traits ce qu'est un « run » de moutons en Australie : l'àpeu-près n'est pas de notre époque, les chiffres seuls ont une réelle éloquence.

J'ai toutefois une rectification à faire : ce « run » est administré par M. Woolselley, mais il appartient à M. Caldwell, son beau-frère, qui possède et gère lui-même un autre « run » de cinquante mille moutons à une centaine de lieues d'ici, vers l'Ouest.

Si pourtant l'on croyait que de si beaux résultats se renouvellent chaque année, on risquerait de tomber dans l'erreur. Autant en effet il faut avoir un corps de fer pour vivre ainsi exilé dans les prairies, toujours à cheval, sous les rayons brûlants du soleil ou sous des pluies de deux mois, autant il faut au « squatter » une âme forte pour ne pas perdre courage devant d'affreux désastres qui surviennent de temps à autre. Ici, il y a sept ans, trois mille agneaux furent un jour tués par une trombe de grêle : en 1861, quinze mille brebis périrent de soif; en 1863, quatre mille cinq cents furent submergées par l'inondation. L'inconstance est la loi du temps en Australie. A côté d'un « run » florissant, un autre « run » est inondé; une province est dévastée par une trombe; une autre voit des milliers d'hectares naguère verdoyants soudain desséchés si affreusement par le soleil, que ses rayons, tombant sur des herbes en fermentation, suffisent pour y allumer l'incendie et en réduire toute la surface en une croûte noire et calcinée, où des milliers de moutons errent affamés et mourants. Toute une partie du « run » de Thule, un vaste plateau, fut ainsi desséchée il y a cinq ans : M. Woolselley fit alors ce qu'avaient déjà bien fait d'autres victimes du même désastre : il eut recours au « Boiling-down ».

Dans les soixante mille hectares qui restaient verts, il serra un peu les rangs de ses moutons et en mit trente-cinq

« Trois chaudières furent disposées dans la plaine, et les bergers, devenus chauffeurs, y entassèrent moutons sur moutons. »

mille : les vingt mille autres, il les fit entrer un à un, non pas comme ceux de Panurge, dans un gouffre d'eau salée, mais dans un gouffre de feu. Trois énormes chaudières, semblables à des gazo- mètres, furent disposées dans la plaine, et, pendant trois mois, les bergers devenus *chauffeurs* entassèrent moutons sur moutons, que le feu convertissait en flots de suif. Triste résultat de bien des

« 16 août. — J'ai cru pendant une heure que nous n'atteindrions jamais le grand oiseau coureur. » (Voir p. 152.)

labeurs! Que de beaux troupeaux contenus désormais dans quelques barriques de ce vulgaire produit animal! N'importe, c'était un expédient contre le malheur, et, cette année-là, les navires qui partirent de Port-Philipp en exportèrent pour la somme de 1 million 875,000 francs.

Quant aux quatre mille bœufs de notre hôte, il les fait paître dans un « run » adjacent à celui des moutons, et il tient pour eux une comptabilité à part : je ne vous en dis rien ; les exemples et les récits fournis par notre ami Kapel nous ont suffi.

Je suis, je l'avoue, bien heureux d'avoir pu voir de près ces deux genres d'exploitation qui font la prospérité de l'Australie, et qui sont certainement ce qu'il y a de plus caractéristique sur cette terre. Mais comme vous le voyez, il n'est plus temps de débarquer ici sans un sou et d'espérer y « faire fortune ». Ces choses extraordinaires n'arrivent que dans les vingt premières années d'une colonie : et ici la colonie pastorale en a déjà trente. Maintenant, il faut des capitaux, si l'on veut très-vite sortir de l'ornière ; et, tandis que nous ne trouvons en France que difficilement de l'argent pour l'Algérie, qui est à notre porte, les Anglais ont au contraire cela d'admirable qu'ils envoient, sans hésiter, des millions aux antipodes. Le « squatter » dont nous venons de faire galoper les troupeaux a dû, dès les premiers jours, mettre 140,000 francs sur la table et risquer le jeu. Si la première année avait été mauvaise, il lui en eût fallu autant, au bout de douze mois, pour se remettre à flot. Je ne vous cite que ce que *j'ai vu*, mais je vous laisse à penser ce qu'il faut d'argent pour les « runs » exceptionnels dont on nous parle, et dans lesquels un seul « squatter », M. Collins, possède deux cent dix mille moutons, et un autre, cent soixante-dix mille !

Tel est le côté pratique et matériel de l'élevage des bestiaux ; au point de vue économique, les squatters se plaignent vivement de l'opposition qui leur est faite dans le Parlement, des nouvelles lois qui les attaquent, et dont la conséquence est le morcellement des « runs ». Mais je ne vous parlerai de ces lois que quand j'aurai entendu ceux qui les font, et des chiffres généraux que lorsque j'aurai pu consulter les « Blue-books » et les statistiques du gouvernement.

16 août.

Nous avons tué ce matin un des plus curieux animaux qu'il soit possible de voir, un *ornythorynx!* Nous longions un « creek », petit ravin inondé, quand un ornythorynx nous apparut tout à coup, courant comme une sorte de castor sous d'étroites voûtes creusées le long de la rive. Nous le poursuivons, il se met à la nage ; un coup de double zéro le tue roide. Singulière bête que cette sorte de loutre aplatie, longue d'un pied et demi, courant sur quatre pattes palmées, portant la fourrure du castor, et munie d'un véritable bec de canard : elle *pond* des œufs et *allaite* ses petits, phénomène qui déroute mes très-modestes connaissances en histoire naturelle! Après un si beau coup, nos fusils ont fini leur service : notre dernière chasse est une chasse à courre.

Au nombre de trois cavaliers, nous fondons en effet de trois directions opposées sur un groupe de casoars, que nous avions aperçus à un kilomètre en plaine.

Après une heure et demie de galopade effrénée, le casoar roule sous les pieds de nos chevaux. C'est assurément une chasse aussi entraînante que celle du grand kanguroo, et quoique nos chevaux fussent des pur-sang, galopant à merveille, j'ai cru pendant une heure que nous n'atteindrions jamais ce grand oiseau-coureur, qui faisait des enjambées de quatre mètres et pointait tout droit dans la même direction. (*Voir la gravure, p.* 149.)

Notre course dans l'intérieur est terminée : elle nous a fait voir des choses étonnantes. Terre vraiment étrange que celle-ci !

Un animal moitié canard, moitié loutre, y pond et y allaite.

On ramasse une branche d'arbrisseau ; on la jette à l'eau, elle va droit au fond : c'est une sorte d'ébène.

« L'ornythorynx, cette bête étrange qui pond des œufs et allaite ses petits. »

Et au bord de l'eau vous prenez une pierre, vous la jetez ; elle flotte : c'est une espèce de pierre ponce.

Les cerises portent leur noyau en dehors.

La femelle du casoar pond, le mâle couve. Ce sont, du reste, des oiseaux qui ont des ailes sans plumes.

Vous êtes dans un bois : c'est en vain que vous cherchez l'ombre ; les feuilles se présentent toutes de profil au soleil.

Vous donnez trois cigares à un Naturel ; comme il est tout nu, il ne peut les garder que sous l'aisselle ou dans sa tignasse crépue.

Les kanguroos, plus heureux, ont une poche où il y a place pour leurs petits, même sevrés.

Ils ont quatre pattes ; mais, sur des milliers que j'ai fait fuir devant moi, pas un n'en a jamais employé plus de deux pour courir.

Quant à la queue, ils s'en servent pour s'étayer comme de la troisième branche d'un chevalet.

Chez nous on met les morts à six pieds

« En Europe, on met les morts à six pieds sous terre. — Ici, les indigènes les élèvent au-dessus du sol. » (*Voir p.* 152.)

sous terre; ici les indigènes les élèvent à six pieds au-dessus du sol. (*Voir la gravure, p.* 153.)

Il n'y a de pierres — et encore! — qu'au bord des ruisseaux : il y a des pelouses de gazon de vingt lieues sans un caillou! En revanche, Burke et Sturt ont trouvé à deux cents lieues d'ici des déserts de pierres si grands que leurs bêtes y sont mortes de faim.

Tout ceci n'inspire-t-il pas le sentiment de l'extraordinaire? Et la création de l'Australie ne semble-t-elle pas tenir du caprice? Qui sait? elle n'est peut-être pas finie; les éléments sont là pour en faire une terre comme les autres; ils sont séparés : ici, deux cents lieues carrées de pierres; là, trois cents lieues de gazon; plus loin, de l'eau. « La difficulté n'est pas d'y trouver un terrain où il y ait de l'or, a-t-on dit, mais bien un terrain où il n'y en ait pas » : cette appréciation est juste; il y a de l'or partout, plus ou moins abondamment, mais partout. Aussi, riche en or, mais pauvre en terre végétale, l'Australie est-elle par excellence la patrie des mineurs et des troupeaux nomades! Elle ne pourra jamais être une terre propre à l'agriculture. Mon impression est donc que les nouveaux « squatters » doivent s'aventurer dans l'intérieur, et lancer leurs troupeaux sur les milliers de lieues carrées de prairies que les explorateurs ont découvertes; s'ils se rapprochent les uns des autres, ils se nuiront. La fortune de cette contrée n'est pas dans la qualité de son sol, elle est dans son espace.

Dans la prairie, 18 *août*.

En quatorze heures de cheval, nous arrivons aujourd'hui à un point situé sur le Murray, à une soixantaine de lieues environ en amont de Gonn. Le fleuve ici est plus resserré et plus impétueux : ses rives sont d'une verdure charmante; le gazon est toujours notre route unique. Nous continuons la direction Est-Sud-Est que nous avions prise en quittant la « station de Kapel », et le soir nous couchons dans nos manteaux à l'abri de quelques gommiers.

Echuca, 19 *août*.

— Encore vingt-neuf lieues de marche le long du Murray, et les troupeaux disparaissent de notre horizon : quelques baraques se dessinent en avant de nous vers le soir; c'est *Echuca*, une ville de bois qui a *trois* ans. Une quinzaine de cabarets, une scierie à vapeur, un bac, des rues en gazon défoncé où l'on disparaît jusqu'à la cuisse, des magasins à laine, une gare qui est un champ orné de rails et où une locomotive est comme perdue, tel est l'aspect d'Echuca, poste avancé de la civilisation en Australie. Cette ligne de chemin de fer n'est que la continuation de celle que nous avons quittée à Bendigo. Nous avons, en résumé, décrit à cheval un delta de cent quarante-cinq lieues. Bendigo est à l'angle Sud, Gonn à l'angle Ouest, Echuca à l'angle Est. Disons adieu aux chevaux, aux kanguroos, aux casoars, aux aborigènes, et montons en chemin de fer.

J'apprends que cette ligne est la plus longue qu'il y ait en Australie. Echuca, relié ainsi à Melbourne, est sur la limite de Victoria et de New-South-Wales. La colonie est donc traversée de part en part, sur une distance de deux cent cinquante kilomètres, par une voie ferrée. On me dit en outre que la ville, si ville il y a, n'a été fondée qu'après la construction totale du chemin de fer. Ainsi, tandis que chez nous un chemin de fer est la conséquence des besoins d'une population établie, ici il est le prélude et la cause des établissements nouveaux. Dans ces lointains parages, vous avez un espace immense de prairies fertiles; vous voulez y faciliter les progrès des colons, vous tracez une ligne droite qui part de Melbourne, qui va droit au Nord et qui atteint les frontières de la colonie voisine; les colons aussitôt s'échelonnent tout le long de cette voie, qui satisfait à leurs besoins et qui offre un débouché à leurs produits. Les « stations », c'est le cas de le dire, les fermes, les villes, prennent naissance sur ce tracé; la prospérité pastorale, engendrée et activée par les bienfaits de la vapeur, s'étend alors tout d'un coup, de droite et de gauche, sur des terrains que des abords trop longs et trop difficiles rendaient tout à l'heure improductifs. Cette hardiesse fait des merveilles! Et c'est ainsi qu'une colonie marche à pas de géant, sans tous les papiers timbrés, les entraves et les décrets de M. le préfet, que doit lire pendant des années en France une ville de trois mille âmes qui « sollicite » un chemin de fer par la voix d'un candidat officiel[1].

Echuca ne nous retient qu'une heure. Vers le soir nous prenons le train pour Melbourne, et en une nuit nous sommes rendus à la ville. Ne pouvant consentir à quitter si vite le brave Kapel, auquel nous devons une si grande reconnaissance, nous l'avons ramené avec nous. On nous trouve ici brunis et sauvages; nous rapportons de la vie des bois les plus délicieux souvenirs. Il n'est qu'une chose que je n'en rapporte point, ce sont mes cheveux, que l'humidité des nuits passées sous le ciel étoilé des prairies a fait tomber... hélas!... totalement. Ces nuits ont fait de moi, — sinon un sage, — du moins un chauve comme Hippocrate!

[1] Nous croyons devoir rappeler au lecteur que ces lignes ont été écrites en 1860.

X

DERNIERS JOURS EN VICTORIA

« L'Africaine » en Australie. — Clubs et réunions. — L'oiseau-lyre. — Le clergé. — Réservoirs de Yean-Yean. — Jardin botanique. — Résumé statistique.

21 août.

Depuis notre retour en ville, les représentations à l'Opéra et les grands dîners de gala ont remplacé les danses fantastiques des Nègres ainsi que les repas sous la hutte, composés de queues de kangu-

L'oiseau-lyre (*voir p. 158*).

L'oiseau rieur (*voir p. 159*).

roos, d'ailes de perruches et d'oiseaux-lyre. Les *Huguenots*, l'*Africaine*, *Robert le Diable*, se donnent à Melbourne dans une salle superbe, où les toilettes, élégantes comme à Londres, rappellent tout à fait l'Europe : les décors sont étonnamment réussis; seule, la prima donna chante de manière à nous faire souvenir que nous sommes aux antipodes.

Sir Redmund Barry, le fondateur du Musée et de la Bibliothèque, le juge en premier de la Cour suprême, grand chancelier de l'Université, etc., etc., en un mot, l'homme important de Victoria, réunit un jour les ministres et les personnages influents de la colonie à un grand dîner en l'honneur du Prince. Je ne veux vous parler de ce dîner que pour vous dire combien le luxe est incroyable ici : l'amphitryon a toutes les grandes manières d'autrefois, que relève encore son costume à la mode de nos pères, depuis le jabot jusqu'à la culotte collante et les escarpins à boucles. Les laquais poudrés, les splendeurs de la salle, les mets exquis d'un cuisinier français, nous donnent, après quatre mois, une nouvelle image de la vieille Angleterre. Sir Redmund nous raconte comment il a tracé au cordeau, sur les prés, les rues de la ville actuelle, et comme quoi les tentes ont succédé aux grandes herbes en deux ou trois semaines, et les maisons de pierre de taille aux tentes, en moins d'une année : de 1851 à 1852, les terrains de Melbourne avaient augmenté de mille pour cent ! Il nous apprend tous les rapides progrès de l'Université, qui, depuis quelques années, confère des grades aussi valables que ceux d'Oxford et de Cambridge. Également versé dans les sciences et dans les arts, sir Redmund semble avoir apporté ici avec lui toutes les institutions anglaises. Il a apporté aussi sa cave, et il offre lui-même aux convives une énorme bouteille de porto contenant près de cinq litres, ornée des classiques toiles d'araignée et décorée d'un vieux parchemin qui a vieilli avec la bouteille : le vin est si bon qu'il fait souvenir un d'entre nous des vers effacés par le temps; et après avoir récité le « *Nunc Saliaribus ornare pulvinar deorum* [1] », nous buvons tous aux « absent friends »;

[1] « Que maintenant les prêtres de Mars préparent le festin devant la couchette des dieux. »

aux amis absents. C'est la coutume générale à la fin de chaque repas en Australie, et ce souvenir, répété tous les jours, ne laisse pas que d'émouvoir, je vous l'assure, ceux que six mille lieues d'Océan séparent de la patrie bien-aimée, et qui, afin de se consoler, ont pris pour l'Australie cette jolie devise : « *Cœlum, non animum muto.* » — Nous avons changé de ciel, mais non de cœur.

Le lendemain, le Melbourne-Club donnait un grand dîner au Prince, et cent vingt membres y prenaient place. Ici, on boit du champagne comme de l'eau claire, et les cercles sont aussi beaux qu'à Londres. — Comme nous sommes déjà loin du roi Tatambo !

Dandinong, 23 août.

Pour n'en pas perdre l'habitude, nous courons de nouveau les prairies, et nous regagnons la vallée où nous avions fait si joyeusement nos premières armes. Un nouvel oiseau s'envole d'un buisson, puis deux, puis trois! Ce sont des oiseaux-lyre (*voir la gravure, p. 157*), les plus charmants de l'Australie : le corps est noir et gros à peu près comme celui d'une petite poule; les pattes sont courtes, mais la queue a plus de deux pieds de long. Quand il se sauve dans les buissons, il la laisse traîner à terre comme un souple et ondoyant manteau de cour; dès qu'il perche, il fait la roue comme un paon, et c'est une véritable lyre qu'il déploie alors, semblable à un éventail, une lyre antique, toute gracieuse et toute légère : les deux grandes plumes externes, blanches et feu, d'abord cintrées en dedans, puis recourbées en dehors, en forment les montants; les plumes du milieu, effilées et roides, figurent les cordes. On voudrait entendre de mélodieux gazouillements s'échapper, comme une plaintive élégie, de ces cordes qui semblent vibrer; mais l'oiseau-lyre, l'oiseau emblème de la musique, est muet de naissance. Ainsi l'a voulu la nature australiennne, paradoxale et illogique! J'en ai tué un, j'en ai manqué un autre : un long éclat de rire s'est fait aussitôt entendre au loin sous bois. Puis j'ai tiré un opossum qui sautait d'une haute branche; la masse tombe : je cours la ramasser, elle se dédouble : la mère opossum morte était entre mes mains; le petit s'échappait précipitamment de la poche maternelle, et atteignait déjà les premières branches, quand je commençais à peine à comprendre ce joli tour de prestidigitation! Un second et brusque éclat de rire me frappe de nouveau et semble, à mesure que j'avance, se tenir à une distance constamment égale de moi. « Rira bien qui rira le dernier! » murmurai-je en rechargeant mon arme; et vite je courus sous bois, ne pouvant me figurer qui, dans ces forêts sauvages, manifestait une si franche hilarité à chacune de mes mésaventures. Ma surprise fut grande quand le rieur recommença : c'était un oiseau!. Je le tuai au plus beau moment de son rire, que je défie tout voyageur de distinguer des éclats joyeux de la voix humaine. J'étais tout honteux de ma méprise et de ma colère : l'oiseau était à mes pieds. On m'a appris ce soir que c'était le « Laughing Jackass », l'âne rieur, sorte de geai huppé, à long bec et au corps deux fois gros comme celui du geai européen. C'est ainsi que l'ont nommé les premiers colons, étonnés, comme moi, d'être reçus dans les forêts vierges par des rires étourdissants. (*Voir la gravure*, p. 157.) Quelques pies sont nos dernières victimes; nous ne les tuons toutefois que pour la curiosité du fait : le noir et le blanc sont symétriquement disposés sur leurs plumes à l'inverse de ce que la nature a donné à leurs sœurs babillardes d'Europe.

Vers le coucher du soleil, tandis que, réduits à dîner du produit de notre chasse, nous faisions bouillir une queue de kanguroo, et rôtir, au bout d'une ficelle, deux ou trois grosses perruches, le bruit d'un cheval au galop nous appela à la porte de notre cabane de bois. Le cavalier s'arrête : il descend et nous interpelle par nos noms. C'est un brave clergyman catholique irlandais, tout rond, tout souriant, qui a appris, je ne sais comment, notre excursion de chasse, et qui vient voir si nous ne mourons pas de faim (*voir la gravure*, p. 160). Avec un Irlandais, la glace est bien vite rompue, et sa visite, près de l'âtre qui pétille, m'apprend force choses que j'ignorais encore sur le clergé australien. Le district dont il est curé avait, il y a six ans, cinq ou six lieues carrées d'étendue, et ses appointements étaient alors de 5,000 francs par an. Aujourd'hui, la population ayant beaucoup augmenté, la cure a été coupée en deux parties, et il est réduit à 2,500 francs. Cette somme, même réduite, ferait encore des heureux chez nous.

Comme vous le voyez, le gouvernement colonial semble avoir de belles finances. Au contraire des antiques errements de la métropole, les Chambres victoriennes n'ont pas admis de religion d'État, et ont établi devant la loi, comme sur le budget, l'égalité des cultes. Les privilèges de l'Église anglicane n'existent donc pas sur cette terre anglaise, où la jeune démocratie, libre de toute entrave ancienne, s'est mise vigoureusement à l'œuvre. Les sectes religieuses ne sont par conséquent soumises à aucune juridiction particulière autre que celle que les fidèles s'imposent volontairement à eux-mêmes; et le grand problème qui s'agite dans le Royaume-Uni s'est résolu ici par les bienfaits de la liberté, avec calme et succès.

La colonie a voté 1,250,000 francs de subvention annuelle au clergé disséminé sur son territoire: cette somme figure dans

« 23 août. — Nous songions à faire cuire le dîner, quand un cavalier vint nous surprendre : c'était le curé du district. » (Voir p. 159.)

un acte additionnel de la Constitution fondamentale, et elle est répartie entre les différents cultes, en proportion du nombre des membres de chaque croyance.

En Victoria, il y a environ 425,000 protestants, 140,000 catholiques, 3,000 juifs, 58,000 étrangers à tout culte.

En outre des appointements annuels des quatre cent trente membres du clergé, la subvention est proportionnellement affectée à la construction des églises; et il y en a déjà plus de mille trois cent cinquante dans la colonie.

Il fallait cet appui matériel du gouvernement pour que les cultes pussent s'établir, malgré les épreuves sociales de la fièvre de l'or et la constitution laborieuse de la colonie pastorale. Maintenant que l'Australie a trouvé son état normal, le sentiment public tend à s'élever contre la subvention. Quelques-unes des plus petites sectes ont déjà renoncé au secours qu'elles recevaient : la Chambre Basse a plusieurs fois « passé »

On ouvre les cages; et vite les oiseaux s'envolent par nuées. (*Voir p.* 162.)

un acte d'abolition de l'acte additionnel de la Constitution. Mais jusqu'à présent, la Chambre Haute l'a rejeté.

Le brave curé resta fort tard à causer dans notre cabane, puis il reprit son cheval et disparut au galop dans les bois. Deux jours plus tard nous allâmes rejoindre la route de Melbourne et attendre la malle-poste de Cobb-Cobb and C°, grand char ouvert, peint en rouge, attelé de sept chevaux, arrivant de quarante lieues dans l'intérieur. Des mineurs, des bergers, des tondeurs, y étaient entassés et racontaient les histoires les plus extraordinaires sur leur vie nomade.

30 août.

Notre dernière semaine à Melbourne a été surtout une semaine d'affaires. Nous avions été comblés de tant d'attentions et d'amabilités, pendant plus d'un mois et demi, en Victoria, que nos visites d'adieu ne pouvaient se faire à la légère. Je veux pourtant vous parler encore de deux établissements importants : les Réservoirs de Yean-Yean, dont les bienfaits s'appliquent aux 130,000 habitants de Melbourne, et le Jardin botanique, qui est une sorte de Providence pour l'Australie.

Le Yean-Yean est un lac artificiel formé à dix-neuf milles de Melbourne, et à six cents pieds au-dessus du niveau de la cité. Un remblai de plus de neuf cents mètres de long et de sept mètres de haut arrête les eaux d'une vallée, sur une surface de plus de cinq kilomètres carrés ; ce réservoir, qui contient environ vingt-trois millions de mètres cubes d'eau, alimente la ville avec une telle abondance, qu'il donne six cent dix-huit litres d'eau par personne et par jour, et avec une telle pression, que non-seulement, en cas d'incendie, les jets, admirablement répartis, arrêtent immédiatement les progrès des flammes, mais encore, dans un grand nombre de manufactures de la ville, il a remplacé la vapeur motrice. C'est la rivière Plenty (Abondance) qui forme ce lac improvisé.

Ce travail immense a coûté près de 20,500,000 fr., nous disait l'inspecteur des travaux publics : il a été fait grâce à un emprunt colonial, mais il rapporte déjà 1,500,000 fr. par an, et promet un revenu bien plus considérable encore dès que l'eau sera distribuée dans les faubourgs environnants.

Voilà un des travaux de la ville qui est née en 1851 ! *Ab uno disce omnes.*

Non loin des jardins publics, qui sont charmants, il y a à Melbourne, sur une colline couverte de verdure, un superbe jardin botanique ; c'est le petit royaume du docteur Muller. Nous y passions avec lui des heures toujours trop courtes. Membre des sociétés savantes de l'univers entier, couvert de décorations, l'excellent docteur est le plus libéral des souverains : il donne en effet chaque matin la liberté à des centaines de sujets ; ces sujets ne sont autres que des moineaux arrivant d'Allemagne, par cages de trois cents. Chaque navire qui jette l'ancre à Port-Philipp apporte pour lui quelques milliers de ces pierrots que nous maudissons en Europe, mais qui viennent détruire en Australie des nuées d'insectes nuisibles. Imaginez-vous leur bonheur au moment où, après de longs mois de prison, ils s'élancent en tourbillonnant en l'air. (*Voir la gravure,* p. 161.)

Du reste, ces pierrots, voyageurs malgré eux, en prenant leur vol sous un ciel nouveau, ne perdent pas au change : la température moyenne est ici, pour toute l'année, de quinze degrés centigrades, comme à Rome. Elle est pour l'hiver de dix degrés, pour le printemps de quatorze, pour l'été de vingt et un, et pour l'automne de seize.

Le brave docteur, qui a souvent risqué sa vie au service de la science, nous raconte mille et une choses intéressantes en nous promenant dans son jardin. Il avait déjà, paraît-il, longtemps parcouru les parties inexplorables de l'intérieur pour recueillir les spécimens d'histoire naturelle et de botanique inconnus avant lui : il avait aussi rédigé toute la flore de l'Australie, œuvre immense et fruit des plus durs labeurs, quand, il y a deux ans, en 1864, il provoqua une expédition destinée à rechercher le malheureux explorateur Leichhardt. Leichhardt est encore un des martyrs des découvertes dont le souvenir est si touchant en Australie.

De 1844 à 1846, Leichhardt avait fait de magnifiques voyages dans l'intérieur, où l'on croyait à des lacs d'or, mais où il trouva des prairies sans fin; en 1847, il partit de Moreton-Bay, pour explorer la partie nord-est : dix-sept années s'écoulèrent ensuite sans qu'on eût de nouvelles de lui, sans qu'on pût suivre ses traces! Le docteur Muller émut l'opinion publique; des fonds considérables furent vite donnés par tous; il lança MacIntyre suivant de nouveaux indices que donnaient des Naturels, et lui-même, parcourant sans relâche les contrées sauvages du golfe de Carpentaria (à douze cent milles de Melbourne), cherchant fiévreusement son compatriote qu'il espérait toujours joindre, restant souvent huit et dix jours sans trouver d'eau, puis perdant ses provisions et devant cependant faire feu sur les tribus qui l'attaquaient, il revint épuisé, sans avoir rien pu trouver! Il nous dépeignait son émotion, quand un jour il découvrit un semblant d'indice qui, peu d'heures après, se transforma en une complète déception; exténué et défaillant, il ne renonça pourtant à ses recherches qu'après bien des mois, hésitant encore entre les récits des Naturels qui disaient l'explorateur noyé, et ceux qui, ornés de quelque dépouille européenne, faisaient comprendre qu'ils avaient mangé *un peu* du savant Leichhardt!

Homme persévérant et hardi, le docteur Muller a planté des jalons dont profitera certainement la jeune génération de la colonie : tout noble but l'enflamme; il encourage avec verve les nouveaux « squatters » : « Après les déserts de pierres blanches, de granit et de sable, leur dit-il, vous trouverez des prairies pour des milliers de troupeaux. » — Quant au manque d'eau qui est une véritable calamité pour certaines régions de l'Australie, il fait de grands efforts pour y remédier; il consacre à ce but presque tous les fonds du Jardin botanique, et il y réussit merveilleusement. A cette intention, il répartit dans l'intérieur des terres des millions d'arbustes, nés dans ses pépinières; de petits ruisseaux ne tardent pas à se former rapidement sous ces jeunes bois : les résultats sont déjà superbes, et chaque année on a pu les mieux constater. Sur des terres nues il a créé, en plus d'une centaine de points, des bois et des cours d'eau.

Mais ce qui maintenant excite son enthousiasme, c'est qu'il a pu se mettre à la tête d'un grand mouvement, pour engager les colonies australiennes à construire, à frais communs, un chemin de fer qui irait de Melbourne au golfe de Carpentaria. Ce serait traverser l'Australie bout pour bout, ouvrir l'intérieur à la colonisation, créer une route infiniment plus courte pour les communications avec l'Europe et la Chine. Quel beau projet! Ce peuple est si hardi, il prend si vite feu pour les grandes idées, que l'on espère voir se réaliser avant dix ans ces rêves gigantesques !

Quant au télégraphe, il fonctionne déjà dans la colonie sur près de quatre mille kilomètres, et dans toute l'Australie sur plus de seize mille. Ajoutez-y les phares sur tous les points dangereux de cette ligne, et pensez qu'il y a trente et un ans, il n'y avait pas un Blanc sur le sol de Victoria.

Avant de quitter la colonie, j'ai reçu d'un des membres du gouvernement un document que j'ambitionnais fort, le cahier bleu des Statistiques de Victoria. Un rapide coup d'œil sur ces compilations annuelles a complété pour moi l'impression d'admiration dont j'avais été frappé tout d'abord; voici dans ces milliers de chiffres ceux qui m'ont paru les plus intéressants et que je transcris à votre intention.

Sur une étendue un peu inférieure à celle de la Grande-Bretagne, c'est-à-dire environ 22 millions et demi d'hectares, plus de 15,300,000 sont occupés par les troupeaux, 205,000 sont affectés à l'agriculture, 1,400 à la vigne, et 188,000 aux mines d'or.

La population, qui était de 8 personnes en 1835, — de 31,000 en 1845, — de 364,000 en 1855, était l'année dernière de 626,000 habitants.

L'immigration, dont la moyenne était de 2,000 âmes dans les cinq premières années, sauta en 1852 à 94,000, se maintint quelques années dans ces chiffres élevés, et retomba à 27,000 pour chacune des cinq dernières.

L'émigration, au contraire, nulle en 1852, atteint aujourd'hui, par suite de la découverte de l'or en Nouvelle-Zélande, le nombre de 21,000 par an.

De dix ans en dix ans, depuis 1835, le nombre des chevaux s'est élevé de quinze à 9,000, — 32,000, — 121,000.

Celui des bêtes à cornes, d'une *cinquantaine* à 238,000, — 560,000, — 621,000.

Et enfin celui des moutons, de *quatre cents* à 2,400,000, — 5,000,000, — 8,835,380 !

Depuis le principe, cette jeune colonie a exporté 203,688,000 kilogr. de laine, d'une valeur de 766,591,000 francs, et 280,000 blocs d'or, valant 3,800,000,000 de francs !

Ne sont-ce pas là en vérité ces fées du commerce de l'Australie, dont je vous parlais l'autre jour? Et n'y a-t-il pas lieu d'être stupéfait en additionnant ainsi tout ce que leur baguette a fait sortir, chaque année, du fond et de la surface de cette terre?

Voici maintenant, relevés et résumés dans ces labyrinthes bien ordonnés qu'on appelle les statistiques, quelques états sur l'année dernière, 1865, dont je veux, à vol d'oiseau, vous rendre compte.

Les 8,835,380 moutons ont donné 19,193,000 kilogr. de laine, d'une valeur de 82,878,000 francs.

Les mines d'or ont rendu 214,709,425 francs.

En outre, le bétail vivant, les cuirs, les viandes salées, etc., etc., sortant de la colonie, montent à une somme de 88,656,500 francs, ce qui fait un total de 328,768,700 francs pour les *exportations*.

Les *importations*, qui en 1851 n'étaient que de 26,400,000 francs, et qui s'élevaient, il y a dix ans, si haut que la ba-

« Quel événement joyeux lorsque arrive un vaisseau chargé de six cents jeunes vierges d'Irlande, destinées en bloc au mariage, et prenant, comme les oiseaux de l'autre jour, leurs premiers ébats après une longue traversée! » (*Voir p.* 168.)

lance était de 147,000,000 francs en leur faveur, se sont, heureusement pour la colonie, abaissées vers l'équilibre, tandis que les *sorties* ont rapidement augmenté. Les premières ont baissé d'abord, grâce à la fin des extravagances de la fièvre de l'or, et au progrès de l'industrie locale qui se perfectionnait, et qui leur opposait les produits de 2,000 machines, 650 manufactures, 74 brasseries, etc., etc. Les secondes ont monté surtout par le développement des troupeaux de moutons, qui éleva de 10,089,000 kilogr. à 19,193,000 kilogr. les laines exportées.

Plus de dix-sept cents navires, jaugeant six cent mille tonneaux, ont, dans cette année, apporté tout ce qui est nécessaire à tant de besoins nouvellement créés, et emporté vers l'ancien monde, l'Inde ou les colonies voisines, des richesses brutes d'une valeur égale. Dans cet ensemble de détails, il m'a paru curieux de constater, faute de bras pour traire, une importation de plus de 7,500,000 francs de beurre et de fromage, dans une colonie où il y a presque autant de sujets de l'espèce bovine que d'habitants, et de noter, faute de machines, la rentrée pour une valeur d'environ 47,500,000 francs de lainages dont la matière première a fait le tour du monde, par Horn et Bonne-Espérance, pour aller se faire tisser en Europe. Telle est toutefois la conséquence des commencements d'une société : mais à voir les rapides progrès accomplis en trente ans, je suis convaincu que si jamais j'y retournais dans quelques années, je la trouverais se suffisant à elle-même par ses manufactures, et exportant seulement l'immense trop-plein de ses richesses indigènes.

En regard de la richesse de ce mouvement commercial, il convient d'observer que les finances de l'État sont moins brillantes. L'État, en effet, a eu de lourdes créations à faire, et *sans avoir jamais reçu, pour quoi que ce fût, un seul penny du gouvernement de la métropole*, il paye le voyage des immigrants et entretient une marine coloniale, des services publics admirablement organisés dans leurs moindres branches et largement rétribués. L'emprunt a été la conséquence forcée de la création, et la dette courante est déjà de 225 millions de francs : elle est négociée à 6 pour 100 et remboursable jusqu'en 1891. L'ardeur avec laquelle on a enlevé, sur le marché de Londres, la plus grosse part, l'emprunt de 175,000,000 de francs pour les chemins de fer, prouve la confiance où l'on est ici et là-bas que « le temps futur sera de l'argent » pour l'État.

Cela dit, les dépenses publiques annuelles, y compris l'amortissement de la dette, sont en équilibre avec les recettes. Celles-ci ont été l'année dernière de 73,330,000 francs, provenant de trois grandes sources : les douanes pour près d'une moitié ; la vente, la location des terres, les recettes des chemins de fer et les impositions pour l'autre.

Depuis l'origine, 2,496,000 hectares ont été vendus par l'État à des particuliers et ont produit plus de 305,317,000 francs ; — en 1865, 12,898,000 hectares étaient en location, répartis entre 1,156 « squatters », qui payaient un loyer total de 5,628,000 francs.

Ce fut là la pierre d'achoppement entre les « squatters » et les agriculteurs. Si ces derniers gémissaient de ne labourer que 205,000 hectares et de ne fournir que la moitié du blé consommé par la colonie[1], si les milliers d'immigrants qui viennent prendre leur part sous le soleil de l'Australie étaient forcés, pour trouver un terrain encore libre, d'aller à deux cents lieues dans le Nord, loin de toute communication, c'était, à entendre la masse, la faute des fermiers de l'État, qui, s'étant installés les premiers, avaient monopolisé le sol au profit de leurs troupeaux. Devant cette lutte, qui a été des plus graves, entre le troupeau et la charrue, mais surtout entre les premiers occupants légaux et les nouveaux arrivants, les législateurs se sont demandé s'il était juste de laisser 12,898,000 hectares entre les mains du nombre minime de 1,156 « squatters » dans une colonie qui compte 626,000 habitants, et s'il ne fallait pas, pour cause d'utilité publique, favoriser l'essor d'une immigration de laboureurs et de petits fermiers qui, habitant la même terre, réclamaient les mêmes avantages. Morceler graduellement les grands « runs » et les laisser envahir peu à peu par les petits fermiers, tel est l'esprit de la loi nouvelle. Elle a été votée par les deux Chambres, et désormais chaque petit cultivateur peut mordre d'*un mille carré* par an sur un « run » : c'est une sangsue posée à la grande exploitation des troupeaux. Sera-t-elle salutaire? On veut l'espérer. Et si grâce à une ceinture de céréales autour des villes, le prix du pain vient à baisser dans la colonie, si chaque « run » est peu à peu entouré, comme de satellites! de petits cultivateurs agglomérés qui lui prêteront assistance, peut-être alors le « squatter », dont je comprends aussi toutes les plaintes, se

[1] 17 hectolitres par hectare.

consolera-t-il d'avoir perdu son vaste empire de prairies, qui semblait illimité, en voyant la prospérité de milliers d'immigrants auxquels il a montré la route de la fortune, et qui l'ont suivie !

Qu'ils viennent donc hardiment, ceux que la colonie appelle de nouveau aux métiers et aux champs! Elle donne tout ou partie de leur passage de Liverpool jusqu'ici aux cultivateurs, aux ouvriers de nationalité anglaise et à leurs familles.

Ceux-ci, gagnant de 18 à 23 fr. par jour, trouveront la viande de bœuf et de mouton à six sous la livre, le pain à trois sous, et ils payeront 9 fr. 50 par semaine un cottage à deux chambres qui, en 1854, se louait 70 fr. pour le même temps.

Ceux-là iront au Trésor : ils y trouveront une grande carte de la colonie, carte qui représente son trésor véritable : tout ce qui y est teinté en rouge marque les terrains vendus, les parties coloriées en vert sont louées; dans l'immense réseau laissé en blanc, ils peuvent « choisir », s'établir et cultiver; pendant *sept ans*, ils ne payeront la location de l'hectare que 2 fr. 50 par année, à la condition toutefois d'acheter à la fin de cette période ce même hectare 25 ou 30 fr.

Mais ce qui est le plus demandé sur le marché de l'immigration, ce sont... les femmes! Songez en effet que, pendant longtemps, la proportion a été de quatorze femmes seulement pour cent hommes. Cet écart, heureusement, tend à diminuer, et il faut voir le jeu non dissimulé des physionomies lorsque arrive à quai un navire bondé de cinq à six cents jeunes vierges d'Irlande destinées en bloc au saint sacrement du mariage (*voir la gravure, p.* 165), et ouvrant leurs ailes, comme les oiseaux de l'autre jour, vers

École modèle en Australie. (*Voir p. 171.*)

des parages inconnus jusqu'alors : ou je me trompe fort, ou l'oiseau ne restera pas bien longtemps... sur la branche.

Du reste, les immigrants et immigrantes trouveront pour leurs enfants des écoles modèles répandues par le gouvernement avec une étonnante prodigalité (*voir la gravure, p.* 169) : j'ai même eu l'occasion de remarquer que c'était là le point d'honneur des Victoriens. L'enseignement est libre, et les ministres de tous les cultes ont leurs écoles particulières de droit et de fait. Mais l'enseignement national et purement laïque est seul donné aux frais de l'État : il admet sur les bancs les enfants de toutes les croyances, et laisse à chaque confession le temps et le soin de l'instruction religieuse. Près de mille écoles, que fréquentent environ cinquante mille enfants, sont ouvertes, et les statistiques constatent que parmi les enfants au-dessus de cinq ans, les quatre cinquièmes savent lire et écrire, les dix onzièmes savent lire seulement.

De conscription, néant! Il n'y a que trois cent cinquante soldats dans Victoria; ils sont envoyés par la métropole, mais soldés par la colonie.

Enfin, au moment de nous embarquer, après sept semaines passées sur ce sol, je veux vous dire une impression qui est le résumé de tout ce que j'ai vu pendant mon séjour : de toute cette population blanche, pas une main, — *pas une,* — ne m'a été tendue pour me demander l'aumône!

XI

TERRE DE VAN DIÉMEN

Détroit de Bass. — Une rencontre intéressante à Launceston. — Hobart-Town. — Des bals aux antipodes. — Ruines de tombes françaises. — Pisciculture. — L'arbre de Cook. — Les adieux. — Ouragan. — Souvenirs politiques. — Refuge à Eden.

1ᵉʳ septembre 1866.

Nous partons aujourd'hui pour l'île de Van Diémen, ainsi nommée probablement parce que ce n'est pas Van Diémen qui l'a découverte. Le navigateur heureux qui la baptisa est *Tasman,* jeune homme plein de courage et d'ardeur, qui se consumait d'amour pour mademoiselle Van Diémen — en 1642 : mais le père trop cruel retenait la pauvre enfant captive dans les splendeurs des palais de Batavia, et s'obstinait à la refuser. Le jeune navigateur résolut alors de trouver des terres nouvelles : l'existence d'un grand continent dans l'océan Austral n'avait été constatée que par Quiros et Torrès en 1606, puis confirmée de 1618 à 1627 par les Hollandais Hertoge, Zeachen, Lewin, Nuitz et de Witt. Mais, à vrai dire, ils avaient seulement reconnu quelques points de la côte; éloignés de quatre et cinq cents lieues les uns des autres, ils en avaient été chassés par les sauvages. Tasman, dans son premier voyage, fit tout le tour de ce continent sans le voir réellement; il ne toucha qu'à la terre appelée par lui Van Diémen, et revint convaincu qu'elle faisait corps avec le

Les gorges du Tamar. (*Voir p. 175.*)

grand continent australien. Il avait couvert les flots des mers australes des noms et prénoms de sa belle; aussi porta-t-il au célèbre Gouverneur de Java les récits écrits de ses découvertes, les cartes et les curiosités de toutes les terres sur lesquelles il avait planté le pavillon hollandais, et alors seulement il obtint mademoiselle Marie pour récompense! Serait-il trop hardi de se demander si les pères de

LE PREMIER ESSAI DE COLONISATION EN VICTORIA (1835).

« Nous installâmes, dit Sams, nos quatre cents brebis sur de longs chalans, et nous tentâmes un débarquement, malgré la grêle des flèches des sauvages. » (*Voir p.* 176.)

famille sont encore aussi récalcitrants aujourd'hui... en Hollande?

A trois heures et demie nous levons l'ancre : un vapeur à hélice, *construit à Glasgow*, le *Derwent,* nous emmène en compagnie d'une cinquantaine de passagers. Nous descendons le Yarra-Yarra pendant plus d'une heure, nous nous élançons rapidement dans la baie de Port-Philipp que nous avions la première fois sillonnée avec tant de lenteur; les forts tirent le canon, et la brise emporte avec nous, presque à fleur d'eau, leurs gros nuages de fumée, que couvrent d'une teinte de pourpre les rayons du soleil couchant.

2 septembre.

Nous traversons le détroit de Bass, et à midi les côtes de l'île nous apparaissent. Il paraît que c'est seulement cent cinquante-cinq ans après la découverte de Tasman que deux jeunes gens, Flinders et Bass, en 1797, suivant les côtes depuis Sydney dans une barque longue de trois mètres, reconnurent que Van Diémen était une île, et séparée du continent par un profond détroit de deux cent soixante et onze milles!

A midi, nous sommes à l'embouchure du Tamar, rivière étroite et pittoresque; d'abord des roches basaltiques coupées à pic, des montagnes dont la cime est couverte de neige la resserrent en mille méandres; des affluents, des cascades nous donnent de temps à autre une jolie échappée de vue sur des vallées où brillent en fleur les pommiers, les joncs marins touffus, et mille plantes que le printemps réveille; puis on se croit à chaque instant dans un lac fermé de toutes parts : c'est plutôt une succession de petits lacs qu'une rivière; on se demande comment on pourra en sortir, et tout d'un coup, entre deux roches, on voit comme une gorge sombre, on tourne court, et un nouveau lac apparaît au loin. C'est courir vraiment de surprise en surprise! (*Voir la gravure, p.* 172).

A la nuit tombante nous débarquons dans la petite ville de Launceston, où il y a environ 10,000 habitants. Mais, après l'animation un peu américaine de la cité opulente de Melbourne, celle-ci nous semble comme froide et morte. Et puis, c'est la terre classique des déportés de l'Angleterre; et déjà sur les quais il nous a semblé voir de ces visages sombres et farouches qui paraissent marqués au front de leur trop illustre origine. « Si nous retournions à Melbourne! » ne tardâmes-nous pas à nous dire.

Mais le silence de la soirée, qui commençait tristement, parce que nous nous sentions dans ce calme si seuls et si éloignés, fut soudain interrompu. Un homme d'un grand âge entra : sa figure vénérable, ses traits énergiques, ses longs cheveux blancs, ce je ne sais quoi de grand et de digne d'un patriarche, nous frappèrent dès l'abord. S'appuyant sur un rustique bâton et s'avançant lentement, il nous parla tout de suite de la France, « pour laquelle son cœur battait si fort »; puis, en montrant le Nord, il nous demanda le plus simplement du monde si nous avions été heureux de notre long voyage dans la colonie de Victoria. — « C'est une merveille, lui dîmes-nous, quand on pense qu'en si peu d'années... — Oui, reprit-il, quand on pense que Batman est mort et que c'est moi qui, avec Batman, ai débarqué le premier, en 1835, à Port-Philipp pour y fonder une colonie!... » Ce vieillard était Sams..., celui de ces deux hommes énergiques qui avait survécu !

Il s'assit près du feu, et voyant notre sympathie, notre émotion, il céda peu à peu à nos instances, et nous raconta son histoire. Il a quitté l'Angleterre en 1814, emportant son petit patrimoine et espérant faire sa fortune, mais il fit surtout celle des autres. Il s'établit à Van Diémen avec ses troupeaux ? « Alors, nous dit-il, on ne connaissait » de ces vastes terres qui s'appellent au- » jourd'hui Victoria, que les côtes dé- » couvertes par Bass. Une seule fois » quelques matelots aventureux avaient » voulu aborder, mais les Naturels les » avaient bien vite relancés à la mer, » et jusqu'au 1ᵉʳ janvier 1835, aucun

Vallée de Launceston, d'après une photographie.

» Blanc n'avait osé y reparaître. Il y avait
» alors à Launceston plusieurs familles
» d'honnêtes laboureurs, employant les
» « convicts » aux travaux journaliers
» et habitant le haut des collines qui
» dominent actuellement la ville; ces fa-
» milles n'en formaient en réalité qu'une
» seule. Nous fêtâmes la nuit du pre-
» mier de l'an d'une manière étrange :
» un grand feu fut allumé sur la mon-
» tagne, il éclairait notre drapeau national, et, pensant à la patrie absente,
» nous étions rassemblés en cercle au-
» tour de cet emblème bien-aimé. Là,
» devant les nôtres, nous fîmes ser-
» ment, Batman et moi, de tenter dans
» la nouvelle année quelque chose
» d'extraordinaire, et de porter une
» partie de notre troupeau de l'autre
» côté du détroit (*voir la gravure*,
» *p.* 173), dussions-nous même l'aban-
» donner ensuite, espérant, s'il prospé-

« Nous traversons cette île voisine du Pôle Sud sur un classique « mail-coach » anglais, à quatre chevaux. » (*Voir p.* 179.)

» rait, peupler une partie du continent
» pour nos petits-neveux. Ce qui fut dit
» fut fait; au mois de juin, nous installâ-
» mes nos béliers et nos brebis sur de
» longs chalans, et les traînant à la re-
» morque à travers le détroit de Bass,
» nous tentâmes un débarquement sur
» les rives du Yarra-Yarra; ce n'était
» pourtant point chose facile, car nous
» fûmes reçus, nous et nos bêtes, par
» une grêle de flèches que nous lançaient
» les Aborigènes, cachés derrière les
» buissons du rivage. Grâce à quelques
» coups de fusil, la victoire nous resta
» pourtant, et nous nous mîmes à l'œuvre.

» Vous savez si depuis ce temps nos
» moutons ont prospéré! Mes fils m'ont,
» après dix ans, remplacé en Victoria.

» L'an dernier, j'ai voulu voir ce
» qu'étaient devenus et ces rivages dé-
» serts et ces prairies immenses : des
» palais, un Opéra, des clubs, là où de
» ces deux mains j'ai bâti une hutte en
» écorce d'arbre, des chemins de fer là
» où je traçais le premier un sentier, des
» millions de moutons sur ce sol que
» nous avons conquis au prix des plus
» grand dangers et où nous avions im-
» porté les quatre cents premiers, voilà
» ce que j'ai trouvé! »

Puis ce brave homme nous parla, les larmes aux yeux, du capitaine Laplace, qui, dans son voyage de découvertes à bord de la *Favorite*, avait touché à Van Diémen et emmené l'un de ses fils, pour lui faire donner une bonne éducation en France. C'est ce souvenir qui avait gagné au nom français le cœur du vieillard. Son fils est revenu d'Europe, et il a suivi l'exemple de ses frères. Chacun d'entre eux est à la tête d'une « station » dans les colonies australes, « et quand je

» reçois leurs lettres, disait l'excellent
» vieillard, je suis si touché de voir qu'ils
» n'ont point oublié mes premiers périls,
» et si heureux qu'une vie fortunée leur
» soit assurée ».

4 septembre.

L'île est traversée de part en part, du Nord au Sud, et sur une distance de deux cents kilomètres, par une grande route que les « convicts » ont construite jadis. Nous la prenons pour aller à Hobart-Town, la capitale, et croiriez-vous que dans cette terre, la plus proche du Pôle Sud après la Patagonie et Tawaï-Pounammou, c'est un classique « mail-coach » anglais à quatre chevaux qui fait chaque jour ce service? MM. Cobb Cobb and C° sont les Laffitte et Caillard de l'Australie, et ce n'est point le moindre des contrastes que celui de ces voitures ayant le cachet des anciennes modes anglaises, et du haut desquelles nous voyons le long du chemin perroquets et nègres (*voir la gravure, p. 177*). Nous partons dès cinq heures du matin; au point du jour, les Ben-Lomond[1] et le Ben-Lévis, sur notre gauche, se dessinent en grandes silhouettes dont l'aspect nous frappe d'autant plus que pour la première fois depuis l'Europe nous voyons la neige : le mois de septembre en ces parages est en effet encore l'hiver; le paysage est riant au possible; ce sont ou des champs coupés de haies comme en Angleterre, ou des bois sauvages remplis de troupeaux; la route ferrée, bien dessinée tantôt sur des plateaux cultivés, tantôt au milieu des torrents et des roches, est aussi bonne que les nôtres. En trois points nous avons de superbes

[1] Cinq mille pieds de hauteur.

panoramas qui nous montrent la plus grande partie de l'île; ce sont les trois cols qu'il faut franchir, et, après quinze heures de route, après avoir passé sur des ponts de pierre le Jourdain et le Derwent, nous entrons dans le silencieux Hobart-Town.

15 septembre.

Dix jours viennent de se passer tout autrement que nous ne pouvions l'imaginer. Dans cette ville, qui au premier abord ressemblait pour nous à la plus morne et à la plus puritaine des villes d'Écosse, nous avons été fêtés à chaque heure de la façon la plus cordiale et la

Le duc de Penthièvre, lieutenant de vaisseau, d'après une photographie faite par Alophe, à Paris, en 1873.

plus aimable. Le gouverneur, colonel Gore Brown, les ministres, tout un noyau de société instruit, heureux et enjoué, ont reçu le Prince avec une grâce charmante ; c'était un joyeux et insolite événement pour la colonie. — Van Diémen, que ses habitants, plus justes que les géographes, appellent Tasmanie, est renommée pour ses belles « misses » et ses belles pommes, les filles d'Ève et le fruit qui nous a fait perdre le paradis. Nous trouvons les deux tout à fait de notre goût dans cette oasis des mers, toute riante et fécondée par un climat délicieux, toute paisible et éloignée de la fièvre des spéculations et des mines, tout entière aux mœurs douces d'une grande famille et à un bonheur de clocher ! Nous avons donc vu aussitôt s'organiser une série de fêtes, et chaque soir nous avons dansé. C'était tantôt dans les grandes salles d'armes

« Guidé par l'évêque catholique, le duc de Penthièvre chercha dans la forêt de géraniums les vestiges des tombes françaises; en grattant la mousse, en rassemblant les morceaux épars des croix de bois, nous retrouvons une partie des noms de nos marins. » (Voir p. 183.)

(Gravé d'après une aquarelle d'Eugène Lami.)

et dans les belles galeries remplies de fleurs du palais du Gouvernement, tantôt dans les salons du président de la Chambre Haute et des grands propriétaires du pays, qui ont à la ville une parfaite installation. Les grands dîners gala de quatre-vingts couverts, les concerts, les comédies, les parties de croquet et de cheval, toujours et partout avec les aimables « misses », nous ont, en vérité, fait chaque jour oublier que nous étions aux antipodes.

Seule la journée du dimanche nous fut laissée libre tout entière, elle fut occupée par un pieux devoir. L'évêque catholique nous avait raconté que sur une colline voisine de Hobart-Town il y avait des traces de tombes françaises. Nous lui avions aussitôt demandé de vouloir bien nous y conduire, ce qu'il nous accorda de la meilleure grâce du monde. Guidés par lui, nous allons par un chemin tortueux jusqu'au sommet de la colline, au milieu des roches et des arbres, et nous cherchons les vestiges des fosses où sont enterrés, au nombre de quarante environ, les marins morts ici pendant l'expédition de Dumont d'Urville, avec les corvettes *l'Astrolabe* et *la Zélée*, en 1839 et 1840 (*voir la gravure, p. 181*).

Un tronçon de pierre dégradée s'est écroulé, les croix de bois sont renversées à terre en désordre; les petites planches qui contenaient les inscriptions tombent en poussière, rongées par le temps et, pour ainsi dire, cachées sous de grosses touffes d'une forêt de géraniums qui poussent ici à l'état sauvage.

En grattant la mousse épaisse, en rassemblant les morceaux épars de ces modestes croix, en cherchant les limites exactes de ces fosses juxtaposées, nous retrouvons — mais avec grand'peine — une partie des noms de ceux qu'elles contiennent, victimes malheureuses de l'épidémie qui régnait à bord au retour des glaces du Pôle Sud et qui avait fait d'affreux ravages! Tandis que Fauvel et moi nous faisions de notre mieux pour retrouver les inscriptions, les unes gravées sur des pierres éboulées, les autres sur des planchettes, le prince inscrivait les noms un à un. Nous étions bien émus, vous le devinez, en voyant ainsi abandonnées, recouvertes par une végétation croissante et presque perdues, les dernières traces de ces Français morts sur une terre lointaine. Le duc de Penthièvre a voulu que les limites envahies de ces tombes exilées fussent relevées[1], et il commanda le soir même à Hobart-Town, en traçant de sa main les moindres détails, une grande pierre funéraire où seront écrits les noms que nous sommes parvenus à reconnaître au milieu de ces ruines. J'y ai, pour ma part, cueilli quelques fleurs de la forêt qui les ombrage, espérant les rapporter en

[1] Par un rapprochement digne de remarque, ce même devoir devait être rendu neuf ans plus tard à d'autres tombes françaises, non plus dans l'hémisphère austral, mais dans les régions voisines du Pôle Nord, par la corvette *le Volta* (commandant, M. Floucaud de Fourcroy; second, le duc de Penthièvre).

En arrivant, en effet, à Petropoulowski, au Kamschatka, une des étapes les plus intéressantes d'une campagne de vingt-cinq mois autour du monde, l'état-major du *Volta* fut justement ému de trouver dans un abandon complet les tumulus où gisaient les restes des officiers et matelots français tués en ce lieu au combat du 5 septembre 1854 : une croix de fer fut forgée à bord et scellée des mains mêmes de nos marins dans un bloc de granit, le 29 août 1875, veille du départ de la corvette.

souvenir aux familles de ces malheureux. Pensez combien, lorsqu'on est soi-même si loin de ceux qu'on aime, la vue de ces tombes est faite pour remplir le cœur d'émotion! Voici ce que l'on grave sur la grande pierre :

EXPÉDITION AUTOUR DU MONDE
DES CORVETTES *L'ASTROLABE* ET *LA ZÉLÉE*

A LA MÉMOIRE DE

MARESCOT, officier.

LAFARGE, officier.

GOURDIN, officier.

AVRIL (Pierre), quartier-maître voilier sur l'*Astrolabe*.
BAJAT (Gilles-Lazare), matelot de la *Zélée*.
BILLOUD (Auguste-Joseph-François), matelot de la *Zélée*.
BALTHAZAR (Simon-Félix), maître de manœuvre de l'*Astrolabe*.
DELORME (Jacques-Eugène), matelot de la *Zélée*.
FABRY (Noël-Eustache-Étienne), matelot de la *Zélée*.
GOGNET (Jean-Baptiste-Édouard), matelot de la *Zélée*.
HÉLIÈS (Jean-René), matelot de la *Zélée*.

LOUPY (Pierre), matelot de la *Zélée*.
LEBLANC (Jean-Marie-Louis), matelot de l'*Astrolabe*.
MOREAU (Pierre-Joseph), mousse de la *Zélée*.
MAFFY-KELEPY, matelot de l'*Astrolabe*.
NOGARET (Raymond), matelot de l'*Astrolabe*.
PIED (Jean-Baptiste), matelot de la *Zélée*.
PFLAUM (Louis), domestique à bord de la *Zélée*.
REBOUL (Joseph-Victor-Fortuné), magasinier de la *Zélée*.
ROUX (Jean-Baptiste), quartier-maître canonnier de l'*Astrolabe*.

SALUSSE (Thomas-Paul), maître calfat de la *Zélée*.
ARGELIER (Honoré-Antoine-Étienne), deuxième maître de manœuvre de la *Zélée*.
BERNARD (Pierre-Léon), matelot de l'*Astrolabe*.
BEAUDOIN (Jean-Baptiste-Désiré), matelot de l'*Astrolabe*.
COUTELENG (Jean-Marie-Antoine), maître charpentier de la *Zélée*.
DANIEL (Alexandre), matelot de la *Zélée*.
POUSSON (Jean-Baptiste), matelot de la *Zélée*.

ET DES AUTRES MATELOTS DÉCÉDÉS A HOBART-TOWN EN 1839 ET EN 1840

HOMMAGE D'UN PRINCE FRANÇAIS, MARIN COMME EUX,
QUI A VOULU SAUVER DE L'OUBLI LES NOMS DE SES COMPATRIOTES
MORTS DANS L'ACCOMPLISSEMENT
D'UNE MISSION GLORIEUSE POUR LA FRANCE

9 SEPTEMBRE 1866

Un jour nous sommes montés au mont Nelson, d'où la vue est superbe : à l'Ouest la succession des lacs formés par le Derwent, échelonnés entre des groupes de collines boisées et de grandes roches qui ont un aspect fort sauvage, — au fond de la baie la ville d'Hobart avec ses fortifications, son palais du Gouvernement, véritable château gothique d'une décoration d'opéra, et le mont Wellington tout couvert de neige, haut de quatre mille cinq cents pieds, et qui domine l'île entière. Victoria semble être un immense gazon anglais; la Tasmanie est une petite Suisse. — Au Sud enfin, une ceinture de presqu'îles nombreuses, escarpées, torturées, aux formes extraordinaires, qui ferment la baie comme un grand lac, et contre lesquelles les longues lames de l'Océan Austral se brisent avec fureur.

Non loin du mont Nelson est un ravin, peut-être unique dans le monde, la « Fern Tree Valley » : nous aimions à y passer des heures. Un torrent y coule sous des

La vallée des fougères-arbres, près d'Hobart-Town.

milliers de fougères-arbres qui s'élèvent au milieu des roches comme des colonnes, ou qui, inclinant sur l'eau leurs branches touffues, sont jetées comme des ponts sur des cascades. Ces fougères ont plus de trente pieds de hauteur, et de leur sommet s'étendent, pour former un vaste berceau, leurs longs panaches réguliers, gracieux et verdoyants.

Un autre jour, encore avec des amazones, nous avons visité à cinq lieues de la ville, dans un site charmant, un asile où six cents orphelins sont recueillis et élevés aux frais de l'Etat, à raison de trois cent mille francs par an. Tout ce petit monde, aux faces rouges et fraîches, avait mis ses habits de fête en notre honneur, et six cents gâteaux furent avalés d'un seul coup et comme au commandement. Nous fîmes ensuite une visite d'un tout autre genre, assurément, aux sombres forts des prisons : le gardien nous fit passer sur le fatal pont-levis, et, en nous montrant la noire trappe à bascule qui sert à envoyer les condamnés dans un monde évidemment meilleur, il nous dit avec tout le flegme britannique : « Nous pourrions y pendre *confortablement* sept personnes à la fois. »

Un bal superbe qui dura jusqu'à cinq heures du matin chez le chancelier de l'Université, où les jolies personnes et les jolies toilettes étaient fort nombreuses, nous remit en gaieté. Mais je m'arrête, pour ne point faire comme l'*Examiner* et le *Mercury*, journaux quotidiens d'Hobart-Town qui rendent compte chaque matin, dans les moindres détails, de nos visites, de nos courses et des fêtes auxquelles on nous convie chaque jour.

Une chose m'a vivement frappé ici, et je crois qu'elle est d'un rare exemple : rien ne saurait vous donner une idée de l'harmonie, de la fraternité véritables qui règne entre les fidèles et les prêtres des deux religions en Tasmanie. Catholiques et Protestants veulent oublier ce qui les divise, pour ne voir que les grands intérêts qui les unissent, sur une terre dont l'origine est souillée par les « convicts », mais où une société nouvelle et pure a lutté, se forme et domine. En général, dans les pays où deux communions sont en présence, chacune d'elles, — toujours sur la brèche, — exagère pour ainsi dire les devoirs de ses pratiques et creuse davantage le fossé qui la sépare de l'autre; ici, cette opposition, poussée à l'extrême, — et je l'en félicite, — n'est plus religieuse, — elle est sociale : car elle n'est autre que la lutte entre les hommes libres et les déportés, et ceux-là se resserrent d'autant plus en un centre honorable et intact que ceux-ci forment une caste plus tranchée et plus impure. Dans cette société saine d'Hobart-Town, si blessée qu'en Europe on la puisse confondre avec ceux qui ont bâti ses ponts et creusé son port, tout le monde s'aime donc et ne s'en cache pas. Que de fois, pour ne citer qu'un exemple, dans les belles réceptions du Gouverneur, n'avons-nous pas vu les deux évêques causer longuement ensemble, bras dessus, bras dessous, comme de vieux amis, et les membres des deux clergés s'unir et se fondre avec tous dans une douce intimité !

Une fois même, il y eut une soirée musicale au palais : une messe de Mozart en je ne sais quel bémol, avec orgue et chœurs virginaux de plus de soixante voix, fut exécutée en grande pompe par les beautés tasmaniennes ! Je me suis réveillé au *Credo* pour voir sur le même canapé les deux évêques plongés côte à côte dans un profond sommeil. Heureusement la musique sacrée fut, après l'*Ite, missa est,* convertie en valses et quadrilles : tout le jeune monde se mit à tourner et valser sans sermon, et si avant dans la nuit, que le jour nous surprit encore soupant fort gaiement.

Pour nous reposer, une grande galopade d'une journée à New-Norfolk, au milieu des roches les plus sauvages, nous fit voir un établissement de pisciculture. Les Tasmaniens en sont très-fiers : il y a là en effet un personnel nombreux d'administration, et les graves questions de la fécondation et de l'incubation rendaient encore tout palpitants les directeurs. Pour arriver à ce point, nous suivons une route qui n'est pas sans danger pour les amazones : elle côtoie l'extrême bord de roches hautes de trois cents pieds et coupées à pic; au fond du précipice, un cours d'eau large, rapide, bouillonnant, se heurte en cascades et avec fracas. Enfin, nous voici aux ruisseaux d'élevage et au laboratoire où, d'après les livres de MM. Coste et Milne-Edwards, on fabrique les petites bêtes nageantes (*voir la gravure*, p. 188). Le Gouvernement y met tous ses soins : il a fait venir d'Angleterre, il y a un an, *cent mille œufs* de saumon. Il a fallu les maintenir dans des caisses entourées de glace pendant tout le temps de la traversée, ce qui a été une dépense énorme, et le tout est revenu à près de cent cinquante mille francs. — Pour nous, après cette longue course et bien des recherches, nous parvînmes à voir *deux* petits poissons longs de *cinq centimètres*, encore ne suis-je pas certain que ce ne fût pas deux fois le même, car nous ne prîmes le second que cinq minutes après avoir relâché le premier. Ce produit d'un œuf qui avait passé la Ligne et voyagé pendant six mille lieues pour venir sans doute se faire manger par une volée de cormorans qui faisaient le guet, me paraissait semblable à ces éphémères, ces charmants insectes aux ailes transparentes et vertes comme l'émeraude, qui restent trois et quatre ans en larve, pour naître une fois au coucher du soleil et mourir avant son lever, sans avoir connu ni les fleurs ni l'amour. Mais on nous expliqua que sur les cent mille œufs, quatorze mille saumons étaient nés et que six mille d'entre eux avaient heureusement terminé leur première éducation. On venait, paraît-il, de les lâcher et de les lancer vers la grande mer, d'où l'on espère qu'ils reviendront [1].

[1] Un journal et une lettre d'Australie m'ont ap-

Plaisanterie à part, cet essai peut faire la fortune de la Tasmanie : elle est la seule des colonies australiennes qui ait des rivières favorables aux saumons; une fois peuplées, ces rivières donneront des pêches qui, avec des débouchés de villes riches de plus de cent mille âmes, comme Melbourne, Adélaïde et Sydney, feront rentrer des millions dans la modeste île de Van-Diémen.

17 septembre.

Le colonel Chesney et une vingtaine de jeunes gens de la ville ont frété un petit vapeur pour nous faire voir les anses pittoresques de la grande baie; le navire est pavoisé aux couleurs de France et nous porte vite au milieu d'un dédale d'îles, de canaux naturels formés entre de hautes roches granitiques qui surplombent. Voici à droite le canal d'*Entrecasteaux* avec ses gorges profondes, à gauche le cap *Raoul* avec ses récifs écumants couverts d'une nuée d'oiseaux. Puis, bercés par une grande houle du Sud, nous arrivons au cap de l'*Aventure;* on met les canots à la mer, on débarque : voici un arbre centenaire dans l'écorce duquel des lettres encore aujourd'hui très-distinctes ont été taillées au couteau par le célèbre capitaine Cook, quand il découvrit ce promontoire et le baptisa du nom de son navire (*voir la gravure*, p. 189).

Bientôt, autour de l'île Franklin, nous nous mettons à pêcher : trois requins, une cinquantaine de poissons bizarres dont plusieurs sont tout couverts de pointes absolument semblables à celles du hérisson, et des « trompettes » au long nez, furent notre proie, à la grande joie

pris depuis mon retour qu'ils étaient tous rentrés au bercail : la colonie ne se possédait pas de joie.

d'un brave archidiacre que la cravate blanche et le gilet en étoffe de cilice n'empêchaient pas de faire les mots les plus facétieux.

19 septembre.

L'heure du départ a sonné : malgré une épouvantable tempête d'équinoxe, dont les rafales blanchissent d'une nappe d'écume toute la baie, la « *Tasmania* », un petit « sabot » de deux cent cinquante tonneaux, allume ses feux ; c'est elle qui doit nous mener à Sydney. Nous avions fait le matin nos adieux : une dernière heure toute triste, au palais du Gouvernement, nous avait per-

La rivière aux saumons. (*Voir p.* 187.)

mis encore de remercier tant d'hôtes aimables qui avaient rendu notre séjour délicieux. En arrivant au quai, nous le trouvons couvert de monde. Une vraie, une grande foule est rassemblée pour dire adieu au Prince, nous donner le plus « hearty farewell » et nous demander souvenir et retour. Elles aussi, nos aimables danseuses, elles sont là près du bateau, dans leurs plus jolies toilettes, comme pour nous donner encore plus de regrets. Ministres et « squatters », évêques et amazones d'hier, tous avaient eu cette attention charmante, qui nous toucha bien profondément. A peine sommes-nous à bord, la passerelle est prise d'assaut par la jeunesse, et le pont envahi au point qu'on n'y peut plus bouger. C'est ainsi chargée que la *Tasmania* aurait dû partir ! Mais la troi-

« Nous visitons la baie où Cook inscrivit lui-même avec son couteau le nom de son navire, l'*Aventure* (janvier 1777). » (*Voir p.* 187.)

sième cloche vient nous arracher aux « shake hands » de tant de personnes si aimables qui, pendant quinze jours et jusqu'à la dernière seconde, avaient fait aux trois voyageurs un si cordial accueil.

L'hélice commence ses premiers tours, et la *Tasmania* prend son aire; elle longe d'abord le quai, dont les garde-fous sont balayés par les lames furieuses. Puis, tandis que tout le groupe des « misses » remplit en courant le bateau-ponton du bout de la jetée, trois « cheers! », trois « vivat! » bruyants nous saluent et nous porteront sûrement bonheur. Enfin, les signaux des chapeaux et des mouchoirs s'agitent au vent : nous les distinguons jusqu'au dernier moment, au-dessus d'une foule qui devient peu à peu confuse, et pensez si nous y répondons avec chaleur! Bien vite, ce rivage, si animé tout à l'heure, devient seulement un horizon pour nos regards. Une voiture légère, suivant un promontoire qui abrite le port, apparaît une dernière fois, et des signaux y sont encore faits pour nous! — En arrivant un soir à l'improviste sur ce sol inconnu, pouvions-nous penser que nous devrions le quitter si émus et si reconnaissants? La Tasmanie nous a donné une hospitalité comme peut-être jamais voyageurs n'en trouvent : nous voudrions lui dire, non pas « adieu », mais « au revoir » du fond du cœur, et si elle a espéré n'être jamais oubliée, ses souhaits seront exaucés!

Cependant la tempête est plus forte que jamais : seuls sur le pont désert, nous nous cramponnons à grand'peine contre les rafales : la baie, hier si calme et si riante, est obscurcie par de gros nuages noirs que le vent emporte vers les cimes neigeuses, et les gorges profondes qui nous environnent ont pris un aspect fantastique sous ces sombres couleurs. Hobart-Town, Hobart-Town disparaît! Nous aussi n'allons-nous point peut-être disparaître dans les vagues énormes que le Sud-Ouest nous amène? La *Tasmania* lutte et hésite; tout craque, tout se brise à bord : le choc des lames contre les roches, un ressac saccadé et affreux, nous font compter les minutes dans cette passe, où la fureur de l'Océan Austral et des courants de foudre viennent se heurter contre une petite île.

Le soir, le vent tourne au Sud, et apportant avec lui l'atmosphère glaciale du pôle, il chasse les nuages et laisse la pleine lune éclairer le spectacle de tout son éclat. Il vente « tempête! » les vagues qui déferlent couvrent le pont d'un bout à l'autre, et le peu de toile que nous faisons pour « appuyer » le navire ne résiste pas. C'est en de telles conditions, avec un bâtiment qui donne une bande énorme et qui menace par moments de « s'engager », que, serrant la côte malgré nous, nous arrivons à doubler le cap Pillar, qui est un des plus beaux sites de Van Diémen. Il forme la pointe sud-est de l'île : une série de hautes aiguilles en roches basaltiques de trois cent soixante pieds de hauteur s'avancent, comme les piliers d'une jetée druidique, jusqu'à près d'une lieue en mer. Poussés par les lames qui viennent s'y briser, nous n'en passons qu'à un quart de mille : l'effet est saisissant et donne vraiment le frisson. Quand la vague se heurte contre ces groupes de colonnes qui diminuent graduellement jusque près de nous, l'écume jaillit à une hauteur immense; puis le flot se retire, et la lune, tour à tour cachée et brillante, apparaît entre les piliers élancés, dont les intervalles sont un instant remplis par l'écume, puis un instant à jour! La lune est encore très-bas sur l'horizon, et, se levant à l'Est, de l'autre côté des piliers, elle en projette l'ombre presque jusqu'à nous, tandis que leurs silhouettes, coupées verticalement, se dessinent avec grandeur : le danger donne encore à cet ensemble quelque chose de plus étrange et de plus souverainement imposant (*voir la gravure*, p. 193). C'est sous l'impression de ces roches majestueuses et des efforts de

Hobart-Town, capitale de la Tasmanie.

notre frêle barque, que nous passons la nuit sur le pont. Mais, le cap une fois doublé, la *Tasmania* laisse « porter » et file vent arrière : sur la dunette, on ne parle plus des lames immenses qui passent par-dessus le couronnement, — on parle des souvenirs d'Hobart-Town!...

20 septembre.

Le calme est revenu, et quoique les grands coups de roulis aient tout cassé, chaises, tables, vaisselle, je cherche à m'installer dans un coin afin de consigner, même dans un désordre égal à celui qui m'entoure, les impressions que m'a inspirées l'ensemble de la Tasmanie. Tout ce que nous avons vu dans cette île, les personnes qui nous ont entourés, aussi bien que les campagnes riantes et les villes paisibles que nous avons par-

« La *Tasmania*, luttant contre des vagues immenses, double le cap Pillar, sorte de jetée druidique, à piliers gigantesques, dont la lune projette l'ombre au loin. »
(*Voir* p. 192.)

courues, nous auraient presque fait croire qu'un monde sépare ce pays du Melbourne plein d'usines, du Ballarat plein d'or, — un monde et un siècle, pourrait-on dire! En un jour, nous avons passé de l'effervescence d'une cité avancée du progrès à une bourgade de comté anglais d'il y a cent ans. Après six semaines du spectacle d'une vie chauffée à toute vapeur, un séjour à Van Diémen a quelque chose de rafraîchissant comme une idylle, et il est un véritable repos. Mais on ne peut toujours dormir; on sort de l'île comme d'un rêve, et les phases par lesquelles elle a passé se résument.

Avant toute chose, il est un sentiment qui nous remplit de tristesse : en suivant de près cette belle côte, nous venons de relever successivement les caps Raoul, Surville, Péron, Maurouard, Bougainville, Taillefer, Tourville, Lodi et du Naturaliste; les baies de Dolomieu, de Fleurieu, de Monge et du Géographe. Chaque point de ces terres, comme du grand continent australien, a été illustré par nos marins : pourquoi faut-il que le pavillon de la France, qui avait été « à la peine », ne soit pas demeuré « à l'honneur », et n'y ait brillé, à l'heure périlleuse des découvertes, que pour laisser ensuite le champ libre à d'autres, et ne nous gagner aucune possession? De Marion sur le *Castries*, qui vint le premier après Tasman sur cette terre et qui vit couler le sang français, de d'Entrecasteaux sur la *Recherche* et l'*Espérance*, de Baudin et d'Hamelin sur le *Géographe* et le *Naturaliste*, il ne reste que des noms français, tandis qu'une autre puissance y possède une *grande colonie*.

Mais avant d'être la colonie de Tasmanie, elle a été l'*établissement pénitencier* de Van Diémen. C'est là une lugubre histoire! Jusqu'en 1803, on n'en connaissait que les rivages inhospitaliers que défendaient des tribus nombreuses et féroces. Le gouverneur de Sydney y envoya les plus turbulents de ses « convicts » : cette île devenait le Botany-Bay de Botany-Bay pour ceux que la première ville fondée par les « convicts » rejetait de son sein. Puis la métropole elle-même y lança directement des navires chargés de prisonniers : les premiers convicts qui partirent pour Van Diémen sanglotaient, paraît-il, comme si on les livrait au bourreau : ils pensaient ne jamais arriver si loin, et, en effet, il y eut plus d'un naufrage. Un membre du gouvernement, le docteur Officer, homme intéressant au possible, me donnait des détails saisissants sur ces voyages. L'*Amphitrite* coula dès le départ d'Angleterre, et cent trois femmes avec leurs enfants furent noyées dans la cale, où le commandant les avait enchaînées; le *George III* et la *Néva* furent brisés presque au port; le *Gouverneur-Philipp* se perdit dans le canal de d'Entrecasteaux, où nous étions l'autre jour; mais il y eut là un beau trait : pendant le sauvetage de la première moitié des déportés, le commandant Griffith donna sa parole d'honneur à ceux d'entre eux qui ne pouvaient encore prendre place dans les chaloupes, de ne pas quitter le bord jusqu'à ce qu'elles revinssent; mais l'état de la mer ne leur permit pas d'accomplir assez vite leur trajet d'aller et de retour, et pendant ce temps les voies d'eau, augmentant à chaque minute, hâtaient le moment où le navire allait sombrer; la scène était horrible, les convicts secouant convulsivement leurs chaînes hurlaient et se tordaient sur le pont... et avant que les chaloupes revinssent, le *Gouverneur-Philipp* coula à pic : le généreux officier fut noyé en même temps que les prisonniers. (*Voir la gravure, p.* 197.)

Cette série d'infortunes trouva enfin un terme, et l'on apprit peu à peu dans les cachots de Londres combien les terres australes étaient fertiles : ce fut alors à qui partirait pour « faire une fameuse chasse aux kanguroos! »

La première période fut celle de la création et des crimes. Puis quand les routes furent faites, les ponts construits, les troupeaux importés et les Aborigènes mis en fuite, la prospérité des établissements pénitenciers attira les émigrants libres en Tasmanie; les hommes d'État de l'Angleterre, en envoyant les « convicts » dans un pays sain et fertile, avaient donc pensé juste en espérant que les sueurs de ces travailleurs malgré eux seraient plus profitables à une colonie naissante que leurs vices invétérés ne pouvaient lui être nuisibles. Il semble qu'étonnés d'abord de n'avoir plus de riches à piller et de faibles à battre, surpris de se sentir égaux et responsables dans une société qu'ils étaient alors seuls à composer, ces criminels aient pourtant puisé une certaine énergie pour le bien dans ces terres éloignées du théâtre de leurs premiers méfaits, et qu'ils aient pris à cœur de faire prospérer un pays où ils avaient tout à créer, leur vie à défendre, et où les sources de leur richesse ne dépendaient que de leur travail. Ils se sont sentis hommes, bientôt à la tête de nombreuses familles, cultivant un sol et faisant paître des troupeaux qui les récompensaient largement de leurs peines.

Les immigrants libres commencèrent à arriver vers 1815, et affluèrent dans une mesure bien proportionnée à la richesse des pâturages comme à la petite dimension de l'île. Mais les difficultés n'ont pas manqué! Les Naturels, qui avaient été dispersés par les « convicts », reviennent à la charge au nombre de plus de sept mille, et les Blancs, pendant de longues années, luttent contre eux les armes à la main : c'est une guerre affreuse! Après bien du sang versé, elle se termine du reste d'une manière étrange.

— Un certain John Robinson, dont chacun à Hobart-Town nous a fait un sympathique portrait, s'était dans une vie nomade concilié l'affection des Noirs : cet homme qui ne portait point d'armes, et qui, passant au milieu des plus grands périls d'une tribu à l'autre, se faisait l'ami de toutes, cet homme d'une forte trempe, philanthrope et à demi sauvage, avait pris à cœur la tâche presque impossible d'amener par la douceur la race noire à une entente avec les envahisseurs. D'autres avant lui, avec les forces de la garnison et le concours des « convicts », avaient fait de grandes battues, depuis le Nord de la Tasmanie, pour refouler les Aborigènes au Sud, dans le territoire assez vaste de la péninsule de Tasman, rattachée au corps de l'île par une langue de terre à peine large d'une lieue. La battue avait duré plusieurs mois : une ligne de feux pendant la nuit et de soldats pendant le jour, sur près de trois cents kilomètres, avança graduellement jusqu'à l'extrémité méridionale : on n'avait pas vu un Noir! Grâce à l'obscurité et aux ravins, ils avaient tous « forcé les traqueurs ». Ils étaient sortis victorieux de la lutte, ils pillaient et tuaient de plus belle. — John Robinson alors essaya de son moyen : il était l'idole des sauvages, et il les prêcha si bien, qu'il les entraîna avec lui dans la péninsule. En regard des cruautés inséparables de la conquête d'une terre sur une race qui la tient de ses ancêtres, comme le noble caractère d'un homme qui sauve la vie à plus de six mille indigènes emporte l'admiration!

Mais, de même qu'il faut un Océan Austral aux albatros, de même il faut avant tout l'espace aux Aborigènes! Ceux-ci n'ont pu supporter longtemps la mitoyenneté avec les nouveaux occupants : ils avaient échappé au massacre

« Le généreux officier fut noyé en même temps que les prisonniers. » (Voir p. 196.)

des « convicts », ils voulurent de même échapper aux bienfaits et à la commisération d'une race de colons libres qui cherchaient à les évangéliser et à les vêtir; ils préférèrent l'exil à une lutte impossible ou à une vie sans espace. Une partie mourut de maladie en proportion effrayante, comme des poissons d'eau vive resserrés dans une eau stagnante; le reste, peu à peu, sans guerre, sans éclat, se dispersa d'île en île dans les terres de Flinders, de Furneaux, et finit par gagner le grand continent australien, dans l'intérieur duquel il cherchait le désert..... et la liberté ! Les Noirs étaient sept mille en 1816, il n'y en a plus que..... cinq dans toute l'île, trois hommes et deux femmes! Nous les avons vus il y a quatre jours, on les gardait comme des reliques : et je vous envoie la photographie d'Onga-Ragga (*voir la gravure, p.* 200), l'un des trois hommes fidèles à leur terre natale.

De trois sociétés en présence, une était donc anéantie. Restaient les immigrants et les « convicts ». Je n'ai pas eu l'occasion d'entendre les plaintes de ceux-ci ; mais les premiers, quoique libres et maîtres, n'ont cessé, depuis le principe, de maudire le Colonial Office, qui leur envoyait le rebut de ses prisons à employer et à surveiller. Chaque fois qu'un navire de prisonniers mouillait devant Hobart-Town, immédiatement une protestation était signée par la population saine de l'île, qui voulait, avec raison, éviter leur contact immoral, et garder pour elle les développements de ses pâturages et de ses cultures.

Pour que le noyau d'hommes libres ait pu rester pur, songez à ce qu'il a fallu de luttes ! Le tableau de la population que j'ai vu au ministère de l'intérieur donne les chiffres qui déterminent chaque élément : 17,500 hommes de naissance libre contre 7,000 « convicts » en 1825 ; 23,000 contre 18,000 en 1835 ; 43,000 contre 24,000 en 1847, telle était la composition des habitants. Enfin, en 1857, les hommes libres étaient au nombre de 77,700 et les déportés au nombre de 3,000 seulement. C'était la seconde fois qu'une société nuisible s'effaçait. Ce brusque et heureux changement dans l'équilibre est dû, d'abord à la cessation en 1850 des « envois » de la métropole, mais surtout à la déportation au second degré que la colonie elle-même fit à son tour dans la péninsule de Tasman, où elle avait voulu jadis interner les sauvages, et qu'elle ne veut pas considérer comme son territoire. C'est une administration à part, sur un sol presque totalement séparé du sien, où un système de coercition adouci, exerçant son influence sur un milieu homogène, agit plus sur les espérances que sur les craintes des déportés. Cette mesure énergique, qui d'un trait dépeint le fond honnête de la Tasmanie, fut prise au moment où Victoria, inaugurant vaillamment son indépendance, interdisait absolument son sol aux « convicts » transfuges, que les établissements pénitenciers lui auraient vite et fatalement écoulés.

Mais, grâce aux troubles des premières années dans la société libre de Tasmanie, jamais castes, entre gouvernants et gouvernés, n'ont été plus nettement démarquées en fait, et c'est là le secret de toutes les différences frappantes entre la vie politique de cette colonie et celle de Victoria. Contraste si curieux, que, lorsqu'on compare ces deux populations, il semble impossible de croire qu'elles appartiennent au même sang ! Ce sont pourtant des hommes de la même race anglo-saxonne, émigrés de la même Angleterre, en rapports constants entre eux et avec la même métropole. Cette différence en deux points si rapprochés n'est-elle pas la preuve concluante des influences radicales que peuvent avoir sur les idées et le caractère d'un peuple les institutions qui le régissent?

En Victoria, suffrage universel sur toute la ligne, démocratie avancée, esprit d'initiative et d'aventures, idées de progrès et d'égalité, animation américaine. — De l'autre côté du détroit, suffrage restreint, à tel point que la plus grande moitié de la population libre est exclue de toute participation aux affaires publiques ; la plus petite moitié élit la Chambre Basse, à peine un quart, la Chambre Haute : idées étroites en général, esprit de caste poussé à l'extrême, affaires lentes et malheureuses, état positivement arriéré.

Telles sont les conséquences de l'élément « convict » maintenu trop longtemps en vigueur. Les immigrants, qui n'ont pas subi la grande crise de nivellement social que la découverte de l'or a occasionnée à Victoria, constituent une aristocratie de la terre et de la richesse qui refoule dans l'industrie les descendants des premiers « convicts ». Quand je dis « immigrants », ce n'est pas l'acception très-misérable du mot que nous donnons en France qu'il faut entendre, mais c'est nommer bon nombre de « gentlemen farmers » et de « cadets » de grandes familles anglaises. Presque tous les colons que nous voyons dans cette île sont nés ici ; ils y ont reçu une solide éducation, et pris une bonne position depuis longtemps ; ils ne sont pas arrivés tout faits, poussés en un seul jour, et égaux entre eux comme les habitants de Victoria, qui sont semblables à un banc de champignons, sortis de terre, pour ainsi dire, en 1851, le jour de la découverte de l'or. Il ne faut donc pas s'étonner qu'il y ait ici une véritable société, avec ses degrés et ses instincts, qui tranche d'autant plus du grand seigneur que la classe inférieure est d'une origine plus infime. Aussi tout se tient-il ; et quand les colonies ont été invitées à tracer elles-mêmes les articles de leurs constitutions, Victoria, où le domestique avait quitté ses maîtres et le clergyman ses paroissiens, pour devenir leur égal dans la recherche de l'or, Victoria n'eut-elle point de peine à établir les droits de l'homme et à faire une colonie anglaise bien différente de l'Angleterre. — A Van Diémen, au contraire, où le propriétaire de moutons et le fermier méprisaient le pauvre immigrant irlandais et le « convict » encore marqué au front des lettres ignominieuses des « Galères de la Reine », la classe aisée voulut s'élever sur une sorte de piédestal inaccessible, afin d'y défendre par le suffrage censitaire le gouvernement du petit nombre.

L'exclusion de tous droits politiques était fondée sur la pauvreté. Mais qu'est-il arrivé ? Après avoir énergiquement obtenu l'abolition de la transportation, la Tasmanie n'a pas abordé avec le même esprit les sacrifices que lui imposait son indépendance. Un beau jour, en même temps que la suspension de l'envoi des « convicts », s'est arrêtée la subvention de la métropole, qui tombait sur la colonie en pluie d'or, à raison de 170,000 fr. par semaine. Avec les déportés également a disparu la garnison nombreuse qui les gardait et qui dépensait sa solde dans le pays ; mais on s'était si bien *habitué* à cette manne venant de la métropole, à la direction de Gouverneurs à pleins pouvoirs, que la Tasmanie a été longtemps sans connaître la liberté, et qu'elle est restée dans cet état d'enfance des pays trop gouvernés, où le peuple regarde sans cesse du côté du pouvoir, pour lui demander aide et protection. Cette habitude, qui datait de longtemps, n'a pas peu contribué à endormir la population, à la priver peu à peu de cette énergie virile qui se trempe dans les difficultés, et qui est si nécessaire au développement d'une colonie.

Entre des mains puissantes et dans un

grand pays, le despotisme peut donner au dehors, pour un temps, de la gloire et de la prépondérance, mais toujours il tue, en même temps que la liberté, l'esprit d'initiative. C'est ce qu'a fait ici, dans la première période de la colonie, l'administration militaire et pénitentiaire; l'industrie n'est pas née, ou du moins elle a été en déclinant, et, pour ne citer qu'un exemple, la terre qui a donné les premiers bestiaux à Victoria est obligée d'importer aujourd'hui de Melbourne, non-seulement troupeaux, mais de la viande abattue, pour plus de 2,360,000 francs par an. Le budget des dépenses de l'année a dépassé, de près d'un million,

Onga-Ragga, l'un des trois Aborigènes restés sur la terre tasmanienne, d'après une photographie. (*Voir p.* 198.)

celui des recettes; et pourtant, malgré ces faits, malgré le manque de subventions, on a continué la construction ruineuse d'édifices publics, et d'un palais du Gouvernement qui coûte 2,500,000 francs; et l'on entretient une nuée de fonctionnaires, qui absorbent près de trois millions. — Le résultat est, pour un pays de 95,000 habitants, qui a cependant vendu plus de 1,476,000 hectares de terrain, une dette de 13 millions de francs, sans qu'il y ait chemins de fer ou usines. Il n'y a autre espoir que la vente éventuelle des terres à des immigrants futurs, qui semblent peu se préparer à venir, ou d'autre moyen de se tirer d'embarras, nous disait-on encore en souriant, que les récoltes de « quelques merveilleuses années de pommes [1] ».

Cependant le fond est bon ; avec des ressources précieuses en bois de toute nature, avec le développement des pâturages qui comptent, après tout, encore 1,752,000 moutons et 110,000 têtes de gros bétail, avec des gisements de fer très-riches, encore inexploités, et la certitude de filons d'or, de cet or qui est la panacée universelle en Australie, puisqu'il attire toujours l'immigration et développe toutes les ressources ; avec un terrain à céréales bien autrement fertile que celui du continent voisin, et qui produit une moisson valant 32,700,000 francs ; en un mot, avec un ensemble de terrains occupés,

21 *septembre.* — « Nous débarquons au cap Oomooroomoon, entre des brisants dentelés et des squelettes de baleines. » (*Voir p. 203.*)

de bétail, d'immeubles, de navires, de banques et de produits exportés d'une valeur totale de 475 millions de francs, des esprits éclairés veulent que la Tasmanie, délivrée des Aborigènes et des « convicts », condamne le système de réglementation et d'entraves qui l'a maintenue si bas, et qui, à l'inverse des colonies voisines, a transformé, d'une manière si opposée, des éléments de richesse presque semblables : l'un, en effet, était force motrice ; l'autre, force d'inertie !

Il est encore un autre parti, celui des basses classes. Le mot d'*annexion* est arrivé jusqu'aux antipodes ; et l'on parle ici de s'annexer à Victoria. Ces excellents Tasmaniens ne demanderaient pas mieux, mais ce sont les Victoriens qui ne

[1] L'an dernier, la Tasmanie en a exporté pour une valeur de 1,560,000 francs.

LIVRAISON 26.

veulent pas ; ces derniers ont trouvé jusqu'à présent leurs voisins un peu trop en arrière de tout le monde, et les traitent de Béotiens.

Béotiens si l'on veut, ces braves gens ont, il faut l'avouer, une qualité qui manque à leurs facétieux voisins, la modestie. Tandis qu'à Melbourne on nous disait, avec raison, il est vrai, mais peut-être un peu souvent : « Contemplez notre œuvre : il y a quatorze ans, c'était le désert ; n'en avons-nous pas fait une nouvelle Europe? » ici, ces bons habitants excusent la simplicité de leur oasis et la montrent avec humilité ; ils sont flattés que les étrangers viennent les voir de si loin ; ils suivent paisiblement leur chemin, sans avoir encore fouillé une terre où il y a de l'or, sans chercher par de fiévreux efforts d'autre bonheur que celui de vivre en famille, doucement et sans bruit, dans le calme de leur coin de terre pour lequel la nature s'est montrée si généreuse.

Il y aurait pourtant de la vie aventureuse à mener dans ces parages. Un esprit intrépide et ardent, une exception à la placidité de tous, le colonel Chesney était arrivé facilement à me monter la tête pour une tentative de découvertes qu'il va faire dans la partie nord-ouest de l'île. Un seul homme, un berger, a pu y pénétrer l'an dernier, et il en a rapporté plusieurs spécimens d'or extrêmement riches. Il y a là une série de montagnes situées précisément sous le même méridien que Ballarat, et qui ne sont autre chose que le prolongement des mêmes filons d'or.

Mais il reste une barrière de torrents, de roches escarpées, de ravins, qu'on n'a pu encore franchir et qui entoure ce nouvel Eldorado. Le colonel m'a montré ses équipements, ses échelles de corde munies de crampons, ses canots portatifs en caoutchouc, tout frais arrivés de Londres. Il partira avec deux amis et un domestique : « Venez donc avec moi, me disait-il : vous aimez l'aventure. C'est charmant à vingt ans de découvrir des terres ! Et puis, si nous trouvons de l'or, nous reviendrons millionnaires, et alors les belles « misses » d'Europe...! » Mais l'expédition ne se mettra en marche qu'au mois de janvier, époque où nous devons être déjà en Chine, et la question est tranchée à mon grand regret d'une façon catégorique.

21 septembre, à l'abri du
cap Oomooroomoon.

Je commence par promettre ma défunte perruque (car ma calvitie a bien voulu n'être que passagère) au grand dignitaire de la Faculté de Paris qui dénichera ce joli nom dans ses connaissances géographiques ! C'est une petite anse de la baie de Twofold, perdue entre les promontoires de la côte orientale de l'Australie, et encaissée entre des roches de granit rouge et des montagnes couvertes de grands bois de sapins qui descendent jusqu'au rivage : site pittoresque et sauvage, mais à cette heure tout triste et tout obscurci par de gros nuages noirs, que les rafales amènent de la haute mer. C'est ici que nous a jetés un violent coup de vent d'équinoxe. La *Tasmania* ne tenait plus la mer : elle s'en allait à la dérive malgré les efforts saccadés d'une machine impuissante ; les vagues la poussaient à la terre la roulaient sans merci, en menaçant de l'entr'ouvrir, sans qu'elle pût même essayer de lutter.

Quand un gros temps nous assaillait entre le cap de Bonne-Espérance et l'Australie, nous contemplions avec sang-froid ces lames immenses dont nous étions le jouet ; l'espace faisait notre salut. Mais cette fois nous sommes près de la côte ; et la côte, c'est le naufrage, si l'on ne choisit sa retraite avant l'heure où aucun moyen humain ne peut résister à la fureur d'un ouragan ! Dès midi, nous avons donc fui devant le temps avec une rapidité vertigineuse, et nous avons cherché un abri dans la crique la plus proche. A trois heures, nous mouillons sous le vent du cap, en même temps qu'un trois-mâts dont les bastingages ont été emportés, et dont la mâture désemparée fait peine à voir : c'est un sauve qui peut effrayant ! Le ronflement de la tempête dans les bois de sapins est si rauque, la mer brise si fort contre le cap Oomooroomoon, et le tonnerre gronde avec un si épouvantable fracas, que la grosse face du capitaine de notre « barque » n'est pas encore revenue de sa pâleur subite. Ce bon type d'homme rond comme une boule, dont le « surouest »[1] ne parvient pas à cacher le quadruple menton, hier cramoisi, aujourd'hui blanc de neige, fait véritablement mon bonheur quand il gesticule sur la passerelle : il connaît du reste bien son affaire ; car il nous a dit que c'était son deux cent quarante-huitième voyage entre Hobart-Town et Sydney, et « un des plus dangereux », ajoutait-il, sans que nous eussions besoin de cette dernière parole pour nous en apercevoir.

[1] Sorte de coiffure portée seulement dans les gros temps.

Maintenant nous voici en sûreté, la *Tasmania* est mollement bercée en dormant sur ses trois ancres, et nous en profitons pour demander un canot et quatre hommes au capitaine, afin d'aller à terre regarder une tribu de Naturels dont les feux s'élèvent au milieu des sapins : ils sont semblables à ceux du Murray, aussi inoffensifs, aussi noirs, et au premier moment ils me paraissent encore plus affreux, mais j'oubliais que cela n'est guère possible.

Cette baie est renommée pour la pêche de la baleine ; les vertèbres colossales de leurs carcasses blanches sont jetées en grand nombre çà et là sur le sable du rivage, et à l'aspect lugubre d'une baie sauvage et sombre s'ajoute la vue du cimetière des cétacés océaniens. C'est entre ces ossements gigantesques et des brisants dentelés que notre canot se fraye une route jusqu'au sable du rivage (*voir la gravure, p.* 201). N'est-il point étrange qu'en ce coin si isolé du monde il y ait pourtant sur une colline sept cabanes de bois, habitées par quelques Blancs ! Ils ont, par une douce ironie, appelé du beau nom d'Éden la réunion de leurs huttes misérables. Au train dont vont les choses en Australie, qui sait s'il n'y aura pas là dans quinze ans un Opéra et un Parlement ! — Quant à moi, il me semble maintenant que j'ai vu Melbourne naissant. — Une centaine de moutons presque perdus, quelques trous en terre où trois hommes cherchent de l'or, et la forêt de sapins toute vierge encore, voilà l'Éden que nous avons vu. Espérons que le beau temps va chasser de ce second paradis la *Tasmania*, avec sa cargaison de pommes, qui seraient ici d'un placement douteux.

XII

SYDNEY

Baie féerique. — Les missionnaires français. — Charme et distinction de la société. — Botany-Bay et souvenirs de la Pérouse. — Convicts et immigrants. — Écoles. — Les montagnes Bleues. — Les fils de l'illustre Mac Arthur. — Rapports avec la Nouvelle-Calédonie. — Les institutions et les richesses de la Nouvelle-Galles du Sud.

Sydney.

Sydney, 23 septembre.

Nous avons pu nous arracher aux délices d'Oomooroomoon et reprendre la mer! Nous avons passé entre l'île Montagu et la côte. Vers le soir, au coucher du soleil, le cap Perpendiculaire qui ferme la baie Jerwis se détachait sur le ciel. C'est une roche de deux cent quatre-vingts pieds; coupée à pic sur la mer et s'avançant audacieusement entre celle-ci et la baie, comme une jetée majestueuse : l'effet en est superbe. Dans la nuit, nous arrivons à Sydney, guidés de bien loin par la lueur du gaz et les feux de couleur des navires de la rade.

24 septembre.

Dès le matin, lord John Taylour vient nous prendre et nous emmène à une grande partie de promenade, organisée pour le Prince par sir John Young, Gouverneur de la Nouvelle-Galles du Sud. Le rendez-vous est au palais : neuf amazones et quelques cavaliers y sont réunis, et les plus beaux chevaux de Son Excellence nous sont amenés. La promenade commence... par une navigation à vapeur; au bas du jardin, en effet, un petit steamer nous attend; vite on embarque les chevaux, nous traversons la baie, et au bout d'une heure et demie nous sommes de nouveau à terre. Cela devient alors une galopade charmante sur les crêtes des montagnes qui dominent cette nappe d'eau, si pure et aux

« C'est au milieu des fleurs que galopent nos groupes d'élégantes amazones et de cavaliers. »
(Voir p. 206.)

bords si riants. Ouvrant sur la grande mer par une passe de quinze cents mètres de large que dessinent, comme une porte druidique, deux roches surplombant de plus de trois cent cinquante pieds, la baie s'enfonce profondément dans les terres en suivant les formes les plus capricieuses, en s'avançant aventureusement comme un grand fleuve incertain de sa route, d'abord vers le Nord-Ouest, puis vers le Sud-Ouest, enfin vers l'Ouest, si bien qu'à peine entré par cette porte qui paraît gigantesque, on se trouve tout étonné d'être enfermé comme dans un lac de Suisse, et l'illusion serait complète si les longues vergues des « clippers » au mouillage ne rappelaient la haute mer.

Port-Jackson compte trente-six baies s'ouvrant dans la baie générale, et plusieurs d'entre elles remontent à douze lieues dans les terres; les côtes sont très-pittoresques : tantôt boisées, tantôt rocheuses, elles nous montrent tour à tour la nature la plus sauvage, les hauts rocs à pic contre lesquels les vagues se brisent, les beaux jardins avec une quantité d'élégantes villas, et cette exubérance de fleurs naturelles, dont la nappe aux mille couleurs s'étend jusqu'à l'écume des vagues; au fond de ce beau lac, sur la rive sud, est bâtie la ville de Sydney. C'est une sorte de presqu'île, que l'on pourrait comparer à une main droite s'avançant hardiment dans la baie; en effet, cinq grands promontoires, ayant exactement la forme des doigts un peu écartés, constituent la partie principale de la ville; cette disposition la rend particulièrement originale, car les rues qui ont la direction Est et Ouest aboutissent par chaque extrémité à un nouveau port; du point le plus élevé d'une rue, le promeneur voit un port à ses pieds avec tout le mouvement des vapeurs et des voiliers, puis bien vite des maisons de l'autre côté, et enfin des mâts se montrent encore derrière ces maisons; c'est une des plus belles situations que l'on puisse voir.

Quant à notre promenade, elle se poursuit dans des sites de plus en plus charmants; près de nous, que de jolies villas entourées de jardins d'orangers et d'amandiers en fleur! Nous longeons la crête des montagnes; cela nous éloigne des routes et des « cottages »; notre vue s'étend davantage, et nous jugeons à merveille de l'ensemble. Au fond du panorama, quelle eau d'azur! que de gorges sombres, que de promontoires couverts de verdure! Ici, en haut, sous un soleil de printemps, les fleurs sont toutes écloses; mêlées aux grandes herbes sur lesquelles courent les lézards, elles brillent partout avec une fraîcheur matinale et une abondance étonnante; elles montent jusqu'à la poitrine des chevaux, et rien n'est plus charmant, dans ce fouillis de fleurs si hautes, que de voir galoper nos petits groupes d'amazones et de cavaliers; celles-ci sont en gris-perle ou en bleu très-clair, avec de longs voiles bleus et blancs (*voir la gravure, p.* 205). Après avoir traversé un bois touffu d'arbres à camphre, de bambous et de palmiers, nous arrivons sur un mamelon au bas duquel s'étend un bras de mer; on le descend avec prudence au milieu des roches, et, en nous avançant sur l'extrémité de la pointe, nous voyons à droite Port-Jackson, et à gauche l'entrée d'une autre baie qui paraît aussi bien grande, — c'est Middle-Harbour. Le Gouverneur a envoyé d'avance deux chaloupes et un ponton, et en trois voyages toute la cavalcade a passé l'eau; deux heures après nous sommes sur la plage de la grande mer, à Long-Reef, où une grande houle de Sud-Est jette les vagues qui se brisent en avant du rivage sur la ligne des écueils.

C'est fort avant dans la soirée que nous reprenons la direction de la ville : la nuit est si claire; un parfum si délicieux s'exhale de ces montagnes couvertes de fleurs; à travers les grands arbres s'ouvrent de si poétiques échappées de vue sur les eaux de la baie, qui reflètent comme un miroir les brillantes constellations de l'hémisphère austral; les péripéties de notre jeune « party » chevauchant lentement dans une véritable forêt de fleurs ont tant de charmes, que je crois encore rêver en descendant de cheval bien tard dans cette seconde nuit de notre séjour à Sydney.

13 octobre.

Pendant trois semaines d'une activité incessante sur un sol où tout nous était facile, où tout nous charmait, nous avons à chaque heure béni la fortune qui nous a amenés ici. Le lendemain de notre cavalcade, nous embarquons sur un petit vapeur pour remonter la rivière de Paramatta. Des plantations d'orangers, des cultures magnifiques entrecoupées de gorges escarpées, verdoyantes et ombragées, égayent les bords pittoresques et les eaux limpides du cours sinueux de ce petit fleuve. Seul le soleil, qui est certainement très-bon pour les orangers, commence à nous paraître un peu trop chaud; mais il donne un telle vie au paysage!

Bientôt, quand le Paramatta se resserre trop entre les roches, une embarcation nous prend; elle est conduite par huit jeunes insulaires de «Samoá», à la peau couleur jus de tabac : ils rament vigoureusement et nous débarquent au fond d'une baie retirée où flotte le pavillon tricolore. C'est « la Montagne des Chasseurs », la demeure des missionnaires Maristes, un petit coin de la France, où quelques colons de nos compatriotes sont aussi venus se grouper. L'animation est grande et la réception toute cordiale. L'évêque des îles des Navigateurs, de passage à la Mission, nous accueille à bras ouverts et nous donne même un spectacle étrange. Tandis que nous sommes assis sur la haute terrasse naturelle d'où la vue s'étend au loin, d'un côté vers la baie lointaine aux formes capricieuses, de l'autre vers les silhouettes des montagnes Bleues, les jeunes sauvages que civilisent les bons Pères s'avancent dans le costume de leurs îles, avec la coiffure à plumes et la ceinture aux bandelettes de couleurs variées; ils exécutent une danse langoureuse sur une cadence bizarre, puis se groupent, s'accroupissent en cercle autour d'un grand vase, supporté par un trépied à dessins fantastiques, et ils se préparent à faire le « kaava », leur liqueur nationale. Le « kaava » est une racine blanche, à gros nœuds, au goût vif et piquant; ils la coupent en petits morceaux, la mâchent et la remâchent en en bourrant leur bouche jusqu'à ce qu'il leur devienne impossible d'y plus rien faire pénétrer. Semblables à des petits amours de pain d'épice, ils ont l'air d'avoir une orange sous chaque joue; sans se départir du sang-froid indien, ils mâchent leur amalgame salivaire jusqu'à ce qu'il forme une boule bien compacte; alors ils la crachent *élégamment* dans leur main droite, la portent dans le vase, où l'on a versé un peu d'eau à l'avance (*voir la gravure*, p. 208). C'est un moment de joie pour nos marmitons d'Oupolou et de Tongatabou; ils battent rapidement les boulettes dans l'eau, comme du blanc d'œuf dans une crème fouettée; en quelques minutes la liqueur mousse et devient d'un beau jaune d'or; la jeune troupe nous apporte à chacun une coupe en noix de coco pleine du breuvage, et... pour ne point déplaire à l'évêque... nous en buvons! Je croyais prendre une médecine, mais je fus tout étonné d'y trouver un goût piquant et plutôt agréable à la première gorgée; à la seconde, je ressentis une secousse qui aurait fait pousser des cheveux sur la tête d'un chauve, ce qui, par parenthèse, m'eût été fort utile un mois plus tôt! On nous dit que le « kaava » grise et que ce ragoût maigre de carême fait tourner toutes les têtes à Tongatabou! Soit, mais pour ma part je conseillerais volontiers à l'établissement de faire apprendre la cuisine française aux jeunes catéchumènes, en les exhortant à faire jouer à la mastication préliminaire et aux assaisonnements salivaires un rôle moins prédominant. Je rapporte une racine de « kaava », bonne au moins pour une douzaine de grogs.

Les missionnaires nous donnèrent les

« Ainsi se fait la liqueur kaava, et..., pour ne point déplaire à l'évêque..., nous en buvons. »
(Voir p. 207.)

détails les plus étonnants sur leur vie dans ces îles sauvages, où une feuille est un vêtement et un poisson un calendrier. En effet, l'année pour eux n'a que six mois, et le jour où elle commence leur est marqué par l'apparition d'un petit poisson de forme extraordinaire, qu'ils appellent « Pallolo », et qui ne se montre, comme un phénomène bizarre, qu'à intervalles parfaitement réguliers. Ce poisson-chronomètre me trotte bien un peu dans la tête, mais.... c'est monseigneur Elloy, de l'archipel de la Société, qui m'en a raconté l'histoire.

Vivre dans des huttes de feuilles, se nourir de cocos, de maïs et de petites poules, évangéliser les natures brutes de peuplades toutes nues, telle est la tâche des missionnaires dont le père Snage nous dépeignait les saisissantes alertes : s'ils parviennent à se faire chérir d'une tribu, ils risquent d'être massacrés par la tribu voisine. Mais quelles âmes délicieusement naïves que celles de ces insulaires! C'est chez eux qu'est arrivée cette fameuse histoire d'un missionnaire qui s'efforçait d'abolir la polygamie : à la fin d'une de ses tournées annuelles, au moment de quitter un chef, il lui fait promettre de renvoyer toutes ses femmes et de n'en garder qu'une. Un an, ou si vous voulez, deux pallolos après, il revient, trouve le chef seul avec sa femme légitime, et ne se possède pas de joie d'avoir remporté un si beau triomphe;

« Mais je les ai mangées! » repartit ingénument le prosélyte.

il le félicite avec chaleur de ce bon exemple, puis, incidemment dans la conversation, il lui demande ce qu'étaient devenues les autres femmes... « Mais, je les ai mangées! » repartit ingénument le prosélyte. — Triste fin de tendres épouses !

Mais la vie de Sidney nous rappela bien vite l'image de l'Europe, et, à tant de milliers de lieues de Paris, un *quatre à six* aussi élégant, aussi brillant que chez nous, remplit d'abord d'étonnement. C'est un beau jour chaque semaine que celui où se tient la cour à «Government house», et où les calèches nombreuses et d'un grand luxe, les équipages les plus riches, avec des valets poudrés, amènent dans les jardins du palais la société de la capitale.

Ces jardins occupent un joli promontoire baigné par la mer, et, tout resplendissants des fleurs des Tropiques, qui contrastent avec quelques arbres d'Europe, ils font un magnifique effet. Le palais lui-même, construit dans le style gothique, domine la baie comme une citadelle, et ses salons de réception sont dignes d'un roi. Nous avions, dès notre arrivée, été porter l'hommage de toute notre reconnaissance à lady Young, qui avait aussi reçu royalement l'infortuné Prince de Condé et qui l'avait, comme une mère, soigné jusqu'à sa mort. Presque chaque jour, le matin ou le soir, nous avons été fêtés dans ce palais, où, pleine de grâce et de cœur, elle réunissait tous ceux qui pouvaient intéresser les trois voyageurs français. Malgré la fin de la « saison », elle prolongea en l'honneur du Prince ses réceptions du mercredi. La musique militaire égayait les jardins, où se trouvaient souvent réunies plus de deux et trois cents personnes. Les jeunes femmes allaient et venaient des salons sur la pelouse, comme dans les matinées du « high-life » de Londres ; elles portaient des toilettes venant directement de chez mesdames Soinard, Barenne, Blum et Fromont de Paris (je crois même avoir entendu prononcer le nom de M. Worth), et formaient la société la plus aimable, la plus gaie, la plus gracieuse que l'on puisse rêver.

Melbourne était la ville de l'or, des clubs, de la démocratie et des grandes affaires ; Hobart était une hospitalière bourgade ; Sydney, avec tout le cachet « gentleman » de l'Angleterre, avec l'aimable expansion créole, le pittoresque qu'enfantent un ciel presque tropical et des fleurs seules pour nature, Sydney est la ville de la société aristocratique jouissant de ses richesses et de tous les charmes du monde élégant. Aussi chaque jour étions-nous conviés à de nouvelles parties.

Quel contraste entre cette ville de plus de cent mille habitants, avec des théâtres, des bibliothèques, des rues animées, dont quelques-unes, Pitt street et George street, sont ornées de boutiques d'un bout à l'autre et sillonnées sans cesse par des voitures de luxe et des omnibus, quel contraste entre ces effets brillants d'une civilisation étonnante et l'aspect sauvage de Botany-Bay, ce point où débarquèrent les fondateurs de Sydney !

Nous avons été voir cette baie célèbre. En deux heures à cheval nous y arrivons : elle n'est séparée du versant de Port-Jackson que par des collines de sable formant comme une petite langue de désert entre deux oasis de fleurs. — Quand le capitaine Cook découvrit, en 1770, les côtes orientales de la Nouvelle-Hollande, il avait marqué son étonnement d'une flore si exubérante, en baptisant cette baie du nom de Botany. Jamais vous ne pourriez vous imaginer, en effet, un parterre naturel plus émaillé des plus délicates et des plus vives couleurs, et cela pendant des lieues ! Des tiges aux panaches écarlate que nos chevaux brisent en galopant, un parfum si fort qu'il porte à la tête et serre les tempes, une forêt magnifique de fleurs, toute variée, toute luxuriante, tel est l'ensemble des bords de la baie. Sur un promontoire est élevé le monument de La Pérouse. Une colonne de vingt pieds de haut environ porte sur son chapiteau une sphère de bronze, et sur on socle une inscription :

CE LIEU,
VISITÉ PAR M. DE LA PÉROUSE
EN 1788,
EST LE DERNIER
D'OU IL AIT FAIT PARVENIR
DE SES NOUVELLES.

Et plus bas :

MONUMENT ÉLEVÉ AU NOM DE LA FRANCE PAR MM. DE BOUGAINVILLE ET DU CAMPER, COMMANDANTS DE LA FRÉGATE LA THÉTIS ET DE LA CORVETTE L'ESPÉRANCE, MOUILLÉES A PORT-JACKSON, EN 1825. (*Voir la gravure, p.* 212.)

A deux cents mètres environ, dans la direction de la plage, sous de beaux arbres, se trouve la tombe du Père Receveur, physicien de l'expédition de La Pérouse, mort dans la baie pendant le séjour des corvettes françaises. Sur la pierre tumulaire on a gravé l'inscription suivante :

HIC JACET
LE RECEVEUR, EX FR. MINORIBUS,
GALLIÆ SACERDOS,
PHYSICUS
IN CIRCUMNAVIGATIONE MUNDI,
DUCE DE LA PÉROUSE,
OBIIT DIE 17 FEB. 1788.

Il paraît que le premier tombeau construit par l'équipage de l'*Astrolabe* avait été détruit par les Naturels; le Gouverneur Philipp fit alors graver sur une feuille de cuivre l'inscription que je viens de reproduire, et la cloua au tronc d'un arbre du voisinage : elle a depuis servi à rétablir le monument.

Par une coïncidence curieuse, les deux navires de La Pérouse entraient dans la baie au moment même où la division du Gouverneur Philipp en sortait pour aller s'établir à Port-Jackson. Nous voyons là la première page de l'histoire des colonies australiennes. C'était en mai 1787 qu'était partie d'Angleterre l'escadre des onze navires portant sur un sol dont les contours seuls avaient été découverts par les navigateurs, sur un sol inconnu et habité par les Anthropophages, le premier noyau de populations devenues depuis si florissantes et destinées à former un jour un puissant empire. Sur onze cent dix-huit personnes que cette escadre transportait sous le commandement du Gouverneur Philipp, il y avait six cents « convicts » hommes et deux cent cinquante « convicts » femmes ; le reste se composait des officiers et soldats chargés de les garder. Le 18 janvier 1788, au bout de huit mois, l'escadre mouillait à Botany-Bay; sept jours après, le Gouverneur, ayant découvert la baie magnifique de Port-Jackson, y transféra le siége de la colonie naissante, et c'est ce jour-là précisément qu'il rencontra les deux navires français.

En moins de quatre-vingts ans, ces premières huttes ont été remplacées par une ville vraiment magnifique, et ce coin d'exil transformé en une colonie de *quatre cent onze mille* habitants, qui a été le berceau des colonies voisines, longtemps ses satellites et ses dépendances ; elles forment maintenant un ensemble de *quinze cent mille* Blancs dont le commerce s'élève à plus d'*un milliard cinq cents millions de francs!* A la pauvreté et à la condition impure des premiers pionniers ont succédé la richesse et l'honorabilité d'une immigration pure, laborieuse et libre, comme l'est une immigration anglaise, qui emporte avec elle ses institutions, sa religion, ses mœurs, sa patrie morale tout entière. Si le bonheur veut que je revienne en Europe, une chose avant tout me tiendra bien vivement au cœur : ce sera de contribuer, dans mon humble sphère, à effacer la tache qu'a infligée à la Nouvelle-

Monument de La Pérouse à Botany-Bay. (*Voir* p. 211.)

Galles du Sud l'élément « convict » présidant à sa création. Car l'ignorance générale, abusée et entretenue par un tel souvenir, en est restée à ce commencement de triste mémoire, et s'est refusée à voir par delà ce voile sombre une société saine et vivant de notre vie, une société qui, dès qu'elle s'est sentie assez forte,

Une *première* à Sydney en 1796. (*Voir p.* 215.)

a rejeté les navires de déportés hors des eaux de son port, et a conquis le terrain pour le triomphe de son commerce, pour la sûreté de sa vie privée, pour l'honnêteté qui fait son fond et qui la rend égale à une ville d'Angleterre, et d'autant plus jalouse de son honneur, que l'opinion est plus portée à le mettre en doute, et qu'elle a dû lutter pour l'affirmer.

Dans les réceptions si belles du palais et de ces châteaux élégants, où des familles de la plus grande honorabilité et souvent de la noblesse anglaise nous donnaient des fêtes comme j'en ai vu dans la vie de château si renommée d'Angleterre, d'aimables personnes nées et élevées ici, parlant comme nous le français, nous disaient quelquefois : « Nos « compatriotes d'Europe nous croient « logés dans des huttes et servis sans « doute par des nègres ou des « con- « victs » ; ils vous supposent armés de « revolvers, pleins de crainte pour votre « argent, ou dansant des quadrilles dans « lesquels des faussaires font *vis-à-vis* à « des étrangleurs ; des empoisonneurs et « des parricides, et ils savent si peu même « ce que sont nos villes, qu'ils écrivent à « M. un tel : *Tasmanie* en Nouvelle- « Zélande ou *Melbourne* en Nouvelle- « Galles du Sud ! » Je me mets à leur place et je comprends que ces soupçons les exaspèrent !

J'ai certes bien couru pendant ces trois semaines, cherchant à me rendre compte de tout, et, malgré tant de charmes, croyant toujours que quelque réminiscence des « convicts » surgirait pour moi dans la succession de spectacles qu'offrent une cité active, la lecture des journaux et des comptes rendus des séances de tribunaux. Eh bien, toujours j'ai retrouvé les traits saillants d'une société qui a voulu à toute force rester pure de toute tache, et dont la marche énergique a rejeté les premiers déportés bien loin dans les îles voisines, dans les forêts de l'intérieur, où ils s'isolent, s'enrichissent à l'écart, défrichent les terres et vivent ignorés des autres humains.

Un seul souvenir de l'origine est venu me frapper. Sur un des piliers obscurs des soubassements de la scène au grand théâtre de Victoria, dans Pitt street, a été gravé le prologue de la première pièce qui ait été jouée en Australie. C'était en 1796, huit ans après le débarquement : il n'y avait alors à Sydney que des « convicts » et la garnison. Le Gouverneur permit aux premiers d'ouvrir un théâtre qui leur rappelât la mère patrie ; et le 16 janvier il y eut, c'est le cas ou jamais de le dire, une *première* à Sydney. (*Voir la gravure*, p. 213.) Le côté piquant de la chose est que le prix d'entrée était fixé à un « shilling », payable au bureau en argent, en farine, en viande ou en vin. Ceci seul dépeindrait l'assistance, si le prologue, composé par un poëte improvisé, ancien « pick-pocket » de Londres, n'était en outre d'un caractère unique dans le monde : « A travers des mers immenses, sans tambours ni trompettes, nous venons de climats lointains ; vrais patriotes, c'est pour le bien de notre pays que nous l'avons quitté ; aucune vue personnelle n'a entravé notre zèle généreux ; la volonté seule de notre gouvernement a pressé notre départ.

« Mais, demanderez-vous, d'où vient cete passion allumée dans nos cœurs pour les émotions de la rampe ? Quel apprentissage avez-vous pu faire avant de paraître sur les planches ?

« Un instant de patience, messieurs, et vous nous accorderez que bon nombre d'entre nous ont connu les échelles nocturnes. Nous avons dans nos rangs de vraies et légères colombines et tout un lot d'arlequins bien entraînés. Enfin, pour préserver nos précieuses personnes, nous avons eu souvent recours à la bastonnade ou à des masques noirs.

« Vous craignez peut-être que nous n'atteignions pas la dissimulation tragique? Trop souvent, hélas! nous avons fait couler des larmes rebelles et glacé les cœurs d'une horreur véritable! Macbeth, j'en ai la foi, soulèvera des tonnerres d'applaudissements; car plusieurs d'entre nous ont le sommeil hanté de meurtres! Sa femme aussi jouera bien son rôle; car nos femmes ont certes été habituées à marcher la nuit!

« Accordez-nous vos faveurs et vos sourires : nous ferons pour notre mieux, et cette fois, sans crainte des verrous, nous serons honnêtement vos pick-pockets. »

Ce memento de l'an 1796, seule trace, trouvée dans une cave, d'un temps qui n'est plus, trace si opposée à tout cet ensemble aimable et pur du monde de Sydney d'aujourd'hui, m'a saisi comme un contraste qui élargit d'un coup la pensée : c'est une fidèle reproduction de la vérité. Ce qui reste du « convict » est dans la cave, dans l'obscurité, caché aux regards de tous, en dessous de la scène, et comme derrière la toile du théâtre. Mais voici que cette toile se lève, et les loges, les stalles sont remplies, sous un lustre éblouissant, de cette société anglaise, élégante et riche, instruite et heureuse! Des officiers, des cadets de grandes familles, des lords, des magistrats et des grands propriétaires qui ont aimé cette terre, qui y ont établi leur « home » et fait leur position politique, qui préfèrent leur vie de château et l'espace de leurs domaines à la vie plus étroite d'Angleterre, mais qui *tous* sont arrivés ici avec un nom aussi pur que le veut l'honneur britannique, et ce n'est pas peu dire : voilà l'assistance, voilà le Sydney actuel! Maintenant, j'ai vu de mes propres yeux combien le petit nombre de colons de l'époque première s'est effacé presque sous terre, comme la lie sous une eau limpide, pour laisser la place à plus de quatre cent mille honnêtes gens qui ont apporté ici, avec leur honorabilité, leur fortune ou l'énergie qui l'a créée; de là ce grand spectacle qui se déroule pour nous dans toute sa beauté, en pleine lumière et en pleine liberté! Je ne serai heureux que si j'ai pu remplir mon devoir, et rendre hommage à la société de Sydney qu'on ne connaît pas, et pour laquelle on est, de l'autre côté de la Ligne, injuste sans le vouloir.

Des bienfaits de cet ordre moral découle tout naturellement la prospérité matérielle de la colonie : le mouvement y est immense. Chaque jour, huit et dix vapeurs entrent dans la grande baie ou en sortent; de demi-heure en demi-heure des mouches à vapeur sillonnent les petites baies qui séparent la capitale des faubourgs; les quais sont bordés d'une quadruple rangée de navires, souvent de quinze à dix-huit cents tonneaux; les banques, les hôpitaux, les écoles, les églises (dont une cathédrale vraiment superbe) sont multipliés avec cette prodigalité de la race anglaise qui ne recule devant aucun sacrifice. Quatre millions

La gorge du Warragamba, dans les montagnes Bleues. (*Voir p.* 223.)

ont été donnés, moitié par les dons volontaires de la munificence privée, moitié par l'État, pour la construction du collége catholique de Saint-Jean, qui est grandiose, et celle de l'Université anglicane, dont le « Hall » rappelle celui de Westminster. Plus de trente-quatre mille enfants, dans les écoles primaires nationales et dans les établissements supérieurs, reçoivent dans la colonie une instruction qui coûte à l'État 1,600,000 francs par an. Ceci du reste n'est qu'un exemple : car les principaux personnages nous ont fait voir chaque jour plusieurs de ces beaux établissements; et quand nous sortions attristés de la vue des malades dans les hôpitaux, pour entrer dans quelque collége, dont les amphithéâtres et les bancs usés me rappelaient ma vie d'il y a deux ans, les « cheers » joyeux de sept cents élèves, pour lesquels le Prince obtenait du recteur un jour de congé, me donnaient envie de prendre aussi mes ébats.

Un moment nous avons voulu déballer nos fusils et faire de nouveau une pointe dans l'intérieur; mais comme on nous conseillait de parcourir précisément le Sud, vers le Murray où nous avions déjà été en traversant la colonie de Victoria tout entière, et où nous n'aurions vu que mêmes moutons, mêmes « stations » et même kanguroos, nous avons sans peine renoncé à cette idée, et préféré prendre un bon à-compte de vie civilisée, avant la jongle de Java et l'existence sûrement aventureuse de la Chine et du Japon.

Un jour, après un bal charmant en ville, dès quatre heures et demie du matin, M. Martin, le premier ministre, nous emmène dans le wagon d'État d'un train spécial, sur la ligne qui monte jusqu'aux montagnes Bleues. Pendant la première heure, les cultures seules d'un pays plat s'étendent à perte de vue sur notre passage. « Il faudrait deux fois plus de bras pour l'agriculture, nous disait-on partout, car, tout compte fait, nous devons importer pour sept millions de francs de céréales; la colonie donne cent soixante-trois litres et demi de blé par habitant, et la consommation moyenne est de deux cent cinquante quatre litres et demi. » Mais comme ce sol nourrit des troupeaux de moutons, dont la laine seule exportée rapporte plus de vingt-huit millions de francs par an, les habitants de la Nouvelle-Galles du Sud ne doivent-ils pas s'estimer encore cent fois heureux? On a à peine créé; et produire pour consommer est déjà chose banale : produire pour exporter des milliards, tandis que nos colonies souhaitent seulement de se suffire à elles-mêmes, voilà le beau rêve de l'Australie, qui devient vite réalité! — Ce n'était pas assez de voir, dans toute cette longue plaine, les locomotives sur plusieurs voies ferrées refouler au loin les tribus aborigènes; les montagnes Bleues leur restaient comme refuge; nous voici à leur pied, on les franchira. Au bas de cette chaîne serpente le Warragamba ou Nepean, fleuve profond et large, coulant à pleins bords. M. Martin avait envoyé à l'avance un canot avec six hommes de la marine royale; grâce à cette précaution, nous remontons rapidement le fleuve. D'abord nous pouvons nous croire sur l'Escaut, tant les rives sont basses et le pays plat; une longue plantation d'orangers vient faire diversion et nous rappelle les rivières d'Italie; puis, presque sans transition, nous passons de la plaine à une gorge profonde qui s'enfonce sur une largeur de deux cent vingt mètres, que l'eau remplit tout entière, dans les premières ramifications des montagnes Bleues; c'est

Une série de viaducs et de lacets en zigzag escaladent la montagne. (*Voir p.* **223**.)

une vallée du Rhin, c'est un site sombre et austère.

La montagne a été déchirée en deux parties par quelque révolution souterraine : la coupure a cinq cents pieds de hauteur, et les inflexions de la crête ancienne se correspondent sur les sommets qui nous dominent à droite et à

Entrée de Port-Jackson. (*Voir p.* 224.)

gauche ; il y a des roches qui ne semblent plus tenir qu'à un fil, et cela fait frémir. Des éboulements récents ont arraché des arbres en certains endroits, et leurs troncs enlacés de plantes grimpantes, suspendus par les racines, semblent pendre comme des grappes aux roches, dont les interstices sont de vrais paradis d'orchidées. Jamais je n'en ai vu tant de variétés bizarres, se mariant entre elles depuis la cime de la montagne jusqu'à la surface de cette eau bleue, dont elles recouvrent les bords comme un berceau naturel de lianes. (*Voir la gravure, p.* 217.)

C'est là un site rare, mais d'autant plus frappant en cette Australie, dont le véritable caractère est une plaine de gazon sans limites. Vers midi, après quatre heures de cette navigation pittoresque, où des troncs d'arbres, entraînés par le courant, nous venaient choquer quelquefois, on fit cuire un déjeuner sur une roche, et il y avait heureusement autre chose que des orchidées; les matelots ne sont guère embarrassés pour devenir bûcherons et cuisiniers; ils auraient presque mis le feu à la forêt! Le courant nous ramena rapidement à notre point de départ, Penrith, qui était jusqu'aujourd'hui le « terminus » de la voie ferrée.

Là, un second train spécial amène le Gouverneur et lady Young avec une quarantaine de dames et demoiselles de la société de Sydney; on vient inaugurer le pont de fer (long de deux cents mètres et reposant sur trois piles) jeté sur la rivière, et la ligne qui escalade les montagnes Bleues pour relier Bathurst à Sydney. Escalader est le mot, car nous voyons une série de viaducs en zigzag,

bâtis en solides maçonnerie, et de rampes taillées dans la corniche, s'élevant par degrés jusqu'au point culminant de la première montagne qui nous fait face, c'est-à-dire à trois mille sept cent soixante-quinze pieds au-dessus de nous. La pente est de trois mètres sur cent [1], et la moyenne de la dépense s'est élevée à 187,500 francs par kilomètre. Rien de charmant comme de monter ainsi jusqu'au sommet, sur un trajet de cent douze kilomètres, en fort gaie et élégante compagnie d'abord, et ensuite d'une manière tout étrange. La ligne ferrée ne peut contourner les mamelons et profiter des inflexions des cols; elle attaque le flanc de la montagne par des rampes et des lacets, en s'y appliquant comme à une échelle; nous montons « machine en avant » pendant un kilomètre, on s'arrête une seconde sur une corniche d'échappement; grâce à un changement d'aiguille, et faisant « machine en arrière », nous montons en sens inverse pendant une distance égale; ainsi de suite, nous voyons bientôt, en nous penchant en avant, la série des corniches superposées par lesquelles nous avons passé et se coupant toutes obliquement à un angle de quatre degrés. Nous nous étions élevés par des viaducs, de deux en deux parallèles à eux-mêmes, et dont le point extrême du troisième, par exemple, était à quatre-vingt-dix mètres plus haut que la naissance du premier. (*Voir la gravure, p.* 220.) Nous étions au sommet, dominant à une distance immense toute une plaine de culture qui se perdait dans un lointain horizon. Dans quelques mois, la ligne sera

[1] Par moments même d'un trentième.

faite jusqu'à Bathurst; le travail sera plus facile.

Quel peuple pourtant que ce peuple anglais! Malgré une chaîne de montagnes qui commence par un flanc abrupt de trois mille sept cent soixante-quinze pieds, ils veulent relier à Sydney une ville de quatre mille âmes, vite voilà un chemin de fer, des travaux d'art, de grandes dépenses, et ils n'hésitent pas! C'est à ce prix que cette ville deviendra, en dix ans, un centre de vingt mille habitants et que toute une contrée nouvelle, improductive jusqu'à présent, s'ouvrira pour plusieurs millions de moutons. Et pourtant il faut qu'ils fassent venir leur fer d'Angleterre!

Comme la nuit tombe, nous revenons à Sydney, tout joyeux d'avoir vu tant de choses en vingt-quatre heures, et ayant fait près de deux cents kilomètres, sans échapper aux « lunchs » et aux danses inséparables de toute inauguration anglaise.

Le samedi et le dimanche qui suivent, nous allons à Manley-Beach et à Watson's-Bay : ici est le phare de l'entrée de Port-Jackson; la grande mer rugit au pied de la roche noire qui surplombe sur elle, et du sommet de laquelle la vue s'étend au loin : elle a trois cent cinquante pieds de haut, et forme une voûte qui nous empêche de voir sa naissance et donne le vertige. (*Voir la gravure*, p. 221.) C'est là qu'a eu lieu récemment un affreux naufrage, celui du *Dunbar*, qui manqua la passe et qui, en se brisant, fut englouti dans l'abîme : trois cent quarante personnes périrent; deux des officiers qui nous accompagnaient avaient été spectateurs, hélas! impuissants, du sinistre, et avaient vu tous ces malheureux, après trois mois de mer, se noyer en luttant contre des vagues qui les frappaient contre des roches à pic et ensevelissaient leurs cadavres dans le gouffre!

Manley-Beach, au contraire, est une baie située sur la côte Nord de l'entrée et séparée de l'Océan par une étroite langue de terre. Rien de riant comme ses bois pittoresques et ses jardins naturels de fleurs. C'est là qu'une dizaine de vapeurs, chargés à couler bas, conduisent le dimanche tout le bon peuple de Sydney : les pique-nique, les fêtes sur l'herbe, les danses, les jeux y abondent. Vous voyez qu'on secoue gaiement ici le rigide ennui qu'engendre d'ordonnance pareil jour en Angleterre; il faut une heure et demie pour ramener à la ville les joyeux promeneurs[1].

Un « brick-fielder », ouragan du Sud-Ouest, vient accidenter notre retour. D'épais nuages de sable jaune, tout opaques, obscurcissent le ciel et s'effondrent sur nous; avant de recevoir un seul grêlon, nous avons un pouce de poussière sur le pont et plus d'un grain dans les yeux. Puis, avec la grêle, la brise fouette si fort la surface de l'eau, qu'une nappe d'écume blanche la couvre sans que les vagues aient le temps de se former. Si l'on ne carguait pas lestement partout, la mâture serait vite en bas!

Un jour, quelques jeunes gens frétèrent un steamer pour nous faire voir les coins ravissants de cette baie, qu'on sillonnerait un an sans en connaître les anses les plus féeriques. On se jeta

[1] C'est à Manley-Beach que, quelques années plus tard, un fou, un fenian, commit une tentative d'assassinat sur le duc d'Édimbourg, second fils de la reine d'Angleterre.

TYPES DE MOUTONS AUSTRALIENS
Les descendants mérinos-bengalis du premier troupeau importé par M. Mac Arthur, d'après une photographie. (*Voir* p. 225.)

à l'eau par-dessus bord, et l'on tira la senne, qui contenait — rien du tout au premier coup, deux cents poissons au second; — et tous les rires, toutes les farces de pareilles baignades ne se firent pas attendre avec de si aimables et enjoués compagnons.

Une autre fois, un joli yacht armé en cotre, où nous étions dix-sept, jeunes filles et jeunes gens, nous mena avec belle brise de la baie de « Woolloomoolloo » jusqu'à l'un des méandres sauvages de la rivière de Paramatta. Le canot remonta un cours d'eau sous les lianes : une grotte sombre est là, fermée seulement par quelques planches. Sur le seuil de cette demeure primitive, deux vieux Irlandais, un octogénaire et sa femme, fument paisiblement leur pipe, entourés de leurs pourceaux. O Philémon et Baucis! Il y a quarante ans qu'ils vivent là, cachés comme de vrais sauvages, loin de tout sentier, de toute habitation.

Par contraste, le soir nous allâmes au bal, pour y retrouver avec joie la société la plus brillante : il dura bien avant dans la nuit, et l'honneur m'échut même d'y mener un cotillon. J'essayai de faire de mon mieux, me disant qu'un Parisien n'a pas tous les jours l'honneur de mener un cotillon aux Antipodes!

Dans le jour, bien des personnes aimables nous réunissaient aux jeux de la campagne, dans les beaux jardins qui dominent la baie et qui sont des merveilles! Chez lady Manning, des terrasses couvertes de fleurs, échelonnées par gradins comme le sont les maisons dans l'amphithéâtre que forme la ville de Gênes, donnaient vue de bien haut sur les baies riantes de Sydney-Cove, Farm-Cove et Woolloomoolloo. Les vagues venaient mourir sur les parterres du Parc botanique, dont aucun de nos officiers de marine n'a sûrement oublié les massifs et les délicieuses promenades.

Plus loin, une anse tout entière, Elizabeth-Bay, forme presque un lac, et ses bords verdoyants forment un seul jardin. C'est là qu'est, dans une situation unique comme beauté, le château de madame Susannah Macleay : des bambous, des palmiers majestueux s'y mêlent aux fougères-arbres et aux bois naturels de lis, hauts de quinze et vingt pieds, portant au sommet de leur tige élégante des bouquets panachés écarlate et bleu de ciel; c'est le plus féerique jardin de la plus charmante et de la plus gracieuse des châtelaines!

Puis il y avait un cottage dont nous prenions le chemin avec un bien véritable plaisir et où nous passions les plus douces heures; c'était celui de M. Louis Sentis, consul de France, qui, avec ses deux filles, nous faisait le plus affectueux accueil. Il y avait là plus que le pavillon tricolore flottant à un mât : il y avait des cœurs vraiment français!

15 octobre.

Avant de quitter la colonie, une course historique et curieuse nous prend la journée. Nous allons avec le Gouverneur à vingt lieues de Sydney, à Camden, la terre de MM. Mac Arthur. Leur père est celui qui, avant tous, a deviné que l'Australie, au lieu de rester le dernier des pénitenciers pour les échappés du gibet, devait devenir une terre anglaise et libre, appelée à jouer un grand rôle dans l'équilibre du monde par ses richesses naturelles et par un commerce *qu'il fut le premier à créer.*

Les prairies de Camden sont remplies de troupeaux et les coteaux couverts de vignobles, d'où viennent, par parenthèse, les meilleurs vins « de Bourgogne » de l'Australie. Par une échappée de vue, les deux vieillards nous montrèrent la vallée où l'on retrouva, après cinq ans, les premiers bestiaux qui avaient été importés en Australie avec les « convicts » en 1788. Il paraît qu'au moment du débarquement sur la terre australienne, les déportés aussi bien que leurs geôliers, se croyant assurés de trouver une nourriture abondante, avaient mangé presque toutes les bêtes vivantes de l'expédition. Une vingtaine seulement s'étaient échappées, et, jusqu'en 1793, personne n'avait pu les revoir. C'est au point même où nous étions que Mac Arthur surprit le troupeau qui était issu du troupeau trop tôt libéré, et qui, devenu sauvage, courait les prés et défiait les flèches des Aborigènes ; ceux-ci, qui avaient goûté souvent de la chair humaine, voulaient lui comparer les côtelettes de mouton.

J'étais avide d'entendre les récits des fils de celui que les Australiens appellent à juste titre « le fondateur de leur prospérité. » A peine âgé de vingt ans, le capitaine Mac Arthur faisait partie du corps d'officiers chargés, en 1788, de commander les troupes de l'établissement pénitencier de Botany-Bay. Abordant avec les « convicts », témoin de toutes les péripéties de la première installation et des premiers labeurs qui ont ouvert ces plages lointaines à la colonie agricole, il songea tout d'abord à l'élevage des troupeaux, à l'exportation des laines. C'était hardi, il faut l'avouer, pour un homme qui voyait les peuplades noires vivre autour de lui de meurtre et de pillage, et qui ne pouvait encore s'appuyer que sur des criminels bannis et débarquant sans ressources. La distance qui le séparait des pays où il devait chercher les animaux reproducteurs, le manque presque absolu de communications pour renvoyer sur un marché quelconque les produits annuels, semblaient à d'autres des obstacles insurmontables. Mais, doué d'une haute ténacité d'esprit, il put, dès 1797, faire venir du cap de Bonne-Espérance *cinq* brebis et *trois* béliers de la race mérinos ; il les croisa avec une *dizaine* de brebis du Bengale, qu'il obtint en même temps : une race, dont la toison était riche et le tempérament comme adapté au climat australien ; en fut le fruit, et ce sont ses descendants que nous pouvons admirer tout à l'aise. (*Voir la gravure, p.* 225.) Les progrès rapides, la réussite prodigieuse de ce modeste troupeau, encouragent Mac Arthur. En 1803 il fait un voyage en Angleterre : convertir « *la terre du suicide* », comme on appelait alors l'Australie, en une *colonie commerçante*, — voilà son but.

« Vous parlez de nous donner de quoi suffire seulement à la misérable existence des prisonniers, disait-il aux lords du Conseil privé ; croyez-moi, aidez-moi, entrez un an seulement dans mes vues, et vous verrez que je vous donnerai un jour *plus de laine sur le marché de Londres qu'il n'en faudra pour la consommation de l'Angleterre tout entière.* » — Et comme les lords le traitaient d'utopiste..... « Je dis plus, ajouta-t-il, l'Australie, avec son océan de pâturages, vous enverra plus de laine que tous les troupeaux de l'Europe et de l'Asie. » Et,

SYDNEY EN 1788
Les convicts débarquent et bâtissent leurs premières huttes. (Voir p. 232.)

pour assurer un si bel avenir, il demandait seulement au gouvernement quatre ou cinq vaisseaux entièrement chargés de brebis. Mais, comme tous les grands innovateurs, il fut reçu par le comité avec un sourire de dédain. Seul lord Camden — et c'est en mémoire de ce bienfaiteur que cette ferme fut appelée Camden-Place — lui donna quelques bonnes paroles encourageantes, et obtint pour lui de George III, à titre d'obole de courtoisie, une brebis et *neuf* béliers du troupeau royal de Kew. Il paraît qu'à cette époque déjà les souverains raffolaient des fermes-modèles, et que du reste les Conseils privés n'étaient pas des plus clairvoyants. Rebuté par l'État, incompris par tous, le jeune officier ne se laissa pourtant point décourager; il fréta à lui seul un navire, et emporta à Sydney, outre le cadeau de la munificence royale, quatre cents brebis saxonnes de la plus pure race, achetées à ses frais. « C'est dans ces prés qui vous entourent à perte de vue, nous disaient les deux frères Mac Arthur, que notre père vit prospérer les troupeaux que lui seul avait importés, et sur lesquels il fondait un si grand espoir; ah! songez-y, s'il lui avait été donné d'atteindre quatre-vingt-dix-sept ans, il aurait vu le développement, unique dans le monde, d'une richesse dont il avait créé les modestes commencements ; il aurait vu ce résultat étonnant que vous voyez non-seulement dans notre colonie, mais dans toutes celles dont elle a été le berceau, qu'elle a nourries dans leur enfance, et qui lui ont successivement demandé, comme à une seconde mère patrie, leurs premiers troupeaux. »

Ce que nous constatons, en effet, c'est qu'il y a huit millions de moutons dans la Nouvelle-Galles du Sud, près de neuf millions en Victoria, un million et demi en Tasmanie, six millions dans l'Australie méridionale et autant dans la Terre de la Reine ! C'est un total de *trente millions et demi* de moutons, représentant 457,500,000 francs, et donnant, par an, une exportation de 152,500,000 livres de laine, d'une valeur de 290,000,000 de francs !

Quand, en regard de ces chiffres, on songe que c'est seulement en 1823 que se vendirent, pour 2,200 francs, sur le marché de Londres, *douze balles de laine qui étaient la première exportation de l'Australie*, n'est-on pas saisi d'étonnement? Voilà une œuvre anglaise ! voilà une œuvre de bien peu d'années : que ne sera-t-elle pas dans dix, dans vingt ans ? Que sera-t-elle dans un siècle, puisque les « squatters » n'occupent encore que le *littoral* d'un continent presque aussi grand que l'Europe?

Le gouvernement de la colonie s'est montré reconnaissant envers l'homme énergique qui a tant fait pour elle. Un espace immense de prairies, dans lequel un département français danserait à l'aise, est devenu son bien. Le moins âgé de ses deux fils nous a fait faire une grande course dans ses domaines : des étalons et des poulinières pur-sang y folâtraient d'un côté; de l'autre, c'étaient des bœufs par milliers, et des moutons par dix mille !

Mais au milieu de cette véritable exposition d'animaux de race européenne, un seul échantillon indigène fait tout à coup son apparition dans l'herbe. C'est un affreux serpent gris et marron, long d'environ deux mètres : nous le tuons bien vite, et aussitôt un Noir l'enroule sur une grosse branche (*voir la gravure, p.* 233), et le porte en triomphe. Ce genre de reptile est, paraît-il, un des plus venimeux de ces parages. Il y a un mois, un des bergers de la « station » est mort, en trois heures, de la morsure de pareille bête. Un autre berger vient d'être mordu aux reins : notre hôte, passant par là, n'a pas hésité ; il lui a fait dans la chair, avec son couteau, un trou où l'on fourrerait le poing, puis l'a brûlé avec un fer rouge, et l'a arrosé avec une liqueur faite d'herbes du pays.

Mais décidément les fils de Cham supportent mieux que ceux de Japhet les blessures des bêtes qui piquent ; je pourrais vous en citer un autre exemple. Les Aborigènes ayant pour le miel une gourmandise extrême et les ruches naturelles étant très-rares en Australie, les Noirs guettent les abeilles comme on poursuit un lièvre dans le midi de la France ; ils vont s'installer près de quelque flaque d'eau, se couchent à plat ventre, après avoir rempli leur bouche de plusieurs gorgées : dès que l'abeille arrive pour boire, ils l'aspergent, profitent de ce qu'elle a les ailes mouillées pour la saisir, lui attachent un petit flocon de laine ; puis ils la relâchent : ce petit ballot imposé à l'insecte sert à la fois à alourdir son vol et à le mieux faire apercevoir dans l'espace ; alors nos Noirs de courir à sa poursuite par monts et par vaux (*voir la gravure, p.* 237), jusqu'à ce qu'il atteigne le tronc d'arbre où le miel est déposé et où est immédiatement dégusté un festin qui pour eux est royal.

Dans notre retour vers le cottage élégant de Camden-Place, je ne résistai point à questionner nos hôtes sur les souvenirs qu'ils avaient conservés des temps où les convicts formaient dans la Nouvelle-Galles du Sud la majorité de la population. « Oui, nous les avons vus à l'œuvre, disaient-ils, quand il n'y avait encore dans la colonie d'autres hommes libres que les officiers et la garnison (*voir la gravure, p.* 229). Eh bien ! le croiriez-vous, jamais nos portes n'étaient fermées, — il est vrai que les serrures étaient chose inconnue, — jamais les convicts ne nous ont volés. Défricher les bois, contruire des quais et tracer des routes, tels étaient leurs travaux. Quand les immigrants libres arrivèrent en foule, on leur donna les déportés comme ouvriers et comme serviteurs, et bon nombre d'entre eux, par une bonne conduite, recouvrèrent pardon et liberté. Quant à la moyenne des crimes, elle n'a point égalé ici celle des crimes en Angleterre. » — Telle a été la grande et incontestable utilité des déportés : ils ont été les pionniers involontaires dont les premiers coups de pioche ont ouvert une carrière toute pleine de trésors. On n'aurait jamais trouvé un millier d'hommes libres pour aborder à Botany-Bay ; on en trouva trois cent mille pour débarquer sur les quais de Sydney.

L'élément « convict » a été une nécessité dans la fondation, à une époque où l'horreur publique pour ces pays était égale à la publique ignorance ; mais ce temps une fois passé, l'influence pernicieuse de ce genre de colons ne pouvait être combattue que par la transformation graduelle du mode de gouvernement, à mesure qu'une immigration libre transformait la condition morale même des gouvernés. Ce qui a fait la fortune admirable de la Nouvelle-Galles du Sud, c'est assurément la dose de liberté dans

AUSTRALIE

En revenant à Camden, nous tuâmes un vilain serpent,
qu'un Noir s'empressa de prendre à la main, sans montrer aucune répulsion.
(*Voir p.* **232**.)

l'administration de ses affaires, qu'augmentait l'arrivée de chaque navire d'immigrants, c'est le « self-government », l'élection libre, la participation de tous à la vie politique. Si l'on avait maintenu pour la « colonie » le système autoritaire du « pénitencier », ce ne sont pas des villes de plus de cent mille âmes, des parlements issus du suffrage populaire, une presse libre, des chemins de fer, un commerce de plus d'un milliard, en un mot une civilisation européenne et libérale, dont nous aurions eu le multiple spectacle en Australie. Nous aurions trouvé sur le sol de la Nouvelle-Hollande des casernes et des prisons, les décrets indiscutables d'un Gouverneur omnipotent, le silence approbateur d'un conseil « pour la forme », des expéditions héroïques sans résultat, un monopole sur tout, des règlements sur tout, et un gendarme pour deux colons !

Il est à souhaiter que dans trois quarts de siècle la Nouvelle-Calédonie subisse à son tour une transformation qui lui donne une prospérité semblable à celle de son opulente voisine. En effet, par ses immenses ressources naturelles, sa nature tropicale, sa position commerciale, cette belle île pourra devenir une magnifique colonie, ainsi que nous le disent ceux qui l'ont visitée. Située sous la même latitude que Bourbon, ayant un sol d'une étonnante fertilité qui donne, comme à Bourbon, sucre, café, épices, elle n'a pas besoin, pour faire fortune, d'envoyer ses produits, par le cap Horn, à l'Europe distante de six mille lieues; elle est à quatre jours de Sydney, à dix de Melbourne; elle a ce bonheur unique pour une colonie tropicale, d'avoir *son Europe* à sa porte, et elle pourra y écouler sûrement tous ses produits ! La nature trop sèche du sol australien se refuse à la culture du sucre et du café : cette population de plus d'un million et demi de Blancs, habituée à une vie plantureuse, au lieu de faire chercher en trois mois à Maurice ou à Java les produits tropicaux qui lui sont nécessaires, n'aura qu'à étendre la main et nous laissera des millions chaque année, dans cette île admirablement choisie comme stratégie commerciale.

J'aurais voulu la voir, mais aucun navire de commerce ne s'y rendit pendant mon séjour; il n'est donc qu'une seule chose que je sache *de visu* sur notre colonie : c'est le tableau de ses relations commerciales avec Sydney, publié ici dans les statistiques du ministère. Les exportations de Sydney pour Nouméa ont été, en 1865, de 983,000 francs, tandis que Nouméa, en retour, n'a exporté que 49,000 francs. La différence est donc de 934,000 francs en faveur de la Nouvelle-Galles du Sud.

Au point de vue du pittoresque, j'aurais été assez curieux de m'y trouver au moment où un certain M. G..., estimant que tout est permis en ces latitudes, tenta de surprendre le monde par la mise en pratique d'un véritable *phalanstère*. D'après ce que l'on nous raconte, il y a eu dans cet essai des incidents du plus haut comique. Le hasard malin avait, paraît-il, secondé dans le principe les progrès de cet établissement philanthropique, et un navire qui avait dû faire une longue navigation et qui apportait tout un lot de pauvres jeunes filles orphelines avait donné lieu à une réelle surprise : le jour du débarquement à Nouméa, il y avait quatre passagers de plus à bord qu'au départ ; quoi qu'il en soit, le phalanstère tant rêvé a mal tourné.

Toutes deux nées à un grand intervalle de temps, non pas sous la même étoile, mais dans la même obscurité, la Nouvelle-Calédonie et la Nouvelle-Galles du Sud semblent placées face à face pour faire ressortir davantage, d'une part l'état d'enfance où est la première, de l'autre le magnifique développement de prospérité qu'a atteint la seconde, et que je souhaite de tout mon cœur à sa sœur puînée, dans un même temps d'existence et dans les mêmes proportions.

Le tableau est brillant pour la colonie anglaise en 1865 : 411,388 habitants possèdent 8,182,511 moutons, 1,961,905 bêtes à cornes et 282,587 chevaux[1] ; les dépenses de l'État s'élèvent à 43,712,275 francs, et les recettes à 53,930,825 fr., dont l'excédant amortit rapidement la dette, qui est encore pourtant de 143,725,000 francs; 1,912 navires jaugeant 635,888 tonneaux entrent dans ses ports; son commerce général est de 304,980,600 francs; la viande est à six sous la livre; et la moyenne des salaires des ouvriers, de 12 francs 50 centimes par jour.

La constitution de la Nouvelle-Galles du Sud ne ressemble ni à celle de Victoria, ni à celle de Tasmanie. L' « Assembly », composée de soixante-dix membres, est nommée périodiquement par le « Residential suffrage », c'est-à-dire par tous les citoyens inscrits comme résidents : elle est la Chambre des députés. Les membres de la « Législative » sont nommés à vie par le Gouverneur, en conseil des ministres responsables; ce grand corps de l'État n'est autre que la Chambre des pairs. Dans ce gouvernement constitutionnel, la main habile et aimée de sir John Young a su maintenir tendue, sans qu'elle se rompît, la corde entre l'élément conservateur et l'élément libéral, vaincus ou triomphants tour à tour dans le jeu des institutions parlementaires.

Quoique la société de Sydney, capitale d'une colonie surtout pastorale, plus aristocratique que commerciale, soit une société relativement ancienne, la vie politique y est aussi animée et y passionne tout autant les esprits qu'à Melbourne, ville née dans la fièvre de l'or et tout adonnée aux spéculations hardies, aux luttes passionnées de la tribune.

Quoi qu'il en soit, pour tous ces hommes que nous avons vus, ici est leur patrie, dont ils sont amoureux, comme le sculpteur l'est de la statue qu'il exécute; ici est leur arène où les élections les élèvent, où ils luttent pour leurs principes et où ils augmentent de leurs propres mains leur prospérité. Plus assise que Victoria, mais moins libérale, plus lente, mais moins fiévreuse, plus assimilée à l'Angleterre, tandis que sa voisine se rapproche davantage de l'Amérique, — la Nouvelle-Galles du Sud m'a paru le fleuron le mieux monté et le plus solide de la couronne brillante des colonies britanniques; en soixante-dix-sept ans, elle a montré ce que peuvent, malgré les plus grands obstacles, l'autonomie, l'énergie et le libéralisme.

---

[1] Il m'a paru qu'il n'était pas sans intérêt de rechercher les progrès marqués par des statistiques plus récentes : en 1873, en effet, dans cette même colonie, il y avait 550,375 habitants, 20,000,000 de moutons, 2,710,000 bêtes à cornes, 328,000 chevaux.

« Et les Noirs de courir par monts et par vaux à la poursuite de l'abeille, dont le vol est alourdi par un flocon de laine. » (*Voir* p. 232.)

XIII

CÔTE ORIENTALE D'AUSTRALIE

Une occasion unique pour franchir le détroit de Torrès : le *Hero*. — Newcastle et ses charbons. — Brisbane et les renards volants. — La terre de la Reine, colonie naissante. — Un récit des sacrifices humains de Dahomey. — Une cité âgée de deux ans. — Les feux des Cannibales. — Les îles de corail. — Où le *Hero* faillit sombrer.

17 octobre.

Le moment du départ est arrivé ! Nous comptions rester six semaines en Australie, nous en avons passé quatorze sur cette terre, retenus en tous points par un intérêt toujours croissant et une hospitalité de toutes les heures. Mais il faut savoir mettre un terme même aux séjours les plus enchanteurs ; aussi faisons-nous nos derniers préparatifs. Mais, tandis que nous regrettions de devoir, pour continuer notre route, suivre d'abord la voie banale de la malle anglaise par Melbourne, le Port du Roi-George et Ceylan, une occasion s'est tout à coup offerte pour faire le trajet d'une manière bien plus intéressante : le Gouvernement, en effet, envoie un vapeur à Batavia, par le détroit de Torrès, afin de tenter d'établir des communications commerciales entre les colonies australiennes et les possessions hollandaises.

Le *Hero* a été choisi pour cette périlleuse mission. L'attrait de naviguer pendant douze cents milles entre les récifs de la mer de Corail, de franchir la passe réputée une des plus dangereuses du monde, ne nous laisse pas hésiter un instant, malgré les craintes et les instances de tous ceux qui s'intéressent à nous, et qui élèvent plus d'un doute sur la sécurité du *Hero*.

Au point du jour, nous sommes à bord : je ne connais rien de comparable au désordre, à l'animation et au tapage qui précèdent le départ d'un paquebot, pour une traversée qu'on présume devoir être d'un mois. Tous les matelots sont gris, c'est la règle ; les fournisseurs de vivres sont en retard, habitude commune à tous les climats. Les grues à vapeur nous font descendre sur la tête tonneaux de porc salé, moutons en vie, vaches qui beuglent. Ficelés successivement dans une forte sangle, dix chevaux pur-sang gigotent en décrivant une parabole à la hauteur des hunes, et, à peine sur le pont, ils piaffent, glissent, roulent effrayés au milieu des matelots qui ont encore plus peur ; des bandes de cochons affolés font des charges de la dunette au gaillard d'avant, en nous perçant les oreilles de leurs cris stridents. Charbon et légumes frais sur un navire peint à neuf, tout est pêle-mêle, chacun s'égosille, et une ménagerie de cacatois brochant sur le tout vient donner la plus haute note.

On n'embarque heureusement ces volatiles criards qu'à la dernière minute. Puis nous larguons les amarres, l'hélice nous pousse hardiment en avant, et nous nous élançons, comme une flèche rapide, à travers cette baie qui nous paraît encore plus belle que jamais.....

Le bruit du bord n'arrivait plus jusqu'à moi; penché sur la dunette, j'étais en pensée sur la terre ferme, et je regrettais avec émotion cette ville aimable, où l'on nous avait dit si souvent : « Vous reviendrez un jour..... » Ces lieux qui nous avaient tant charmés se déroulaient de nouveau à nos yeux en un même spectacle : c'étaient et Macquarie's Chair, et Woolloomoolloo, et Elizabeth-Bay; et je me disais que le véritable Éden de l'Australie n'est pas à Twofold, ni sous le cap Oomooroomoon, mais qu'il est bien là !

... Le bonheur reste au gîte,
Le souvenir part avec moi.

Et peu à peu les dernières habitations, éclairées par le soleil levant, s'effacent sous les dômes de fleurs, et sont tout à coup masquées par les roches où le *Dunbar* s'est perdu.

Vers le soir, nous serrons la côte de près : elle est brûlée, sablonneuse et monotone; nous entrons dans le port de Newcastle. L'entrée est semée de bancs, agitée par des courants rapides, en un mot plutôt dangereuse. Nous voyons au milieu des récifs les hauts mâts du steamer *Cowarra*, qui s'y est perdu depuis notre arrivée en Australie. C'est à cinq cents mètres de terre, et, chose affreuse ! sur deux cent soixante-quinze passagers, un seul, un jeune homme de vingt ans, est parvenu à se sauver, en se cramponnant à une bouée.

Nous sommes venus ici pour chercher les onze cents tonnes de charbon que doivent engloutir les fourneaux du *Hero* pendant son voyage. Newcastle est le grand, mais le seul marché de charbon colonial en Australie : nous tenions beaucoup à en visiter les mines, qui, avec un si immense mouvement industriel, valent mieux que des mines d'or.

18 octobre.

Les directeurs nous conduisent à cheval à la mine de Waratah : deux galeries, de huit cents mètres chacune, pénètrent horizontalement dans le flanc de la montagne, qui est tout entière un énorme bloc de charbon ; là prend naissance une veine dont on ne peut préciser la fin, et qui, large de plusieurs kilomètres, épaisse de quatre mètres, s'enfonce dans la direction sud, avec une inclinaison de cinq mètres sur trois cents. La Waratah emploie deux cent cinquante ouvriers payés à raison de 4 fr. 40 c. la tonne : ils extraient une moyenne de trois mille cinq cents tonnes par semaine, qui reviennent sur place à 10 fr. 35 c. Cette mine, qui n'a besoin ni de creuser des puits, ni d'employer des machines, mais qui trouve la matière à la surface, est la plus privilégiée. Elle nuit fort à ses concurrentes, que grèvent les foncements profonds, et qui pourtant doivent vendre au même prix qu'elle. Plus loin, nous visitons le « Bore-Hole », où nous descendons à trois cents pieds sous terre : c'est une manière comme une autre de nous rapprocher de l'Europe en passant, et de voir, puisque nous sommes aux antipodes, combien une mine de charbon est incomparablement plus propre qu'une mine d'or. Le Bore-Hole appartient à une grande

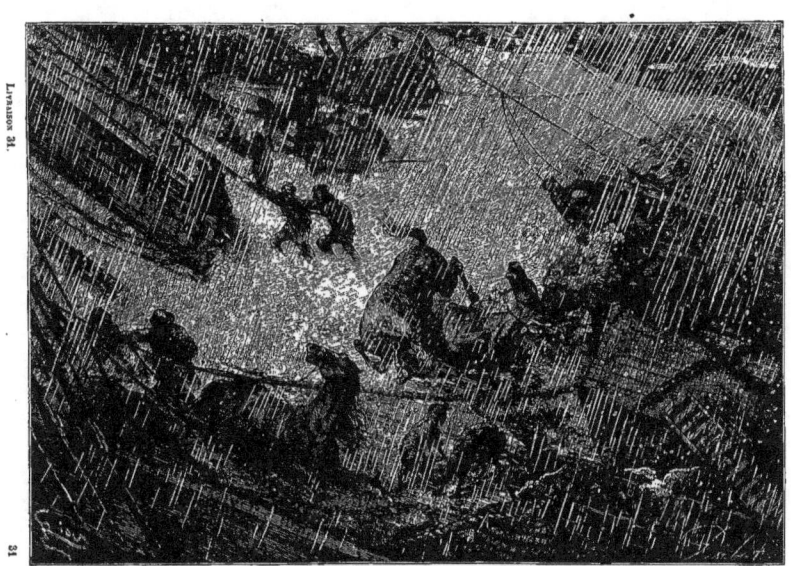

La panique a été courte, mais inouïe. Les vapeurs condensées se sont précipitées sous forme de grêlons gros comme des œufs de pigeon, et tels que les chiens blessés hurlaient de douleur. (*Voir p.* 243.)

compagnie, l' « Australian agricultural », qui fait de tout, du charbon, du cheval, des choux, des bœufs et des moutons. Le gouvernement lui a donné, en pur don, 2 millions d'hectares; elle en a acheté 800,000 autres pour une somme de 20 millions de francs; elle a près de 200,000 moutons, 20,000 bœufs et 500 hommes à gages, bergers et mineurs, qu'elle paye 1,750,000 fr. C'est là un exemple du « squattage » par association, qui est assez commun en Australie. Les actionnaires ne vendraient pas pour un empire; ils espèrent chacun leur petit million avec impatience, et nous disent qu'ils n'ont plus longtemps à attendre : heureux financiers, dont le sort doit faire envie aux amateurs confiants de l'*emprunt mexicain* !

19 octobre.

Le gros ventre du *Hero* a absorbé ses onze cents tonnes de charbon : nous aurons été pour un vingt-cinquième dans l'exportation hebdomadaire de Newcastle, ville bien faite, du reste, par son aspect sombre, pour contraster avec l'ensemble riant de Sydney. Notre navire est un ancien « blockade-runner », construit à Glasgow pendant la dernière guerre d'Amérique, pour forcer le blocus des ports confédérés; c'est dire qu'il est très-bas sur l'eau, entièrement en fer, et effilé comme une pirogue. Il a 235 pieds de long, une machine de 250 chevaux, 42 hommes d'équipage, et jauge 1,200 tonneaux, ce qui depuis aujourd'hui ne lui donne, comme vous le voyez, guère de place pour les marchandises. C'est un ballon d'essai que lance l'Australie afin d'ouvrir la route : les navires marchands bien chargés le suivront, s'il réussit.

22 octobre.

Nous sommes sortis des eaux de la Nouvelle-Galles du Sud pour entrer dans celles de la « Terre de la Reine ». Quant aux eaux du ciel, je croirais qu'elles veulent nous noyer à bord : un grain terrible, une vraie trombe a tout cassé dans notre barque. L'orage, chargé de nuages froids et venant du Sud, est remonté très-vite contre la brise basse et chaude du Nord; il y a eu un instant équilibre et lutte au-dessus de nos têtes, puis les deux électricités se sont combinées, tout s'est rompu, les vapeurs condensées se sont précipitées sous forme de grêlons gros comme des œufs de pigeon, et le baromètre est monté d'un quart de pouce en une minute et demie; la danse générale de tous nos instruments, qui pirouettaient, était à l'avenant. Les passagers ont dû se réfugier dans l'entre-pont : plusieurs geais et perroquets de la ménagerie ont été tués roide par les ricochets des grêlons dans leurs cages; les chiens, contusionnés à vif, hurlaient de douleur. (*Voir la gravure, p.* 241.)

La panique a été courte, mais inouïe. Aux bouleversements de l'atmosphère s'est jointe une agitation effroyable de la mer : elle nous a si bien secoués, que l'échafaudage qui protégait les chevaux attachés sur le pont est démoli soudain : vergues et mâts de fortune qui le formaient s'écroulent; les pauvres bêtes descendent la garde comme des capucins de carte; les uns sur le flanc, les autres les quatre fers en l'air, sont culbutés par les lames, et plus ils tentent de se relever sur le pont glissant, plus ils retombent et se blessent. Il faut être de bonne trempe pour garder son sang-froid en pareille bousculade : d'un geste énergique et d'une voix tonnante, Logan, notre capitaine, dominait tout. Ayant quelque habitude du danger, nous lui prêtions main-forte de notre mieux. Le pont ressemblait tout à fait à ces battues

Des renards volants voltigeaient en travers d'une grande allée, semblables à des feuilles d'automne emportées par le vent. (*Voir p.* 246.)

d'Afrique, où les gros animaux sauvages sont poussés au galop, entre deux haies, jusque dans une fosse, où ils s'empilent comme des alouettes dans un pâté. Un cheval est déjà mort et lancé à la mer, deux autres se préparent au même plongeon.

Hélas! rien de tout cela n'a pu laver

le cloaque le plus épouvantable que j'aie jamais vu, et qui n'est autre chose que notre cuisine : deux charcutiers mulâtres, crasseux et huileux, ne versent à poignée que le poivre rouge et les clous de girofle; et l'eau pour nous désaltérer est gluante et chaude! En voyage, c'est de tout cela qu'il faut rire, pour soutenir le moral, lorsque le physique est en souffrance.

Quand ils veulent se reposer, ils se cramponnent à une branche par leurs griffes et demeurent la tête en bas. (*Voir* p. 246.)

Mais nous voici sous le vent de l'île Moreton; nous filons nos lourdes ancres dans la baie, et un petit vapeur venant de Brisbane nous accoste. L'aide de camp du Gouverneur, sir George Bowen, apporte au Prince une aimable lettre qui l'engage à toucher terre ; pendant deux heures, nous remontons les bords plats et marécageux du Brisbane River; nous nous arrêtons un moment pour faire la chasse à trois grosses tortues jaunes, qui s'étaient aventurées dans un endroit où l'eau était très-peu profonde. Grâce à de longues perches, nous ne tardons pas à les renverser et à les porter sur le pont : elles ont plus d'un mètre et demi de long : une fois à bord et sur le dos, les pauvres bêtes agitent convulsivement et en vain leurs pattes aplaties, et montrent en même temps leur crâne dénudé d'où sortent les globes glauques de leurs yeux qui témoignent d'un agacement évident. Quelle bonne soupe elles vont faire pour nos dîners de la semaine !

Nous passons la soirée au palais du gouverneur, belle demeure, aux salles élevées, mais dans lesquelles cependant la chaleur du tropique a par trop pénétré; nous voulons chercher un peu de fraîcheur dans les jardins où dominent les araucarias et les pins. Tandis que nous nous y promenons, l'apparition d'un animal nouveau vient interrompre un instant notre causerie (*voir la gravure, p.* 244); c'est le « flying fox », sorte d'écureuil marron dont les pattes, en s'étendant, déploient entre elles un tissu transparent et membraneux, qui fait parachute et qui lui sert d'ailes comme pour voler d'un arbre à l'autre, à des distances de cent et cent cinquante mètres. Je ne sais pas quel nom latin ou grec la science lui a donné, mais je l'appellerais volontiers l'écureuil chauve-souris. C'est charmant de le voir s'élancer du faîte d'un haut sapin, et se soutenir en l'air avec la rapidité d'un dard, pour descendre diagonalement de l'autre côté de la prairie sur des arbres de vingt ou trente pieds : quand la brise les porte, ils vont très-loin, semblables à ces feuilles d'automne qui voltigent inanimées, à de grandes distances d'un arbre élevé. Par exemple, ils sont encore plus hideux qu'étranges quand ils sont au repos, — si l'on peut appeler ainsi la position qu'ils prennent lorsqu'ils se cramponnent à une branche en brochette et la tête en bas. (*Voir la gravure, p.* 245.)

Nous voyons en ces lieux quelques « bounyas », l'arbre sacré des Noirs de ces contrées. Pin vigoureux, à la construction bizarre, mais régulière, il atteint bien vite une imposante hauteur. Son fruit, du genre ananas, mûrit seulement tous les trois ans; les Sauvages se réunissent par tribus pour l'aller cueillir dans certains bois qu'ils vénèrent. Chose curieuse, depuis l'établissement des Blancs, l'odeur des troupeaux, le voisinage des maisons font mourir rapidement ces arbres ; et maintenant les Noirs, en allant récolter ses fruits, chantent, paraît-il, sur une triste cadence, que lorsque « la dernière bounyana mûrira sur le dernier survivant des forêts de bounyas et tombera à terre, le dernier Noir rendra son âme aux étoiles ».

C'est en effet un triste spectacle de voir cette race humaine s'éteindre si vite. Pauvre race, affreuse assurément, mais naïve et sauvage, et n'ayant pris de la civilisation que ce qui pouvait lui nuire! les excès de la boisson et les maladies nouvelles la détruisent comme la gelée tue les mouches. Depuis quatre-vingts ans qu'elle est en contact avec l'industrie des Blancs, elle n'a pas eu une seule fois l'énergie de se mettre à l'œuvre, de travailler à l'exemple des envahisseurs, et de tirer de la même terre les mêmes profits ! Non, se vautrer sur le sable pendant des jours et des nuits, chasser l'opossum avec des piques en arêtes de poisson, en manger pour quatre jours et dormir ensuite au soleil, avec la paresse du boa qui digère, telle est la vie de ces peuplades d'un autre âge, arriérées, hideuses, plus proches du singe que de l'homme, et comme maudites! On a eu beau élever et instruire des enfants noirs, leur apprendre des métiers, leur faire gagner des salaires élevés; à vingt ou vingt-cinq ans, ils se sont échappés des villes vers les bois, pour reprendre le cours d'une misérable existence. Bien mieux, il est un Aborigène, d'une remarquable intelligence, dont on a pris soin à Melbourne dès sa plus tendre enfance, qui s'est pris de passion pour les machines et l'industrie : il avait presque des manières d'Européen; il paraissait aimer les mathématiques et pouvait même résoudre une équation du second degré; on l'a envoyé passer deux ans en Angleterre, on l'a présenté à la Reine et comblé d'attentions aimables. Eh bien, maintenant, courez les bords sauvages du Murrumbidgee ou de l'Ulla-Dulla, et vous le trouverez tout nu, au milieu de tribus hideuses, vivant d'opossum, incapable de travail, aussi brute, aussi misérable que ses frères. (*Voir la gravure*, p. 248.) Ne dirait-on pas en vérité qu'un mauvais génie veut laisser ces pauvres êtres spectateurs impassibles et ignorants de toutes les merveilles que les Blancs accomplissent sur leur sol?

Brisbane, 23 octobre.

Dès le matin, nous allions rejoindre en rade notre *Hero;* avant d'arriver au quai, j'ai regardé tout autour de moi : je sentais quelque chose d'étrange. Je ne connais rien, en effet, de bizarre comme une ville naissante : il y a ici des édifices publics qui sont de vrais palais, et pourtant Brisbane n'est encore qu'un grand village; les rues sont jalonnées plutôt que tracées, et elles se devinent au milieu d'une forêt de cèdres rouges, de tulipiers, de bois de fer! Au bout d'une rue qui compte trois ou quatre coquettes boutiques de nouveautés, est un précipice ou un torrent : plus loin, j'ai vu écrit sur une bâtisse : « Trésor public », et il n'y avait alentour que les tentes des immigrants arrivés depuis quelques jours.

C'est qu'en réalité Brisbane est une colonie qui sort de terre : son territoire, le « Queen's Land », comprend toute la partie Nord-Est du continent austral, et son étendue est égale à trois fois celle de la France. Il y a quarante-deux ans que le premier Européen entra dans Moreton-Bay; ce devint vite un des districts pastoraux de la Nouvelle-Galles du Sud : en 1859, il y avait à peu près vingt mille habitants; ils souffraient de l'éloignement du siége du Gouvernement; le district devint à cette date colonie indépendante. Singulière chose que ce besoin inné d'indépendance, d'initiative et d'aventure, de ces rassemblements d'hommes, qui ne craignent pas de faire banqueroute en perdant la protection d'un État anciennement établi, et qui veulent courir la chance de surpasser, grâce à leur autonomie, la prospérité de leurs voisins! C'est qu'on ne mesure bien que sur place le remède au mal, l'encouragement véritable au travail, les sources naturelles de la prospérité dont un sol est capable. Ils ont voulu avoir, et ils ont en effet, une Chambre nommée par le suffrage de tous, des ministres responsables, tout un gouvernement qui leur est propre. Ils ont voulu marcher à pas de géant, et débuter par les bienfaits comme par les dépenses de l'immigration. Voilà déjà au nombre de quatre-vingt-dix mille les membres de cette colonie *née* en 1859 : ils comptent dans leurs pâturages 6 millions de mou-

On l'avait arraché à la barbarie, élevé dans une école, présenté même à la Reine, et il court aujourd'hui tout nu sur les bords de l'Ulla-Dulla. (*Voir p.* 247.)

tons, 900,000 bêtes à cornes, 50,000 chevaux; ils exportent déjà pour 37 millions 500,000 francs par an; ils ont des mines de cuivre; on vient de découvrir des mines d'or : les Darling-Downs jouissent d'une terre végétale que l'on compare à celle d'Angleterre. Aussi un flot de capitalistes et de « squatters » des autres colonies a-t-il inondé ce pays presque sauvage. Les heureux possesseurs de cent cinquante mille moutons se trouvaient à l'étroit dans les « runs » du Sud,

Aborigènes de la côte orientale, d'après une photographie.

et, poussés par l'esprit d'aventure, ils se sont hardiment répandus dans l'intérieur, pour avoir encore les coudées plus franches.

Les immigrants reçoivent en débarquant un « non transferable land order » — un droit personnel de concession — qui leur donne le droit de choisir un rectangle de terrain de soixante hectares. En outre, à raison de 12 fr. 50 c. l'hectare, le gouvernement leur loue autant de terrain qu'ils en veulent ; et, pour des baux de quatorze ans, il donne au même prix un mille carré ! Les mines et les moutons, voilà décidément l'alpha et l'oméga de toute l'Australie.

Il est vrai que les coffres du Trésor brillent par leur légèreté ! Ainsi l'ont voulu des imprudences budgétaires, des tentatives trop hardies, une prodigalité réelle dans les transports gratuits d'immigrants et des créations de chemins de fer, de ports, de télégraphes. Mais dans un pays où en dix ans la dette ne portera plus sur quatre-vingt-dix mille habitants, mais sur cinq cent mille, où la valeur de chaque kilomètre carré passe en deux ans de zéro à 600 fr., on ne s'effraye pas d'une dette de 20,775,000 fr., née avec la colonie.

Ce premier embarras, dont souffre aujourd'hui la Terre de la Reine, des gens qui n'ont pas trente ans l'ont vu en Victoria, en Nouvelle-Zélande, et ce sont maintenant des colonies merveilleusement prospères. Comme Melbourne, Brisbane a eu ses émeutes ; mais si le sang n'a pas coulé, ce n'est pas grâce au déploiement de la force armée : s'il n'y a que *sept* soldats en Tasmanie, il y en a *seize* seulement à Brisbane ! Maintenant, tout est dans l'ordre, et si cette terre sort de sa crise financière, si elle ne succombe pas la première dans la guerre de tarifs qui commence entre les colonies australiennes, ce sera un exemple des plus frappants des difficultés que rencontre une création lointaine, mais aussi de la rapidité et de la confiance avec lesquelles elle peut les vaincre, et s'élever, du jour au lendemain, du néant à la prospérité.

Dans dix ans, peut-être ce pays-ci sera-t-il déjà un grand État ! Je serai alors heureux de me rappeler d'avoir vu sa capitale à l'État de grand village, ses habitants sous la tente, son enfance en danger. J'aurai vu le fondement d'un empire, et tout ce que, sous l'aile de la liberté, peut tenter et exécuter, sur une terre sauvage, la puissance humaine. Mais je n'ai vu que l'ensemble d'une ville qui se forme : les détails n'ont pu m'apparaître dans un temps si court. Seule, la conversation du Gouverneur et de quelques « squatters » m'a appris ce que je vous donne, et, pendant que j'écris, le *Hero* file déjà ses dix nœuds vers le Nord, en serrant la côte que nous ne devons plus perdre de vue d'ici à longtemps[1].

25 octobre.

C'est un véritable bonheur, un repos nécessaire, qu'une navigation après trois mois d'une vie surmenée ! Rien alors ne nous paraît si bon que de reprendre nos paisibles promenades sur la dunette, de respirer librement la fraîche brise et de recueillir, comme dans un rêve, tous nos souvenirs. Je ris quelquefois de bon cœur en entendant les récits du docteur du bord, embarqué sur le *Hero* le lendemain du jour où il arrivait d'Irlande en Australie, sur un navire où il avait eu la haute et agréable surveillance de cinq cent cinquante jeunes vierges de la verte

---

[1] Trois ans après notre passage, des progrès pouvaient déjà être constatés : le nombre des habitants s'était élevé à 120,104, celui des chevaux à 83,000, celui des bêtes à cornes à 1,076,000, celui des moutons à 8,160,000. Les exportations montent à 50 millions de francs et les importations à 37 millions.

Érin, envoyées par une société d'encouragement pour l'amélioration des races dans la Terre de la Reine. Le voyage avait duré cent quatorze jours : je laisse à penser si les donzelles doivent danser sur la terre ferme pour le moment!

Quant à nous, nous sommes moins nombreux sur le *Hero*.

A la nuit, les cuisiniers prennent leurs harmonicas, et au bruit d'une mélodie irlandaise qui agace même les mouettes, tout l'équipage danse gaiement la gigue à l'arrière du navire. Les heures d'une nuit étoilée, sur une mer d'azur, sont des heures de douce causerie, et je me promène longuement sur le pont en questionnant avidement un des hommes les plus intéressants que j'aie rencontrés, et qui ne sera malheureusement notre compagnon que pendant cinq jours encore. C'est M. Haran, chirurgien de la marine royale, qui se rend au « poste de sauvetage » du détroit de Torrès, où il vit avec quelques soldats au milieu des Cannibales. Comment a-t-il le courage de retourner en ce lieu malsain? sa femme y est devenue folle, et ses deux fils y sont morts d'insolation!

Ce bon docteur a été presque partout, et il a voyagé dans les pays les plus inconnus. Depuis vingt-huit ans qu'il court les mers, il a eu la chance de visiter toutes les côtes orientales et occidentales de l'Amérique, de l'Afrique, et les deux tiers de l'Océanie. C'est lui qui accompagna, en 1862, le commodore anglais Eardley-Wilmot, sur le *Rattlesnake*, quand celui-ci fut chargé par la reine Victoria de porter des présents au roi de Dahomey (côte Ouest d'Afrique, 3° latitude Nord), et de le supplier de renoncer à ses trop fameux sacrifices humains ainsi qu'à la vente des nègres. Ces trois hommes énergiques, le commodore, le docteur Haran et un autre officier de marine, débarquèrent seuls, sans armes, et s'avancèrent hardiment au milieu des populations cannibales, vers les palais de Dahomey, si renommés pour leurs colonnes construites en crânes humains. Le roi, nous raconte Haran, vint au-devant d'eux, suivi d'une armée de cinq mille amazones, gaillardement armées en guerre. Il les reçut avec pompe, les présenta à son peuple assemblé, et les garda hospitalièrement pendant sept semaines. Mais il leur fallut s'exposer aux spectacles les plus étranges : à trois ou quatre reprises différentes pendant le premier mois, cinq têtes furent tranchées sur le passage du prince, pour appeler sur lui les bénédictions de la Divinité. Un jour, il y eut un sacrifice solennel : une longue procession s'engouffra dans une tour, et, sur le sommet, furent décapités d'abord cent poulets, puis des cochons, des dindons, des moutons, des bœufs, enfin soixante hommes et soixante femmes. (*Voir la gravure*, p. 253.) C'était, dans l'esprit du roi, une grande réjouissance pour le peuple, qui devait célébrer ainsi sa victoire sur une tribu vaincue, toujours pour la grande gloire de la Divinité et la prospérité de la dynastie. Le roi voulait convaincre les envoyés britanniques de la légalité de ses sacrifices humains, en leur montrant les transports joyeux des spectateurs; « dans nos contrées, leur dit-il, un souverain qui ne ferait pas couper les têtes à une partie des ennemis qu'il a défaits, serait détrôné; car le peuple de Dahomey veut que son prince soit fidèle à la religion de ses ancêtres et sacrifie plusieurs fois par mois. » Après avoir épuisé toutes les raisons d'humanité, le commodore proposa une indemnité d'argent très-considérable. « Des dollars, jamais! répondit le roi : votre reine ne saurait m'en donner assez. Songez que je vends chaque prisonnier noir trois cents francs aux pirates portugais, qui sont les bienvenus chez moi. Croyez-moi, restons amis, mais que chacun garde sa religion et ses mœurs. » Et sur ce, il les mena à un festin, où ses chambellans à peau noire se passaient gaiement les vins épais de ces contrées dans des coupes blanches et polies, qui n'étaient autre chose que des crânes d'hommes. Au second service, les con-

Après avoir bu dans des coupes qui n'étaient autre chose que des crânes humains, les seigneurs noirs s'arrachèrent les chapeaux à panaches.

vives s'arrachaient de jolies tranches de jambons humains, cuits aux herbes aromatiques. « Je n'ai jamais eu si peur de ma vie, me disait le docteur, car nous avons énergiquement refusé de manger comme de boire, et nous jouions là notre vie : heureusement nous avions réservé pour ce moment une distribution de chapeaux galonnés à hauts panaches, de fusils et de montres, qui nous fit pardonner de n'avoir pas mangé de l'homme. » On s'arracha les panaches, et les seigneurs noirs, tout nus, firent un effet admirablement comique sous leur coiffure d'officiers d'état-major, sous le chapeau « à plumes de poisson », comme disent les marins.

Les devins, jetant en l'air de petits cubes d'ébène, disent chaque matin au roi ce qu'il doit faire dans sa journée!

Hommes, femmes, moutons, dindons, poulets, furent décapités : c'était dans l'esprit du roi une grande réjouissance pour le peuple. (*Voir* p. 251.)

Les Anglais durent rejoindre la frégate sans avoir rien obtenu de ce qu'ils demandaient : le roi les congédia très-poliment, en alléguant toujours *des motifs d'un ordre supérieur*, et crut les consoler en leur donnant à chacun de belles défenses d'éléphant, des cornes de rhinocéros et deux femmes de son harem. J'admire le courage de ces hommes, et j'aurais donné tout au monde pour faire cette belle équipée.

« Ce récit est de l'exactitude la plus scrupuleuse, me disait Fauvel, car j'ai rencontré à Rio, l'an dernier, l'illustre Burton, qui fut chargé, deux ans après Haran, de la même mission, et il m'en a fait, mot pour mot, le même récit. »

26 octobre. — Entre les bancs de corail et la côte orientale de l'Australie.

La brume est venue mettre obstacle à la rapidité de notre route; nous avons passé toute une journée à nous écarquiller les yeux pour découvrir Lady-Elliot-Island, qui devait déterminer notre position; car le « point estimé » était trop incertain avec des courants d'une impétuosité incroyable; enfin nous l'avons trouvée. Puis hier nous passions le Tropique du Capricorne au lever du soleil ; la houle est tombée : les îles innombrables de corail que des nuées d'oiseaux blancs annoncent de loin, nous tiennent à l'abri du ressac des grandes lames. Nous passons Peak-Island, haute roche percée d'un trou ovale en son milieu, dans la direction N. O. S. E. C'est une retraite des pélicans et des tortues, un point bizarre et invraisemblable. De là nous suivons un long chenal entre la côte du continent et les îles désertes K. 11, 12, 13 et M., aussi sauvages que leurs noms sont peu pittoresques, — si l'on peut appeler un nom une lettre de l'alphabet ou un numéro, — et nous voici dans la rade de Bowen. Le *Hero* a cela d'excellent qu'on l'arrête un peu où l'on veut : un temps superbe, une baie riante qui s'ouvre dans la déchirure de bois de pins, nous tentent, et, sautant dans la baleinière, nous allons à terre voir le dernier village de l'Australie orientale.

L'arrivée de notre navire, que nous annonçons par le bruit du canon, est un événement pour une population qui a rarement, dans une année, l'occasion de voir un vapeur. Nous sommes tout étonnés de tomber dans une colonie cosmopolite : ici quelques Italiens jouant de la cornemuse; là des Badois, que n'agitent plus les émotions de la roulette, construisent leurs huttes de bois dans cette cité tropicale âgée de *deux ans,* où les points de repère sont une église et sept cabarets; où mille habitants, à peine débarqués, luttent contre les serpents et les Naturels, sous un soleil de feu et en pleine forêt vierge.

Voilà l'Australie telle que je croyais la trouver quand je débarquai à Melbourne : voilà des colons à l'œuvre, des immigrants pauvres sous la tente! Voilà bien les malheureux de nos pays venus s'exiler sur ces terres lointaines, pour trouver leur pain! C'est la misère et le désespoir qui les ont fait partir, et les voilà dans leur premier étonnement de se trouver isolés sur un sol où tout est nouveau pour eux; là, le colon n'a rien à espérer, sinon de son énergie, et il doit tout tenter pour créer même le nécessaire. Un brave paysan clôturait le champ voisin de sa cabane, et surveillait un maigre troupeau de quarante brebis;

nous ne pûmes nous empêcher de lui dire que nous avions vu, dans le Sud, des soixante mille moutons errant sans barrières. Donnant un plus violent coup de hache dans le bambou qu'il abattait : « Alors avant de mourir, nous répondit-il, je puis donc espérer de contempler heureuse et prospère toute cette petite troupe d'enfants ! Les premiers sont nés en notre chère Europe, celui-ci en mer, presque dans les glaces, non loin du cap Horn ; celui-là, sous le Tropique ! Ils sont pâles et en guenilles ! Mais si je puis gagner pour eux un « run » florissant, avec des milliers de bœufs ou de moutons, comme ils seront heureux ! » Pour prendre courage, qu'ils imitent leurs prédécesseurs en Victoria et dans la Nouvelle-Galles du Sud, leurs contemporains dans la Nouvelle-Zélande !

Nous avons parcouru la campagne qui entoure l'établissement : des serpents qui fuient dans les herbes, des groupes lointains de Naturels qui nous évitent toujours, mais qui ne manquent jamais de leurs dards les troupeaux du voisinage, voilà ce que nous avons vu ; et je vous assure qu'il fait bon d'être armé. Tout Bowen est en émoi, parce que deux naufragés ont été pris par les Noirs sur une grève non éloignée, et quand on est arrivé pour les secourir, la tribu était déjà en train de les manger à belles dents.

Nous sommes sous les Tropiques, c'est dire que les moustiques les plus tenaces et les plus cuisants nous affolent, en même temps qu'une soif affreuse nous ferait donner une année d'existence pour un verre d'eau fraîche. Je comprends maintenant, après notre excursion dans les lianes, que les excellents habitants de Bowen consomment pour 250,000 fr. de boisson par an !

Vous croirez que c'est une illusion, mais j'ai positivement senti la choucroute, et entendu une délicieuse symphonie à Bowen. Chaque peuple en effet emporte toujours avec soi les traits distinctifs de sa vie matérielle et de sa vie morale. Les Allemands émigrent généralement mariés et sans esprit de retour, traînant avec eux toute une escouade d'enfants qu'ils arrachent à la mendicité et aux douleurs de la misère ; la politique les occupe peu ; dès que leur colonie prospère, ils fondent un orphéon à gros instruments de cuivre, et cette institution suffit à leur bonheur : les échos de la forêt vierge répètent les accents de Beethoven et de Meyerbeer.

Le Français émigre plus souvent après un coup de tête ; il fait, avec une souplesse inouïe, un peu tous les métiers : nous l'avons vu maître de danse, acteur, confiseur, et surtout pâtissier ! Il n'a qu'une idée, faire bien vite fortune, et — je ne l'en blâme pas ! — revenir sur le boulevard pour la dépenser joyeusement. Il est tellement attaché au sol, et surtout au pavé natal, il aime tellement sa patrie, qu'il est comme une abeille qui voltige de fleur en fleur, pour prendre à chacune un atome de suc nouveau, mais dont l'idée fixe est de revenir à la ruche ; il est si léger, lui aussi, et si amateur du bourdonnement de Paris !

Mais, pour la race britannique, émigrer, c'est créer un « home » nouveau ; sa première fondation est un parlement ; les clochers de ses églises, signes d'une installation durable, s'élèvent rapidement sur le sol que foulaient, un instant auparavant, les races païennes : il y a

27 oct. 1866. — Notre canot s'avance au milieu des flots phosphorescents; sur les silhouettes brisées de la côte brillent les feux des Cannibales. (*Voir p*; 259.)

dans les colons qui débarquent l'étoffe d'un « speaker », d'un orateur, de ministres, de publicistes. Vêtus selon la « fashion », la mode, de Londres, ils vivent dans le « comfort » du « club » et du « cottage »; la colonie devient vite une prospère et libérale Angleterre...

Tandis que je faisais en moi-même ces réflexions, en disant adieu au dernier village anglais que je devais voir sur la terre australienne, notre baleinière s'éloignait rapidement du sable du rivage : nous avions à rejoindre notre *Hero*, qui pourtant n'était pas encore en vue; le jusant l'avait fait déraper de la rade, et un promontoire nous cachait ses feux : la nuit était belle et fraîche; la houle de l'Est nous balançait langoureusement comme un hamac au milieu des flots phosphorescents que soulevaient nos avirons dans leurs saccades régulières, et sur lesquels ils faisaient retomber chaque fois des gouttelettes de lumière (*voir la gravure, p.* 257). Il nous fallut nous mettre tous à ramer pour franchir, malgré un courant très-violent, les huit milles (quatorze kilomètres) qui nous séparaient encore de notre navire. Pas un souffle, pas un bruit! un calme absolu!

Après la chaleur suffocante du jour, nous commencions à respirer avec bonheur; pourtant nos yeux inquiets s'attachaient malgré eux aux silhouettes brisées de la côte sur lesquelles brillaient de distance en distance les grands feux allumés par les Cannibales; évidemment, en tirant ce matin le canon, nous leur avons donné l'alarme, et ils sont accourus sur la côte : c'est surtout vers le nord qu'une grande lueur dessine les roches dentelées.

28 octobre.

Notre chenal se resserre de plus en plus entre les récifs de coraux et le continent. A gauche, la côte est brûlée et semble déserte le jour; à droite, un éternel chapelet d'îlots plats et verdoyants se déroule à nos yeux. Quelle formation curieuse et intéressante que celle de toutes ces îles de corail! Les branches de l'animal-arbre, prenant naissance au fond de la mer, s'enlacent et se tordent entre elles comme les lianes d'une forêt; d'un tronc unique s'échappent mille rameaux gonflés de molécules pierreuses et vivantes : cette forêt sous-marine s'élève, elle atteint bientôt de ses branchages multiples la surface des lames; le soleil et l'air les tuent à leur extrémité : les algues marines, qui flottent à fleur d'eau, s'enchevêtrent dans ce sommet mourant d'un arbre vivace, un tissu se trame : c'est un barrage sur lequel s'accumulent les herbes et les bois errants; un sol moitié sable, moitié terreau, en est formé, et l'île couverte d'arbustes verts semble une large oasis flottante, tout épanouie et reposant sur le branchage multiple d'un seul arbre de pierre. (*Voir la gravure, p.* 260.)

Nos heures s'écoulent sur la passerelle à suivre attentivement tous nos méandres dans ce dédale périlleux : tant que ces îles sont assez visibles pour que nous puissions les « relever », la navigation n'est qu'intéressante et animée par d'habiles manœuvres; mais avant d'atteindre la forme d'une île, ces massifs de coraux sont cachés; souvent ils s'élèvent jusqu'à un mètre au-dessous de la surface des eaux. Et alors que de dangers!

Nous avons en faction constante deux

hommes sur les barres de cacatois pour avoir l'œil ouvert sur les récifs : beaucoup sont marqués sur la carte; nous devinons les autres à la couleur de la mer qui les recouvre : ils la font paraître d'un vert plus clair, mais il faut être bien

L'île est une oasis flottante, reposant sur le branchage enchevêtré d'un arbre tout de corail. (*Voir* p. 259.)

attentif pour saisir à temps la fatale nuance.

Depuis notre départ de Newcastle, Logan n'a pas un instant quitté la passerelle : il y prend ses repas, et ses yeux inquiets ont une animation fébrile. L'attention la plus scrupuleuse ne le rend pourtant point infaillible : vers six heures et demie du soir, en effet, nous filions nos onze nœuds, « toutes voiles dessus », avec une fraîche brise de Sud-Est, dans le chenal qui borde la longue muraille de coraux entrecoupés; nous devions passer à bâbord des îles Howick. Mais le soleil couchant sur l'horizon d'une mer de marbre la rendait semblable à un miroir qui reflète une lumière éclatante; il était impossible de fixer le regard à l'avant. Le malheur a voulu que, dans cet éblouissement général, le timonier gouvernât d'un quart trop au Nord. Tout d'un coup la vigie, perchée au haut du grand mât, pousse un cri d'effroi : « Les écueils devant! »

Nous sommes déjà par le travers de l'île n° 1, et nous apercevons alors, mais à

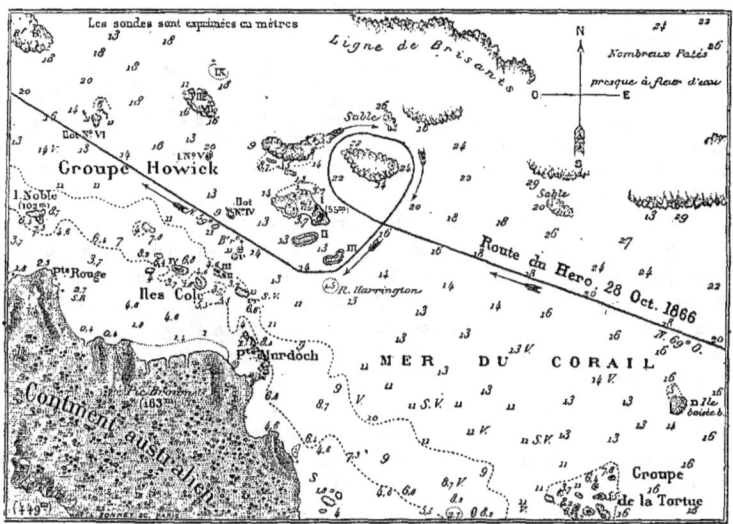

Route du *Hero* au milieu des écueils des îles Howick.

grand'peine encore, deux bancs de corail à fleur d'eau, à quatre cents mètres devant nous; nous gouvernions droit dessus!

Avec notre vitesse et notre élan, en trois minutes de plus le tour aurait été joué; nous aurions frappé avec une effroyable impétuosité contre le roc, et notre coque de fer se serait ouverte en deux pour couler à pic. Il est déjà trop tard pour prendre encore notre gauche par un violent coup de barre : force est donc de virer vivement à droite, nous rasons *à quelques mètres* le bord du récif, puis nous retournons en arrière le long des îles n° 2 et n° 3, et nous décrivons en un mot un cercle complet, grâce auquel nous rentrons dans la bonne voie, à la gauche du groupe Howick.

Le moment d'angoisse avait duré deux minutes, et la manœuvre entière une demi-heure. Comme de juste, quelques capons ont pâli et perdu la tête, au moment où il fallait de l'énergie. Dans ce virement subit, cap pour cap, qui nous a mis la brise sur le nez, le petit hunier s'est cassé comme une allumette, et le reste de la voilure a battu avec fracas contre le gréement; la secousse a été affreuse, mais nous sommes hors d'affaire. Vogue la galère, petit bonhomme vit encore!

Dans ces parages où notre route étroite entre le continent et la grande barrière de corail est semée d'écueils, la navigation serait trop dangereuse de nuit; aussi, avant la tombée du jour, mouillons-nous, abrités par un croissant régulier de récifs qui s'avancent en estacade, comme des aiguilles hautes d'un mètre environ, et ce n'est pas la moindre des difficultés de chercher un point où l'on soit assuré de faire mordre l'ancre, et où, en cas de rupture des chaînes, le navire puisse prendre son aire, et ne pas se trouver en péril au milieu des récifs. Nous nous mettons vite à pêcher : un énorme requin vient se prendre à l'une de nos lignes au bout de laquelle était un hameçon de fer épais comme le pouce et muni d'un énorme morceau de lard; pendant plus d'une heure le monstre avait tourné autour de cet appât, puis soudain, prenant son élan, il céda à la gourmandise; mais chose curieuse, pour happer sa proie, le requin est toujours obligé de se mettre le dos en bas et le ventre en l'air, sa mâchoire supérieure avançant de beaucoup sur sa mâchoire inférieure. Aussitôt l'hameçon entré dans ses chairs, la vilaine bête se démena comme un diable sous les sabords de l'arrière, comme une chaloupe vivante à la remorque du navire. Long de seize pieds, rond et plein, vigoureux et féroce, ce croquemitaine des mers a l'aspect le plus effrayant. C'est de plus une chose fort amusante de voir nager autour de lui ces petits poissons rayés de blanc et de noir qu'on appelle « les pilotes »; deux d'entre eux se tiennent contre son immense mâchoire à quatre rangées de dents, et les autres contre sa dorsale : il semble que, véritables « chiens d'aveugle » du monstre, ils ne le quittent jamais et le guident dans toutes ses manœuvres. Singulière association entre le très-grand et le très-petit habitant des mers!

Enfin, après une vigoureuse lutte, et après avoir appelé à notre aide tous les matelots disponibles, nous hissons le monstre à bord par un « cartahu »; il donne d'immenses coups de queue : on l'assomme, on l'ouvre : il a dans le corps trois petits requins. Ces bêtes gloutonnes avalent un poisson comme une pilule, car un des mangés est encore tout vivant, tout frétillant; nous le mettons dans la grande poêle à frire, en le baptisant du nom de Jonas : il est, du reste, exécrable à manger.

XIV

LES CANNIBALES ET LE DÉTROIT DE TORRÈS

Navigation dangereuse. — Débarquement dans une île déserte. — L'oiseau constructeur. — Le poste de sauvetage. — Echanges curieux avec une tribu. — Les restes d'un repas de Cannibales. — Un tueur de Noirs. — Les navires naufragés sur le corail. — Un rocher-boîte aux lettres. — Adieu à l'Australie. — Le feu à bord. — Les chaleurs de la mer d'Arafoura et la nature luxuriante de l'archipel malai.

29 octobre.

Nous doublons le cap Melville, et glissons, comme une salamandre, entre les coraux rouges et blancs. Souvent, à cinq mètres de profondeur, tout près de nous, nous apercevons la forêt aquatique; nous jetons la sonde toutes les trois minutes, un courant de douze milles à l'heure nous emporte. Le cap est curieux, c'est une pyramide de boulets de pierre ronds et brillants, que le jeu de la nature a entassés de la façon la plus extraordinaire; des langues de corail blanc, qui ne dépassent la nappe de l'eau que de quelques centimètres, sont couvertes de pélicans et de frégates. Un coup de vent violent s'élève, et nous entendons le roulement sourd et périodique des vagues de l'Océan Pacifique se brisant, à notre droite, sur la face orientale de la barrière de coraux, longue de quatre cents lieues, qui nous en sépare. Nous trouvons un bon mouillage vers le soir sous le vent d'une des îles Clarémont, marquée n° 10 sur la carte; la nuit est noire et orageuse.

Comme chaque soir depuis notre départ de Bowen, toutes les crêtes des montagnes du continent sont éclairées par les feux des Cannibales; nous sommes assez près pour distinguer cinq feux sur chaque sommet : c'est un signal qui se propage de promontoire en promontoire vers le Nord. Les côtes que nous laissons derrière nous restent obscures, l'arrivée du *Démon de feu* et de la chair fraîche qu'il porte est ainsi annoncée aux tribus de la côte, dans cette partie où elles ont victorieusement repoussé l'invasion des Blancs. C'est un spectacle qui a je ne sais quoi de farouche et d'imposant; le vent qui gronde attise tous les tourbillons de flammes, et projette dans l'obscurité les lueurs rougeâtres qui se dessinent sur les cimes rocheuses. Un moment, nous distinguons les silhouettes de groupes d'hommes qui apportent des amas d'herbes, dont la flamme, tout à coup plus haute, double et triple la lueur du brasier. Le docteur Haran me dit qu'en sa solitaire station du cap York, quand de loin en loin un voilier apparaît dans les parages de Bowen, les feux des Naturels le lui annoncent en moins de trois nuits, et il y a pourtant plus de trois cent cinquante lieues. C'est leur télégraphe de nuit pour se communiquer l'espoir d'un bon déjeuner! Avec notre hélice, tant que nous ne nous briserons pas contre un roc et que notre machine ne se cassera pas (ce qui est moins facile à éviter), nous ne craignons guère les Anthropophages. Mais si notre machine s'avariait, et si, pris en calme, nous étions entraînés à la dérive par les courants, notre position serait peu enviable. A cet effet, du reste, tout est prévu : nos hommes ont fourbi les haches et les vieux sabres du bord ; les canots de sauvetage sont absolument prêts, et chacun est muni de huit fusils, d'un baril d'eau-de-vie, de cartes, d'instruments, de viande salée, de biscuit et d'eau douce pour dix jours. Logan a désigné ceux qui prendraient place dans sa chaloupe ; un second capitaine, que le gouvernement a mis sur le *Hero* en cas de maladie ou de mort du premier dans une attaque, aurait le commandement de la seconde embarcation ; les deux officiers subalternes du bord dirigeraient les autres.

30 octobre, passe des îles du Poivre.

Vers quatre heures et demie du matin, nous avons eu une scène des plus comiques : grâce à l'obscurité de la nuit et surtout au brouillard, des Aborigènes, au nombre de quatre à cinq cents, montés sur leurs légères pirogues, avaient sans bruit glissé jusque près de nous et pris position tout autour du navire. Dès que l'aube parut et que les silhouettes de cette flottille rangée en cercle se détachèrent sur la nappe de l'eau, une certaine émotion gagna l'équipage, et il se fit un silence dénonciateur de la perplexité. Mais Logan ne perdit point la tête, il n'hésita pas, et profitant de ce que depuis une heure les feux de la chaudière étaient allumés, il eut l'ingénieuse idée de lancer de droite et de gauche deux vigoureux jets de vapeur, en même temps qu'il faisait siffler la machine à tout rompre. Ce procédé inattendu produisit un effet prodigieux, et les pirogues se sauvèrent comme une volée de pigeons. (*Voir la gravure*, p. 265.)

Ici est le « canal providentiel », passage tout étroit entre deux bancs et des roches, où Cook (1770) eut la chance d'entrer sans talonner, comme par miracle, en venant de la haute mer. Là, à droite et à gauche, sont marquées sur la carte ces notes consolantes : récifs du naufrage du *Sir Campbell*, de l'*Aurora*, en 1843, du *Fergusson*, de la *Martha-Ridgway* ; et à chaque instant « corail de position incertaine, rocs à un mètre sous l'eau, bancs de sable mouvant ». Nos relèvements, nouveaux à chaque instant, donnent pour nous à cette navigation un intérêt immense, et nos cartes vous montrent nos zigzags et nos alertes.

Dès quatre heures nous mouillons, n'étant pas certains de trouver plus loin un ancrage sûr. Nous sommes sous le vent de l'île Cairncross. Quoique la mer soit fort agitée, nous prenons un canot pour aller explorer l'île : munis de hautes bottes pour nous préserver des serpents, de petit plomb pour les oiseaux, de balles pour les indigènes, s'il y en a et s'ils nous attaquent, nous abordons en nous jetant au milieu des récifs, avec de l'eau jusqu'à la ceinture. Un vol de peut-être deux milliers de pigeons s'éleva en un instant au-dessus de nos têtes, et ces pauvres bêtes, qui n'avaient jamais été tirées, tournaient en rond, comme dans un manège, à vingt mètres de haut. Nous n'avions que le temps de faire feu et de recharger ; il en tombait des paquets, et quand nous eûmes chacun vidé notre poire à poudre, quatre-vingts pigeons étaient déjà dans la chaloupe, ce qui

Il lança deux vigoureux jets de vapeur, et les pirogues qui nous entouraient se sauvèrent comme une volée de pigeons. (*Voir* p. 264.)

fera, à la joie générale, de la viande fraîche pour tout le monde; nous en avons perdu tout autant dans un fouillis de broussailles impénétrables. Puis ce fut un grand plaisir de parcourir les anses de cette île déserte, de ramasser des tortues, des coquilles, des éponges, des branches coralines tout entières. Mais la nuit malheureusement nous arrête trop tôt dans nos explorations, et nous regagnons le *Hero,* non sans difficultés, ruisselants de sueur, chargés de choses curieuses, ravis de notre équipée. En quittant l'île, nous avions voulu mettre le feu aux fourrés obscurs qui la couvrent : quelles belles flammes auraient données ces arbres morts amoncelés, ces lianes et ces herbes sèches! Des serpents, des lézards sauvages qui nous avaient fuis, en seraient sortis et se seraient jetés à la mer; mais nous avons pensé — heureusement à temps — que la bourrasque aurait sûrement porté des flammèches sur notre navire, et c'eût été vraiment faire la part trop belle aux Anthropophages qui nous surveillent sur la rive opposée, que de tomber entre leurs mains — comme des alouettes toutes rôties.

Il est vrai aussi que le feu aurait détruit les plus minutieuses constructions que l'on puisse imaginer, le palais d'un oiseau. Les naturalistes de l'Australie nous avaient beaucoup parlé du « bower-bird » (oiseau constructeur) : aujourd'hui nous avons vu en effet un village bâti par ce volatile étrange. Figurez-vous que chaque maison est un talus de trois à quatre pieds de haut; de la glaise piétinée, unie et rebattue, forme le parquet; des brins de branches de corail ou de pin sont les poutres qui soutiennent des voûtes régulières, de longues herbes sèches font le toit. C'est exactement, sur la surface du sol, ce que le castor construit sous terre ; on voit que l'oiseau a apporté brin à brin avec son bec tous les matériaux de sa demeure. (*Voir la gravure, p.* 268.) Elle est si solide qu'il nous fallut de vrais efforts pour la mettre à découvert : ces voûtes sont des corridors qui mènent à des chambres carrées : il y en a cinq ou six par nid avec de petits labyrinthes, un étage supérieur, et je dirai presque des boudoirs. La patte de l'oiseau avait laissé son empreinte seulement en deux ou trois points d'un escalier en pente douce. Voilà ce que j'ai vu dans un ensemble de perfection et d'architecture qui a fait mon admiration. Je ne puis affirmer que ce qui a frappé mes yeux et ce que j'ai démoli de mes mains; voici maintenant ce que nous avaient raconté les savants : il paraît que cet oiseau enfouit ses œufs dans un talus de sable de quatre à cinq pieds de haut, et que c'est la chaleur du soleil qui se charge de les faire éclore (nous avons aussi trouvé un de ces nids avec des traces de pieds grands et petits : évidemment cette famille d'architectes avait déjà déménagé). Après avoir passé de longs mois à construire son palais, il ne reste plus au « bower-bird » qu'à inviter ses semblables à l'ouverture de ses salons et à donner un bal! Ce récit, je l'avoue, m'avait beaucoup amusé, comme un joli conte de fée; maintenant que j'ai exploré les bâtisses charmantes de l'oiseau australien, ce joujou d'enfant, ce travail étonnant, il me semble que je vois un quadrille de « bower-birds », et en tout cas des couples fort heureux dans de champêtres cabinets particuliers.

A cinq heures du matin nous levons

l'ancre et nous continuons notre course rapide le long des côtes. Nous doublons le cap Tête-de-tortue, et à neuf heures nous entrons, comme dans une rivière, dans le détroit de moins d'un kilomètre de large qui sépare l'île d'Albany de la pointe septentrionale du continent australien : la côte de sable est haute, sauvage et sombre, couverte de bois de sapins; nous tirons le canon pour annoncer notre arrivée au poste naval du cap York. Après trois heures d'une véritable navigation d'eau douce dans cette gorge encaissée, nous jetons l'ancre; quatre baraques de planches se montrent sur la grève au milieu du bois; nous débarquons. Le « commander » Simpson et quelques soldats des Royal-Marines, amaigris et pâles, nous reçoivent avec un bonheur indicible. Pauvres gens et dignes esclaves du devoir! ils sont là, perdus au milieu des bois et des Cannibales, à trois cent cin-

La maison de l'oiseau constructeur. (*Voir* p. 267.)

quante lieues du premier village de Blancs. Le gouvernement les a envoyés, il y a deux ans seulement, pour planter le pavillon britannique sur cette côte, pour prendre possession de ce poste très-important au point de vue militaire, puisqu'il commande le détroit de Torrès et ferme le long chenal des coraux jusqu'à Bowen, et enfin pour porter secours aux navires qui franchissent, en ce point, la passe entre l'Océan Indien et l'Océan Pacifique, et qui, cinq fois sur dix, nous dit le « commander », y font naufrage.

Il y a là treize Royal-Marines : de vingt hommes, voilà ce qui reste! Sept ont été tués et mangés par les Noirs; huit mois se sont passés depuis qu'ils ont reçu leurs derniers vivres, et les dernières nouvelles d'Australie et d'Europe : huit mois sans voir un homme blanc! Le *Hero* leur apporte trois caisses de journaux et une soixantaine de tonneaux de vivres; en voilà pour un an.

C'est là que le docteur Haran descendit

Nous entendons le cri de *Coo-hoo-hoo-e*, familier aux natifs; et nous voyons sur un rocher abrupt deux Noirs donnant l'alarme à la tribu. (*Voir p.* 271.)

pour reprendre son poste d'exil, « plus effrayant, murmurait-il, que les colonnades de crânes humains des palais de Dahomey ». Nous montons à sa cabane, située au sommet d'un roc ferrugineux, une guérite de faction sur deux Océans, et il nous donne les photographies, faites par lui, de quelques prisonniers et prisonnières qu'ils ont faits une fois dans une tribu d'Anthropophages. « Il y a une tribu qui n'est pas loin dans les bois, nous disent quelques soldats; si vous y allez au nombre de cinq ou six, et bien armés, vous pourrez les voir; mais tenez-vous bien serrés et ne craignez rien. Si vous vous isolez les uns des autres, vous êtes perdus. » C'était mettre le feu aux poudres.

Nous partons vite, les poches pleines de clous, de tabac, de verroterie, et nous nous enfonçons, le Prince, Haran, le docteur Cannon et moi, dans la forêt vierge. Nous suivons d'abord une sorte de sentier de bête fauve au milieu de lianes épaisses, dans un fourré de plantes entrelacées, et sous un ciel de feu. Bientôt nous entendons le cri de « Coo-hoo-hoo-e » (*voir la gravure, p.* 269), qui est le cri de ralliement des Nègres dans toute l'Australie, et par une éclaircie dans le bois, nous voyons au loin, au haut d'un rocher abrupt, deux Aborigènes avertissant leur tribu. Mais avec le dernier écho de cette voix lointaine disparut également pour nous toute indication des natifs.

Soudain, une jeune fille de quinze ans, noire comme de l'encre, sort du fourré : c'est une captive, la « jardinière » du poste. Elle montre ses grandes dents blanches et vocifère un patois indescriptible, qu'elle accompagne du dandinement et du rire éternel de la race noire. Quant à son costume,

Ce que c'était, je pourrais vous le dire,
Mais je me tais par respect pour les mœurs...

c'était, en tout et pour tout, un petit panier d'osier contenant des fruits et passé en sautoir, un petit bracelet d'herbes tressées au bras droit, et une petite plume de cacatois fichée dans les cheveux. Rien ne semble l'embarrasser, et, trottinant lestement, elle prend les devants et se faufile avec une souplesse inouïe à travers les hautes herbes et les lianes. Après une demi-heure de marche, nous apercevons sous bois des brasiers fumants; nous sommes au camp de la tribu. Mais quelle n'est pas notre surprise de n'y trouver personne ! Quelques braises encore incandescentes, des graines rouges et des haricots larges d'un pouce (les nardous), sont les seuls vestiges qui restent de son passage en ce lieu. La vérité est que la troupe, ayant entendu le canon ce matin, a cru que nous venions l'attaquer. L'ingénue qui nous sert de guide nous montre du doigt un bras de mer au fond du ravin et un groupe de palétuviers, ces arbres touffus qui poussent au bord de la mer, et dont les innombrables racines rebondissantes forment comme une voûte, à une hauteur d'homme au-dessus de l'eau d'un côté, et du sol de l'autre. C'est là qu'est cachée la tribu ; nous envoyons la jeune fille vers les Noirs pour leur porter des paroles de conciliation, et nous arrivons à leur second campement, où ils nous attendent, groupés immobiles. Les voilà, les voilà! complétement nus, tout noirs et fétides. Il y en a, le croiriez-vous? qui sont assez indécents pour n'avoir pas de bracelet au bras droit! J'ai compté dans ce tas noir environ soixante hommes, trente enfants et dix femmes : les premiers nous entourent dès qu'ils voient nos gestes d'amitié, et dès qu'ils constatent que nous remettons nos revolvers dans nos ceintures. Ils nous serrent de près, tâtent nos étoffes, nous tapent sur le ventre, nous débitent un flot de paroles avec une volubilité étonnante. Ils avaient en partie déposé leurs armes et se montraient bons enfants, en voyant les cadeaux que nous leur préparions; mais leur odeur était celle d'un abattoir en été.

Pendant ce temps, ces dames, également vêtues d'un rayon de soleil, portant leurs enfants sur le dos, se tiennent un peu en arrière, dans une pudique réserve. Nous nous empressons de leur présenter nos devoirs : c'est évidemment la femme du chef qui porte nouée aux reins une ceinture large d'un pouce, composée de trois ou quatre herbes rouges semblables à des feuilles séchées de saule pleureur; les autres n'ont que des bracelets et des colliers qu'elles nous montrent — avec une grâce d'orang-outang. Mais en voici une vieille, à la peau sèche et pendante, une vieille noire à cheveux de neige : elle porte au cou un collier de cinq os humains qui semblent avoir passé au feu. Haran appelle la jardinière pour demander, en patois local, ce que peut être cette relique : « La main de ma mère », est la réponse. — Grand Dieu!... quelle piété filiale! Mais la jeune fille dit au docteur que, selon elle, ce sont bien des ossements d'homme blanc. J'avais aussi, dès le premier moment, pensé à ces restes d'un repas du bon temps, et j'avoue que, dévoré de curiosité, j'ai voulu obtenir à tout prix de la vieille ce collier fantastique : je lui ai offert trente, quarante, soixante clous, cinq verres de montre, ma veste et même un couteau anglais à dix-huit pièces, qui avait toujours été mon fidèle compagnon et auquel je tenais d'une manière toute spéciale; hélas! aucune de mes bassesses n'a pu la vaincre... rien ne l'a tentée.

Je me rapproche alors de ses compagnes, et les échanges commencent : elles nous entourent, nous serrent, nous tapotent et nous infectent. Nous voulons avoir leurs piques, leurs lances empoisonnées, ornées d'arêtes de poisson, leurs colliers et leurs bracelets; mais ces dames, qui ricanent à cœur joie, veulent quelque chose en échange, et ne lâchent d'une main que lorsque nous leur donnons dans l'autre.

C'est d'abord tout notre tabac que nous leur distribuons, et vite hommes et femmes le fument à l'envi dans des pipes de bambou longues d'un mètre. Nous avons déjà un faisceau de plus de trente armes, plus baroques les unes que les autres; mais nos provisions d'échange s'épuisent avant que les plus beaux casse-tête en ébène soient encore en notre pouvoir. J'avais par bonheur mis le matin certaine cravate de soie voyante qui datait du dernier Derby anglais; je l'ôte pour faire ma cour à ces dames, je la leur offre, et elles semblent en raffoler : le casse-tête de la femme du chef, et sa ceinture qu'elle me laisse dénouer, en sont le prix. Elle s'habille alors dans ma cravate et se promène toute fière. Elle a quatre filles vêtues d'une plume dans les cheveux et armées du « boomerang » : mon faux-col, mon mouchoir et les feuilles de mon carnet de poche me gagnent tout leur équipement. Nous nous tordions de rire en les voyant se

Nous échangeons nos cravates et nos mouchoirs contre les armes de la tribu et les ceintures de ces dames. (*Voir* p. 275.)

pavaner, celle-ci avec un faux-col blanc sur sa peau noire, celle-là avec un morceau de papier en médaillon suspendu à une herbe tressée! Bientôt je n'eus plus rien dans les mains ni rien dans les poches; une idée lumineuse me vint : en coupant tous les boutons de ma veste, de mon gilet et de tous mes vêtements, je fis une rafle générale des costumes complets de vingt-deux demoiselles de la tribu, et le tout tenait dans ma poche! Un bouton de chemise valait autant qu'un louis, pour ces grands enfants des forêts vierges. (*Voir la gravure, p.* 273.)

Pendant que nous faisions ces transactions d'un autre âge, un vieux Noir, à quelques pas de nous, essayait en vain par son souffle de ranimer des tisons éteints; il prit alors deux bâtons de bois blanc à reflets verdâtres; il rabota la surface de l'un avec une pierre aiguisée, nouée solidement au bout d'un manche, ce qui faisait une hache; puis il tailla l'autre en pointe. Appuyant le premier contre un arbre d'un côté et contre sa poitrine de l'autre, il fit pirouetter la pointe du second sur le bois poli, et pirouetter si vite, qu'elle y entra comme une vrille : dans le petit trou ainsi formé, la rapidité du frottement engendra une petite fumée; une teinte noire de combustion s'y dessina, comme lorsqu'on met un fer rouge sur une planche, et l'incandescence se propagea sous l'action de cette vrille grossière, ce briquet donné par la nature. (*Voir la gravure, p.* 280.)

Puis un oiseau vint à passer et s'arrêta sur une branche. Un des Noirs s'approcha vivement de nous, prit un des « boomerangs » qu'il nous avait déjà donnés et le lança. C'est une arme fort extraordinaire : sorte de latte en bois de fer, épaisse au centre d'environ un centimètre, courbée naturellement en cintre comme un arc qui serait tendu, et effilée en lame de couteau sur son bord extérieur et convexe, le « boomerang » n'a guère plus de deux pieds de long. Notre homme le projeta horizontalement, comme une pierre qu'on veut faire ricocher sur l'eau, dans la direction de la petite broussaille sur laquelle l'oiseau était perché. (*Voir la gravure, p.* 276). La bête s'envola trop tôt : quand l'arme, pivotant sur elle-même et volant comme un dard, arriva au point visé, l'oiseau n'y était plus; mais ce qui est fort curieux, c'est que le « boomerang », ne dépassant ce point que de quelques mètres, continua son mouvement giratoire en décrivant en l'air, une courbe ascensionnelle, et revint, par une parabole, tomber presque à nos pieds. C'est le cerceau auquel on imprime un mouvement rétrograde et qui revient dès qu'il touche terre, pensai-je au premier moment. Mais non, il y a dans le mouvement de première impulsion quelque secret qui tient à la fois du tour de force et du tour d'adresse; car le « boomerang » est revenu en l'air, et sans avoir rien touché. Quelques minutes après, un grand martin-pêcheur bleu vint à passer; l'arme l'atteignit et tomba à terre en s'enguirlandant dans l'oiseau mourant comme un épervier avec une perdrix qu'il a prise au vol.

Mais nos premiers sourires au moment où le Nègre avait manqué l'oiseau, et l'accaparement que nous avions fait successivement d'une grande partie de leurs armes, avaient déjà fait froncer quelques sourcils et donné un air refrogné à ces faces tout à l'heure naïvement riantes. Plusieurs dards que nous avions appuyés au tronc d'un arbre avaient été repris : l'œil du docteur Haran s'assombrissait : nous nous comprîmes.

Nous fîmes très-bruyamment des « oh! oh! ah! ah! » d'adieu à la tribu, en la laissant vétue de nos cols, cravates et boutons, mais désirant n'y pas laisser notre peau.

Le Noir projeta horizontalement le « boomerang », mais l'oiseau s'envola trop tôt. (*Voir p.* 275.)

Nous nous quittâmes avec cette expansion de gestes amicaux et de sourires affables de gens qui sont extrêmement pressés et enchantés de se séparer! Et, en partant d'un air crâne, nous avions soin de nous retourner, moins pour leur faire par signaux nos derniers adieux, que pour veiller à la sûreté de notre retraite.

Notre jardinière, qui ne semble point troublée de l'éclipse totale de vêtements, dandinant ses hanches, dessinant sur son corps d'ébène les moindres inflexions de ses mouvements, ouvre la marche en piqueur. Pendant une demi-lieue environ, nous cheminons sous bois, et nous arrivons enfin au bord de la mer.

Une pirogue montée par six Noirs se prépare à aborder; mais dès que nous sommes en vue, elle repart à toute vitesse. Elle est faite de l'écorce d'un gros

Notre jardinière, vêtue d'un bracelet en herbes et d'un rayon de soleil, ouvre la marche en piqueur. (*Voir p.* 276.)

arbre à gomme dont on a retiré le tronc, et que l'on a nouée aux deux extrémités. Rien de léger comme ces embarcations; un coup de pagaye les fait filer gracieusement : semblables à des canards qui étendraient les ailes pour se mieux soutenir sur l'eau, elles ont, à deux mètres environ de chaque bord, des leviers en écorce qui les appuient et qui les convertissent en nacelles conjuguées, les rendent stables sur la lame. Toute une flottille de Cannibales apparaît soudain dans cette anse et nous observe à distance respectueuse, il est vrai, mais en hostilité très-apparente. Ce sont de ces cas où il faut ouvrir l'œil et former un groupe compacte.

Nous voici bientôt de retour à la cabane du « commmander » Simpson; nos mains sont infectées du contact des Naturels et de leurs armes encrassées; nos vêtements en désordre, — fait assez naturel après tout ce que nous en avons retiré en faveur des Noirs, et aussi à cause d'une chaleur à mourir sur place — donnent à notre bande un assez triste aspect. Les rafraîchissements de madame Simpson furent d'autant plus vivement fêtés. Pensez-y, le « commander » a amené dans son exil militaire sa femme, une blonde Anglaise, suivie d'une servante écossaise à la rousse chevelure; ce sont les seules blanches de la colonie. Cette dernière nous donna la comédie · quelques Noirs qui nous avaient accompagnés l'ont aperçue cueillant des légumes à deux cents pas de la cabane, et lui ont couru sus avec un élan indescriptible; et elle de prendre la fuite, les jambes à son cou, sans avoir même le temps de s'écrier « Schoking! »

La maîtresse du logis nous raconte sa vie tantôt paisible, tantôt pleine d'émotions : elle est encore tout impressionnée du sauvetage de trente-sept naufragés de la *Louisiana* dans le détroit de Torrès. Nous tombâmes unanimement d'accord pour déclarer que si tous ces Noirs étaient les descendants de Cham, ce fils de Noé devait être épouvantablement laid! Ce qui m'a frappé encore plus que l'aspect de la peau de crocodile, de la face de singe et de l'ensemble repoussant de ces êtres humains qui sont nos frères, c'est qu'ils vivent plus sauvages que les bêtes féroces. Le lion a sa tanière et le tigre son antre : ces Cannibales n'avaient même pas une hutte en feuilles d'arbre ; et pourtant il y a ici des arbres dont huit ou dix feuilles suffiraient pour faire un abri! Non, sous un climat brûlant, ils dorment un jour au pied d'un arbre, à l'ombre d'une grande herbe un autre jour; ils reposent nus sur la terre nue, n'ayant d'autre signe de domicile que le feu qu'ils allument çà et là dans la forêt vierge pour rôtir le nardou, cette plante dont vécut King, le compagnon de Burke, le nardou destiné à assaisonner le repas humain que leur donnera le premier naufrage, et où ils pourront lutter cinq cents contre un homme désarmé!

Malgré l'intérêt que présente chaque moment de notre séjour en ce lieu extraordinaire, il nous faut lui dire adieu, et songer à regagner le *Hero;* mais au moment où nous nous mettons dans l'eau jusqu'aux épaules pour rejoindre notre canot, qu'un récif de corail tient à vingt mètres du rivage, voici un cheval qui arrive au galop : le cavalier qui le monte est un gaillard de vingt-quatre ans, une des figures les plus énergiques que j'aie jamais aperçues, voire même une figure de beau brigand comme on en rêve. On nous avait déjà beaucoup parlé de lui : il vient à bord, où sa figure martiale, sa démarche brutale, son costume, chemise de flanelle ouverte, grande cape de toile blanche, ceinturon avec cartouches et pistolets, font un véritable événement. — Jardine, un gaillard aventureux, une imagination vive, un cœur de fer, est le héros du cap York; son histoire est courte : il y a quatre ans, il est parti de Rockampton (entre Brisbane et

Bowen) avec trois serviteurs blancs, et, suivant sa boussole dans ces terres inconnues, il a mené devant lui trois cents vaches et cent chevaux, pour fonder un « run » dans le Nord et prendre à lui seul possession de la presqu'île tout entière du cap York. Pendant neuf mois cet homme énergique a marché, sans savoir s'il aurait de l'eau à boire le lendemain, au milieu de Cannibales qui l'attaquaient la nuit et qui dardaient ses troupeaux de flèches. Il a ainsi franchi quatre cent cinquante lieues : il est arrivé au cap York, après avoir le premier exploré toute cette partie de l'Australie septentrionale : il a alors bâti sa hutte et songé à la garde de ses troupeaux. Deux cents vaches et trente chevaux seulement avaient pu parvenir jusque-là : il n'en compte pas moins déjà sept cents têtes de bétail en tout, et il espère que son « run » prospérera; car désormais le poste militaire est là pour prêter main-forte à l'aventureux « squatter ». Il ne se passe pas de mois qu'il ne soit attaqué et qu'il ne trouve quelques-uns de ses bœufs transpercés par les dards des sauvages; mais il tient bon, il riposte et il tue ces pauvres Noirs comme des chiens; à l'appui de son dire, il nous montre sa carabine favorite sur laquelle il a fait *trente-huit* entailles : « Les deux armes que j'ai encore dans ma hutte ont, l'une *douze,* et l'autre *quinze* marques semblables », nous dit-il, et chaque entaille veut dire mort d'homme : le jour comme la nuit il est au guet!

Voilà l'homme d'une trempe de fer, l'explorateur hardi, le brigand impitoyable et le fou de vingt-quatre ans qui a dîné à midi à la table du bord avant notre départ. Son regard fait frémir, ses actes font horreur, et pourtant il y a dans sa conversation quelque chose d'extraordinaire et de fascinant. Quand il nous a quittés pour retourner à terre, j'étais profondément impressionné. Le poste militaire sauve les naufragés et ne tue les Cannibales que lorsqu'ils l'attaquent; mais évidemment cet homme veut balayer les peuplades noires de la presqu'île qu'il a envahie : il les tue à petit feu : « Ça roule comme un lapin, c'est un delightful sport! » nous disait-il. Ah! qu'il y a loin de là à la légitime défense! et quand on a tué *soixante-cinq* êtres humains à vingt-quatre ans, n'est-on pas plus cruel qu'un Cannibale? Quand on le veut fermement, nous nous en sommes convaincus par nous-mêmes, on réussit bien souvent à éviter le conflit : d'ailleurs, rien ne ressemble moins au courage que la cruauté, et cet homme, qui enlève non-seulement le sol, mais la vie aux Nègres par passion de sport, fait tache en Australie. Toutefois, il est consolant de dire qu'il est seul de son espèce et qu'il fait un singulier contraste avec les « Comités de secours pour les Aborigènes », qui donnent 300,000 francs à Melbourne, 500,000 à Sydney, et avec les « squatters » paternels, évangélisant et voulant tirer de leur misère les Nègres qui les entourent.

A une heure et demie de l'après-midi, après huit heures que je n'oublierai jamais de ma vie, nous levions l'ancre, et la fumée noire de notre tuyau, en s'étendant au loin sur ces baies inexplorées, mettait en fuite des centaines de pirogues qui, aussitôt que nous étions passés, revenaient à notre suite et faisaient le guet. Nous entrions dans la dernière, mais plus difficile partie de notre navigation entre les coraux : le détroit même de Torrès. Il a trente milles de large, et plus de neuf cents écueils des plus traîtres y sont disséminés. Au-dessus du continent proprement dit, il y a un premier groupe d'une vingtaine de grandes îles entourées de ceintures cachées et d'estacades coralines qui briseraient net le navire, s'il les touchait. Plus haut est un groupe de six récifs longs d'une dizaine de milles et larges de deux ou trois, échelonnés comme par gradins les uns au-dessus des autres, séparés entre eux par deux cents mètres seulement en quelques points : ces récifs *atteignent à peine la surface de*

La rapidité du frottement engendra une petite fumée. (*Voir p. 275*.)

l'eau à marée haute : puis viennent les barrières impénétrables des bancs de Mulgrave, de Jerwis, et trente-six milles de coraux jusqu'à la Nouvelle-Guinée. Voilà où il nous faut trouver un passage. Si le malheur avait voulu qu'il y eût aujourd'hui brume dans ces parages, nous aurions coulé en une heure; car nous ne nous maintenons dans les canaux étroits, bordés de récifs souvent invisibles, que par des relèvements continuels avec les petites roches hautes de deux mètres seulement; quoique éloignées, nos yeux les découvrent. Notre plan est de gouverner toujours, d'après la carte, droit sur un écueil, jusqu'à ce que nous le distinguions bien; alors, sûrs de notre position, nous mettons le cap sur un autre.

Au moment où nous sommes par le travers des roches « Mardi », nous voyons un trois-mâts échoué : d'après les récits du poste militaire, ce doit être la *Loui-*

stana. Plus loin, par le travers de l'île « Mercredi », voici deux mâtures qui s'élèvent au-dessus de l'eau (*voir la gravure, p.* 285) : ces navires ont coulé l'un dans les récifs « Torrès-Sud », l'autre dans le récif « Nord-Ouest ». Un de ces deux navires est le *Saphir,* qui, en temps de calme, fut pris par un courant rapide : dix-huit hommes sur vingt-neuf ont été tués et mangés! C'est aussi dans ces parages, me disait Fauvel, que l'*Astrolabe* et la *Zélée* furent portées par un ras de marée sur des sables : pendant huit jours, la mer, qui s'était soudainement retirée, les y laissa à sec; puis, un beau matin, les vagues revinrent les prendre.

L'*Astrolabe* et la *Zélée* échouées sur les récifs de coraux du détroit de Torrès.

Quant à nous, le jour qui va bientôt finir nous presse : nous prenons le chenal *de moins d'un mille de large* qui est entre l'île Hammond et le récif Nord-Ouest; nous passons à cent mètres de la roche Hammond, une vraie borne de village; nous côtoyons les dentelures du corail à notre droite, où la lame brise un peu; puis nous pointons droit sur les « Ipili », sept aiguilles de corail de la hauteur d'un homme, sur lesquelles porte un courant de foudre; et nous gagnons la dernière île de ce dédale de dents, de pointes, de bancs et de récifs, « Booby-Island ». En cinq heures, durant lesquelles une seule minute d'hésitation nous eût perdus, le détroit est franchi, et Logan épuisé, fiévreux autant qu'il était calme à l'heure du danger, est tellement heureux de son passage, qu'il ne veut pas s'arrêter à Booby, sur laquelle le soleil couchant étend la teinte rosée de ses derniers rayons

Cette île est un roc de dix mètres de hauteur, sur lequel viennent nicher des milliers d'oiseaux de mer. A notre approche, leurs vols forment comme un nuage qui tourbillonne au-dessus d'elle : tout le plateau du sommet est de la blancheur du cygne d'Europe, tandis que des cavernes, aussi noires que le cygne d'Australie, se dessinent à sa base : de génération en génération, les oiseaux ont laissé là une couche épaisse des traces séculaires de leur séjour. Là, il y a une *boîte aux lettres*, comme au détroit de Magellan : les navires qui passent y déposent leurs paquets, et prennent ceux qui sont adressés à l'hémisphère vers lequel ils naviguent. (*Voir la gravure, p.* 284). C'est le bureau de poste fondé sur la confiance publique entre le Pacifique et l'Océan Indien : nous distinguons même sans nos longues-vues la caverne où la boîte est creusée; elle contient aussi des vivres, des vêtements, des planches pour les naufragés.

Sur ce rocher, aucun être ne respire : et bien des navires y ont laissé de leurs nouvelles avant de sombrer dans cette fourmilière d'écueils.

Le globe de pourpre du soleil disparaît, et les derniers feux des Cannibales éclairent pour nous les dernières silhouettes du continent australien !

Nous avions aperçu pour la première fois, il y a trois mois et demi, les côtes méridionales de cette terre sous la lumière électrique d'un phare perfectionné et sous la lueur du gaz d'une ville européenne. Après avoir vu l'Australie dans ses villes et ses prairies, dans sa politique et dans son commerce, dans ses salons et dans ses Cannibales, nous la quittons en un point septentrional où la race des Antropophages allume des feux sinistres avant de mourir ! Cette terre nous a présenté un monde de contrastes se succédant comme dans une lanterne magique. Une seule chose pourtant n'y change point, — c'est le colosse anglais dans toute sa richesse et dans toute sa puissance !

L'Angleterre, en effet, avait perdu l'Amérique : elle a pris sa revanche en venant créer l'Australie, et par un fait singulier, il est des hommes auxquels il a été donné d'assister à la fin de la domination anglaise dans le Nouveau Monde et au commencement de la colonisation du grand continent polynésien. Parmi ces pionniers, spectateurs de ces grands contrastes, un nom surtout a marqué en Australie et a été donné dans chaque bourg et dans chaque ville, c'est celui de Collins, qui avait pris part à la bataille de Bunkers Hill, et à qui il avait été réservé de proclamer par les paroles sacramentelles, à Port-Jackson, la prise de possession du continent tout entier au nom de la Grande-Bretagne. N'est-ce point là comme un symbole, comme un trait d'union entre ces deux efforts, l'un vaincu, l'autre triomphant de la force britannique?

Les deux colonies, pourtant, celle de l'Amérique et celle de l'Australie, offrent bien des différences dans leur origine, leur essence, leurs progrès et leurs tendances.

Là les fondateurs étaient des puritains fuyant la métropole par scrupules politiques et religieux, et s'inspirant de la Bible pour fonder une société. — Ici, c'étaient des convicts, expulsés pour les crimes qu'ils avaient commis dans la mère patrie et brûlant leur première église pour n'y pas être conduits de force.

En revanche, là une tache volontaire, celle de l'esclavage à l'état d'institution, est demeurée jusqu'à ces dernière années et n'a été lavée que dans le sang d'une horrible guerre civile. — Ici le « convictisme » a été refoulé chaque jour davantage par les envahissements successifs de l'immigration honnête, si bien que le chercheur le plus tenace ne parvient que dans une famille, sur cinq cents, à trouver des vestiges de la transportation.

Enfin, en Amérique, sous la domination anglaise, une vice-royauté despotique tenait pour crime de haute trahison ce qui n'était qu'opposition politique à l'administration coloniale : de là le conflit qui s'est terminé pour l'Angleterre par la perte de ses meilleures possessions. — Ici, au contraire, le gouvernement de la Reine a su s'attacher d'autant plus étroitement ces grands États coloniaux qu'il a rendu plus élastique le lien qui les rattachait à lui, et qu'en leur donnant autonomie et liberté, il a d'une façon plus généreuse et plus efficace favorisé leur essor.

La première tente a été posée sur ce continent il y a soixante-dix-sept ans : pour la vie d'une nation, ce sont les années de l'enfance. On vient à peine de tirer au cordeau les lignes droites d'une configuration de marqueterie gigantesque, qui déterminent les juridictions de *six* Parlements politiques, dont *trois* ont moins de quinze ans. Et pourtant, voici déjà que ces colonies nous donnent le spectacle de *quinze cent mille* Anglo-Saxons faisant un commerce annuel d'*un milliard et demi*, possédant *trente-six millions* de têtes de bétail qui peuvent être centuplées dans les espaces de prairies encore libres, ayant déjà extrait environ *cinq milliards* d'or de ce sol dont les gisements en contiennent encore, suivant l'expertise, six cent soixante-quatre.

En Français toujours séduit par l'histoire de la guerre de l'Indépendance, j'avais pensé qu'en abordant à Melbourne je trouverais bien vite des symptômes dénonçant une tendance à l'émancipation d'une nouvelle Amérique : au lieu de cela, je pars avec la conviction que l'Australie restera anglaise avec l'Union-Jack pour pavillon, comme une fille majeure de la mère patrie, fière d'avoir ses mœurs, ses institutions, sa responsabilité, et heureuse d'avoir dans la métropole un débouché constant et inépuisable pour son commerce.

A peine née, l'Australie prend en effet sa part toute grande sous le soleil et commence son existence, forte de tout un ensemble d'institutions, de sciences, de machines, de progrès matériels et moraux qu'elle applique à tout ce qui naît en elle sans être gênée par les entraves d'un passé, tandis que bien des peuples de l'hémisphère nord semblent avoir seulement atteint, à la fin de leur longue course, le point d'où part cette jeune terre, et avoir recueilli à grand'peine une laborieuse moisson, dont elle fait sa semence première ! Au progrès prodigieux de ses mines, de ses troupeaux, de ses villes, de ses chemins de fer, une chose mettrait un arrêt : ce serait précisément sa rupture avec la mère patrie.

Je ne vois qu'un seul cas où ce triste événement puisse se réaliser, non par une succession de refroidissements politiques, mais du jour au lendemain : c'est celui d'une guerre européenne. Ce jour-là, les colonies australiennes, que la métropole ne saurait tenter de défendre, n'auront, pour empêcher les flottes ennemies de venir bombarder des villes florissantes, piller leurs trésors et ruiner les habitants, qu'à se déclarer indépendantes et à arborer un pavillon neutre. Car, avant toute chose, il faut qu'elles conservent le précieux apanage de la liberté, qui fait couler rapidement le sang dans leurs veines, entretient leur esprit d'aventure, de hardiesse et d'énergie, qui enfin, en formant un faisceau d'une richesse génératrice inouïe, destinée à faire équilibre aux produits de l'ancien monde, montre la prospérité immense d'une colonie *libérale* opposée à la stagnation forcée et pénible des gouvernements de dictateurs.

Je n'ai pu quitter ce grand pays sans vous faire part de cette impression générale que chaque point nouveau visité par nous arrêtait ou corroborait en moi; comme les crêtes des côtes australiennes tout à l'heure, tout s'efface vite sur l'horizon, et bien des pays doi-

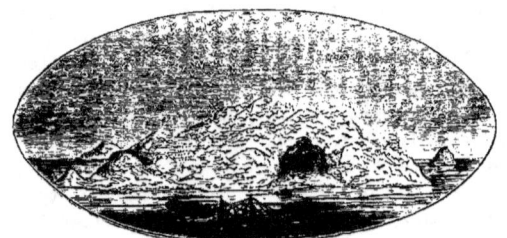

La boîte aux lettres. (*Voir* p. 282.)

vent se confondre dans notre sillage autour du monde; mais oublier la prospérité et les charmes de l'Australie... je ne le pourrai jamais!

7 novembre.

Depuis huit jours nous voguons sur les flots paisibles et étouffés de la mer d'Arafoura : plus de coraux ni de récifs — une grande houle du Sud nous berce langoureusement sur une mer d'un beau bleu; nos petits amis les poissons volants viennent, par nuées, croiser leur vol et multiplier leurs chutes; des bandes d'oiseaux blancs ne s'effrayent pas de notre passage, et restent flottants sur la surface des eaux, paraissant et disparaissant tour à tour avec les vagues qui les portent. Puis nous fendons, par notre avant, de longs bancs de frai de poisson, de plus d'un pied d'épaisseur, sorte de glu huileuse et jaunâtre qui modère le mouvement de la houle sur toute l'étendue qu'elle couvre (*voir la gravure, p.* 285) (ce qui me porte, par parenthèse, à trouver moins exagéré que je ne le croyais d'abord ce dicton d'après lequel on peut produire un calme relatif sur un point quelconque d'une mer furieuse en y déversant toute une cargaison d'huile); plus loin, des courants opposés se choquent les uns contre les autres, et se révèlent en plein calme par une écume bouillonnante, au point de faire croire à des récifs.

En passant par le travers de l'île Mercredi, nous voyons les mâtures des navires qui ont eu leur coque brisée par les coraux et qui ont coulé. (*Voir p.* 281.)

Notre *Hero* naviguait dans un banc de frai de poisson; autour de nous la mer était agitée.

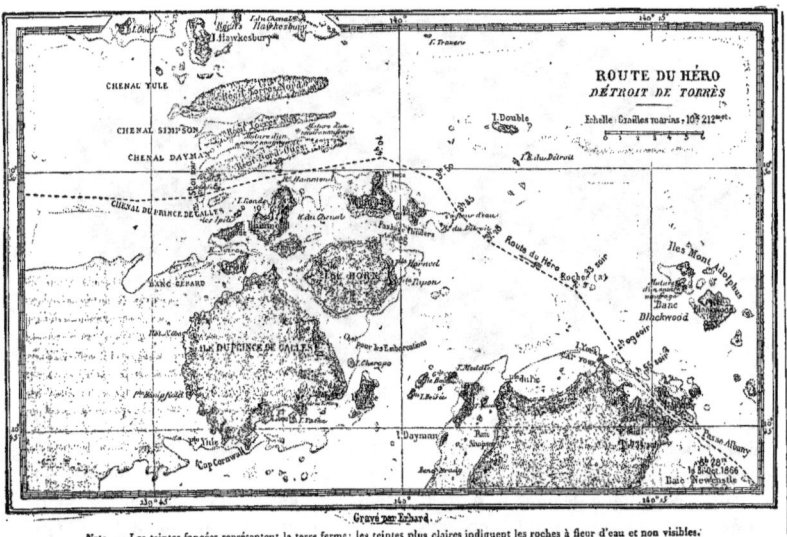

En continuant notre route vers le nord-ouest, nous avons vu de près la nature montagneuse et verdoyante de Timor, où les Hollandais et les Portugais luttent encore contre les Sauvages; les îlots de Rotti, de Samba, célèbres par leurs « ponies » grands comme des chiens de Terre-Neuve; les bois touffus de Sombawa, et enfin le beau pic de Bali, haut de plus de 12,000 pieds, plus escarpé que celui de Ténérifte, et commandant majestueusement par sa crête volcanique la passe étroite de Lombock. C'est par cette passe des plus pittoresques que nous entrons dans la mer de Java, en forçant la longue chaîne d'îles tourmentées qui relie à l'Asie le continent australien et en passant presque à portée de fusil des villages malais de la côte.

L'arrivée de notre *Hero* cause une émotion de joie chez ces populations jaunes qui, dès le premier abord, pa-

Les derniers feux des Cannibales.

raissent des plus aimables. A peine, en effet, le navire est-il en vue, vite des centaines de pirogues légères se portent au-devant de nous, chargées non plus de lances et de flèches comme celles des noirs Australiens, mais de légumes verts, de bananes, de fruits aux mille couleurs. Ces Malais sont presque des amphibies, et tandis que les uns arrivent en pagayant, les autres, — et surtout les femmes, — se jettent à la nage et cherchent à nous approcher. En voyant cet empressement d'un genre nouveau, Logan nous raconte une histoire légendaire en ces parages, mais qui peut-être n'est pas encore arrivée jusqu'à vous : un navire de guerre était venu jeter l'ancre dans ces parages, et avait aussitôt été entouré par deux ou trois cents de ces nageuses émérites qui laissaient sur la plage leurs marmots et leurs vieux parents, et voulaient le plus aimablement du monde, en costume de poisson, envahir la frégate. (*Voir la gravure, p.* 289.) Le commandant, qui était imbu des saines doctrines, et qui n'admettait pas ces privautés, donna l'ordre de repousser énergiquement cet assaut féminin, —

Par toutes les cordes qui traînaient, les sirènes grimpaient à l'envi et formaient en relief, sur les mailles du filet, la plus extraordinaire des tapisseries qu'on puisse voir. (*Voir p.* 291.)

l'équipage était trop bien discipliné pour refuser d'obéir; on fit signe aux arrivants de rebrousser chemin. — Mais ce fut peine perdue; de droite, de gauche, à l'avant, à l'arrière, par toutes les cordes qui traînaient, les sirènes grimpaient à l'envi. Un coup de sifflet retentit alors, et signifia que tous les filets de pêche du navire fussent étendus comme le grillage d'une volière, du bastingage aux hunes. Comme des oiseaux, les matelots furent alors pris dans la cage, tandis que ces dames, comme des chats, se tenaient suspendues aux mailles du filet, gambadant, sautillant, cherchant à passer, et formant en relief une des tapisseries les plus extraordinaires qu'on puisse voir.

Quant au *Hero*, son hélice lancée à toute vitesse ne lui laisse pas de semblables loisirs; de plus, la chaleur s'est concentrée d'une façon déplorable dans notre étuve de fer : la température varie sur le pont, à l'ombre, de quarante à quarante-sept degrés, sans abaissement bien sensible pendant la nuit; dans les cabines la machine donne une douzaine de degrés de plus! Aussi je n'y couche plus; je dors sur le pont à la belle étoile, malgré les sages avis de ceux qui redoutent en pareil cas les ophthalmies. J'ai, pour ma part, évité le mal en me bandant les yeux avec un mouchoir, comme si j'allais jouer à colin-maillard, — et du moins j'ai pu humer par instants, entre minuit et trois heures, un semblant de brise moins chaude. A quatre heures du matin, pendant que les matelots font la toilette du bord, nous nous rangeons dans le costume de nos premiers parents et nous nous faisons arroser de trente ou quarante seaux d'eau : c'est la seule heure, je vous l'assure, où l'on jouisse de toutes ses facultés.

Pour mettre le comble aux charmes de cette rôtissoire, un nouvel incident s'est produit : une nuit je me réveillai en sursaut; un matelot s'était pris en courant les pieds dans mes bras, et avait roulé sur moi avec deux seaux pleins d'eau; il allait au feu qui s'était déclaré à l'arrière du navire. Ça flambait à faire peur, comme si l'on avait répandu un baril d'esprit-de-vin sur le pont. Un peu de confusion d'abord..., puis tout fut éteint en une demi-heure, mais ç'a été une demi-heure désagréable, car la flamme courait sous le vent et gagnait vite.

10 novembre.

Depuis deux jours nous naviguons à toute vapeur le long des côtes de Java. M. Van Delden nous y promet des réceptions d'un luxe asiatique chez les princes indigènes, la vue de leurs harems, des chasses aux crocodiles et aux rhinocéros. Au lever du soleil, la brise de terre nous amène les légères flottilles de pirogues malaises, déployant leurs grandes voiles coloriées (*voir la gravure*, p. 292), faites de joncs tressés, souples comme de la toile. — Le soir, c'est un plaisir de voir leur course rapide, quand elles reviennent de la pêche, chargées de poissons qu'elles nous offrent; les baies, couvertes de bananiers et de palmiers, sont dominées par de hautes montagnes volcaniques dont les cimes, à cette heure, se dessinent en noir sur un ciel embrasé.

Vers dix heures du matin, nous jetons l'ancre; des pirogues et des « sam-pangs » nous entourent de toutes parts, apportant des légumes, de la viande, des fruits de toute beauté et que je vois pour la première fois de ma vie : les singes, leurs gabiers de beaupré, nous en jettent en pirouettant; nous sommes envahis par une foule de Malais criant, hurlant, et se disputant nos personnes comme nos bagages. Ils ont des chapeaux-parasols dorés, ou bariolés de toutes les couleurs les plus criardes : l'écarlate, le jaune, le vert, font fureur; une ceinture bleue, nouée aux reins, serre une veste indienne rose et retient, même pour les hommes, un jupon collant à dessins

Les pirogues malaises déploient leurs grandes voiles coloriées. (*Voir p.* 291.)

baroques; un turban à filets d'or entoure, comme une auréole, leur face couleur chocolat, au nez épaté, aux grosses lèvres, aux yeux fendus en amande. Tout en nous bousculant, ils se prosternent devant nous, s'emportent, vocifèrent, puis s'humilient. Les costumes les plus variés se confondent sur le quai encombré de monde, mais ombragés par les beaux arbres de la végétation tropicale, qui sont d'une verdure ravissante. Les grands cocotiers, surchargés de fruits, étendent leurs panaches dorés sur les bouquets touffus des manguiers, des bananiers, et les « flamboyants » s'élèvent tout écarlate de leurs fleurs de feu. C'est une vraie décoration d'Opéra, c'est la splendeur indienne, l'éclat oriental. — Nous sommes à Batavia.

Marchand de volailles à Batavia. (*Voir p.* 294.)

JAVA

I

UNE SEMAINE A BATAVIA

Berceaux de feuillage ombrageant les rues et les canaux. — Un hôtel javanais. — Brillantes couleurs des costumes. — La vie élégante dès quatre heures du matin. — Une odalisque. — La villa des nababs. — Miasmes vénéneux et meurtriers.

Batavia, 10 novembre 1866.

Les derniers habitants que nous avions salués en Australie étaient des Canni- bales à la peau noire et aux dards empoisonnés; les premiers qui nous reçoivent sur le sol de Java sont des douaniers de Hollande, pâles et blonds, vêtus de brillants uniformes et munis d'énormes trousseaux de clefs. En ouvrant nos malles sans merci et en les bouleversant de fond en comble, ils rendent moins brusque pour nous la transition entre les sauvages et les civilisés.

Sous l'immense hangar de la douane, plus de quatre cents porteurs couleur chocolat, aux bustes nus, aux ceintures écarlate, s'arrachent nos bagages et les emportent en courant. Je suis encore d'un regard tout inquiet certain carton à chapeau auquel se cramponnent furieusement seize « coulies [1] » suspendus en grappe, hurlant de toutes leurs forces et s'égarant dans la foule. Nous montons deux par deux dans de charmantes petites voitures ouvertes qui semblent dès l'abord s'offrir ici à profusion, le prestige des Européens exigeant qu'ils ne circulent jamais à pied. Chacune est attelée de poneys lilliputiens, vrais chiens de Terre-Neuve, provenant de l'île de Timor : leur crinière est rasée, leur petite tête est espiègle; ils nous entraînent ventre à terre! Les cochers bizarres qui les harcèlent de la voix et du fouet sont des Malais coiffés de chapeaux à raies rouges et dorées, sortes de cloches à melons gigantesques qui les ombragent tout entiers.

C'est ainsi que nous traversons au galop la vieille ville de Batavia, bâtie sur les boues malsaines du bord de la mer : il n'y a là que les habitations des Indigènes et bon nombre d'anciens comptoirs, dont les pignons de style antique rappellent les constructions hollandaises des siècles passés, et contrastent singulièrement avec la luxuriante verdure de la végétation tropicale. Dans ces ruelles apparaissent beaucoup de Chinois à la démarche arrogante, riches « dandies » du Céleste Empire, le front rasé et la queue si bien tressée qu'elle excite toujours l'envie d'y donner un coup de sonnette : un Malais les abrite du soleil sous un immense parasol bleu de ciel.

Pendant plus de trois quarts d'heure nous passons ainsi par les spectacles les plus nouveaux; nous longeons des canaux où se baignent de trente à quarante Malaises, troublées tout à coup dans leurs ébats par une pirogue surchargée de fruits et poussée silencieusement grâce aux efforts élastiques de langoureuses pagaies. Voici un escadron de cavaliers indigènes qui passent au trot à l'anglaise : leurs sabres, aussi hauts que le cheval, traînent à terre ; leurs longues piques touchent les panaches des cocotiers : Malais couleur de pain d'épice, à la lèvre pendante, déguisés en militaires européens, mais pieds nus, ils sont munis de magnifiques éperons faits pour bottes à l'écuyère. — Ici, de nombreux marchands ambulants, ornés de « langoutis [1] » aux couleurs les plus voyantes, courent les rues de ce pas trotté qui est particulier aux Indiens : ils gesticulent, apostrophent les passants, et rient de grand cœur. Là un employé de la municipalité dont voici l'uniforme (*voir la gravure*, p. 296) cherche en vain à réduire la poussière de la route; plus loin des marchands de volailles veulent à toute force nous faire acheter de ravis-

---

[1] Porteurs indiens.

[1] Ceinture étroite nouée autour des reins.

santes petites poules de la taille d'un pigeon. (*Voir la gravure, p.* 293.) C'est la foule la plus étourdissante, la plus pittoresque, la plus enjouée que j'aie jamais vue : il me faudrait des heures pour vous en décrire les mille couleurs, les types incroyables, l'animation criarde et mimique.

Mais bientôt nous franchissons un pont et nous entrons dans la ville neuve. Oh ! le féerique jardin, le paradis de verdure ! A vrai dire, à Batavia, il n'y a pas de rues ; il n'y a que de majestueuses allées ombragées par les arbres les plus beaux et les plus touffus, qui encadrent de vastes et longs berceaux, comme nous n'en voyons en Europe que dans les décors d'opéra. (*Voir la gravure, p.* 297.) Les rayons dardants d'un soleil impitoyable ne pénètrent que par intervalles dans cette ombre, tandis qu'ils dorent de reflets merveilleux tout ce qui la forme : ce sont les panaches multiples des cocotiers ; les branches élancées des « flamboyants » qui sont tout fleurs, et fleurs écarlate ; les bananiers aux feuilles vertes de grandeur humaine ; les arbres à coton chargés de flocons blancs comme neige.

C'est qu'en effet la plupart de ces berceaux de la Babylone tropicale ne sont encore que les trottoirs des « arroyos », ces grandes voies aquatiques qu'auraient creusées par centaines les Hollandais en souvenir de la mère patrie, si les populations malaises ne les avaient avant eux creusées par milliers. Ainsi se sont rencontrés les instincts de la race blanche du Nord et de la race jaune de l'Équateur : — les premiers navigateurs et les premiers pirates du monde découpent leur sol en îlots innombrables, et dans l'intérieur de cette ville les canaux sont les veines de la circulation de toute leur vie commerciale. Un nouveau berceau aux mille couleurs ombrage donc à gauche l'arroyo dont nous suivons la contre-allée (*voir la gravure, p.* 300) : je n'ai cessé d'interroger des yeux les barques innombrables qui le sillonnent, les groupes rieurs qui y barbotent, les bouquets de nénufars qui y fleurissent. A droite, des touffes de caféiers, de muscadiers, d'arbres à vanille, de tamariniers, laissent des échappées de vue sur les gazons de jardins féeriques ; et, au fond, apparaissent les palais blancs, à vérandas verdoyantes, des nababs européens. Je n'avais vu que ces allées et ces villas, me croyant dans une vallée de plaisance voisine de la cité, quand je débarquai à l'hôtel « der Nederlanden », qui est, paraît-il, au centre de Batavia. C'est donc ce bois fleuri qui est la ville même ! J'en suis comme enivré, et n'en puis croire mes yeux ! Par la barbe de tous les singes à longue et à courte queue que j'ai déjà vus, je vous assure que je suis impuissant à vous dépeindre mon étourdissement et mon admiration !

C'est au milieu d'un jardin et derrière de gros arbres qu'est située notre nouvelle demeure : le corps de bâtiment, tout en marbre, est soutenu par une fraîche colonnade qui le laisse à jour de part en part ; du côté de la rue et du canal est une véranda en rotonde où se prélassent, sur des berceuses en rotin, des officiers amaigris par les chaleurs. — Du côté opposé, un grand kiosque ovale, ouvert à toutes les brises, mais protégé du soleil par un toit léger, sert de salle à manger. Là, comme une fourmilière grouillante, une soixantaine de domestiques malais s'agitent pour mettre le couvert. Rien de joli comme leurs longues robes d'indienne rouge, leurs turbans variés, leurs ceintures multicolores, tranchant sur la blancheur des balcons et du carrelage. — Deux longues ailes de plain-pied, à vérandas et à colonnes, encadrent les parterres que domine le kiosque de festin. C'est là

Un employé de la municipalité. (*Voir p. 294.*)

que sont nos chambres, et en y entrant nous éprouvons une véritable sensation de fraîcheur, une température délicieuse, en comparaison de celle du dehors : là, en effet, le thermomètre marque 46°, et ici il veut bien descendre à 39°. Il est cinq heures du soir : grand Dieu ! que sera-ce donc demain vers midi ?

A peine défaisons-nous nos malles, qu'un homme se présente à nous. Indigène, moitié huissier, moitié gendarme, sabre au côté et pieds nus, il nous fait inscrire, de par la loi de haute police, nos noms et qualités sur un registre qu'il semble tenir en vénération, exigeant pour chaque colonne une désignation

Une rue centrale à Batavia. (*Voir* p. 295.)

légale et minutieuse. J'obtempérai de grand cœur au règlement du préfet colonial; mais quand mon auguste compagnon de route dut marquer son domicile, il fut tenté de mettre « Batavia même » : tout ce qui n'est pas la patrie bien-aimée ne devient-il pas le domicile également passager de l'exilé?

Si les arbres en fleur d'un paradis terrestre sont les beautés les plus caractéristiques de la cité, les piscines en marbre où l'on se baigne sont bien les endroits les plus délicieux d'un hôtel javanais. Moins de dix minutes après mon débarquement aux « Nederlanden », je gagnai l'extrémité de la colonnade, je descendis quelques marches, et je savourai dans la plus blanche des piscines les voluptueuses fraîcheurs d'une pluie abondante, fabriquée par un Malais qui, en se dandinant, pompait l'eau jusqu'au plafond, d'où elle retombait pour m'inonder. Je me serais éternisé dans ce bain, si la patience de mes placides Malais ne m'avait impatienté. Deux « essuyeurs », en effet, m'avaient suivi de force, et attendaient, accroupis à quatre pas de moi, qu'il me plût de daigner désirer leurs molles serviettes, et, à côté de l'homme pompant, un quatrième homme à robe rouge m'offrait une corbeille garnie de mangues, de mangoustans grenats dont l'intérieur est comme un granit de neige rosée, et de bananes côtelées qui embaument.

A la nuit, nous dînons dans le kiosque; autour de nous, une foule bariolée et bruyante danse sous les grands arbres, auxquels se balancent des lanternes vénitiennes. De temps en temps, au milieu des vestes roses et des houppelandes vertes, passe nonchalamment, dans un flot de vêtements blancs, un riche Hollandais qui se fait précéder du feu de son cigare démesurément long. — Nous sommes servis par toute l'escouade orientale dont je vous parlais tout à l'heure : j'ai un Malais pour me verser, le bras haut, de l'eau à la glace; j'en ai deux pour changer mes assiettes, trois pour apporter les plats; celui-ci découpe, celui-là attend l'instant du café. Je crois que si j'avais envie de douze mets, et surtout si je parvenais à les demander dans la langue locale, j'emploierais les douze hommes en rouge qui sont derrière moi! Quel coup d'œil par cette belle soirée, sous une vive lumière! que de couleurs variées! Et quand, mollement étendu sous la véranda embaumée par les fraîches vapeurs du soir, je m'écrie : « Sapada, cassi api! » vite un de ces Orientaux des *Mille et une Nuits*, qu'on serait tenté d'appeler des esclaves, quitte la colonne au pied de laquelle il était silencieusement accroupi comme une statue de Bouddha, et m'apporte pour rallumer mon cigare une longue mèche dont il est le gardien attitré; c'est une sorte de sciure agglutinée de bois de sandal qui brûle nuit et jour et répand une délicieuse odeur. Peu à peu je me sens devenir pacha!

Quant au dîner même, je fais mes réserves d'homme du Nord : quarante-huit espèces différentes de piments, une montagne de riz qui cache un microscopique pilon de poulet-pigeon (l'antitype du pilon du Dinornis australien), le tout dans une sauce au poivre rouge formant le célèbre « kari »; absence de viandes que puisse couper un couteau ordinaire, et abondance de salades de bambou et de « chatny »; voilà qui offre certainement une couleur locale très-appréciée des amateurs, mais qui allume dans les palais et les estomacs non habitués encore à la cuisine javanaise des feux torturants, que les boissons attisent encore davantage.

11 novembre.

En me couchant hier soir dans un lit qui avait déjà la particularité d'avoir, non pas des draps, mais des nattes, j'ai été fort surpris de trouver, outre les innombrables cousins que tenait prison-

Un canal à Batavia. (Voir p. 295.)

niers la moustiquaire, un compagnon tout au moins étrange. C'était un long boudin de deux mètres, fait en nattes, gros comme un traversin ordinaire, et qui m'attendait, couché dans le sens de la longueur. On a eu la complaisance de m'expliquer qu'aucun habitant de Java ne dormait sans ce produit végétal, qu'il faut garder entre les jambes pour rafraîchir tout le corps. Ce trait de mœurs m'a fort amusé; mais s'il berce les Créoles d'un sommeil réparateur, il porte involontairement les Européens à un violent pugilat. De plus, des nuées insaisissables de moustiques bourdonnants, indiscrets et piquants, sont venus nous exaspérer en sifflant à nos oreilles leurs airs javanais; mais comme les piments, les boudins de natte et les moustiques rentrent tout à fait dans les mœurs de la localité, je compte en peu de jours m'en faire des amis.

A l'opposé des habitudes de Paris, la vie du grand monde commence ici à quatre heures et demie du matin. Dès l'apparition des vapeurs de l'aube tropicale, vieux et jeunes de faire retentir sur les dalles le frottement de leurs babouches traînantes, puis, vaguement enveloppés d'indienne flottante, de courir à la piscine et d'y savourer une onde qui paraît glaciale. Lorsque j'en sortis, je rencontrai une véritable odalisque aux yeux d'ébène, à l'aspect étrange; elle se laissait glisser entre les colonnes, rejetant en arrière des flots de cheveux noirs qui tombaient jusqu'à terre, en se drapant à l'antique, comme la Stratonice, dans du cachemire rose. Les mouvements saccadés puis chatoyants de ses regards, la rapidité fauve de son passage, sa démarche de lionne surprise, et le feu

Type de marchandes malaises. (*Voir p.* 303.)

du sang indien qui donne toujours un charme si fascinant, en firent pour nous une véritable apparition. C'est, nous dit-on, la fille d'un capitaine hollandais et d'une native de Bornéo.

La beauté métis s'épanouit merveilleusement sous le soleil de Java, tandis que les malheureuses Européennes, affaiblies et exténuées par les chaleurs, sont pâles et livides : elles inspirent la plus profonde pitié. Telle fut ma première impression, en faisant ma promenade de quatre à six heures du matin, heure élégante par excellence. Mais ce qui me frappe surtout, c'est un poste militaire : vingt Malais y sont en faction armés de piques et de longues fourchettes qui ont plus de trois mètres. On nous explique qu'il y a dans le pays un grand nombre d'indigènes atteints de maladies mentales: surexcités par l'opium, ils errent dans l'île, armés d'un sabre, et embrochent le premier passant venu, pour la plus grande gloire du Coran : on les appelle des « amocks ». Dès qu'il en paraît un, le poste lui court sus, le cerne entre trois fourchettes, et le caporal, dont on reconnaît facilement le grade à ce qu'il porte des souliers, a l'honneur de perforer d'un dard le terrible amock. — Premier aperçu sur la police intérieure.

Une promenade, cinq ou six bains successifs et un déjeuner piquant, voilà une matinée à Batavia : l'après-midi, tout le monde dort.

Vers six heures du soir, le mouvement vient à renaître : des centaines de voitures ouvertes circulent : la population européenne, se prélassant tête nue, se porte vers la plaine de « Waterloo », où il y a musique militaire : nous suivons le flot, toujours ravis des allées enchanteresses et des costumes brillants. Le « Longchamps » est empreint du cachet le plus colonial : la garnison, forte de neuf mille hommes, en fait le principal ornement; plus de trois cents voitures se rangent à l'ombre des grands arbres ; les airs nationaux, fort bien exécutés, résonnent avec fracas; et au milieu des myriades de Javanais en tenue de fête, étincelants des parures orientales les plus vives, les officiers galopent à plaisir. Figurez-vous un grand et bel homme en tunique bleue, en large pantalon blanc, à grandes bottes, grands éperons et grand sabre : supposez qu'il veut bien écarter un peu les jambes pour laisser passer entre elles un poney harnaché pompeusement et de la taille d'un terre-neuve, vous aurez vu dans la plus pure vérité le portrait des représentants à Java de la cavalerie de toutes les Néerlandes. La petite taille du cheval ne porte atteinte en rien aux grandes vertus militaires, et Dieu sait que la gloire de cette armée est au-dessus de tout éloge; mais quand un escadron de chevaux du pays de Lilliput montés par de dignes frères de Gulliver exécute la charge à fond, il y a de quoi rire de bon cœur.

Nous dînons le soir chez notre ami M. Van Delden, président de la chambre de commerce. L'aimable compagnon de l'étouffante cabine du *Hero* avait repris sa vie de nabab, dans son palais, au milieu des douces joies d'une charmante famille. Piscines luxueuses, jardins d'Armide, véranda-salle à manger au milieu de l'exubérante verdure de bosquets riants ; nuée de serviteurs indiens dans leur plus riche costume national, rien n'y manque de ce qu'on peut rêver comme récompense princière du travail, de l'honneur et de l'intelligence. Comment, après les délices si bien méritées dans une pareille oasis, revenir habiter une rue boueuse et brumeuse de Hollande et y vivre sans vingt chevaux et sans quatre-vingts serviteurs ! La Hollande n'est plus qu'un drapeau passionnément aimé de ces cœurs patriotes; il leur faut de temps à autre l'aller revoir et se retremper sous ses couleurs; mais l'espace, la richesse, le soleil, le commandement y font défaut pour les heureux de Java, que le monopole a faits ici pachas et rois, et qui ne sont point tentés de redevenir chez eux contribuables, administrés et locataires !

12 novembre.

Promenade « fashionable » à cinq heures du matin sur les poneys fringants de M. Van Delden. Toujours les mêmes berceaux, les mêmes merveilles de verdure, de floraison, de parfums et de feuillage : toujours le même luxe de villas disséminées dans les jardins, le même mouvement sur cent canaux divers, et les mêmes couleurs verdoyantes sur cette fourmilière indigène, qui va, qui court, qui trotte, en glapissant bruyamment comme une volée de cacatois. A neuf heures du matin, nous en sommes déjà à notre cinquième bain : cette température torride de 44° dans la cave ferait, vous le pensez, éclater tous les thermomètres qu'on mettrait au soleil : je l'affrontais pourtant, coiffé d'un casque indien blanc, de forme pyramidale, qui me donnait l'air d'un pompier de Nanterre passé au badigeon : la vieille ville m'intriguait : là, les ruelles sont étroites et tortueuses : les habitants s'y empilent dans des huttes de bambou, comme nous entassons des sacs de blé dans nos halles : les boutiques malaises sont remplies d'étoffes de calicot ou de comestibles gluants; la marchandise est en général plus coquette que les marchandes, dont voici un type. (*Voir la gravure, p.* 301.) Ici, à l'angle d'une ruelle, deux artistes attirent la foule, en faisant une musique qui ressemble assez à celle de nos enfants de France, lorsqu'ils frappent avec un bouchon des rectangles de verre (*voir la gravure, p.* 304) : les boutiques chinoises sont d'un ordre supérieur. Voici, par exemple, l'échoppe d'un horloger chinois : la queue tressée du propriétaire est le seul vêtement qui apparaisse sur son buste immensément gras; une loupe est maintenue sur son œil gauche par une contraction du sourcil qui lui fait faire une grimace horrible : ce joaillier demi-nu perfore audacieusement une montre de Bréguet et semble très-fier de démonter habilement des cylindres de Paris. Son voisin vend des singes; son vis-à-vis, mille compotes de piments dans mille soucoupes superposées. Partout une odeur putride et nauséabonde est répandue : la brise de mer en apporte d'épaisses bouffées, exhalées par les bois de palétuviers et d'arbustes vénéneux qui couvrent la plage. Le flot vient gonfler leurs racines noueuses, poreuses et torturées; en quelques heures leur diamètre augmente de plusieurs pouces; puis le jusant les laisse à sec sur des boues malsaines; le soleil darde, il les évapore et les dessèche; un cordon de nuées jaunâtres de vapeurs pestilentielles se forme, et reste un moment suspendu, attendant que la brise l'emporte : ah! malheur aux parages où le dirige le caprice de l'atmosphère!

Ce sont ces miasmes fétides qui ont donné à la vieille ville de Batavia cette universelle réputation de mortalité qui vous faisait trembler pour nous quand nous sommes partis. Le fait est qu'il est incalculable, le nombre des victimes qui ont succombé là depuis l'occupation! Je m'entretenais de ce sujet avec un plaisant compagnon : « Oh! me disait-il, avant l'époque où nous nous sommes éloignés de la plage pour fonder la ville neuve, on mourait comme mouches dans ce vieux Batavia; c'est l'empoisonnement « en grandeur natu- « relle » pour tout être humain; mais qu'importe maintenant? il n'y a plus que les Chinois et les Malais qui y habitent! »

— Ce mot, rien moins que philanthropique, me rappelait certaine correspondance de la dernière guerre du Mexique : après avoir énuméré les désastres de la fièvre jaune sur le littoral et rendu compte du mouvement des troupes vers l'intérieur des terres, elle disait : « Du reste, que les familles se rassurent,

il n'y a plus que les marins à la côte ! »
— Les familles des marins en France ont dû être à peu près aussi tranquillisées que celles des Indigènes le sont ici.

Malgré la pureté de l'air de la ville neuve, nous venons d'avoir un terrible exemple de ce qu'amène une imprudence. Un de nos voisins de table qui, hier soir, avait mangé avec trop d'avidité les succulents ananas rosés de notre dessert, était un peu pâle au déjeuner de midi, — à trois heures il était mort! C'est la seule chose qui se fasse vite sous les latitudes tropicales !

A peine l'heure de la sieste est-elle

Musiciens malais. (*Voir p.* 303.)

passée, nous nous mettons à écrire sous notre véranda. Vite une cinquantaine de Chinois et de Malais viennent nous assiéger pour nous vendre des cravates et des mouchoirs, des photographies de Paris, des fruits tropicaux et des images militaires d'Épinal. (*Voir la gravure, p.* 305.) — Je les chasse, ils reviennent; je les menace, ils étalent cent « bibelots » de plus, vantant qui un pantalon, qui de l'eau de Cologne, qui des singes. Résolus à attendre la fin de ma lettre, ils sont en ce moment accroupis en plein soleil, à dix pas de nous, espérant évidemment que je serai tout à l'heure dans des dispositions plus conciliantes. Le soir nous sommes mis en éveil par un incendie : cent quatre-vingt maisons — lisez baraques — de la vieille ville flambent comme une boîte d'allumettes. Que de vermine aura été grillée!

13 novembre.

Ceci ne pouvait pas manquer! Le capitaine du *Hero*, notre voisin de galerie, a pâli hier soir et a passé la nuit à quatre pattes, vomissant et hurlant! Nous-mêmes, nous payons le tribut des nouveaux arrivants, et nos estomacs sont dignes de pitié. Si nous conservons notre belle humeur, nous serons sauvés de ce

Marchands de fruits. (*Voir p. 304.*)

fantôme du choléra, — et du choléra de Java! — qui prend la peur dès qu'il ne l'inspire plus.

Voici, du reste, qui va nous remettre : l'air pur des montagnes de l'intérieur. Une lettre charmante du Gouverneur général par intérim nous dit que « la politique ne lui permettant pas de rendre au Prince exilé les honneurs dus à un prince français, il lui demande pourtant de le traiter comme le petit-fils d'un roi ». Il nous envoie un passe-port de circulation, faveur très-rare et très-précieuse, pour toute l'île, et même pour les terres dites « princières », où règnent, sous le protectorat hollandais, les Sultans de Sourakarta et de Djokjokarta : les Résidents (Préfets) et tous les Princes indigènes de l'île sont prévenus, et les chevaux de poste du gouvernement sont mis gratuitement à la disposition du Prince. C'est là une heureuse fortune, qui nous ravit et nous remplit de la plus sincère reconnaissance.

Le mouvement étant recommandé pour ceux qui faiblissent sous ce climat de feu, nous n'avons point refusé une gracieuse invitation du Résident de Batavia, M. Hoogeven. A six heures du soir, sa voiture de gala vient nous prendre : quatre coureurs, tout de blanc habillés, portent à la main une longue queue blanche de cheval, dont ils caressent notre attelage; ils jouent des jambes de toute leur force, chacun à côté de son poney, et chassent merveilleusement les mouches; nous galopons et ils courent : c'est l'usage !

En une demi-heure, nous sommes au palais : bataillon de serviteurs sur les marches, turbans, ceintures, panoplies, magnifiques figurants de scène orientale, tout brille sur des gradins de marbre. Le Résident reçoit le Prince avec la plus grande cordialité; puis viennent le général commandant, des colonels d'artillerie, des ingénieurs civils... et enfin le Sultan et la Sultane d'une des principautés de Bornéo. Le mari est un vieux bonhomme rabougri, ridé, rhumatisé, mâchant frénétiquement une pâte de chaux et de bétel, qui rend les dents noires, les gencives saignantes, et qui, intercalée entre les dents et la lèvre inférieure, fait enfler celle-ci, déjà pendante par nature; ainsi s'accroît un atroce et difforme bourrelet.

Mais la Sultane est très-gentille, toute petite, jeune, l'œil éveillé : elle rend les saluts aux jeunes Européens avec une grâce parfaite; sa toilette se compose d'une houppelande de soie bleue et or; une écharpe blanche et cerise, passée en sautoir, lui couvre la poitrine et y est maintenue par douze croissants enlacés, formant broche, en diamants de son île; c'est un des jolis bijoux que j'aie jamais vus : un turban rouge, avec un pompon de diamants sur le côté, encadre sa tête cuivrée, expressive et rieuse.

Pour nous, en nous promenant sous les arcades blanches, au milieu des groupes étranges de soldats, de serviteurs, de brûle-parfums et d'allumeurs de cigares, nous avons la joie d'organiser avec l'aimable Résident une chasse aux crocodiles.

16 novembre.

En dehors des siestes répétées, qui sont le grand secret du bonheur quand on est si près de la Ligne; en dehors des flâneries, des baignades, des délicieuses tasses de café, tout est fatigue, sous ce soleil! J'ai pourtant fermé mon courrier pour l'Europe, et je l'ai affranchi, ce qui n'est pas, croyez-le bien, une banale politesse : trente-six francs de port de lettres, voilà mon impression du matin.

J'allais oublier notre visite au musée, dont le Résident a fait les honneurs au Prince. Outre les coureurs chasse-mouches, M. Hoogeven est accompagné du coureur porte-parasol doré et de deux allumeurs de cigares qui, trottant derrière nous, brandissent « l'api » de bois de sandal, ce feu de Vestales toujours entretenu par les « manille » des fonctionnaires. Le musée est si curieux, que le voyageur qui n'est point versé dans le sanscrit n'y comprend rien, mais c'est magnifique! Divinités javanaises, sundanaises, baliennes, hindoues, à gros ventre, yeux en coulisse, bosses, double face, demi-douzaine de bras et de pieds en l'air, poulets à cinq pattes en argent, lampes anciennes et tam-tams sur lesquels nous produisons des bruits étourdissants, que sais-je? on en rêverait.

Le *Hero* repart aujourd'hui pour la chère Australie : nous voulons, en lui confiant nos lettres, lui souhaiter «bonne brise» et y faire le classique déjeuner du départ[1]. Pauvre navire avec lequel nous avons couru maints dangers! je le vois encore rasant de quelques mètres la roche de corail où nous devions mille fois nous briser comme verre! je le vois égaré pendant quinze heures après le passage de «Bali», quand un courant fatal nous avait portés au N. E., tandis que nous gouvernions à l'O. N. O. Et il va de nouveau, en faisant siffler sa machine, mettre en fuite les flottilles des pirogues montées par les Cannibales! En tout cas, il fait en partant une bonne action : il emmène un pauvre malade que tue le soleil des tropiques : squelette de poitrinaire, l'infortuné va demander à la belle Nouvelle-Galles du Sud ou à la fraîche Tasmanie de lui rendre la santé. S'il respire encore quand il abordera, la sympathie et la cordialité dont les étrangers y reçoivent les marques le sauveront assurément!

Comme nous disions adieu à notre vieille barque en fer, sur laquelle nous avions été bien mal à l'aise, mais que nous aimions pourtant, deux coups de canon tonnèrent : une fumée noire apparaissait au large : la malle de Singapour, le «*Cores de Vries*» arrivait : notre cœur battait fort; elle devait avoir à son bord un jeune Prince revenant d'une glorieuse expédition. Nous nous portâmes au-devant d'elle dans une pirogue; avant même qu'elle mouillât, nous avions déjà sauté sur le pont. Là nous serrions dans nos bras, avec une émotion indescriptible, le Duc d'Alençon. A plus de trois mille lieues de la patrie, il nous était donc donné de nous revoir, de causer des nôtres, de nous raconter nos voyages, nos douleurs et nos espérances!

Le Duc d'Alençon, lieutenant dans l'armée espagnole, commandait l'artillerie dans une expédition contre les pirates et les Indigènes à Mindanáo (Philippines). Il avait, dans les labeurs d'une campagne terrible sous ce soleil de feu et sur des marécages pestilentiels, échappé cent fois aux épidémies et aux embuscades. Mais ce que nous ne pouvions arracher à sa modestie, c'étaient les détails sur l'attaque brillante du «Fort de Sanditan» (*voir la gravure*, p. 309), qui avaient déjà fait grand bruit à Batavia : il avait escaladé un des premiers les palissades du Fort encore rempli d'Indiens qui tiraient à mitraille et qui tuèrent un officier à ses côtés; il avait sauté sur les pièces et s'était rendu maître de douze canons. Aussi le Gouverneur général lui avait-il donné, comme dépouilles opimes dues à sa vaillance, les

---

[1] Nous avions agi avec adresse en saisissant cette occasion pour Torrès : des lettres d'Australie m'ont appris que les difficultés et les dangers de la route avaient fait renoncer les gouvernements australiens à l'idée d'établir la ligne étudiée par le *Hero*.

armes et la tunique du chef des Indiens, tué dans la mêlée.

Le « *Cores de Vries* » offrait le plus singulier aspect : le pont était encombré de plus de deux cents pèlerins revenant de la Mecque en costumes étincelants. Leur front radieux et inspiré, leur démarche majestueuse et pleine de componction, exprimaient toute la ferveur de ces croyants, que les dépenses, les fatigues et les jeûnes d'un si pénible et si long pèlerinage n'avaient pas rebutés.

Le duc d'Alençon.

II

CHASSES AUX CROCODILES ET AUX RHINOCÉROS

Une pirogue renversée par un crocodile. — Voyage dans l'intérieur. — Tous les Indigènes accroupis devant les Blancs. — Singes aimables. — Un prince javanais et ses bayadères. — Sa tribu nous rabat les rhinocéros. — Ses trois canards favoris.

18 novembre.

Avant quatre heures du matin, notre joyeuse colonne française était emmenée au galop par l'aimable Résident M. Hoogeven, renforcé de sept ou huit chasseurs du pays. Tout est commandé pour cette chasse officielle aux crocodiles : voitures à quatre chevaux pour aller jusqu'au quai; canonnière pour sortir de la rade, longer la côte et gagner une rivière qui se jette dans la mer au milieu des bouquets de palétuviers; canots de la marine royale et pirogues ma-

Le duc d'Alençon, le revolver au poing, entraîna ses hommes et escalada l'un des premiers les palissades du fort encore rempli d'Indiens, qui tiraient à bout portant. (*Voir* p. 307.)

laises, etc., etc. J'étais même tenté de croire, en voyant ce brillant apparat, qu'on avait, de par les ordres d'une vénerie asiatique, panneauté la veille quelques crocodiles, comme on panneaute les chevreuils pour les tirés de France ; mais la suite me prouva que ce gibier n'entend pas si bien la flatterie que le nôtre.

Il est six heures du matin quand la canonnière mouille sur la barre de la rivière : nous nous disséminons dans des pirogues, et nous écarquillons les yeux pour pénétrer les grandes herbes qui couvrent les berges boueuses, pour sonder une eau vaseuse et jaune ; mais rien ne paraît. Nous remontons et redescendons plus de vingt affluents de la rivière : notre pirogue glisse silencieusement, grâce aux pagaies, entre des bouquets touffus de plantes aquatiques et vénéneuses qui nous ombragent, et mille serpents vert foncé et bleu jaunâtre se faufilent et se cachent : quelques-uns, la tête haute de deux pieds au-dessus du niveau de l'eau, traversent fièrement à la nage, comme pour nous défier.

Vers dix heures, tandis que le soleil commence à nous rôtir de ses rayons dévorants, que les nuées nauséabondes des miasmes nous prennent aux tempes et à la gorge, voici des globules d'air qui bouillonnent à la surface, à quatre pas de nous. Attention ! c'est un crocodile qui respire : les acolytes amateurs, pendant ce temps, font voler des bouchons de champagne ; pour nous, anxieux sur l'avant, nous espérons le monstre. A quatre-vingts pas, un léger remous s'agite, des ondes concentriques se soulèvent, et une longue arête noire et dentelée (je lui donne de vingt à vingt-deux pieds) paraît comme une flèche rebondissante à la surface de l'eau, puis replonge pour poindre encore un peu plus loin. Malgré un angle de tir aussi aigu, malgré la distance et la dureté de la carapace, nous faisons feu. Est-ce simple curiosité ou véritable douleur, le crocodile sort de l'eau verticalement jusqu'aux pattes, et... nos compagnons affirment qu'il est mort au fond de l'eau, ce qui est l'histoire accréditée de tous les crocodiles manqués ! Mais pour nous, qui sommes habitués à ne compter gibier tué que le gibier mis dans la carnassière, nous croyons qu'il pourra encore couler des jours très-heureux.

Je soupçonne l'horrible bête d'avoir voulu tirer vengeance de son égratignure ; car pendant que nous rechargeons nos carabines, sa grande gueule, à je ne sais combien de dents, s'ouvre soudain pour happer l'avant d'une pirogue qui suit la nôtre : elle est montée par deux Indiens ; le plus leste prend un harpon de cuivre de plus de deux pieds, fixé à une longue tige de bois de fer, et le lance droit au fond de la gueule du monstre. La pointe produit une telle douleur sur ses amygdales, qu'il donne un formidable coup de reins ; la pirogue est lancée en l'air comme un ballon, et les deux Malais, culbutés dans ce saut périlleux involontaire, retombent dans l'eau et gagnent la rive avec la rapidité que donne la frayeur ! Le crocodile, qui a de ses dents rompu net le bois de fer et gardé le harpon enchevêtré dans son râtelier, fait en l'air une énorme pirouette (*voir la gravure, p.* 313), la queue en trompette et le ventre au soleil, si bien qu'un instant il nous apparaît dans son entier. Une fois nos armes rechargées, aucune occasion aussi favorable ne se présenta plus à nous : nous avons compté environ quinze apparitions de crocodiles pendant cette matinée, et j'estime qu'il y avait cinq ou six de ces énormes bêtes dans nos eaux. « Tirez donc à l'œil ! » nous disait-on chaque fois, comme si c'était chose facile à quatre-vingts pas, avec quatre ou cinq degrés d'angle, et toute la population d'un village accourue sur les rives, où une balle maladroite aurait tué dix indigènes dans l'alignement de ce malin gibier. Il paraît que lorsque les eaux sont basses, les crocodiles restent sur la berge à se vautrer dans la bourbe, et alors rien n'est plus aisé que de leur placer une balle meurtrière. La difficulté de notre chasse en pirogue, ses émotions palpitantes et son danger, nous ont fait passer une bonne matinée. Espérons autant de plaisir, moins de soleil et plus de chance pour une autre fois.

Vers midi, en effet, le soleil maintenant les amphibies au fond des eaux, nous battons en retraite, quelque peu étourdis par l'intensité de la chaleur, et grisés par les odeurs malsaines. La canonnière nous porte à l'embouchure de la rivière « Ankee », dans l'Ouest : nous montons de nouveau en « prahu », pirogue faite d'un tronc d'arbre creusé et à poupe grossièrement sculptée : trente Malais chantants et trottants s'attellent sur la rive à une longue cordelle, et notre barque fend avec rapidité les eaux chaudes et boueuses. Nos remorqueurs, presque nus, ne paraissent point effrayés des grandes herbes, et s'y jettent dans les tournants pour ne point ralentir notre marche. Au lieu d'un chemin de halage, c'est la jongle qu'ils côtoient, obligés souvent de passer à la nage les affluents qui leur coupent la route.

Nous allons ainsi à la villa du « capitaine des Chinois » : ce « gentleman » du Céleste Empire, qui est venu au-devant de nous, est, paraît-il, un haut personnage : nommé par le gouvernement hollandais, reconnu par tous les Chinois de l'île, il est à la fois ministre plénipotentiaire, préfet de police, juge ou avocat pour toutes les affaires qui concernent ses compatriotes ; et comme ceux-ci forment un élément financier et social d'une grande importance dans la colonie, ce n'est pas une sinécure. Pendant le trajet, un de nos serviteurs indigènes sauta d'un bond jusqu'à ce fonctionnaire, et remit dans la barque l'extrémité de sa chevelure : « Prenez garde, monsieur le mandarin, rentrez votre queue, qui traîne dans l'eau ; un caïman va vous tirer par là. »

Un déjeuner nous fut servi sous un toit de pagode, mais la chaleur nous avait rendus demi-morts : les vins d'Europe furent absorbés, et quelques têtes en furent troublées, — gaiement, bien entendu. Le flot des histoires cynégétiques déborda, et il fallait avoir chassé pendant huit heures les crocodiles pour ajouter foi à une pareille collection d'aventures ; aussi le fou rire était-il général. Malgré ces excellents breuvages, je ne pus m'empêcher de faire grimper un laquais indigène au sommet d'un cocotier, et il m'abattit deux cocos verts, dont je bus le lait avec délices. Bientôt un groupe de Malais accourent ; ils montrent du doigt, sur l'autre rive, un crocodile qui digère pendant que nous déjeunons : le baron Bache, ancien officier d'Afrique, qui accompagne le Duc d'Alençon, et

Le crocodile avait de ses dents rompu net le bois de fer et gardé le harpon enchevêtré dans son râtelier. (*Voir p.* 311.)

qui est un tireur hors ligne, fait feu et place une balle dans le dos de la bête; celle-ci saute dans l'eau, et laisse à la place de son plongeon une grande tache de sang. « Elle est morte ! » crions-nous tout joyeux. Mais nullement, elle reparaît plus loin en portant une patte en l'air; toutes nos balles s'y concentrent, et quelques globules veinés de sang s'élevant du fond de la rivière sont les dernières nouvelles que nous ayons reçues du monstre. Il me faut donc renoncer à l'espoir, dont je m'étais longtemps bercé, de rapporter dans ma famille une carapace noire longue de vingt-cinq pieds, et de la suspendre à mon plafond!

Les équipages du Résident nous ramènent par terre à Batavia, et une demi-heure après, vers trois heures, nous devons déjà repartir. Notre chasse émotionnante aux amphibies n'a été qu'une sorte de prélude destiné à nous mettre en haleine. C'est aujourd'hui, en effet, que nous avons décidé de commencer notre voyage dans l'intérieur de Java; nous pensons qu'il durera un mois environ, si notre activité australienne ne se laisse pas émousser par cette brûlante atmosphère.

L'île entière est sillonnée de routes magnifiques, les relais sont organisés en tous points, des caravansérails disposés de distance en distance, et — bref — c'est en poste, comme dans la bonne France de jadis, que l'on parcourt ce pays réputé si sauvage. L'excellent M. Van Delden nous a prêté deux chaises de poste indiennes, grands paniers couverts d'un toit blanc, avec siéges par devant et par derrière. Nos bagages sont, par nécessité, réduits à leur plus simple expres- sion. Pour moi, je n'aurai d'alternative qu'entre la toile bleue du chasseur français, le casque de pompier, les bottes préservatrices des serpents d'une part, l'habit noir et le gibus pour les Sultans de l'autre : tout est bien arrimé dans nos carrosses.

Comme nos connaissances en langue malaise se bornent à savoir demander du feu, de l'eau et du riz, nous avons pensé qu'il n'était pas très-prudent de nous aventurer ainsi dans les terres pour un long voyage; notre colonne s'est donc augmentée d'Ak-Hem, matelot malais du *Hero*, qui a un peu oublié en Australie sa langue natale et qui n'y a guère appris l'anglais, mais qui sera pourtant un auxiliaire puissant de notre groupe français.

Les grelots de huit poneys résonnent devant la véranda, les fouets claquent, et nous partons au grand galop. Outre le postillon, deux coureurs malais fouaillant, hurlant sans discontinuer, trottent à tour de rôle à côté des chevaux avec une agilité inouïe. (*Voir la gravure*, p. 317.) Quand l'attelage est lancé ventre à terre, ils grimpent chacun sur un des marchepieds du siége de derrière et se contentent d'aiguillonner les ponies des éclats de leur voix criarde; dès que la marche tend à se ralentir, ils descendent, s'élancent, et rouent de coups les pauvres petites bêtes. Leur costume se compose d'une ceinture de couleur nouée aux reins, et d'un grand chapeau cloche à melon, écarlate et doré : ils sont si lestes, si robustes, si bien musclés et si pleins de fougue, qu'ils font ma joie.

Nous avons passé à Tandjong et à Tjimanjis, relayé quatre fois et mis trois heures et un quart pour faire quarante et un milles (seize lieues), distance qui sépare Batavia de Buitenzorg — traduisez « Sans-Souci ». La route est charmante, c'est l'allée d'un grand parc, ombragée par des arbres d'une superbe verdure; il y a des échappées de vue sur les vallées, où une culture admirable de riz, de bétel et de cannes à sucre se déroule à nos yeux; les épis dorés des rizières sont presque mûrs, et des vols de marabouts, de grues blanches, d'oiseaux bleus, verts ou jaunes, s'abattent pour les dévaster. De distance en distance, les Indigènes ont échafaudé de pittoresques épouvantails : des bambous d'une trentaine de pieds de hauteur, solidement plantés et noués à la base, semblent ne former qu'un seul tronc, et s'ouvrent en cornet à leur sommet; là est formée une cabane de feuilles de bananier, perchoir élancé où un enfant grimpe et se juche pour tirer mille ficelles qui, de ce point unique, rayonnent jusqu'à l'extrémité du champ, semblables aux fils constructeurs d'une gigantesque toile d'araignée; — des feuilles y sont attachées, la vedette malaise les agite à tour de bras et les fait danser comme des marionnettes. Pourtant bien des oiseaux audacieux viennent forcer la consigne, et becqueter à l'ombre de ce perchoir asiatique qui rappelle un peu la hutte de « l'arbre à Robinson » (rive gauche, ligne de Sceaux), et d'où la vue est féerique sur la nappe des moissons de café, de girofle, de vanille et de cannelle, avec des îlots de palmiers, de muscadiers et de flamboyants; les « palmiers du voyageur », éventails colossaux d'une élégance inouïe, dont on fait jaillir un jet d'eau laiteuse dès qu'on enfonce sa canne dans leur tronc, enfin les banyans immenses, dont il tombe des milliers de lianes verticales qui touchent terre, prennent vite racine, puis remontent jusqu'au sommet de l'arbre pour s'y marier en guirlandes noueuses et retomber encore ! Un seul de ces arbres forme comme un bois tout entier entouré d'un rideau, d'un filet de feuilles et de fleurs entrelacées, au travers duquel, en écartant des mains cent lianes balancées par la brise, des enfants, en costume d'archange, regardent glisser sur l'eau du canal les pirogues et les nageurs.

Les poteaux du télégraphe, qui sont échelonnés le long de la route, ne sont autre chose que les arbres à coton, dont les branches dénudées et, seulement par intervalles, mouchetées de gros flocons blancs offrent un si curieux aspect. Arbres caractéristiques de ces latitudes, donnant d'eux-mêmes, à une population indolente et arriérée, la matière admirable que nous tissons pour elle à Manchester, à Rouen et à Mulhouse; les voilà qui cumulent et qui deviennent les auxiliaires de l'active électricité. Aux voyageurs étrangers, ils semblent, en outre, donner la première note du concert de la domination hollandaise : chacun de ces arbres est marqué d'un numéro matricule, comme pour trahir la plus minutieuse des réglementations du globe. Tout, en effet, semble marcher ici à la baguette d'une fée invisible : à chaque relais, sous une voûte élégante, construite en bambous et recouverte de grandes feuilles sèches, équipages et voyageurs sont protégés contre l'ardeur du soleil, et attendus avec une respectueuse exactitude. (*Voir la gravure, p.* 320.) En moins de quatre minutes un nouveau postillon est sur le siége, un attelage tout frais piaffe et galope, des coureurs reposés font claquer leur fouet devant la foule accourue pour vendre fruits et cigares.

Mais ce qui nous a le plus vivement impressionnés depuis que nous sommes sortis des faubourgs de Batavia, ce qui

Les coureurs fouaillent, hurlent et trottent avec une agilité inouïe, à côté de nos ponies enjoués. (*Voir p.* 315.)

doit provenir, non d'une baguette de fée, mais du souvenir de millions de coups de courbache, c'est l'attitude de la population malaise des campagnes! — A peine un Blanc est-il en vue, vite tous les Indi- gènes s'accroupissent sur leurs talons en signe de respect et de vénération. Sur cette route populeuse que nous avons suivie à toute vitesse, pas un n'est resté debout! Ils semblaient s'abattre également de droite et de gauche, à mesure que nos chevaux de volée soulevaient la poussière, comme s'ils étaient des capucins de carte, fauchés sur notre passage. Grand Dieu! si l'abus du prestige des Blancs est en rapport avec l'excès de la servilité des Natifs, quelles peuvent être les bornes qui arrêtent des gouvernants, quand les gouvernés n'osent pas même lever les yeux vers eux, alors que le corps est déjà dans la posture de la plus basse humilité! — Ah! quelle bonne population des campagnes pour un gouvernement! et si jamais la candidature officielle était exilée du beau pays de France,

Di meliora piis, erroremque hostibus illum,

c'est bien ici qu'elle devrait chercher un refuge.

Oui, nous parlons de la France et de l'Australie,... et du Japon! nous sommes si heureux de voir notre colonne augmentée depuis trois jours, de nous retrouver avec le Duc d'Alençon, au bout du monde et en bonne santé : quel bon tapage français nous faisons!

Buitenzorg est le Versailles de Batavia : les splendeurs du palais gouvernemental ne sont égalées que par les merveilles de la nature, qui en font une oasis de plaisance avec tout le comfort de l'Europe. Pourtant ce point est déjà considéré comme « ville d'intérieur », et pour y parvenir il faut un passe-port spécial délivré par le gouvernement : le médecin même du Gouverneur, pour venir de la capitale jusqu'ici, est obligé, me dit-on, de faire renouveler cette passe chaque fois qu'il visite son auguste malade. Nous avons le chagrin de ne pouvoir que nous inscrire chez Son Excellence M. Prins, chargé du pouvoir par intérim. A voir la douleur empreinte sur les visages, nous sentons vite à quel point cet homme de bien, très-dangereusement atteint aujourd'hui, est aimé de tous.

19 novembre.

Vous savez que le jardin botanique de Buitenzorg a la réputation d'être le plus beau du monde entier. Ce n'est plus dans un espace restreint, comme dans les serres de la ville de Paris ou du parc de Kew, que s'entassent par millions les plantes aux couleurs éblouissantes et aux parfums enivrants : ceci est une serre de plusieurs kilomètres carrés de surface, avec l'azur du ciel tropical pour dôme, des lacs pour bassins, des collines pour gradins, et des grandes routes pour couloirs! Le savant directeur du jardin, M. Teyemann, depuis trente-six ans roi de ce paradis, nous a guidés dans ce dédale bien ordonné et sous ces voûtes de feuillage. Mille noms gréco-latins résonnent encore à nos oreilles : là les orchidées les plus incroyables, depuis les plus rosées jusqu'aux plus purpurines, se balancent dans les lianes, comme pour imiter les singes noirs qui s'y suspendent par la queue et les brisent sans pitié; ici des îles de nénufars multicolores s'élèvent au-dessus de la nappe bleuâtre; et plus loin un gros poisson cuivré, s'élançant trop témérairement hors de l'eau pour happer un papillon étincelant aussi grand que la main, retombe, sans la faire plier, sur une feuille gigantesque de victoria regia : il s'y débat comme un diable dans un bénitier, mais il ne peut s'en échapper, les rebords frisés de cette feuille qui surnage le retiennent captif là où il va mourir. Ah! figurez-vous donc une centaine de ces feuilles d'un beau vert, mesurant six pieds de diamètre, répandues sur le lac comme les vaisseaux d'une escadre dans une rade. — Puis voici des allées entièrement bordées d'arbres vénéneux dont un fruit ou une gouttelette de suc envoie dans l'autre monde un Chrétien en dix minutes et un Indigène en quinze. La source première qui alimente les bocaux à chiffres cabalistiques de toutes les pharmacies du globe est là devant nos yeux : c'est l'allée des empoisonnements, des tortures et des crimes ! mais n'est-ce pas la même qui a guéri tant de maladies et calmé tant de douleurs?

Nous avons vu dans ce jardin toute une ménagerie-pépinière d'animaux-feuilles : je crois que la science les appelle des « phyllia ». Rien de plus étonnant et de plus trompeur pour l'œil : vous jureriez que ce brin végétal d'un vert tendre, avec le tissu, les dentelures et les nervures foliaires, est une feuille qui vient de tomber du jasmin immense qui vous ombrage et vous embaume. Mais point du tout : soudain cette feuille se met à courir la poste, une autre la suit, et on ne les revoit plus. Dans le laboratoire du directeur, nous avons pris une loupe et comparé des phyllia à des feuilles : trouver une différence nous est impossible, et ma raison en demeure encore confondue !

Une bande de singes très-aimables vient nous troubler dans ce travail : habitués sans doute à complimenter les visiteurs, ils nous honorent de quelques poignées de patte et se tiennent debout, bien campés sur leurs jambes de derrière. Est-ce une illusion méchante, ou la pure vérité? est-ce la honte fictive d'une consanguinité imaginaire, ou le remords réel des distractions de nos premiers ancêtres? mais certains portiers de collége me revinrent en mémoire, et je ne pus me séparer de ce groupe étrange et presque humain sans m'empêcher de me dire : « Il me semble que j'ai déjà vu ces gens-là quelque part. »

Ce qu'en revanche je n'avais jamais vu, et ce qui est véritablement ravissant, c'est le cerf-nain de Java : on l'appelle également le cerf-souris. Une harde sautillante gambadait dans les buissons : hauts de quinze à vingt-cinq centimètres, ils ont exactement le poil alezan, la petite queue, la tête haute, le jarret fin et le pied de corne de nos dix-cors vus pas le gros bout de la lunette. Il faudrait avoir le cœur de fer pour oser en tuer un : rien de mignon comme cet animal lilliputien, qui semble être un joli caprice de la nature. — Je vous fais grâce du musée où sont collectionnés tous les échantillons des produits coloniaux, des diamants de Bornéo, des cuivres de Sumatra et de l'argent de Timor.

Vers quatre heures du soir, le colonel Rappart, aide de camp du Gouverneur, nous conduit à Battou-Toulis-Cocabatou, bois sacré, lieu vénéré des Naturels. Une déesse est censée avoir tracé des caractères hiéroglyphiques sur une pierre plate, placée verticalement : l'empreinte de ses pieds est restée gravée dans le roc, puis la terre s'entr'ouvrant (la crevasse existe) l'aurait avalée comme une pilule, selon la légende. Nous trouvons là des gardiens, des offrandes de fruits et d'encens, des lampes de forme étrusque, pleines d'huile de coco, et brûlant nuit et jour : des Indigènes y sont prosternés le front contre terre. Plus loin, au milieu de kiosques de bambou, construits sur pilotis dans une vallée de lotus roses en fleur, une foule de bambins et de femmes, profitant de la belle brise, font voler des cerfs-volants bizarres.

Le héros de notre soirée fut un singe gris, de l'espèce appelée ici wa-wou : il descendit du fourré de lianes qui dominait notre fraîche piscine, et vint jouer avec nous sous la véranda. Enfant espiègle, amusant et mimique au possible, il ne posa pas une seule fois à terre ses mains de devant : il marchait avec désinvolture,

Relais sur la route de Buitenzorg. (*Voir p. 316.*)

ne détestant pas de nous donner le bras, comme s'il était un être raisonnable. Mais, au bout d'une heure et demie de jeu, nous reçûmes une grêle de dattes jetées du haut des arbres environnants : ses camarades le rappelaient probablement, et il grimpa en gambadant jusqu'à eux.

Tjiandjour, 20 novembre.

Nous avançons dans l'intérieur : le pays est plus accidenté; nous commençons à gagner des plateaux de plus en plus élevés, et nos petits chevaux s'en ressentent terriblement : quand ils s'arrêtent, la population accourt, pousse aux roues, s'époumone, et, jetant une

Le bout du câble est porté par des petites filles et des petits garçons sans le moindre vêtement.
(*Voir p.* 325.)

volée de bâtons et de pierres, remet l'attelage en marche. Mais nous voici au pied de la grande montagne, le Megamendong : dix buffles viennent remplacer nos poneys, et chaque paire est aiguillonnée par un cornac rieur et taquin : c'est un singulier attelage que celui de ces buffles à longues cornes noires, à lente allure et à forte odeur! La couleur de leur peau est d'un rose grisâtre qui rappelle les petits porcs de trois ou quatre semaines : ils ont horreur de l'Européen, le fixent du regard, tendent le cou en l'air, et manquent rarement de lancer sur lui, par leurs naseaux épatés, une bave gluante qui l'asperge.

Ce changement à vue fait de notre rapide carrosse de tout à l'heure un coche lent et attardé : nous gravissons sous un soleil de plomb les quatre mille sept cent quatre-vingts pieds du Megamendong, en nous enfonçant dans la forêt vierge : la nature devient de plus en plus fourrée, grandiose et sauvage. L'arête du col n'a que trois mètres de large; nous laissons derrière nous le littoral, et notre vue s'ouvre sur l'intérieur. La belle province du Préanger est là : c'est un spectacle unique que celui de ces montagnes aux formes élancées, couvertes de la plus riche végétation jusqu'au sommet, avec des tons bleu foncé et un panorama à perte de vue, puis les plantations échelonnées sur des gradins formant autant d'amphithéâtres qu'il y a de gorges semblent être les cellules d'un rayon de miel. Soudain un orage se dessine : la brise qui l'emporte le fait passer *au-dessous* de nous, de sorte qu'il nous cache pendant une demi-heure toutes les vallées que nous admirions. C'est comme un rideau qui tombe à la fin d'une féerie; mais bientôt il s'éloigne et disparaît, le panorama nous est rendu plus verdoyant encore, et mille parfums, recélés jusqu'alors, nous arrivent! Nous nous demandons véritablement si nous ne rêvons pas dans cette admirable terre de Java! La rapidité de la descente du Megamendong me rappelait celle des diligences du mont Cenis : le sabot de notre voiture vola en éclats, et nous fûmes rendus dans la vallée bien plus vite que nous ne l'eussions désiré.

Tjiandjour, à seize lieues de Buitenzorg, est notre étape : c'est un délicieux village, perdu sous l'ombrage des bambous : les rues y sont aussi bien balayées qu'en Hollande, et comme c'est un jour de marché, il y a autant d'animation qu'à la plus brillante des kermesses. Hier soir encore, en pensant à tous ces bons Javanais qui s'étaient accroupis sur notre passage, je me disais qu'évidemment on nous avait pris pour « Monsieur le Préfet ». Mais maintenant je n'en puis douter : nous sommes des Blancs, et cela suffit pour faire courber les têtes! Plus nous avançons dans l'intérieur, plus la servilité est incroyable. Hier, c'étaient seulement les gens que nous croisions sur la route qui s'abaissaient immédiatement jusqu'à terre : aujourd'hui c'est au fond des rizières, jusqu'à cent et cent cinquante mètres, que notre présence donne le signal de l'accroupissement général! Bien plus, en s'accroupissant sur les talons, ceux qui veulent nous témoigner le plus de respect nous tournent le dos, et gardent les yeux baissés à terre! Nous avons beau leur faire des signes d'amitié pour les engager à se relever, ils ne font que s'humilier davantage! Tantôt nous croisons un convoi de près de trois cents coulies : comme les porteurs d'eau chez nous, ils suspendent leurs fardeaux aux deux extrémités d'un bâton, qui se convertit ici en un long bambou soutenant à chaque extrémité un sac de café : ces pauvres gens en ont tant porté, que le bambou a creusé une véritable rainure sur leur épaule nue : à notre approche, tous les sacs jetés à terre! et les coulies accroupis sur leurs talons! Plus loin, nous dépassons des Malaises couleur chocolat, mais de belle structure, vêtues pour tout costume d'une ceinture d'indienne nouée aux reins, et portant leurs enfants à califourchon sur leur hanche : et, de nouveau, les marmots par terre, et les Malaises à la position du respect! Aussi notre entrée à Tjiandjour est-elle indescriptible; on sort dans la rue, on se range le long des trottoirs : les mères qui chassent le petit gibier sur les têtes de leurs filles en costumes d'Éden, les cuisinières qui activent avec deux éventails un tas de petits réchauds où grillent des boulettes odoriférantes, toutes quittent leur besogne et se portent étonnées, la lèvre pendante, sur le devant des maisons : on veut nous voir à tout prix, on se presse, on s'entasse, et le balcon de bois de chaque cabane devient comme une loge de théâtre populaire, garnie de douze et quinze femmes indigènes, douées d'une fermeté de torse admirable et cachées seulement de la ceinture à la cheville par un sarong, morceau d'indienne coloriée noué aux reins.

Nous sommes chez l'Assistant-Résident; là encore je n'ai pas pu voir un seul domestique debout devant moi, et décidément il faut nous le dire une fois pour toutes : « Java, c'est la cour du Grand Mogol, et le Grand Mogol, c'est moi aujourd'hui; c'est vous demain si vous voulez venir! »

Un désir exprimé nous fait visiter le palais du Prince indigène; en son absence, son premier vizir nous reçoit : c'est un grand Indien portant turban, dolman galonné, jupon orange et souliers vernis. Mais quelle désillusion! Les bayadères, tant vantées en Europe et tant rêvées, dansaient sur une terrasse au son de violons à une seule corde et de flûtes à un trou qu'elles accompagnaient de miaulements de chat nasillards! Elles s'étaient habillées comme des pensionnaires; mais s'habiller ici, c'est le monde renversé! Bref, elles dansaient en se tordant comme si elles avaient une crampe d'estomac. Oh! je n'ai pas une haute idée du Prince indien de céans. Qui sait? il est peut-être aveugle... et sourd.

Bandong, 21 novembre.

A mesure que nous pénétrons dans l'intérieur, les costumes des populations se réduisent d'une façon inouïe, et le nombre de nos poneys s'augmente. Au moment où nous arrivons sur la crête qui domine le sauvage ravin de Tjisokkan, un chef indigène s'avance au galop au-devant de nous; il porte un « kriss » antique, une ceinture et une jupe écarlate, et un chapeau-parapluie rayé d'or et d'argent. Il a requis toute sa tribu en corvée; elle nous attend, à trente pas, assise sur ses talons. Il s'agit de descendre une pente épouvantablement abrupte, entre deux montagnes de lianes. Vite on dételle nos bêtes, un long câble de cuir de buffle et de rotin tressé est attaché à l'arrière de notre chaise de poste; plus de deux cents Indigènes s'y cramponnent; le bout extrême est porté par une cohorte de petits garçons et de petites filles sans le moindre vêtement (*voir la gravure, p.* 321). En avant, marche! Entraînée par son propre poids, la voiture descend la pente vertigineuse, tandis que le grand serpent humain s'efforce de la retenir : les uns tiennent bon, les autres tombent, tous crient à pleins poumons; le soleil effroyable fait ruisseler à grosses gouttes

Le gammelang. (*Voir p.* 327.)

leurs torses bronzés et nerveux; livrés à notre propre impulsion, nous passons le torrent sur un pont couvert. Une autre tribu amène ses buffles, et la contrescarpe du ravin est escaladée. Puis pendant que les poneys de volée ruent, qu'un trait se casse, que les limoniers roulent sur le timon et que la population pousse aux roues, nous prenons souvent nos fusils et abattons de magnifiques oiseaux. C'est une bonne manière de prendre patience! A Tjipadalarang, nous rencontrons un Prince javanais vêtu de soie vert clair, et deux Princesses à ceinture rose parsemée de paillettes d'or; nous sommes confus de les voir tous mettre pied à terre et chapeau bas, mais ils ne comprennent rien à nos galantes excuses.

Enfin, à Radjamendala, voici une nouvelle tribu sous les armes; la « corvée » semble ne se traduire que par des sourires aimables sur toutes les bonnes faces couleur jus de pruneau. La descente terminée, un bac nous reçoit pour traverser une large rivière bordée de villages qu'ombragent des bananiers. Le bac se compose de deux pirogues conjuguées, debout au courant, et supportant une plate-forme; deux câbles de rotin, amarrés aux cocotiers des deux bords, facilitent leur mouvement de va-et-vient : le tout est d'une construction légère, solide et élégante.

Arrivée à Bandong.

Cette ville est la capitale d'une des plus belles provinces de Java : il y a là bien des centaines de Javanais patriarcalement protégés, gouvernés et réglementés par une demi-douzaine de Hollandais et un Prince indigène (sur les cadres). Ce prince indigène porte le titre de « Régent »; il est de race antique, mais nommé à ce poste par le gouvernement hollandais, qui lui donne, me dit-on, deux cent mille francs de traitement annuel, en dehors des revenus locaux, qui montent souvent, paraît-il, jusqu'à quatre cent mille francs. Il est absolument soumis au « Résident » (Préfet hollandais établi au même lieu); c'est un vrai roi pour les Indigènes, un « sultan » devant qui tout se prosterne.

Avec une grâce parfaite, le Régent avait envoyé hier soir une estafette pour prévenir le Duc de Penthièvre qu'il serait heureux de le loger, et c'est de son palais que je vous écris. Imaginez-vous un vaste caravansérai, avec de fraîches chambres tapissées de nattes, et, pour nous servir, une grande fourmilière d'Indiens en grande tenue rouge. Le Régent a le sourire affable; mais il a autant de rhumatismes aux jambes que de diamants à son kriss, arme magnifique qu'il porte dans le dos et passée dans la ceinture de son jupon. Le jupon de couleur contraste singulièrement avec ses souliers vernis, son veston de drap européen et son turban bleu et or. Ce Prince ne parle que la langue malaise; par une attention charmante, un voisin venu pour la circonstance, M. Philippeau, nous sert d'interprète : d'habiles insinuations nous font vite promettre une danse de bayadères pour le soir. Nous parlons aussi chasse : — accordé un rhinocéros pour demain ! Excellent pour nous, le Régent nous dit qu'il met à nos ordres tout ce qui peut nous plaire sous son toit.

Nous avons sous nos fenêtres un petit lac, où toutes les demoiselles du pays prennent de joyeux ébats vers le coucher du soleil. A peine aperçoivent-elles un Blanc, qu'elles se sauvent comme des colombes effarouchées, sautillant sur l'herbe et se faufilant sous l'ombre des bananiers, dont une seule feuille les habille.

Je n'ai pu compter la foule de serviteurs qui nous entourent; le palais est une ruche dont ils sont les abeilles, moins le travail; les cours et les galeries en sont encombrées; il est vrai qu'ils ne doivent pas coûter cher à nourrir, car on les bourre de riz comme des poulets, et ils sont ravis. Au petit goûter de nos deux domestiques, j'ai compté dix-sept Indiens pour les servir ! Mettez le double pour le dîner, et pensez ce que c'est, lorsque le Prince indigène s'assied à la même table que les Princes français !

Après une promenade d'opéra dans les équipages de notre hôte, promenade où les très-humbles vers de terre, sujets du tout-puissant « Raden-Adiepatie-Wiranata-Kousouma », mordent la poussière dès qu'apparaissent ses trotteurs rouges, image des coureurs de nos anciens rois, un dîner somptueux nous est servi; puis la musique commence! Deux cent trente-huit timbres, dix tam-tams, seize paires de cymbales, vingt violons à une corde et autant de tambours, tel est le « gammelang », orchestre renommé de la Régence ! Il a coûté environ vingt-cinq mille francs. Les artistes accroupis tapotent en cadence, dirigés par un chef aux gestes majestueux. (*Voir la gravure, p.* 325.) Eh bien, franchement, ce n'est pas du tout un charivari; c'est une musique drôle; elle a des phrases langoureuses qui vous bercent comme dans un hamac pour vous réveiller tout à coup par un roulement de tonnerre.

Ce n'est que l'ouverture, et le spectacle va commencer : il est huit heures du soir; du fond des larges allées ombragées arrivent des flots de population : le Régent a daigné permettre à son bon peuple de prendre part à la fête des grands de la terre; ce sont de nouvelles bayadères qui vont sortir du gynécée, et quand il y a « une première » dans ce pays-ci, tout le monde grimpe dans les cocotiers pour y assister. Comme Moïse lorsqu'il fit passer à pied sec la mer Rouge aux Hébreux, un vizir nous précède, et, d'un signe, nous fraye un passage dans cette mer d'êtres humains qui encombrent la cour d'honneur : nous prenons place devant le balcon du sérail.

Nota bene : Le sérail est un corps de bâtiment séparé du nôtre : il est gardé par de nombreux factionnaires avec baïonnette au bout du canon.

Une petite porte s'ouvre, et quatre bayadères s'avancent, timides et fébriles, les yeux hagards, le corps frémissant. Sur la tête, quantité d'ailerons d'or, une sorte de crinière en paillettes formant casque de dragon mythologique; une ceinture d'or, beaucoup de bracelets et de bagues, une étoffe de soie rouge enroulée, comme une tunique collante, autour du corps, voilà leur charmant costume. Elles ont de douze à quatorze ans : le Régent en possède huit, à peu près pareilles. Quand il veut s'en défaire, il les donne en mariage à ses amis par « séries d'invités »; c'est considéré comme un grand honneur.

Les voilà donc enfin ces danseuses orientales, dont je n'avais vu hier que la caricature ! les voilà dans toute leur splendeur devant leur seigneur et maître ! Mais ce n'est point une danse ! Sur un air qui est tout refrain, ce qui est le propre de la musique asiatique, ce sont bien plutôt des oscillations lentes et des poses gracieuses exécutées sur place, une étude plastique pour présenter leur corps bien fait dans ses mouvements les plus avantageux, pour en montrer la souplesse et l'élégance. Tantôt elles se provoquent en guerre, comme des tragédiennes, saisissant un arc d'or, le tendent en se cambrant aussi merveilleusement que les amazones de la Fable, et décochent les flèches en plumes, dont elles imitent la légèreté, — puis elles tombent à genoux, en prière, et l'un des musiciens entonne un chant plaintif accompagné d'un seul violon indigène; tantôt la mesure s'accélère et tonne : alors, se rengorgeant avec la fierté de l'oiseau de Vénus, elles jouent avec de longues plumes de paon et font la roue comme lui. Mais au moment le plus passionnant, sur un signe du maître, elles rentrent dans le sérail, véritables apparitions d'un songe! C'est le bousoir général : les spectateurs se laissent glisser par grappes de leurs loges aériennes du haut des cocotiers; la foule se disperse; une patrouille arrive pour doubler le poste du sérail; les torches s'éteignent, et dans le silence d'une nuit admirable, sous une lueur de feu de Bengale qui s'échappe par rayons du gynécée jusqu'à nous, une seule voix de femme semble répéter à la sourdine la berçante chanson de l'arc!

22 novembre.

Nous sommes partis ce matin à cinq heures pour chasser le rhinocéros; les chefs des tribus avoisinantes avaient été mandés hier soir à la Régence, et il y avait une famille de rhinocéros « au rapport », dans les ravins de Tjisitoe, situés à six lieues d'ici. Nous arrivons sur le terrain par des sentiers tortueux, et, ce qui doit être notre champ de bataille se déroule à nos yeux. C'est une gorge sauvage, creusée en demi-cercle; je lui donne environ trois lieues d'une extrémité à l'autre : nous sommes au centre de la courbe, sur le côté extérieur, dominant un ravin presque impénétrable et couvert en tous points d'une jongle épaisse. Fouillis d'herbes et de roseaux de plus de quinze pieds de hauteur, la jongle est pour les hommes ce qu'un champ de blé mûr, dru et serré, est pour les lièvres. En dehors de quelques coulées étroites, ce n'est qu'en brisant mille tiges et en se jetant tête baissée qu'on peut avancer de quelques pas. Plusieurs centaines de traqueurs nous attendent; ils sont armés de fusils à pierre, destinés à faire au moins du bruit, et au premier abord plus dangereux pour nous que pour les bêtes féroces. Les chefs de tribu emmènent leurs hommes en silence vers notre gauche; ils font un grand circuit pour doubler le ravin et l'envelopper sur nous. Du haut de notre coteau, nous dominons l'endroit le plus resserré de la gorge : une petite clairière où coule le torrent. Y a-t-il chance que les grosses bêtes prennent cette route? Personne ne le sait, tout le monde l'espère!

Des hurlements aigus sur toute la ligne nous annoncent que la battue commence; la rangée des tirailleurs s'ébranle : nous sommes prêts. J'ai orné ma carabine de sa baïonnette pour les cas désespérés et chargé mon arme avec une consciencieuse attention, car le danger est grand. Il paraît que lorsque l'animal attaque, il vous broie en un instant d'un seul coup de ses énormes pieds, qui ont plus d'un pied et demi de diamètre. — Au bout d'un quart d'heure, deux coups de feu, tirés par les traqueurs, se font entendre : on a vu la bête! Alors quel n'est pas notre étonnement d'apercevoir en quelques instants, non-seulement le désordre sur toute la ligne, mais toutes les têtes de nos hommes au sommet des cocotiers! Avec un ensemble indescriptible, ils avaient lâché pied, et, grimpant à l'envi les uns des autres avec l'adresse du singe (qui est évidemment dans leur nature), ils avaient déserté le sol et cherché un refuge dans les panaches dorés sur lesquels reposent en général les oiseaux.

Entrevoyant au jugé, à travers les herbes, sa grosse tête, je tis feu... mais dame rhinocéros galope encore. (*Voir p.* 334.)

A cent pas de nous est un petit groupe de chefs : leurs serviteurs, armés de haches, font immédiatement des entailles dans de gros arbres impossibles à escalader autrement, et, en un court espace de temps, l'aristocratie javanaise put jouer du télégraphe aérien avec son peuple de braves! — Quant à nous, décidés à attendre de pied ferme et à conserver l'agilité de nos jambes pour courir sus à l'animal et le joindre à son passage, nous tentons de vains signaux pour remettre en marche la colonne des grimpeurs.

« Du haut de ces cocotiers, quatre cents poltrons nous contemplent! » s'écria l'un de nous pour consoler la rage des autres. Mais le malheur voulut que les chefs se missent à donner d'une voix de Stentor des ordres aux traqueurs qui étaient à huit cents mètres de là : ils leur criaient de descendre, mais se gardaient bien de prêcher d'exemple. Le résultat de ce tapage agaçant était inévitable : la famille des trois rhinocéros escalade la montagne qui est en face de nous, mettant en fuite deux ou trois groupes d'Indigènes littéralement perdus dans les grandes herbes.

Nous ne voyons d'abord qu'une agitation dans la jongle, environ à neuf cents mètres de nous : les animaux dessinent leur course par une sorte de remous qu'ils soulèvent en s'avançant comme entre deux eaux dans cette mer d'herbes plus hautes qu'eux, et par le tortueux sillage que forme en tombant le taillis épais qu'ils brisent. — Nous faisons une course à pied, à toute vitesse, dans une coulée, pour les couper au demi-cercle, mais ce n'est que pour le plaisir des yeux. Avec nos lunettes seulement, nous pouvons distinguer trois masses grisâtres et énormes, en silhouette sur la crête du col opposé!

En tête marche le mâle avec sa haute corne fichée sur le bout du nez, puis la femelle; le petit, déjà de la taille d'un buffle, trottine dans la voie frayée par ses immenses parents. A peine sont-ils disparus, que nos traqueurs sautent lestement à bas de leurs perchoirs, tout radieux d'être délivrés de la sainte horreur que leur inspire le rhino-*féroce*, comme l'appelle Ak-Hem!

Il est déjà midi : pas un souffle d'air; nous sommes littéralement brûlés par un soleil torride, et nous attendons sous un tulipier en fleur le rassemblement de nos hommes : évidemment les rhinocéros ont passé vers l'extrémité droite de la gorge : les y cerner avant qu'ils en soient sortis, et les rabattre vers leur point de départ, tel est notre plan : nous nous efforçons d'encourager nos acolytes à se taire cette fois et à marcher au lieu de fuir.

« Garde à vous, voilà un tigre ! » s'écrie tout à coup M. Bache, qui est à deux cents mètres de nous. Un courant se dessine furtivement dans la jongle hors de notre portée, comme si une rafale étroite inclinait les épis des herbes, mais nos yeux ne peuvent distinguer la bête.

Cette fois, nous nous distribuons les postes avec perspicacité : le Duc d'Alençon, M. Bache et M. Philippeau restent sous un gros tamarinier, au fond du ravin, dans une clairière voisine du torrent : le duc de Penthièvre et moi gravissons un rocher conique, couvert de bois vierge, d'où nous commandons la seule autre passe par laquelle notre gros gibier puisse s'engager. — Sans oser pénétrer dans les fourrés les plus épais, mais en se frayant toutefois un chemin, les traqueurs, bien développés en groupes, s'efforcent de se rendre redoutables par un tintamarre épouvantable de cymbales et de tam-tams. Ils marchent ainsi sur nous pendant environ deux heures.

Je confesse que je ne sais pas trop ce qui se passa au juste pendant ce temps : le soleil dardait si fort ses rayons presque mortels; la soif, la faim, la fatigue, la fièvre et l'exaltation du danger m'avaient tellement énervé, que, m'inquiétant peu des serpents et des scorpions, je m'étais étendu sur un roc malgré moi, ruisselant,

Le palmier du voyageur. (*Voir p.* 334.)

défaillant et insensible. — Soudain un Indien, qui m'avait rejoint à mon insu, me secoue de toutes ses forces : six coups de feu successifs me réveillent entièrement : que vois-je? La rhinocéros, suivie de son petit, a côtoyé le torrent et est arrêtée dans une clairière à cent cinquante mètres du tamarinier. Les balles de nos trois amis l'ont-elles pénétrée ou non, c'est un mystère! mais la bête, sou-

levant bien haut sa grosse tête difforme, repart au grand trot en ayant l'air de se porter à merveille. — Je verrai longtemps en souvenir cette masse grisâtre broyant de son large poitrail tout ce qui était obstacle pour elle, et poursuivant sa route avec le dédain d'un monstre qui ne fuit pas, mais qui ne s'inquiète même pas des balles que lui lancent les hommes. — Le Duc de Penthièvre m'a rejoint, nous sommes à six cents mètres de la bête : elle semble devoir passer à mi-côte au-dessous de nous, et nous avons assez d'avance pour nous poster sur son passage probable et pour l'attendre.

C'est un moment d'ardente émotion que celui où nous descendons à toute vitesse le raidillon percé sous la jongle : si la rhinocéros continue sa marche, avant dix minutes elle doit le couper à angle droit. Tout violets sous ce soleil bien fait pour tuer un homme, et si ruisselants que nos grandes bottes de caoutchouc sont à demi pleines d'eau, nous sommes enivrés de l'espoir de nous trouver face à face avec notre ennemi, et de

Deux coups, trois pièces...
Ce sont trois canards domestiques... (*Voir* p. 336.)

lui tirer une balle dans l'oreille (ce qui est la seule manière de le tuer quand on n'a que des balles de plomb). A vingt pas l'un de l'autre, nous faisons la navette au pas de gymnastique dans notre sentier. Puis les Indiens perchés sur le sommet inaccessible du rocher conique, et n'osant pas descendre vers nous, nous rappellent par des cris aigus, parce que le monstre se rapproche du rocher. — J'ai cru mourir et tomber sous ce ciel en escaladant tout époumoné le pic brûlant. Second malheur ! ces cris attirent la bête vers les hurleurs, trop vite pour que nous accourions à portée, et la détournent du sentier où nous étions si bien postés en bouillantes sentinelles. Ah ! quel beau coup c'eût été ! et quel bon ravage aurait fait la balle, quand nous nous serions vus de si près ! Mais il était écrit que ces Indigènes seraient aussi nuisibles qu'ils étaient nécessaires !

L'absence totale de rafraîchissements nous fait cruellement crier misère; la récolte des cocos a déjà été faite depuis quinze jours par les Naturels, et le lait d'un seul fruit qui pend encore à l'arbre est bu avidement par gorgées également réparties. Heureusement nous trouvons bientôt un palmier dit arbre du voyageur (*voir la gravure, p.* 332); j'enfonce dans son tronc ma baguette de fusil, et il en coule abondamment une liqueur, une sorte de séve qui vous paraîtrait atroce, mais qui, en ce climat, fut pour nous providentielle. Pendant ce temps-là, les porteurs du Régent, égarés Dieu sait où, flânent sous quelque ombrage avec du bordeaux et de l'eau de Seltz!

La troisième battue est la meilleure, malgré la fatigue des hommes que notre ardeur ferait rougir, si la couleur de leur peau le leur permettait. Ils attaquent plus vigoureusement les fourrés : une demi-douzaine seulement lâchent pied, et, grâce à des hurlements nouveaux, la rhinocéros s'avance à quatre cents mètres vers ma gauche. Je me porte au-devant d'elle, écartant des mains la jongle qui me tient prisonnier comme dans un filet : je ne vois pas à quatre pas. Enfin j'arrive aux racines d'un gros arbre; je m'y cramponne à deux pieds au-dessus du sol, et de là mon regard est précisément de niveau avec le sommet des herbes qui emplissent un petit vallon au-dessous de moi.

La bête me passera par le travers : la voici à trois cents pas, puis à deux cents; puisse-t-elle approcher assez pour que mes coups soient efficaces! C'est émouvant, je l'avoue, car je n'ai qu'un Indien armé avec moi : je suis résolu à attendre, et une fois nos quatre coups déchargés, nous sommes réduits au revolver. J'entends le bruit des arbrisseaux qu'elle brise; son épine dorsale dépasse à peine les herbes; elle est à son plus proche rayon de moi, environ quatre-vingt-dix mètres. Je n'ai pas voulu armer ma carabine à l'avance, pour être plus maître de moi et mieux choisir l'instant propice. Entrevoyant « au jugé » sa grosse tête, je fais feu avec plein sang-froid de ma première balle (*voir la gravure, p.* 329); quant à ma seconde et aux deux autres de mon Natif, je n'en réponds pas. En me hissant sur les nœuds des racines, je vois alors dame rhinocéros — touchée? je ne sais, — mais à coup sûr agacée et furieuse du bruit de mon arme, tourner trois fois sur elle-même en cherchant son ennemi. Dans ces circuits, ô fatalité! elle passe sans me voir beaucoup plus près de moi, et deux coups de mon revolver (ma seule arme alors disponible) font croire à mes amis que je suis à l'hallali, luttant corps à corps. Hélas! évidemment blessée..... dans son amour-propre, la rhinocéros me cherche, furibonde, à droite, à gauche, sans me trouver, s'anime, galope..... et galope probablement encore!

Si les comédies d'Europe finissent toujours par un mariage, les chasses lointaines des voyageurs se terminent généralement..... dans leurs récits du moins, par le massacre d'un grand nombre de tigres, de rhinocéros et de crocodiles. Ne m'en veuillez pas si je vous raconte tout simplement que douze balles de fusil et deux de revolver n'ont pas abattu un des plus beaux monstres de la jongle. Outre le mérite de la vérité, qui est bien le plus précieux pour moi quand j'écris mon journal, j'aurai au moins une fois évité d'être banal. — Qu'elle coure et coure encore, la belle rhinocéros ! je puis m'estimer heureux de l'avoir vue — en dehors du Jardin des plantes — et se ruant à l'état sauvage dans le site le plus farouche qu'on puisse imaginer. J'ai senti tout ce qu'il y a d'entraînant pour le cœur quand on s'aventure gaiement dans une chasse aussi émouvante et aussi dangereuse.

Il y a cinq ans, nous dit-on, qu'on n'a tué de rhinocéros à Java ; le dernier qui succomba avait été attendu par un Indigène : blotti dans un saule au milieu d'une mare bourbeuse, il avait mis sept « dragées » dans son espingole ; quand l'animal vint boire à trois pas de lui et humer lentement, la gueule ouverte, d'énormes gorgées, il avait tiré la détente et logé son chapelet de balles dans la tête du buveur. Quelques jours après seulement les aigles et les vautours annoncèrent, en planant par vols nombreux sur un même point, que mort s'en était suivie (il y avait de quoi) à deux lieues de là.

Il faudrait revenir ici avec des fusils calibre quatre, des balles à tête d'acier ou explosibles. Mais non, je crois qu'il vaudrait encore mieux, quand le rhinocéros, la corne au vent, va faire l'aimable dans les fourrés où l'attend sa belle, semer quelques douzaines de bombes Orsini sur son passage probable, et de la sorte ces bombes cesseraient d'être haïssables et maudites!

Le soleil est sur son coucher quand nous arrivons au village le plus proche de la vallée. Brisés par la chaleur, la faim et la soif, nous vidons tous les petits pots de riz et de kari que possède le chef indien dans sa cabane de bambou ; nous mangeons toutes ses bananes et ses pamplemousses. La poste du Régent nous ramène à Bandong, et la salle de marbre qui sert de piscine aux bayadères nous est ouverte : plonger dans une eau limpide et froide nos membres exténués, c'est pour nous une jouissance du paradis terrestre.

Avant de me coucher, j'ai voulu vous raconter dans toute leur fraîcheur mes émotions de chasse et vous les écrire. Ce dernier soin cependant n'est pas aussi facile à prendre que vous pourriez être portés à le croire en voyant le milieu de splendeurs asiatiques dans lequel nous vivons chez le Régent : mes trente serviteurs malais m'ont en effet apporté pompeusement un verre rempli d'huile épaisse de coco et orné d'une petite mèche de coton qui vacille. Tous les moustiques qui ne me dévorent pas viennent se brûler à mon luminaire de sacristie, et forment comme un nuage mobile et bourdonnant, avant de tomber moribonds dans mon encre et sur mon papier.

23 novembre.

Le Régent veut aujourd'hui chasser et pêcher avec nous. Ses cent-gardes le suivent en jupon blanc et en veston rouge : l'un porte un parasol doré d'un mètre et demi de diamètre, l'autre les boulettes de bétel que son souverain mâche sans discontinuer, celui-ci son tabac, celui-là le feu de la mèche de sandal. Son nain favori, âgé de vingt-huit ans et grand comme un enfant de six ans, ne porte que sa petite bosse grotesque et « suit le corps » en souriant ironiquement. Nous traversons une rivière sur un bac de bambou, et vingt poneys blancs harnachés magnifiquement nous attendent : des grooms vêtus d'écarlate les tiennent en main, et, suspendus aux rênes du petit animal qu'ils ne nous permettent pas de diriger nous-mêmes, ils nous font galoper sous l'ombrage des arbres les plus beaux et les plus touffus.

Le Régent a préparé toute une fête : nous sommes au bord du lac de Dji-Tjiambé, encadré dans les montagnes pittoresques du Mi-Malinji; une flottille étrange est amarrée sur les rives que colorent des bouquets arrondis de rhododendrons rouges et safran, ainsi que d'azalées roses et bleu de ciel. Il y a d'abord le kiosque flottant de la musique : trois pirogues conjuguées, distantes de près de deux mètres l'une de l'autre, soutiennent tout un échafaudage de bambous et de rameaux verts, de palmes et de feuilles de bananier, sous l'ombre duquel sont installés les artistes du gammelang : les timbres résonnent, les cymbales se heurtent, et, grâce aux élégantes pagaies, le kiosque qui nage prend les devants. Une fois lancé sur le même refrain, comme un piano mécanique, il n'y a pas de raison pour que cet orchestre varie de tons ou s'arrête! Nous prenons place sous un semblable buisson de verdure converti en île flottante, et nous voguons doucement dans le sillage de notre harmonieux pilote : la distance qui nous sépare de lui donne aux sons quelque chose de plus vaporeux et de plus berçant. Une tente est dressée au centre de notre trinité de pirogues; des aromates y brûlent, la brise emporte les tourbillons d'une fumée qui embaume, et le nain nous verse du café et du thé délicieux.

Une dizaine de pirogues nous suivent : celles-là ne sont que de simples troncs d'arbre creusés, et un petit moricaud de neuf ans les fait glisser en zigzag.

Il est vraiment charmant et original le coup d'œil qu'offre cette flottille aux vives couleurs et aux sons langoureux de l'Orient, sur un lac où les îlots roses des lotus en fleur forment les seuls écueils.

Nous apercevons dans les petites baies du lointain des vols de grues bleues et blanches : pour le Duc de Penthièvre et pour moi, c'est un signal; pure occasion de prendre une pâle revanche de la chasse infructueuse d'hier. Vous me connaissez assez pour comprendre que je m'arrache sans peine à cette promenade, et blotti dans une nacelle, je pousse vers une anse ombragée où j'espère découvrir quelque bête sauvage et arriver entre les nénufars avant les ondes sonores de l'orchestre. Mon pagayeur me fait glisser comme une ardoise qui ricoche; je me couche à plat dans mon esquif, si léger que le moindre mouvement menace de le faire chavirer : notre vitesse acquise nous amène sans un mouvement, sans un bruit, au milieu d'une bande d'oiseaux aquatiques; — je débute bien; deux coups, trois pièces. (*Voir la gravure, p.* 333.) O désillusion! ce sont trois canards domestiques, trois favoris de Son Altesse le Régent! Elle eut la bonté d'en rire, ce qui nous permit d'en faire autant, et de grand cœur, toute la journée.

Après cette chasse à tir en musique (ce qui est très-pachalique, mais fort éloigné du sport), nous assistons à une pêche dans un vivier, exercice assurément encore plus oriental. Depuis trois jours, en effet, toute la population des bords du lac a été employée à tresser une palissade de bambous, ressemblant assez aux taillis qui longent nos chemins de fer. Cette barrière légère, une fois jetée verticalement comme une seine dans le lac, est sous nos yeux enroulée sur elle-même en forme de bague : le cercle se rétrécit de plus en plus, et une cinquantaine de Natifs, dans le même costume que les poissons qu'ils cherchent, barbotent dans cette enceinte en ayant de l'eau jusqu'à la nuque, et remplissent les barques avoisinantes d'une « blanchaille » innombrable. Le Régent se dé-

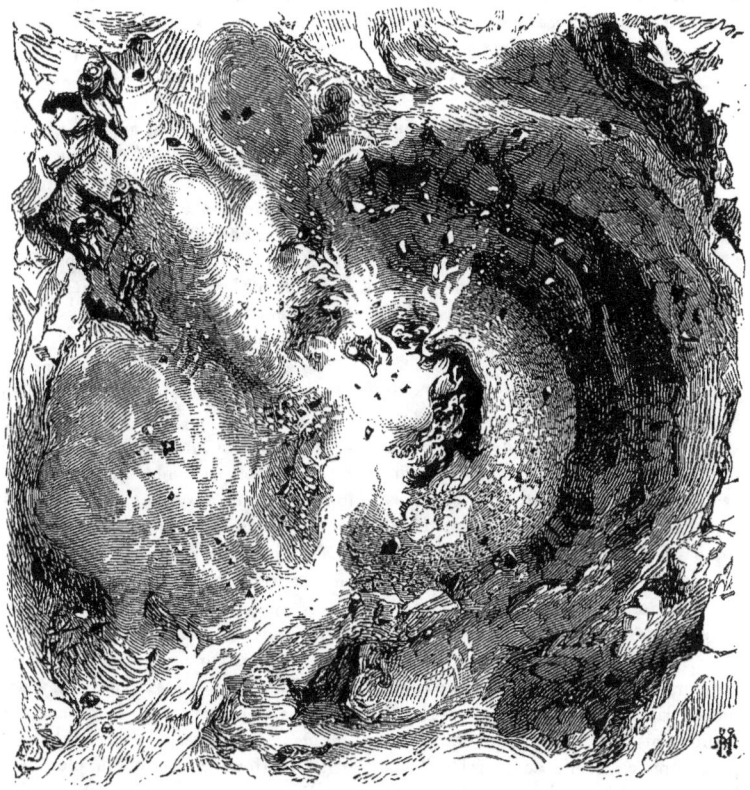

L'intérieur du cratère. (*Voir p.* 342.)

lecte de ce spectacle, puis il fait un signe, et, musique en tête, nous abordons sur la rive opposée du Dji-Tjiambé.

Là, sous un kiosque fort élégant, un grand déjeuner nous est servi : des tentures magnifiques de soie cachent le fond de la salle aérienne. Le Régent s'est fort animé et a ri continuellement, ce qui est le propre des races asiatiques. Entre des tasses de café, véritable nectar qu'il appréciait avec des roulements d'yeux indescriptibles, il s'écriait à chaque instant : « Encour! encour! » Et « encour », c'est du vin en javanais moderne; seule trace qui soit restée à Java de notre domination française, et tradition assez caractéristique de nos fonctionnaires, qui criaient si souvent « encore » aux échansons, que le mot en est resté.

Mais tout a une fin, même un festin de Balthazar relevé au poivre rouge, et Son Altesse le Régent, en se levant de table et en marchant presque droit, nous demanda la permission de revenir directement à son palais, où l'appelaient les graves soucis des affaires de l'État; mais à peine mettions-nous le pied dans notre brillante embarcation, que nous vîmes les gardiens du sérail tirer les grands rideaux qui cachaient un des panneaux de la salle : le Prince à ceinture de diamants entra dans le double fond de la véranda, où des grâces féminines nous apparurent, puis se dérobèrent. Il y avait fait expédier d'avance et cacher la moitié de son harem! Vous devinez si nous avons saisi gaiement cette occasion de fou rire.

On est tout étonné d'avoir fait tant de chemin et vu tant de choses avant deux heures de l'après-midi; car on oublie toujours dans ces latitudes qu'on a commencé la journée à quatre heures du matin. Mais on n'a bientôt qu'une seule préoccupation : celle de chercher l'ombre et la fraîcheur. Le ravin de Ti-Ka-Poundoung nous en offrit le plus suave assemblage.

Nous y arrivons à cheval par de sinueux sentiers; figurez-vous une sorte de puits creusé dans la forêt vierge; un antre ovale de cent pieds environ de profondeur, où les rayons du soleil ne pénètrent jamais, et où nous nous sentons si loin du monde, si près de la nature! Les roches surplombantes qui l'encadrent soutiennent un rideau immense de lianes entrelacées, ondulées dans leurs reflets vert sombre comme les vagues de la mer. Je ne sais par quels circuits et par quelles chutes nous arrivons jusqu'au fond de cet abîme! Serrés contre une des parois, nous admirons la cascade d'un torrent qui s'élance d'un trou béant, percé en face de nous au haut du fourré : elle tombe à nos pieds mêmes dans la cavité noire du roc, à laquelle on donne près de deux cents pieds de profondeur. Depuis la neige des gorges tasmaniennes, où l'Océan austral nous apportait les frimas du pôle sud, nous n'avions point aspiré une aussi glaciale atmosphère; tandis que, dans la buée tourbillonnante qui s'élève au-dessus de l'antre et de la forêt, le prisme solaire est décomposé et semble former une colonne aérienne aux sept couleurs scintillantes, nous sommes, dans ce fond obscur, arrosés par une pluie froide de bulles ricochant de la cascade qui se brise. Après six semaines de chaleurs incessantes sous le soleil des tropiques, un frisson réparateur nous enivre de toutes les délices de l'extase! Oui, il y a des retraites sauvages, dont le silence, la grandeur et la sévérité parlent à l'âme : celle-ci a trouvé ma sensibilité plus vive, et elle me paraîtrait plus belle, plus idéale, plus remplie d'une douce expansion, si je n'avais dû essayer de la décrire et risquer de lui faire perdre, en la révélant, tout ce qu'il y a de surnaturel dans la nature et de vivant dans un monde inanimé! Mais le site m'y a forcé : pardonnez-moi.

III

VOLCANS ET MARAIS

Ascension au Tankoubanprahou. — Haies de fleur de soufre et cavernes incandescentes. — Orage. — Le bois sacré des Wa-Wous. — Hommes, femmes et enfants à l'eau. — La fièvre. — Une noce javanaise. — L'élément chinois. — Le parasol d'un Résident.

24 novembre.

Les poneys et les buffles du Régent nous mènent à tour de rôle jusqu'au village de Lemback, et pendant trois heures nous parcourons un véritable potager de quinine, de café, de cannelle, de girofle, de thé et de vanille. Au second étage des contre-forts de la montagne, nous sommes reçus par un des fils de Raden-Adiepatie-Wiranatta-Kousouma : c'est un gentil petit garçon de seize ans, déjà « vedana » (chef de district), possesseur de quarante chevaux, de cent cinquante serviteurs, et d'un harem. Il nous amène sa cavalerie de montagne qui hennit et qui folâtre. C'est ici que les chapeaux-parasols écarlate et dorés des palefreniers et des coureurs atteignent la plus grande dimension; nos hommes ressemblent à ces Spartiates montant à l'assaut en se couvrant tout entiers de leurs énormes boucliers; si le soleil tue quelqu'un d'entre eux, nous pourrons, suivant l'antique dicton de la patrie de Léonidas, « *aut in scuto, aut cum scuto* », le rapporter couché dans son chapeau. — Pendant deux heures, notre caravane s'engage dans la forêt vierge par le sentier tortueux et difficile qui mène au volcan; souvent nous mettons pied à terre pour escalader des gradins en glaise, puis en roche, véritable échelle naturelle que nos bêtes attaquent avec l'adresse de chèvres ; quant au spectacle, il est la continuation de cette féerie que nous représente Java depuis notre débarquement, féerie dont la magnificence est monotone lorsqu'il faut trouver des expressions pour la dépeindre, mais qui semble pourtant toujours nouvelle et toujours plus grandiose à nos yeux! Des précipices boisés, des ravins à pic, des fourrés de rhododendrons et de menthe rose, rouge et orange, des tunnels d'un quart de lieue sous des fougères arborescentes, hautes de trente et quarante pieds, — le tout s'encadre comme dans une corne d'abondance faite de mille lianes multicolores qui s'enguirlandent à des arbres gigantesques et qui les serrent tant qu'elles semblent vouloir les étouffer.

Mais peu à peu une odeur de soufre se répand autour de nous : la verdure des arbres pâlit dans ses tons tout à l'heure si vivaces, la végétation se meurt ; les troncs dénudés subsistent, mais plus une feuille! plus un oiseau! plus un serpent! Nous atteignons la crête qui est à cinq mille six cents pieds au-dessus du niveau de la mer. D'un petit promontoire

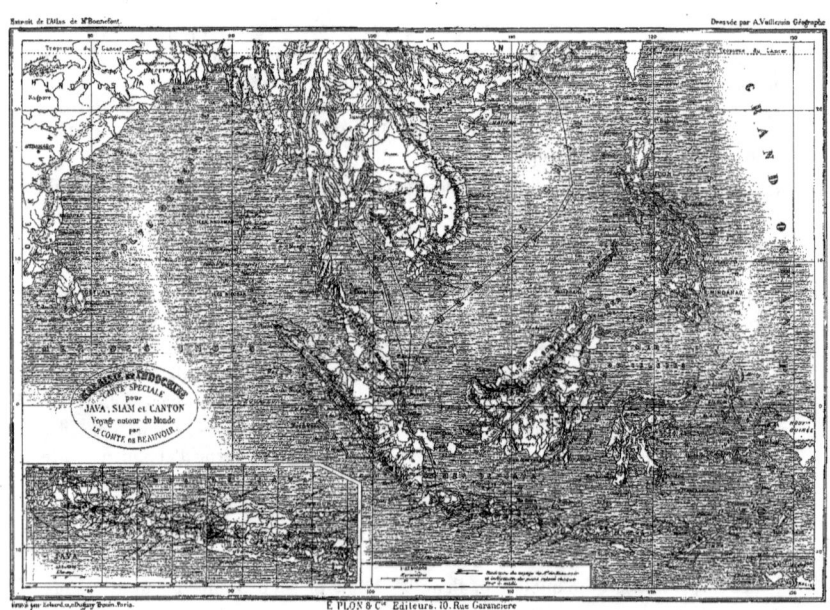

les yeux plongent dans l'intérieur du volcan: la vue en est saisissante et pleine de contrastes. (*Voir la gravure, p.* 337.)

C'est une vaste et double « solfatare »; deux cratères s'ouvrent côte à côte : l'un a environ huit cents mètres de diamètre sur six cents de profondeur; l'autre, — évidemment le plus récent, — est un peu moins large et moins profond : les parois sont des cendres. Au fond est un lac dont nous distinguons l'eau bouillonnante et fumante; sur ses bords, de grands monticules de soufre brûlent en soulevant d'épaisses colonnes de vapeur qui montent tout droit jusqu'au niveau de la crête, d'où le vent les incline et les emporte. L'odeur de l'acide sulfureux nous prend aux yeux, aux tempes et à la gorge: pourtant nous voulons descendre jusqu'au lac qui est au fond de l'abîme, car nos lunettes nous y font découvrir mille détails curieux. Notre descente n'est qu'une glissade de montagne russe : le poids du corps nous entraîne..... et nos pieds nous deviennent inutiles; la cendre tiède qui nous sert de coussin s'éboule avec nous, et heureusement aucune pierre ne nous heurte. Sur les rives du lac, qui forment une terrasse plane entre l'eau et les parois de ce gigantesque entonnoir conique, gisent une quantité d'arbres qui sont là comme autant de spectres; leurs troncs morts, amas de moisissure, ne sont pas calcinés, ils sont, à la lettre, bouillis. Dès que nous y touchons, leur pâte pulvérisée s'écrase sous nos doigts. Puis des millions de petits cailloux s'élèvent en îlots sur une mer de sable grillé; chacun d'eux est perché au sommet d'une colonne de terre, souvent haute d'un pied, mais aussi mince que la section du caillou auquel elle sert de piédestal, et qui n'a souvent qu'un demi-pouce de base : c'est un bois de petites colonnes. Il me semble qu'il faut attribuer cet étrange phénomène à l'action de la pluie qui tombe très-verticalement en ce point, puisque, à une si grande profondeur, le vent n'a plus de prise sur elle pour la faire dévier. Par suite, ces objets ont évidemment protégé, dans le tassement général, les molécules terreuses situées directement au-dessous d'eux.

Enfin nous nous aventurons, en sautillant par-dessus les ruisseaux sulfureux, jusqu'au lac même, dont l'eau est bouillante et fétide; nous avons déjà nos semelles rôties, et il est impossible de toucher la terre avec la main. Il va sans dire que nos Indiens, les premiers à descendre, nous ont abandonnés à mi-côte, et de là nous contemplent. Autour de nous, des milliers de fumerolles sortent de terre; ce sont des tourbillons de vapeurs et des odeurs effroyables : nous n'y voyons pas à quatre pas devant nous; les quelques roupies en argent que j'ai dans ma poche tournent au noir sombre d'une cuiller laissée dans un œuf, et un beau bouquet d'azalées roses que j'avais au fond de ma giberne voit en un instant s'évanouir ses ravissantes couleurs.

Nous voici devant une grande fissure de plusieurs mètres carrés; de là s'échappe un ronflement sourd, un tapage infernal, semblables au soufflet d'une forge puissante ou à un steamer qui chauffe; de la boue brûlante et de gros bouillons jaunes de soufre liquide en sont jetés comme par saccades, en même temps qu'un vent plaintif et empesté. On pourrait se croire ici au *tetri descensus Averni*. — A notre droite est béant un orifice desséché qui laisse seulement passage aux soupirs convulsifs des flammes caverneuses. Une cristallisation haute et filigranée de fleur de soufre s'élève en une haie élégante sur ses bords; quand nous l'abattons avec nos bambous, tout l'échafaudage, en croulant dans la gueule ouverte du cratère, est renvoyé en l'air par un souffle violent et vole en éclats par-dessus nos têtes, dans toutes les directions, comme la mitraille d'un canon. A notre gauche, en un point où nous étions précisément placés il y a cinq minutes, la terre se boursoufle, craque et se fend! Un ruisseau de boue est soulevé en jet d'eau à plusieurs pieds de hauteur, et retombe en nous éclaboussant affreusement.

Bien qu'il n'y ait point eu d'éruption depuis 1840, et que tout ceci ne soit qu'un jeu de petites fumerolles jaillissant et mourant tour à tour, nous nous disons avec raison « que nous dansons sur un volcan », et qu'il vaudrait mieux, tenant notre curiosité pour satisfaite, regagner les régions supérieures. L'odeur, en effet, devenue par trop forte, nous suffoque; nos yeux pleurent, nos vêtements sont roussis, et nous formons un concert d'éternuments indescriptibles. Les vapeurs des fumerolles nous avaient dérobé la lumière du soleil. Quel n'est pas notre étonnement, quand nous remontons en dehors de cette atmosphère mille fois viciée, de trouver le ciel tout noir et d'entendre les plus formidables coups de tonnerre! Nous sommes encore à mi-côte; par une loi naturelle de l'acoustique, les ondes vibrantes (et Dieu sait si elles vibrent sous les tropiques!) s'engouffrent en spirale dans notre entonnoir de forte altitude et résonnent autour de nous avec un incroyable fracas: le cratère où nous sommes ne devient autre chose que le pavillon d'une trompe, les formidables éclats de tonnerre sont la fanfare!

Tout à l'heure ruisselants de chaleur et à demi asphyxiés autour du lac bouillant, nous voici maintenant trempés jusqu'aux os par une pluie diluvienne qui tombe avec une violence épouvantable et qui glace tous nos membres! Nos pauvres Indiens grelottent et claquent des dents, ils font pitié; nous-mêmes nous devons courber la tête et l'échine sous les détonations les plus terrifiantes qu'il soit possible d'entendre, et que centuple l'étrange disposition du gouffre où nous sommes. C'est à grand'peine que nous grimpons jusqu'au bord extrême du cratère; la libre atmosphère où le son n'est plus emprisonné et où l'air n'est plus celui d'une cornue incandescente, paraît presque silencieuse à nos oreilles assourdies et délicieusement pure à nos poumons épuisés. Mais quel spectacle que celui des ravages de la foudre sous cette latitude! Deux orages parallèles sont déchaînés sur Tankoubanprahou. L'un, au-dessous de nous, roule ses gros nuages noirs sur la plaine et les premiers contreforts de la montagne; vu d'en haut, il nous fait l'effet d'une mer sombre, à grande houle, où scintillent comme des globes phosphorescents les lueurs des éclairs. Nous n'apercevons d'abord que le rideau ténébreux des nuées chargées d'électricités contraires, le centre de convulsion d'où la foudre s'enfante et s'échappe, puis les déchirements qu'elle trace en frappant la plaine de ses coups. Le second orage, s'évoluant dans la région qui nous est supérieure, nous saisit pendant la première heure, en déversant ses eaux glaciales comme si véritablement un fleuve s'effondrait sur nous. Un frisson fiévreux nous secoue sous nos misérables vêtements de toile, et nous hésitons longtemps où chercher un refuge, pris entre le feu de la terre qui, par influence, s'agite plus violemment sous nos pieds au fond de l'abîme, et le feu du ciel qui tombe vingt fois par minute tout autour de nous sur la forêt séculaire! Mais bientôt survient un orage à sec, bien plus terrifiant encore. Que de tracassements, grand Dieu! la foudre sème en un clin d'œil sur tout le cordon des bois qui, déjà asphyxiés par le soufre sur une largeur de plus d'une lieue, entourent, comme une couronne de végétation

Une jongle.

morte, le sommet arrondi du Tankoubanprahou! Quand un de ces troncs dénudés est fendu en plusieurs morceaux, il entraîne dans sa chute tous ses voisins chancelants. Rien d'affreux comme ces coups multipliés et bruyants, portant la mort dans ce qui est déjà un cimetière de la nature; les rafales furieuses se contrariant et se heurtant achèvent le massacre d'autant plus vite qu'il n'y a pas de bois vert autour de nous, que rien ne plie et que tout rompt.

Qu'avons-nous fait au Ciel pour qu'il nous ait épargnés dans ce bouleversement colossal des éléments? Je ne le sais, mais à chaque seconde nous nous attendions à suivre le sort des malheureux arbres qui tombaient autour de nous. Au bout de trois heures, nous pûmes reprendre la direction de la plaine. Ce fut quelque chose de vertigineux; la gaieté était revenue; nous avions abandonné notre ci-devant brillante cavalerie à son malheureux sort, et glissant à pied pour conserver la chaleur animale, nous semblions patiner sur un immense pain de savon incliné à 45° de la perpendiculaire. La glaise bleuâtre, polie par les eaux, nous faisait faire d'incroyables enjambées et des chutes où pendant vingt mètres il était impossible de s'arrêter! Quand nous arrivâmes dans la région où

Nous sautons de voiture à la vue de dix grands singes. (*Voir p.* 346.)

commençait la forêt vierge, nous fûmes saisis de voir à la fois les arbres qui, foudroyés par centaines et privés d'écorce, gisaient à terre, et les traces de tigres et de serpents imprimées dans la boue.

Enfin, ce fut une grande fête que d'atteindre une des maisons de l'aimable vedana de Lemback! En un clin d'œil nous soulevons et arrachons vigoureusement les planches qui sont sous nos pieds; nous en faisons, au centre de la véranda, un gros amas comme pour un feu de la Saint-Jean : les flammes le dévorent et s'élèvent en tourbillons presque jusqu'au plafond. C'est là, devant ce feu et dans le costume d'Ève avant son premier péché, que nous tordons nos vêtements de toile et que nous les séchons en nous tenant en cercle, les bras tendus. Les Indigènes accourus nous apportent des fruits; le vedana paraît enchanté. A la rapidité de nos mouvements, de notre saccage et de notre bivac, des zouaves nous auraient reconnus!

25 novembre.

Notre groupe français se sépare aujourd'hui en deux colonnes : l'une regagne le littoral, et de là se dirige vers l'Ouest et, par les Indes, en Europe; l'autre s'enfonce dans l'intérieur pour visiter les cours bien peu connues des Sultans de Sourakarta et de Djokjokarta, et si elle atteint l'Europe, ce sera par l'Est, le Japon, le Pacifique et la Californie.

Le Duc d'Alençon était parti d'Europe avant nous : il avait fait campagne, vu Yeddo et Pékin : d'impérieux devoirs le rappelaient. Pour nous, au contraire, à peine au tiers de notre course errante, nous devons continuer d'espérer en notre bonne étoile, et, bravant les frimas de la Mongolie au sortir des chaleurs tropicales, chercher à nous instruire dans le panorama où s'offrent successivement à nous les nations les plus diverses du monde. Après un rendez-vous tant rêvé et si bien concerté au carrefour de toutes les routes de l'extrême Orient, cette séparation nouvelle d'avec ceux qui nous avaient rendu pendant dix jours une famille et une patrie nous remplit d'émotion. O vous qui allez revoir les nôtres, dites-leur combien notre cœur bat pour eux et pour la France, combien nous tenons à la vie et voulons leur revenir!... quand? je ne le sais. — Avant un an, je l'espère!

Dès l'aube nous nous sommes mis en marche, remerciant de tout cœur le gracieux Régent, et M. Philippeau qui avait été si cordial et si complaisant pour nous. En quelques heures, par une route en corniche dominant des ravins de roches de trois cents mètres de profondeur, nous descendions de ce beau pays montagneux dans une plaine de marécages. Pour la première fois depuis Batavia, nous avons rencontré des voyageurs : c'étaient deux employés galonnés du gouvernement colonial, faisant sans doute quelque inspection. De ténébreuses forêts de tecks, cet arbre aux larges feuilles dont le bois est si précieux pour les constructions, servent d'intermédiaire entre les régulières plantations de café, auxquelles sont affectées les montagnes, et les champs de cannes à sucre qui s'étendent à perte de vue dans les plaines.

En traversant une de ces grandes forêts de fougères, nous sautons tout d'un coup hors de la voiture, à la vue de dix grands singes noirs (*voir la gravure*, p. 345) à très-longue queue, qui se balancent, comme des pendules, d'un arbre à l'autre. Mais à peine nous aperçoivent-ils, qu'ils détalent avec la rapidité d'une bande de pigeons : ils semblent littéralement voler! Nous avons beau courir dans les herbes, faire fuir les serpents, et sonder du regard les feuilles immenses, nous ne pouvons qu'entrevoir au loin sur l'horizon « des points noirs » gambadant au sommet des arbres. Mais nous sommes vite arrêtés par la consternation qu'impose la vue de nos armes à toute la population indigène qui va et vient sur la route. Ak-Hem nous fait comprendre de son mieux que ces braves gens regardent le massacre d'un singe comme un crime égal à l'assassinat d'un de leurs semblables. Nous rentrons nos fusils dans leurs étuis, en tombant d'accord sur la vérité de la ressemblance, que notre guide est le premier à justifier par lui-même. On nous *affirme* à ce propos qu'il y a non loin d'ici un bois sacré où gambadent cinq à six cents singes, que les naturels vont nourrir avec du riz et des fruits. Ces singes ont, paraît-il, un roi qui mange de tout, le premier, et seul, pendant que son bon peuple attend à distance sa permission : au signe du commandement, la bande affamée se rue sur le repas, et se livre bataille avec enthousiasme. Je suis désolé que nous n'ayons pas eu le temps de voir cette étrange application d'un « gouvernement personnel » autrement qu'avec les « yeux de la foi » ; et les miens, en voyage, ont le malheur d'avoir la vue très-basse.

Mille anecdotes courent donc sur les « semblables » des Javanais. La chose la plus curieuse est certainement celle-ci : quand vous interrogez un Naturel sur ce sujet, il n'en est pas un qui ne vous réponde : « Le singe est un homme tout comme moi (ils y tiennent décidément), mais il est beaucoup plus intelligent, et il n'a jamais *voulu* parler pour ne pas être forcé de travailler. » N'est-ce pas le pendant du cheval et du sanglier de la fable d'Ésope ? N'est-ce pas aussi un signe certain que, pour cette race, le travail se confond avec la corvée, tandis que nous bénissons le travail comme la source du bien-être, de la richesse, source où l'âme s'élève et se purifie ?

Vers le milieu du jour, nous avions déjà mis à bout au moins trois douzaines de poneys, mais nous n'avions rien pu trouver à manger. Dans le hangar de Sumadang (*voir la gravure*, p. 348), décoré du nom d'hôtel, il y avait sur la nappe de la table deux cents insectes mourants, une *Revue des Deux Mondes* de 1853, et un saucisson rance qui datait évidemment de la même livraison. L'hôtelier nous exprimait dans sa langue natale son regret de n'avoir absolument rien de plus : sur ce, j'entendis chanter un coq ! Assaut de la basse-cour, décret immédiat de la guillotine pour le vieux guerrier, et rôtissoire improvisée avec ficelles pirouettant sous un coup de pouce, — le tout fut l'affaire d'un instant. Et puis, le coq était sans nul doute le signal de l'existence d'une poule, et la poule avait pondu ! Mais l'omelette et le rôti nous coûtèrent la modique somme de quarante francs, ce qui prouve qu'il ne faut pas venir voyager à Java pour faire fortune.

Le soir nous arrivons au Tji-Manoek : c'est un fleuve très-large et peu profond : au point où la route le coupe, il y a sur chaque rive un village populeux. Le chef du premier, avec quatre cents hommes de corvée, que suivent par curiosité femmes et enfants, embarquent notre coche sur des pirogues, et le déposent au milieu du fleuve : là, vient nous chercher la population du village opposé ; il n'y a que deux pieds d'eau sur un espace de près de trois cents mètres qui nous sépare encore de la terre ferme. Comme les pirogues ne serviraient à rien, les braves gens, ayant de l'eau au-dessus du genou, s'attellent gaillardement à un câble démesurément long, et nous traînent comme un navire qu'on va abattre en carène : mais nos bagages, quelque légers qu'ils soient, sont un fardeau qui alourdit par trop le coche; bientôt, prenant racine dans la bourbe, celui-ci passe à l'état d'île stable au milieu de l'eau; un formidable effort faisant casser le câble, hommes, femmes et enfants qui s'y sont cramponnés sont condamnés à un bain d'ensemble de l'effet le plus pittoresque; ils sont si bons enfants qu'ils en rient : tant mieux ! (*Voir la gravure, p.* 349.)

Une seconde édition de la pluie diluvienne d'hier vient nous surprendre ensuite dans cette plaine marécageuse : nous fermons les rideaux du coche, et sommeillons avec patience. De temps à autre nous avançons de quelques pas, à la lueur vive d'une torche immense en goudron et en lanières de bambou, que

Notre hôtel à Sumadang. (*Voir p.* 347.)

nous avons fichée, comme un mât de cocagne, au sommet de notre véhicule. Grâce à beaucoup de volées de bois vert et à notre flamboyant feu d'artifice, nous arrivons à onze heures du soir à Cheribon, petite ville du bord de la mer : nous avons pourtant fait trente-deux lieues en dix-neuf heures.

Je dois avouer que c'était d'une façon bien désintéressée que j'avais participé à la razzia de ce matin : j'avais dû la laisser au pouvoir de mes compagnons de route, car le volcan ou le marécage m'a donné une fièvre épouvantable. Je ne voulais point d'abord croire à un vilain frisson, mais les miasmes vénéneux m'ont si bien envahi, que mes ongles tout entiers sont devenus d'un noir d'ébène. Ma seule nourriture est donc une dose de quarante grains de quinine; mais le vrai remède sera l'air des montagnes, où nous devons nous acheminer tout à l'heure, dès cinq heures du matin, et que nous n'atteindrons que dans trois jours.

Le petit hôtel de Cheribon est, paraît-il, plein de monde : un misérable serviteur

Un formidable effort faisant casser le câble, hommes, femmes et enfants qui nous traînaient tombent pêle-mêle. (*Voir* p. 348.)

malais, seul éveillé à notre arrivée, m'a conduit à ma chambre; c'est une petite hutte au bout du jardin, à cinq mètres de la mer. Là, harcelé par des milliers de moustiques et grelottant de fièvre, j'entends le monotone et léger murmure d'une mer calme dont les petites vagues viennent mourir sur le sable tout près de moi. Ah! que de milliers de lieues de cet Océan me séparent des miens! et comme j'en sens davantage l'étendue, quand je me vois souffrant dans le silence de cette nuit douloureuse qui me serre tant le cœur! Je savais que, dans les terres lointaines, je devais m'attendre aux accidents et à la fièvre; mais plus celle-ci me gagne, imitant cette marée saccadée qui monte, qui monte toujours, comme pour m'étouffer, plus je me sens attaché à cette lettre qui, elle, vous parviendra sûrement, et qui est le seul lien matériel qui nous reste à travers les Océans!

Pékalongan, 27 novembre.

Pour la première fois depuis mon départ de Londres, je n'ai pu écrire hier mon *memento* quotidien. Le départ de Cheribon fut difficile : notre dictionnaire vivant, le fidèle Ak-Hem, avait disparu! Nous nous rendîmes compte alors seulement du magnifique effet que pouvait produire notre firman du Gouverneur; dès que nous le montrâmes, les agents de la police locale, armés de bâtons de bois de fer, se mirent en campagne, comme si Allah avait parlé, et au bout de deux heures le malheureux nous fut ramené plus mort que vif. Nous fîmes l'usage le plus modéré de notre prestige de Blancs : un sermon en quatre points nous parut suffire; c'est un acte de clémence insigne dans les latitudes, où il est bienséant de montrer sa supériorité en traitant comme des chiens les pauvres diables. Les sous-janissaires javanais déployèrent tout leur zèle en nous offrant, avec un sourire angélique, de mettre en prison le malheureux, dont tout le crime avait été de s'attarder à une noce; mais les douceurs du pardon, inconnues ici, étaient doublées pour nous de la conservation de notre factotum. Celui-ci remonte donc sur son siège, où, malgré une chaleur torride, il est bien fier de porter aux yeux de ses semblables demi-nus un manteau en gros poil de chèvre qu'il a rapporté de Sydney. Il importe peu à un Indien d'étouffer, pourvu qu'il se pare d'un masque d'Européen!

La route est plane; elle suit en ligne droite le bord de la mer, et de temps à autre, à notre gauche, apparaissent les poupes arrondies de quelques vieilles galiotes hollandaises dormant sur leurs ancres; à droite, à travers des bouquets de palmiers, coulent doucement des cours d'eau que la marée montante emplit à pleins bords. Sous un soleil de feu, les grands marécages qui nous entourent exhalent les plus fétides et les plus malsaines odeurs : le matin surtout, quand les émanations refroidies, encore dans toute leur intensité, ne s'élèvent pas de quelques mètres au-dessus du sol fangeux, on sent que la vie est atteinte dans ses organes les plus purs, et que les miasmes l'attaquent, comme les vapeurs sulfureuses décolorent les plus roses azalées. En revanche, c'est la terre promise des marabouts, pélicans, grues et bécassines : le nombre en est fabuleux. Pour moi, je n'ai guère la force de tenir mon fusil; mais le Prince en quelques instants abat une telle quantité de pièces de ce gibier divers, qu'il revient découragé, en déclarant que ce n'est pas une chasse, mais bien une boucherie. Notez que sur une seule berge, nous en voyons une véritable armée : environ trois cents bêtes y sont perchées sur trois cents pattes (les trois cents autres étant sous l'aile et au repos), exactement comme les représentent les paravents chinois les plus excentriques. Cent canaux se coupent ici à angle droit, et semblent remplis de poissons qui sautent : en tout cas les pêcheurs fourmillent, et leurs villages entiers sont construits sur pilotis. Comment peut-on vivre dans cette atmosphère ? c'est pour moi un étrange problème ! Nous fendons par moments des nuées de moustiques telles qu'elles projettent une pénombre sur le sol : on en écrase un paquet tout visqueux, si l'on frappe les mains l'une contre l'autre : ils s'engouffrent par bataillons dans la bouche et dans les yeux dès qu'on les entr'ouvre, et le nez leur paraît une délicieuse cachette.

A Tagal, le Résident, M. Jellinghans, homme bien aimable et bien instruit, parlant le français à merveille, nous attend pour un somptueux « tiffin » : c'est ainsi qu'on appelle aux Indes le luncheon anglais. On met la nappe devant nous, et pourtant je vous assure qu'avant cinq minutes elle est noire de ces maudites bêtes bourdonnantes, qui rappellent la troisième plaie d'Égypte.

Enfin, vers le coucher du soleil, nous sortons de cette patrie de tous les zim-zims, rhipiptères et hyménoptères de la création, qui auraient fait les délices d'un naturaliste, mais qui m'exaspèrent. Ah! si cette gent taquine, piquante et venimeuse, n'avait point trouvé passage sur l'arche de Noé, comme les mortels seraient heureux ici! Dès que la nuée vivante disparaît, et que nous pouvons ouvrir les yeux, le soleil couchant dessine merveilleusement pour nous les belles formes du « Slamat », volcan qui s'élève à dix mille cinq cents pieds dans les airs : sa silhouette est de pourpre, des tons bleus d'une douceur admirable s'échelonnent sur ses contre-forts : une dent de roche, de la forme la plus étrange, renvoie comme un réflecteur immense les dernières lueurs rosées du soleil sur les rizières blondes et sur les flamboyants qui étincellent. Nous rentrons dans une belle région, en quittant les marais : les longues avenues de Pékalongan (ville de cinquante mille âmes) nous couvrent de leurs berceaux de tamariniers; du « campong » chinois, des faubourgs malais, une vraie fourmilière humaine se porte à notre rencontre : trente et quarante personnes sortent de chaque maison de bambou, et, aux portes, des paquets d'enfants tout nus chantent et crient de leur mieux. Nous franchissons le seuil majestueux de la Résidence, où M. Boutmy nous offre l'hospitalité d'un nabab!

Aujourd'hui notre colonne s'est sentie tout entière tellement éprouvée, l'un par une ophthalmie, l'autre par une insolation, le troisième par la fièvre, que nous devons renoncer à une chasse aux cerfs que le Résident avait magnifiquement organisée pour nous. Les cerfs étaient destinés à tomber sous nos coups comme des lapins, mais il s'agit, avant tout, de rapporter notre peau en Europe plutôt que la leur, et nous nous soignons.

Pendant que j'écris, je suis arraché à mon encrier par une musique infernale : c'est une noce qui passe sur la grande place. Deux mannequins gigantesques, représentant ouvertement un homme et une femme, ouvrent la marche. Viennent ensuite les musiciens imitant le tonnerre sur une soixantaine de tam-tams; puis, montés sur des poneys en grand apparat, cent jeunes gens en « sarongs » (jupons) de soie bleue ou rose, ornés de

Deux mannequins gigantesques précèdent les mariés.

colliers, d'écharpes étincelantes en sautoir sur un buste nu, et de kriss dorés passés dans la ceinture. — Le mari est modestement blotti dans un palanquin porté par quatre hommes : il a une ceinture argentée; sa figure est couverte d'une épaisse couche de peinture d'un jaune superbe fabriquée avec du safran; même maquillage sur ses mains, ses mollets et ses pieds : il est suivi de sa famille, qui forme une longue procession. L'heureuse épouse est maintenue à distance respectueuse, mais semble, malgré son riche costume, avoir été trempée dans le même tonneau que son futur. Rien de plus drôle et de plus comique! Décidément les Javanais aiment à se marier sous ces couleurs-là. Nous demandons l'âge des héros de la fête : *elle* a onze ans et *lui* en a quatorze ; vingt-cinq années seulement sont réunies par ce jeune couple! Mais..... comme ici les hommes portent exactement le même costume que les femmes et qu'ils n'ont pas de barbe, nous avions parfaitement confondu l'épouse avec l'époux, et nous ne nous apercevons de notre « erreur sur la personne » que par l'explication trois fois répétée d'Ak-Hem. Je me rétracte donc ; c'est la mariée qui est en palanquin, et c'est le mari qui est à distance respectueuse. Il est assis dans un char en bambou ; son cocher, en grand costume javanais, est coiffé d'un chapeau noir, — avec une cocarde anglaise ; deux grooms de huit ans, sans bottes à revers ni tunique, se tiennent comme empaillés à côté de lui. Derrière lui marchent le père, la mère en larmes, et les autres femmes du père, pour lesquelles notre langue si pauvre n'a point trouvé de terme propre de parenté. Ce sont presque des belles-mères, mais il y a là une lacune dans le dictionnaire pour ce trop-plein légal du ménage qui constitue la polygamie.

Les larmes des parents, les longues guirlandes de fleurs d'oranger, l'air niais et guindé des héros de la cérémonie, étaient les seules choses qui me rappelassent l'Europe dans ce cortége féerique de près de dix mille personnes, bariolées, enluminées et souverainement grotesques.

J'ai suivi le cortége en badaud, absolument comme les gamins de Paris suivent un tambour-major ; j'ai examiné pendant plus d'une heure cet incroyable assemblage et une cérémonie qu'il faudrait un volume pour décrire, — et encore bien des choses resteraient-elles incomprises ; — mais j'ai vu peu à peu que ma persévérance intriguait le public, que je devenais moi-même le tambour-major de tous ces Javanais qui, en se mettant debout sur eux-mêmes, arriveraient à peine au front d'un Européen. J'ai su depuis qu'aucun Blanc ne s'abaissait ici jusqu'à se mêler ainsi à la foule. — Aller à pied est déjà de mauvais goût ; — sans porte-parasol, c'est malséant ; — sans porte-mèche, c'est presque du déshonneur, — et sans air hautain, c'est le comble de la décadence!

N'étant pas encore acclimatés au rôle de satrapes, nous sommes allés sans bruit, le Prince et moi, visiter le campong chinois. Dans toutes les villes, les « Celestials » ont une petite colonie, que le gouvernement a, du reste, bien soin de maintenir aussi petite que possible. Cette race, essentiellement intelligente et perspicace, vivant de rien, se pliant aux circonstances, étonnamment douée pour tout ce qui est commerce, est aussi âpre au gain qu'au travail : les métiers les plus difficiles lui sont bons ; elle sait habilement faire naître les besoins qu'elle sera seule en mesure de satisfaire. Aussi quelques centaines d'émigrés de l'empire du Milieu, partis de chez eux sans doute dans la misère, deviennent-ils les chevilles ouvrières de l'alimentation générale d'une province où il y a un million de Javanais! Nécessaires au mouvement de la richesse du pays, — qu'ils pompent du reste merveilleusement; emmagasinant à temps pour prévenir une disette, — mais accaparant peut-être; s'entendant comme des frères pour acheter en gros, et gagnant chacun à l'envi l'un de l'autre et frauduleusement sur le détail; stimulant les entreprises financières qui tomberaient sans leur aide, — mais aimant beaucoup trop le « prêt à la petite semaine », et se délectant dans l'usure, qui est leur triomphe, ils me semblent être les « Juifs » des Indes néerlandaises.

Dans les rues bien alignées, mais infectes, du campong, nous avons vu une violente querelle : un rassemblement s'est fait, et le plus animé des Chinois, ayant pris un coq, lui a coupé le cou : on m'a expliqué qu'un serment chinois était nul sans cette cérémonie.

Quand nous sortîmes à la nuit avec le Résident, je fus fort étonné de le voir précédé à pareille heure de son porte-parasol doré. « Mais ce sont nos épaulettes, me dit-il : ne les avez-vous pas remarquées chez tous mes collègues que vous avez déjà vus? » Emprunté aux exigences d'un climat torride, voilà donc le parasol (le payong), vulgaire dans les autres parties du globe, devenu ici le symbole du commandement. Notre aimable juge de paix empereur va-t-il rendre quelque édit, en vertu des droits qui lui permettent de faire emprisonner deux mille Javanais, Sundanais ou Chinois en quelques minutes, vite c'est escorté de son parasol, comme d'un sceau, qu'il doit rendre la justice. — Doit-il passer en revue les troupes de cavalerie et d'infanterie qui sont sous sa dépendance, c'est encore le parasol, quelque peu militaire qu'il soit, qui équivaut au hausse-col de service et aux trois étoiles du général. — Doit-il calmer des rebelles ou pardonner à des coupables, c'est le parasol qui devient le goupillon sacré de ce père bénisseur.

Plus cet insigne est vaste, plus il témoigne d'un rang élevé : celui-ci a un mètre quatre-vingts centimètres de diamètre, et la hampe est de deux mètres de haut; c'est un parasol de famille ou de voiture; il correspond au plus haut grade. Le parasol de l'Assistant-Résident a moins d'or et donne moins d'ombre; le contrôleur ne connaît point l'or et s'abrite à grand'peine; quant au vedana, je ne m'étonnerais pas s'il n'avait que la hampe.

Bref, avec tous ses habits brodés, son épée et son chapeau à plumes, le Résident n'est qu'un homme aux yeux des Javanais. — Avec son parasol, il est un satrape et un demi-dieu. — Mais, heureusement pour tous, il possède, ce que n'ont ni les satrapes ni les demi-dieux, une science profonde de la jurisprudence, un esprit d'administrateur consommé, et une loyale bonhomie dans le commandement.

IV

UN SULTAN

Fantasia de dragons javanais. — Fêtes pour la naissance du trente-troisième fils du sultan. — Le prince Mangkoe-Negoro. — Réception au palais. — Quatre mille personnes prosternées. — Le Harem. — Le fort hollandais. — Spectacles-gala.

Samarang, 28 novembre.

Nous serions en route pour épouser l'héritière du trône de Sourakarta, que nous ne présenterions pas mieux l'image la plus orientale d'une pompe pachalique. Partis de Pékalongan à six heures du matin, et arrivés ici à quatre heures du soir, n'ayant connu que le galop pour allure, nous n'avons cessé d'avoir une avant-garde et une escorte de vingt « dragons javanais ». Montés sur de charmants poneys, habillés de vert et de rouge, coiffés de grands casques en carton que surmontent des aigrettes flamboyantes, nos dragons ont galopé autour de nous en faisant force fantasias. (*Voir la gravure, p. 357.*) Par moments quelques casques se renversaient, les jupes volaient au vent et les bras imitaient les ailes d'un moulin : tout cela ressemblait bien un peu à une bande de singes faisant de la voltige sur des chiens, mais ce n'en était pas moins charmant. — A tous les relais, nouvelle escorte, prête à crever ses chevaux pour nous rendre honneur!

Ne croyez pas qu'il y ait la moindre apparence de danger à courir dans cette belle île de Java, au milieu d'un peuple aussi aimable et aussi déférant pour les Blancs; avec un simple rotin, on mettrait en déroute tous les malfaiteurs de ces parages! Non, c'est une gracieuse attention de M. Boutmy, qui, de l'ombre de son divin parasol, nous protége et nous honore tant que nous parcourons au galop les terres fertiles qui relèvent de son gouvernement. Nous sommes dans les grandeurs asiatiques, ravis et enchantés, — reconnaissants surtout !

Au premier relais, sous l'ombrage de hauts bananiers, une table est toute servie pour nous avec du thé chaud et mille fruits exquis ; le chef indigène endimanché nous le sert en personne. Ce qui nous confond, c'est qu'à chaque relais il en est de même. Notre voyage devient une procession honorifique ; les routes sont balayées, les populations en langoutis de fête; il nous faut goûter de tout pour leur faire plaisir, et si j'en juge par les expressions louangeuses des chefs aux costumes pittoresques, que nous relevions dès qu'ils voulaient s'humilier, et que nos poignées de main transportaient de bonheur, nous devons être bien populaires, et à peu de frais, dans ce royaume où notre règne aura été d'un jour!

Ces scènes d'un autre âge, ces splen-

Nos dragons ont galopé autour de nous en faisant force fantasias. (*Voir p.* 356.)

deurs qui m'ont forcé de ne point montrer aux populations ébahies un Européen de piteuse mine, m'ont enlevé la fièvre et m'ont guéri ; mais un pareil spectacle ne semblerait-il pas plutôt un vaporeux songe de délire ?

Dans la plaine que nous traversons, ce sont les plantations de tabac qui abondent ; des hangars immenses sont disposés de kilomètre en kilomètre pour servir de séchoirs. Puis viennent des champs de cannes à sucre qui ont deux et trois lieues de long ; des régiments de coulies y travaillent, et les cheminées des raffineries lancent au ciel leur noire fumée. — Enfin de longues allées de mimosas nous amènent à Samarang, ville de soixante mille âmes, un nouveau Batavia pour la splendeur des rues et des villas. Devant repartir dès l'aube, nous refusons, par discrétion, la cordiale invitation de loger au palais. Toutes les autorités en grande tenue viennent rendre visite au Prince, malgré une pluie torrentielle, et les récits les plus intéressants nous captivent pendant la soirée.

30 novembre.

Nous voici aux portes d'une région nouvelle. Il y a en effet, à Java, deux grandes provinces que l'on appelle les « Terres princières », Sourakarta et Djokjokarta, où règnent deux Sultans. Elles n'ont pas été soumises par la Hollande, qui se contente d'y entretenir un agent diplomatique sous le nom de Résident, et d'y exercer un protectorat dont je suis fort curieux de découvrir les délimitations. D'après tout ce qu'on nous a dit, les rapports sont fort doux entre ces voisins de puissance inégale, et mille arrangements de routes, de poste, de commerce, font la prospérité des deux pays.

Depuis Samarang nous n'avons eu qu'une seule étape, la jolie bourgade de « Salatiga », où nous avons été logés à la Résidence et fêtés par les officiers de la garnison, qui parlent le français comme nous. La route postale que nous avons suivie est celle qui sert de débouché à un vaste réseau de l'intérieur, et il s'y fait un trafic considérable ; elle est flanquée de deux voies latérales, dont l'une est consacrée aux charrettes et l'autre aux bêtes de somme. Ces charrettes, de forme mérovingienne (*voir la gravure*, p. 361), ont les roues pleines, faites d'une section de tronc de teck, et sont couvertes d'un toit en bambous qui protège les marchandises ; des attelages de bœufs roses les traînent. Elles s'échelonnent par convois de cinquante ou soixante, tandis qu'à notre gauche cheminent des caravanes de chevaux qui comptent certainement plus de cinq cents bâts chacune. Quelle activité, quel mouvement commercial ! mais aussi quels primitifs moyens de transport !

Laissant à notre droite les silhouettes brisées de deux beaux volcans, le Merbabou (9,000 pieds) et le Mérapi (8,500), nous arrivons à un plateau élevé, par des routes bordées de tulipiers aux fleurs jaunes, de dragonniers aux rameaux bizarres, de tendres sensitives et d'arbres à pain. Nous dépassons le carrosse somptueux d'une Princesse javanaise entourée d'une quinzaine de suivantes, et un messager nous remet une lettre d'invitation du Résident nous annonçant que Sa Majesté nous autorise à pénétrer dans sa capitale : nous sommes sur les terres de l'Empereur.

La place publique de Sourakarta offre un aspect étrange. Des mandarins, des dignitaires fendent la foule, suivis d'un serviteur qui porte un parasol vert et or dont l'ombre court après eux; des groupes de soldats armés de piques, de kriss d'or, coiffés d'un chapeau en pain de sucre et vêtus d'un jupon rouge, se croisent dans les rues; des faisceaux de hallebardes extraordinaires sont dressés de distance en distance, et des milliers de femmes se dirigent en procession vers les minarets du palais, qui dépassent dans le lointain les bouquets des palmiers. La Résidence elle-même est presque déserte! Qu'y a-t-il donc? Ah! ce matin, le Sultan a été l'heureux père d'un trente-troisième enfant! Grands et petits, en folle liesse, sont allés faire parade de respectueuses félicitations.

Bientôt le Résident, doré sur toutes les coutures, nous revient accompagné du commandant de la garde impériale, un beau métis en grand uniforme. Nous exprimons le très-vif désir de présenter nos devoirs au maître, mais celui-ci n'a jamais vu d'autre Européen que le Résident; son palais a toujours été un tabernacle fermé aux gentils! En parlant bien haut du sang de Henri IV, l'excellent M. Lammers Van Foovenburg espère obtenir pour le Prince l'insigne faveur d'une réception; il remet une dépêche diplomatique au beau métis, et nous attendons avec anxiété la réponse de la Majesté javanaise.

Nous humons une délicieuse fraîcheur sous les colonnades de marbre de la Résidence. Au haut du perron majestueux qui donne accès à la véranda, apparaissent deux objets admirables qui témoignent du temps où les Hollandais, mettant à profit leur classique instinct d'intervention dans les pays fermés aux autres peuples, rapportaient pour eux seuls les merveilles du Japon. Ce sont deux torchères, doubles de la grandeur humaine, en bronze niellé d'or et d'argent, et représentant des guerriers qui brandissent d'énormes lustres [1]. La finesse des ciselures, la perfection du coulage, la précision des veines incrustées, me laissent confondu d'admiration.

Pendant un gai repas, on s'évertue à nous avertir des mille et une règles d'une étiquette inouïe qu'il nous faudra observer si nous sommes admis au palais. Puis le Résident est forcé de nous quitter: de nouveaux devoirs le rappellent. — Ce matin ambassadeur, à midi il passe juge de paix; ce soir il sera général. — Il s'avance d'un pas lent vers le « pendoppo » de justice: figurez-vous une sorte de tabouret de marbre, mesurant cinquante mètres sur chaque côté et s'élevant par gradins au-dessus du sol. De hautes colonnes de teck soutiennent un toit de pagode chinoise qui l'ombrage, et en font un immense kiosque à jour. Là il va tenir son lit de justice en présence d'une centaine de chefs venus de leurs districts en brillant costume, et présentant un à un leurs rapports après quinze révérences consécutives.

Devant les gradins est un piquet de gendarmes indigènes, — sans bottes, — qui tiennent sous menottes de trois cent cinquante à quatre cents prévenus. Notre hôte s'installe magistralement sous le dais, où deux procureurs locaux, accroupis au-dessous de lui, font d'une voix nasillarde et cadencée lecture des actes d'accusation; le prêtre mahométan, blotti

---

[1] J'ai depuis parcouru la Chine et le Japon, cherchant à voir les plus belles œuvres de l'art ancien, et je n'ai jamais pu trouver un bronze dont la beauté ne fût mille fois inférieure à celle de ces statues merveilleuses.

contre une colonne, vient à chaque appel nouveau donner son humble avis. S'en tenant strictement au code indigène, interrogeant d'un signe un conseil de vénérables marabouts qui sont sur leurs talons au fond du tribunal, le magistrat condamne, acquitte, prononce de par lui et au nom du Coran. En une heure ou deux, les centaines de prévenus sont expédiés, et deux files sortent par la grande porte ; l'une gambade et rit, l'autre pleure et va gémir dans le « Mazas » le plus voisin. — Voilà dès l'abord une alliance qui devient protectorat et qui annonce une bien grande sollicitude ! L'Empereur de Solo (Solo, Sourakarta,

Ces charrettes sont traînées par des bœufs roses. (*Voir p. 359.*)

ou Souerakarta, *ad libitum*) doit, il me semble, s'estimer très-flatté que l'ambassadeur de son très-haut et puissant voisin, le Roi de Hollande, veuille bien se charger de mettre l'ordre dans les crimes et délits de son bon peuple !

Dès que le soleil est moins brûlant, nous faisons une promenade gala en voitures à six chevaux. Au centre de la ville (cinquante-cinq mille âmes) est une ville intérieure et fortifiée appelée le « Kraton » : c'est le palais de l'Empereur. De hautes murailles flanquées de minarets blancs l'entourent, et quatre portes seulement y donnent accès : elles sont sculptées à jour et de construction fort ancienne. Le but de notre course est une visite au prince Mangkou-Negoro.

C'est un Prince indépendant, titré « de Pangheran-Adiepatie et d'Ario », ce qui révèle la plus aristocratique origine. Il possède beaucoup de terres enclavées dans l'Empire, et une armée qui lui est propre, composée de Javanais et stylée à l'européenne. La rivalité d'influence politique et de forces matérielles entre lui et l'Empereur est immense ; chacun à tour de rôle craint d'être supplanté par l'autre dans le réseau de fière indépendance qui lui reste. Le plus faible appelle à son aide l'influence des Hollandais, qui, pour les mettre d'accord, les morcellent et les croquent tous les deux de plus en plus. Ce Mangkou-Negoro mérite du reste l'estime : c'est l'homme le plus distingué de tous les Indigènes de Java. S'inspirant des sciences européennes, il a fait faire de grands progrès à la culture, construit des raffineries et importé quelques machines à vapeur ; il représente le progrès au sein du dernier boulevard de la puissance malaise et à l'ombre des palais antiques qui abritent les derniers descendants des Sultans barbaresques.

Nous arrivons sous le porche de son palais ; sa garde bat aux champs, et il vient au-devant de nous en uniforme de colonel hollandais. Chose curieuse ! cet homme, aussi jaloux qu'un tigre de sa liberté, est plus fier encore de porter cet uniforme, ainsi que les décorations que lui a données le Roi de Hollande. Son palais est une sorte de pagode : les ornements de sculptures fantastiques y abondent ; mais comme la nuit commence, les détails sont enveloppés pour nous de quelque chose de plus mystérieux encore, grâce au vacillement de lampes étrusques qui ne projettent qu'une lueur vaporeuse et aux petits nuages embaumés qui s'élèvent au-dessus des brûle-parfums. Une domesticité plus que nombreuse est accroupie dans les angles ; nous sommes sur le marbre blanc du « dalem » ; grande salle rectangulaire où se font les réceptions de cérémonie. — Arrive la Princesse, femme assez jeune encore, très-pâle, ayant les yeux d'une douceur extrême, une main parfaite de forme, et des dents noircies par la boulette nationale [1]. (Voir la gravure, p. 364.) C'est un fait assez caractéristique que dans ce pays où la polygamie est la loi la plus sacrée et la plus suivie, ce Prince, ami de l'Europe, ait voulu imiter nos mœurs et prendre cette femme pour compagne unique.

Après nous avoir fait part de ce qui est ainsi pour lui un point d'honneur, il nous fait asseoir, et nous voici comme des magots en cercle, pensant que ces conversations où tout se fait par interprète n'auront rien de bien palpitant. Eh bien, nous sommes frappés de voir combien ce prince indien est au courant des affaires d'Europe : il nous parle occupation romaine, photographie, opérette et guerre de sept jours ! La tactique militaire, les armes nouvelles le passionnent, ses yeux s'enflamment en voyant la croix de la Légion d'honneur et la médaille de Crimée que porte Fauvel ; il saisit cette occasion pour lui demander quelques récits de batailles, et alors celui-ci le fait brièvement, mais avec ce charme exquis qui le caractérise en tout. Puis il questionne le duc de Penthièvre sur l'Amérique, et il veut à toute force des détails sur cette guerre de géants que le Prince a faite à seize ans dans la marine fédérale. Il y a quelque chose d'étrange

[1] Cette pâte, que mâchent ici hommes et femmes sans discontinuer, est composée de séri (bétel), de tabac, de rapoer (noix d'arec) et de gambier.

dans le vague panorama qu'offrent à des Asiatiques les mondes éloignés ; et un ensemble de questions moitié enfantines, moitié raisonnées, — mais raisonnées d'après une logique qui est à mille lieues de la nôtre, — me reste dans l'esprit comme le souvenir du colloque le plus inattendu, le plus hétérogène et le plus insondable qui se puisse imaginer.

Mangkou-Negoro ne nous laisse pas partir sans aller chercher dans ses archives une véritable surprise pour nous, un album contenant les grandes lithographies du roi Louis-Philippe et de tous ses fils du temps où ceux-ci combattaient sous le soleil d'Afrique. Ce témoignage touchant est bien fait pour nous aller droit au cœur. De plus, il veut nous emmener sur ses terres, dans la montagne, et organiser pour nous les chasses les plus belles, un voyage de Sultan, et même au besoin une petite guerre ! Il a bien grande envie de nous montrer ses troupes, qu'il fait, paraît-il, manœuvrer avec une rare perfection. C'est à regret qu'il nous faut refuser ; mais si nous succombions aux tentations du voyage sur le parcours de dix mille lieues qui nous séparent de vous, nous ne serions pas de retour dans la vieille Europe avant l'année 1880 : le cœur doit l'emporter sur la curiosité !

1er décembre.

A mon réveil, j'ai cru qu'il pleuvait à torrents ; mais c'était le vol de milliers de très-petits oiseaux appelés « paddas » (voleurs de riz) : ils tournaient en spirales continues autour des beaux arbres du jardin, et faisaient un bruit glapissant comme une cascade qui tombe ; de plus, les hautes touffes, que relient des rideaux de lianes, en étaient littéralement couvertes. A l'harmonie des oiseaux du ciel a succédé celle de la musique militaire : les troupes indigènes ont défilé trois fois devant la Résidence, et ces soldats étranges, dont je vous envoie le portrait (*voir la gravure*, p. 365), ont joué sur leurs instruments de cuivre la « Marseillaise » et la « Mère Michel », avec des combinaisons sonores qui auraient fait danser des chèvres. Singulier contraste entre l'hymne révolutionnaire qui a enflammé les phalanges de la liberté et les humbles janissaires d'un Sultan ! entre l'air gouailleur du gamin de Paris et l'aspect bariolé d'une foule asiatique. Là circulent des potentats demi-nus dans des palanquins, sous d'immenses parasols dorés, avec un cortége d'esclaves portant tabac, kriss et boulettes de bétel !

La réponse impériale est promulguée : nous serons reçus en grande pompe, en même temps que la députation du Sultan voisin, Hamangkoe-Bouvono-Seriopati-Ingalogo-Ngaodoer-Rachman-Saïdin-Panatogomo-Ralifatolah VI, Empereur de Djokjokarta ! Précédé d'une musique indigène phénoménale, voilà un groupe immense de mandarins sautillants sous un groupe égal de grands parasols qui brillent au soleil ; c'est le chambellan de service qui vient nous annoncer la grande nouvelle en compagnie de quatre cents Régents et Princes de la cour ! Ils sont coiffés d'un « topji », haute calotte en baudruche blanche ou azur dont la forme ressemble à celle d'un pain de sucre dont on aurait rasé le sommet (ce qu'un jardinier appellerait un pot de fleurs renversé et un géomètre un tronc de cône) ; leurs vestes sont en soie rouge, verte, bleue, et ornées de pierreries sur le passe-poil ; leur « sarrong », longue jupe chinée, traîne à terre. Arrivé au petit trot, le cortége reste trois secondes sur ses talons; son chef dit en deux mots sa commission, et la tourbe repart à tire-d'aile, malgré une mêlée bruyante de tous les « payongs » (parasols) que les porteurs surpris entre-choquent et bouleversent.

Puis apparaît une autre troupe de Princes dans le même attirail : elle vient chercher la lettre de félicitations de Hamangkoe-Bouvono... (cette fois je n'ai pas le temps d'écrire son nom), lettre qui, par je ne sais quelle combinaison, a été remise d'abord par les députés entre les mains du Résident. Celui-ci la remet au premier ministre, qui la passe au ca-

L'impératrice et le jeune prince de Solo. (*Voir p.* 362.)

pitaine des gardes. Elle est enveloppée dans un sac de soie jaune (couleur princière ici), et déposée sur un large plateau d'or. Le capitaine, alors, devant la foule accroupie à perte de vue, descend solennellement les gradins de marbre, et la porte jusqu'à la voiture qui attend. Oh! la bonne et merveilleuse voiture! C'est une sorte de sucrier pointu, peint en jaune, perché sur seize ressorts, et précédé d'un échafaudage en fil de fer qui sert de siége à un cocher juché; le tout traîné par six poneys blancs caparaçonnés, et escorté d'un escadron de cavalerie nu-pieds, avec éperons, et en jupons!

L'officier, après avoir grimpé les huit marches du marchepied pantelant, s'installe dans ce monument avec un sérieux que je lui envie, et le front haut et découvert, l'œil fixe, les bras tendus, il tient en l'air la lettre sur son plateau, comme si c'étaient l'ostensoir et le saint-sacrement. Respect, silence, prosternement de toute la population « avant comme après la lettre » : les fronts sont contre terre, on entendrait une mouche voler. Je confesse que je suis pris d'abord d'un fou rire que je m'efforce en vain de réprimer et qui du coup me fait à la fois souffrir et pleurer. Le cortége se met en marche : le sucrier attelé est en tête, sous l'ombre du « payong » doré impérial, déployé au haut d'une hampe de quatre mètres! Nous suivons avec onction dans les voitures du Résident, et, à un kilomètre derrière nous, j'aperçois encore le flot mouvant des Princes, vizirs, radjahs et adiepaties javanais. Telle devait être la pompe de la reine de Saba venant rendre visite au bon roi Salomon !

Officier de la garde du sultan. Soldat de la garde du sultan.

(*Voir p. 363.*)

Bientôt nous arrivons aux murs du « Kraton »; les portes antiques crient sur leurs gonds, et la cité intérieure et sacrée nous apparaît. Pensez que le « Kraton » contient dix mille personnes! C'est le Versailles du Louis XIV malais, la ville de palais où il entasse ses seigneurs, ses enfants, ses femmes et ses valets. Excepté son harem, tout ce monde accourt, se range en bataille, forme la haie, et s'incline le nez dans la poussière. Nous mettons pied à terre devant les « deux arbres sacrés », les Warringings (géants aux mille contre-forts, symboles de haut rang). Solennellement à l'ombre des parasols verts portés derrière chacun de nous par un radjah à kriss d'or, à casque doré, à jupe écarlate; nous efforçant d'avoir une démarche majestueuse dans cet apparat asiatique, nous traversons en pompe une série de douze cours intérieures, entourées de superbes terrasses. Chaque portique est gardé par un piquet de l'armée impériale, la lance au bras, la jupe nouée aux reins, le turban noir et or sur la tête.

Les musiciens indigènes, drapés dans de longues robes rouges, exécutent le plus oriental des charivaris, et la flûte en bambou, longue de deux mètres et demi, fait merveille. Nous passons devant des monstres de bronze datant des siècles les plus reculés, devant des pièces de canon servies par des artilleurs dignes de ceux de l'an 1346, et devant la cage où rugissent les tigres de combat.

L'étendard représentant un oiseau fantastique, brodé en or, s'abaisse devant nous à chaque gradin, et saint Georges terrassant le dragon n'était pas plus martial que le soldat couleur chocolat, orné d'un casque de carton enluminé, qui pique la lance en terre sous nos pas. Nous sommes reçus au cœur du palais, dans une vaste cour, par le gros de l'armée qui parade au milieu d'une nouvelle population prosternée ; et devant nous, échelonnés en cascade sur les gradins d'un large escalier en marbre blanc, sont accroupis les quatre cents princes que nous avions vus si brillants tout à l'heure. Cette fois, par respect pour le maître, ils sont nus jusqu'à la ceinture ; et leur longue queue de cheveux est dénouée dans le dos. C'est l'entrée du palais des femmes du Sultan : trois mille Javanaises y font le service impérial ! Les deux grandes maîtresses sont sur le seuil : de là, le coup d'œil est splendide ! Cette cour est un rectangle de quatre à cinq cents mètres de profondeur, entourée d'une colonnade : elle est remplie de plusieurs centaines de radjahs accroupis en cercles réguliers suivant leur rang, et montrant au soleil leurs demi-pains de sucre argentés, leurs bustes nus, leurs armes étincelantes.

Au centre s'élève le « pendoppo », pavillon grandiose, à jour, dont la base est de marbre, et dont le toit en sandal est, à l'intérieur, chargé de mille arabesques sculptées, tandis qu'au dehors il dessine les courbes élancées et les étages superposés d'un temple chinois. A droite, alignés la face contre terre, ornés de grands bonnets de baudruche azur, de boucles d'oreilles en diamants et de jupes bleues, voici les trente-deux fils de l'Empereur. A gauche sont des centaines de beaux-frères, cousins et neveux. Au fond, sur une sorte de trône, est Sa Majesté le Sousouhounan Pakoe-Saïdin-Panatogomo IX. Il a vingt-huit ans, une taille svelte et distinguée, le teint vert pâle, de grands yeux hagards et d'énormes sourcils peints. Sa coiffure est en soie noire à stries d'or : son justaucorps est orné de broderies d'or qui enchâssent mille diamants de la plus belle eau ; il porte au côté des décorations de fantaisie, d'admirables joyaux, et la croix de commandeur du Lion néerlandais. Sa longue jupe scintillante, des pierreries superbes dans les cheveux, aux oreilles, aux mains et aux pieds, son kriss, dont le fourreau jette des feux inouïs, le font briller comme dans un magnifique tableau vivant, avec l'expression la plus pachalique et la plus efféminée.

Vingt jeunes servantes sont rangées derrière lui, semblant vouloir relever l'éclat de ce puissant seigneur et maître ; mais leurs vêtements brillent par leur absence. Puis quatre nains et quatre bouffons, dans le plus curieux attirail, se tiennent blottis à leurs pieds comme des chiens de faïence. Infirmes officiels et bayadères officieuses; pelotons de mandarins en vert, en bleu, en rouge, qui sont porte-feu, porte-mouchoir, porte-crachoir, porte-thé, porte-café, porte-parfum et porte-boulette; fils nés régulièrement, à raison de deux par année, se prosternant le torse nu devant la majesté paternelle; — cousins et neveux, au nombre de trois cents, alliés à ce père unique par la multiplicité des mariages; — enfin grands seigneurs et officiers, au nombre de quatre mille, étendus à quatre pattes, sans proférer un son, sans oser lever les yeux autour du « pandoppo » : tel est l'étrange ensemble qui est en ce moment offert à nos yeux éblouis; telle est la cour à demi fabuleuse que nous voyons en franchissant le dernier gradin du tabouret de marbre. Nous sommes encore les seuls auxquels il soit permis de demeurer debout au milieu de cette moisson humaine qui semble fauchée aux pieds du maître.

Le Résident alors, englouti dans son faux col et dans ses galons d'or, nous donne le signal; nous nous confondons de part et d'autre en une série de révérences périodiques; en bon courtisan, chacun s'incline et « courbe son échine autant qu'il la peut courber », comme s'il était pris d'une violente quinte d'éternument. Cela dure fort longtemps, et je me répète en moi-même cette phrase qui me revient des contes de l'enfance : « Grand Mogol, je me jette à vos pieds, sans rire ni pleurer! » Oui, sans rire, croyez-le bien; mais ce n'est pas l'envie qui m'en manque. — Le Sousouhounan fait asseoir le Duc de Penthièvre à sa droite, le Résident à sa gauche; Fauvel et moi nous nous tenons sur le côté, vis-à-vis de deux oncles de Panatogomo, dont l'un fait exécuter les plus épouvantables grimaces à sa vieille figure couleur jus de tabac : c'est qu'il a avalé de travers sa boulette de bétel, et le moment est mal choisi. Pendant qu'une des nymphes de service présente un crachoir d'or au malheureux qui s'y délecte en éternuments, le Résident traduit nos compliments. Alors le Sultan, donnant à tous ses traits les jeux étranges et vifs que possèdent au plus haut point les physionomies orientales, répond que « l'arrivée » du Prince dans son Empire le jour de la » naissance d'un de ses fils est le signe » d'une bonne étoile pour le jeune en- » fant, et qu'il ne nous laissera point par- » tir sans nous le faire toucher, afin que » notre main lui porte bonheur ». Puis il fait du doigt un léger signe à l'un de ses fils, qui relève aussitôt la tête, vient en rampant littéralement jusqu'à ses pieds, et, sur un mot, court jusqu'au parc d'artillerie, — et le canon tonne!

Alors, au fond de la vaste cour, à plus de trois cents mètres du trône, une porte écarlate s'ouvre toute grande, et les cent cinquante envoyés du Sultan de Djokjokarta s'avancent. Ce cortége met à arriver un temps infini; les yeux fixés contre terre, le buste exposé aux rayons dardants du soleil, rampant sur les genoux et sur les mains, les illustres ambassadeurs de l'Empire voisin se traînent jusqu'au pendoppo. Là, joignant les mains et, en signe de prière, les portant verticalement dans le plan du nez avec le pouce sur la bouche, ils se prosternent cinq fois avec un ensemble théâtral et entonnent leur compliment sur un rhythme cadencé. L'énumération des titres, seigneuries, pachaliks des deux Empereurs prend trois quarts d'heure; la félicitation en elle-même, au sujet du trente-troisième fils, est faite en moins de deux minutes. Notre Sousouhounan lit avec religion la lettre enveloppée de jaune et écrite sur soie jaune, remercie d'un signe majestueux qui semble foudroyer toutes les têtes des députés; leurs demi-pains de sucre bleus et blancs (signe de race noble distinguant les officiers) restent désormais inclinés jusqu'à terre et immobiles.

Un nouveau signe du maître fait avancer les demoiselles porte-cave à liqueur, et, à genoux à nos pieds, elles vident leurs amphores bizarres dans des timbales d'or ciselé. Pour la plus grande gloire du Prophète, le bon musulman avale ses dix coupes de porto et de bordeaux.

Mais voici le moment où notre réception, déjà si extraordinaire, devient pal-

En route pour le harem.

pitante : — En route pour le harem! Le Sousouhounan va causer une surprise à celles qu'il aime, et faire franchir pour la première fois à des Européens ce seuil sacré du bonheur conjugal. Voici l'ordre de la marche :

1° Le Sultan donnant un bras au Prince et l'autre au Résident : trois immenses parasols les ombragent;

2° Les demoiselles d'honneur, trois par trois, comme les Grâces de la statuaire, portant, dans des boîtes toutes brillantes de diamants, les parfums, le feu et les cent et cætera que mâchera l'Empereur;

3° Fauvel et moi, toujours sous parasols gigantesques;

4° Les officiers de la cour en procession.

Nous ne tardons pas à entrer dans la salle la plus étrange (voir la gravure, p. 369), où nos yeux dévorent un fouillis de dorures, de nattes, d'arabesques, de lits historiés et enluminés; là s'élèvent des escaliers tournants de bois de sandal, des petits pigeonniers, sortes d'autels haut perchés, autour desquels brûlent des parfums suaves dans des coupes suspendues et voilées légèrement par la fumée qui se perd en tourbillons. Dans cette salle, qui peut avoir 150 mètres de profondeur, il y a comme des vallées et des montagnes; les boiseries,

Nous entrons dans la salle la plus étrange. (*Voir p.* 368.)

ciselées à jour, en font un labyrinthe, et des femmes effrayées y circulent comme des ombres fugitives. Mais le Sultan appelle, et nous avons devant nous l'essaim, charmant par la jeunesse plus que par la couleur, de ses quarante femmes, vraies poupées de cire bien luisantes, toutes souriantes à son regard et langoureuses dans leurs poses; leur buste élégant et fait au moule n'est orné que de colliers de joyaux; un sarrong rose est noué sur leurs hanches. Je crois rêver, en vérité, emporté par un songe des *Mille et une Nuits*. Mais les vagissements d'un enfant me prouvent bien que je suis sur terre et que tout cela est réalité : le trente-troisième fils nous est apporté. Il est aussi criard et aussi laid que les enfants âgés de vingt-six heures sous toutes les latitudes : nous l'honorons d'un cordial « shake-hands », bénédiction promise, qui le fait crier cent mille fois plus. Le Sultan paraît ravi; des centaines de servantes passent leurs têtes curieuses par-dessus les corniches des meubles enluminés et au travers des barreaux et des sculptures mythologiques d'escaliers tournants qui s'élèvent jusqu'au plafond.

Le Sousouhounan nous présente à sa mère et à quatre autres bonnes vieilles momies qui étaient aussi femmes de feu son père; puis vient le tour de ses filles, dont la plupart ont pour toute parure une parure de diamants! Nous avons beau sourire le plus aimablement du monde, notre présence leur cause une peur effroyable. Elles sont au nombre de quarante-huit : le Sultan s'étant marié à douze ans, cela lui fait une moyenne de trois filles par an à ajouter à celle de deux fils.

Rien de plus curieux que cette sorte de théâtre asiatique dont nous avons le spectacle et dont les coulisses sont insondables! Il paraît qu'il y a quelques années le harem était quadruple de ce qu'il est aujourd'hui; mais le maître, — par économie sans doute, — a subitement fait d'énormes réductions dans le personnel. Ce sont ses amis, appelés à ramasser les miettes du sérail, qui ont dû être contents!

Le Sultan nous montre par ses mille caresses qu'il adore ses enfants. — Quant à la condition des femmes, elle est bien basse, bien méprisée et bien pitoyable à Java. Dès l'âge de dix ou douze ans une jeune fille devient, comme une chose, la possession d'un propriétaire, puis elle perd le plus souvent le bien-être en même temps que la jeunesse. La nature grossière des hommes, séduite uniquement par un dehors matériel et éphémère, les étale comme un troupeau, sans se laisser enchaîner par les charmes moraux et attachants qu'une femme recèle dans son âme, sans respirer les parfums délicats de sensibilité, de tendresse et de vraie affection qui s'en exhalent! Ah! oui, c'est par là que l'Orient serre le cœur! — Dans ce palais où elles sont entassées, à l'instar d'une boutique de femmes en gros, il y a pourtant une des Sultanes qui porte le titre de « grande » : elle est « ratou », et son premier-né est l'héritier du trône; c'est celui qui vient de recevoir notre bénédiction, et je m'explique maintenant la liesse générale de tout ce peuple et de tous ces Princes. — Avouez que le Sousouhounan était à plaindre, ayant déjà trente-deux fils, de n'avoir pas d'héritier légitime de sa couronne!

Après quatre heures de séjour dans la cité sainte, nous nous inclinons respectueusement devant la triple rangée des femmes de notre hôte, et nous saluons ce temple mystérieux que nos regards furtifs n'avaient cessé de pénétrer : les sourires s'envolent, le Sousouhounan nous guide, et, de colonnade en colonnade, nous regagnons la terre des profanes.

Le Sultan a donné au duc de Penthièvre sa propre canne, ornée d'une pomme d'or où est gravé son chiffre E, qui veut dire IX en javanais : il est le neuvième Empereur de la famille. Quoique ses prédécesseurs aient vu chacun se rétrécir davantage le cercle de leurs antiques possessions, celui-ci est encore souverain des terres qui, sur un rayon de soixante milles, entourent sa capitale : elles lui rapportent environ trois millions nets : les Hollandais lui payent, en vertu d'un ancien traité, cent trente-quatre mille francs par an; puis mille sources inconnues viennent alimenter un revenu que nul ne peut deviner dans un pays où le Sultan est égal à un dieu, où il possède tout, à tel point qu'il lui suffit de désirer la femme ou la fille d'un de ses sujets pour qu'elle lui soit immédiatement remise. L'époux ou le père doit encore s'estimer très-heureux ! Quand il en est de même des sueurs du travailleur, des bénéfices du négociant, de la vie, en un mot, de près d'un million d'hommes qui se résume en une seule volonté, y a-t-il une mesure dans la jouissance, des bornes à la richesse, un frein à l'omnipotence?

Je rentrais à notre somptueuse demeure en repassant dans ma mémoire toute fraîche les splendeurs asiatiques dont je venais d'être témoin, et que je n'aurais jamais crues empreintes d'un cachet aussi piquant, aussi fantastique. La cité sainte, où le Sousouhounan voit chaque jour dix mille de ses sujets à quatre pattes devant lui; où ses femmes se parent, chantent et dansent pour lui; où ses enfants rampent à ses pieds comme des vers de terre, — la cité sainte n'était séparée de moi que par les créneaux et les minarets. Mais voici que d'autres créneaux et d'autres bastions m'apparaissent sur un petit fortin à ma droite. Qu'est cela? disais-je. — Rien. — Quoi! rien? — Peu de chose. — Mais encore? — Un petit fort où il y a cinq cents soldats hollandais pour veiller à la sûreté des Européens. — Ah!... — Il y a *deux* Européens et *cinq cents* soldats avec un lieutenant-colonel pour les défendre ! Je sais bien que ce n'est qu'un petit pied-à-terre que prend là le puissant voisin;

Mais lorsqu'on voit le pied, la jambe se devine.

Et le grand et magnifique Sultan ne me fait pas l'effet d'être libre comme la cavale du désert! Ici le fortin hollandais et la garnison à armes perfectionnées : là le Prince indépendant Mangkou-Negoro, qui a une armée indépendante, stylée à l'européenne, et qui est poussé, choyé, aidé, subventionné pour tenir en échec le demi-dieu du « Kraton ». Et puis ce demi-dieu, ce Sultan superbe, ne peut recevoir aucune lettre sans qu'elle ait été préalablement remise à la Résidence : son capitaine des gardes, le beau métis, vient y faire chaque matin un rapport détaillé et circonstancié de tout ce qui se passe dans le palais.

Bref, si l'on s'incline jusqu'à terre devant la Majesté impériale, et si l'on semble, avec des airs de petit saint Jean, n'être pas digne de dénouer les cordons de ses souliers; si toute la pompe honorifique et le faste d'adoration de l'Orient sont déployés aux pieds du maître, croyez bien que le Sousouhounan Panatagomo IX, le lion survivant des pachaliks javanais, est entouré de filets qui l'empêcheraient de rugir, de bondir dans les forêts vierges où il régnait jadis, et de déchirer de ses griffes vengeresses les liens puissants dont la race conquérante a enlacé son île!...

En rentrant au logis, nous trouvions nos lettres d'Europe, qu'un courrier

La danse de bayadères le soir de notre arrivée à Sourakarta.

avait apportées au grand galop depuis Batavia. Ce sont les premières réponses à mes premières lettres d'Australie, du 25 juillet. Pensez avec quelle impatience je les attendais! avec quelle ardeur je les dévore! et combien enfin je suis confondu de l'honneur que vous faites à mes poissons volants, à mes sauvages, à mes mines d'or et à mon pauvre Burke! Puissent mes bons Javanais accroupis, mon rhinocéros manqué et mon Sultan à quarante-huit femmes recevoir un pareil accueil auprès de vous ! Ah ! quand je vois tant de belles et étonnantes choses, et que je pense aux miens, comme je souffre de ne pouvoir partager avec eux le bonheur de tels spectacles !

La variété rapide de notre voyage en fait le charme en même temps que la fatigue. En Australie, la couleur locale n'existait pas, mais c'était une passionnante étude que celle de cette nouvelle Europe créée en une génération humaine, et un commerce délicieux que celui de nos sérieuses conversations avec des hommes parlant notre langue, ayant nos mœurs et appliquant nos sciences.

Ici nous sommes perdus au milieu de vingt millions d'hommes que nous ne comprenons pas : une nature exubérante et une population bariolée nous offrent un tableau surchargé de couleurs qu'aucune palette ne saurait rendre. — Là-bas, c'était une discussion économique dans un parlement de colons ; — ici, c'est un théâtre avec des mandarins rouges, bleus et verts, avec de magnifiques décors que personne ne prendrait au sérieux. C'est de l'essence d'Asie conservée, au lieu d'un jet de vapeur de Manchester ! — Je voudrais parler à tous ces Malais, sonder leurs cœurs et leurs intelligences, apprendre leur histoire, étudier leur religion, deviner leurs besoins. Mais je me heurte contre un mur où il n'y a que des ombres de marionnettes ! — De l'autre côté du tropique, je pensais : — ici je ne puis que voir ! Mais, en essayant d'appliquer de mon mieux l'attention de mon esprit, j'espère pourtant, en quittant cet empire colonial, avoir rassemblé assez de lueurs éparses et vagues d'abord, puis corroborées par quelque preuve nouvelle, pour vous résumer en conscience ce qu'est pour moi l'âme de ce corps si brillant, si coloré, si asiatique, si merveilleux, dont la vue nous éblouit tous les jours.

C'est déjà une jolie besogne que d'avoir dans une journée vu quatre mille personnes prosternées, d'avoir lu vos lettres et d'y répondre !... Une demi-douzaine de serviteurs sont venus m'avertir que le dîner était prêt, et il eût été, je crois, malséant d'être en retard, car je devais être placé entre deux fils du Sultan ! Nous avions l'honneur d'en posséder trois en compagnie de huit autres Princes javanais ; et tous, nonobstant Mahomet, ont bu du champagne avec bonheur. Nous nous amusions beaucoup de leurs histoires, que l'aimable Résident voulait bien nous traduire. Mon voisin, qui n'a que treize ans, nous raconte que dernièrement l'Empereur l'a fait venir et lui a dit : « Je te trouve très-gentil, je vais te faire un petit cadeau : voilà pour toi quatre de mes plus jolies bayadères. » Une fois lancée sur ce ton, je vous laisse à penser si la conversation habilement stimulée devint étourdissante ! A cet âge, ils ont déjà chevaux, châteaux, terres et harem, etc..... Ils sont fiers comme Artaban quand ils sont au dehors ; — dans la maison paternelle, ils deviennent vers de terre !

Mais quelle chose vraiment curieuse que leur langue ! D'abord à Java on en parle quatre : le malais, le javanais, le sundanais et le madourais. Dans chacune de ces branches, il y a des dialectes aussi différents entre eux que le turc l'est de l'anglais ou de l'espagnol. Dialecte n° 1, le noble s'adressant à un inférieur ; — dialecte n° 2, l'inférieur à un égal ;—dialecte n° 3, l'inférieur au noble ;—dialecte n° 4, le noble à un égal ; — et enfin dialecte n° 5, le noble à un Prince, à un Raden-Adiepatie ou à un Ralifatolah quelconque.

Quant à leur religion, ils n'y croient pas : — quelques pratiques superstitieuses les forcent à adorer des fétiches, mais ils tiennent tout autant à ne pas suivre les préceptes de leur culte qu'à ne pas se convertir au christianisme. Le sérail, les chevaux et les armes (autrefois les armes blanches, aujourd'hui les carabines-revolvers), voilà qui résume le but de leur vie, ou ce qui du moins, pendant notre curieux dîner, ressortait à chaque instant des vives saillies qu'ils accentuaient de leurs regards tour à tour allumés et rêveurs.

Nous entendions dans le lointain la musique du Fort qui nous jouait du *Charles VI* d'Halévy, et nous nous drapions dans des ceintures chinées, larges de plus d'un mètre, que les jeunes Princes nous remettaient de la part des Sultanes ; c'est un don qui nous est d'autant plus précieux que l'étoffe a été tissée de leurs propres mains dans le sérail : il s'en échappe une odeur délicieuse ! Nous rapportons aussi des cigarettes d'un pied de long enroulées dans des feuilles de maïs, et composées de tabac, d'opium, de cannelle et de muscade ; quand nous les fumerons sur la belle terre de France, nous nous croirons enivrés des parfums du harem. Enfin, l'aîné des trente-trois fils nous remet des photographies de son père et de sa famille : comme le collodion contraste avec le « Kraton » !

La soirée se termine en grande pompe dans le camp opposé, où nous a réclamés le Prince Mangkou-Negoro ; il nous montre, à la lueur d'une centaine de torches, des chevaux caparaçonnés d'argent repoussé comme dans les tournois javanais d'il y a trois cents ans ; des hallebardiers bardés de bronze ; des costumes pour toutes les dignités, datant d'un siècle ou deux, et dont il revêt des figurants ; des lances niellées dont la pointe est un bec de cigogne, des kriss d'une valeur qui confondrait les amateurs les plus prodigues, et il nous donne à chacun une selle en peau de tigre.

Puis, rangés sur une grande terrasse de marbre, entourés de Princes javanais qui portent diamants, bonnets azur et sarrongs roses, et auxquels nous faisons force révérences, nous assistons à une représentation des « rondgings-fandaks » (danseuses de profession). Comme le Prince indépendant a eu la charmante idée de nous donner une véritable leçon d'histoire ancienne, ces danseuses nous retracent dans leurs graves pantomimes les fabuleux épisodes des âges héroïques de la Malaisie. Sous leurs pieds, le marbre est couvert de nattes bariolées ; le gammelang fait résonner les accents langoureux et suaves des timbres de bois (*voir la gravure, p.* 377), et les jolies filles de douze ans, vrais serpents de souplesse et d'élégance, s'entrelacent et s'enguirlandent dans les pantomimes les plus orientales. Je me suis peu à peu si bien accoutumé à la langueur doucereuse, monotone il est vrai, mais berçante, des gracieuses bayadères, que notre musique rapide et nos ballets mouvementés et tourbillonnants me sembleraient sur l'heure l'affolement d'un carnaval et non l'art de la danse.

Mais la nuit est déjà bien avancée, et la raison veut que je quitte ma plume, malgré le plaisir que j'éprouve à vous donner sur l'heure l'impression que m'a faite une des journées les plus curieuses de notre voyage. Si l'on m'avait dit, il y a deux ans, que je verrais un Sultan, son harem et son peuple prosterné, j'aurais cru à une promesse folle ! Ce soir je crois

Le fils aîné du sultan de Sourakarta.

au bonheur. Ah ! le joli pays et le joli voyage ! quelle splendeur que celle des cours orientales ! On se sent transporté dans un autre monde : les parfums vous enivrent ; les costumes sont étincelants comme les étoiles dans l'azur du ciel. Cette nature luxuriante, cette vive lumière, ces palais de marbre, ces danses fantastiques, que de merveilles pour ceux qui sont nés dans la vieille Europe !

Le gamunelang fait résonner les accents langoureux des timbres de bois. (*Voir p.* 375.)

V

DJOKJOKARTA ET BORO-BOUDOR.

La courbache des gendarmes et le zèle de la population. — Une tortue adorée. — Les tigres de combat. — Visite nocturne et apparat pittoresque du Sultan. — Majesté et impuissance. — Temple grandiose. — Les ponts élastiques. — Mœurs hollandaises. — La nécropole d'Ambarrawa. — Délices d'un palais de pacha. — Chemin de fer. — Victimes des tigres.

2 décembre.

Nous perdions de vue, dès cinq heures du matin, les minarets du « Kraton », et nous suivions la route qui conduit à Djokjokarta, la capitale où règne un autre Sultan : c'est le nom le plus historique de Java. Là, de 1825 à 1830, flottait victorieusement le drapeau de la révolte. Le Prince Dipou-Negoro, doué d'une ambition effrénée, et tuteur d'un Sousouhounan enfant, tenait tête aux forces hollandaises, qui n'achetèrent le triomphe qu'au prix de cinquante-deux millions de francs et par le sang de quinze mille soldats, dont huit mille Européens. — Aujourd'hui, le calme le plus parfait règne sur ces mémorables champs de bataille : de régulières plantations de riz, de cannes à sucre et d'indigo s'y déroulent à nos yeux. Les chefs indigènes, fiers Sicambres qui ont courbé la tête, galopent à nos côtés sur leurs chevaux caparaçonnés : ils sont, on le voit bien, de race antique : leur type, au nez busqué et au front haut, est tout différent du commun du peuple, et leurs manières ont une distinction qui frappe. Ils caracolent en fantasia de premier ordre, ayant bien soin de faire valoir leur taille svelte, leurs kriss anciens, leurs bagues de diamants; ils sont gentils, vraiment gentils. — Quant à nos chevaux, ils n'ont pas les allures fringantes! tout au contraire, ils retiennent la voiture. — Aussitôt nos brillants écuyers cavalcadours s'élancent ventre à terre dans toutes les directions, distribuent avec prodigalité des volées de coups de courbache tout le long de la route, arrêtent les caravanes de piétons qui portent sur leur tête l'huile de coco renfermée dans des outres ou de l'indigo dans des urnes; — ils apostrophent les enfants qui pataugent dans les rizières, font irruption dans les hameaux cachés sous l'ombre des bananiers, en un mot mettent en réquisition toute la population de ces lieux. Chacun d'eux revient avec une escouade improvisée : une moitié roue de coups l'équipage qui tombe, l'autre donne en hurlant une vigoureuse et utile impulsion au coche, qui progresse de quelques pas, contre le gré des poneys récalcitrants. — Ah! je ne sais qui m'énumérait l'autre jour les castes de Java : mais il me semble qu'aujourd'hui il n'y en a que deux, « les pousseurs et les poussés! » Notez que nous voulions absolument faire ce voyage à cheval, en souvenir de nos belles galopades dans les prairies australiennes; mais c'est une impossibilité ici : ce serait une atteinte mortelle portée au prestige des Blancs, qui ne doivent circuler qu'à l'instar de pachas, aux carrosses desquels les douces populations doivent s'atteler par tribus, quand les quadrupèdes sont rétifs.

En effet, c'est presque à bras d'hommes que nous avons parcouru toutes les terres de l'Empereur; rien ne pouvait calmer le zèle de nos radjahs et de nos gendarmes, qui, bien malgré nous, harcelaient les populations d'une si singulière façon. En dix heures de route nous fîmes sept lieues : il est vrai que des fruits exquis nous étaient offerts partout et étanchaient par moments notre soif affreuse sous un soleil de plomb. Nous pûmes aussi bien à l'aise voir faire la récolte du riz : les femmes des villages, cueillant un à un les épis dorés et velus, en forment des bouquets soignés que les petits enfants portent au mortier de décortication; ces moissonneuses, en cos-

Un palanquin porté en cadence par deux coulies... (*Voir p.* 384.)

tume négatif, accourent sur notre passage et nous charment par leur naïveté : elles se mettent à l'eau pour nous aider à passer les rivières.

Vers le moment du coucher du soleil, nous arrivons aux ruines de Tjiambji-Séou (qui signifie mille temples). Sur un carré de près de cent soixante mètres de côté, s'élèvent des monceaux de pierres sculptées; une quantité de statues sont encore parfaitement conservées : ce sont des Bouddhas à gros ventre, avec le sourire sur les lèvres et la plante des pieds en l'air; ils atteignent sept ou huit fois la grandeur humaine. Nous montons par des gradins, dignes des pyramides d'Égypte, dans une voûte sombre, sorte de clocher où chaque pierre menace de tomber sur nos têtes. Au sein des niches profondes, le gardien du temple, un vieux bouddhiste à longue barbe blanche et vénérable, avec des amulettes suspendues au cou, éclaire des lueurs blafardes de sa frêle lampe des groupes de Bouddhas à quatre bras, à têtes d'éléphant, à têtes de cerf! Bientôt des chauves-souris, grosses comme des poules, éteignant la lampe, nous enveloppent dans ces cachots; errant à tâtons, nous ne sommes plus guidés que par les lucioles légères qui voltigent en un essaim lumineux autour de ces statues gigantesques. Dans

Le sultan de Djokjokarta. (*Voir p.* 384.)

le mausolée tourné vers la Croix du Sud est une statue de femme, parfaitement belle et bien conservée, dominant un puits profond qui est à ses pieds. Du côté nord est une tête de mort, reposant sur une tête d'éléphant : — reliques du quatrième siècle et mystères que tout cela!

Un petit Régent en bas de soie, coquet et mignon, était venu nous joindre là par ordre de l'Empereur; mais Ak-

Hem était impuissant à nous traduire ses explications mythologiques. N'ayant pu éclairer nos esprits, le Régent a du moins pris soin d'éclairer notre route et de nous donner un piquet de cavalerie qui porte en avant une douzaine de torches flambantes. Les campagnes environnantes brillent d'une autre lumière : la crête dentelée du Merapi, ce grand volcan autour duquel nous tournons depuis sept jours, se dessine en couleurs de feu ; du côté opposé, l'horizon est à chaque minute embrasé par les éclairs, qui sont, sous les tropiques, les compagnons de chaque soirée ; et plus près, les rizières, échelonnées comme des cascades, sont toutes phosphorescentes des ondes agitées des lucioles, dont l'eau dormante reflète l'éclat scintillant. Les lucioles! les lucioles! une influence magnétique les fait s'élever, puis retomber par saccades, comme une pluie d'étincelles; et nous ne pouvons nous lasser d'admirer l'intensité de leur lumière. C'est bien tard dans la nuit que nous franchissons le seuil de l'antique cité de Djokjokarta; là encore, la résidence nous est gracieusement ouverte.

3 décembre.

Malgré l'heure tardive de notre arrivée, nous avons été retenus par l'intéressante conversation du Résident, M. Bosh, dont la figure martiale et les yeux profonds trahissent dès l'abord la fermeté et la science. Ah ! il faut des hommes trempés de fer et merveilleusement doués pour remplir les carrières administratives dans les Indes néerlandaises! L'histoire de chacun d'eux est attachante au possible, car, s'ils sont les plus omnipotents des nababs, ils sont surtout les plus infatigables travailleurs du monde.

Entre ces deux visites à des Sultans vivants, nous voulons voir les tombeaux des Sultans défunts, glorieux héros du temps de la piraterie, de la guerre, puis de la révolte. Des voitures à six chevaux nous mènent avec fracas jusqu'au portique de la paisible demeure des morts. Au milieu du cimetière est une piscine de marbre, dans les eaux profondes de laquelle nage la « tortue sacrée ». On a préparé sur les bords des offrandes de riz et de viande; les prêtres, accroupis dans la position du pêcheur à la ligne, tiennent au bout d'un bâton de petites boulettes de pâtée toutes prêtes pour l'animal-dieu. Une tortue, même quand elle est adorée, est fort longue à se décider! Une pluie torrentielle et une humidité intense nous rendent impatients; une idée heureuse nous fait envoyer un « fervent » remuer les profondeurs des eaux. Blanche comme l'ivoire et longue d'un mètre, la bête sacrée paraît aussitôt et tend la bouche, que les fidèles emplissent religieusement.

Autant les Javanais aiment des habitations ouvertes au grand air pendant leur existence, autant ils aiment à couvrir comme d'une cloche leurs demeures sépulcrales : le toit vient presque jusqu'à terre, et c'est pour ainsi dire en marchant sur les mains et sur les genoux que nous pénétrons dans la salle des cercueils. Le chef de Mataran, puis le premier roi du nom, président cette assemblée mortuaire : des centaines de tombes sont rangées le long des murs, et couvertes de toiles blanches que soutient un échafaudage : on croirait voir les lits tendus d'une galerie d'hôpital.

Dans l'après-midi, nous avons la seconde représentation, passablement augmentée, de notre réception d'avant-hier. Le « Kraton » impérial de Djokjokarta est frère de celui de Sourakarta. Il contient cinq mille adorateurs de plus : à part cela, même succession de palais, de pagodes, de terrasses, de colonnades, d'arabesques et de pendoppos. Même procession honorifique sous parasol, et promenade pompeuse jusqu'au seuil du harem. Avant-hier, nous trouvions extraordinaire d'être arrivés le jour où était né un Prince impérial : il est peut-être bien plus étonnant, quand on rend visite au mari d'épouses aussi nombreuses, de tomber sur un jour où l'on n'enregistre aucune naissance.

Je vous fais grâce de cette nouvelle réception, parce qu'elle ressemble trop à la première : et pourtant mille détails nouveaux ont encore piqué ma curiosité au milieu de tant de splendeurs ; et j'ai éprouvé les joies plus complètes qu'inspire un opéra que l'on vient entendre de nouveau pour en savourer les charmes déjà à demi révélés.

En sortant du harem, nous avons rendu visite aux tigres enfermés dans une grande bâtisse de bois, et réservés aux combats de la fête du Sultan. Ce doit être un beau spectacle : dans la plus spacieuse cour du palais, l'armée est formée sur quatre rangs ; de jeunes Princes, au nombre de six, appelés « les six braves devant le soleil », coiffés du casque d'or et nus jusqu'à la ceinture, vont bravement couper les liens qui retiennent la porte de la grande cage, et montrent toute leur bravoure en ne se retirant devant le tigre que par une sorte de danse macabre au son de la musique des cymbales. Alors la bête aux yeux farouches bondit et se rue contre la muraille humaine, toute hérissée de lances, et finit par tomber percée et rugissante. Quelquefois un buffle sauvage est lancé pour lutter avec le tigre ; c'est un combat désespéré, avec les péripéties les plus atroces. A la dernière fête, le moment le plus pathétique a été aussi le plus risible : chargé et vaincu par le buffle, le tigre, en un bond de six mètres, s'est élancé par-dessus les lances jusqu'au haut d'un cocotier. Suivant l'usage des «premières tropicales», une trentaine d'Indigènes étaient, en loges aériennes, perchés sur cet arbre : en un clin d'œil et avec ensemble, ils se laissèrent choir, comme les fruits trop mûrs d'un arbre que l'on secoue, et grâce à leur nature de singe, aucun d'eux ne fut blessé.

Les tigres que nous avions sous les yeux étaient enfermés seulement depuis quinze jours : le Sultan avait requis toute une moitié de la population de la province pour les traquer dans une fondrière. Ah ! quelle différence avec les animaux endormis de nos jardins zoologiques ! Dès qu'ils nous voient, dès qu'ils sentent « la chair fraîche », ils s'élancent à six et sept mètres d'un bout à l'autre de leur arène, et se cramponnent fébrilement aux pieux de bois qui les tiennent prisonniers et qu'ils ébranlent : leurs yeux de feu, leurs griffes crochues, leurs rugissements font frémir. Il y aurait, du reste, de quoi se sauver, tant est affreuse l'odeur des carcasses et des chairs pourries de moutons et de chiens qu'on a jetés tout entiers dans leur cage, et dont il y a déjà des monceaux sous leurs pieds. Mais que c'est beau, un tigre royal, quand il a encore un reste d'élan de sa vie libre !

Quand le Sultan nous a dit adieu, il avait déjà pris avec nous des manières d'une parfaite bonhomie : vous n'avez qu'à voir son portrait. (*voir la gravure, p.* 381) pour vous en convaincre ; gros et bon vivant, il porte un serre-tête bizarre qui lui donne l'air d'avoir des oreilles d'âne en carton ; mais il a l'œil bien intelligent : s'il est très-roide devant son peuple et dans les cérémonies de cour, il est ailleurs très-simple et très-sociable, venant en cachette jouer au whist et boire du bon bourgogne chez le Résident. Il est bien un peu ennuyé d'une grand'tante qui le gourmande sur son amour des Blancs, et bien souvent il a eu envie de la reléguer dans ses « Invalides », mais elle est immensément riche, et il en héritera, s'il est sage ! Ainsi, on a beau être sultan, on fait encore la cour à sa tante..... de Java, et l'on jouit mille fois plus d'une escapade, parce que c'est du fruit défendu.

Je sors à regret du « Kraton », pensant que je ne reverrai probablement plus jamais de pareilles splendeurs ! J'aurais voulu vous y mener avec moi, vous en faire voir tous les détails. — Sous ce portique passe un palanquin (*voir la gravure, p.* 380) : il est porté en cadence par deux coulies aux membres nerveux, aux épaules de bronze : quatre parasols azur et or ombragent la jeune Princesse nonchalamment balancée dans sa boîte légère : derrière elle trottine une bande d'enfants, les uns richement vêtus de soie voyante et ornés de tout un attirail de colliers vingt fois enroulés et de bracelets d'or rouge ; les autres, sans vergogne, nus comme des petits chérubins de pain d'épice. Mais tandis que je contemple les poses gracieuses de ce groupe espiègle et rieur, il disparaît soudain, et je n'ai plus devant moi qu'un bataillon djokjokartien qui semble me dire : « Européen, cette Princesse est du sang de Mataram ; elle rentre au harem, dont elle est la reine par la grâce et la jeunesse : nos longues fourches ornées de dents de requin, nos masses d'ébène et nos casse-tête de bois de fer suffisent pour t'indiquer que tu n'y rentreras pas. » Et, me retournant, je n'ai plus sous les yeux que des idoles de bois, à moustaches d'or et à poitrine argentée, auxquelles les croyants offrent de l'encens, des fruits et des poulets peints en rose, enveloppés dans des paniers ronds et légers qui ne laissent passer que la tête et la queue.

Telle était notre promenade en nous acheminant vers la Résidence : nous remerciâmes au seuil du « Kraton » les hauts dignitaires qui avaient eu l'honneur de porter au-dessus de nos têtes les parasols d'ordonnance, et nous parcourûmes avec bonheur ces belles avenues taillées en berceau, où pendaient des « duryans », fruit semblable à un melon allongé, les « jacks » classiques et les « pains » de l'arbre-boulanger. Ce jardin continuel nous mena, comme à Sourakarta, devant le fort où sont casernés les cinq cents Hollandais, *garde d'honneur* de Ralifatolah VI, puis chez le Panghéran-Adiepatie-Sourio-Ningrat IV, qui est le Prince indépendant symétrique de Mangkou-Negoro. Celui-là toutefois n'est guère redoutable : quoiqu'il porte l'uniforme de lieutenant-colonel avec l'air le plus martial de toutes les Néerlandes, il ne commande encore que cent cinquante hommes d'infanterie et soixante-dix hommes de cavalerie : il n'est que le masque d'un contre-poids, l'embryon d'un épouvantail d'indépendance, et le chef honoraire d'une opposition qui a quelque chose de dynastique. On dirait vraiment que Louis XI est arrivé jusqu'ici par la deux cent cinquantième incarnation d'un Bouddha, car la fameuse devise « Diviser pour régner » n'a jamais été plus nettement appliquée.

Le jeune Prince, fort jaloux de son harem, ne nous le laisse voir que de loin :

Temple de Boro-Boudor. (*Voir p.* 387.)

seule la Sultane dite « grande » est appelée à recevoir nos hommages. Elle a treize ans; des ailerons d'or se hérissent sur sa chevelure d'ébène; dans le groupe parfumé de musc qui la suit, est une petite Malaise albinos fort étrange. Après leurs grâces féminines, auxquelles leur grosse lèvre pendante et leurs yeux en coulisse portent en vérité un terrible ombrage, nous passons en revue les col-

LIVRAISON 49.   49

lections de lances et de kriss, puis un manuscrit superbement relié en or massif et relevé de pierreries, où sont inscrites sur parchemin les annales généalogiques de la famille « sainte » des Sourio depuis quatre cents ans. — A Bali, il y a quelques années seulement que le Prince indigène a cessé de suivre la coutume antique qui l'obligeait à épouser ses sœurs, pour perpétuer la consanguinité de la souche royale dans la plus parfaite intégrité. — A Java de même, la noblesse n'est pas seulement une institution politique, mais surtout aussi un dogme religieux, et nous sommes frappés autant de la majesté instinctive et naturelle de nos hôtes, que de la vénération sincère dont le peuple les honore en tout point.

Nous fumions sur les gradins de la terrasse les cigares d'un pied de long dont le Sultan nous avait fait cadeau, quand, du fond de la sombre avenue, une grande lueur s'éleva tout à coup : elle gagne ; des torches nombreuses éclairent en vacillant les beaux bouquets de la verdure tropicale : illuminés un instant par les reflets de la résine flamboyante, les grands arbres rentrent l'un après l'autre dans la nuit : comme des ombres vagues, les silhouettes de tout le peuple, qui à cette heure encombre la vaste avenue, se courbent jusqu'à terre sur le passage du cortége. Voilà les dragons vêtus de drap écarlate, les lanciers verts à la longue jupe flottante ! voilà six chevaux isabelle excités par un escadron de coureurs blancs galonnés d'or, qui font la voltige et qui s'élancent ! c'est le Sultan : il vient, avec une grâce parfaite, rendre au Prince sa visite.

Il est minuit bien passé... les dernières torches viennent de disparaître dans le feuillage : tout rentre dans le silence, et je vous écris sur ma terrasse de marbre, humant les fraîcheurs de la nuit, tout enivré de ma vie nouvelle[1].

4 décembre.

Nous rentrons aujourd'hui sur le territoire des possessions hollandaises. Comme vous le voyez, c'est au galop de nos chevaux que nous parcourons l'intérieur de cette île féerique : une seule fois exceptée, nous ne nous sommes jamais arrêtés plus de trente-six heures dans chacune de nos différentes étapes : les changements d'air calment la fièvre, cette sœur inséparable du voyageur en ces régions, et peut-être aussi la beauté des spectacles gagne-t-elle à la rapidité de notre course, comme l'illumination des lucioles sur les forêts vierges paraît plus belle dans son ensemble que dans ses détails. Les terres princières que nous quittons sont comme des îlots indépendants qui s'élèvent au-dessus d'une mer soumise à la Hollande. Dans ces îlots d'un million d'hommes chacun, terres volcaniques où grondent à la fois les feux souterrains de la nature et les feux que souffle l'esprit de conquête, oasis dernières où s'est réfugiée l'antique race des dominateurs de la Malaisie, que de secrets, que de haines étouffées, que d'ambitions éteintes d'une part, que de stratagèmes victorieux et de conquêtes tacites de l'autre ! Sous ces dehors pompeux de magnificence barbaresque ou de déférence artificielle, quelle mascarade

[1] Bien nous a pris pourtant de ne pas fixer notre résidence en ce lieu enchanteur : sept mois après notre passage, le 30 juin 1867, un épouvantable tremblement de terre a détruit les maisons et englouti les habitants. C'est à Djokjokarta qu'il a été le plus violent, et un millier de personnes ont succombé.

honorifique, au sein des parfums enivrants du sérail, comme dans les cartons administratifs d'une diplomatie autoritaire! Ne semblerait-il pas au premier abord que ces deux radeaux, surnageant au naufrage général des Sultans javanais, dussent être peu à peu submergés par la marée montante qui a couvert le reste de Java, et Timor, et Bali, et Macassar, et Bornéo? Non, ce sont, au contraire, pour mes faibles yeux du moins, les otages élevés par les conquérants sur un piédestal d'autant plus haut qu'ils sont plus impuissants, afin de dorer le pacte immense qui lie, à la fois par la force et par l'amour, la race soumise à ses dominateurs européens. L'habile tactique de feinte modération et de respect volontaire vis-à-vis de la dernière ombre d'une noblesse détrônée, qu'il suffirait d'un coup de canon pour anéantir, me paraît la clef des rapports entre le Gouvernement colonial et les Sultans soi-disant indépendants. Ainsi des ménagements gratuits pour deux Princes assurent la reconnaissance et la servilité de vingt millions d'Indigènes...

C'est la province de Kadou qui est limitrophe, à l'Ouest, du petit Empire de Djokjokarta. Quand nous admirions les merveilles de la nature depuis Batavia jusqu'ici, on nous disait toujours que dans le Kadou nous trouverions le paradis de Java. Montagneuse et volcanique, cette contrée possède sur ses sommets arrondis des forêts vierges et impénétrables; à mi-côte, des plantations de café, régulières et alignées comme les parterres d'un potager; dans les vallées, de la vanille et de l'indigo. Pourquoi faut-il que ces placides spectacles soient attristés pour nous, quand notre escorte tire le sabre pour intimider des populations qui s'accroupissent bien bénévolement, mais qui, par moments, sont un peu récalcitrantes dans les montées où il faut pousser aux roues?

Enfin nous franchissons une montagne curieuse, d'une forme exactement trapézoïdale et couverte de tecks, on l'appelle « Clou de Java » (les Indigènes prétendent qu'elle est le centre de l'île), et nous arrivons à Magelang, capitale de la province. Visite immédiate au Résident: son huissier galonné nous dit qu'il est malade. — Et de quoi? — Réponse: Il a eu froid! En voilà un, grand Dieu! qui peut se vanter d'avoir eu une bonne chance! Quant à nous, on nous aurait trempés depuis vingt-cinq jours dans une chaudière de bateau à vapeur, que nous ne serions pas plus ruisselants.

5 décembre.

Le Régent de céans, Raden-Toumongong-Danou-Kousoumo, Prince distingué de figure comme de manières, nous mène dans ses équipages au temple de Boro-Boudor, situé à quelques lieues d'ici. (*Voir la gravure*, p. 385.) Cette construction s'élève sur un mamelon régulier au centre d'une grande vallée circulaire, qui lui sert de ceinture. Au loin sur l'horizon, semblables aux créneaux d'une forteresse naturelle, les crêtes des volcans éteints la dominent; c'est là que les chefs de l'invasion hindoue ont, au huitième siècle, construit ce colosse en l'honneur de Bouddha.

Le monument, plus étendu que haut, mesure trente-six mètres de hauteur et cent huit de diamètre; quand on est plus près, on est frappé de voir des centaines de statues de Bouddha échelonnées, des pieds au sommet, sur les parapets de cinq galeries superposées qui forment les gradins de cette pyramide massive, construite sans ciment et étonnamment conservée. Chaque statue de Bouddha (et il y en a cinq cent cinquante-cinq de grandeur héraldique) est abritée par une petite coupole à jour, taillée dans le granit. Il n'est pas une pierre qui ne soit sculptée, ce qui fait plus de quatre mille grands sujets de bas-reliefs bizarres, tous nets et finement ciselés, riches de détails et d'ensemble. C'est, en un mot, une sorte de pyramide, habillée et ornementée : elle sert d'étagère gigantesque à des idoles protégées par des globes de dentelle de pierre, qui

Pont de bambou. (*Voir p.* 395.)

sont disposées sur l'extrême bord de chaque terrasse comme les sentinelles des donjons du moyen âge, et elle déroule sur ses murailles une galerie de sculptures qui se font suite les unes aux autres et qui représentent les plus curieux épisodes.

Nous suivons avec admiration une chasse à l'éléphant, un hallali de rhinocéros, où les chasseurs de Mahomet sont plus heureux que ne l'ont été les disciples de saint Hubert : — une bataille, puis un naufrage sur du corail; là, on croirait vraiment voir nager les matelots tombant à la mer du haut d'une mâture brisée. Puis viennent les arts de la paix, les différents genres de culture, avec la charrue javanaise telle qu'elle est encore aujourd'hui. Ainsi, en onze siècles, les

Nous rencontrons la voiture du contrôleur. (*Voir* p. 396.)

plus essentiels des instruments, les instruments aratoires, n'ont pas vu l'ombre d'un perfectionnement! Un comice agricole de province ferait ici une révolution! — Enfin, j'ai la tête remplie de mille autres reproductions, telles que cérémonies de mariage (un peu accentuées), création de l'homme, serpent tentateur, déluge, etc., rappelant de très-près notre Histoire sainte.

Quatre escaliers, de cent cinquante marches chacun, nous conduisent au sommet. — Imitant un Indigène, je me suis hissé sur les genoux du dieu, j'ai allongé le bras et je suis arrivé à pincer son oreille, ce qui, dans la croyance javanaise, assure « la bonne veine ». Mais si je n'ai pas, en général, une admiration béate pour les monuments qui ne parlent pas à l'âme, mais seulement à la curiosité de l'étranger, j'ai été frappé ici de voir que la statue divine n'était point terminée et était loin d'atteindre la perfection des bas-reliefs. — Le Régent nous expliqua que « l'image de l'ordonnateur suprême du monde était à dessein inachevée, parce que la main de l'homme ne doit pas prétendre à la reproduction *réelle* des traits *divins* ». — Cette pensée profonde et vraiment philosophique à propos de la construction d'une idole n'est-elle pas à la fois exacte et contradictoire, délicate et primitive, attachante et fantasque?

A voir la grandeur des traits fondamentaux alliés à la finesse des moindres dentelures, que d'années et que de bras n'aura-t-il pas fallu pour achever un pareil ouvrage! Aujourd'hui, il n'y a plus alentour ni adorateurs, ni même habitants : la ferveur est morte; des siècles passés il ne reste qu'une seule trace, celle que le temps et la désertion n'ont pu détruire : — le granit.

En revanche, sur la plate-forme qu'il faut traverser pour arriver au pied de la masse sacrée, nous trouvons les tentes de contrôleurs et d'ingénieurs qui sont penchés sur des cartes de quatre mètres carrés, où ils lavent les plans minutieux d'un cadastre. Ainsi, à côté du vestige de l'invasion hindoue, est l'application scientifique et militaire de la conquête européenne. Dans ce quartier général d'un état-major d'exploitation commerciale, chaque coin de terre est reporté sur le papier : les teintes variées représentent les différents rendements des cultures européennes et indigènes. L'autorité galonnée taille, comme dans un gâteau, les carrés de terrain destinés, l'un au café, l'autre au sucre, celui-ci à la vanille, celui-là au riz nécessaire à la nourriture de la commune. C'est l'échiquier sur lequel la Hollande joue à coup sûr la grande partie d'épiceries qui lui fait gagner plus de soixante millions de francs par an.

Notre Régent essaye par moments de nous parler français, et nous tâchons de le comprendre; il nous ramène sous son pendoppo et dans son dalem, nous donne son portrait, et nous présente à ses nombreuses femmes; mais désormais un harem ne nous semble plus extraordinaire.

6 décembre.

Je me souviens d'une de ces gravures qui représentent les féeries des campagnes de l'Empire : Bonaparte, du haut des Alpes, montrant à ses soldats étonnés les plaines resplendissantes de l'Italie. — Un spectacle d'une réalité aussi merveilleuse que cette peinture est exagérée nous fait embrasser d'un seul coup d'œil toutes les cultures de Java; nous franchissons la chaîne que dominent les volcans de Soumbing et de Suidoro (3,500 et 3,400 mètres), et la plaine d'Ambarrawa nous apparaît sous des effets de lumière si beaux, que je ne puis les décrire! La nature renaît toute fumante après un orage dont les gros nuages noirs fuient derrière nous; de touffus contreforts de caféiers nous séparent de la mar-

Touffe de bambou. — Palmier.

queterie végétale qui est à plusieurs milliers de pieds au dessous de notre route en corniche; les nappes vertes de la canne à sucre forment une mer de verdure; des palissades jaunes limitent de petits jardins où l'on cultive avec soin le quinquina, le thé, la muscade, le girofle, le poivre et la cannelle : ce sont comme les voiles colorées d'une escadre orientale!

Quand c'est au détour d'un col qu'apparaît soudain un panorama aussi immense, il semble que la nature se soit fait un jeu d'étaler tout ce qu'elle a de plus beau sous la plus vive des lumières : en bas la luxuriante abondance, en haut les volcans dentelés! il y a quelque chose

Nous semblons plonger dans le ravin avec nos coureurs. (*Voir p.* 396.)

de plus qu'humain qui saisit le cœur du voyageur. » Nous reverrons des palais et » des pagodes, des tempêtes et des mi- » nes d'or, me disais-je; mais nous sera- » t-il donné de sonder jamais du regard un » paysage aussi riche et paisible, aussi » tropical et grandiose? » S'il y a des personnes insensibles aux beautés de la nature, qu'elles viennent ici : elles seront muettes d'admiration! Mais qu'un peintre n'essaye point de rendre une pareille image; il n'y a pas de palette qui puisse fournir des couleurs assez vives, pas de perspective qui puisse donner une idée de la profondeur des dômes de fleurs!

Tout à l'heure, il nous fallait dix buffles roses pour gravir les lacets du col : une escouade de gamins, prenant l'air important de cornacs, tiraient à tour de bras sur les ficelles qui passent par les trous percés dans les naseaux des pauvres bêtes; mais celles-ci ne répondaient qu'en faisant de formidables tête-à-queue, et en s'élançant par folles saccades de droite et de gauche, sans s'inquiéter du précipice. Évidemment ces buffles veulent rejoindre leurs semblables, couchés ou nageant dans les lacs de la vallée que nous dominons : ils aiment l'eau passionnément; le museau et les cornes dépassent seuls la surface des vagues légères qu'ils agitent, et ils restent ainsi des journées entières avec l'expression nonchalante de la béatitude la plus complète. S'ils peuvent trouver quelque marécage bourbeux, ils s'y roulent en troupeaux. Alors les bambins vont les chercher pour le travail, ils les mènent aux eaux limpides, et entièrement nus, souvent par trois ou quatre à califourchon sur un seul buffle, ils leur font la toilette au fond des ravins, dans les beaux lacs tout verts des victoria regia, ou tout roses des fleurs de lotus.

Maintenant, pendant de longues heures, nous descendons au grand galop de nos poneys la chaîne des montagnes; mais ce n'est point sans péril. Sur les nombreux torrents et sur les ravins profonds qui coupent la route, il y a des ponts suspendus extraordinaires (*voir la gravure, p.* 388) : pas un clou n'entre dans leur construction. Deux câbles d'écorce de bambou sont jetés parallèlement d'un côté du ravin à la rive opposée, et noués au sommet des plus gros cocotiers : de légères tresses de lianes, attachées à un pied l'une de l'autre, en tombent verticalement, comme les cordes d'une lyre, et s'enchevêtrent dans un treillis plan, sorte de natte souple en bambou, qui est le tablier infiniment mince de ce pont bizarre. C'est là dessus que nos coureurs royaux lancent nos bêtes à toute vitesse : l'élasticité incroyable de cette cage de roseaux est la seule chose qui la rende solide. Au moment où nous nous y engouffrons, tout plie sous notre poids, vacille, se rétrécit et s'affaisse dans son ensemble : les lianes verticales s'allongent, les bambous secs s'entre-choquent précipitamment, et nous pourrions croire à un feu de file de mousqueterie. Des millions d'hirondelles ont leurs nids[1] sous le tapis végétal que les pieds de nos chevaux agitent comme les vagues d'un lac : elles s'envolent en nuées gazouillantes et stridentes. Pour nous, qui sommes la cause de ces détonations et de cet effroi, il nous semble que nous nous retrouvons dans ces mines d'Australie où nous nous laissions entraîner par notre propre poids,

[1] Nourriture si estimée des Chinois, qu'ils viennent la chercher jusqu'à Java.

en passant le pied dans la bague d'une corde : nous semblons plonger dans le ravin avec nos coureurs (*voir la gravure, p.* 393), nos poneys, notre carrosse, puis rebondir sur la terre ferme, après avoir été, avec le sentiment du vertige, balancés comme dans un hamac.

Emportés dans cette descente, nous arrivions dans la plaine bien plus vite que nous ne l'eussions voulu : nous rencontrions la voiture du contrôleur d'Ambarrawa, M. Musschenbrok, qui accourait en personne, croyant avoir à nous porter secours au fond de quelque précipice. (*Voir la gravure, p.* 389.) Savant aimable et chasseur intrépide, heureux, trois fois heureux mortel! Il en est à son quatorzième tigre, à son quatrième taureau sauvage, et à son cent trente et unième sanglier. Il nous raconte ses luttes corps à corps avec les hôtes féroces de ces bois, et les ascensions qu'il a faites sur presque tous les volcans de l'île. Le « Slamat » est, paraît-il, le bois de Boulogne des rhinocéros (ils lui ont échappé comme à nous, ce qui nous console un peu) : l'odeur des cratères les attire, et ils ont creusé sur les sommets de véritables tranchées dans la lave, où les Indiens leur préparent des fondrières. Quand ceux-ci ont le bonheur de capturer un des monstres, ils n'en gardent que la corne nasale, qui se vend un prix énorme; on en fait un remède qui guérit, dit-on, des morsures de serpent.

M. Musschenbrok nous a amené son fils, âgé de dix ans, le plus ravissant enfant de la terre, qu'il élève à la javanaise, c'est-à-dire nu de la tête aux pieds, pour le fortifier contre les atteintes pestilentielles de ce climat, qui épargne si peu les jeunes constitutions. Le petit blond affronte sans chapeau le soleil le plus ardent, couche sur une natte sous la véranda, et a ainsi survécu à tant d'autres nés ici comme lui, pauvres petits êtres que la fièvre et la dyssenterie ont fauchés sans pitié! Déjà, avec l'adresse féline d'un Indigène, l'enfant sait grimper merveilleusement aux cocotiers, ou se faufiler dans la jongle, prendre d'une main un serpent par la queue et glisser l'autre jusque sur la tête avec la rapidité de l'éclair. — Ce trait vous prouve que les Hollandais, au contraire des Anglais dans l'Inde, cherchent à fusionner leurs mœurs avec celles des Indigènes; et il est certain, d'après les statistiques, qu'ils réussissent, malgré bien des douleurs, à réduire des quatre cinquièmes la mortalité qui frappe leurs imprudents voisins. L'absorption de roastbeefs et de spiritueux à des doses surhumaines est plus que notoire dans l'Inde; elle est passée en proverbe! Ici, au contraire, la sobriété de la race conquérante nous frappe au plus haut point; et, en vérité, ceux-là seuls succombent qui sont désignés par la fatalité. — Nous nous trouvons parfaitement de ce régime : à nous trois, depuis près d'un mois, nous n'avons certainement pas mangé pour six francs de viande (j'en excepte le coq de quarante francs de Samadang), et bu pour vingt francs de vin. Des montagnes de riz cuit à l'eau, des piments et du kari en abondance pour stimulants, quelques fruits sains pour nous rafraîchir, nous ont permis de courir la poste quinze heures par jour, tandis que tous les Européens faisaient la sieste, et d'éviter les « routes de nuit » qu'ont faites certains voyageurs effrayés du soleil! N'est-ce pas le comble du ridicule que de visiter le plus beau pays du globe, à trois mille lieues de l'Europe, pour ne le voir que de nuit, c'est-à-dire pour n'en rien voir?

Mais les mœurs néerlandaises, forcément peu « fashionables », ont été accablées des critiques des Anglais, qui monteraient au Tankoubanprahou en faux col irréprochable. Le plus grand laisser-aller est donc de mise ici : jusqu'à cinq et six heures, tous les jours, vous rencontrez dans les rues, ou vous voyez sous les vérandas qui les bordent, des fonctionnaires qui témoignent de leur grade par le galon doré de leur casquette, et de la chaleur par des vêtements blancs qui flottent dans un négligé nocturne : à leurs bras sont leurs femmes, les che-

Je termine mon pensum en tenant mon parapluie... (*Voir* p. 399.)

veux défaits, les pieds nus dans des babouches, le corps à peu près voilé par un sarrong court et une seule « cabaya » flottante. La plus livide pâleur est marquée sur leur visage; leurs yeux langoureux accusent un affaiblissement progressif; la fièvre les mine et le soleil les tue! Et pourtant, fascinées par ce je ne sais quoi qui enivre sous les tropiques, attachées aux douceurs contemplatives de la vie créole, bercées par un demi-sommeil, un demi-délire, qui ne sont que le commencement de la mort, elles aiment leur Java, la magnificence de leurs palais, le pouvoir quasi royal de leurs maris ou de leurs fils, l'arène où ceux-ci développent leurs viriles facultés, — et elles sacrifient la santé au devoir!

7 décembre.

Nous sommes dans une gorge marécageuse que domine le Merbabou : c'est par ici qu'une invasion étrangère serait assurée de pénétrer au cœur de Java, ou que les Sultans de Sourakarta et de Djokjokarta, levant l'étendard de la révolte, pourraient faire une irruption fatale et se répandre dans les possessions du littoral. Aussi les Hollandais, pour barrer cette route, ont-ils voulu y élever un centre de fortifications et de casernes.

Voici d'abord le fort de Banjou-Birou (eau bleue), commencé en 1857 : tout ce que le génie peut exécuter de plus solide, non-seulement comme casernes, magasins à poudre et tours d'observation, mais encore comme casemates, doubles remparts et bastions à feux convergents, a été réuni en ce point. C'est une œuvre gigantesque, dont les difficultés sont annoncées par son nom même. A mesure que l'on jetait pilotis sur pilotis, estacade sur estacade, l'eau envahissait pendant la nuit et engloutissait l'ouvrage du jour : les faisceaux de bambous et de troncs de tecks enfonçaient de dix-huit pieds avant d'offrir une résistance aux marteaux des pionniers, et les vénéneuses émanations tuaient les sapeurs pendant qu'ils manœuvraient leurs haches. Enfin la science et surtout la persévérance ont triomphé d'un sol mouvant et rebelle. Peut-être les cadavres et les ossements entassés des ouvriers héroïques de la colonisation ont-ils servi à rendre plus ferme la fange où s'appuyaient les pilotis ; mais quand un nombre d'hommes qu'on n'a pas voulu nous dire, et soixante-dix millions de francs, eurent été ensevelis au pied de la montagne, le fort audacieux, véritable nécropole, s'est élevé pour défier les envahisseurs comme les rebelles. Ah ! s'ils sortaient tous de leurs tombes, les nobles pontonniers qui ont succombé dans cet ouvrage, s'ils venaient se joindre aux régiments vivants qui occupent aujourd'hui Ambarrawa, les bastions ne pourraient plus renfermer tant de défenseurs, et les ennemis n'oseraient charger leurs rangs impénétrables !

Ce sont les plans envoyés de la métropole qui ont voulu, envers et contre tous, l'élévation de cette barrière : le voyageur pourtant, en traversant la plaine d'Ambarrawa, est frappé de la facilité avec laquelle une faible artillerie pourrait foudroyer ces forteresses, en lançant ses feux des contre-forts de la montagne qui y touchent, et qui sont sans défense. Mais, après tant de labeurs, on n'a même pas eu à attendre le feu du canon. Par une belle nuit, le 16 juillet de l'année dernière, des roulements sourds se font entendre : les colonnes se mettent à vaciller comme des pendules, les murs se lézardent, s'inclinent et se couchent ; les pièces de canon se déplacent parallèlement à elles-mêmes, et la garnison éperdue, croyant à la fin du monde, se rue sur les portes cadenassées ; les femmes et les enfants, qui abondent toujours dans les casernes de Java, hurlent affreusement au milieu des tués et des mourants, entre des écroulements subits et des fracassements incessants. C'est le volcan Merbabou qui s'est mis en éruption et qui, pendant plus d'un quart d'heure, a sapé les plus solides constructions de granit ; aussi ce fut-il pour nous un intérêt palpitant de parcourir ces ruines avec les officiers qui, ayant été témoins du drame, nous en racontaient les plus lugubres détails. Il est impossible de voir sans avoir le frisson ces murs penchés, ces colonnes courbées, ces dalles soulevées, et ce sol entr'ouvert par les secousses volcaniques.

Nous quittâmes le Banjou-Birou pour voir la forteresse proprement dite d'Ambarrawa, magnifique assemblage d'habitations pour les officiers, de casernes et d'hôpitaux datant de 1831 ; les lézardes innombrables, qui prouvent que le tout craque en mille points, ont forcé de décréter la démolition des étages supérieurs. En se couchant chaque soir, on craint de ne se réveiller que sous les décombres ; trois mille hommes doivent pourtant occuper cette position.

Ainsi, avant la lutte suprême contre le canon, il a déjà fallu succomber sous trois ennemis impitoyables : — la fièvre du marais qui a tué les hommes, — l'eau fangeuse qui a englouti les fondements, — le feu souterrain qui a abattu les murs ! Mais l'armée coloniale, composée, pour ses chefs, des plus intrépides officiers, pour sa masse, des éléments les plus bigarrés et les plus excentriques, maintiendra ses chevrons, qui sont la patience à toute épreuve alliée à la fougue la plus constante.

C'est un curieux spectacle que celui d'une caserne à Java : les rangs sont mêlés de blonds Hollandais, de jaunes Malais, de noirs Africains, et en général des aventuriers du monde entier qui passèrent ici après la guerre de Crimée et la révolte des Indes anglaises. Habitués au feu, et entretenus dans cette bonne habitude par de petites expéditions incessantes dans l'archipel, ces soldats emportent l'admiration de leurs officiers en temps de guerre ; aussi tient-on à leur rendre la vie douce et aisée, quand le canon interrompt ses grondements. Nous en avons vu beaucoup sur les routes de l'intérieur, voyageant chacun avec sa femme et ses enfants ; ici, la caserne m'a paru être d'abord une école, tant elle regorgeait de petits êtres nus se jouant dans la poussière, puis un ouvroir, tant il y avait de femmes malaises installées dans les chambrées internationales et fourbissant les boutons d'uniformes ; et cela pour les Blancs comme pour les soldats de la côte d'Afrique aux torses noirs d'ébène, turcos renforcés, aux allures farouches, qui semblent toujours monter à l'assaut. Le tout est original, varié de couleur et singulier d'ensemble. Mais, plus que débonnaire et condescendante, l'autorité approuve et encourage cette polyandrie réglementée militairement, avec une proportion différente en temps de paix et en temps de guerre, association numérique et monstrueuse qui, sous aucun prétexte et sous aucun climat, ne saurait échapper au blâme le plus violent.

Mais Caton n'a pas inspecté cette belle île, heureusement pour lui, car il en serait mort plus jeune ! Quoique nous ne craignions pas semblable apoplexie, nous poursuivons au galop notre route, où la chaleur nous ferait plutôt mourir, et je vous écris d'Ounarang, sous le volcan du même nom. Le feu de la terre ne nous tourmente pas ; en revanche, l'eau du ciel tombe par torrents sur notre modeste case de bambou ; elle perce le toit, qui ressemble en ce moment à une écumoire ; je me hâte donc de terminer mon pensum, en tenant d'une main mon parapluie au-dessus de ma table, qui est « *pede claudo* », et de l'autre ma plume de paon javanais (*voir la gravure, p.* 397).

8 décembre.

Une journée de route nous ramène à Samarang, le terme de notre beau voyage dans l'intérieur. — Plus de deux cents lieues faites à toute vitesse, avec des spectacles nouveaux comme avec des obligations nouvelles à chaque heure, nous ont autant enchanté l'esprit que fatigué le corps sous ce soleil torride. Il nous paraît étonnant de n'avoir plus à nous lever à quatre heures demain matin et d'avoir au contraire à savourer pendant deux jours les délices de la Résidence. Point d'ornements banals sur les murs de stuc, point de portes ni de tentures qui arrêtent les fraîches évolutions de la brise de mer, point de meubles d'Europe dans ce palais asiatique. L'éclat du marbre n'est relevé que par d'immenses tapis de cent peaux de tigre ; et, à travers les colonnades blanches, l'œil n'est arrêté que par les touffes admirables de la végétation tropicale.

A l'heure du dîner, les serviteurs, en grande tenue nationale, s'échelonnent sur les gradins du perron; les équipages de poneys arrivent au galop, et le général commandant, suivi d'un brillant état-major, vient mêler au faste oriental de ces péristyles l'or des uniformes hollandais et le cliquetis des sabres; bientôt les cristaux reflètent mille lumières, et une table royale nous rassemble. Les cicatrices de maintes blessures sur ces fronts bronzés au soleil de Bornéo, de Bali, de Macassar, de Timor, témoignent des exploits de nos aimables convives. — Vous pensez si nous avons joui des récits de chacun ! — L'un me racontait la guerre de Bali, où le roi Klong-Klong s'est défendu si longtemps avec gloire ; c'est à Michiels, « le colonel au cœur de tigre », qu'échut l'honneur de soumettre entièrement cette belle île : il mourut héroïquement dans l'action, au moment le plus décisif de la victoire. — Un autre me détaillait les marches forcées dans la jongle, dans les marais pestilentiels, contre des ennemis armés de flèches empoisonnées. Après une escarmouche de nuit, un des officiers avait entendu des cris affreux; il y courut : c'étaient douze blessés tombés dans une sorte de fondrière, où ils se débattaient contre un véritable troupeau de crocodiles qui leur avaient déjà arraché les membres et qui se les disputaient par lambeaux.

9 décembre.

Ma chambre est à elle seule tout un palais; on y organiserait le plus beau bal du monde; elle donne sur différentes terrasses d'où la vue est féerique; une escouade de serviteurs est accroupie à ma porte et n'attend qu'un signe pour courir et exécuter mes ordres. Mais je ne les trouble guère : j'erre sur le marbre, enchanté d'en ressentir la fraîcheur, et vingt fois par jour je me plonge dans une baignoire qui touche à mon lit de nattes, baignoire remplie d'une eau fraîche et courante, si spacieuse que l'on y nage à l'aise. Un gendarme à cheval m'apporta soudain un paquet venu par la dernière malle d'Europe (*voir la gravure*, p. 401); quelque ami m'envoyait un livre du boulevard pour me surprendre au sein des splendeurs pachaliques. C'était *l'Affaire Clémenceau!* Je me hâte de me replonger dans mon lac de salon et d'y lire ces pages entraînantes : elles m'arrachèrent au calme qui semblait me sourire, et assurément elles eurent peu de lecteurs plus semblables à Hassan, lorsque

L'on entendait à peine au fond de la baignoire
Glisser l'eau fugitive, et d'instant en instant
Les robinets d'airain chanter en s'égouttant.

10 décembre.
Le premier chemin de fer de Java. — Voilà donc ces belles plaines, ces vallées pittoresques, ces montagnes sau-

Un gendarme à cheval m'apporta soudain un paquet. (*Voir p.* 400.)

vages où nous avons vu galoper des rhinocéros et ramper des serpents, où nous avons eu tout « l'humour » et les aventures d'un voyage en poste de satrape, les voilà qui vont être sillonnées par deux prosaïques voies ferrées, comme le sont les terres d'Europe! Eh bien, je suis encore heureux d'avoir fait ce voyage à la vieille mode; et plus tard je dirai à l'instar des anciens d'au-

LIVRAISON 51.

jourd'hui : « De mon temps, comme c'était joli! que d'imprévu il y avait alors! que de couleur locale! » Mais, est-ce réalité, est-ce imagination? sur les vingt-huit kilomètres que nous venons de parcourir, le pays m'a paru moins merveilleux, les villages ont passé devant mes yeux comme une masse confuse de bambous et d'hommes, les forêts vierges comme une ombre verte sans détails ; les gorges roses de lotus m'ont semblé sans poésie, et les attelages de buffles sans labeur.

Nous avions commencé par visiter les travaux de la station qui est située sur le littoral, au milieu des marais et de leurs boues malsaines ; les fondations en béton qu'il a fallu construire ont coûté des sommes immenses. Les directeurs et les ingénieurs de la compagnie, les uns en casque indien et en veste blanche, les autres en chapeau gibus et en habit noir, faisaient au Prince les honneurs de la ligne. Nous étions sur un wagon d'ouvriers, remorqué jusqu'aux derniers rails par une locomotive que pavoisaient les couleurs de France. Il nous fallait procéder souvent avec lenteur, car le sol mouvant a englouti vingt fois les pilotis, et la voie n'était pas encore bien assise. Nous ne nous arrêtâmes qu'au pied de la chaîne dont les quatre volcans dessinaient les formes coniques sur l'azur cendré du ciel.

Les dépenses s'élèvent déjà à dix millions, et il va être nécessaire d'attaquer les flancs escarpés des montagnes dont le passage coûtera vingt-huit millions. Le principal tronçon mènera de Samarang (port de mer) à Sourakarta : il y aura des pentes d'un trentième et bon nombre de viaducs et de tunnels. — Le deuxième tronçon, imposé à la compagnie par le gouvernement, reliera au littoral la forteresse d'Ambarrawa, destinée à être le centre et la clef de la vaste ligne de défense qui couvre l'île.

Quant au trafic, il est assuré sur la plus grande échelle; la voie ferrée trace sa ligne droite à travers des terres fort habitées, riches en caféiers, en cannes à sucre, et surtout en forêts de tecks magnifiques, mais inexploitées jusqu'à ce jour. — Lorsqu'on a vu, comme nous, des caravanes de sept et huit cents coulies, portant des sacs de café aux deux extrémités du bambou équilibré qui s'incruste dans leurs épaules ; lorsqu'à côté de ces files de porteurs trottants, on a croisé des convois de quatre cents bêtes de somme pliant sous leurs bâts, puis des deux cents charrettes traînées par des buffles et remplies d'huile de coco, de vanille, de cannelle, de quinine, de thé, et de mille produits divers, on ne peut concevoir comment il se fait que, depuis quinze ans, cette chaîne de transports difficiles et lents n'ait pas été remplacée par la locomotion à vapeur! Mais il paraît que la lutte a été fort longue et très-obstinée pour obtenir enfin cette concession du gouvernement : des intérêts privés, des inimitiés personnelles, l'acharnement de conservateurs qui voient dans l'introduction des chemins de fer le signal des réformes nouvelles et le bouleversement des idées de monopole, ont joué dans cette affaire un rôle déplorable au détriment du bien public. Du reste, si les pétitionnaires ont triomphé, grâce à leur audace et à leur persévérance, ce n'est point sans périls qu'ils s'aventurent, car le gouvernement n'a garanti l'intérêt des fonds engagés dans l'entreprise qu'à la condition d'un embranchement sur la forteresse, et c'est là un parasite des plus voraces apposé au tronçon naissant.

Pourtant cet embryon de chemin de fer va naître viable, non point précisément par ses propres forces intérieures, mais par la fécondité surabondante de la terre qui le nourrira. J'ai voulu chercher à me faire une idée précise des ressources des trois petites provinces contiguës, Samarang, le Kadou et Sourakarta, *qu'une ligne ferrée de moins de deux cents kilomètres* va suffire à relier intimement de centre à centre, et dont les richesses seront, en six *heures,* au lieu de six *semaines,* transportées sur le quai du port d'embarquement. D'une liasse volumineuse d'imprimés statistiques, empilés dans la bibliothèque de la Résidence, j'ai pu extraire quelques chiffres de l'année 1863, malgré la difficulté bien naturelle que j'ai à comprendre les Aanwijzing-Betrekkelijk, les Uitgestrektheid, les Maatsbappij et les Getal Inkoopskoffijpakhuizen, des en-tête administratifs.

La Résidence de Samarang contient 1,021,038 habitants, dont 4,000 Européens et 12,000 Chinois, — 194,000 buffles, — 37,000 bœufs, — 13,000 chevaux. Son sol produit, comme principales cultures, 101,649 picols[1] de sucre, — 467 picols de tabac, — 109,325 picols de café provenant de 48,853,276 caféiers, et 3,392,079 picols de riz.

Le Kadou est peuplé de 491,333 habitants, dont 211 Européens seulement et 3,000 Chinois; il compte 68,000 buffles, — 94,000 bœufs, — 28,000 chevaux, et produit 29,000 livres d'indigo, — 74,296 picols de café sur 22,000,000 d'arbres, et 911,664 picols de riz.

La terre princière de Sourakarta

[1] Le picol équivaut à 59 kilogr. 875 grammes.

compte 713,000 habitants, — 47,000 buffles, — 41,000 bœufs, — 6,000 chevaux et une production annuelle de 65,194 livres d'indigo, — 92,719 picols de sucre, — 439,827 livres de tabac, — 67,406 picols de café.

Songez maintenant quelle nouvelle source de richesses ce sera pour ce pays, quand plus de deux millions de porteurs (car tout Javanais est corvéable), et plus de cinq cent mille bêtes de somme et d'attelage, qui convoyaient péniblement plus de quatre milliards de kilogrammes de marchandises, seront remplacés par des locomotives et des wagons! Par là même, les porteurs seront convertis en travailleurs, les bêtes de somme en bêtes de labour, et, par un admirable déplacement des forces, des espaces immenses, encore incultes, seront mis en exploitation, des forêts vierges seront abattues pour les constructions navales, et les populations entassées pourront se désagréger pour faire d'un Java arriéré une Amérique du Nord à la vapeur.

Ce résultat admirable et certain ne sera pas local : il gagnera forcément de proche en proche les Résidences voisines, et autour de Samarang et de Sourakarta il y aura une zone d'activité, de défrichement et de richesse qui éclipsera toutes les autres parties de Java. Qu'importent les premiers regrets, les objections irréfléchies, les préjugés antiques d'Indigènes ignorants qui s'effrayeront peut-être de la vapeur, comme les Africains qui brisaient la boussole, cet alpha de la navigation! Qu'importe encore le désespoir des admirateurs d'une nature vierge, qui ne veulent voir les tropiques que par les yeux de Bernardin de Saint-Pierre! Le fait est à peine croyable, mais l'opposition au chemin de fer a été nulle de la part des Naturels, très-vigoureuse de la part de bon nombre d'Européens : aussi n'est-ce pas du tout du lieu commun que de prêcher la vapeur à Java. Nous avons vu dans l'intérieur des hommes d'une grande valeur nous affirmer que les chemins de fer y seraient inutiles; ils nous montraient sur la carte la forme de l'île, qui est tout en longueur et rétrécie encore par les montagnes centrales : ils nous faisaient toucher du doigt la distance insignifiante qui sépare les versants nord de la mer, et nous indiquaient le réseau admirable, toujours sur la carte, des routes inaugurées par le maréchal Daendels. Mais nous n'avions pas fait trente milles sur ces routes encombrées de files interminables, que nous demeurions plus convaincus que jamais de la nécessité d'une innovation. Combien n'avons-nous pas été confirmés depuis dans cette idée, en apprenant qu'en dépit d'une fertilité prodigieuse, le prix du riz, cette base de l'alimentation, variait dans des limites considérables à de petites distances, faute de voies suffisantes de communication! Par exemple, il vaut sept ou huit roupies[1] à Batavia, cinq à Tjiandjour, et trois ou même deux roupies et demie à soixante ou soixante-dix kilomètres plus avant dans les terres. Bien mieux, il y a peu d'années, on a vu, en temps de disette, des Javanais mourir presque de faim dans une Résidence, alors qu'à cinquante lieues de là une autre province était dans l'abondance.

Mais cette opposition faite au chemin de fer par les hommes qui s'appuient superficiellement sur les difficultés dispendieuses de viaducs, de tunnels et de rampes, est doublée d'une idée première et dominante : *la crainte du travail libre*. C'est en effet une voie nouvelle dans laquelle entre la colonie néerlandaise : ce chemin de fer est la pierre de touche, il est l'écueil où pourrait bien s'échouer la vieille galiote d'il y a deux cents ans, où pourraient sombrer avec elle les idées économiques d'un autre âge! La jeune compagnie qui, après tant d'instances, a obtenu la concession, nous donne l'exemple de la première application du travail libre : elle emploie 9,000 ouvriers, et les paye à raison d'un franc par jour. Nous faisons pour elle des vœux ardents, car nous sommes convaincu que son audacieuse initiative ouvrira l'intérieur à tous les bienfaits de la civilisation, bien plus encore dans l'ordre moral que dans l'ordre matériel.

Mais tandis que je suis encore en train de feuilleter ces tableaux pleins de chiffres qui sont sous mes yeux, je ne résiste pas à sauter à pieds joints hors de mon chemin de fer, de mes sacs de café et de sucre, pour vous citer un trait qui m'a frappé. — La statistique véridique est, sans en avoir l'air, bien souvent fantaisiste, et j'y trouve non pas les animaux féroces tués par les hommes, mais les hommes que n'ont pas manqués les monstres des forêts. En l'an de grâce 1863[1], 273 *ont été mangés par les tigres*, 158 *par les crocodiles*, 72 *ont été broyés par les rhinocéros*, et 22 *sont morts de morsures de serpents*. La foudre du ciel a bien voulu joindre son concours efficace dans cette battue terrestre, et pulvériser 493 humains!

---

[1] La roupie vaut 2 francs.

[1] Pièce n° 18, *Verslag van het beheer en den Staat van Nederlandsch-Indie*, over 1863.

Une patrouille indigène fut attaquée dans un marais par un troupeau de crocodiles.

VI

LE SYSTÈME COLONIAL

Vingt millions d'Indigènes et vingt-cinq mille Hollandais. — Habileté dans la domination. — Corvées. — Cultures forcées du sucre et du café. — Bénéfices nets. — Princes javanais et employés européens. — Prospérité matérielle. — Soumission aveugle. — Devoirs d'une métropole au dix-neuvième siècle.

11 décembre.

Un paquebot part aujourd'hui pour Batavia, et nous devons le prendre. Nous aurions voulu rester ici davantage, non plus à cause des curiosités indiennes et des plaisirs de l'inconnu, c'eût été pour un motif plus élevé : le Résident qui nous reçut, M. Keuchenius, est un de ces hommes distingués qui font une impression profonde. Nous ne pouvions nous lasser de le retenir bien avant dans la nuit pour jouir de son commerce si savant, si aimable et si captivant. La variété, la rapidité d'un voyage a ses plaisirs comme ses rigueurs, et quand on rencontre une grande intelligence qui inspire au plus haut point le charme et le respect, c'est un véritable chagrin de devoir s'en séparer si vite et de ne pouvoir se reporter en pensée auprès d'elle que par l'émotion des souvenirs et de la reconnaissance.

Un canot de la marine royale, armé de pagaies, nous éloigne rapidement du quai où le Résident, le général Maleson et bon nombre d'officiers, sont venus dire adieu au Prince : nous longeons le chenal de la jetée où sont entassées les « prahus » malaises à la proue élancée, les barques arabes aux sculptures de sandal et aux kiosques byzantins sur l'arrière; des subrécargues chinois, d'une voix tonnante, dirigent les déchargements. Mais bientôt ces sons criards deviennent confus pour nos oreilles, la plaine se réduit sur l'horizon en une étroite ligne bleuâtre que dominent les nuées du matin, et au-dessus d'elles, les volcans élèvent leur tête altière et noire. — Plus nous avançons dans la rade, plus les lames secouent notre frêle canot, et embarquent d'une façon peu rassurante : enfin nous atteignons le steamer qui nous attend sous vapeur, et nous nous installons dans le plus coquet, le plus neuf, le plus propre et le plus mignon des navires que j'aie jamais vus. Ah! il n'est pas hollandais pour rien, notre « minister Franzen van de Putte! » L'hélice tourne, et nous prenons notre aire : nos cabines sont meublées comme des boudoirs, et éclairées par de grands sabords : les canapés de rotin, les toilettes soignées, les cuivres brillants, tout rappelle la classique propreté nationale. Notre équipage est malais et manœuvre à merveille ; ce sont de vrais singes dans la mâture, et je me suis pris d'affection pour cette race si agile, si attentive et si patiente. Un des traits caractéristiques de ces Indiens, c'est l'amour qu'ils ont pour les enfants des Blancs : tandis que j'étudiais ce matin la carte sur le pont, et qu'un matelot accroupi à mes pieds suivait d'un regard impassible le feu de mon cigare, en me présentant la mèche toujours flambante dès qu'il le voyait s'éteindre, j'avais devant moi le spectacle de trois bébés blancs servis chacun par deux petites filles malaises de dix ans. Plus loin, des enfants de six ans avaient chacun quatre domestiques, exécutant leurs cent mille volontés, et blottis à leurs genoux depuis cinq heures du matin jusqu'à sept heures du soir! En vérité, ils commandent comme un sultan à des esclaves, et ils donnent des ordres quand ils mériteraient de recevoir le fouet. La chaleur est affreuse; aussi nos quelques passagères européennes font-elles la sieste dans leurs cabines; pendant ce temps, trois et quatre fillettes malaises se tiennent les jambes croisées à leur porte : dès que la maîtresse éternue, la petite troupe se lève comme un seul homme pour lui porter secours.

Pour moi, je n'ai pas tardé à trouver sur le pont un petit coin bien tranquille, et puisque me voici pour trente-six heures à la mer, enfin en possession de moi-même, respirant librement la brise réparatrice avec l'horizon ouvert devant moi, je veux bien vite en profiter, avant d'avoir encore des spectacles nouveaux, et vous écrire rapidement comment se résume à mes yeux la domination hollandaise dans l'archipel Indien.

Mais la position d'un voyageur est souvent délicate. S'il est accueilli avec bonté, avec expansion, avec une hospitalité qui le remplit de reconnaissance, la critique dans sa bouche a bien des chances d'être considérée sinon comme un abus de confiance, au moins comme un acte d'ingratitude! Pourtant, il a deux éléments fort distincts dans une colonie : les *hommes*,

— et le *système*. Ah! j'ai avant tout à cœur de vous dire combien les hommes à Java m'ont inspiré de vive sympathie et de respect sincère. Je voudrais avoir cinquante ans, pour que ma voix fût autorisée à leur rendre cet hommage, qu'il n'existe pas dans le monde de corps administratif colonial réunissant autant d'instruction, de distinction, de capacité et de charme. — Élevés dans les écoles polytechniques de Delft et de Leyde, qui sont consacrées à former des administrateurs pour les Indes, parlant tous aussi bien le français et les dialectes sundanais et malais que leur propre langue, travaillant dix heures par jour, et apportant un esprit consommé dans les matières si diverses qu'ils régissent en maîtres, les fonctionnaires que j'ai vus dans Java ont emporté mon admiration.

D'opinions différentes sur les grandes questions qui se débattent, ils n'en servent pas moins leur pays avec ardeur sous un soleil de feu, sur un sol meurtrier, et certes ils ont tous bien mérité de la patrie.

Maintenant, après un voyage presque officiel où, grâce à la générosité du Gouvernement, le mécanisme discutable de l'administration s'est déroulé dans le même panorama que les beautés merveilleuses de la nature, cet embarras de position, ce respect affectueux pour les personnes doit-il me fermer la bouche, et m'empêcher de dire mon humble sentiment sur le système tel que je l'ai compris? Je ne le pense pas, et je parlerai avec d'autant plus de franchise, qu'en plaidant ici la cause de la liberté, j'ai la confiance d'être dans la voie où la colonie trouverait la véritable prospérité : je parlerai avec d'autant plus d'élan, qu'à Java même, par un écho bienfaisant venant de cette même métropole qui n'a encore fait retentir que ses décrets autoritaires, il s'opère un réveil libéral et plein de promesses !

Dans ce temps de triomphe pour la force brutale, c'est assurément un spectacle plein d'intérêt que celui d'un tout petit peuple de trois millions d'âmes, le peuple hollandais, qui, avec des forces relativement insignifiantes, maintient au delà des mers de l'Équateur, dans la dépendance la plus absolue, un immense empire de plus de vingt millions d'hommes! Et aux yeux des gens qui mesurent le succès d'une entreprise à ses avantages

Des groupes d'ouvriers en corvée alignés dans leurs sillons. (*Voir p.* 410.)

matériels, il est plus admirable encore de voir une colonie verser annuellement dans les caisses de la métropole souvent une *cinquantaine,* quelquefois près d'une *centaine* de millions, à titre de *bénéfice net!* Quand, sous cette double impression, on parcourt l'île de Java, en y rencontrant partout un ordre parfait, une prospérité inouïe, et même la disposition bienveillante du peuple conquis pour ses maîtres, est-il possible de n'être pas étonné dès l'abord, et entraîné à pénétrer le secret d'une administration si féconde en résultats?

Java tout entière, les quatre cinquièmes de Sumatra, les trois quarts de Bornéo, la plus grande partie des Célèbes, les Moluques, Sumbawa, Lombok, Bali et Timor, voilà dans son ensemble l'Empire colonial de 28,923 milles carrés (géographiques) dont les traités de 1814 et de 1824 ont déterminé les limites et donné la possession à ce hardi peuple hollandais dont le territoire en Europe ne compte que six cent quarante milles! Voilà où s'est exercé avec persévérance le génie de la Hollande; voilà où « la Compagnie », dès 1596, inaugurait des relations commerciales qui, comme partout dans l'Inde, amenèrent vite les passions et les cataclysmes politiques. Le « Fort » s'éleva à côté du « Comptoir »; le marchand devenu planteur, le planteur devenu soldat, des simples traités sur la vente du poivre et du café passa aux alliances avec les Sultans faibles et amis, pour les aider à détrôner les Sou-souhounans redoutables et hostiles. Enfin, après deux cents années d'une lutte qui n'a eu pour devise que « diviser pour régner », et qui a vu de grandes prospérités comme de grandes fautes, « la Compagnie » se dissout, et le Gouvernement de la métropole prend fermement en main son œuvre mal assise et presque ruinée. Les guerres de la Révolution, le passage de la Hollande sous le sceptre d'un Prince français, l'occupation anglaise de 1811 à 1816, forment une série de vicissitudes, causes d'arrêt et souvent de recul dans la prospérité et même dans la vitalité de la colonie!

Mais assez d'histoire pour le moment : le passé s'efface devant les questions brûlantes du présent. Admirant l'énergie avec laquelle Java a été arrachée par le système hollandais à une stagnation puis à une anarchie certaines, je veux plutôt chercher l'esprit de ce système, vous en montrer les conséquences actuelles, ainsi que les causes de la réaction qui commence à se faire contre un faisceau de principes tant vantés et tant admirés. Je veux plutôt vous parler de ce qu'il nous a été donné de voir dans cette île que nous avons parcourue, où malgré le fanatisme mahométan, la bravoure et les instincts d'une race de pirates, et la fierté d'une antique noblesse, vingt-cinq mille Européens régissent en demi-dieux quatorze millions d'hommes.

Quand on a été, comme nous, témoin du respect religieux, de la soumission aveugle des Javanais pour tout ce qui est autorité morale, de la prompte mise en pratique de tout ce qui est ordre matériel; quand on a perdu ses regards jusque dans les montagnes les plus reculées sur un horizon de plantations de café auxquelles travaillaient les populations de nombreux villages; quand on a voyagé dans la plaine pendant des journées entières, à travers des champs de cannes à sucre (chacun de plusieurs lieues carrées) où des milliers « d'ouvriers en corvée » étaient alignés dans leurs sillons (*voir la gravure*, p. 409); quand enfin on a appris que tout cela était le monopole du gouvernement, — on comprend aisément qu'après avoir comblé les *dépenses* de 39,000,000 de francs pour son administration coloniale, de 15,000,000 pour avances aux cultures de café, de 10,000,000 aux cultures de sucre, de 7,500,000 francs pour ses travaux publics, de 18,000,000 pour son armée, de 5,000,000 pour sa marine, de 16,000,000 à titres divers, en un mot de 120,500,000 francs, le budget des Indes ait, par exemple, dans une période de dix ans (1852-1862) apporté *en moyenne* un excédant total de recettes de 63,000,000 de francs !

C'est pourtant un chiffre fabuleux, et il n'est aucune colonie qui présente un pareil exemple! Alors, le voyageur qui ne fait que voir est ébloui par ces résultats grandioses, quant aux chiffres, par l'aspect des routes, des villages et des campagnes, par l'éclat des cultures, l'activité d'un peuple qui produit tant pour ses maîtres! Le voyageur qui pense se demande par quels moyens, à notre époque, ces millions d'hommes arrosent de leurs sueurs une terre qu'ils ne peuvent posséder, et sont forcés de cultiver tous les jours des champs dont les récoltes apporteront leurs bénéfices à d'autres. Et pourtant on dit que ce ne sont pas des esclaves!

Tout cela n'est pas l'œuvre d'un jour, c'est le fruit d'une politique habile, si elle n'est pas inattaquable, et d'un pouvoir souverainement et régulièrement despotique, mais contre lequel le Javanais ne murmure pas, car il est amplement calqué sur celui des Sultans qui régnaient avant l'invasion. C'est là qu'est la pierre de touche; aussi, à mon sens, Java n'est pas une « colonie », puisqu'il n'y a pas de colons et que la propriété d'un planteur n'y peut pas plus exister pour l'Européen que pour l'Indigène, mais bien une superbe et brillante « exploitation » minutieusement réglementée par le gouvernement depuis A jusqu'à Z, avec une entente inouïe pour verser dans les coffres de l'État tout ce que l'on peut tirer de cette belle île, la plus fertile du globe; c'est plutôt, en vérité, une immense « ferme » administrée par un petit nombre de *fonctionnaires* qui commandent à des milliers de *corvéables*.

Ce n'est point dans les armes, mais bien plutôt dans le domaine de la politique, que le Gouvernement hollandais a puisé toute sa force pour arriver à une domination si entière, si bien engrenée et si féconde en fruits rémunérateurs. Voiler l'autorité européenne, qui ne s'exerce jamais directement, mais toujours par un intermédiaire indigène, sur une population douce, mais fière, qui conserve cette illusion qu'elle n'obéit qu'à ses chefs naturels; s'effacer en tous points devant la noblesse des Princes javanais, les nommer à leur poste en les choisissant parmi des rivaux, — ce qui les force à la soumission entière ou à la perte de leur dignité; les maintenir dans les honneurs antiques et dans le prestige de la religion locale, — ce qui perpétue le respect d'un peuple leur obéissant comme à une divinité; les payer par de forts appointements, souvent de cent et deux cent mille francs, — ce qui les engage à ne pas se faire révoquer; les intéresser surtout dans le produit de la récolte, — ce qui les porte à activer par tous les moyens possibles les travaux de leurs humbles sujets; en un mot, avoir le masque d'une autorité que le prêtre musulman, intéressé aussi par la dîme, fait respecter comme une idole, et employer au nom d'une aristocratie indigène tout un peuple au profit de la domination étrangère, tel est, ce me semble, le plus clair de l'esprit et des vues théoriques du gouvernement colonial.

Java se divise en vingt-deux provinces ou Résidences, comptant une moyenne de six à huit cent mille âmes. A la tête de chacune est le Résident (fonctionnaire européen), sorte de préfet omnipotent, concentrant entre ses mains tous les fils de l'administration, de la justice, de l'autorité militaire, des travaux publics, des cultures-monopoles, etc., etc.; en un mot, il est *tout*, mais il ne fait *rien* directement. Dans la même ville que lui, le Régent, fonctionnaire indigène, tient sa cour avec toute la splendeur asiatique. L'autorité hollandaise se montre toujours déférente envers lui, et vit avec lui en parfaite amitié, — union d'autant plus encouragée *in petto* chez le Prince javanais qu'un mot de blâme du préfet juxtaposé peut amener, du jour au lendemain, un décret du Gouverneur général qui déclarera que Raden-Adiepatie-Pangheran *** est remplacé dans la Régence de *** par son neveu Raden-Kousoumon ***; et comme celui-là est également un Prince, un « sang des dieux », la population s'inclinera tout aussi servilement devant son nouveau maître. Le despote pachalique et vénéré des Javanais n'est donc plus que le serviteur empressé du chef européen. Survient-il une affaire de justice? c'est le Régent qui préside une cour de notables indigènes, et qui demande l'avis du prêtre musulman : « l'Adat » avant tout, et le Coran! Mais, le matin, le Résident a témoigné son désir, et il est sûr que la loi sera interprétée suivant sa volonté.

Le prêtre et son enfant de chœur.

Y a-t-il une route à construire ou à réparer? le Résident va porter chez le principicule de la race de Mataram les plans faits par les ingénieurs de Leyde, et vite le Toumongong ou le Pangheran indigène met en réquisition des corvéables par milliers, et la route est faite. Le même jeu se continue sur toute la filière administrative : de l'Assistant-Résident dans les subdivisions à un Régent de seconde classe, du contrôleur au vedana indigène, du vedana au chef du village! — Ces derniers sont les seuls qui soient élus par les paysans : cela se comprend vite, et l'on reconnaît là l'habileté hollandaise. En effet, l'usufruit de la propriété gouvernementale étant collectif, c'est aux chefs de village que revient la mission délicate de répartir les travaux de la terre entre les familles, de faire exécuter les cultures d'après les ordres reçus, et enfin d'estimer la valeur des produits qui font la base de l'impôt en nature. Comme il est sage et fin de faire exercer ces fonctions obligées, mais redoutables, par des hommes ayant la confiance relative de la population et appuyés d'un conseil de Mantries ou notables! Mais aussi, vous saisirez pourquoi ce système général est contraire à la colonisation européenne : il faudrait que le Gouvernement aliénât ses terres

Un banquier chinois à Java.

cultivées gratis, et il ne veut à aucun prix s'en dessaisir. De plus, des Européens se soumettraient difficilement à un semblable régime : les seules et très-rares plantations particulières qui existent dans la partie conquise de Java ne sont pas du fait des Hollandais : ils n'en ont jamais concédé! mais elles datent du passage des Anglais, qui avaient voulu libéralement y fonder la propriété individuelle.

En somme, avec moins d'employés que n'en comporte chez nous la dernière sous-préfecture, une province, souvent de près d'un million d'âmes, est administrée au doigt et à l'œil. En y ajoutant quelques secrétaires, un ingénieur du cadastre, un inspecteur des finances et des cultures, quelques commis (indigènes pour la plupart) pour les registres, on a le système complet d'une Résidence : là, les employés européens sont à proprement parler la puissance motrice : les gradés indigènes, qui servent d'intermédiaires, composent la pure machine qui transmet le mouvement : mais il est vrai de dire qu'à mesure qu'on descend cette échelle administrative, on y trouve les fonctionnaires plus royalistes que le roi! Tous dépendent uniquement du Gouverneur général, qui a une autorité absolue dans les Indes néerlandaises. Chef d'une armée, d'une marine coloniale que pourrait envier plus d'un État souverain, il nomme les Résidents et tous les fonctionnaires d'un vaste empire.

A côté, ou plutôt au-dessous du Gouverneur, se trouve placé un conseil de cinq membres, appelé conseil des Indes, mais purement consultatif : puis, avec le nom modeste de directeurs, fonctionnent de véritables ministres dans leurs départements respectifs. En cas d'urgence, les pouvoirs du chef de la colonie sont illimités : il peut faire la paix ou la guerre, et, sous sa responsabilité, ordonnancer des centaines de millions. Mais tout arrêté permanent doit être sanctionné par l'autorité métropolitaine : pour le dire en passant, il résulte de cette obligation des lenteurs très-préjudiciables aux intérêts de la colonie.

Ce pouvoir s'exerce d'une façon aussi simple qu'économique : vous serez sans doute étonné d'apprendre que l'état-major d'une armée de 27,000 hommes (dont 11,000 Européens, 15,000 Indigènes, 1,000 Africains) compte seulement deux généraux, deux colonels et au plus quatre lieutenants-colonels. Aux Indes, un capitaine commande souvent une expédition qu'on jugerait chez nous assez importante pour la donner à un général.

Si cette administration fait le plus grand honneur à l'esprit envahissant, habile, énergique et pratique des Hollandais aux Indes, il faut reconnaître que la tâche a été bien facilitée par les habitudes, les mœurs et jusqu'aux préjugés du peuple conquis, et que le secret de la domination européenne a consisté, avant et par-dessous tout, à continuer dans toutes ses conséquences l'état social qui existait avant elle.

D'abord envahis par les Hindous, puis par les Musulmans, les peuples de Java avaient pris deux fois la religion de leurs conquérants. De là ce calme, cette absence de fanatisme qui rendent un peuple très-maniable. Agriculteurs dociles, ils aiment prodigieusement, sans la posséder, la terre qui les nourrit et qui a, de tout temps, enrichi leurs maîtres, Princes de la race de Bali, guerriers de l'Himalaya, marchands d'Amsterdam ou colonels hollandais. La diffusion prodigieuse du sang noble par la polygamie n'altère en rien ce nouvel et puissant élément d'ordre qui est un respect superstitieux et national pour l'aristocratie la plus aimée, la plus vénérée et, dans son milieu, la plus influente de tout l'Orient.

Rien donc de plus avantageux, sinon pour la colonisation, du moins pour une exploitation coloniale, que la constitution de la propriété établie ici de temps immémorial. Sous le régime pur des Sultans, le Prince indigène était *seul* propriétaire de la terre, *seul* en droit de commercer avec l'étranger : la propriété individuelle n'existait donc pas ; mais, au lieu de la possession théorique du souverain, la force des choses avait établi non la propriété collective, mais l'usufruit collectif des mêmes terres affectées au même village, ce qui constitue la « dessa » ou commune et terrain communal. La population devait au Prince local un cinquième du produit de la terre, et un jour de travail sur la semaine, qui en comptait cinq.

Ce sont ces droits, ces mêmes droits féodaux des temps anciens, sur lesquels s'appuient les Hollandais. La conquête substituant leur autorité à celle des Sultans, il est naturel qu'ils gardent pour eux l'esprit de ces précieuses prérogatives. Peut-être, sans changer la base de l'autorité, eût-il été possible de faire couler les bienfaits de la civilisation et du christianisme dans cette pâte pétrie il y a cinq cents ans, et coulée dans un moule asiatique. Mais non, l'Asie a été continuée ici, et le Gouvernement colonial a dit aux Indigènes : « Je suis vainqueur des souverains et non du peuple, je laisse à vos souverains et à vos prêtres leurs dignités honorifiques : vous restez corvéables pour eux deux et pour moi : — et moi je reste seul propriétaire et seul commerçant. »

Au fond, n'était-ce pas dire du même coup : « Javanais, il n'y a dans ces Sultaneries qu'un Sultan de plus »? et, en effet, Java ne ressemble-t-il pas dès lors à un corps multiple qui était déjà pompé par deux sangsues, les Princes indigènes et les prêtres musulmans, auxquelles s'en joint une troisième, la Hollande? Celle-ci entend non-seulement se défrayer des centaines de millions nécessitées par l'entretien des fonctionnaires, de la marine et de l'armée, mais encore faire profiter la métropole des sources de vie coloniale. Il en résulte ce qui devait fatalement arriver ; sortant de l'époque primitive sous le régime de la Compagnie, transitoire sous le roi Louis et sous les Anglais, Java, de 1816 à 1832, passe par deux périodes : la première, de demi-prospérité ; la seconde, de ruine effrayante.

Jusqu'en 1824, la triple saignée pratiquée sur un organisme encore vivace produit suffisamment aux trois parasites qui s'en alimentent. Élevant l'impôt foncier à son maximum, le Gouvernement le fait monter progressivement de 16 millions à 38 millions et à 61 millions ; puis il réalise ses plus grands bénéfices dans l'exercice de son commerce-monopole sur les terres non conquises, mais protégées, telles que les Préangers, Sourakarta et Djokjokarta ; là, en effet, marchand unique et autoritaire, il achète 7 fr. 37 c. le picol de café (59 kilogr. 875 gr.) qu'il revend en Europe à raison de 73 fr. ! Quand un pareil négoce s'effectue sur des millions de kilogrammes, l'argent entre vite dans les caisses.

Mais la guerre avec ces provinces fait tarir cette source féconde, tandis que les dépenses de la métropole, puis les événements de Belgique, exigent un renfort plus abondant. Réduit au revenu de la dîme sur le riz, production principale de l'île, il est vrai, mais denrée d'un prix minime, lourde, et dont les frais de transport dans les magasins diminuent beaucoup les bénéfices, le Gouvernement ne tarde pas à être aux abois. En effet, le tableau statistique sur lequel je me fonde pour déduire les conséquences tristes ou prospères des différents systèmes, présente, pour la période de 1816 à 1824, deux années de déficit (2,475,000 fr. en moyenne), et six années de bénéfice dont la meilleure est de 7,600,000 fr.; tandis que, de 1824 à 1833, ce même tableau donne *neuf années de déficit continuel,* dont la plus malheureuse atteint 7,218,000 fr., et dont l'ensemble, de 43,712,000 fr., force la Hollande à contracter la dette dite de Java.

Minée par ce déficit toujours croissant, par une dette dévorante, tirée en sens contraires par ses Princes et par ses conquérants, aigrie par le mécontentement des Indigènes, incomprise par la métropole, épuisée et languissante, la colonie néerlandaise semble donc, vers 1830, mourir d'inanition entre les mains de ceux qui l'avaient tant convoitée. Un homme alors s'est rencontré, fougueux et convaincu, apportant avec lui tout un système et prédisant qu'il éteindrait la dette et le déficit, qu'il donnerait par quarante et cinquante des millions de bénéfice net, et qu'à coup sûr il ressusciterait la moribonde! C'était le général Van des Bosh, un homme providentiel; mais, comme tel, il conseillait des moyens violents qui sont bons à l'heure du péril et du sauvetage, mais qui deviennent immoraux et perfides quand la planche de salut a fini son devoir, et quand à une prospérité rétablie il ne faut plus qu'un travail normal; son fameux secret du système des cultures était, en deux mots : *le travail forcé.*

Au moyen de ce système, il songea donc à doter la colonie de cultures profitables, ayant une grande valeur sur le marché européen, seul endroit où elles puissent se convertir en argent. Le café d'abord, puis le sucre, l'indigo, la cochenille et le tabac, ne tardèrent pas, sous sa main, à donner des résultats inespérés. L'idée était immense et féconde : aux grands maux les grands remèdes; sans doute il en voulait une application équitable; mais, maniée par des instruments indigènes avides, elle est, en réalité, la cause et le puissant moyen d'extorsions constantes sur le peuple javanais. C'est ce spectacle, dans son entier, que nous venons d'avoir sous les yeux, et dont voici les grands traits matériels.

Dans toutes les parties montagneuses de l'île, chaque famille est *forcée* de cultiver une plantation minutieuse et régulière de six cents caféiers, plus une pépinière de réserve destinée à remplacer chaque pied qui manquerait à l'inspection du contrôleur européen. Et le Gouvernement de dire aux populations des montagnes : « De même que vos anciens maîtres avaient seuls le droit de commercer, c'est à moi *seul*, à moi Gouvernement colonial, que vous vendrez le café de vos plantations réglementées; je vous le payerai à un taux fixé par moi. » Ce taux d'achat est de 25 fr. 20 c. par picol : l'État-négociant revend ce même picol 73 fr. en Hollande! Jugez alors quel est l'immense profit tiré de la culture forcée, quand il y a comme aujourd'hui (1866) à Java 296 millions de caféiers produisant 69,590,000 kilogr., achetés 29,227,824 fr. et revendus 84,659,342 fr.

Quant aux populations des plaines, le fonctionnaire du peuple conquérant leur dit : « Partout où j'établirai une raffinerie, vous serez *forcés* de cultiver et de récolter les cannes à sucre, que vous payera le traitant européen au taux que je fixerai. »

Là, l'État ne fabrique pas, il ne fait que planter : il passe des contrats avec un chef d'usine, lui avance 347,200 fr. pour douze ans sans intérêts, le charge de tout le maniement et de la responsabilité de la culture et de l'usine, prend pour lui les deux tiers du sucre fabriqué à un prix minimum de revient qu'il fixe lui-même, et laisse à l'industriel un tiers de la récolte, dont il peut disposer libre-

La récolte du café.

ment, pour se couvrir des chances et des dépenses de son exploitation. Dans de pareilles conditions, il faut que le traitant opère sur une quantité considérable de cannes pour faire ses frais. Il paye aux paysans, forcés de travailler pour lui, 6 fr. 02 c. le picol manufacturé ; il est obligé d'en vendre les deux tiers au Gouvernement, à raison, autrefois, de 17 fr. 25 c., aujourd'hui de 12 fr. 90 c., et le Gouvernement revend en Hollande 76 fr. ce même picol ! Vous voyez encore avec quelle brutale simplicité de chiffres l'État s'enrichit de ce second monopole, quand les bras de 201,506 familles indigènes sont mis en activité dans les sillons de 102,500 hectares plantés en cannes et groupés autour de 97 usines qui raffinent 138,000,000 de kilogrammes de sucre, d'une valeur de 175 millions de francs.

Voilà en essence les cultures du général Van den Bosh, emplissant à l'envi les caisses de la métropole qui ont été si légères autrefois : les promesses du général-agriculteur, qui a enrégimenté les populations javanaises en une armée de planteurs, ont été largement dépassées. Depuis 1833, époque à laquelle son système vigoureux a porté ses premiers fruits, la dette s'est vite éteinte, les dépenses coloniales ont été chaque année absolument couvertes, et un bénéfice net *continuel,* qui en certaines années a atteint 94,558,000 fr., s'est, depuis trente-trois ans, élevé à un total de plus de 1,800,000,000 de francs, par conséquent à une moyenne annuelle de 54,545,000 fr. Ainsi, grâce aux règlements les mieux combinés pour concentrer de toutes parts les forces puissantes destinées à peser de tout leur poids sur la vis de ce vaste et officiel pressoir à argent, on a pressuré, au nom de leurs Princes et de leur Prophète, 14,000,000 de bons et naïfs Javanais, et l'on a fait couler dans les cuves de l'État des milliards de picols de café et des milliards de picols de sucre !

Mais il y a un revers à cette médaille commerciale si brillante : derrière cette prospérité se cache en première ligne le condamnable édit du travail forcé; « des corvées : encore des corvées, toujours des corvées » ; puis cette pensée dominante d'un esclavage déguisé qui dégrade moralement plus encore le maître que l'esclave; il y a enfin, sous une apparence spécieuse de justice, une porte grande ouverte à l'illégalité et aux abus qui en ont découlé.

C'est d'abord ce principe que, sur toute l'échelle administrative, depuis le Résident et le prêtre musulman jusqu'au « Mantrie », les fonctionnaires européens et indigènes sont également intéressés dans la récolte; les autorités prennent, celle-ci cinquante « doits[1] », celle-là vingt-quatre « doits[2] » par picol! Un peuple moins soumis que les Javanais se serait depuis longtemps soulevé contre une pareille exploitation. S'il est vrai que l'abus du régime doive être attribué non à l'idée première de son auteur, mais surtout à l'avidité des chefs indigènes qui, mis en demeure de s'y livrer éperdument, prélèvent la dîme et trouvent que la terre ne produit jamais assez, il faut s'en prendre aussi au système des primes proportionnelles accordées par le Gouvernement, qui autorise et stimule cet ordre de choses dont, en définitive, il profite largement.

Et puis, que fait-on dans la question des usines, où il faut une vaste étendue de terres dans un rayon rapproché pour alimenter un matériel de machines aussi important? On balaye les populations de blocs de cinq ou six dessas (communes), pour les besoins des plantations; et de la sorte non-seulement on condamne à un travail forcé les indigènes, mais on les arrache à leurs foyers : on les transporte même quelquefois en masse à de grandes distances, pour cultiver au compte du Gouvernement des terres incultes jusque-là.

Si à Java les dispositions du système des cultures font du terrain colonial une ferme autoritaire, où pas un arbre n'est plus haut que l'autre et pas un sillon irrégulier, le système en Hollande est devenu le terrain figuré de la plus vive des controverses entre les libéraux et les conservateurs.

Jugeant le système à ses résultats ma-

[1] 0,85 centimes. — [2] 0,41 centimes.

tériels, les conservateurs en font un article de foi, se refusant à le modifier et traitant d'utopistes, même de fous, les libéraux, qui le condamnent comme immoral et injuste. Mais laissant de côté les questions élevées de droit et de justice qui parlent assez haut d'elles-mêmes, et ne considérant que les résultats financiers, le système me semble déjà prêter le flanc à la critique. S'il est vrai qu'il remplit les coffres de l'État, nul n'est fondé à dire que la culture et le travail libres ne pourraient rendre autant et peut-être davantage. Comment se fait-il, par exemple, que des cinq cultures forcées organisées à l'origine, deux seulement, le sucre et le café, sont demeurées dans les mêmes conditions? — Parce qu'il a fallu abandonner les autres, qui sous le régime du travail forcé ruinaient, dans leurs branches, l'État et les paysans. Mais les cultures abandonnées par l'État ont-elles été perdues pour la colonie? Non; au contraire, elles se sont développées et ont singulièrement prospéré. Et c'est tout simple. N'étant plus forcé de cultiver l'indigo, le thé, le tabac dans des terres désignées, ayant de plus la perspective d'être dans une certaine mesure maîtres de leur récolte, les paysans ont pu choisir les terres les plus convenables, et produire à un prix rémunérateur. — Et de plus, en 1857, vingt-sept ans après l'application des cultures au reste de l'île, les Préangers n'étaient pas encore compris dans le travail forcé; la production du café n'en a pas moins passé, sur le tableau statistique, de 30,000 à 243,554 picols. Cet exemple de l'influence de la liberté — même relative — est patent. Qui oserait donc affirmer qu'il en serait autrement pour les autres grandes cultures de sucre et de café?

Ici la question d'argent touche à la loi morale; et pour défendre leur système, les conservateurs qui ont causé longuement avec nous à Java n'ont pas craint d'invoquer cette loi et de s'appuyer sur elle; ils nous ont dit ce que nous savons tous : que les races orientales diffèrent plus de la race européenne que ne diffèrent les climats de l'Équateur et du Pôle. A Java, la beauté du ciel permet à l'homme de vivre sans maison, sans vêtements; la nature prodigue mettant à la portée de sa main une nourriture plus que suffisante, l'Indigène est providentiellement affranchi de cette dure loi du travail auquel l'Européen est condamné pour vivre. Sans besoins, et rétif à ceux qu'on voudrait lui imposer artificiellement, le Javanais est naturellement indolent et paresseux : il peut vivre dans le « far niente » italien, et en même temps avec le « contentus suâ sorte » de la grammaire. Donc, telle est la conclusion étrange des conservateurs, il faut lui imposer le travail; et ils ajoutent que sous cette loi du travail forcé, qui lui fait gagner obligatoirement 25 fr. 20 c. par picol de café, et 7 fr. 70 c. par picol de sucre, il a plus de bien-être qu'il n'en aurait s'il était laissé à son indolence native.

Les libéraux répondent que ces raisons spécieuses sont au fond sans valeur, et qu'elles sont inspirées par une cupidité qui s'aveugle sur ses propres intérêts. Fussent-elles vraies d'ailleurs, elles ne pourraient infirmer les principes de justice et d'humanité au mépris desquels se fait cette exploitation d'une race tout entière, non point seulement au profit du Gouvernement colonial, — ce qui serait moins injuste, — mais au profit d'une métropole si éloignée. Pour eux, une colonie doit être autre chose qu'un grenier d'où l'on exporte 133,000,000, en n'offrant en échange que 69,000,000 de marchandises, et les décrets du travail forcé pour payer le reste. « Quand nous » discutons sur les systèmes en vigueur » à Java, disent-ils aux Chambres [1], il » n'est question au fond que de nos millions. Ce sont eux et eux seuls que nous » avons sous les yeux. Est-ce par la crainte » de ne pouvoir civiliser les Javanais... que » nous les maintenons sous le joug du » travail forcé? Je déclare que jamais encore je n'avais entendu avancer cet argument, tandis que j'ai au contraire entendu dire trop de fois : N'abolissez pas » la corvée, vous perdriez vos millions! »

A Java aussi nous avons vu des libéraux, et des plus nobles, souffrir, hésiter, et nous répondre presque les larmes aux yeux, quand nous leur avons demandé

Conseil de Mantries.

combien leur Résidence rapportait annuellement de millions à l'État. Ceux-là pensent qu'une métropole a des devoirs à remplir envers un peuple naturellement bon et dévoué : ils voudraient que le Gouvernement ne fût pas propriétaire de tout; que l'Européen pût être autre chose que fonctionnaire; qu'il y eût d'autres hommes que de petits rois dans leur sphère ordonnant à une population tout entière de planter là du riz, ici de l'indigo, plus loin de la vanille, de toujours donner

[1] Séance du 29 novembre 1861, discours de M. le docteur Van Hoëwell.

le cinquième à l'État, et de travailler aujourd'hui au café et demain au sucre; pour le bénéfice du trésor hollandais.

Il y a pourtant des colons à Java, bien peu, il est vrai. Par un triste contraste, ils sont tous agglomérés dans les deux provinces princières de Djokjokarta et de Sourakarta, provinces que les armes hollandaises ont soumises et que la politique veut respecter. Car, aux yeux des populations malaises, c'est un grand prestige pour le gouvernement colonial de paraître vénérer le Sousouhounan et les descendants divins des Rois de Mataram, fantômes de souverains, idoles dorées, pauvres marionnettes de mascarade honorifique dont les Hollandais tiennent les fils. Quoique maintenu en chartre privée par un Résident diplomatique, le Gouvernement des Empereurs est plus libéral pour les étrangers que celui de la Haye; il loue des terres par baux de vingt ans à des colons qui viennent y faire fortune en payant des salaires raisonnables.

Intérieur malais.

Pareille chose n'existe pas dans les possessions purement hollandaises, et les négociants européens, qui sont des Lilliputiens à côté de leur grand rival, l'État, n'exportent que le trop-plein de la Maatshappij, les sucres qui restent du tiers sur lequel se paye le traitant avec l'État, et les produits des sultaneries (que reliera un jour le chemin de fer construit enfin par le travail libre, et, à cause de cela, passant à Java pour un phénomène).

Après les cultures, dont vous avez vu les bénéfices tenant du prodige, je pourrais vous parler des autres sources de revenu : 85,000 picols des mines d'étain ; 8,000,000 de francs des douanes;

20,000,000 de l'impôt foncier, le fameux cinquième, maintenu quand même, et s'exerçant sur 6,172,000 hectares de terres cultivées, dont 4,440,000 hectares en rizières produisant 16,750,000 kilogr. de riz; capitation considérable sur les Chinois, dont on veut modérer l'invasion; affermage de la vente de l'opium, qui produit environ 400,000 francs par Résidence; tributs en nature de bœufs et chevaux pour les Régents, dont le luxe est proverbial.

Mais ce qui est triste, c'est que pas une parcelle de ces revenus agglomérés n'a été consacrée à l'amélioration morale de ces populations! Oui, dès les premiers pas dans ce pays vraiment féerique, j'ai été transporté d'enthousiasme : je ne savais ce que je devais admirer davantage, ou des splendeurs naturelles de cette terre promise, ou du parti que l'homme en a tiré; la richesse des cultures, depuis les rizières en amphithéâtre dans les vallons, jusqu'aux caféiers qui touchent aux cimes élevées des volcans, l'animation d'une population active, tout, jusqu'à la gaieté instinctive d'un peuple indigène qui est né dans le servage et qui ne le hait point, puisqu'il n'a jamais connu autre chose, tout m'aurait donné l'idée d'un paradis terrestre, si, par sa forme servile, le respect témoigné aux Blancs ne m'avait rappelé la basse dépendance de la race conquise. Alors cela m'a serré le cœur de ne jamais voir un homme debout devant moi, mais des milliers d'êtres accroupis à la file, dans une humilité, une léthargie entretenues chez une race qui a été fière et qui est restée intelligente et laborieuse!

Plus tard, quand nos courses nous ont amenés devant les ruines de temples antiques, devant ces merveilles qui s'appellent Mendoet, Boro-Boudor et Tjandji-Séou, j'ai été frappé de la population énorme accusée par ces constructions gigantesques. Il est hors de doute que, dès le huitième siècle, Java était plus peuplée qu'elle ne l'est aujourd'hui. Dans ces monuments, la grandeur des lignes, la pureté du dessin, la majesté de l'architecture, la perfection des statues, l'ordonnance et le fini des moindres bas-reliefs, démontrent qu'à cette époque l'industrie et tous les arts de la civilisation avaient atteint un développement extraordinaire. Quand, aujourd'hui, du sommet de ces temples, on regarde autour de soi, que voit-on? Une campagne fertile, mais une population retombée à l'état d'enfance pour ce qui touche à autre chose qu'au sucre et au café. L'art est complétement mort; quant à l'industrie, la fabrication et la trempe de ces kriss trop vantés, le tissage et la teinture des sarrongs ne s'élèvent guère au-dessus des travaux de tribus sauvages!

Ainsi le résultat de trois siècles d'occupation, ou au moins d'influence européenne, aurait été en définitive de faire descendre — et descendre de beaucoup — le peuple javanais dans l'échelle de la civilisation. Quand on songe que ce peuple doux, intelligent, accessible au bien et au beau moral, se compte par millions, n'y a-t-il point là une douloureuse responsabilité pour ses maîtres?

Enfin, avançant chaque jour davantage, détournant par pitié ses regards d'un peuple quasi esclave, et savourant avidement les délices, les spectacles plus purs de cette idylle dans un Éden embaumé, le voyageur sent vaguement qu'il lui manque quelque chose : ce besoin se précise, il cherche des yeux, en dehors de ces Boro-Boudor abandonnés et en ruine, un clocher, un dôme, une coupole, un temple enfin qui, sous une forme quelconque, atteste qu'on pense à Dieu dans le pays le plus comblé de ses dons. Mais cette douce satisfaction lui est refusée. Très-rares dans les grandes villes, les édifices destinés au culte manquent totalement dans l'intérieur!

Se contentant, dans un pays de 14,000,000 d'âmes, de 47 écoles où est élevé le nombre minime de moins de 2,000 enfants indigènes, le Gouvernement a strictement interdit aux missionnaires toute propagande de foi religieuse et vigoureusement repoussé toute tentative d'instruction ou d'école qui pourrait élever parmi tant de millions d'Indigènes le niveau des intelligences. Donc, dans l'intérieur de l'île, bien peu, bien peu d'écoles! et point d'églises! L'État veut-il donc faire de l'ignorance publique son plus sûr moyen de domination, et mettre de propos délibéré la lumière sous le boisseau? Est-ce parce qu'il sent que, le jour où le christianisme aura soustrait le Javanais à l'absolutisme du prêtre musulman, et où l'instruction l'aura rendu supérieur au Régent énervé dans son harem, il n'aura plus un pareil moyen d'extorsions lucratives sur des populations éclairées, et perdra ainsi, avec les sources de ses revenus, les agents du travail forcé dont le rôle immoral ne devrait jamais être tracé par la colonisation européenne? Mais faire rendre le plus possible à ses colonies ne semble-t-il pas être la plus grande, sinon l'unique préoccupation du système colonial? Depuis le temps où, pour maintenir l'élévation des prix, il ravageait sur place par le fer et par le feu les arbres à épices, et détruisait pour des millions de denrées précieuses, il a fait du chemin assurément; mais on peut dire cependant qu'il est encore une image, bien affaiblie, il est vrai, de ce vandalisme commercial, et qu'il a les erreurs comme les abus inséparables des monopoles!

Mais il faut espérer que la transition ne se fera pas attendre, et que, sans secousses violentes, à cette féodalité qui coupe bien des ailes et étouffe bien des illusions, se substituera l'idée moderne de développement, d'élévation et de vie! Et ce serait si facile avec un personnel qui, dévoué corps et âme à son pays, subit plus qu'il n'aime la pression qu'il exerce lui-même sur les Javanais, et qui les guiderait avec une si noble ardeur de la nuit intellectuelle et morale au domaine élargi de la liberté, de la civilisation et du christianisme.

Ah! ce que j'aimerais, ce que je voudrais pour Java, c'est que, dans ces belles campagnes, ces hommes robustes travaillassent pour eux et leurs familles, et non pour le trésor de la métropole; qu'ils pussent s'enrichir, s'ils sont actifs; s'élever au-dessus du niveau commun, s'ils sont intelligents; et récolter pour eux, puisqu'ils ont semé! Ce que je souhaiterais avec passion pour Java, c'est que l'État cessât d'y être cultivateur et marchand, d'y protéger une religion qui abaisse, dont il paye les ministres cupides; d'en écarter par système ou par peur une doctrine pure et désintéressée qui élève; d'y maintenir l'arbitraire d'une noblesse vendue qu'il exploite, et d'avoir des gendarmes et non des colons! qu'il cessât de ne rien permettre à l'initiative de l'Européen; de se baser sur la prestation personnelle à outrance pour emplir les coffres de la Haye; de gouverner entièrement à l'asiatique une colonie au dix-neuvième siècle; et d'être, du lever du soleil à son coucher, le sultan nouveau, avide et multiple, de tout un peuple travailleur capable d'être libre, mais serf par ignorance! Oui, il ne devrait envahir ce pays que pour y répandre les bienfaits du christianisme, du progrès matériel et moral, et non pour y répéter ce vieil adage : *Sic vos non vobis!*

Que pourtant une ère nouvelle vienne s'ouvrir ici pour les colons européens et pour les travailleurs indigènes; que les uns avec les machines à vapeur et le che-

Les radeaux de bambou furent entraînés comme une avalanche par les cataractes du torrent. (*Voir p.* 427.)

min de fer, ouvrant peut-être davantage l'intérieur que de timides théories, les autres avec leurs bras puissants et leur amour pour la glèbe, concourent à arracher à cette terre d'une beauté bienfaisante les trésors qui les enrichiront tous deux, si la liberté, et non la *corvée*, préside à leurs travaux. Déjà nous avons vu des hommes pleins du feu sacré de la justice et du devoir réclamer pour la race conquise et exploitée sa part sous le soleil de notre siècle; qu'ils sachent combien le cœur du voyageur a battu d'émotion, quand ils lui disaient leur façon d'envisager les droits et les devoirs d'une métropole; et le « Sursum corda » qu'il leur adresse du fond de l'âme les touchera peut-être, et leur sera un rafraîchissement dans l'ardeur de la lutte qu'ils ont entreprise!

VII

SOUVENIRS ET RÉCITS

Le héros de Bornéo. — L'arsenal d'Onrust. — Un Chinois de moins. — Un rhinocéros au club. — Fêtes de nuit dans le palais du Résident de Batavia.

Rentrée à Batavia, 13 décembre.

Nous arrivions ici hier au soir, après avoir touché successivement aux ports de Pekalongan, Tagal et Chéribon : cette

Les Malaises viennent demander un héritier au Génie de la pièce. (*Voir p.* 431.)

navigation côtière avait cela de charmant qu'elle nous faisait revoir dans son ensemble l'île que nous venions de parcourir. Nous reconnaissions un à un les cols que nous avions franchis, les volcans que nous avions contournés, et les fleuves que nous avions traversés sur des pirogues : les teintes roses de l'aurore, bleuâtres à midi, pourpres le soir, alternaient sur les silhouettes et sur les gorges de ce paradis terrestre, bien visité pendant trente-trois jours, et bien entier dans nos souvenirs. En doublant pour la seconde fois la pointe de Krawang, je repassais en ma mémoire tout ce qui m'avait le plus frappé depuis le jour où je l'avais aperçue du pont du *Héro*, et certes la chasse aux rhinocéros, les bayadères et les réceptions des Sultans me paraissent déjà des rêves!

Au moment même où nous mouillions dans la rade, le *Boyor*, aviso royal envoyé tout exprès pour le Prince par l'aimable Résident, nous accostait adroitement, et à la nuit tombante nous rentrions dans la ville que j'avais tant admirée la première fois. Mon impression est encore la même : les blanches colonnades s'élevant comme dans un bois sacré, les portiques éclairés au fond des jardins de la Babylone du Sud, les canaux qui reflètent les tremblantes lueurs de la pleine lune, la foule animée qui court sous les berceaux de palmiers, m'enchantent comme au premier jour. Avant même d'aller chercher nos lettres d'Europe, nous allons directement du quai chez M. Van Delden, afin de le remercier du fond du cœur pour notre merveilleux voyage, qui est véritablement son œuvre : c'est à ses plans, aux lettres qu'il avait écrites d'avance à tous ceux qui nous reçurent, que nous devons toutes les facilités, les amabilités et les féeries de notre course rapide.

Il me semble maintenant que je suis un nabab colonial, car je parle javanais et j'en suis bien fier! Quand je demande de l'eau et de la glace, les serviteurs en robe rouge ne m'apportent plus comme autrefois un bain de pieds bouillant, ou un tire-botte! La promenade perpétuelle de ma galerie à la piscine de marbre m'offre les mêmes délices, et, revêtu de la « cabaya » et du pantalon mauresque, je savoure les piments et les karis qui donnent la santé sous les tropiques.

Aujourd'hui nos petits poneys galopeurs nous firent de nouveau parcourir les longues avenues qui mènent aux glacis de la citadelle, et nous descendîmes au chalet historié et enluminé du peintre Rahden-Saleh (*voir la gravure, p.* 428), qui a passé nombre d'années dans les cours de l'Europe, courant d'aventure en aventure. N'est-ce point pour lui qu'une miss anglaise s'est empoisonnée? N'est-ce point lui qui a servi de type à Eugène Sue dans les *Mystères de Paris?* Il est l'original architecte de sa demeure (*voir la gravure, p.* 429), qu'il a peinte en rose tendre; elle est ombragée de tamariniers et de flamboyants, et donne sur les enclos du jardin botanique, où gambadent les panthères noires et les tigres royaux : ce sont les modèles qui lui servent pour ses tableaux, dans lesquels il excelle à rendre les brillants effets de la nature des tropiques. Il parle un peu le français, et très-bien l'allemand : « Ah! nous disait-il dans cette dernière langue, je ne rêve plus qu'à l'Europe; car là on est si ébloui qu'on n'a pas le temps de penser à la mort! » Singulier contraste que celui d'entendre cet homme de couleur, en veste verte et en turban rouge, armé d'un kriss et d'une palette, parler, dans la langue de Gœthe, de l'art français, des beautés anglaises, des souvenirs curieux de sa vie européenne!

Ce qui nous a bien sincèrement charmés, c'est la soirée d'aujourd'hui, passée chez M. Van Delden, qui a réuni quelques-uns des types les plus sympathiques de l'armée et de la marine des Indes. Il y avait parmi ces belles figures militaires marquées du soleil de la Ligne, le colonel Verspick. Mais ce nom est inutile : — quand vous aurez dit en Hollande ou dans Java « le héros de Bornéo », tout le monde saura que c'est de lui que vous voulez parler. — Soldat aussi simple dans ses manières et ses paroles que martial et imposant par le regard, affaibli par les fièvres pestilentielles, et paraissant rêveur au premier abord, il devient bouillant et passionné quand il raconte. Déjà loin du temps de son premier débarquement à Java, où, grâce au jupon pareil que portent les hommes et les femmes, il donnait la chasse aux Malaises les prenant pour des Malais, il arrive de la dernière guerre de Bornéo et ramène sans trop de pertes ses troupes triomphantes. On respire à l'entendre tout le délire de la victoire!

L'ennemi, fort de quinze cents hommes, s'était fait poursuivre à travers le marécage et la jongle de la partie la plus sauvage de l'île. Verspick n'a que deux cent quarante soldats et quatre cents coulies : il a résolu de tout risquer, mais d'arriver à un coup décisif : il sait l'ennemi concentré dans une position forte qu'il semble impossible d'atteindre sans longer un gros torrent par des défilés où l'attendent une défaite et une mort certaines : une forêt vierge impénétrable, montagneuse, large de soixante-dix milles, s'étend entre les Blancs et les « Chasseurs de têtes ». Cependant, durant vingt-quatre jours et vingt-quatre nuits, la courageuse colonne, travaillant sans relâche sous une pluie torrentielle, s'ouvrant à la hache la route au travers du fourré, réduite à quelques poignées de riz par homme, ne se soutenant que par la quinine, s'est avancée jusqu'au camp de l'ennemi, sans allumer un feu qui pût la trahir, sans proférer une parole ou un murmure. Elle tombe sur lui à l'improviste, comme un serpent qui a rampé silencieusement dans le fourré, et après une bataille de treize heures, la victoire est complète. Le sang des Blancs tués traîtreusement sur ce même fleuve est vengé, la domination hollandaise assurée, et les « Chasseurs de têtes » arrêtés dans leurs affreux massacres. Verspick met sa petite armée, quatre cents prisonniers, des otages et des trophées, sur dix-huit radeaux de bambou qui, entraînés comme une avalanche (*voir la gravure, p.* 424) par les cataractes du torrent, descendent en un jour et une nuit les cent lieues de ces gorges profondes. Les vedettes des pirates qui les ont en vain attendus sur les roches escarpées, s'enfuient avec surprise en voyant leurs chefs dans les chaînes, entassés à côté des soldats victorieux sur cette flotte de bambou, convulsivement secouée et entraînée par les eaux.

A la nuit tombante, le colonel veut s'arrêter : impossible! le courant brise les premières amarres que l'on essaye de jeter; et, par un bonheur inouï, l'aventureuse cohorte, tantôt heurtée contre des troncs d'arbres, tantôt flottant au hasard entre des roches, serpente pendant toute cette nuit obscure dans les farouches parages où elle entend les miaulants rugissements des tigres. Au lever du soleil, elle est en mer et recueillie sur la barre par la flotte hollandaise qui garde l'entrée du fleuve. Cette hardiesse, cet entrain fougueux qui font tenter les entreprises les plus folles et que la fortune a jusqu'ici couronnées du succès le plus inespéré, voilà ce qui a fait du colonel Verspick non-seulement un brave officier au-dessus de l'envie, mais le héros des expéditions intertropicales! Vraiment c'est la plus sincère joie d'un grand voyage d'apprendre à connaître les hommes illustres que presque toute l'Europe ignore, et ces glorieux souvenirs, joints à ceux des campagnes étranges de Macassar, de Sumatra et de Timor, présents

Rahden-Saleh. (*Voir p.* 426.)

à tous les esprits, laissent dans l'air je ne sais quelle odeur de poudre et d'héroïsme qui nous enflamme.

14 décembre.

L'événement du jour est l'arrivée d'une frégate russe, le *Variag*, venant du fleuve Amour. Les matelots, de taille gigantesque, portant moustaches et vêtus de noir verdâtre, causent un grand étonnement dans la population malaise. Dès ce matin, il y en avait plus de trois cents couchés ivres-morts le long du quai et réveillés gaillardement par le knout des quartiers-maîtres en fureur.

A six heures, le *Boyor* est sous vapeur et il nous porte à huit milles en rade, à l'établissement maritime d'Onrust; cette petite île est un banc de corail que l'on a assaini autant que possible, en opposant une barrière à la mer dans le Nord-Ouest. — Autrefois c'était un épouvantable foyer d'infection, dû aux évaporations madréporiques des coins inoccupés; aujourd'hui, il n'est pas un mètre de terrain dont la main de l'homme n'ait tiré parti, et les ouvriers avec leurs familles y forment une population de douze cents âmes.

Nous étions guidés par l'aide de camp de l'amiral, M. de Holmberg, par le capitaine de frégate Van Benneken, directeur d'Onrust, et par une quinzaine d'officiers de marine, tous parlant à merveille le français et empreints d'une frappante distinction. Le Prince avait remis son uniforme, qui, après avoir bien servi dans les croisières, était inactif depuis dix mois; il était ravi de se trouver au milieu d'hommes du métier, si sympathiques et si intéressants. Les anciens, l'amiral surtout, lui rappelaient, avec une verve toute française, mille incidents du temps où ils avaient navigué dans les mêmes mers que le Prince de Joinville; aussi les heures s'écoulèrent-elles bien vite.

Chalet de Rahden-Saleh, à Batavia. (*Voir p.* 426.)

Le grand arsenal de la marine coloniale est à Sourabaya : Onrust ne vient qu'en seconde ligne; pourtant nous avons eu à visiter des ateliers bien tenus, des machines à mâter, en tôle, du poids de cinquante-six tonneaux, des chantiers où étaient en construction des bricks, cotres et chaloupes, et un dock flottant de soixante-dix mètres de long, en bois de teck de toute beauté, parfaitement étanche. Il y avait dans ce dock un trois-mâts qui avait évolué moins vite que notre *Hero* sur le récif de Claremont : pris par un typhon, il avait touché près d'ici sur des coraux, où il s'était embroché comme une pomme verte sur un hérisson; il était parvenu à déraper en emportant les énormes morceaux de madrépores qui lui perçaient les flancs et qui, heureusement, y étaient si bien fichés, qu'ils bouchaient hermétiquement les trous formés par eux.

Nous avons fait sur le *Boyor* cent évolutions en passant toujours « à l'honneur », et nous avons successivement visité trois corvettes : l'*Ardjœnoer*, sous vapeur, qui partait pour Singapore où elle va attendre le nouveau Gouverneur général ; le *Zoutman*, de seize, qui sort du dock et part pour l'Europe, et la magnifique *Metalen Kruis*, commandée par le colonel de marine Palm. — Le mot « colonel de marine », officiel en hollandais, nous a fort étonnés. — Cette corvette, de soixante-sept mètres de long et de deux cent cinquante chevaux nominaux, a son complet de deux cent vingt hommes et porte dix-huit mois de vivres. Nous avons visité depuis A jusqu'à Z ces beaux navires, bien assis sur l'eau, armés de pièces de trente-deux et de caronades rayées. Ce qui est indescriptible, c'est l'ordre, la tenue, la bonne mine et surtout la *classique* et minutieuse propreté hollandaise, que nous avons admirée jusque dans les replis de la cale.

Épuisés par un soleil dévorant, nous terminâmes notre course dans la grande salle du commandant d'Onrust, où les rafraîchissements doublèrent la gaieté et la bonne humeur : on aurait pu se croire dans le carré d'un bâtiment, tant abondaient les histoires maritimes ! En voici une du bon vieux temps, qui a, ce me semble, un certain cachet colonial : il y avait en rade de Batavia une frégate française dont les officiers, après une dure campagne, aimaient bien à venir rire à terre. Un soir, aspirants et enseignes menaient joyeuse vie sous une tonnelle de la vieille ville ; et en buvant, « en avalant beaucoup d'enfants de chœur », comme disent les matelots, les têtes s'échauffèrent un peu trop. Un Chinois de l'établissement fit d'arrogantes observations, et un aspirant, brandissant une chaise, la cassa sur la tête du Chinois, et cassa la tête du même coup. Le « Celestial » tomba roide mort. — Ceci jette un froid dans la fête ; on revient tout penaud au canot-major et à la frégate, craignant une demande formidable de réparation de la part du Gouvernement hollandais, une dégradation, une affaire d'État enfin. Dès l'aube, le commandant fait armer la baleinière et part avec le coupable involontaire pour le palais gouvernemental : il s'avance avec une tristesse vraie, une consternation officielle, jusqu'à l'arbitre souverain des Indes, et lui expose avec une lugubre componction la catastrophe de la veille. — « Eh ! mon Dieu, mon » cher commandant, répond le Gouver- » neur du ton le plus doux et le plus en- » joué, remettez-vous : un Chinois de » plus ou de moins ! que voulez-vous que » cela me fasse ? Le Céleste Empire en a » quatre cents millions pour le rempla- » cer ! » Comme nos officiers insistaient, le Gouverneur leur fit presque des excuses pour le Chinois qu'ils lui avaient tué ! Vous devinez si la baleinière revint légèrement à la frégate.

Mais les aspirants ne sont pas les seuls qui fassent du bruit dans la capitale des colonies néerlandaises. Il y a, non loin de notre hôtel, un jardin splendide qui entoure le « Cercle de l'Harmonie », Jockey-Club de céans. Rien de grandiose comme ses péristyles de marbre, ses balcons à l'italienne, ses glaces immenses, qui se renvoient mille fois la perspective des blanches colonnades. Un de nos compagnons de la course d'Onrust, M. Cézard (de la grande maison de commerce de Nantes), avait eu le bonheur de faire arracher par les Indigènes un rhinocéros de deux jours aux mamelles de sa mère, et de l'apprivoiser : cet animal était le plus bel ornement d'un enclos du jardin; mais un beau jour, devenu adulte, il renversa la palissade et fit une charge à fond contre les glaces du cercle, où il voulait briser son image, et une galopade monstre à travers les salons de lecture et la salle à manger, qui sont au rez-de-chaussée. Il y eut pour bien des milliers de francs de dégât, et l'effroi dut être grand parmi les cinquante et quelques tableaux alignés qui représentent les Gouverneurs généraux des Indes depuis 1601 jusqu'à nos jours.

Nous revînmes d'Onrust par une forte houle de l'Ouest, en saluant six tours disposées sur les îles de corail environnantes, pour la défense de la rade, et le *Prince Alexandre,* une frégate antique et vermoulue qui accuse les formes cambrées des constructions d'autrefois. Les pirogues légères se jouaient comme des poissons volants sur des lames qui auraient dû vingt fois les engloutir. En faisant le trajet de terre, nous vîmes un canon sacré, que les Indiens vénèrent, disant qu'il a été amené par une marée extraordinaire jusqu'à ce point, qui est à trois kilomètres du rivage. La culasse de bronze représente une main avec le pouce entre l'index et le grand doigt : des processions de Malaises l'entourent, de l'encens, des corbeilles éblouissantes de fleurs et de fruits lui sont offerts, on y coupe la tête des coqs de combat. On nous explique que les Malaises viennent régler leurs comptes avec le génie tutélaire de la pièce, et lui demander un héritier : — que le dieu-canon exauce leurs prières! (*Voir la gravure*, p. 425.)

15 décembre.

Pour notre dernier jour à Batavia, le Résident, M. Hoogeveen, réunit les notabilités de la capitale, et nous donne un grand dîner gala de quatre-vingt-dix couverts. C'est le festin le plus fin et le plus abondant que pourrait désirer le plus difficile des gourmets : les brillants uniformes des convives, les centaines de serviteurs indiens en turbans rouges et en robes galonnées d'or, les corbeilles de fruits aux couleurs de pourpre ombragées de palmes blondes qui se penchent en berceau, les lumières que multiplient les cristaux, donnent un aspect magique à cette scène à la fois européenne et orientale. A la fin du repas, les « opas », gendarmes indigènes qui portent le sabre en sautoir et une grande plaque de cuivre en pleine poitrine, ouvrent à la foule les portes du jardin, et précèdent majestueusement le flot de six mille spectateurs vêtus, des reins jusqu'aux pieds, de rose, de vert, d'écarlate ou de bleu. Au signal donné, tous s'accroupissent; on aurait cru voir une vague multicolore envahir le jardin comme une berge, s'y ruer avec fracas, et retomber à terre dans le silence. Nous nous portons sur la véranda, et les « wagang goleg », marionnettes javanaises, commencent. — Ce sont des poupées de deux pieds de haut, sculptées en bois de fer, ce qui leur permet de s'entre-choquer avec violence : le jeu complet vaut plus de six cents roupies (1,200 francs). On a eu la bonté de m'expliquer la tragédie sacrée du Guignol indien : c'est l'histoire mythologique de Java, avec les mélanges les plus bizarres d'un ange Gabriel devenu amoureux de la mère d'Alexandre le Grand, lequel meurt dans un festin; mais son âme, passée dans le corps d'un crocodile qui croque une jeune fille, transmigre dans la tête d'un serpent qui est tué par une femme : il en résulte un Bouddah et deux ibis, objets de la plus grande adoration! C'est

On croirait que le fer du pieu s'enfonce dans les chairs. (*Voir p.* 435.)

un galimatias de conceptions qui n'est égalé que par le concert infernal des tam-tams, cymbales et grosses caisses. Puis voici un vieillard à la barbe blanche : la population se prosterne devant lui : c'est le prêtre musulman qui promène gravement sa bénédiction sur les Indigènes! Les enfants de chœur lui ap-

Indigènes de Mintock. (*Voir p.* 438.)

portent un grand nombre de « kedebous », sortes de toupies hautes de près de deux pieds et montées sur des pointes de fer fort aiguës; autour de la couronne, qui est une grosse boule de bois de fer, pendent des bouts de chaînes destinés par leur poids à accélérer le mouvement giratoire. Le prêtre marmotte sur ces pointes quelques prières mystérieuses, et aussitôt une bande de jeunes fanatiques se précipite à ses genoux; — chacun saisit un des « kedebous », plante la pointe sur sa poitrine, sur son épaule, et lui imprime de ses deux mains un rapide mouvement de rotation : on croirait que le fer du pieu s'enfonce dans les chairs comme un vilebrequin (*voir la gravure, p.* 432); quelques-uns même, pris de contorsions frénétiques, renversent la tête en arrière; et la lourde toupie, chaînettes au vent, tourne comme un tonton sur la peau tendue de leur cou nerveux. Par quel tour d'adresse, ou par quelle résistance à la douleur, près de cinquante de ces fervents se relèvent-ils devant nous sans être transpercés? Je l'ignore. — Un seul, rebelle peut-être à la superstition qui leur ôte tout sentiment du danger, se laisse faire un trou profond dans la poitrine par le « kedebou », que la vitesse acquise a fait entrer comme un tire-bouchon : le sang s'échappe abondamment! Avec un calme stoïque, et sans montrer aucune douleur, le fervent marche droit au prêtre, qui lui met un bouchon d'étoupe dans la plaie et cachette le tout avec un peu de salive.

Le prêtre prestidigitateur appelle alors des enfants de dix à douze ans environ, qui arrivent en rampant à ses pieds : il prend une botte d'aiguilles d'acier, longues de cinquante centimètres, et en enfonce une dans la figure de chacun d'eux. L'aiguille pénètre dans les chairs par le milieu d'une joue, et ressort par le milieu de l'autre : ils ouvrent leur bouche, qu'elle traverse, comme le ferait un mors, entre la langue et le palais. Ainsi embrochés de part en part, ils viennent en rang se montrer à nous; puis l'opérateur retire l'acier d'un coup sec, badigeonne les trous d'un coup de langue, et les enfants radieux ne portent aucune trace de cette acupuncture. Mais je vous assure que ce spectacle glace le sang. — Le dernier acte de cette fantasmagorie de fanatiques est joué par des « tjagogs », chanteuses chinoises à la figure peinte en jaune mat : et le tout finit comme *Polichinelle* ou *les mauvais ménages*. Des lutteurs nus s'administrent des coups redoublés de bâton et de massue, à la grande joie du peuple captivé qui raille les vaincus. Les combattants se portent des atteintes si terribles, grâce à leur vigueur musculaire, et se grisent tellement de leurs hurlements de délire, qu'il faut parfois que les gendarmes les séparent pour les empêcher de se tuer. Pendant tout ce temps, un orchestre enivré tape à tour de bras sur des tambours de bambou, et la foule enthousiaste se disperse sous les panaches illuminés des bananiers et des flamboyants : les feux de Bengale éclairent par intervalles les avenues aux touffes luxuriantes : il est une heure du matin, et dans cinq heures nous aurons dit adieu à Java!

VIII

SINGAPOUR

Le rendez-vous des malles de l'Orient et de l'Occident. — Population mélangée de Klings et de Bengalis, de Persans et de Chinois. — Une femme malabare. — Jardins de Wampoa. — Les fumeurs d'opium. — Création et progrès du Comptoir commercial et stratégique.

Singapour, 20 décembre.

Deux cent quarante lieues nous séparent de Batavia, mais nous sommes encore tout émus des adieux qu'il nous a

Un Mandour. (*Voir p.* 440.)

fallu faire sur le quai, il y a quatre jours. Malgré l'heure matinale, ils étaient tous venus, ceux qui avaient si bien reçu le Prince et qui nous avaient, pendant ce séjour, comblés d'amabilités; et le Résident, et le colonel Verspick, le lieutenant de Holmberg, M. Cézard, vingt autres, et surtout notre paternel ami M. Van Delden, sous le toit duquel nous nous étions trouvés comme dans notre famille, et dont le nom si sympathique, après avoir été notre firman le jour où nous entrions dans Java, est celui qui nous tient le plus au cœur à l'heure toujours triste du départ.

Nous avons eu une traversée assez dure : notre « Minister Franzen van de Putte » est beaucoup plus brillant en calme qu'en gros temps; les rafales ont ralenti sa marche d'une façon déplorable. Souvent nous n'avons fait que deux milles par heure, en luttant contre des

Une marchande malabare. (*Voir p.* 443.)

vents cochinchinois qui ont soulevé affreusement une mer jaunâtre et irrégulière : notre coquille de noix s'y débattait péniblement, entraînée par des courants violents qui serpentent entre les innombrables coraux : les saccades du ressac ont tout brisé à bord.

Nous avons repassé la Ligne, mais notre rentrée dans l'hémisphère nord a été saluée des plus désagréables coups de mer. Pourtant, bien souvent notre horizon était borné comme celui d'un lac, et notre route était tracée par des centaines de petites îles verdoyantes, échelonnées en chapelet. — Le « Nautical Directory » recommande fort de n'y point débarquer, et fait une grande classification pour indiquer les plages où l'on est seulement *tué*, et celles où l'on est *aussi* mangé : à vrai dire, je trouve la différence subtile, et la ressemblance terriblement désagréable pour le patient.

Nous avons passé par le détroit de Banka, et vu tantôt les côtes basses et marécageuses de Sumatra, tantôt les hauteurs volcaniques de l'archipel de Bornéo. — Deux fois nous avons mouillé : à Mintock et à Rhio, dans de petites anses toutes sauvages, où la verdure la plus vive est baignée par la mer. Selon notre habitude, nous avons pris un canot et gagné la terre, ne fût-ce que pour y passer une heure. Je ne vous cache point que nous fûmes peu tentés d'y demeurer davantage, étant donné l'aspect guerrier des habitants que nous aperçûmes. Les insulaires, en effet, étaient armés plutôt que vêtus, et leur peau, plus foncée que celle des Javanais, donnait à leur ensemble guerrier quelque chose de farouche. Aussi était-il prudent de ne faire que de courts séjours à terre, où les plus apprivoisés, qui semblent toujours guetter une proie, ont l'œil du traître et les dents du mangeur d'hommes. (*Voir la gravure, p.* 433.)

En regard de ces types de pirates, imaginez-vous que nous avions à bord un jeune troubadour néerlandais, semi-albinos, à cheveux flottants en boucles, à figure de spectre et à voix tonnante. Chaque soir, après son absinthe, il chaussait le cothurne tragique, et, errant sur le pont, il récitait prophétiquement ses alexandrins avec des exclamations et une déclamation qui cherchaient à dominer le bruit des vagues mugissantes. Ces vagues effrayaient d'autre part une pauvre dame française, voyageant seule avec son chat : dans son expansion précipitée de cœur et d'estomac, elle nous demandait s'il était bien vrai que « nous n'allions point boire à la grande tasse », et, comme pour faire son testament, elle nous racontait ses catastrophes financières et romanesques dans des récits entrecoupés de litanies et de maux de cœur.

Enfin, ce matin, nous doublions le Pan Reef, où. coula, il y a dix-huit mois, en plein midi, le vapeur *l'Hydaspe*, et nous jetions l'ancre dans la rade de Singapour. — C'était la première fois depuis huit mois qu'il nous était donné de voir des navires portant à la poupe le drapeau tricolore. Des centaines de « sampangs », montés par des Malais, des Africains ou des Arabes, nous accostèrent, et des rameurs vêtus d'un simple langoutis, mais ornés de bagues aux mains et aux doigts des pieds, nous conduisirent à terre. En débarquant nous ne vîmes d'abord que des chevaux pur sang, un « cricket-ground » où des gentlemen se renvoyaient la balle, et un clocher d'église. Ces trois signes indiquaient toute une Angleterre en miniature.

Singapour, 5 janvier 1867.

Voilà quinze jours que nous sommes immobiles dans cet îlot de quelques kilomètres carrés, distant de quelques lieues seulement de la Ligne. Après notre belle activité d'Australie et de Java, je ne puis que m'appliquer cette vieille devise allemande : *Raste ich, roste ich!* « Dès que je m'arrête, je me rouille. » Tout désorientés et étonnés de ce repos forcé, nous attendons avec impatience une occasion pour aller dans le curieux royaume de Siam. Nous avions d'abord pensé prendre quelque barque à voiles, et nous étions même entrés en pourparlers avec un brick français disponible; mais nous sommes au plus fort de la mousson nord-est, et il faudrait une vingtaine de jours pour faire contre vents et marée cette traversée dangereuse. On nous promet tous les jours un certain vapeur capricieux, appartenant à un armateur chinois, naviguant sous pavillon de Siam, et commandé par un aventurier anglais. — Impossible de savoir quand il apparaîtra, et quand il nous enlèvera de cette chaude prison !

Singapour est la guérite de faction entre l'océan Indien et les mers de Chine ; tous les navires à voiles et les paquebots qui suivent en foule cette ligne d'omnibus entre l'Europe et l'extrême Orient y font escale, et lui donnent une animation extraordinaire. En un seul jour, trois steamers ont débarqué plusieurs centaines de passagers qui ont envahi l'hôtel de l'Europe.

Les uns viennent de Paris et de Londres par l'Égypte : ce sont, entre autres, six officiers et douze sous-officiers de notre armée, destinés à former et à instruire des régiments japonais. Le reste de cette colonne, qui vient de l'Ouest, a encore tout le cachet continental. Frais éclos du boulevard et de la Cité, mis et déposés sur les Messageries impériales en train express de Paris pour la Chine, comme une enveloppe dans une boîte aux lettres, ces voyageurs étiquetés ont encore les habits élégants et peu pratiques, les nœuds de cravate irréprochables et les faux cols roides de l'Europe. Les autres venant de Yokohama, de Hong-Kong et de Saïgon, ont au plus haut point la teinte coloniale, sous des chapeaux-cloches à melon en écorce d'aloès, et dans des vêtements flottants de crêpe de Chine. Il y a parmi eux un convoi de vingt jeunes Japonais que leur gouvernement envoie aux colléges de France et d'Angleterre. Ils n'ont encore pris de nos mœurs que la redingote noire ; elle cache deux longs sabres, et les rend fort gauches dans ce premier essai.

Mais n'y a-t-il pas quelque chose de curieux dans cette rencontre des deux grandes missions de l'Orient et de l'Occident, envoyées dans le même but, et se donnant la main à mi-route ?

La malle espagnole de Manille ne manque pas au rendez-vous, et déverse de maigres et pâles habitants des Philippines ; ils débarquent d'une traversée de douze jours en bottes vernies et en éperons, et reflètent les rayons du soleil, grâce à l'abondance des galons dorés de leurs uniformes. Aussi la table d'hôte, dressée dans une longue galerie où se réunissent tant d'éléments divers, offre-t-elle l'aspect le plus animé et rend-elle les sons les plus polyglottes ; des domestiques chinois vêtus de blanc, et de jaunâtres Malais presque nus, passent les plats autour de la table où les nationalités des convives feraient un habit d'arlequin ; tout le monde parle à la fois de toutes les villes de la terre, depuis le fleuve Amour jusqu'au cap Oomooroomoon, ces deux extrêmes de la *géographie* et du langage usuel ; rien n'est plus comique, plus gai et plus intéressant que ce mouvement cosmopolite !

Si le quai est encombré de promeneurs aussi variés, et reproduit passagèrement l'image réduite, mais conséquente, d'une rade où flottent tous les pavillons du globe; où hier il y avait 96 gros navires et aujourd'hui 110, la ville même de Singapour, au point de vue de sa population assise, est une véritable tour de Babel : 14,000 Malais, 60,000 Chinois, 13,000 Indiens, Malabars, Klings et Bengalis, et 6,000 Arabes et Persans, y sont réunis. Chacune de ces races comporte à elle seule cinq ou six variétés de castes différentes d'origine, et la ville semble être une marqueterie bariolée, où les rues, habitées par les membres d'une même tribu, devraient porter les noms de Bornéo, Pékin, Dehli, Bénarès, Coromandel, Sinaï et Téhéran. Au centre, 5 à 6,000 Européens ont leurs comptoirs, et des arcades forment le « Commercial square » autour d'un bassin boueux. En dehors des transactions ordinaires de riz, de café et de cotonnades, il y a là bon nombre de marchands moins pacifiques, qui vendent des arquebuses, des carabines et des canons. Il paraît que les pirates malais et chinois sont d'excellents clients pour ces industriels. Histoire de gros bénéfices sur une pacotille d'engins de guerre, et de bonnes chasses préparées pour nos divisions navales.

Je connaissais les Malais, et leur quartier m'intéressait peu : je passe les Chinois, que je dois voir à l'aise dans leur Céleste Empire; les Bengalis, les Malabares et les Arabes m'attiraient forcément dans leurs cabanes bizarres, et j'y cherchais les reflets des pays qui ne sont pas sur ma route. Les premiers ont la démarche grave et majestueuse, les traits réguliers, l'air martial, de grandes moustaches et des yeux superbes. Dans chacun d'eux on croirait voir un radjah de la vallée de Cachemire, sous un haut turban vingt fois enroulé de cotonnade rouge; une toge blanche leur tombe jusqu'aux genoux; après quoi reparaît la jambe couleur de bronze. C'est dans leur race que sont choisis les beaux « mandours », sorte de gendarmes factotums qui précèdent les Blancs pour les faire respecter. (*Voir la gravure, p.* 436.)

Licteurs impitoyables, ils promènent sur la foule des regards hautains, et exercent une justice sommaire qui a un inexprimable cachet asiatique. Dans la première demi-heure qui suivit notre débarquement, une vingtaine de coulies qui avaient transporté nos bagages dans leurs pirogues venaient réclamer leur salaire. Les deux fiers mandours à écharpe rouge, qui gardent l'entrée de notre jardin, les croyant déjà payés, se sont rués sur eux et les ont criblés de coups de courbache qui résonnaient affreusement sur leurs torses nus. Plus les malheureux se sauvaient, plus les mandours redoublaient de vigueur. Accourant en toute hâte, j'ai eu toutes les peines du monde à faire comprendre à nos zélés trésoriers-payeurs que nous voulions donner aux coulies une autre monnaie que celle des coups de bâton.

Les femmes malabares sont très-noires, mais pleines d'originalité avec leurs anneaux d'or dans les narines, les lèvres et les cartilages des oreilles : je ne sais quoi de vaporeux s'échappe de leurs yeux hagards; elles sont gracieuses par nature, mais altières et farouches; après le coucher du soleil, elles mettent dans leurs cheveux d'ébène des épingles soutenant des globules de verre, où sont enfermées d'étincelantes lucioles. Quand simplement drapées en Romaines antiques,

Ces voitures tiennent du corricolo de Naples et du char himalayen. (*Voir p.* 443.)

avec des étoffes blanches qui font ressortir leur visage d'onyx, elles marchent le soir sous les voûtes naturelles des bananiers, leur auréole légère promène au sein des ombres sa lumière voltigeante, et leur silhouette fugitive semble une apparition! Pauvres femmes d'une race rêveuse, elles semblent exilées ici, et ne vivent que du produit de travaux qui leur ont coûté des années. (*Voir la gravure, p.* 437.)

Une d'elles me vendit un coffret de sandal, recouvert d'une mosaïque d'ivoire, de nickel et d'argent, que je trouvai charmant; je ne sais si, nouvelle Pandore, elle craignait que ce coffret ne me devînt cause de quelque douleur : car, s'inspirant sans doute d'une coutume asiatique, elle y enferma les lucioles papillonnantes qui illuminaient sa chevelure, puis elle les laissa s'envoler dans la nuit. N'est-ce pas l'image de tant d'illusions brillantes qui ne font que paraître et s'évanouir, et qu'on regretterait avec tant d'amertume, si elles ne laissaient l'Espérance?...

A côté des jardins et des huttes des Malabars, sont les « campongs » des Arabes, dont les belles figures prêteraient à de saisissants tableaux. Leur commerce de peaux de tigre et d'articles de Paris les enrichit assez pour leur fournir de somptueux vêtements, et ils semblent les plus riches de ces parages. Nous nous promenons avec plaisir dans les rues animées de ce camp oriental, où les uniformes anglais des cipayes et des artilleurs contrastent étrangement. Comme il n'est pas décent d'aller à pied devant les Indigènes, nous prenons quelquefois un des innombrables véhicules qui sont toujours aux ordres des Blancs dans les villes tropicales. Il y en a des formes les plus variées : les unes sont des cages de bois léger, des boîtes fermées, sans fenêtre, et dont toute la partie supérieure est en persiennes; un double toit peint en blanc les protége contre l'ardeur du soleil; elles sont traînées par de malheureux petits poneys des Célèbes; et, comme il n'y a pas de siége, les deux petits Indiens rieurs qui servent de cochers trottinent à pied à côté du cheval; l'un tient les rênes, l'autre le fouet; s'ils ont la note criarde et fort haute, un bruit de ferraille sert de basse. Leur livrée est des plus simples; c'est un ruban de quatre à cinq centimètres de large, noué aux reins; quand ils se sentent fatigués, ils viennent se reposer sur le brancard, en nous montrant leurs dents blanches et leur tête rasée, joli monticule giboyeux avec une remise au sommet; c'est une petite touffe crépue par laquelle le Prophète doit plus tard les enlever jusqu'au ciel. Les autres — et les plus originales — servent plutôt à la population indigène, et ont gardé tout le cachet indien; elles tiennent du corricolo de Naples et du char himalayen : le propriétaire se ferait plutôt chrétien que d'avoir un attelage appareillé. (*Voir la gravure, p.* 441.)

Nous allons ainsi respirer dans les environs de la ville, bien peu pittoresques pour ceux qui ont vu Java! C'est de la jongle avec des cocotiers, sous lesquels s'abritent des cases misérables : tantôt notre course se dirige vers New-Harbour, où nous visitons le *Donnaï*, magnifique navire des Messageries impériales, tantôt vers les points culminants de l'île, d'où nous apercevons le détroit qui nous sépare du continent de l'Asie, et les possessions du Toumongong de Djohore.

Mais, au fond, il n'y a rien à voir, rien à tenter autour de notre prison, et la chaleur nous y abat sans merci.

Seules nos soirées s'écoulent avec charme, soit au palais du Gouvernement, où nous invite le colonel Cavenagh, qui est un héros de la dernière guerre des Indes, et qui y a perdu une jambe; soit dans les jardins qui ombragent l'église catholique, où Monseigneur Beurel et le Père Patriat nous racontent avec une simplicité admirable l'histoire émouvante des martyrs des Missions de Malacca, de Bornéo et du Cambodje. Établi depuis quarante ans à Singapour, l'évêque y a construit de ses mains une charmante église, et il se loue beaucoup des protestants de l'île, qui l'ont aidé de grosses sommes d'argent. Comme je lui demandais son impression sur Java, qu'il avait sûrement dû voir : « Toutes les fois, me dit-il, que j'ai écrit au Gouverneur général des Indes néerlandaises, pour lui demander la permission de faire ce voyage, il m'a répondu une lettre autographe dans laquelle il m'invitait à demeurer dans son palais de Buitenzorg, et m'assurait le traitement le plus cordial et le plus honorifique; mais c'était à la condition pourtant que je ne pourrais circuler dans l'île, et que je devrais m'abstenir de toute tentative de propagande religieuse; j'ai préféré m'abstenir, n'ayant pas à voyager pour d'autres devoirs que celui du sacerdoce. » Cette conversation me confirma dans mon opinion sur la restriction systématique du Gouvernement colonial en matière de religion.

Le dimanche, nous trouvons l'église remplie de Chinois et d'hommes de couleur. Ils chantent tous les litanies en langue chinoise, avec une série de tsing-tching-tsang-hong-king-sing, sur un air sautillant qui exciterait le fou rire, n'était la sainteté du lieu. Vu la diversité d'origine de l'auditoire, le savant prêtre est obligé de prêcher successivement en cinq langues différentes : chinois, malais, malabar, pigeon-english et anglais.

La seule curiosité de Singapour est le jardin d'un millionnaire chinois, arrivé ici misérable dans sa jeunesse, et devenu, grâce à son intelligence, le fournisseur des compagnies de vapeurs anglaises et françaises, des navires de guerre, et de toutes les grandes entreprises. Il s'appelle Wam-Poa. Ses salons sont bâtis sur pilotis au-dessus de petits lacs artificiels pleins de poissons rouges, et dans plusieurs kiosques enluminés sont étalés des objets d'art superbes, venus du Céleste Empire. Le jardin est une sorte de ménagerie morte : imaginez des carcasses, faites de fil de fer, et représentant des crocodiles, des dragons, des canards, des dauphins, des chiens et des éléphants; des plantes grimpantes, grasses et touffues, moussues et enguirlandées, y croissent en un tissu multicolore, et les ciseaux les coupent dès qu'elles dépassent leur cage contournée; de là, sur le gazon, des animaux en verdure et en fleurs, admirablement imités. — Puis viennent des arbres travaillés, tondus et artificiellement torturés, représentant ou des monstres ou des corbeilles.

Wam-Poa a aussi une ménagerie vivante, où il a entre autres de magnifiques sujets de l'espèce porcine, portant une véritable crinière, et gardés par un porcher qui n'est autre qu'un beau singe noir. Il aime autant les orchidées que les dollars, et ce n'est pas peu dire pour un « Celestial ».

Je dois ici rendre justice aux Chinois qu'exporte leur patrie, et dont l'importation a paru nuisible aux gouvernements australien et hollandais. A Singapour,

Ces moribonds se délectaient dans les pamoisons enivrantes que donne l'opium. (*Voir p.* 447.)

ville de transit par excellence, où les cinq à six cents Européens sont presque tous banquiers ou expéditeurs, ce sont les Chinois, au nombre de plusieurs milliers, qui leur servent de commis. Toutes les fois que j'allais chez Guthrie and C° faire couper un petit morceau de notre lettre de crédit, je me trouvais en face de vingt.

cinq clercs du Céleste Empire, en veston blanc, la plume glissée entre l'oreille et le crâne; ils parlaient l'anglais d'une façon fort compréhensible, faisaient passer la lettre par toutes les formalités voulues, et écrivaient en anglais leurs interminables additions, le tout sans une erreur, avec une politesse exquise et une merveilleuse entente du négoce. Très-certainement ils sont ici les auxiliaires puissants et souverainement utiles d'un entrepôt commercial de premier ordre. Non-seulement comme commis d'écriture, mais encore comme maîtres d'équipe et subrécargues, ils rendent les plus louables services, et la division du travail, appliquée grâce à eux, imprime un mouvement inouï à l'activité économique de Singapour.

Je crois qu'il ne peut y avoir de théorie absolue sur les immigrations de cette race; les éléments de la société première à laquelle elle s'impose doivent décider de son sort, et elle doit se soumettre au verdict des choses humaines pour être jugée, comme l'arbre à ses fruits. Ils sont bons ici, tant mieux! Mais cela ne prouve nullement qu'ils ne soient pas dangereux à Melbourne et à Batavia. Ces villes ne ressemblent en rien à ce comptoir, qui est un « quai de passe », un bureau de transbordement, sur une terre d'une étendue nulle, qui ne produit rien, où les races asiatiques seules forment une population assise, où enfin il n'y a à sauvegarder aucun des intérêts d'une colonie. Échappant aux animosités politiques, ils n'ont plus qu'à se défendre d'un seul genre d'ennemis: les tigres. La statistique constate que ceux-ci en mangent plus de quatre cents par an, sans que l'on puisse arriver à purger la jongle de ces hôtes féroces.

L'année 1866 s'est terminée pour nous sous les lueurs d'un immense feu d'artifice. On peut dire que celle qui s'ouvre verra chaque jour cet éternel déploiement de pétards, que les races semi-chinoises affectionnent si particulièrement; à chaque pas dans les rues, depuis notre arrivée, les gamins n'ont cessé de nous lancer des fusées dans les jambes. Mais, pour la solennité, les navires de la rade se sont joints aux réjouissances de la terre ferme; les hauts mâts, comme les cocotiers, ont été resplendissants de soleils, de « moines » et de bombes; la foule en délire a suivi les oscillations d'un ballon portant un feu de Bengale qu'une brise légère a rapidement ravi; et bientôt l'étoile voyageuse s'est perdue au-dessus du rideau des grands arbres.

Pour nous, espérons que notre étoile ne nous trompera pas! Elle est là, elle brille dans l'Est sur un ciel paisible. Elle nous montre l'Europe pour l'année qui commence! Que de choses nous avons vues depuis les brumes de la Tamise! Mais en contemplant tous les jours ces populations étranges et ces tableaux pittoresques, nous nous sommes habitués insensiblement à cette variété constante; et un voyageur qui tomberait ici comme en ballon, sans transition aucune, trouverait extraordinaires bien des choses qui ne frappent même plus nos yeux.

Pourtant, je dois vous parler d'une visite au quartier des fumeurs d'opium. Deux commissaires de police veulent bien nous promener en sûreté (ce qui serait impossible sans eux) dans la partie de la ville chinoise où ce vice est circonscrit. Nous entrons dans une baraque de bambou: une trentaine de Chinois y sont étendus sur des nattes fétides ; à côté de chacun d'eux brûle une petite lampe d'huile de coco. — Les uns sont déjà endormis, couchés demi-nus à plat sur le dos, les mains ballantes et les yeux fermés. — Les autres achètent pour quatre sous, au Chinois patenté qui tient l'établissement, un petit paquet d'opium juteux et verdâtre, de la grosseur d'une pastille de menthe, et étalé sur une feuille d'étain; ils arrivent ainsi chaque soir vers sept ou huit heures, et ne sortent (s'ils peuvent se réveiller de leur torpeur) qu'aux premiers rayons du soleil. Tout excités par la pensée du plaisir qu'ils vont goûter dès les premières bouffées, ils s'installent, se tournent et se retournent, avec une physionomie de béatitude bestiale, devant la lampe aux lueurs vacillantes, et devant leur longue pipe de bambou crasseux. Chauffant au rouge une aiguille qu'ils tortillent avec délices, ils l'enduisent de l'opium qui s'y agglutine, et en placent une bulle semblable à un pois sur le trou capillaire du foyer de la pipe. Alors ils s'étendent sur le dos, et font griller l'opium en l'allumant à la lampe; trois ou quatre bouffées humées fébrilement, puis refoulées en flocons opaques par leurs narines palpitantes..., et l'extase commence. Leurs yeux meurent et s'entr'ouvrent tour à tour; leurs lèvres sont pendantes; leur poitrine se soulève et se gonfle de jouissance, pour retomber sous un soupir!... Ils se pâment et s'affaissent presque inanimés; puis ils ne lancent même plus de regards inertes; mais des yeux blancs, horribles, convulsifs, demeurent fixés sur la lampe blafarde : la pipe de bambou roule à terre, et l'homme ravi par l'hallucination gît là, comme un cadavre sordide, dans ce cimetière d'une nuit, sous le brouillard épais et funèbre du poison.

Oh! je ne saurais vous dire l'impression affreuse que m'a causée la vue de cette salle, où l'immonde prostration de cinquante êtres humains n'empêche pas de nouveaux clients d'entrer pour suivre leur exemple. La fumée âcre nous aveugle, l'odeur nauséabonde nous soulève le cœur! Et c'est là, dit-on, que ces dégradés, ces pourris, viennent chercher les rêves enchanteurs du paradis! Non, c'est le plus vil abrutissement qu'ils y trouvent. — On nous montre là de jeunes Chinois de vingt ans, déjà décharnés comme des squelettes, et usés jusqu'à la moelle des os par ce vice, qui ne leur laisse même plus deux années à vivre! L'habitude les a tellement endurcis, que tandis qu'un novice ne fume que pour huit ou douze sous dans toute une nuit, eux peuvent absorber pour la somme d'un dollar[1]. Tous les soirs, ils reviennent; car il leur est devenu absolument impossible de digérer une nourriture quelconque le jour, s'ils n'ont aspiré pendant toute la nuit la fumée du poison! Ils fument pour vivre, mais ils en meurent!

C'est là une des hideuses et caractéristiques curiosités de la race chinoise! Les voyez-vous, ces corps moribonds, se saturant de pâmoisons enivrantes dans ce taudis putride (*voir la gravure, p.* 445), ces silhouettes de bras tremblants cherchant à rallumer une pipe demi-éteinte à une lumière mourante, ces doigts crispés qui les retiennent à la natte sur laquelle ils se vautrent, ces

[1] La valeur d'un dollar varie de 4 fr. 90 c. à 5 fr. 30 c.

yeux blancs, cette sueur soudaine qui ruisselle sur leurs torses où les côtes sont marquées en saillie, et ces têtes renversées, tendant une gorge froide, d'où s'échappe une dernière bouffée vénéneuse!..... Et voilà l'ignoble, mais suprême bonheur d'un peuple! En voyant un singe qui gambadait gaiement sur le bureau où se tient la comptabilité de ce vil plaisir, il me semblait que c'était, dans cette assemblée hideuse, l'être le plus humain, le seul qui eût sa raison!

De pareils bouges, il y a tout un village! La ferme de la vente de l'opium, concédée par le Gouvernement à une grande entreprise chinoise, rapporte plus de 100,000 francs par mois; avant la réglementation qui la localisa, et qui punit des amendes les plus élevées le délit d'infraction en dehors des limites prescrites, chaque case de Singapour était aussi odieuse que celle où nous avons été ce soir! Mais cette demi-mesure, qui restreint les ravages du vice, ne lave point les Chinois d'une tache épouvantable, et ne disculpe pas l'Angleterre du plus flétrissable des commerces. Certes le sang bouillonne quand on pense que les instincts du peuple asiatique sont aussi bas et aussi maudits; mais ce n'est pas une nation chrétienne et civilisée qui devrait, marchande sans scrupules, fournir à un client si méprisable un débit aussi pestilentiel. La fameuse guerre de l'opium a marqué dans l'histoire une page navrante pour les honnêtes gens! Et si la consommation annuelle des exportations de l'opium indien fait le plus beau revenu de la plus grande colonie du monde, elle fait aussi le malheur d'un peuple de quatre cents millions d'âmes, celui du Céleste Empire. Mais supprimez l'opium,

et l'Inde s'arrête! — On a voulu, comparant le commerce de l'opium à celui de nos eaux-de-vie européennes, et signalant pour les deux l'action inoffensive de la petite dose, les désastres de l'excès, en déduire l'égalité et la légalité. Mais il y a cette différence immense que le délire de l'opium est irrésistible, et la mesure dans l'ivresse qu'il procure impossible à garder : celui qui en a goûté ne s'en rassasie que quand il en meurt.

Il fallait, pour nous remettre après un pareil spectacle, plus que l'air vivifiant et la fraîche température de la nuit. La police nous mène donc à un théâtre chinois, grand échafaudage de bambou; on nous fait courir les coulisses, où une centaine d'acteurs achèvent de se barbouiller la figure en couleur écarlate, bleue, jaune, blanche et argentée : le maquillage est ici une solide peinture en plusieurs couches. Mais je m'aperçois que je ne voulais vous parler de Chinois qu'en Chine, où ils doivent être encore bien plus Chinois; et, passant un spectacle inouï, je vous raconterai seulement que la fin de la soirée tourna au tragique : en allant des galeries du paradis d'un théâtre à l'autre, et en grimpant d'échelle en échelle, nous prenons une terrasse extérieure d'où quelques Chinois, s'accolant à nous par bienveillance, nous montrent, par une fenêtre dérobée, un souper où deux cents de leurs compatriotes des deux sexes manœuvrent quatre cents bâtonnets, pour manger des compotes verdâtres. Soudain, pouf! un bruit sourd se fait entendre à soixante pieds au-dessous de nous, dans le vide et l'obscurité. Nous sommes côte à côte, le Prince et moi. « Fauvel, êtes-vous là? » est notre premier cri. Il est à trois mè-

Le bois des palmiers, près de Singapour.

tres de nous, et il répond. Nous aurions entrevu le ciel, qu'une pareille joie ne nous aurait pas davantage rendu la vie. Nous sommes donc saufs tous trois, mais c'est un Chinois de nos guides, marchant à un pas derrière moi, qui vient de tomber la tête la première, de près de soixante pieds de haut, jusque sur le carreau d'une ruelle. Notre terrasse, étroite d'un mètre, n'a pas de parapet. Nous l'ignorions, et forcément, par la nuit noire, ce malheur devait arriver à l'un de nous! Nous descendons en toute hâte, et trouvons le pauvre diable broyé et mourant sur la pierre. Nous donnons de l'argent et ordonnons qu'on le porte à l'hôpital; la foule s'ameute et hurle; elle ne demande qu'à attribuer la catastrophe aux « chiens de l'Occident » et à les assassiner! Nous revenons au pas de course, police en tête, et il est temps. . . . . . .

Le « settlement » de Singapour me paraît un des types les plus complets et les mieux dessinés d'un comptoir indien. Une prise de possession plus ou moins légale, contestée à coup sûr, mais par ceux qui la jalousent, et non par ceux qui en sont victimes; plus ou moins morale, mais admise comme le sont toutes les spoliations coloniales; une position exceptionnelle au point de vue commercial, basée sur le point où se concentrent les transactions d'une moitié de l'Asie avec l'autre moitié et avec l'Europe; une importance immense donnée à un îlot qui ne produit rien et ne manufacture rien, mais par ce seul fait que le drapeau anglais y a été planté; des principes économiques contraires dans l'origine à ceux de tous les ports voisins dans un rayon de deux mille lieues, mais démontrant de tels avantages qu'ils changèrent les lois des centres commerciaux environnants; enfin une transformation graduelle dont le point de départ est le fort commandé par un lieutenant-colonel, et dont le terme sera une autonomie australienne : tels sont les grands traits qui, en moins de cinquante ans, marquent la physionomie originale de cet îlot sauvage de jongle déserte, devenu la clef obligée de l'extrême Orient. Mais quand même ce comptoir viendrait à péricliter — ce qui est impossible — et à perdre l'influence dominante qu'il n'a cessé d'exercer sur un commerce immense, Singapour a déjà justifié d'une façon saisissante les vues profondes qui ont présidé à sa création. Quand le corps expéditionnaire anglais destiné à la guerre de Chine vint à passer tout près d'ici, à Anjer, lord Elgin était à Singapour, dans le « bungalow » du Gouvernement, qui a fait place aujourd'hui au Fort Canning. Un soir, la nouvelle lui arriva que la grande révolte avait éclaté dans l'Inde : en proie à une émotion poignante, pendant toute la nuit il tint conseil en ce lieu mémorable, et dès l'aube, fort d'une décision capitale, il prit sur lui la responsabilité d'envoyer aux Indes les troupes destinées à la Chine, et il lança cet ordre à jamais fameux qui fit mettre à la flotte anglaise le cap non sur Canton, mais sur Calcutta! A la prompte décision de cet homme de génie, et à la merveilleuse position de Singapour comme centre stratégique, a donc été due la conservation de l'empire des Indes pour l'Angleterre.

Longue de vingt-cinq milles et large de quatorze, présentant une superficie de deux cent six milles carrés, l'île de Singapour resta jusqu'en 1818 le refuge de quelques tribus malaises, perdues dans la jongle impénétrable : elle ne paraissait pas moins insignifiante que ces innombrables îlots de corail vus par nous depuis le détroit de Torrès jusqu'à la première pointe du continent asiatique. Celle-ci, qui n'est autre chose que la presqu'île de Malacca, constituait le royaume de Djohore, dont le Bandahara, chef des Insulaires singapouriens, était le vassal. — Mais au moment où elle perdait le magnifique empire territorial de Java, l'Angleterre songea à garder un pied dans l'archipel malais, et grâce à la clairvoyante tactique de Sir Stamford Raffles, l'ex-Gouverneur de la colonie perdue, elle voulut à tout prix sauvegarder sa prépondérance là où les traités l'expulsaient, et y *créer* un empire moral, s'il se peut dire, en prenant pour pivot matériel cette île de Singapour qui n'était rien, mais qu'une idée pouvait appeler à jouer un rôle immense. Cette idée, c'était d'en faire un *port franc*, le seul sur la grande route de la Chine.

Sir Stamford Raffles, esprit énergique et habile, admirablement apte aux questions coloniales et aux intrigues de l'Orient, planta sans autre forme de procès le pavillon anglais sur l'île, où les tigres seuls protestèrent d'abord; puis il proposa un traité au Sultan et au Toumongong de Djohore. — Les Hollandais, de leur côté, achetèrent Rhio pour une somme immense : alors les Anglais ripostèrent en achetant Singapour, moyennant 161,000 francs donnés au Sultan avec une rente viagère de 78,000 francs, et 130,000 francs donnés à son vice-roi le Toumongong, avec une rente viagère de 42,000 francs.

Cela semble la chose la plus simple du monde, mais la scène se passe en Orient, et voici ce qui arriva. Le Sultan de Rhio, Abd ul Rahman Schah, dans son traité de vente de Rhio aux Hollandais, à raison de 8,000 francs par mois, avait prétendu aussi vendre Singapour, dont il s'affirmait possesseur aussi bien que le Sultan de Djohore. Vous voyez d'ici les Anglais disant aux tribus malaises de Singapour : « Voulez-vous être mangées à la sauce d'Hassan Schah, fils du Sultan de Djohore? » et les Hollandais s'écriant: « Voulez-vous être mangées à la sauce d'Abd ul Rahman Schah? » Mais sans leur laisser le temps de répondre : « Nous ne voulons pas être mangées », Sir Stamford envoya un navire chercher Hassan Schah, qui vivait dans l'obscurité, et, le faisant proclamer Sultan véritable par le Toumongong et le Bandahara, il lui fit signer le contrat. Et voilà pourquoi Singapour est anglais!

Il y a dans les prises de possession aux Indes quelque chose des tiroirs d'une machine à vapeur, et un jeu de frottements, de tâtonnements, de pressions et de soupapes, grâce auquel la vapeur finit toujours par s'infiltrer, pour mettre en mouvement tout un engrenage inerte jusqu'alors. Ce mouvement imposé aux populations qui possèdent un sol est justifiable en ce sens qu'il est pour leur bien; et si le droit strict des premiers propriétaires est ainsi violé, s'il n'est pas équitable d'user, dans ces mascarades politiques, d'ombres de prétendants, comme d'instruments indispensables, de s'immiscer au démêlé du Radjah faible contre le Sultan fort, pour arriver à les affaiblir tous les deux et à rester seul possesseur, je dois reconnaître qu'il y a évidemment là plus que la part du lion

Le port intérieur, à Singapour.

et le droit du plus fort, mais bien l'effet de cette loi humaine qui oblige les races asiatiques à courber le front devant les races supérieures : leur commune prospérité est à ce prix. Une seule chose alors me chagrine, c'est que nous n'ayons pas, nous Français, planté quelque drapeau tricolore dans cette passe entre l'océan Indien et la mer de la Chine : car si nous avions une guerre dans laquelle l'Angleterre et la Hollande se donneraient la main contre nous, nous n'aurions pas un point où nos escadres pourraient se ravitailler; tandis qu'en face de la domination hollandaise sur tout l'archipel malais, l'Angleterre a échelonné trois entrepôts, Penang, Malacca et Singapour (le long de la presqu'île qui domine les « Détroits »), nous aurions la route coupée vers notre vaste colonie de la Cochinchine; elle est merveilleusement choisie et destinée au plus grand avenir, il est vrai, mais elle prouve bien que nous n'avons pas plus que les autres des scrupules philanthropiques pour user du droit du plus fort, appuyer des Radjahs prétendants, et nous imposer aux populations de l'Asie. Il nous faudrait donc un Singapour français; car notre cœur se serre en trouvant partout des Gibraltar.

Depuis le jour de sa fondation, le « settlement » britannique a fait d'incroyables progrès. Il n'a point d'étendue, il est vrai : il ne produit que quelques sacs de poivre et quelques outres d'huile de coco; il ne perfectionne en rien ce qu'il exporte; il ne rend en rien plus « marketable » — plus propres au marché — les marchandises qui y stationnent en transit. D'où lui vient donc sa fortune? Ah! c'est qu'à une époque où les Hollandais, tout autour de là, tiraient leurs principaux revenus des taxes d'exportation, et où la Compagnie des Indes orientales avait, elle aussi, le même système, Sir Stamford Raffles, en déclarant Singapour *port franc,* y amena non-seulement tous les navires de commerce des îles voisines, mais encore toutes les épices que monopolisait alors là Hollande! Il porta par cette seule déclaration un tel coup au commerce de la « Maatshappij » hollandaise, que pour attirer de nouveau des vaisseaux dans ses ports, elle dut diminuer de beaucoup ses taxes exorbitantes, et même déclarer aussi une demi-douzaine de franchises. Mais aucune position géographique n'est comparable à celle qu'a choisie l'homme d'État anglais, et voici qui le prouve.

Le commerce de transit était égal à zéro en 1818; il atteignait déjà 53,750,000 francs en 1823; de cette époque à 1863, les entrées ont monté de 30,000,000 à 162,500,000 francs, et les sorties ont passé de 23,750,000 francs à 137,500,000 francs. Si une force morale pouvait être évaluée, que de milliards représenterait l'influence anglaise répandue de ce centre par les 1,279 navires, jaugeant 471,000 tonneaux, qui vont chaque année la porter aux populations de l'Asie, comme s'ils étaient les rayons multiples d'un phare unique! Les îles environnantes envoient d'abord au comptoir britannique quelques caboteurs; l'année d'après, quelques navires; puis, prenant leur essor, elles correspondent directement avec Londres. Mais l'archipel est si riche, que lorsqu'un port vient à manquer pour approvisionner Singapour, un autre le remplace, naissant à la vie commerciale stimulée et fécondée par la reine des mers. Il semble qu'elle fait pour les producteurs asiatiques comme pour ses colonies : elle protége leur enfance, elle leur enseigne la langue des affaires, elle guide leurs premiers pas, et active leurs besoins; dès qu'ils sont adultes, elle les laisse à eux-mêmes; et alors, de leur plein gré, ils nouent avec elle des relations qui créent leur propre grandeur, en apportant un modeste contingent sur le marché de Londres.

Mais, à Singapour, il y a plus qu'un bureau de répartition entre les contrées avoisinantes qui s'ouvrent au commerce, comme Siam et Bornéo; sa position centrale entre Calcutta, Burmah, Java et la Chine, en fait un entrepôt destiné à équilibrer toutes les variations économiques de l'Orient. On y envoie de Londres des marchandises destinées à la Chine, au Japon, à Java ou à Siam : une fois arrivées, elles sont, de là seulement, dirigées vers le port où la demande est la plus forte. Il en est de même pour le riz et l'opium de l'Inde : si les prix sont bas en Chine, on expédie sur Java et *vice versa*.

Il est vraiment intéressant de passer quelques heures sur les quais de Singapour et de suivre du regard le mouvement des productions du monde entier; les barques et les coulies innombrables sont employés au transbordement ou à l'emmagasinage. L'Angleterre envoie surtout des cotonnades, des armes et du fer; l'Amérique, de la glace; l'Australie, des chevaux et du charbon; l'Inde, du blé, de la gomme et de l'opium (dont une valeur de 1,500,000 francs est consommée à Singapour même); la Chine, de l'or, du thé, du camphre, de l'alun; la Cochinchine, du riz; Manille, du tabac et du sucre; les îles hollando-malaises, de la gutta-percha, du charbon; les Célèbes, du bois de sandal et des nids d'hirondelle. Ce brillant ensemble a fait pâlir l'éclat de Batavia et réduit Saïgon à n'être qu'un tributaire de Singapour.

Mais si tant de beaux résultats ont été acquis en moins de cinquante années, il ne faut pas croire pourtant que les colons anglais de Singapour se considèrent à l'apogée de leur fortune. Le « settlement », faisant partie des possessions de la Compagnie des Indes orientales, n'était que la dépendance d'une dépendance jusqu'en 1858, époque à laquelle la Compagnie résilia ses pouvoirs entre les mains du ministère des colonies. Il est encore aujourd'hui régi par le Gouvernement du Bengale. Quoique les Gouverneurs et les Conseillers nommés par la couronne aient toujours été des hommes équitables et supérieurs, Singapour veut aujourd'hui s'affranchir des liens qui le retiennent aux Indes, et qui, en retardant ses rapports matériels, entravent encore beaucoup tout l'essor de son économie. Je suis persuadé que le temps n'est pas éloigné où cette salutaire scission s'accomplira, et où un conseil *élu* dans le « settlement » par les Résidents européens (un parlement local) donnera une impulsion nouvelle à une aussi admirable création. Quand le revenu d'un Comptoir est basé sur le système des fermages comme celui-ci, on ne juge bien que *sur place* des poids variables qu'il faut placer et déplacer dans les plateaux de la balance pour les équilibrer.

Le déjeuner à bord. (Voir p. 460.)

IX

LE *CHOW-PHYA*

Départ pour Bangkok. — Navigation sur un navire siamois. — Un banc de poissons dans la machine. — Aspect scintillant des pagodes de faïence. — Costume léger des Siamois. — Où chercher un gîte?

En mer, golfe de Siam, à bord du Chow-Phya, 10 janvier.

Le vapeur introuvable a fait une courte apparition dans la rade de Singapour; nous avons immédiatement couru au bureau — lisez : taudis malsain — de l'armateur chinois, et nos billets d'aller et retour nous ont été délivrés sur parchemin bariolé, à raison de mille francs par tête. — Pour un trajet total de dix-sept cents milles, sur un caboteur du dernier ordre, c'est un joli prix; mais lorsqu'on va dans les États du grand Roi, que ne payerait-on pas?

Nous nous sommes embarqués le 5 au soir, au milieu du désordre le plus affreux, et l'hélice n'avait pas encore donné deux cents tours, qu'il fallait stopper, et faire un signal au ponton de police. Les cipayes appelés durent emmener sous menottes notre second, qui, soit devenu fou, soit resté ivre-mort, se ruait sur les hommes d'équipage et leur cassait sur les reins un des bâtons du cabestan. Le *Jasmin*, navire français, salua le Prince en baissant trois fois son pavillon, et Singapour se perdit dans l'ombre.

Depuis lors, notre coquille de noix n'a cessé de « rouler » d'une façon épouvantable dans les chocs de ces vagues incertaines, confuses et clapotantes des mers de Chine.

Singulier, dangereux et fétide navire que ce *Chow-Phya!* Le pont étroit est encombré de ballots hauts comme de petites meules de foin, et vous pensez si le roulis les promène dans tous les sens; la coque est chargée de fer à couler bas, et si mal arrimée à l'arrière, que, lorsque nous sommes bercés par une houle ordinaire, ce n'est point l'écume et la crête des vagues, mais bien la lame verte elle-même qui embarque par-dessus le couronnement. Aussi la roue du gouvernail est-elle juchée au centre, sur une large passerelle, sorte de pont sur pilotis, d'où nous dominons un marécage de charbon, de tonneaux, de sacs de riz qui gonflent et de caisses qui surnagent.

L'équipage est chinois; il se compose de quarante-deux hommes; et dès que le vent a assez obliqué à l'est-nord-est pour nous permettre de faire de la toile, ç'a été fort amusant de voir les pantins à longue queue grimper dans la haute mâture sans échelle de cordes, mais en escaladant les haubans et galhaubans, qu'ils tiennent serrés entre leurs doigts de pieds, cramponnés comme s'ils étaient des écureuils.

Ce sont aussi des Chinois qui nous

font la cuisine : deux marmitons huileux et puants nous donnent des décoctions de poisson moisi, d'œufs verdâtres à embryons de poulet, et d'huile de coco nauséabonde, que le poivre rouge parvient seul à faire avaler : le garde-manger est une caisse attachée sur la passerelle contre la boussole, et dans laquelle il y a pêle-mêle des oignons, des oranges, du lard, des ananas et des œufs entr'ouverts par le roulis, le tout en une omelette flottante et de toutes les couleurs de l'arc-en-ciel. Le reste de ce bateau incroyable est à l'unisson. Non-seulement il n'y a pas une cabine, pas un trou où l'on puisse se réunir pour man-

Le passager Naï-Poun. (*Voir p.* 462.)

ger, mais il n'y a pas même une table à bord (*voir la gravure,* p. 457)! Donc, deux fois par jour, le régal est déposé sur la claire-voie, au milieu du pont, et nous nous rangeons contre elle, en « évitant », en pliant obliquement nos trop longues jambes. Chaque lame qui brise « par le travers » nous inonde, et inonde en même temps plats et assiettes, dont le contenu devient une boisson d'eau salée ; de plus, les rafales balayent nos cuillers, qui arrivent toujours vides à notre bouche, tandis que, de voisin à voisin, on s'asperge de liquides graisseux ! Seul notre aventurier de capitaine, un type de « pirate étoilé » des mers malaises, trouve cela charmant et rit de bon cœur.

Nous avons pour compagnons un commerçant anglais de Siam, la femme du docteur du consulat anglais et ses deux filles, la vieille Française du ministre Franzen van de Putte, avec son chat agaçant, et un jeune baby asiatique que nous a confié, comme à des pères nourriciers, Monseigneur Beurel. Ce baby se nomme « Ludovic Lamache ». Nous le dorlotons de notre mieux pour le remettre à son père, ancien maître-coq d'une corvette française, actuellement instructeur et généralissime des armées du roi de Siam. L'enfant a la couleur jus de pruneau de la nymphe du pays que l'illustre militaire s'est donnée pour moitié. S'il n'avait pas un joujou à sonnettes bruyantes et un estomac des moins marins au moment même du repas, il serait

Tout en gardant le petit, je vous écris sur mes genoux.

délicieux. Tout en gardant le petit, je vous écris sur mes genoux, me tenant de mon mieux en équilibre malgré le roulis, grâce à un pliant qui décrit des paraboles régulières sur les couches de graisse de la passerelle; de plus, il y a une telle population de fourmis blanches que j'ai dû m'entourer d'une circonvallation de poudre insecticide; car il faut être venu dans ces parages pour se figurer les souffrances qu'infligent les morsures cuisantes et atroces de ces petits ennemis, dont la tête reste toujours dans la peau.

Voilà cinq jours que nous menons cette originale existence : quant aux nuits, le sommeil les fait passer vite; et quoique le serein et la rosée soient frais et malsains sur le pont, nous préférons y grelotter, en nous roulant dans nos manteaux qui sont mouillés, jusqu'à cinq heures du matin : à midi on étouffe de chaleur.

Mais tout cela est un paradis en comparaison des trois cents passagers, Malais, Chinois et Arabes, qui sont à l'avant et à l'arrière, empilés par grappes sur des îlots de marchandises, au-dessus du va-et-vient de l'eau qui embarque. Ils fument de l'opium et jouent aux dés : ce sont les deux vices caractéristiques de leurs races, et comme ils sont fortement taxés à terre, on s'y adonne avec un indicible bonheur sur l'eau. Cette fourmilière humaine, dont émanent des odeurs délétères, est criarde, dégoûtante et peureuse. A chaque grosse lame, tous se mettent à hurler comme si nous allions sombrer; puis ils chantent le Coran, se grisent et se battent.

Parmi eux, il en est un qui est un grand personnage : le capitaine lui permet de venir fumer son cigare sur la dunette. C'est Naï-Poun (*voir la gravure*, p. 460), un prince siamois, qui rit toujours, quoique son histoire soit fort triste. Il faisait partie de l'ambassade que le roi de Siam a envoyée à Paris pour porter les produits de son royaume à l'Exposition. Ils étaient cinq commissaires, et le Roi leur avait donné à chacun 25,000 francs à dépenser en France pour faire honneur à son nom. En attendant pendant huit jours à Singapour la malle pour l'Europe, notre envoyé extraordinaire a tout dépensé en joujoux d'enfants, en pertes au jeu, en soupers, etc., etc. Enfin, radieux de ses succès, il a trouvé moyen d'insulter le consul de Siam, si bien que ledit consul a laissé les quatre autres continuer leur route vers Paris (quoiqu'ils aient aussi abusé de leurs appointements), mais il a renvoyé le pauvre Naï-Poun à son Roi. Le capitaine ne cesse de lui faire une plaisanterie du dernier goût, en lui disant que son seigneur et maître va sûrement «lui couper la tête», et en simulant sur le bastingage tout le cérémonial de la guillotine. Mais Naï-Poun oppose le rire asiatique aux sarcasmes britanniques, et croisant ses jambes, il prend un plaisir immense et enfantin à refouler ses bouffées de tabac en couronnes régulières et vagabondes, que la brise emporte comme de petites auréoles bleuâtres.

Tel est l'ensemble du mode de communication que nous avons été assez heureux pour trouver entre Singapour et Siam. Notre armateur chinois doit faire de magnifiques bénéfices : nous avons des piles de sacs jusque dans les canots de sauvetage, et le tout est taxé à des prix si exorbitants que le fret de ce navire de 400 tonneaux, pour une traversée de six jours, s'élève à 128,000 francs. — Il faut le dire, ces régions inconnues et d'un autre âge sont la proie des aventuriers, qui y règnent en maîtres.

Ce soir, nous approchons de la terre par un splendide coucher de soleil, qui éclaire de ses rayons de pourpre les groupes des îles Koh-Kwang-Noï, Koh-Luem, Koh-Kran et Koh-Ryn. Nous distinguons dans ces îles des grottes sombres et des cavernes de corail, où la lame se brise : au Nord se dessinent les côtes basses et marécageuses du royaume.

11 janvier.

A l'aube, nous profitons du flux pour franchir la barre de la grande rivière qui se jette dans le golfe, le Me-Nam-

Chow-Phya; à marée basse, elle n'est couverte que de trois pieds d'eau. Cette crête de sables et de bourbes est marquée à perte de vue par une estacade de bambous, semblable à une ligne angulaire de fortifications, à laquelle s'appuient les immenses filets des pêcheurs siamois. Nous gouvernons sur une passe de cinquante mètres, laissée comme une porte ouverte vers les eaux assiégées. Mais il paraît que la battue aquatique a été merveilleuse, et que des millions de prisonniers veulent sortir par le détroit que nous franchissons. Soudain la machine stoppe net, sans commandement préalable : grand branle-bas à bord, ébahissement et interrogations anxieuses des trois cents Indigènes. — Avons-nous touché quelque roc, et allons-nous échouer? — Nullement; c'est tout un banc de poissons qui est en train de se faire aspirer par la prise d'eau de la machine, et qui est engagé comme une glu vivante jusque dans les tuyaux et les soupapes. C'est du fretin de sardines, blanchaille téméraire! Vous pensez s'il a fallu faire jouer les sondes, et renverser les tiroirs, pour remettre la machine en marche. Nous avions déjà baptisé le *Chow-Phya* de chaudron : en faisant frire les petits poissons dans sa machine, il justifiait pleinement son surnom.

Peu à peu, les rives plates du Me-Nam se resserrent, et, lui laissant encore une largeur de huit cents mètres, elles nous déroulent sous les yeux des marécages de palétuviers qui semblent bien malsains. Ce n'est pas ici qu'il faut venir chercher la belle nature. Impossible de rien voir de plus étouffé, de plus humide, de plus impénétrable. En avançant vers le Nord, les rizières inondées à sept et huit lieues de chaque côté remplacent les palétuviers, et le mirage seul rend quelque peu pittoresques des oasis de bananiers et de cocotiers. En revanche, le fleuve est couvert de grues blanches, d'ibis blancs ou rouges, de martins-pêcheurs aussi grands que des corbeaux, tout étincelants sous le soleil. Le plus beau est le « karien », couleur gris d'argent, avec le cou noir et la tête écarlate : sa taille est plus qu'humaine. Les Siamois les vénèrent; ils croient que les âmes des Bouddhas transmigrent dans ces oiseaux à la dix-septième incarnation, et surtout dans les blancs; jamais ils ne les tuent. Il en est de même pour les âmes de leurs parents, et nous n'oserions pas tirer sur un serin, de peur d'être condamnés pour homicide sur la personne du grand-père ou de l'oncle d'un Siamois.

A onze heures, nous jetons l'ancre devant la première bourgade siamoise, à Paknam. Le capitaine descend à terre pour faire ses déclarations au mandarin de céans, lui payer pour la cassette du Roi des droits de douane qui sont de trois pour cent de la valeur, et déposer les canons du bord. Un navire qui passerait cette limite sans désarmer serait prisonnier du Roi : de plus, si la déclaration du chargement n'est pas minutieusement exacte, les mandarins douaniers infligent une première amende de deux mille quatre cents francs, et le procès total s'élève au triple. Ce premier aperçu de l'administration du grand Roi prouve qu'il ne dédaigne pas le système protecteur, et qu'il y a bien loin de Singapour à Siam. — Pendant les démêlés de l'autorité avec notre capitaine, nous admirons une pagode sortant du milieu du fleuve comme une île resplendissante. C'est un assemblage de maçonnerie toute blanche, une grande cloche de deux cents pieds de haut, surmontée d'une aiguille droite et d'une famille de petites cloches semblables éparpillées sur l'eau. Autour d'elles serpentent des pirogues lilliputiennes : elles n'ont pour mâture, voilure et gréement, qu'une grande feuille de bananier verdoyant, tenue en main par le pêcheur accroupi. La brise légère les fait glisser sur l'eau, contre le courant, et leur flottille offre l'aspect à la fois le plus primitif et le plus coquet.

Nous remontons le fleuve pendant trois heures. Voici à gauche des forts désarmés, des batteries rasantes, envahies par les herbes et les lianes : c'est la « dutch folly », la « folie hollandaise », vestige de la tentative malheureuse que fit, il y a un siècle, la Maatshappij pour créer ici un autre Java. — Voici à droite des hangars longs de six cents mètres et recouverts de feuilles de palmier : ils protégent la « chang-kou-ta », la chaîne sacrée. Elle est formée de plusieurs centaines de gros madriers de bois de teck, de deux pieds carrés de section, reliés entre eux par d'énormes anneaux de fer : le tout est destiné à la défense du fleuve. Les Vaubans siamois sont convaincus qu'en jetant cette chaîne en travers du fleuve, ils arrêteraient les canonnières européennes. Au moment où nous dépassons ce moyen de défense mérovingien, nous voyons que le Roi compte aussi sur des engins plus modernes : nous croisons une des trente-quatre canonnières de sa flotte, portant la longue flamme dorée et le pavillon écarlate sur lequel est dessiné l'Éléphant blanc. Je dis le Roi, et non les Rois ; car il n'existe plus qu'un seul des deux Rois réglementaires de Siam, unis auparavant par la Charte asiatique, comme les frères si célèbres le sont par un tissu membraneux. Il y a dix mois qu'est mort le Roi n° 2 : c'était le protecteur de la marine, et il portait l'uniforme de nos capitaines de vaisseau.

Les navires qu'il s'était donnés sur sa cassette particulière (expression aussi élastique et inouïe en Asie qu'en Europe) sont à l'ancre, échelonnés tout le long de notre route. Pauvres navires aux formes élégantes, corvettes et avisos de guerre ; leurs mâts maintenant tombent « en chiens de fusil », leurs coques privées de peinture s'éventrent, leurs canons se rouillent et leur cale se pourrit ! Ainsi le veut, paraît-il, la coutume siamoise, aussi bien pour le plus grand seigneur du royaume que pour le plus pauvre fellah ! Aussitôt qu'il meurt, tout ce qui lui a appartenu personnellement doit mourir aussi, dans l'abandon sacré, par la destruction du temps. Le Roi marin qui a été enlevé à l'adoration des Siamois passa sa vie à se bercer d'un rêve : il serait mort heureux, trois fois heureux, s'il avait pu aller jusqu'à Singapour avec son escadre ! Mais s'il était un Jean-Bart d'eau douce, les tritons du golfe lui étaient hostiles, et toutes les fois qu'il partit pour cette glorieuse expédition, il dut revenir avec le gros chagrin de n'avoir pu trouver l'île anglaise !

Plus heureux que lui dans le voyage inverse, nous apercevons enfin, au-dessus des cocotiers et des palmiers du rivage, les flèches élancées et les minarets lointains de Bangkok, la capitale du royaume de Siam ! La verdure marécageuse, refuge des crocodiles et des ser-

Les naïades, faisant place à notre rapide gondole, sortent de l'eau en fugitives. (*Voir p.* 470.)

pents, fait place aux pilotis des huttes de bambou, et l'entrée des faubourgs est marquée par de grandes terrasses et des forts de bois. Là seulement Naï-Poun cesse ses éternels éclats de rire : une pâleur livide envahit sa face jaunâtre; ses yeux larmoyants témoignent une crainte affreuse. Comme nous faisons remarquer ce fait au capitaine, il nous explique que ces forts sont les kiosques de plaisance de Sa Majesté, où une courte opération fait passer l'âme du patient dans la cervelle d'un moineau blanc. Pauvres sujets qui ont offensé le Roi, voilà leur « coupe-teste »! Voilà qui, en raison directe du carré des distances, glace pour notre ami coupable le retour au pays natal et au sein de sa famille. Il aura fait vite son voyage d'Asie en Europe... et dans un autre monde encore!

Derrière un coude du Mé-Nam (la mère des eaux), la ville de Bangkok apparaît tout entière! Je ne crois pas qu'il y ait au monde un spectacle plus grandiose et plus saisissant. Sur un espace de plus de huit milles, la Venise de l'Asie étale toutes ses merveilles. La rivière est large et majestueuse; plus de soixante gros navires y dorment sur leurs ancres: les rives sont formées par des rangées de plusieurs milliers de maisons flottantes, dont les toits aux formes bizarres s'alignent régulièrement, et dont les habitants aux vêtements de couleurs voyantes apparaissent à fleur d'eau. Sur la terre ferme qui domine cette première ville d'amphibies, la cité royale s'étend avec ses murailles crénelées et ses tours blanches : des centaines de pagodes élèvent vers le ciel leurs flèches dorées, leurs dômes multiples tout émaillés de faïences et de cristaux resplendissants,

leurs dentelures vernissées et sculptées à jour. C'est un horizon tout entier, à droite et à gauche, de toits en miroiterie, à cinq et six étages, de clochers de maçonnerie gigantesque dont le revêtement scintillant éblouit les yeux, et d'aiguilles audacieuses hautes de cent cinquante ou deux cents pieds, qui indiquent les palais du Roi, palais reflétant tous les rayons du soleil comme un prisme immense. Il nous semble que nous avons devant nous un panorama de cathédrales de porcelaine!

Cette première vue d'ensemble sur la Venise occidentale dépasse tout ce que nous pouvions espérer dans nos rêves de voyageurs. Il nous tarde de parcourir en gondole ces canaux animés, qui sont les boulevards de la ville flottante, et où le mouvement, l'animation, les cris nous semblent étourdissants. Et ces palais du Roi, et ces pagodes sacrées, pourrons-nous les visiter?

Nous avions beaucoup entendu parler, à Singapour, de Bangkok et de tout ce qui s'y passe en matière politique : nous savons que nous y tomberons comme en un volcan.

L'extension du protectorat de la France sur le Cambodje, auparavant tributaire de Siam (ce qui a magnifiquement arrondi nos possessions cochinchinoises aux dépens de nos voisins), des traités enfreints récemment par le grand Roi, des frontières en litige, des lenteurs et des mensonges asiatiques, quelques coups de pied européens placés dans une partie peu diplomatique, voilà qui a établi entre le gouvernement siamois et la France, mais surtout entre les ministres du Roi et notre consul, une hostilité des plus aigres, habilement exploitée par le consulat anglais. Ne pouvant, hélas! recourir au premier, et dans cette circonstance ne voulant pas nous adresser au second, qui serait enchanté de faire mousser, aux yeux des Siamois, sa protection pour un prince, et de nuire ainsi à l'influence française, où donc porter nos premiers pas, et où chercher un gîte pour la soirée?

Mais voici, sur la rive gauche du fleuve, une église et la croix des missionnaires! A cette porte, qui ne sait point se fermer à l'exilé, nous irons frapper, et ce pavillon neutre et digne, français quand même, nous abritera sûrement!

Résignant alors nos fonctions de nourrice, nous remettons le jeune Ludovic

Ils sont espiègles et très-gentils dans leur nudité enfantine. Cette feuille flottante marque leur caste.
(*Voir p.* 470.)

Lamache au commandement des troupes royales, et nous sautons dans une des innombrables gondoles qui nous entourent, en dirigeant par gestes nos rameurs vers le clocher de la Mission. Il nous faut lutter contre la marée montante, et nous mettons près d'une heure à faire ce trajet. Alors tous les détails de la ville flottante nous sont révélés, tandis que nous en parcourons les rues, — non, les canaux, — entre les maisons peuplées, dont chacune est une petite île. Nous croisons ou dépassons des milliers de pirogues légères, qui sont les fiacres et les omnibus de Bangkok : la pagaie oscillante les fait glisser comme des coquilles de noix d'une boutique à l'autre. Il y en a qui n'ont que trois pieds de long : un Siamois y est blotti avec des piles de riz, de bananes ou de poissons; d'autres contiennent quinze personnes et sont tellement chargées, qu'on aperçoit à peine le rebord de la barque, qui est un palmier creusé.

Les Indigènes ont la peau de la même couleur que les Malais, mais hommes, femmes et enfants se rasent la tête, en laissant sur le sommet du crâne un toupet ovale, taillé en brosse et plus grand que les deux mains; cela leur donne un petit air crété, gaillard et mutin qui est bien original. C'est avec cette couronne de cheveux plantés tout droits qu'ils bravent le soleil; toute coiffure est inconnue. Le reste du costume est peu compliqué : une pièce d'étoffe large de deux

Au fond de chacune est un petit autel en bois sculpté. Devant des statuettes de Bouddha et de dieux lares brûlent des baguettes d'encens. (*Voir p.* 470.)

pieds, en indienne verte, rose ou rouge, sorte de langoutis noué aux reins, relevé et resserré de l'avant à l'arrière entre les jambes, est le léger vêtement dont ces messieurs et ces dames protégent coquettement... leur équateur des ardeurs d'un soleil tropical. Souvent — mais pas toujours — les femmes jettent sur leur poitrine un ruban d'un pied de large en étoffe voyante, qu'elles croisent en double bandoulière, et dont l'emploi n'est pas une sinécure. Comme vous voyez, rien n'est cousu; avec une ceinture de maire et une cravate de procureur, on habille une femme. La race, même pure, est fort laide : nez camard, yeux en amande, pommettes saillantes, teint couleur de tabac, bouche énorme, gencives ensanglantées par le bétel, et taille extrêmement petite : tel est, à promière vue, le tableau de cette ville, populeuse comme un banc de sardines.

La passion des Siamoises est de se couvrir de bijoux. Ces femmes qui rament sur des pirogues surchargées de fruits, ou qui sont accroupies sur le balcon de la maison flottante, en mâchant de la chaux rosée, ou en jouant avec leurs enfants; ces jeunes filles de douze à quinze ans qui se baignent en naïades, et qui, faisant place à notre rapide gondole, sortent de l'eau en fugitives (*voir la gravure, p.* 465), toutes portent trois ou quatre anneaux d'or ou d'argent à chaque pied, des colliers brillants en sautoir, des bracelets au haut du bras, et des bagues aux mains! Avouez que, costume pour costume, c'est plus gracieux que les affreux sacs de flanelle de nos baigneuses! Supprimez la couleur et la figure, et les Siamoises seraient de superbes modèles pour la statuaire.

Quant à leurs enfants, répandus ici à profusion, ils sont vêtus d'un badigeon de safran; mais ce sont de ravissants petits êtres! Je me trouve dès l'abord charmé par eux, mais désolé de penser qu'en quelques années leurs figures deviendront aussi laides que celles de père et mère, — et ce n'est pas peu dire! Leur petit toupet, tortillé par une grosse épingle dorée, est entouré d'une jolie guirlande de fleurs blanches (*voir la gravure, p.* 468) : ils sont souriants, espiègles, et très-gentils à voir dans leur nudité enfantine. Mais ils sont pourtant plus vêtus que les grandes demoiselles qui se baignent; outre un flot de bracelets et de colliers d'or ou de cuivre doré, dont on les couvre comme des idoles, ils ont une petite feuille de vigne taillée en cœur et suspendue par une simple ficelle qui fait le tour des reins. Cette feuille flottante, qui a environ cinq centimètres de long sur quatre de large, marque leur caste. Pour les riches, elle est d'or; pour la classe bourgeoise, elle est d'argent; pour les pauvres, elle est de cuivre rouge.

Les innombrables maisons demi-kiosques, demi-radeaux, autour desquelles grouille cette population de près d'un million de Siamois, recèlent sans doute mille aspects, mille coutumes, mille négoces bizarres qui nous échappent forcément, tandis que notre gondole nous fait passer au milieu d'elles comme devant une lanterne magique. Au fond de chacune est un petit (*voir la gravure, p.* 469) autel de bois sculpté, et entouré de papiers enluminés : devant des statuettes de Bouddha et de dieux lares brûlent des baguettes d'encens et de l'huile de coco dans des lacrymatoires de terre rouge; ici des peaux de tigre; là des noix de coco : plus loin des baquets de chaux rosée ou d'indigo sont rangés sur la terrasse qui fait le tour de l'habitation en bambou, et que recouvrent des nattes multicolores.

Décidément, ce n'est plus là de l'Europe transportée en Orient, c'est de l'Asie toute pure, avec son cachet voyant, ses odeurs étranges, ses types sans amalgame, ses mœurs vierges de tout mélange avec notre civilisation.

X

SEPT JOURS DANS LE ROYAUME DE SIAM

Effroi du Callahoun, premier ministre. — Le latin des catéchumènes. — Temples et prêtres de Bouddha. — Montagne dorée artificielle. — Nous vénérons l'Éléphant blanc. — Crémation d'un Siamois. — Audiences royales. — La cour du second Roi. — Achat d'un harem. — La campagne siamoise. — Le Père Larnaudie. — Les huit cents femmes et le régiment des Amazones du Roi.

Cette première navigation à travers la ville aquatique nous mène au quai de la rive gauche, où s'élève la croix chrétienne. L'église de l'Assomption est un modeste temple dont la simplicité parle à l'âme! Son extérieur d'ornementation dentelée à l'asiatique semble relever sa nef et ses autels, qui sont exactement semblables aux nôtres : touchant symbole de cette foi si une sur toute la surface du globe; témoignage élevé ici à l'ombre de la végétation tropicale par les travaux incessants de missionnaires admirables, qui s'exilent volontairement pour porter avec eux la parole de douceur, de tempérance et de charité! En marchant à travers les bouquets de bananiers qui entourent le temple, nous trouvons quelques baraques de bois où logent les serviteurs de Dieu. L'abbé Larnaudie nous reçoit les bras ouverts, et nous promet de nous protéger et de nous guider au milieu de cette ville curieuse. Il nous installe dans une case construite sur pilotis et voisine de la Mission, où nous campons de notre mieux. Ne sachant naturellement pas un mot de siamois, nous pouvons pourtant échanger quelques idées avec de jeunes catéchumènes natifs, qui parlent un à-peu-près de latin; je ne vous cite que ces premiers mots adaptés à nos estomacs et à la syntaxe locale : « *Boni amici, oportet donare bananas, gallinas, atque porcos.* »

Le Père Larnaudie conseille tout d'abord au Prince d'écrire une belle lettre au Roi pour lui demander audience. La chose est expédiée en forme : « Le souvenir consacré par l'histoire de « la réception brillante faite aux envoyés « de son ancêtre Louis XIV, lui fait es- « pérer qu'il verra dans toute sa pompe « le grand Roi de l'Asie. » Puis voici l'adresse qu'il faut mettre sur l'enveloppe en essayant de garder notre sérieux : « A Sa Majesté Somdetch-Phra-Paramendr-Maha Mongkut Ier, roi de Siam. » — Cela fait, nous partons dans la barque de la Mission, et guidés par le Père Larnaudie, qui ne doit plus nous quitter, nous portons la lettre au « Callahoun », premier ministre (non responsable) du royaume. Après une promenade sur l'eau, puis une marche sous des portiques et autour des pagodes, nous arrivons à son palais. Il nous reçoit dans une galerie à colonnades dorées, où une quarantaine d'esclaves sont accroupies en cercle. L'homme d'État, en caleçon d'indienne verte, en veston bleu à broderies argentées de commissaire de police, fourre vite ses pieds nus dans des babouches chargées de pierreries, et quitte sa partie d'échecs, en appelant son fils sans vêtement qui achetait une paire de brodequins à un marchand chinois ambulant; il vient à nous fort poliment. Je n'oublierai jamais la grimace effroyable que fit le pauvre vieux bonhomme à menton de galoche, quand le Père Larnaudie lui expliqua qui était le Prince : ses yeux égarés prouvaient qu'il perdait complétement la tête, et ne savait à quel Bouddha se vouer.

Déjà brouillé avec le consul de France et sur le point d'envoyer une ambassade à Paris pour réclamer contre les prétentions françaises, exposer nos envahissements, implorer la justice impériale et fulminer contre son représentant à Bangkok, il tremble de tous ses membres à la pensée de faire honneur à un Prince qui n'est pas de la famille des Bonaparte, et de donner prétexte à une protestation de la part du consul. Ajoutez à cela que, dans les idées asiatiques, le petit-fils d'un Roi détrôné est bon à pendre haut et court. En Australie et à Java, le Prince, que relevait encore aux yeux de ses hôtes la seule consécration manquant à sa race, celle du malheur, avait reçu un accueil cordial et magnifique, inspiré par les sentiments les plus purs et les plus indépendants. Ici nous apportons malgré nous le trouble le plus effroyable dans le cabinet du roi Mongkut, qui s'imagine sans doute que les foudres des canons français viendront bientôt tonner pour lui demander raison. Pauvre Callahoun! s'il savait avec quelle sérénité d'âme nous contemplons ses terreurs puériles, et combien nous nous amusons de sa grimace! Le plus grand plaisir que nous puissions lui faire, c'est d'abréger notre visite : nous voyons que, grâce à notre sortie, il ne se possède plus de joie. Advienne que pourra de l'épître destinée à son seigneur!

En remontant le fleuve, nous ne sommes pas maîtres de notre admiration devant l'effet magique des toits, des clochetons et des aiguilles vernissées dont je viens de vous parler. Mais soudain tous nos rameurs lâchent leurs pagaies et se prosternent à plat ventre sur leurs bancs. Qu'est-ce donc? — Nous sommes en vue du palais du Roi et du quai où il s'embarque. Là devant, tout Siamois doit s'incliner et adorer la demeure du souverain : les grands seigneurs et les princes du sang doivent fermer leurs parasols. S'ils enfreignent cette loi, les arquebusiers du poste qui domine le fleuve ont ordre de les punir des boulettes de leurs sarbacanes. — Nous abordons et prenons plaisir à circuler sur une grande place publique rectangulaire, sur laquelle donne le premier portique de la demeure royale. Il est en maçonnerie blanche : des groupes de colonnes accolées supportent un immense chapiteau de neuf couronnes superposées, au-dessus desquelles s'élance une aiguille de plus de quarante pieds, effilée et audacieuse. Le tout est émaillé de millions de rosaces de faïence rouge et verte, jaune et bleu de ciel, que le soleil couchant fait briller comme une féerie. De chaque côté s'avancent les « embarcadères pour éléphants », balcons de marbre blanc, dont l'architecture sévère et grandiose contraste avec le caractère colifichet des rosaces. Quand le Roi va en promenade,

Sa Majesté Mongkut rentrant dans son palais. (*Voir p.* 475.)

c'est là son marchepied, soit qu'il monte sur les animaux colosses, soit qu'il s'installe dans un palanquin. Dans le fond apparaissent les toits à éperons du palais central, dont les tuiles vernissées sont éblouissantes. Les bords du toit, sculptés en bois de sandal et ciselés à jour en guipures délicates, surplombent et protégent des pignons qui sont tout entiers en miroiterie; que de feux reflétés dans cet ensemble! quel prisme multiple et quel décor splendide! Ah! oui, les voyageurs qui ont parlé de Siam comme d'un songe des *Mille et une Nuits,* n'ont dit que la vérité : les couleurs de l'Orient sont si vives, les lignes si bizarres, l'architecture si miroitante et si enluminée, et ces vingt palais réunis tiennent tellement du merveilleux, que cette vue seule vaut le voyage, et que je bénirai toujours la fortune qui me les a fait voir. Nulle peinture n'en peut donner une idée, car le soleil tropical darde tour à tour des rayons d'or, de pourpre, de neige rosée, de bronze bleuâtre, qui se jouent, comme mille feux de Bengale, sur les minarets de marbre, les dômes de porcelaine, les aiguilles de cristaux, les pignons en miroiterie et les costumes étincelants d'une population étrange.

Mais pendant que nous regardons deux régiments de fantassins siamois, costumés en militaires français, jouant à la balle sur la place publique autour des faisceaux de leurs fusils à piston (qui sont beaucoup plus grands qu'eux), tout à coup le tambour bat aux champs, les clairons sonnent la « Casquette du père Bugeaud », les soldats courent aux armes, quoique très-gênés par des souliers; la population s'accroupit comme sous un coup de baguette magique, et un cortége s'avance, annoncé par des tourbillons de poussière. C'est le Roi. Nous sommes environ à soixante pas de la route qu'il suit pour entrer au palais. Des tambours, deux pelotons de fantassins, toute une escouade de mandarins vêtus de soie brillante le précèdent en trottinant. Il est porté sur un palanquin doré et incrusté de nacre (*voir la gravure, p.* 473), par seize hommes habillés de soie azur; et deux larges parasols blancs, au sommet de hampes incroyablement hautes, l'abritent de leur ombre vagabonde et vacillante. Le Roi nous paraît tout chamarré de colliers d'or et surmonté d'une couronne dorée qui ressemble à un haut éteignoir. Une quinzaine de jeunes princes forment la suite sur des poneys caparaçonnés, et un autre palanquin en laque et ivoire est chargé de tout un lot de ses filles. Mais le cortége passe au petit trot, avec une telle troupe de mandarins, de femmes esclaves, de porte-parasols et de hallebardiers, que nous demeurons ébahis; le Roi, au moment où il nous aperçoit, nous fait de la main un signe gracieux.

Non loin de là sont les écuries royales, pleines non pas de chevaux, mais d'éléphants. Nous les visitons fort en détail. Chacun a son hangar de dix mètres carrés, où il est attaché par un pied. Nous leur jetons de petites bottes de blé vert; après nous avoir salués trois fois en relevant leur trompe de toute sa hauteur, ils secouent notre présent pour en détacher la poussière et l'avalent fort délicatement. En voici un tout armé en guerre (*voir la gravure, p.* 476 : ses longues défenses sont plus hautes qu'un homme : une carapace de crocodile est étalée sur son occiput, pour le protéger des coups ennemis.

Un sergent-major siamois, coiffé d'un casque, est juché sur son pavillon, à l'ombre du parasol à sept étages, emblème de la royauté; et un jeu de lances, piques, javelots, massues et casse-tête est disposé autour de lui : le cornac est sur la croupe,

Un éléphant armé en guerre. (*Voir p.* 475.)

et, du son aigu de sa voix enfantine, il dirige à son gré le colosse du règne animal. Nous voulons aussi escalader cette montagne vivante et nous sentir bercés quand il trotte. Oh! que les humains paraissent petits de là-haut et que ce dandinement rappelle une mer houleuse! Nous voyons successivement les demeures

Un camp d'éléphants. (*Voir p.* 479.)

de vingt éléphants; je ne sais au juste combien il y en a. Mais il paraît que lorsque le Roi voyage dans l'intérieur, tous les chefs viennent le rejoindre, accompagnés d'un escadron d'éléphants; le Père Larnaudie en a vu jusqu'à sept cents réunis et marchant en bon ordre. Il y a eu, encore dans ce siècle, des batailles où l'on en compta six mille dans les deux camps (*voir la gravure, p.* 477); et quand, il y a vingt-deux ans, les Annamites ont envahi une des provinces du Cambodje, le généralissime siamois, nouveau Samson, les mit en fuite, en les surprenant la nuit avec quatre cents éléphants à la queue desquels il avait fait attacher des torches flambantes.

Mais devant nous leurs jeux sont plus pacifiques : quelques-uns folâtrent en pleine liberté dans une vaste cour, ils clignent leur petit œil malin (le plus malin, dit-on, du règne animal), ils se jouent mille tours, gambadent adroitement, s'évitent avec précison; c'est un vrai cotillon, où le

Quadrupedante putrem sonitu quatit ungula campum

fait une basse infernale. Les trompes indiscrètes font des évolutions par trop dégingandées; nos éclats de rire semblent froisser les éléphants et leurs compagnes; en vérité, je ne les aurais jamais supposés gent si chatouilleuse.

Rien de plus simple, du reste, que la manière ingénieuse, sorte de bal d'éléphants, qui sert à en prendre chaque année de vrais troupeaux dans les forêts vierges : on donne la liberté à une centaine d'éléphants apprivoisés; chaque cavalier, galopant dans la jongle et les bois impénétrables, y va inviter plusieurs danseuses sauvages qui le suivent passionnément : chaque libérée fait de même et ramène bon nombre de cavaliers indomptés et fougueux. Le tout revient pêle-mêle au galop dans un enclos dont la palissade est formée d'innombrables troncs de teck, et dont les traîtres si intelligents ont montré le chemin; de hardis Siamois jettent alors des laços dans les jambes des éléphants sauvages, et des câbles solides les enchaînent à des arbres séculaires. Prises au piége fatal des amours trompées, les malheureuses bêtes sont soumises à une diète des plus strictes jusqu'à ce qu'affaiblies, impuissantes, anéanties par la faim, elles subissent le joug qui a la nourriture pour récompense (*voir la gravure, p.* 481) ; et au bout d'un an le monstre farouche des forêts obéit aveuglément à un cornac de douze ans.

Mais pendant que nous nous retardons dans ces écuries fantastiques, la nuit commence, et la lune resplendissante se lève. Nous revenons à la Mission par la terre ferme, et sortons de la « ville royale » par la pagode du « Pied de Bouddha ». Sous la lueur bleuâtre et dans le silence de la nuit, c'est une impression grandiose que de voir des aiguilles de trois cents pieds de haut, faiblement éclairées, mais projetant une ombre immense, des cloches blanches, des colonnes de miroiterie, des animaux antédiluviens de marbre, des kiosques de porcelaine au milieu de lacs sacrés, et des coupoles qui semblent recouvertes de nappes d'argent; nos pas sonores retentissent sur les dalles désertes : ce ne sont pas des tombeaux, mais bien des trésors qui nous entourent, et des trésors inconnus.

Bientôt, guidés toujours par le Père Larnaudie, nous nous enfonçons dans des avenues de sycomores gigantesques, de palmiers et de flamboyants; nous franchissons des portiques crénelés, et, touchant aux faubourgs, nous tombons dans des ruelles d'une saleté abominable, où l'on patauge dans la bourbe, les immondices, entre mille chiens galeux et hurlants. —C'est bien encore là l'Orient! De loin la ville vous apparaît comme un tableau féerique sans une seule tache; vous débarquez dans le quartier des palais, puis vous sortez ravis des splendeurs dorées, argentines, nacrées et miroitantes, pour vous embourber dans des taudis nauséabonds, où les buffles errants, les mendiants couverts d'éléphantiasis se sont donné rendez-vous, au milieu des odeurs putrides et des flaques empestées de la marée qui se retire. Enfin nous revenons à notre case construite sur pilotis : d'un coup de pied bien donné, toute la baraque branlante se balance; les lézards de nuit courent sur les bambous vermoulus de nos parois; les moustiques en nuées épaisses me harcèlent si fort, qu'il m'est impossible de dormir, et je vous écris sur la natte qui va être mon lit, tant que ma ration d'huile de coco alimentera la mèche vacillante du coton arraché ce matin à l'arbre. Mais elle pétille en signe d'extinction, et comme le latin délectable des catéchumènes m'a poursuivi toute la journée, je finis en vous racontant le dernier trait de nos naïfs amis : ils nous demandent ce qu'est devenue la nourrice du Prince : « *Quia mercatores albi narrant se vidisse Principem gallicum descendentem de Chow-Phya cum nutrice ejus* »; comme quoi les cinquante ou soixante négociants européens de Siam croient que le duc de Penthièvre, enseigne de vaisseau, fait le tour du monde avec sa nourrice et a débarqué avec elle! La pauvre vieille Française du *Chow-Phya* est la cause involontaire de ce délicieux cancan, qui fait rire sans doute à l'heure qu'il est les résidents blancs! Pensez si nous rions aussi de bon cœur, en faisant des gorges chaudes sur l'idée qu'on se fait de notre mode de voyage. Pères nourriciers ce matin, nous serions donc devenus nourrissons ce soir!

12 janvier.

Pendant que le cabinet discute si nous serons la cause de l'anéantissement du grand Royaume, nous courons gaiement d'une rive à l'autre de Me-Nam, attirés par ce qui éblouit davantage nos yeux. Ce sont les pagodes! J'ai entendu vanter celles de la Chine, mais je doute pourtant qu'il y ait sur la terre d'Asie des temples qui puissent égaler ceux de Bankok [1].

La pagode la plus grandiose et la plus caractéristique est sur la rive droite : un bois verdoyant et majestueux l'entoure. Elle s'élève en une famille de clochetons que domine une pyramide centrale haute de trois cents pieds! Celle-ci seule est formée à la base d'un tronc de cône à cent cinquante gradins : puis elle devient une tour sexagonale avec des lucarnes supportées par trois trompes blanches d'éléphants; le clocher gracieux qui naît alors d'une couronne de tourelles s'élance comme une seule colonne et s'arrondit en coupole au sommet; de là, une flèche de bronze doré étend vingt branches torses et fend les nues. Aux rayons du soleil, tout cela n'est qu'une

[1] Ayant depuis visité Canton, Shang-Haï et Pékin, j'ai gardé l'impression que la plus belle pagode de ces villes est à la dernière du royaume de Siam ce que Quimperlé est à Paris.

Dressage d'éléphants sauvages. (*Voir p.* 479.)

masse scintillante : l'émail coloré des faïences flamboyantes, le revêtement de millions de rosaces vernissées qui se détachent sur l'albâtre, donnent à cette pagode d'un style pur, brillant et inconnu sous tout autre ciel, la magie d'un rêve avec les lignes colossales de la réalité.

Tandis que nous nous en approchons, glissant lentement en gondole contre le courant impétueux du fleuve, ce promontoire nous apparaît comme une ville entière, une ville sacrée de tourelles irrégulières, de kiosques entassés, de belvédères enluminés, de colonnades, de terrasses à l'italienne, et de statues de marbre rose et de porphyre rouge. Mais en mettant pied à terre, il nous faut passer dans les fossés et les bas-fonds qui longent les saints remparts, et où circule à pas comptés toute une population d'hommes dont la tête et les sourcils sont rasés, et dont le vêtement est une longue toge romaine jaune safran. Ce sont les « talapoins », ou prêtres bouddhistes. D'une main ils tiennent une marmite de fer, de l'autre le « talapat », grand éventail en feuilles de palmier, signe distinctif de leur dignité. Les ruelles qu'ils habitent sont d'une saleté épouvantable, et leurs maisons sont des masures de planches crasseuses et de briques qui s'éboulent : on croirait voir là, heureusement cachés par des berceaux d'arbres touffus, les égouts malsains des palais de porcelaine qui y touchent. Certes, il est bien vrai que

Ce qu'on voit aux abords d'une grande cité,
Ce sont ses abattoirs, ses murs, ses cimetières.

Là, plus de sept cents talapoins ou « phras » nous regardent passer avec une indifférence qui est presque du mépris; mais en voyant ces prêtres de Bouddha, qui ont l'air de mendiants paresseux, dormeurs et abrutis, ces douze à quinze cents gamins déguenillés qui les entourent en qualité d'enfants de chœur et qui végètent dans des bouges, pêle-mêle avec des bandes d'oies, de porcs, de poulets et de chiens errants, il nous semble que la bourbe, l'infection, la vermine du monastère en font plutôt une basse-cour, et nous ne pouvons nous empêcher de remarquer le contraste frappant qui existe entre la féerie du temple, visible de toute la ville, et l'horrible condition des centaines de prêtres qui le desservent.

Ce matin, en traversant la ville flottante, nous avons vu un grand nombre de bonzes. Dès l'aube, ils partent, deux à deux, dans une pirogue, et s'arrêtant un instant devant chacune des boutiques que baigne le fleuve, ils mendient leur nourriture. Plus de dix mille d'entre eux font chaque matin cette promenade. Dès qu'ils apparaissent, les femmes, prosternées, les mains jointes, les saluent trois fois en frappant la barque de leur front, et versent dans la marmite une cuillerée de riz, de bouillie de poisson, des gâteaux et des fruits. Une fois la marmite chargée à pleins bords, ils rentrent au temple, et déjeunent copieusement dans la matinée; car, de midi à minuit, la règle séculière défend à la gent quêteuse de manger quoi que ce soit. Quel frein ce régime mettrait chez nous, s'il était appliqué à ceux qui abusent des lettres de quête!

Mais cette caste vénérée des Siamois est soumise au code le plus rigide de la tempérance, de la superstition et de la paresse. Le Père Larnaudie nous en cite quelques traits :

« Ne mangez jamais de viande, pas même de crocodile ou de chien; ne buvez jamais de vin. »

« Ne labourez pas la terre, car vous pourriez occire un ver de terre ou une fourmi. »

« Vivez d'aumônes, mais jamais de votre travail. »

« Ne faites pas cuire de riz, car il a un germe de vie. »

(En revanche, ils sonnent les cloches à leur réveil, pour que toutes les femmes de la ville allument leurs fourneaux, et qu'en dévotes cuisinières, elles leur préparent des plats abondants.)

« Ne voyagez ni sur des juments ni sur des éléphants femelles. »

« Si en dormant vous rêvez d'une jeune fille, c'est une faute grave que condamne Bouddha, et pour laquelle vous ferez pénitence publique. »

Bref, ne s'asseoir que sur un siége élevé de douze pouces, fuir les femmes, excepté quand elles donnent à manger, fuir les laïques, respecter la vie des animaux, se vêtir simplement, se lamenter sur l'instabilité des choses humaines, et confesser publiquement ses fautes, tel est l'ensemble de leurs préceptes, mélange singulier de morale pure, de préceptes chrétiens, de sorcellerie puérile, qui les rendrait peut-être respectables, s'ils s'y conformaient le moins du monde. Mais la vie contemplative et l'oisiveté réglementaire, doublées des vices les plus hideux choyés dans l'ombre, leur donnent des yeux de congres mourants, une attitude insolente, et une cupidité rapace.

Il paraît que tous les « fils de famille » entrent dans cet ordre vers l'âge de vingt ans : c'est un vernis qu'il faut prendre.

Au bout de quelques années, ils en sortent fort aisément; et après avoir passé longtemps dans un linge l'eau qu'ils devaient boire, de peur d'avaler quelque animalcule et l'âme d'un ancêtre, ils gaspillent leur patrimoine en jeux et en festins.

De plus, la condition *sine qua non* pour monter sur le trône est, outre les droits du sang, d'avoir été talapoin. Ainsi le Roi actuel a passé sans transition de ce célibat, même spirituel, à un harem de huit cents femmes, dont les délices l'enivrent.

Enfin, les ruelles des talapoins sont considérées comme des asiles pour les animaux. Une foule de femmes y viennent lâcher en *ex-voto* poulets, canards, paons et dindes. Et il paraît que messieurs les talapoins leur tordent le cou fort adroitement et s'en délectent en petit comité!

Vous avez maintenant une idée des bonzes siamois : voici leur temple, voici leur dieu (*voir la gravure, p.* 485). Il nous suffit de monter quelques marches pour passer des baraques pourries aux terrasses de marbre. Nous escaladons les gradins de la grande pyramide, « si haut qu'on peut monter ». Ce n'est pas chose facile sous ce soleil torride qui nous rend défaillants, et sur une maçonnerie blanche qui nous aveugle. Mais le panorama de la ville tout entière nous est ouvert, avec les méandres du fleuve, les palais royaux, les onze pagodes de la première enceinte, les vingt-deux de la seconde, et environ quatre cents clochetons et aiguilles de faïence, plantés comme dans une pelote rebondissante de verdure, qui est formée par les dômes de la végétation tropicale.

La pagode du « pied de Bouddha ». (*Voir p.* 484.)

Dans les colonnades concentriques de la pagode que nous visitons, il y a des centaines d'autels ornés de millions de statuettes de Bouddha en or, en argent, en cuivre et en porphyre. Sur la partie gauche est un temple très-large, avec un toit à cinq étages en tuiles bleues, vertes et jaunes; les parois sont en miroiterie éblouissante. Les deux battants d'une porte gigantesque entièrement en laque incrustée de nacre s'ouvrent devant nous, et nous voici en présence d'un Bouddha en maçonnerie enluminée. Assis sur un tabouret de quinze mètres de haut, il a les jambes croisées, une couronne pointue sur la tête, des yeux blancs immenses, et il atteint une hauteur de douze mètres. Cette masse déiforme, de vingt-sept mètres en tout, peut seule résister au bruit de plus de cinquante gongs et tam-tams sur lesquels les bonzes frappent à tour de bras. L'encens brûle dans des coupes de bronze; un rayon de soleil, perçant par une lucarne, éclaire une quintuple rangée de statuettes dorées qui sont, en un régiment de deux ou trois cents, blotties aux pieds de la grande divinité, et des corbeilles de fruits superbes leur sont offertes; vous devinez qui les mangera. Des panoplies « laotiennes » sont fixées aux murailles, et de distance en distance le parasol à sept étages s'y appuie comme une bannière. Quant aux bas-reliefs, il faudrait un volume pour les décrire; ils représentent toutes les tortures de l'enfer bouddhiste. Je frémis en voyant les contorsions de pauvres diables qui se pâment, tirant les langues que dévorent les serpents, rattrapant un œil qu'arrache une griffe d'aigle, tournant comme des toupies sur des pals, ou mangeant à belles dents de la cervelle humaine dans le crâne entr'ouvert de leur voisin!

Ici des sculptures! là des fresques enluminées sur des murs de trente mètres de long! C'est un monde de détails que cette illustration de la religion de Bouddha, variable en chaque point de l'Asie, inextricable dans sa tradition, et contradictoire dans ses canons.

Le ciel me garde de chercher à vous esquisser ce que j'ai compris du bouddhisme! Malgré mon désir de m'instruire, j'ai déjà une indigestion de toutes ces vieilleries baroques, qui ne doivent être intéressantes que lorsqu'on connaît la langue du pays et lorsqu'on peut questionner les bonzes indigènes. Que Bouddha, après trente-six mille incarnations, soit arrivé au comble de la science et de la sainteté, et devenu le grand Docteur de l'univers, après avoir été serpent, roi des éléphants blancs, cigogne, tortue, singe, pierrot et bœuf à la mode des Siamois, peu importe! Homme ici, démon dans son enfer, ange dans ses dix étages de cieux, et moitié démon, moitié ange, dans la zone intermédiaire entre le ciel et l'enfer, « Phra Rodou ou Somana Rodou » devenant « Velsadon » est trop compliqué pour moi dans ses « Toxaxats » et sa « Mahaxat », romans dignes de remplir pendant vingt années le *Petit Journal*.

Mais parmi tout ce qu'on me raconte de ce dédale hyperbolique mêlé d'emprunts ridiculisés de nos croyances les plus pures, voici une charmante légende. Un prince indien qui adorait une jeune Himalaïenne dut attendre pendant dix ans la fin d'une guerre où il sauva sa patrie par des prodiges de courage, pour épouser celle qui lui avait donné son cœur. Le soir même des noces il meurt foudroyé; après avoir passé dans le purgatoire une année de douleurs surhumaines, il s'envole enfin vers la porte ouverte du ciel où l'attend une éternelle félicité. « Puis-je revenir une heure sur la terre voir celle que j'ai tant aimée? » crie-t-il à l'ange gardien du ciel. — Tu le peux, cœur fidèle, mais cette heure te coûtera dix mille années de ces tortures dont tes membres se tordent encore. — Sans hésiter, il descend sur la terre, et cherche tout enivré dans les avenues ombreuses de la vallée de Cachemire la place à jamais aimée où dort un souvenir. — La jeune fille était là, mais enlacée dans les bras d'un autre, et lui chantant d'une voix divine d'éternels serments! Quand il revint au purgatoire : « Monte droit au ciel, lui dit l'ange ; ce que tu viens de voir est plus affreux pour toi que dix mille années de douleurs, de flammes et de grincements de dents! »

Il y a bien loin de ces accents tendres au colosse du Bouddha qui est devant nos yeux. Mais ces proportions gigantesques en imposent davantage aux peuples de l'Orient. Nous ne quittons la rive droite que pour suivre sur la rive gauche des avenues menant à une nouvelle pagode, celle de Xétuphon. Je cite pour mémoire des escadrons de monstres de marbre incrusté de cristaux de couleur, et représentant des femmes sur des coqs herculéens, des éléphants à trois têtes, des crocodiles ailés, et des tigres finissant en queue de serpent; mais je voudrais vous faire entrer avec nous sous une colonnade de bois de teck, et dans un sanctuaire immense où le dieu est couché tout de son long, et ce n'est pas peu dire! car il a *cinquante mètres* de l'épaule à la plante des pieds. Ce corps gigantesque,

en maçonnerie, *est entièrement et parfaitement doré* (*voir la gravure, p.* 489). Il est couché sur le flanc droit : une terrasse dorée, ornée de sculptures, lui sert de lit. Sa tête, dont le sommet est à vingt-cinq mètres au-dessus du sol, est soutenue par le bras droit, qui s'appuie vers la porte d'entrée. Son bras gauche est étendu le long de sa cuisse, ses yeux sont en argent, ses lèvres en émail rose, et il porte sur la tête une couronne d'or rouge. Nous avons l'air de Lilliputiens autour de Gulliver, et quand nous essayons de grimper sur lui, nous disparaissons tout entiers dans ses narines : un seul de ses ongles est plus haut que nous. Nous demeurons confondus devant cette construction de Titans, dont l'architecte n'aura pu être payé que par les trésors d'un Crésus! Jamais culte n'a vu un pareil déploiement de richesses, car ce revêtement gigantesque de l'or le plus pur vaut des milliards : chaque feuille plaquée, et il en a fallu des milliers, est de près de deux pieds carrés, et pèse, nous dit-on, 450 onces d'or! Ah! s'il y a jamais ici un vizir Ozman qui ait la manie de gratter le vieux Siam, quelle belle poussière feront tomber ses rabots! Je ne puis vous décrire la majesté de ce temple, où la divinité nous écrase par sa masse et par son or : une demi-obscurité formée par des vitraux antiques et surchargés ne laisse que par des rayons indiscrets la lumière se jouer sur la couche miroitante du précieux métal, devenu ici un badigeon du monde des fées : il y a quelque chose de plus mystérieux dans ces teintes de crépuscule, qui grandissent les colonnes de teck, et font des parois couvertes de mosaïques aux cristaux multicolores un firmament parsemé d'étoiles brillantes.

Je dois rendre cet hommage au temple païen qu'il a un cachet de grandeur unique dans le monde ; mais s'il est assurément beau, il ne parle pourtant pas à l'âme.

Ces visites aux temples nous donnent une grande envie de rapporter quelques-unes de ces ravissantes statuettes qui nous rappelleront les colosses. Nous faisons donc venir dans la villa flottante du généralissime le mandarin-fondeur, pour le supplier de nous vendre des idoles. — «Non, non, jamais!» répond-il avec vivacité, tout en s'accroupissant à nos pieds. Nous le raisonnons de notre mieux, mais il nous dit «que sa religion

Le grand Bouddha doré. (*Voir p.* 488.)

défend de vendre aux gentils, et que si le Roi le savait, il lui ferait couper la main et les oreilles : que pourtant il pourrait peut-être *échanger* des statuettes contre une certaine somme d'argent». — Comme c'est oriental ! Mais bientôt il se reprend, et, s'enveloppant dans sa vertu, il refuse de nouveau énergiquement.

Nous nous mettons en marche et gagnons le camp des Annamites. Ceux-ci ont la spécialité, paraît-il, d'escamoter les idoles! Mais là encore nous arrivons trop tard. Ils en avaient apporté à leur chef une collection magnifique; mais il avait eu vent que les mandarins voulaient faire chez lui une visite domiciliaire (agréable institution importée jusqu'ici), et il a jeté tout le paquet dans le fleuve.

Nous consacrons le milieu du jour à parcourir tantôt la ville flottante, tantôt

LIVRAISON 62.

le bazar de la terre ferme. Là, reçus sur chaque radeau par des sourires aimables, nous achetons des peaux et des griffes de tigre, des peaux de serpent, des tam-tams et des parfums : souvent le canal est barré par de gros pontons qui font la distribution de la pâte rose mâchée nuit et jour par les Siamois : il y a dans ces cuves ambulantes un mélange de bétel, de noix d'arec, de tabac et de chaux. La pâte rose tendre devient écarlate dès qu'on la mâche, elle grise insensiblement et rend les dents noires comme de l'encre ! C'est pour eux de la beauté, et l'on nous raconte que le Roi fit dernièrement visiter son harem à deux Sœurs de Saint-Vincent de Paul et à une belle Américaine, femme d'un capitaine, qui fut prudemment laissé à la porte. En remettant cette dernière à son mari : « Quelle belle femme ! lui dit-il, comme elle est jolie ! mais c'est un bien grand malheur qu'elle soit tout à fait déparée par ses dents blanches ! »

Ici nous débarquons au milieu de monceaux de « kapi ». — C'est du frai de crevettes mis en saumure dans des cuves de bois jusqu'à ce qu'il ait atteint une fermentation putride : alors on écrase le tout avec les pieds par une danse en rond, et il en résulte un mastic nauséabond et de couleur violette : c'est le régal des Siamois ! En nous enfonçant dans ce bazar, qui est une longue ruelle dallée et recouverte de nattes, nous voyons, au milieu d'une cohue incroyable, tous les produits destinés à la cuisine siamoise. Après la nourriture de l'âme, voici donc les aliments du corps. C'est le riz d'abord qui en est l'alpha et l'oméga. Les poissons y jouent aussi un grand rôle : dans mille échoppes juxtaposées, nous voyons des viviers pleins de jeunes requins, de soles, d'anguilles à la morsure terrible, de lunes, sorte de raie qui s'attache à la coque des barques et fait entendre un roucoulement sonore, et enfin quelques quartiers de serpent boa. Le Père Larnaudie, qui en a mangé, nous déclare que ce mets est exquis. Apportés dans des barques-réservoirs, ces poissons demeurent dans les viviers jusqu'au moment de la vente. Mais sous le culte de la métempsycose, un acheteur siamois se croirait criminel s'il les tuait en leur passant un couteau dans les ouïes : *seulement* il les laisse *mourir* en les exposant à l'air !

Plus loin est le marché aux légumes et aux fruits : là, ce sont des montagnes de lotus, d'ignames, de pistaches de terre, de sagous, de jamboises, de letchis excellents et de duryans fétides. L'odeur de ces derniers fruits pénétrant de la façon la plus vive dans les fosses nasales, est de celles qu'on ne peut pas nommer. Elle fait horreur ; mais dès que, par bravade, on a mordu une fois dans ce melon non avouable, la délicatesse et la saveur du fruit vous font triompher d'une répulsion première, et l'on en redemande encore. Je me souviens qu'à Singapour on n'en voyait jamais sur les tables dans les bungalows, mais nous avons surpris plusieurs fois des résidents européens qui se cachaient dans des tonnelles de leur jardin pour en manger. Quant aux tonnelles, elles gardaient, hélas ! le fatal parfum ! — Mais au milieu de ce bazar siamois trouver des Chinois vendant des « bibelots » de la fête de Saint-Cloud, des articles de Paris et des poupées mécaniques, voilà qui est plus drôle encore ! Heureusement, près d'un restaurant en nattes tendues, où résonnait le cliquetis des bâtonnets des mangeurs de « kapi », nous ne tardons pas à trouver des produits charmants de l'industrie locale, des jeux de boîtes en émail sur cuivre, des bracelets de bras et de mollets en or rouge, des colliers filigranés où sont enchâssés des rubis et des saphirs-cabochons, bref, de quoi dépenser des sommes folles, si l'on était aussi riche qu'un Siamois!

Ici, en effet, la fortune publique est immense; l'or et l'argent roulent mieux qu'en aucun lieu du monde! Tout nous l'a déjà prouvé : mais les maisons de jeu qui sont à l'extrémité du bazar nous le montrent encore davantage : nous entrons. Une soixantaine de personnes, hommes et femmes, sont rangées en cercle sur le plancher poli de la cabane de bambou. Chacun met pour enjeu une, deux, trois poignées de boulettes d'argent. Étrange monnaie que celle-ci ! Figurez-vous une rangée de douze pilules d'argent, dont la plus grosse est comme une noix et la plus petite comme une tête d'épingle ; voilà la série graduée des monnaies du roi Mongkut! Chaque boulette est fendue d'une petite entaille par derrière et marquée par devant d'un coin poinçonné en forme de cœur microscopique. La plus usitée est le « tical » ; elle est de la dimension d'une petite noisette et vaut trois francs; la plus grosse en vaut douze. — Rien d'original comme la natte écarlate sur laquelle tombent en grêle ces billes d'argent, lancées d'une main impassible. Un vieillard assis, vénérable croupier, sur lequel convergent les regards de l'assemblée muette, jette vingt fois par minute une poignée de dés qui ne sont autre chose que des coquillages africains, et déclare pair ou impair. — « Passe et manque », ou « moitié à la boulette », ne sont pas encore usités dans le grand Royaume. Mais nos consuls obtiendraient cela plus vite qu'un traité de commerce. En voyant des mandarins vêtus de soie perdre successivement des milliers de boulettes d'argent, je m'imagine d'abord que les hauts fonctionnaires sont les seuls clients de ces banques empreintes du plus vif cachet. Mais le peuple tout entier est essentiellement joueur : à deux pas de là, de simples marchands jouent avec des monnaies de porcelaine, petits macarons chiffrés en relief; dans d'autres tentes, étagées à l'ombre de cocotiers magnifiques, mais formées de loques de nattes comme on n'en rassemble bizarrement qu'en Orient, les esclaves viennent risquer la monnaie du pauvre, de petits coquillages appelés « conques de Vénus », et dont un millier vaut cinq sous. Quel tableau Decamps aurait fait de ces quartiers de joueurs! A droite, les mandarins brillants, couchés sans anxiété sur la soie, et jetant l'argent à pleines mains, comme le semeur jette la graine; à gauche, les marchands, avides et fiévreux, vendant à moitié prix leurs derniers ballots, pour risquer le pair ou l'impair; et au fond, presque dans le bois, dans un cadre de verdure dorée par le soleil, des groupes de jeunes filles haletantes, esclaves échappées pendant une heure, à demi vêtues quand elles arrivent, souvent dépouillées de tout costume quand elles partent. Se tenant étendues un peu au-dessus du sol, les reins cambrés, avec les coudes et les genoux repliés pour point d'appui, elles avancent convulsivement le cou et la tête, balancent en l'air leurs petits pieds crispés; et leurs corps, sveltes et moulés, se dessinant dans cette pose tendue, frémissent tout entiers à chaque coup de dés! Qui sait? le rachat de la liberté dépend d'un heureux hasard, et une heure d'escapade peut as-

Elles frémissent à chaque coup de dés.

surer l'affranchissement de toute une vie! Nous revenons à la Mission par une grande place de gazon. Elle touche au palais du second Roi qui est mort l'année dernière; là s'élève un monument étrange : on construit pour le défunt un gigantesque échafaudage, véritable montagne artificielle couronnée de kiosques élégants : dans deux mois, elle sera brûlée tout entière, en même temps que le corps du Roi placé au sommet. Ce sera une fête magnifique qui coûtera une douzaine de millions. Pendant sept jours, tout Siam sera en liesse : les

Le bûcher où doit être brûlé le second roi.

éléphants, armés en guerre, feront la haie, et du haut de leur masse vivante l'artillerie tonnera. Le premier Roi jettera au peuple des bouquets innombrables de fleurs, au cœur desquelles seront cousus des « ticaux » d'argent : jeux et festins, encens et processions, danses et fantasmagories, tout sera mis en œuvre pour la solennité funéraire, convertie en réjouissance publique.

Ce que nous avons devant les yeux est déjà bien admirable. Figurez-vous que cette montagne de rochers factices est supportée par une charpente de bois de teck haute de plus de cent soixante-dix pieds. Les plus beaux arbres des forêts de l'intérieur du royaume ont été traînés par des milliers de coulies jusqu'à ce lieu. Nous pénétrons par un trou caché au centre de la bâtisse, et nous sommes saisis de la légère contexture de toutes ses parties. Que de travaux, de coups de courbache et de hache, que de sueurs et de souffrances dont le fruit est uniquement destiné à devenir la proie des flammes!

Le chapiteau à étages du kiosque le plus élevé n'est pas encore terminé : c'est là que sera déposé le corps du Roi défunt et combustible. On applique sous nos yeux les dernières plaques de dorure de cette petite partie du grand tout, et cent vingt-deux livres d'or pur ont déjà été employées dans ce détail de l'édifice immense! Les laminoirs étant encore à l'état d'enfance, les feuilles du précieux métal sont si épaisses qu'avec une seule on en ferait plus de cinquante chez nous.

Un balcon rectangulaire en miroiterie ceint le kiosque central : huit kiosques dorés, disposés comme les huit angles de sommet d'une étoile, construits sur les pointes de roches simulées, forment l'auréole pittoresque et éblouissante du mausolée : dix-huit parasols à cinq étages [1] sont plantés en sentinelle autour du catafalque encore vide, et le pavillon écarlate avec l'Éléphant blanc flotte au-dessus de cet assemblage, qui charme les yeux au plus haut point.

Quant à la montagne elle-même, qui est de carton, une aquarelle seule pourrait vous rendre les tons moirés, bronzés et métalliques de ses mamelons bombés, de ses roches surplombantes et de ses cavernes bleuâtres. La carcasse de papier mâché, qui pour les rochers seuls s'élève à environ cent vingt-cinq pieds, est revêtue ici de feuilles de cuivre rouge, là de feuilles d'or, plus haut de feuilles d'antimoine de Bornéo, plus bas de feuilles de platine; toutes sont bosselées et miroitantes, relevées par des bouquets artificiels de métal et par des vases nacrés qui se dessinent en silhouette. Un sentier tortueux, tantôt en rampe, tantôt en escalier, fait cinq fois le tour de la montagne avant d'arriver au faîte : à chaque pas, il est gardé par des chiens de porcelaine, des dragons dorés, des paons de verroterie! Tels sont les ornements saillants de cet échafaudage d'un conte de fées. Pensez combien les rayons du soleil jettent de feux multiples sur ces roches métalliques, réflecteurs entassés d'où ricochent et se marient mille lueurs infinies, transformées, éblouissantes. — De plain-pied, sur la droite, une barrière d'ébène sculpté et enjolivé d'ivoire marque le seuil du sérail de celui qui est mort. Un pignon de miroiterie, des éperons de bronze, des tuiles vertes, jaunes et bleues, enrichissent le premier kiosque, qui n'est qu'un toit supporté par quatre colonnes de teck; puis une cage semblable à celle de nos jeux de paume, mais construite en madriers de sandal, est le balcon grillé d'où les sept cents veuves du même mari voient grandir le

---

[1] Les armes du Roi n° 2 ont au parasol deux étages de moins que celles du Roi n° 1.

tombeau magnifique qui va devenir sa rôtissoire.

Mais l'ornementation n'est pas encore terminée; un millier de charpentiers sont employés sur les abords de la place à enfoncer en terre des troncs de teck immenses, au haut desquels seront suspendus des animaux dorés. Dans de longs hangars, nous voyons les mandarins menuisiers diriger les travaux, et faire coller des bandelettes d'or sur de grosses carcasses de dragons volants, de crocodiles ailés, d'oiseaux antédiluviens. Quand ces avenues de mâts de cocagne, où flottera une ménagerie fabuleuse, encadreront cette nécropole d'opéra; quand un million de Siamois en habits de fête seront répandus autour de la montagne dorée; quand les tourbillons de la fumée des canons pendant le jour, les innombrables feux d'artifice et de Bengale pendant la nuit, animeront cet ensemble étonnant, ces royales funérailles ne seront-elles pas une des plus belles fêtes de l'Asie?

C'est en parlant de tant de spectacles nouveaux pour nous que nous glissons en gondole sur le majestueux « Me-Nam ». Les grands arbres des jardins des pagodes sont illuminés par les lueurs des lucioles qui couvrent d'une pluie légère d'étincelles toutes les vagues et sombres silhouettes; et les alignements des canaux de la ville flottante se dessinent par les lanternes vénitiennes, aux couleurs bariolées, qui se reflètent dans le miroir des eaux tranquilles.

13 janvier.

Vers onze heures du matin, — par une chaleur torride, — comme nous revenons de la messe à notre case de bambou, en songeant à tous les courageux missionnaires qui, depuis saint François-Xavier en 1562, ont débarqué sur ce quai et puisé là des forces nouvelles avant de commencer dans les forêts insalubres de l'intérieur leur vie d'abnégation, de souffrances, de solitude, mais de devoir, — nous voyons arriver tout haletant un mandarin, premier chambellan du Roi. Il nous remet un papier long de deux pieds et large de deux pouces, où quatre lignes de cinquante à soixante mots chacune, en écriture siamoise, demeurent inintelligibles pour nous. C'est la réponse royale. mais sont-ce nos passe-ports ou nos lettres d'introduction? Nous recourons au Père Larnaudie, et nous voilà bien ébahis d'apprendre que Sa Majesté Siamoise nous attend depuis huit heures du matin. Évidemment le Roi est surpris de ne pas nous voir arriver; mais c'est la faute de son grand maître, qui aura couru après quelque donzelle échappée de son sérail et fait l'école buissonnière le long de sa route! Vite nous sautons en gondole, nous recrutons le généralissime, qui porte l'uniforme français de général de division, avec cette seule différence qu'il a un éléphant brodé sur son collet; mais quand nous nous présentons au guichet de la porte royale, on nous dit que Sa Majesté a quitté la salle d'audience où elle entretient tous les matins ses actifs mandarins des besoins pressants de l'État, et qu'elle s'est enfermée dans son harem, dont personne ne peut franchir le seuil pour la chercher, sans mériter la peine de mort!

Grâce à nos guides, la première enceinte du palais étant franchie, nous en profitons pour voir ce qu'elle recèle.

Plus d'audience royale, donc plus d'étiquette; nous ôtons avec bonheur nos habits de drap, sous lesquels nous mourons de chaleur, et nous arpentons les péristyles et les terrasses, comme les Parisiens, en manches de chemise, qui visitent les fortifications en été. Un des pages du Roi, vêtu d'un casaquin et d'un langoutis de cachemire azur, nous fait d'aimables révérences et des accroupissements multipliés. Toutes les fois qu'il parle, il met sa cigarette parfumée au repos, en la passant entre l'oreille et le crâne. Nous obtenons de lui la permission de rendre nos devoirs à la grande idole vivante, l'Éléphant blanc!

Au seuil du temple-écurie, une quinzaine de mandarins qui nous accompagnent se prosternent à quatre pattes en présence de l'animal-dieu; et, nous conformant aux convenances, nous entrons chapeau bas dans le sanctuaire, avec force révérences respectueuses. La voilà donc, cette divinité blanche qui est l'emblème du royaume de Siam, et devant laquelle s'incline tout un peuple! Quel n'est pas notre désenchantement de trouver (*voir la gravure, p.* 497) l'Éléphant blanc de la couleur de tous les éléphants du monde! En revanche, il est surchargé de bracelets d'or, de colliers d'or, d'amulettes et de pierreries. On lui sert son repas sur d'énormes plateaux du précieux métal, finement ciselés, et l'eau qui lui est destinée est conservée dans de magnifiques amphores d'argent. Pourtant, en approchant de l'animal chargé de reliques, nous pouvons bien trouver que sa peau est un peu plus grise et d'une nuance plus blanchâtre que celle du « commun des éléphants »; ce sont seulement ses yeux entièrement blancs qui l'ont désigné à tant d'honneurs et à une si servile vénération. En cela, le dieu est albinos, qualité très-rare.

Suivant ce que l'on nous raconte, dès qu'un des chefs de l'intérieur découvre un quadrupède ainsi marqué, il rassemble toutes les tribus avoisinantes pour le traquer : on le prend grâce à de puissants stratagèmes, et après cette douce violence qui a bien coûté quelque centaines de bras et de jambes broyés, on l'amène jusqu'à Bangkok sur une barque royalement ornée, où il est servi par une escouade d'esclaves prosternés à ses pieds. Pour prix des fruits et du blé vert qu'ils lui offrent, les malheureux sont, paraît-il, récompensés par de mortels horions toutes les fois qu'ils se trouvent à une longueur de trompe. Mais peu importe que le dieu pue, rue et tue ! Les mandarins de Bangkok, installés dans les barques royales, remontent le fleuve au-devant de lui et l'honorent des plus beaux présents; car leur religion leur enseigne que les âmes des Bouddhas transmigrent dans le corps des oiseaux blancs, des singes blancs, des éléphants blancs : à ces derniers, surtout, hommage et vénération, en raison du nombre prodigieux de mètres cubes de divinité qu'ils doivent renfermer!

Quant à nous, nous ne refusons, malgré nos fous rires, aucun des hommages consacrés à l'Éléphant : c'est la moindre politesse que nous devions à nos aimables hôtes siamois ! La bête elle-même, ravie du tas d'herbe tendre que nous lui faisons offrir sur un de ses plateaux d'or, trépigne et se dandine gaiement sur les trois pieds qui lui sont laissés libres. Le quatrième est maintenu par une chaîne rivée, sans quoi je pense que l'idole vivante déguerpirait bien vite de ce lieu où elle est en odeur de sainteté et autres, pour courir dans la jongle avec ses profanes et regrettés compagnons de vie nomade. Nous restons plus d'une demi-heure dans ce temple, examinant les ornements de grande cérémonie, qui sont, comme des harnais, suspendus aux parois de marbre. Il y a un kiosque doré à clochetons, monté en sellette, des étuis et des boucles d'oreilles, des pierres précieuses, et des centaines de bagues « à défenses » qui, ajoutées à ce qu'il porte déjà, doivent lui faire une étonnante décoration mythologique. Car nous devons songer que nous ne voyons l'Éléphant qu'en négligé du matin : jugez de ce que cela

L'Éléphant blanc. (*Voir p.* 496.)

doit être quand il est en grande toilette!

Mais nous ne voulons pas sortir du temple sans mettre à exécution un pari que nous avions fait avant de partir d'Europe, et que nous nous plaisions à nous rappeler sur les grandes vagues du cap de Bonne-Espérance comme dans les bals de Sydney : « rapporter chacun trois poils de l'Éléphant blanc! » Mais cette pieuse opération épilatoire nous paraît une facétie fort dangereuse, maintenant que nous nous trouvons nez à trompe avec l'animal. Corrompre à coups de boulettes d'argent son premier valet de chambre, qui se faufile dévotement, respectueusement, en marchant sur ses genoux, et qui de neuf coups saccadés les arrache sous la lèvre inférieure, voilà qui est fait plus vite qu'il ne faut de temps pour l'écrire, et je vous rapporte

Livraison 63.

63

ces reliques capillaires dans un médaillon sans emploi jusqu'à présent.

Il n'y a plus rien à voir dans la série de péristyles, où les patrouilles seules montent la garde, et le flot très-augmenté de nos acolytes, mandarins et camériers royaux, nous conseille de revenir vers cinq heures du soir pour tenter la fortune et savoir si Sa Majesté nous recevra, quand elle sortira de son harem.

Nous nous dirigeons alors vers une pagode qu'on nous dit, je crois, s'appeler « Tour de Babel »; mais elle me fait l'effet d'un fourneau et d'un charnier. En traversant quatre portiques, et en suivant des avenues dallées, remplies de talapoins qui vont et viennent, nous nous trouvons devant un kiosque en pierres entièrement à jour, dont les colonnes sont noircies par la fumée. C'est ici que se font de préférence les funérailles de Bangkok, et en attendant une heure et demie, nous sommes témoins d'un service de classe moyenne. De même qu'ici le deuil, au rebours de l'Europe, se porte en vêtements blancs, la mort ne produit pas chez ces peuples le même effet que chez nous; et tous, les parents, amis et croque-morts, fument, causent, plaisantent et rient en suivant le cortége. Vous savez qu'aux Indes et ici, on n'enterre pas, mais on brûle les cadavres. S'il est vrai que notre pauvre dépouille corporelle est détruite ainsi plus proprement que par les vers rongeurs et la pourriture, si la crémation résout d'un seul coup les questions d'insalubrité des cimetières, j'avoue qu'il est peu de spectacles qui soient aussi horribles pour les vivants, et qui fassent sur l'âme une impression plus destinée à revenir dans les nuits blanches comme un torturant cauchemar.

Nous nous tenons à une vingtaine de mètres, pour ne point gêner les superstitions locales, et voici ce que nous voyons. Le corps, enseveli dans du linge blanc, est tiré du cercueil et déposé dans le kiosque, au-dessus d'une triple rangée de fagots desséchés. Le « Chaô-kleinbalat », ou premier vicaire des talapoins, allume le bûcher : la flamme s'élève; sa lumière même et la première fumée épaisse dérobent tout à nos yeux : peu à peu la flamme tombe, la fumée s'évanouit, le brasier reste; alors le cadavre apparaît au sommet, et les chairs crépitent affreusement au milieu du silence religieux des spectateurs. Mais comme c'est un mort frais de la veille, ses nerfs et ses muscles se crispent sous l'action du feu cuisant : les bras se tordent, les phalanges s'agitent, les jambes se contractent et repoussent la braise. S'il n'était connu en physique qu'un chat mort mis sur le gril gigote comme une grenouille vivante, nous devrions croire que le malheureux se réveille et revient à la vie! Mais ce corps d'homme levant et secouant ses membres dans des convulsions saccadées, et semblant se pâmer de douleur sur le feu ardent, me glace, je l'avoue, le sang dans les veines. Oh! non, je ne veux pas mourir ici!

Mais ce ne sont encore là que les plus ordinaires funérailles. Il paraît que souvent un Siamois dit en mourant : « Je laisse un bras ou une jambe aux oiseaux. » Alors le talapoin de service découpe le cadavre, et jette le morceau demandé aux consommateurs ailés, vautours hideux qui volent par centaines au-dessus de la pagode en attendant leur proie. Ainsi, pendant que le corps grille sur le feu, une de ses parties crues est dévorée à cent pas de là dans le « charnier ».

Nous y allons, et la vue de cette annexe funéraire, plus paisible que le bûcher, est assurément plus impressionnante. Par un singulier contraste, tandis que les honnêtes Siamois croient faire œuvre pie en donnant un de leurs membres aux oiseaux, c'est la plus humiliante des flétrissures que d'être dévoré en entier par les vautours. Les « galériens du Roi » sont ceux auxquels Bouddha refuse les honneurs de la braise et du gril. Dès nos premiers pas dans le charnier, nous foulons une douzaine de crânes anciens, décharnés et dépouillés par le bec de la gent vengeresse; mais il y a tout à côté des lambeaux tout frais ensanglantés et dégoûtants, autour desquels sont attablées les fétides bêtes qui s'y cramponnent du bec et des serres, en battant des ailes pour augmenter leur force de déchirement et pour chasser les compétiteurs de leur proie! Malgré la chaleur intense, l'odeur n'est pas si forte qu'on pourrait le croire, grâce à la rapidité avec laquelle la besogne est faite. Mais il reste pourtant l'infection nauséabonde que les vautours eux-mêmes exhalent! De plus, ils dorment par centaines dans ce même lieu où ils mangent, et l'on s'en aperçoit sous les corniches des colonnades. Les talapoins prennent plaisir, après nous avoir fait circuler au milieu des torses à demi déchiquetés et des membres épars du charnier, à nous montrer le garde-manger où repose un galérien mort hier, recouvert seulement d'une planche, et destiné au repas de demain matin. Le pauvre diable a encore ses chaînes aux pieds : cela gênera un peu les vautours.

En repassant devant le bûcher, nous espérons voir la fin du cérémonial : mais les braises sont encore trop ardentes. Dans quelques heures on va retirer du milieu des cendres le tical mis dans la bouche du cadavre au moment où ses parents l'ont enlevé de la maison mortuaire, et lui ont fait faire trois fois le tour du jardin « afin qu'il n'en puisse retrouver le chemin ». La partie centrale des cendres sera ensuite recueillie dans de petites urnes, et chacun des membres de la famille emportera dans sa poche une parcelle du défunt! Je m'explique maintenant ces rangées de petits pots que j'ai vus, comme des pots de confitures, sur les planchettes qui entourent l'autel des dieux lares dans l'antichambre de chaque maison. Je ne m'étonne plus alors de ce récit qui m'avait paru fantastique, et d'après lequel, à la crémation d'un guerrier renommé, les talapoins se précipitent sur le foie rôti pour le manger ; et il me semble entendre ce Siamois, ancien ambassadeur à Paris et parlant à peu près le français, inviter un ami au service, convoi et enterrement d'un des siens, en lui disant : « C'est demain à onze heures très-précises que je vous prie de venir voir griller mon oncle! »

Mais nous n'oublions pas notre rendez-vous donné ce matin pour huit heures, et prorogé par la fantaisie d'un mandarin jusqu'à cinq heures du soir. La place du palais est remplie des troupes royales, qui, nu-pieds, mais en bon ordre, obéissent parfaitement aux commandements français du général. — Bataillon carré, charge à la baïonnette, défilé et salut, musique entraînante, tout est réussi d'une manière étonnante pour des Asiatiques! Bravo pour le général-maréchal Lamache!

Cette fois, le portique de la seconde enceinte nous est ouvert à deux battants : il y a des canons sur les terrasses, des sentinelles portant armes sur chaque marche de porcelaine de l'escalier sinueux. Nous arrivons au seuil de la salle du trône, et le Roi vient au-devant du Prince en traversant une moisson de mandarins accroupis dans l'attitude du plus profond respect, et n'osant même pas lever les yeux sur le maître qu'ils adorent.

Sa Majesté est précédée d'une dizaine

Le soixante-douzième enfant du roi de Siam.

de ses enfants, qui sont vraiment ravissants : ils ont la tête rasée, excepté le sommet, d'où s'élève une petite mèche entourée d'une guirlande de fleurs blanches maintenue par des épingles de saphir : leur buste nu est orné de nombreux colliers de pierreries, et leurs reins, d'une ceinture d'étoffe argentée; au-dessous pend un langoutis de soie chinée rose et bleue; enfin sept ou huit gros anneaux, où sont attachés en pendeloques saphirs et rubis, s'enroulent au-dessus de la cheville. Les voilà donc ces petits êtres mignons que les sultanes ont parés et enguirlandés! L'un porte la boîte aux cigarettes, l'autre le grand sabre du Roi, celui-ci un parasol à sept étages, celui-là un crachoir d'or! Ils avancent en trottinant et en nous saluant de leurs plus gentils sourires.

Le Roi dit quelques paroles au groupe de ses filles. (*Voir* p. 503.)

Quel contraste entre ces petits chérubins asiatiques et le vieux Roi, dont la figure rabougrie est enchâssée sous une couronne-pyramide dorée, et dont les membres de squelette tremblotent sous les manteaux chamarrés et les pierreries innombrables! Sa Majesté Siamoise, âgée de soixante-trois ans, est parfaitement laide, et tient beaucoup du singe. Mais le roi Mongkut se pique de parler anglais, et nous comprenons à peu près un mot sur dix. Le colloque est fort solennel : le Roi nous parle de Louis XIV et de sa fameuse mission : — tout en discourant sur les grandeurs du Roi-soleil, il se détourne deux ou trois fois par minute pour cracher sa boulette de bétel dans un beau vase d'or, puis en reprend une autre dans une des boîtes ornementées de diamants que lui tendent ses enfants. Mais l'audience ne dure guère que cinq minutes : nous sommes sur le seuil de la grande salle du trône : le Roi nous y fait faire sept ou huit pas. Je ne saurais la comparer qu'à une nef de nos églises, tant elle est élevée et majestueuse. Ne pouvant la mesurer que des yeux, je lui donne trente mètres de long sur neuf ou dix de haut; c'est un magnifique assemblage de colonnades dorées, de lustres filigranés, de panoplies bizarres; le parquet comme le plafond est en marqueterie brillante, et dans les parois sont coupés deux étages de galeries, sorte de loges cintrées d'où la vue plonge comme dans un théâtre de dorures. Au milieu de la paroi qui est en face de nous, est taillée une immense alcôve; des cierges d'un demi-pied de diamètre et plus hauts qu'un homme brûlent sur les marches du trône, qui est au fond et qui ressemble à un autel. Au-dessus s'élève le parasol à sept étages, un vrai clocher de cathédrale!

Dans tous les coins, des groupes de mandarins prosternés sur les genoux et sur les coudes; des meubles orientaux chargés de bijoux et de parures, des Bouddhas couverts de diamants, à côté de cadeaux (articles de Paris) donnés par les souverains d'Europe! Un fauteuil de velours d'Utrecht, à fond mobile (meuble de malade), sous un dais argenté de pacha! Les insignes de la Légion d'honneur au-dessus d'une gravure coloriée (à un sou) représentant des sapeurs! Des blocs de pierres précieuses à l'état brut dans des plats à barbe de la dernière quincaillerie d'Auvergne! Une architecture et des boiseries d'une beauté inconnue chez nous, et des colifichets de foire de village! Oh! que c'est bien là l'Orient, mélange des plus admirables joyaux indigènes et d'une bimbeloterie européenne que l'ignorance des possesseurs taxe d'objets d'art; ensemble grandiose et minable, doré et étamé, merveilleusement laqué et enluminé de peintures enfantines. Je donnerais je ne sais quoi pour voir toutes ces vitrines qui nous environnent : la plus proche nous fait éclater de rire; elle contient un fouillis d'ivoires superbes, de jades valant des milliers de francs, de bouteilles de benzine Colas, d'eau de Cologne, et une douzaine de tasses de faïence de la grosseur d'un melon, à rebords épais et à anse solide. Il paraît que c'est un malin Français qui a vendu au Roi ce grotesque ustensile de ménage, comme si c'était un service de table!

Mais le temps d'achever une inspection aussi curieuse ne nous est pas laissé. Le Roi dit quelques paroles au groupe de ses filles (*voir la gravure, p.* 501) qui se sont tenues timidement à distance jusque-là, et elles vont ouvrir une cave à liqueurs placée sous la copie du tableau de Gérôme qui représente la réception des Siamois à Paris. Une d'elles, âgée d'environ treize ans, couverte de bijoux *seulement*, gracieuse et vraiment charmante, nous verse par son ordre une décoction abominable sous le nom de vin : le Roi tient beaucoup à trinquer avec nous en faisant sonner les verres, et il nous congédie fort aimablement en donnant ordre à ses filles d'apporter, en grande pompe, trois de ses cartes de visite sur papier glacé. Sa Majesté nous les a libéralement octroyées, et voici le témoignage de cette royale munificence :

SOMDETCH-PHRA-PARAMENDR
MAHA-MONGKUT,
MAJOR REX SIAMENSIUM

Cette fin en langue latine n'est-elle pas délicieuse?

Le bonheur veut que le Roi, dans ses dernières paroles d'adieu, dit aux mandarins de nous montrer demain matin les dépendances du palais et la demeure de son collègue défunt. Les petits Princes rieurs et les nombreux mandarins nous reconduisent jusqu'à la porte. Nous promenons dans toutes les directions les regards les plus avides, mais nous ne parvenons à découvrir ni une ombre aux fenêtres du harem, ni une apparence du fameux régiment des Amazones, qui tient, dit-on, garnison dans le palais.

14 janvier.

Nous avons commencé la journée, Fauvel et moi, par une visite au consul de France, M. Aubaret, capitaine de frégate, homme aimable et charmant, doué d'une facilité extraordinaire pour apprendre toutes les langues de l'Orient; il nous a raconté toutes les péripéties de la politique en ces parages. Après avoir reconnu le protectorat de la France sur le Cambodje, le Roi de Siam a conclu avec les rois de ce pays un traité secret annulant le nôtre, et ceux-ci viennent d'apporter en cachette à Bangkok un tribut auquel ils avaient officiellement renoncé. Le consul anglais n'a rien plus à cœur que d'encourager les Siamois dans cette voie douteuse qui arrête les progrès de notre domination en Cochinchine. « Le Cambodje nous restera, ou je sauterai », disait notre intrépide consul. — Par là, en effet, serait consolidée cette barrière que nous élevons entre la Chine et l'Inde anglaise ; par là notre colonie pourrait plus sûrement prendre son essor, et empêcher peut-être nos puissants rivaux d'envahir peu à peu les États du grand Roi.

C'est un étrange steeple-chase que celui des influences européennes dans l'extrême Orient! *Prendre,* à la première occasion favorable, pour empêcher un autre compétiteur de *prendre* à la seconde, tel est le secret, peu moral assurément, mais presque obligatoire des dominations coloniales. Procéder tantôt par une condescendante protection, tantôt par une hautaine irritation; flatter ou intimider, montrer l'épée dans le fourreau ou hors du fourreau, voilà ce que nous faisons tous, à tort ou à raison, pour lutter contre les lenteurs sournoises, les réponses éternellement évasives, les cachoteries mesquines, les infractions flagrantes des roitelets ou des Grands Mogols de l'Asie. S'il n'était si fallacieux, demi-serpent, demi-

Le théâtre en plein air fait les délices des Siamois. (*Voir p.* 507.)

bourdon, il me ferait vraiment pitié, le cabinet de Siam! Tantôt il rampe, tantôt il sonne une fanfare indépendante. Mais, au fond, ce royaume n'est-il pas un gâteau bien tentant, placé entre deux convives, la France et l'Angleterre, qui, ne pouvant plus rien manger aux autres en Europe, se sont attablées en Asie?

Nous n'avons pas oublié les Dupleix, les La Bourdonnaye, et nous avons eu la main heureuse, après avoir tant perdu aux Indes, d'avoir de nouveau tant conquis en Cochinchine. Mais il est tout simple que, si nous respectons sincèrement l'intégrité du royaume siamois, nous demandions aux autres compétiteurs la même réserve. De là une situation des plus tendues, et des griefs qui, ne pouvant être mis au grand jour, se reportent d'autant plus vivement sur les petites choses: ainsi, comme pour les enfants qui ne sont pas sages et auxquels on refuse le dessert, notre consul a pris sur lui, et avec raison, de ne pas remettre au Roi une épée superbe et des présents envoyés par la France: il ne les donnera que si une certaine délimitation de frontières est faite selon sa demande. Le cabinet siamois s'est décidé, cette nuit, en conseil, à envoyer une ambassade à Paris pour obtenir la frontière de ses rêves. Bien entendu, la même malle emportera une dépêche destinée « à préparer le terrain » en sens inverse!

Mais de la scène politique nous ne tardons pas à passer à la scène comique. Le théâtre en plein air fait les délices des Siamois (*voir la gravure, p.* 505), et, à l'ombre de quelques feuilles de bananier, de jeunes acteurs égayent pendant le jour entier des centaines de spectateurs accroupis. Coiffés de couronnes royales dorées, couverts de cuirasses et de cuissards de métal brillant, ils dansent au son d'une musique infernale, sautent, chantent, se battent, pour représenter les épisodes fabuleux de leur histoire nationale. Malgré la bizarrerie du jeu, l'enluminure épaisse des visages, les sauts périlleux de la troupe, nous ne restons pas longtemps en contemplation devant ce spectacle drôle, mais inintelligible pour des Européens. D'ailleurs, les sons lointains des tam-tams royaux nous avertissent qu'il est l'heure de visiter les dépendances du palais, comme le Roi nous l'a promis hier.

Un « phaya », mandarin vêtu de soie cerise, est notre cicerone et nous guide à travers un dédale d'escaliers de faïence, de tourelles bariolées, de terrasses à quatre étages, et de statues grotesques de granit rouge. Nous voici dans la pagode du Roi: elle brille comme les autres de miroiteries et de tuiles vernissées, mais dès l'abord elle frappe les yeux par son pavé tout entier en briques de cuivre sur lequel peuvent marcher les profanes: toutefois, de distance en distance sont tendues à terre des *nattes d'argent*, tressées comme des cottes de mailles, et que peuvent seuls fouler les pieds du Roi! Fresques et lustres, colonnes et brûle-parfums sont éclipsés par l'autel du fond, où sont entassés des centaines de Bouddhas et de parasols enrichis de rubis et de diamants: ils semblent autant de gerbes d'un feu d'artifice jetées autour de la grande idole qui est la merveille de Siam. Celle-ci représente un Bouddha de taille humaine en or massif: la tête est faite *d'une seule émeraude*, finement sculptée, et d'un éclat resplendissant : elle est surmontée d'un casque de saphir et d'opale. Il paraît que le consul d'Angleterre en a offert plus d'un million au nom de son gouvernement ; mais Sa Majesté Mongkut tient à cette téte comme à la sienne propre, et

Le Roi en bouteille. (*Voir p. 511.*)

il me semble en effet qu'elle doit être unique dans le monde! Les annales du royaume parlent de sa découverte il y a environ sept ou huit siècles. — « En cas de révolution, nous dit un Européen au service du Roi, voilà la statue que je me contenterais de prendre, pendant que le Roi se débrouillerait avec ses huit cent soixante-quinze femmes. En y ajoutant les deux magots de quatre pieds, en or massif, qui sont les satellites de l'émeraude, je pourrais jouir d'une honnête aisance ailleurs. » Simple, net, moral et bien senti! Ailleurs... en effet! mais

C'est la « grande » femme qui est chargée par l'époux de faire les achats pour le harem.
(*Voir p.* 512.)

trouvera-t-il sans peine un pays où les confiscations de ce genre soient en honneur?

Tout en nous extasiant sur les riches- ses inconnues que recèle cette pagode, et que je ne vous décris plus après ces deux traits, de peur de tomber dans un catalogue de bijoutier, nous ne pouvons nous empêcher d'admirer la simplicité et la pauvreté des modestes talapoins, gardiens de tant de splendeurs, qui cheminent pieds nus, en portant leur marmite de fer, entre ces régiments de dieux d'or.

De la pagode à la Monnaie, il n'y a qu'un pas, mais un grand contraste : car là l'or est pur, les diamants sont de la plus belle eau ; ici le roi Mongkut croirait manquer à tous ses devoirs de roi asiatique, s'il ne battait la plus fausse des monnaies. Le mandarin monnayeur, orné comme Bouddha d'un embonpoint à trois étages, d'un langoutis rose-nymphe émue, d'une vingtaine de bagues aux doigts des mains et des pieds, nous montre ses lingots et ses coins. Grâce à sa science des alliages, le Roi fait quelques millions de bénéfice, et il paraît que le bon mandarin lui-même ne dédaigne pas d'arrondir son patrimoine à raison de quatre cent mille francs par an. Hélas ! la monnaie des pilules d'argent, ce système d'apothicaire du roi Mongkut, va mourir ; on ne frappera plus que des pièces plates, avec les parasols d'un côté et l'Éléphant blanc de l'autre. Digne imitateur des largesses royales, le fonctionnaire, qui rit jovialement en tapant des deux mains sur ses replis de graisse, nous donne à chacun un sou de cuivre (élevé ici à la valeur imaginaire de quatre sous), et un liard de plomb qui vaudrait un dixième de liard en France.

Je ne vous ai encore parlé de la chaleur de Siam qu'en passant : aujourd'hui, quoique nous soyons en plein hiver, il fait si étouffant que nous avons emporté notre thermomètre, et voici les différentes moyennes que nous observons dans le jardin de la pagode : — température de l'air à l'ombre, 46° centigrades ; température du sol à l'ombre, 55° et demi. — Songez à ce qu'elle est, quand nous faisons en plein soleil des promenades de cérémonie dans les avenues dallées !

C'est pourtant sur ces dalles brûlantes que nous marchons en sortant de la Monnaie ; et devinez où nous allons ? Présenter, sur l'invitation du « Primus rex Siamensium », nos respectueux hommages au second Roi..... qui est mort au commencement de l'année dernière. — Après avoir vu brûler du Siamois, c'est la chose la plus curieuse du royaume. — Ledit Roi est donc mort il y a neuf mois : après quantité de cérémonies extraordinaires, il paraît que, suivant l'usage antique et solennel [1], on a installé son cadavre sur un trône de bois de fer, mais percé ; et au moyen d'un entonnoir introduit dans son gosier, on lui a fait avaler une trentaine de litres de mercure : l'opération l'a desséché très-promptement ; le vif-argent, plus ou moins amalgamé, était recueilli au fur et à mesure dans un vase de bronze sculpté placé sous le trône. Chaque matin, tous les corps constitués de l'État venaient en grande pompe chercher le vase, et allaient religieusement le vider dans la rivière. Quand Sa Majesté n° 2 fut ainsi réduite à la sécheresse d'un vieux copeau, on la plia en deux, et ramenant les jambes à la hauteur du front, on ficela le tout comme un saucisson, qu'on déposa dans une urne d'or, au sommet d'un catafalque magnifique.

[1] Ceci nous a été raconté par le Père Larnaudie, les autres missionnaires de Siam et le général Lamache.

C'est ce Roi, ayant neuf mois de bouteille (*voir la gravure*, p. 508), que nous venons voir! Sous les belles colonnades de son palais circulent avec onction des centaines de mandarins de sa maison civile et militaire : nous passons sous huit portiques : des esclaves tirent un grand rideau : toute la salle du trône nous apparaît. — Le Roi mort, blotti dans son pot, au sommet de son autel, tient sa cour exactement comme s'il vivait. On nous dit de le saluer, — adopté : grande satisfaction des mandarins alignés à droite et à gauche, fumant leurs cigarettes tout en se prosternant le front contre terre : en signe de deuil, ils sont tous en blanc. Un des pages va chercher sur le catafalque de gros cigares, et nous les apporte dans une corbeille de filigrane rougeâtre : il marmotte quelques paroles, on les traduit : « C'est de la part du second Roi qu'il nous les offre, et qu'il les allume avec un des cierges mortuaires. » De longs cordons blancs et dorés s'étendent du socle du pot d'or dans toutes les directions, comme les fils d'une toile d'araignée : à l'extrémité de chacun est un mandarin en adoration. — Dans leur croyance, ces cordons portent au Roi leurs paroles et leurs prières; ils les pressent contre leurs lèvres avec une émotion et une foi saisissantes. Enfin une grande corbeille d'or est sur la première marche du mausolée, toute remplie de lettres et de placets adressés au défunt depuis la dernière semaine. On attend la réponse! Tout ce spectacle est étrange au possible : quelle idée originale que de continuer pendant une année la vie d'un Roi empoté, et d'entourer sa dépouille de toute la vivante animation d'une cour, d'un fumoir et d'une correspondance!

De même son harem entier est, depuis neuf mois, réservé pour son usage personnel! Au lever et au coucher du soleil, ses centaines de femmes viennent parler par les cordons blancs à ce mari calmé et inoffensif. Aux yeux des Siamois, ce n'est pas du veuvage, c'est de la vie conjugale..... prolongée seulement. Elles ne cesseront de lui appartenir que le jour où il sera mis sur le gril, et il est bien entendu que la fable des épouses se jetant sur le bûcher de l'époux ne se réalisera pas.

Pour nous, stupéfaits et enchantés, nous faisons à Sa Majesté nos plus civiles révérences, en la remerciant de sa bonne réception, de ses bons cigares, et en lui souhaitant de s'allumer aussi bien qu'eux!

Dans deux mois donc, les scellés seront levés : le Roi survivant décantera le bocal d'or où son collègue est en conserve, et pendant qu'on sortira sa peau et ses os, pour les faire griller au haut de la magnifique montagne artificielle que nous avons visitée avant-hier et que l'on dore sur toutes les tranches, le roi Mong-kut doublera du coup son sérail, prodiguera à son bon peuple danses, festins, revues et illuminations.

Ce second Roi confit, auquel nous venons de rendre visite, n'a pas encore de successeur. Jusqu'à présent, il y avait toujours à Siam deux Rois régnant en même temps : l'un menait toutes les affaires, l'autre recevait surtout les honneurs. Il paraît que l'harmonie la plus douce unissait les deux monarques depuis un temps immémorial. Cela doit s'attribuer moins à une conformité d'idées et à un respect pour le pouvoir suprême, qu'à l'apathie langoureuse de la race siamoise, à la placide jouissance de richesses, de harems et d'adorations qui constituent, bien plus qu'une pensée de gouvernement, le rôle des rois asiatiques. D'après ce que l'on nous dit ici, il est très-probable que cette royauté jumelle, fondamentale jusqu'à présent, ne sera point restaurée : le roi Mongkut semble décidé à garder pour lui seul prestige, femmes et finances, et son unique héritier sera son fils aîné, « Alongkut », que nous avons vu hier [1]. Ainsi la couronne siamoise, s'inspirant des usages de l'Europe, sera simplifiée et enrichie. Nous voudrions attendre les fêtes superbes qui seront célébrées pour les funérailles du second Roi et de la deuxième royauté, mais deux mois seraient bien longs à passer dans une ville qui n'a plus de grandes nouveautés à nous offrir, et nous verrons peut-être ailleurs, pendant tout ce temps, des choses moins curieuses, mais plus intéressantes.

Notre après-midi se passe sur la grande place publique, au milieu d'une foule immense. Le talapoin à robe jaune-serin abonde, et, sans nul doute, tout le « high life » de Bangkok s'est donné rendez-vous pour quelque solennité. Plus de langoutis en cotonnade, plus de simples anneaux aux pieds des jeunes filles ; mais de longs cortéges de femmes de mandarins sous des écharpes de soie écarlate et dans des langoutis d'étoffes chinoises qu'envieraient « nos nouveautés » du boulevard. Comme nous nous étonnons de la variété des âges et des costumes de chacun des pensionnats féminins qui se promènent en zigzag dans la foule, nos compagnons veulent bien nous expliquer les mœurs des Siamois au point de vue du ménage.

Chaque mandarin possède un harem de douze, vingt ou trente femmes, suivant son caprice et son budget : qu'il soit « Somdet-chao-phaya, Chao-phaya, Phaya, Phra ou Luang » (ce sont les cinq rangs de cette aristocratie), il doit se distinguer du peuple par la quantité ou la qualité de ses femmes. Parmi elles, une seule est dite « grande », c'est celle qui a été épousée après les « kan-mack » ou fiançailles solennelles ; toutes les autres sont réputées « petites ». Presque toutes sont achetées, mais je n'ai pu savoir au juste le prix moyen : j'en vois du prix de sept à huit cents francs qui sont fort gentilles : avec quinze cents francs on doit acquérir des créatures angéliques. Chose essentiellement bizarre et paradoxale, c'est la « grande » femme qui est chargée par l'époux de faire les achats de remonte du harem (*voir la gravure, p.* 509) ; c'est elle qui a la haute main sur toute la troupe, qui la mène à la promenade, préside à la cuisine, au logement et à la toilette. Mais aussi elle seule peut hériter et donner naissance à l'héritier du nom et de la fortune ; elle seule ne peut pas être vendue ; quant aux autres, « *lascivum sed miserabile pecus!* » si elles font par leurs grâces, leur beauté et leur jeunesse les délices du maître, elles ne sont pourtant qu'une marchandise ; et lorsque le mandarin perd au jeu, achète des terres, ou fait de mauvaises affaires de commerce, sa bourse épuisée, il paye en femmes et en enfants, qui deviennent, à un taux fixé par la loi, la propriété du créancier

---

[1] Les journaux de novembre 1868 ont annoncé la mort de ces deux Princes, au moment même où leur nom impérissable servait de base à l'établissement de l'unité royale.

SIAM.

Mais je veux oublier ces coutumes révoltantes, acceptées ici avec une placide naïveté, pour vous peindre en trois mots ces harems ambulants. Voici en tête la « grande » mandarine, vieille matrone en général, dont le crâne rasé

Le ministre de l'agriculture se fait balancer à toute volée. (*Voir p.* 515.)

n'est plus ombragé que par un toupet blanchi, et dont les mollets se rident. Puis viennent quinze et vingt « petites », jeunes femmes coquettes et pimpantes, avec l'écharpe sur la poitrine, si elles sont achetées depuis moins de deux ans; sans autre vêtement que des colliers d'or jusqu'à la ceinture, si la lune de

LIVRAISON 65.

miel est passée : la reine du moment, favorisée par le maître, se distingue souvent par la surabondance des joyaux.

A quelques pas en arrière est la suite des esclaves, qui se comptent par soixante et quatre-vingts : ils portent des coffrets, des amphores, des boîtes en filigrane et des corbeilles de fruits. Pauvre race encore que celle-là ! Elle forme plus d'un quart de la population de Siam : faits prisonniers de guerre ou nés dans cette caste, ils représentent chacun une marchandise valant de deux cents à trois cents francs. Les hommes cultivent, rament, construisent, les femmes servent dans l'intérieur de la maison, et leurs enfants contribuent à augmenter la richesse du patron. Mais c'est là une chose connue, et je ne vous la cite que pour vous faire voir d'où dérive, comme d'une source naturelle, cette vente immorale, qui en est le corollaire, de la femme et des enfants par l'époux et par le père. Mes regards ébahis semblent au Père Larnaudie des regards d'incrédule, et, pour me convaincre, il me montre ce soir le livre de Mgr Pallegoix sur le royaume de Thaï ou Siam (1854), d'où j'extrais la traduction du contrat suivant :
« Le mercredi, sixième mois, vingt-cinquième jour de la lune de l'ère 1211, la première année du Coq, moi, sieur Mi, le mari, dame Kôt, l'épouse, nous amenons notre fille Má pour la vendre au sieur Luang-si, pour quatre-vingts ticaux (240 fr.), pour qu'il la prenne à son service en place *des intérêts dus*. Si notre fille Má vient à s'enfuir, que son maître me prenne et exige que je lui trouve la jeune Má. »

La tendresse paternelle et l'amour de la propriété opposeraient un frein à ces ventes incroyables, si le taux de l'intérêt de l'argent n'était de trente pour cent à Bangkok ; de là la moindre dette force en quelques années à la décomposition de la famille. Je conçois que l'abolition de l'esclavage présente des difficultés matérielles et temporaires qui demandent des ménagements ; mais s'il y a encore en ce monde, et je le crains, des défenseurs théoriques de l'esclavage, ne doivent-ils pas voir où peuvent être entraînées des races naïves par ce principe maudit, contre lequel nous voyons ici un argument véritablement nouveau ? Du moment, en effet, qu'un homme peut posséder et aliéner un autre être humain qui ne lui est rien par le sang, pourquoi ne pourrait-il pas vendre un enfant qui est le sien par la paternité ; et une femme qu'il s'est donnée par un contrat de livraison et de mariage ? Il est vrai qu'on dira pour le royaume de Siam ce qu'on a dit pour les États confédérés d'Amérique : « Les esclaves ne se plaignent pas et sont dans une condition parfaitement heureuse. » Ici, je le reconnais, la douceur proverbiale des Siamois, accordant la paresse des esclaves avec la nonchalance des désirs des maîtres, fait de leur caste une race sans soucis comme sans joies : quand le travail est sans salaire, toute force ne devient-elle pas inerte ?

Mais je reviens à notre place publique où se coudoient plus de vingt-cinq mille mandarines et esclaves, où une douzaine des enfants du Roi chevauchent sur des poneys caparaçonnés d'argent, avec une suite de grands seigneurs trottinant en langoutis roses et azur. Tous les ans, à cette époque, le Roi nomme « Roi de trois jours » un de ses mandarins favoris :

c'est un petit carnaval. Il y a quelques années encore, ce Roi éphémère avait le droit de prendre pour lui tous les étalages des boutiques qui se trouvaient sur son passage, ou de les faire piller par ses esclaves. Bien plus, il devenait, comme par la baguette d'une fée, propriétaire de toutes les jonques chinoises qui avaient le malheur d'entrer à Bangkok pendant son règne. Mais aujourd'hui ce n'est plus qu'une bacchanale joyeuse qui coûte à Somdetch-Phra-Paramendr-Mongkut quelque vingt mille francs en noces et bombances.

Sur la place où nous admirons les types les plus excentriques, est installée une haute balançoire, au-dessous de laquelle on a creusé un sillon. Alors le ministre de l'agriculture s'avance, et devenant gymnasiarque pour la circonstance, il se fait balancer à toute volée dans l'espace (*voir la gravure, p.* 513), afin d'appeler, pour cette ère nouvelle, sur toutes les campagnes du royaume la faveur du bon génie, protecteur des récoltes. Le Roi de trois jours lui succède et l'imite, à la grande joie d'une foule silencieuse et recueillie tout à l'heure, qui redevient bruyante et se met en devoir de recommencer son tapage infernal, renforcé de cymbales stridentes et de bourdonnants tam-tams.

Nous laissant porter par le flot, nous arrivons jusque devant la façade du palais à tourelles où le héros de ce carnaval agricole donne sa démission sur les marches du balcon royal. En ce moment, toutes les galeries et les terrasses du palais se garnissent, comme par enchantement, des costumes les plus brillants : ici des milliers d'esclaves, plus haut des troupes de mandarins dont les couleurs voyantes font une vraie troupe de perroquets et de cacatois : le ramage, du reste, ressemble au plumage ! Au sommet enfin, toutes les femmes du harem passent leurs têtes et leurs bustes nus à travers le grand grillage de bois qui forme la cage de tant d'oiseaux captifs : elles hissent au-dessus de leurs têtes les petits enfants du Roi, avec leurs joyaux d'apparat tout chatoyants.

Sur la droite est une tourelle blanche dont les créneaux laissent voir des canons d'une si grande longueur que je les prends d'abord pour des lunettes astronomiques. Soudain la tourelle se couvre d'uniformes écarlate! Ce sont les Amazones (*voir la gravure, p.* 516)! En voici tout un peloton qui vient monter la garde, le schako rouge sur l'oreille, un courbe yatagan en sautoir, le fusil à baïonnette au port d'armes : j'allais dire le petit doigt sur la couture de la culotte; mais non, c'est un langoutis bouffant, demi-jupon, demi-caleçon de bain, descendant jusqu'à mi-cuisse. Les gradins et le couronnement de la tour en sont vite couverts : manœuvrant à merveille leurs longs fusils, affichant des postures martiales, ce corps militaire... de ballet nous fait rire de bon cœur. Elles hissent d'abord trois fois le pavillon rouge à Éléphant blanc : le Roi alors ne fait qu'une courte apparition au balcon, et rentre à pas précipités dans la salle d'audience, où règne, paraît-il la plus vive agitation.

Depuis huit jours, en effet, Sa Majesté confectionne sa lettre à l'Empereur Napoléon, avec grand renfort de conseils nocturnes qui se terminent toujours par la mise au feu de la lettre rédigée la veille, et par l'élaboration d'un message nouveau destiné au même sort le lendemain! Qui sait si, après un enfantement aussi torturé, cette lettre infortunée ne finira pas par aller tout droit au fond du panier du quai d'Orsay!

En attendant, le soleil se couche, et les Amazones, sur un rhythme nasillard, élèvent jusqu'au sommet du grand mât une lanterne antique, historiée et ciselée. Avec elle sont hissées deux gracieuses branches de palmier que la brise balance. C'est, paraît-il, pour dire au diable « que l'on veille », et pour le chasser au loin.

Fidèles à la vieille croyance, bien des maisons sur la rive du fleuve imi-

Les Amazones du roi de Siam, d'après une photographie. (*Voir p.* 515.)

tent au même instant le signal superstitieux de la grande tour.

15 janvier.

Comme depuis trois jours nous n'avons cessé d'explorer les pagodes, les palais, les places publiques et la ville flottante de Bangkok, nous voulons aujourd'hui nous arracher à cet échiquier de monuments de faïence et de miroiterie, pour voir la campagne environnante. Elle n'est pas pittoresque et n'a pas les paysages admirables de Java, mais elle est d'une immense richesse. Les crues du Me-Nam, le Nil de cette Égypte asiatique, fécondent chaque année d'un limon réparateur cette éternelle vallée de rizières qui fournissent déjà par an, en dehors de l'approvisionnement de tout le royaume, une exportation d'environ quatre cents navires de gros tonnage!

Un arroyo à Bangkok, d'après une photographie.

Mais les Siamois, heureux de leur paisible aisance, ne tirent pas de leur sol le dixième du produit qu'ils pourraient en recueillir. Il y a des mandarins et des esclaves, mais il n'y a pas de commerçants : il y a des paysans maraîchers, fournissant les marchés de la bourgade ou de la ville la plus proche; mais il n'y a pas d'agriculteurs. Tant que l'or abondant des mines de l'intérieur, et les impôts établis, suffiront au trésor royal et entretiendront ce faste extérieur, ce clinquant habituel d'une population qui adore son Roi omnipotent, quel pourrait en effet être le motif qui pousserait les Siamois à des travaux fatigants, puisque le Roi seul en toucherait le bénéfice?

Pour deux ou trois sous de riz et un sou de poisson, un Siamois vit confortablement : il résulte de là que le travail est presque illusoire sur cette terre, que la nature semble avoir créée d'autant plus productive que ses habitants consomment moins. Que de parties fertiles encore incultes, que de vallées où l'on pourrait faire sans grande peine deux récoltes de riz de plus par an! Que d'étangs, véritables viviers naturels, où le flot apporte des millions de poissons, et que le jusant laisse presque à sec sans que personne vienne les ramasser! S'il y avait d'autres éléments que cette noblesse mandarine énervée dans le sérail et ces esclaves porteurs de boulettes à mâcher; s'il y avait ici une grande direction pour les travaux utiles, des travailleurs excités par l'appât du gain et non plus par l'intimidation du rotin; si, en un mot, cette terre rendait et exportait ce que Dieu lui a donné, quel puissant remède affecté aux misères de ce monde, quelle provision pour parer à une disette comme celle qui a désolé les Indes et l'Algérie, et qui menace toujours la Chine!

Oui, s'il y a par excellence à Siam un cachet saisissant d'élément asiatique non amalgamé; si ces aiguilles de porcelaine des pagodes abritent un peuple qui n'a jamais connu qu'elles; si c'est un boulevard aussi riche qu'original de castes adorées et de castes serviles, de harems brillants et de talapoins en guenilles, de Bouddhas dorés et de huttes misérables; si c'est de l'Orient pur, à la fois égoïste et brillant, arriéré et grandiose, il y a là d'autres découvertes à faire que celle du touriste : il y a des secours à chercher pour l'humanité qui souffre : il faut ouvrir cette porte et tenter d'activer ceux qui s'isolent derrière elle. Les armes pour cela ne sont pas nécessaires : les Chinois donnent ici l'exemple d'une intrusion pacifique. Les quelques milliers qui ont immigré à Siam ont accaparé tous les négoces; tout ce qui est travail dans le royaume est stimulé, organisé, fructifié par leurs mains. Autant le Siamois représente l'indolence, autant son remuant parasite du Céleste Empire est le type de l'âpreté au gain et de la constance dans les efforts laborieux.

Aussi ne devons-nous pas laisser stagnantes des eaux qui, mises en mouvement, pourraient être si fécondes. Le jour où Siam sera relié à la grande ligne des Indes et du Japon qui pivote sur Singapour, le jour où un comptoir de commerce, au lieu de faire une aventure d'une course à Bangkok, en fera un préliminaire sûr de négoce lucratif, les chiffres donneront raison, j'en suis convaincu, à mes premières impressions. Je voudrais du fond de mon cœur que la France recherchât, au moyen de nos magnifiques « Messageries impériales », l'honneur de cette conquête commerciale, pacifique et légale, — la seule que nous puissions ambitionner, la seule qui nous donnerait d'autant plus de prestige qu'elle serait d'autant plus désintéressée sur la question du territoire, plus propagatrice et plus internationale.

Avec ses petits moyens, le Père Larnaudie a montré aux Siamois tous les services que devaient leur rendre nos inventions modernes. Pendant que nous parcourons dans une barque rapide les canaux qui se croisent au milieu des campagnes, nous ne voyons devant chaque hutte que mortiers de bois de teck, où un rustique pilon, soulevé lentement par quelques femmes nues, décortique de bien petites quantités de riz de la façon la plus lente et la plus primitive. Mais bientôt nous arrivons à un moulin qu'a monté et ensuite vendu l'actif missionnaire : ses machines à vapeur font, comme vous pouvez l'imaginer, une besogne centuple de celle des Indigènes. Dans plusieurs branches de l'industrie, il a ouvert à ces populations naïves des voies nouvelles; et si un semblable élan était secondé par des moyens pécuniaires qui ne peuvent être de son ressort, le royaume serait transformé en dix ans!

Voici vingt-deux ans que ce Père infatigable habite ces parages, et il s'y est fait adorer. Botaniste et physicien, chasseur et mathématicien, ayant la voix grave et pure du prêtre avec la maigreur basanée, la moustache militaire et l'air martial d'un officier d'Afrique, il a traversé les grands bois de l'intérieur, en prêchant pour instruire les autres et en recueillant en même temps pour lui-même mille connaissances précieuses.

C'est notre bonheur que de l'entendre raconter sa vie nomade et aventureuse au milieu des tigres ou des populations hostiles. Mais ce que nous voyons surtout, c'est qu'après Paramendr-Maha-Mongkut, il est le roi de Bangkok! Devant lui, tous et toutes s'inclinent avec un sourire de bienveillance, — digne récompense de sa compatissante bonté!

Des phases originales n'ont pas manqué à sa vie d'exil volontaire : il est le premier, par exemple, qui a fait de la photographie dans cette ville, et vous jugez d'un seul coup d'œil des effets magiques qu'il a produits. L'électricité, à son tour, lui a donné mainte occasion de faire des merveilles. Un jour entre autres, les talapoins l'ont provoqué en défi, et, devant un rassemblement immense, l'un d'eux a proclamé qu'il invoquerait son « génie bouddhique » avec de telles formules qu'il ferait de force courber la tête au « Diable des chrétiens ». La comédie sembla d'abord favoriser les desseins des hommes à robe jaune; elle devint désopilante quand les deux talapoins, qui s'étaient déclarés invulnérables, saisirent d'une main ferme les extrémités de la chaîne d'une machine électrique et s'y attachèrent solidement. Dès que le disque tourna entre les coussinets de peau, les étincelles jaillirent et les secousses firent pirouetter les malheureux dans les plus grotesques contorsions, comme les grenouilles de nos laboratoires, avec accompagnement de hurlements frénétiques et de danses macabres!

La vapeur, elle aussi, a fait son entrée à Siam, mais bien plutôt pour le bon plaisir du Roi que pour la prospérité du peuple. Nos agiles pagayeurs nous font passer devant une douzaine de yachts

Entrée du harem, palais du roi de Siam. (*Voir p. 523.*)

royaux, fort jolis... pour l'eau douce surtout, commandés, en général, par des capitaines allemands, et tenus en bon ordre par des subrécargues chinois. En naviguant ainsi sur le Me-Nam, bien en amont de Bangkok, nous arrivons à l'arsenal des barques royales de cérémonie : figurez-vous d'immenses pirogues, taillées chacune dans un seul tronc d'arbre et longues de quarante-huit mètres : la poupe et la proue, entièrement dorées, s'élèvent élégamment en forme recourbée avec de superbes ornements de bois sculpté qui représentent des dragons ailés, des crocodiles-dauphins et des Siamoises-naïades : au centre est un dais majestueux. Ce doit être un très-beau spectacle, quand le Roi se promène en grand apparat sur le fleuve, de voir cette flottille de barques effilées, montées par quatre-vingts rameurs à pagaies enluminées d'or, auxquelles font cortége les riches embarcations des mandarins jaloux de refléter l'éclat royal et accompagnant leur procession nautique du charivari le plus oriental.

De là nous allons au chantier de construction, où les Siamois terminent de jolies corvettes de bois de teck, sur plans européens : des machines à hélice, venant de Glascow, y seront bientôt installées. Ces ouvriers sont vraiment très-intelligents et construisent fort bien, malgré l'aspect primitif de leurs chantiers, qui sont plutôt des docks : à vingt pas du fleuve, ils creusent un immense trou au fond duquel ils charpentent le navire; quand il est fini, ils coupent la digue, et le bâtiment se trouve à flot. Mais c'est surtout aux croisières du golfe qu'ils destinent leur marine, car la haute mer n'est pas leur fort, depuis la campagne si fameuse dans laquelle, tentant de doubler le cap de Bonne-Espérance, ils ont coulé à pic en route.

17 janvier.

Ce matin, le Général arrive comme un foudre de guerre : il nous annonce que le Roi, apprenant que nous devons partir demain par le *Chow-Phya*, veut encore une fois voir le Prince et lui dire adieu. Nous nous rendons en hâte à la partie du palais qui est attenante au sérail. Cette extrémité des pavillons royaux est de la plus grande élégance : six étages de toits vernissés en bleu, orange et vert, des éperons brillants sur les corniches, de la miroiterie sur les pignons, forment un ensemble que relève la construction à jour de cette aile de kiosques. La toiture étincelante n'est pas soutenue par des murs, mais seulement par de colossales colonnes de bois de teck, habillées pour ainsi dire de droite et de gauche par les replis moirés de rideaux de soie écarlate mouchetés d'or et d'argent. La base est une haute terrasse de marbre blanc, et sur le premier plan s'élèvent en sentinelles audacieuses les aiguilles de faïence. Il y a là plus de sobriété, mais un cachet oriental plus merveilleux, que dans tout ce que nous avons vu jusqu'à présent. Nous sommes forcés d'attendre quelques instants la fin d'un cérémonial de départ : un des fils du Roi va en palanquin à quelque château de l'intérieur, et le vieux Paramendr-Maha-Mongkut se tient sur le perron blanc qui lui sert aussi pour monter à dos d'éléphant. (*Voir la gravure, p.* 521.)

Bientôt nous entrons à notre tour : le Roi semble radieux. Après nous avoir fait identiquement à tous les mêmes questions que l'autre jour sur notre âge, notre domicile, la date de notre départ d'Europe, il se met à causer avec une incroyable volubilité : il prend le Duc de Penthièvre par le bras, lui met au doigt une de ses grosses bagues d'or tressé,

Elles se réfugient sur des marches d'escaliers tournants, sur des kiosques reliés par des passerelles de marbre. (*Voir p.* 526.)

« very, very pure gold of Siam[1] », et le promène de la salle du trône aux appartements privés : il est aujourd'hui tout

[1] Or très-pur de Siam.

pimpant et tout guilleret : évidemment nous ne lui faisons plus peur. « Pst, pst, pst » : — petit intervalle de temps pendant lequel il mâche une boulette toute rose et fraîche : « me love »... (quelques mots de siamois) « very, very » — un nouveau temps d'arrêt : passage de la boulette hors de la bouche royale vers un nouveau vase d'or : « very much your high high highness ! me will » (la masti-

Moi, ver de terre, moi, poussière de vos doigts de pieds, je rends hommage au maître du monde.
(*Voir p.* 526.)

cation devient frénétique) « give siera-klao, my photograph to to to » (il manque le crachoir) « to you [1] » ; et ainsi de suite. Je voudrais parler siamois comme il parle anglais, mais je ne puis vous dire la quantité de mots siamois, semi-latins, semi-français, tous inintelligibles pour nous, dont il entrecoupe cette douzaine

[1] J'aime beaucoup Votre Altesse ; je veux vous donner ma photographie.

de mots anglais que je transcris. Il s'avance donc, en tenant affectueusement la main du Prince dans les siennes : quant à nous, nous suivons en silence sous des nefs à reflets de féerie, au milieu du cortége de ses enfants rieurs qui semblent aimer beaucoup les Européens. Par une faveur insigne, et peut-être unique pour des étrangers (nous disent le Père Larnaudie et le Général), nous sommes admis à franchir le seuil du harem! Des groupes de quinze ou vingt femmes, surprises par cette visite inattendue, se jettent immédiatement sur des nattes coloriées qui forment le parquet : appuyées sur les genoux et sur les coudes, elles semblent terrifiées. Au nombre d'environ cent soixante, elles se réfugient sur des marches d'escaliers tournants, sur des balcons en saillie, sur des kiosques reliés par des passerelles de marbre (*voir la gravure, p.* 524); bien d'autres s'enfuient dans les allées ombragées du jardin, et des fentes des portes entr'ouvertes jaillissent les feux de bien des yeux animés de la plus vive curiosité : les unes, vieilles matrones à la peau ridée et pendante, se blottissent d'un côté dans leurs casaquins jaunes; les autres, tendres nymphes couleur chocolat, jeunes sultanes langoureuses, avec un ruban moins large que la main en sautoir au lieu de corsage, avec un petit langoutis azur, des diamants au cou, aux pieds et aux mains, s'entassent comme des abeilles dans une ruche.

Alors ce roi-frelon se dirige vers le groupe des reines les plus mûres, et prenant une d'elles par la main, il la traîne effarée et tremblante jusque devant nous : de sa droite il tient le bras de la sultane, de sa gauche l'un des nôtres, et c'est du bout du doigt qu'il nous est ainsi donné de lui toucher la main. Je ne voudrais pas être irrespectueux, mais l'antique houri serait taxée de guenon dans toute autre partie du monde : « Bonne femme », nous dit le Roi en la renvoyant immédiatement après ce « shake-hands » asiatique, « elle m'a donné trois enfants. » Puis il va en chercher une autre : même collision d'index avec madame n° 2 : «Très-bonne femme, reprend-il, elle m'en a donné dix! » Voilà comme on présente les Princesses à Siam! Comme toutes commencent à parler au Roi par une phrase rhythmée dont le son, répété à chaque pas depuis notre entrée au palais, frappe nos oreilles, le Père Larnaudie nous explique que toute réponse au Roi doit être précédée de cette formule sacramentelle : « Moi, ver de terre, moi poussière de vos doigts de pieds, moi cheveu, je rends hommage au maître du monde! (*Voir la gravure, p.* 525.) »

Durant une heure, nous continuons dans le harem une promenade indescriptible : tableaux vivants d'anatomie et de bijouterie, jardins et piscines, kiosques et dortoirs de nattes donnent à cette aile du palais un air à la fois matériel et poétique! Il y a là plus de huit cents femmes, groupées à titres divers, parmi lesquelles le Roi fait des promotions et des dégradations. Ce qui est officiel, c'est le nombre de ses enfants : ils sont soixante-treize vivants. Je n'ai pu savoir le chiffre de ceux qui sont morts. A chaque premier jour de l'an, il paraît que le Roi inscrit sur un « grand livre » le budget des produits présents et à venir! C'est le « stud-book » des houris.

Peu à peu notre cortége s'augmente

d'une trentaine de fils de Paramendr-Maha-Mongkut, tous plus coquets les uns que les autres, puis on ouvre la porte sacrée de la chapelle du harem. C'est en miniature une pagode aussi riche que les plus belles de la ville : il faut y entrer pieds nus. Le Roi fait briller dans la pénombre un dédale de statuettes et de pierreries, en allumant de sa main et devant nous de nombreux cierges ; et nous remarquons surtout un dieu de cristal de roche, haut de deux pieds, avec une ceinture de rubis et une couronne pyramidale de diamants.

L'audience finit vers quatre heures du soir dans la salle du trône, où, enchantés et reconnaissants, nous prenons congé du bon roi Mongkut : nous embrassons les petits Princes et saluons le harem, espérant que les Européennes seront moins effarouchées par les voyageurs que les royales Siamoises !

Pour moi, je me hâte d'écrire ce soir tant de souvenirs curieux : et pourtant, je sens qu'il m'échappe encore un monde de détails sur cette pittoresque ville de Siam où nous venons de passer six jours dans une joyeuse activité et une surexcitation continuelle. Nous avons vu là, je crois, ce qu'il y a de plus excentrique en Asie : jeunes donzelles du harem habillées de rubis, et vieux Roi qui crache et qui tousse ; — adoration de l'Éléphant blanc, et gymnastique ministérielle ; — escadron d'éléphants armés en guerre, et corps des Amazones ; — Roi combustible, et Siamois grillés ; — nattes d'argent de la pagode royale, et scorpions, fourmis et mille-pattes nous dévorant sur le pilotis de bambou vacillant où nous sommes perchés pour écrire et dormir, — telles sont les images pleines de contrastes qui résument, pour ma dernière soirée ici, notre séjour dans le royaume de Siam.

Heureux que nous sommes de l'avoir vu encore dans toute son originalité et son indépendance ! C'est certainement le spectacle le plus extraordinaire qui puisse être donné à des Européens que celui d'un Roi asiatique conservant encore intactes les mœurs et les coutumes des Sultans d'autrefois ! Mais ne sommes-nous peut-être pas les derniers à voir flotter librement les festons écarlate de ce drapeau brodé d'un Éléphant blanc ? Ne va-t-il point s'y mêler un peu de blanc et un peu de bleu ? Taquiné d'abord, puis harcelé, enfin envahi chaque jour par l'Europe, le vieil empire sacré s'écroulera sous l'influence de la France et de l'Angleterre. Il me semble déjà voir les conquérants de l'Inde relier avec leurs colonnes de cipayes Siam à Rangoun, à la « barbe » des Amazones du grand Roi.

XI

RETOUR DE SIAM

L'ambassade siamoise. — Le lac Thale-Sap, objet du litige avec la France. — Politique du roi Mongkut.

En mer, à bord du Chow-Phya,
20 janvier.

Nous sommes partis de Bangkok avant-hier matin, avec l'espoir presque assuré d'arriver à Singapour à temps pour prendre la malle française *l'Impératrice*, qui va en Cochinchine. C'est notre rêve de retrouver en ces lointains parages le sol flottant de la patrie! Nous avions retenu nos places aux Messageries il y a presque un mois, et ainsi nous devions voir, au moins durant quelques heures, notre colonie de Cochinchine. Hélas! à peine étions-nous en marche depuis deux heures, qu'un yacht royal est venu à toute vapeur nous donner la chasse, et porter au capitaine du *Chow-Phya* l'ordre d'attendre, sur la barre du Me-Nam, la fameuse ambassade que le roi Mongkut envoie à « son frère l'Empereur des Français! » Et voilà comment depuis deux jours, dardés par les rayons d'un soleil de feu, à demi asphyxiés par les miasmes de la cale, de l'entre-pont et du pont de ce cloaque appelé *Chow-Phya*, nous sommes à l'ancre au milieu des boues malsaines de la barre. Ce que nous souffrons dans cet entourage de quatre cents passagers indigènes, puants et gluants, familiers et tapageurs, est inimaginable. Hélas! les millions de fourmis du premier voyage ne sont pas mortes à Bangkok! Pas un souffle de vent ne vient soulever les vagues et nous débarrasser au moins par le mal de mer de nos passagers qui cuisinent le « kapi » nauséabond et fument l'opium sur le pont encombré. Un moment seulement de distraction nous est donné : au milieu d'une vingtaine de gros navires mouillés sur la barre, la corvette américaine le *Shenandoah* vient jeter l'ancre : elle fait une campagne autour du monde. Un de ses canots arrive jusqu'à nous, et nous amène ensuite à son bord. La plupart des officiers sont d'anciennes connaissances du Prince, qui retrouve même parmi eux des camarades de promotion, avec lesquels il éprouve l'immense joie de pouvoir parler de l'École navale et des campagnes faites ensemble sur le *Macedonian* et sur le *John Adams* dans le golfe du Mexique.

Enfin plusieurs gros flocons de fumée noire apparaissent derrière les panaches des cocotiers : l'escadre honorifique approche et nous accoste : elle peut s'apercevoir tout d'abord de la mauvaise humeur que nous a inspirée une attente de quarante-huit heures en pareille compagnie. Le général vient embarquer l'ambassade : le chef est le sieur Naï-

Les rives du Mé-Nam.

Phloï, accompagné de son fils Photo (*voir la gravure, p.* 532), les deux singes les plus grotesques de Siam. Quand on va à Paris, il faut renoncer au langoutis : l'ambassadeur a donc un pantalon, un gilet de flanelle rouge, et un habit noir! Sa première femme (quarante-deux ans) veut l'accompagner à Paris, où, si elle n'espère pas faire florès, elle pense du moins surveiller Naï-Phloï. Une autre mandarine monte aussi à bord, mais c'est à titre de renfort jusqu'à Singapour seulement. Le second envoyé et ministre plénipotentiaire est Phra-Raxa-Sena, expédié pour la montre et pour sa nationalité de Cambodjien : jugez combien ce dernier titre fera peser son opinion dans la balance! Il est en flanelle vert-pomme et bien plus laid que son supérieur. Ces messieurs, croyant partir pour la Laponie, se drapent dès à présent dans des étoffes chaudes, quoiqu'il y ait encore 45° de chaleur.

Mais, à la suite des cinq autres membres de la mission, toute une escouade de femmes envahit le pont : ce sont les trente ou trente-cinq épouses de Naï-Phloï qui viennent, éplorées, lui faire de tendres adieux (*voir la gravure, p.* 533). Nous nous empressons d'épargner au diplomate couleur jus de pruneau les longueurs d'une scène aussi déchirante, et de mettre le holà dans cette explosion de larmes et de sanglots. Le *Chow-Phya* siffle bruyamment, et les yachts repartent en sens inverse, avec une dunette chargée de pleureuses. « Tout cela se calmera, nous dit-on ; à Bangkok aussi, quand les chats sont dehors, les souris dansent. »

A peine embarqués, nos diplomates siamois se mettent en devoir de relire leurs instructions et de les apprendre par cœur. La lettre royale, si longtemps élaborée, est plutôt une protestation injuste contre notre consul qu'un refus de consentement. Ne pouvant plus reculer devant une cession qui lui coûte péniblement, le cabinet du Callahoun veut bien s'exécuter, mais il veut faire ce sacrifice au souverain de la France en personne : « Puisque vous le voulez absolument, nous vous abandonnons la frontière demandée ; mais c'est à Paris seulement, et non au consulat, que nous nous inclinerons », et vous nous ferez, seigneur, en nous croquant de par vousmême,... beaucoup d'honneur !

Pour les peuples qui n'ont ni union ni nationalité bien délimitées, comme toutes ces tribus de l'Asie méridionale qui supportent le joug d'une foule de petits rois tyrans et qui dépendent, par exemple, tantôt de Hué, tantôt de Siam ; pour ces producteurs innombrables dont le travail ne fait bénéficier que leurs rois, c'est une loi fatale et nécessaire de chercher un appui à l'ombre du pavillon protecteur d'une nation forte qui, en améliorant les ports, et en ouvrant véritablement un champ au commerce, infuse dans leurs veines abâtardies et desséchées un sang vivifiant et nouveau. Telle est la situation de la Cochinchine, placée à la porte de cette Chine qui est si populeuse qu'elle ne suffit point à s'alimenter elle-même, et qu'elle demande du riz à chaque mousson favorable. Notre colonie, qui peut produire plus de vingt fois sa consommation, doit, elle aussi, chercher avant tout, — d'une part, à ne point laisser se perdre ses ressources naturelles ni s'aliéner ses rois tributaires ; — de l'autre, à maintenir ouverts ses débouchés les plus organiques. De là le litige avec le cabinet de Siam, derrière lequel nous devons toujours craindre un empiétement britannique qui mettrait l'embargo sur nos points de sortie.

Si le Me-Nam est le Nil de la vallée de

L'ambassadeur Naï-Phloï et son fils. (*Voir p.* 531.)

Bangkok, le Me-Khong est celui du Cambodje : ce sont les affluents de ce dernier fleuve que nous avons voulu assurer à notre protectorat. L'indifférence où l'inattention sur ce point pouvait tout perdre; car celui qui, en dehors de nous, y prendrait position, commanderait ainsi une immense étendue de pays très-riches. Mais le Me-Khong, dont l'estuaire nous appartient, reçoit des eaux du lac Thole-Sap; le fleuve et le lac sont de véritables viviers : nouvel et grand élément de fortune en ces régions, où le poisson, séché au soleil, s'exporte

Les trente épouses de l'ambassadeur viennent, éplorées, lui faire de tendres adieux. (*Voir p.* 531.)

avec des millions de bénéfices pour Java, la Chine et l'Inde. Par un curieux phénomène et une disposition peut-être unique dans le monde, les canaux avoisinant le lac, et le lac lui-même (une petite mer intérieure), se trouvent à sec, dit-on, à une même saison tous les ans, et laissent sur le sol une couche épaisse de deux ou trois pieds de poissons d'espèces recherchées. Là est la clef de la question franco-siamoise, là l'objet du litige, qui, perdu, nous appauvrit, qui, gagné, donne à notre protectorat sur le Cambodje une prospérité assurée.

Le malheur veut que la frontière de Siam et du Cambodje coupe le lac en deux parties égales. Aujourd'hui que le Cambodje dépend de nous, nous voulons le lac tout entier,... et les Siamois le veulent aussi!

Voilà pourquoi Naï-Phloï prend la route de Paris, emportant dans les plis de sa toge les poissons innombrables du Thale-Sap, et risquant fort de revenir bien déchargé et bien appauvri à l'ombre des cathédrales de porcelaine de sa ville natale. Le Père Larnaudie sert d'interprète à cette mission, comme il l'avait déjà fait lors de la fameuse ambassade peinte par Gérôme. Les missionnaires, en effet, ont, dans cette situation délicate, compris les intérêts de Siam menacés par les projets conquérants de la France. Il faut le dire, jamais peut-être gouvernement européen n'a plus favorisé la civilisation chrétienne que ne l'a fait la cour de Siam : non-seulement elle a laissé à notre culte la plus entière et la plus favorisée des libertés, mais les missionnaires sont devenus les amis personnels du Roi. Alors on peut s'expliquer comment la reconnaissance pour le passé et l'intérêt de prospérité pour l'avenir les portent à se mettre, dans cette grave affaire, du côté des plaignants.

Mais, du sein de cette capitale asiatique, la figure la plus vivante, la plus virile, la plus frappante, est celle de M. Aubaret, notre Consul, qui, audacieux et ferme, travaille de toutes ses forces à la grandeur de son pays, bien plus encore pour sa conscience que pour les apparences humaines. Je ne crois pas que les Siamois l'aiment : je suis sûr que les Anglais le redoutent; et je ne doute pas qu'il ne soit compris dans les bureaux de Paris. Irrité des tromperies périodiques des Orientaux, isolé comme Robinson dans son île, mais isolé au milieu d'êtres humains, — ce qui est bien plus dur que de l'être sur une terre physiquement déserte, — il est enflammé de ce feu qu'inspirent les questions de prédominance coloniale, mille fois plus vivement ressenties par ceux qui habitent ces lointains parages, que par ceux qu'endort la jouissance banale des cités métropolitaines. Ah! nous croyons trop chez nous que la France est assez grande et assez belle de la Manche à la Méditerranée, et de l'Océan au Rhin! Là se borne trop souvent notre horizon! Et ceux-là, presque seuls, qui courent les mers lointaines, voudraient imposer son influence, et voir flotter le pavillon de son commerce et de ses grandes idées dans les pays que nous traitons de sauvages et d'indignes de notre attention.

Puissent du moins les Français qui s'expatrient être dignes de propager si loin notre nom! A part quelques exceptions, comme la maison Malherbe, par exemple, quelle satire je pourrais vous faire de la composition de la société qui s'est domiciliée à Bangkok ou qui a été en rapport avec cette ville! Il faut venir au bout du monde pour en trouver une pareille : une foule de déserteurs, d'aventuriers et de faillis se disputent le triste honneur de duper le Roi. L'un vend des bijoux faux, venant de Paris, pour deux cent mille francs; l'autre échappe ici à ses créanciers de Manille et de Chang-Haï; un troisième est rappelé de Bangkok parce que, logé gratuitement par le Roi, il n'en chargeait pas moins les comptes de son gouvernement d'un loyer de douze mille francs; celui-ci épouse une Siamoise qui a ses entrées au harem, il la couvre de bijoux que lui achètent les sultanes à un prix centuple de la valeur; et réalisant près d'un million de gain, et se disant l'époux d'une des filles du Roi, il vient faire la roue à Paris! Celui-là enfin (et c'est le sublime du genre), revenu à Paris, écrit au roi Mongkut une belle et longue lettre « pour supplier Sa Majesté de lui accorder le grand honneur d'être transporté à Siam après sa mort, et d'être brûlé sur le bûcher de la pagode royale! »

Mais en regard de cette décadence morale, qui se traduit en opérations de commerce trop honteuses pour être citées, je ne veux pas m'éloigner du fameux royaume sans rendre justice au Roi actuel, qui, sous les titres pompeux de « descendant des anges, justice parfaite, pieds divins, inexpugnable maître du monde », n'en a pas moins régné avec des idées très-libérales pour les étrangers.

Il a passé de l'austère et mendiante discipline du talapoin à l'exercice du pouvoir et à la possession d'un harem illimité. Depuis le 3 avril 1851, jour où il a jeté le froc... aux houris, il a favorisé les arts, construit des navires à vapeur, établi une imprimerie royale, proclamé la liberté des cultes, etc., etc. Mais il est vrai de dire que ces dehors, cette écorce de civilisation, ne font que recouvrir la séve la plus pure des adorations asiatiques dont il est l'objet; — l'accaparement de toutes les richesses minérales et agricoles du pays; — la jouissance égoïste de revenus qui, en s'engouffrant dans le trésor royal, maintiennent le royaume en stagnation complète; enfin la crainte que lui inspirent les influences européennes, sont autant d'obstacles jetés sur la voie qui conduirait Siam à la prospérité véritable.

24 janvier.

Moins houleuse, mais plus nauséabonde qu'à l'aller, notre traversée de retour touche à son terme. Ce soir, la lune sort tout argentée de l'Orient, et éclaire les rivages de la presqu'île de Malacca que nous suivons. Nos Siamois se remettent un peu du mal de mer, et madame Naï-Phloï, s'agenouillant religieusement, brûle des bâtonnets parfumés d'encens, pour implorer Phébé; mais, tandis que la brise tombe et que le navire se dépouille en un clin d'œil de ses voiles inutiles, comme un arbre qui perd ses feuilles d'automne, l'ambassadrice se dépouille encore plus vite de son dîner, laborieusement acquis à coups de fourchette. Enfin, après quatre jours et quatorze heures de marche, nous revoyons Singapour.

30 janvier.

La mauvaise nouvelle, à notre arrivée, a été celle du départ de la malle française douze heures avant notre débarquement : ainsi s'évanouissent nos ardentes espérances de naviguer avec des compatriotes, et de voir la rivière de Saïgon. Sans notre séjour malencontreux sur la barre du Me-Nam, toutes ces joies nous auraient été données! Ne pouvant attendre un mois encore pareille occasion, nous partons aujourd'hui par le

Behar, malle anglaise, directement pour Hong-Kong. Notre séjour ici a été marqué par deux événements bien dissemblables : l'arrivée en inspection du général Le Marchant, commandant en chef les troupes de l'Inde anglaise; puis l'inspection que nous passons nous-mêmes avec l'ambassadrice Naï-Phloï dans les bazars de Singapour, afin de l'aider à acheter des crinolines, des « suivez-moi, jeune homme », et des bottines vernies qui la rendront plus grotesque encore que son langoutis, quand elle fera son tour du bois de Boulogne.

Fac-simile d'une lettre autographe du roi Mongkut

XII

HONG-KONG

Chinoises et palanquins — Prisonniers à queue coupée. — Un dîner chez Hang-Fa-Loh-Chung. — Création et progrès du Comptoir de Hong-Kong. — Le turf anglo-chinois.

Chinoise chrétienne de la classe riche, et à petits pieds, allant à la messe soutenue par sa servante.

En mer, à bord du *Behar*, en vue des rivages de la Chine, 8 février.

Il y a neuf jours que nous avons dit adieu, — avec un vif plaisir, — à l'îlot resserré de Singapour. Le quai de la Compagnie péninsulaire et orientale est assez éloigné de la ville même, et New-Harbour ressemble plus à une anse riante de Taïti qu'à un dépôt de charbon où les malles viennent s'approvisionner. Plusieurs centaines de huttes faites de bambou et de feuilles abritent une tribu de « Klings » ; une soixantaine d'enfants nus, montés sur des pirogues longues de trois pieds, sont les derniers indigènes des pays tropicaux que nous devons voir avant ceux du Mexique et de la Nouvelle-Grenade. Ces petits moricauds amphibies tournent avec une étonnante agilité autour du navire, et dès que les passagers jettent un « cent » dans la mer, ils plongent, se disputent la pièce de cuivre au fond de l'eau, et reviennent en grappe à la surface, enlacés comme des algues marines. Souvent, grâce à leurs évolutions de marsouins, leur primitive pirogue se remplit d'eau ; mais, nageant avec les pieds seulement, ils ont un talent extraordinaire pour la secouer, la débarrasser de l'eau envahissante, et pour y sauter sans faire chavirer cette coquille de noix.

Mais à mesure que nous avançons vers le Nord, notre gros *Behar*, vapeur de 1,600 tonneaux, de 250 chevaux et de 179 hommes d'équipage, commence à éprouver de terribles secousses. Il n'y a plus véritablement le charme du voyage nautique dans ces restaurants-malles-poste où les passagers ne sont que des consommateurs, et il devient impossible de s'intéresser à la route et de se considérer comme autre chose qu'un colis vivant. La mer, qui chaque jour est devenue plus grosse, nous fait passer des heures cruelles : elle est creuse, courte et irrégulière : la machine donne toutes ses forces, et par moments nous n'avançons que de trois milles à l'heure : nous dépassons nos mâts de perroquet ; nous stoppons par instants, volontairement et involontairement, quand l'hélice, élevée hors de l'eau par le tangage, y rentre avec une telle violence que le choc la paralyse. Bref, la mer de Chine nous salue d'un coup de vent terrible, qui, sans compter certains moments de danger véritable, fait craquer dans toutes ses parties notre coque lourde et maladroite, et nous porte en dehors de notre route, à droite, presque sous le vent des Philippines.

Les rafales ont confiné un grand nombre de passagers dans leurs cabines, et le pont tout entier nous a été laissé en compagnie d'un équipage très-pittoresque. Il n'y a de vrais matelots de gros temps que les vieux loups de mer écossais, quartiers-maîtres rigides. Mais les chétifs Bengalis, vêtus de blanc, les Malais, grimpeurs en général, mais bien mous au coup de vent ; les nègres d'ébène de Zanzibar, à la barbe et à la tignasse du roux le plus ardent, manquent de force et grelottent. Le pittoresque de cette Babel maritime mis à part, il ne nous reste que la lecture de toutes les « Aurora Floyd » et « Lady Auddley's Secrets » de la bibliothèque du capitaine.

Enfin, ce soir, passant en huit jours de route de 41° de chaleur à 7°, et goûtant fort peu ce brusque et malsain changement de température, nous voyons les falaises hong-konquoises ; nous entrons dans « Sulphur Canal », et dans les chenals les plus resserrés et les plus dangereux. Après une périlleuse traversée, après des émotions de voiles et de vergues brisées, de machine convulsivement ébranlée, rien de joli et d'imposant à la fois comme d'arriver dans l'obscurité à une rade aussi calme que celle de Hong-Kong. De toutes parts des roches hardies, de hautes montagnes, encadrent un véritable lac d'abri contre les vents déchaînés; sur leurs flancs sont échelonnées en amphithéâtre toutes les maisons brillamment éclairées des marchands anglais, qui, en vingt-cinq ans, ont déjà formé une grande ville. Des milliers de lumières se détachent sur ce fond grandiose, tandis que des centaines de jonques, dormant sur leurs ancres entre les hautes mâtures des clippers, balancent leurs lanternes bariolées, leurs dragons ailés, leurs transparents lumineux, et semblent s'incendier par des fusées, des pétards et des soleils tirés du sommet de leurs proéminents gaillards d'arrière. Nous arrivons, paraît-il, au milieu des réjouissances du premier de l'an chinois, et même les échos lointains nous apportent les éclats des fanfares et des grosses caisses qui animent un bal donné au palais du Gouvernement. Hélas! tous ces feux de paille ne nous réchauffent guère; mais le spectacle de ce feu d'artifice multiple, sur la terre et sur l'onde, nous retient tard sur le pont. Si Bangkok est l'image asiatique de Venise, la ville de Hong-Kong, appliquée comme un rideau sur une pente rocheuse et escarpée, nous semble être la Gênes de l'extrême Orient.

9 février.

Au grand jour, les sam-pangs nous accostent : les matelots qui les montent sont de roses Chinoises, en large pantalon lustré, portant un baby ficelé sur leur dos par une écharpe. Ces gondolières, musclées en lutteurs, emportent vigoureusement les lourdes caisses d'opium, chacune du prix de quatre mille francs, qui font notre principale cargaison : s'animant d'un chant aigu et cadencé, elles les transbordent sur le vieux ponton « Fort-William » (receiving ship), d'où ce poison sera octroyé aux demandeurs. — Nous choisissons du doigt deux barques dans cette flottille, et huit dames du Céleste Empire, entassant nos bagages, nous emmènent en ramant jusqu'au quai. Mais les barques n'ont pas de cale, et l'échafaudage de nos malles, plaçant le centre de gravité à plus d'un mètre et demi au-dessus de l'eau, échappe par miracle au premier chavirement. A terre, c'est à coups de poing qu'il nous faut défendre notre bien, tant les coulies se ruent sur nous en vociférant, et,... *proh dolor!* ils se battent si furieusement, que la caisse du chocolat et du biscuit destinés au voyage de Pékin tombe au fond de l'eau salée!

Logés au palais du Gouvernement, qui domine et la ville et la rade, nous avons sous les yeux le spectacle d'une tapageuse animation dans les rues. Les coulies chinois se heurtent et se disputent : les riches négociants du Céleste Empire y fourmillent, trottant dans leurs bottes de toile blanche et cachant leurs bras dans leurs casaquins bleu de ciel; leur queue, d'autant plus longue que le tiers est « en faux », traîne jusqu'à leurs mollets; les femmes de la haute société, soutenues par deux servantes du peuple, mettent lentement l'un devant l'autre leurs classiques petits pieds torturés, dont les plus grands ont de huit à dix centimètres de long. Il paraît que, dès leur naissance, on leur foule le pouce en dedans, et que serrant à outrance par

Les batelières à Canton.

des bandelettes le pied meurtri, devenu ainsi un moignon informe, on ne cesse de le comprimer jusqu'à l'âge mûr. A leur démarche saccadée et pantelante, on les

Nous escaladons en palanquin le pic de Victoria qui domine Hong-Kong. (*Voir* p. 543.)

croirait des invalides à jambes de bois; mais ces vieilles de vingt ans ont le teint sanguin, une coiffure abondante, mastiquée et enjolivée, et des vêtements lustrés, soignés et voyants. Avec leurs boucles d'oreilles de jade, leurs joues peintes de jus de betterave, leurs sourcils rejoignant la chevelure, leurs yeux en amande et leur manque absolu d'expression, elles ont l'air de poupées de cire coloriées, et il semble qu'il suffirait de souffler un peu fort sur elles pour les faire tomber.

La mode des petits pieds a donné lieu a bien des commentaires : les savants graves disent que cet empêchement mis au voyage prouve l'amour des Chinoises pour le pays natal, car, « filles du sol », elles ne comprennent pas que les Européennes voyagent jusqu'à l'Empire du Milieu. « Ces pays d'Europe sont donc bien misérables, disent-elles, puisqu'on en laisse partir les femmes! »

Les historiens disent que c'est une protestation contre l'invasion des Tartares, ou bien une mode venue de la cour de Pékin. Une fille de l'Empereur étant née avec des pieds nains, les dames du palais emboîtèrent le pas et ratatinèrent aussitôt leurs pieds. De la cour à la ville et à la campagne, la «fashion» gagna comme une épidémie, et cela devint le signe distinctif de l'aristocratie, l'impossibilité de la marche et du travail prouvant dès lors une richesse capable d'entretenir des servantes.

Mais, suivant les mauvaises langues, la femme chinoise étant quelque peu volage d'instinct, c'est un moyen assuré de la clouer au domicile conjugal; sans quoi elle tombe immédiatement sur le nez, très-juste punition d'une escapade. En fin de compte, je trouve que cette mode est disgracieuse, repoussante, cruelle et atroce à tous les points de vue.

Comme ici les rues ressemblent à des montagnes russes, quand elles ne sont pas d'interminables escaliers, et souvent des échelles taillées dans le granit, les Européens ne les gravissent qu'en palanquin. A chaque instant on trouve une place de fiacres humains, et deux ou quatre coulies bien musclés, se relayant d'un commun accord, s'attellent pour un modique salaire. Quant à nous, portés tous trois de front au grand pas trotté, nous trouvons fort agréables l'élasticité de cette légère construction de bambou et la solidité des épaules des Chinois; nous escaladons ainsi (voir la gravure, p. 541), dans les trois premières heures après notre débarquement, le pic le plus élevé de Hong-Kong, appelé « Victoria Peak » (1,825 pieds), d'où la vue s'étend sur l'archipel des îles environnantes, et, au loin, jusqu'à la grande mer. Mais quelles terres pelées et dénudées que ces premières côtes de la Chine! Quel chaos de roches grisâtres et de montagnes désertes!

Au retour, le Gouverneur nous mène en promenade dans ses palanquins de gala, avec six porteurs en uniforme d'opéra pour chacun de nous. Ces palanquins sont aux palanquins « de place » ce que sont aux coucous les voitures officielles de la Ville de Paris. Nos porteurs, vêtus d'écarlate, ont les armes d'Angleterre peintes sur leurs chapeaux pointus, et nous avons une escorte de cipayes de l'Inde, armés jusqu'aux dents. Nous traversons le quartier des villas européennes, puis le fouillis des taudis chinois, et nous entrons dans la prison, édifice le plus remarquable de Hong-

Kong, et, après les entrepôts, assurément le plus caractéristique. Car si cette colonie anglaise, érigée en Singapour de la rivière de Canton, réunit les plus riches négociants chinois, elle est par contre le refuge de tous les bandits qui échappent aux mandarins du Céleste Empire, et qui viennent ici tenter fortune. Tous les cent pas, il y a un cipaye, qui est chargé de frapper les malfaiteurs d'un coup de massue de bois de fer, appelée « Penang-lawyer » (législateur de l'île de Penang) : c'est le premier avertissement; le second est une balle de carabine toujours armée. Après huit heures du soir, aucun Chinois n'a le droit de circuler sans une lanterne et un mot de passe signé par un Européen. Malgré cela, dès que la brune tombe, il paraît qu'il y a peu de villes aussi dangereuses, et l'on nous raconte les plus audacieux méfaits. Environ un millier d'indigènes que nous voyons dans l'enceinte de la prison nous le prouvent de reste. La première punition qu'ils subissent en franchissant le seuil de la geôle est la perte de leur queue : un vigoureux coup de ciseaux les déshonore pour toute leur existence. Les malheureux aimeraient mieux vingt ans de galères que cette opération capillaire, qui les précipite au plus vil étage de leur échelle sociale, et qui les force, une fois le temps de la prison passé, à aller se cacher loin des autres humains.

Tandis que nous parcourons les sonores couloirs, nous voyons ces nouveaux « chiens d'Alcibiade » pleurant leur queue coupée, honteux et abasourdis, se faufiler le long des murs. Puis nous passons devant le tribunal où l'autorité anglaise rend la justice en audience publique : mais, soudain, un groupe empressé fend l'auditoire et monte sur l'estrade. C'est un « policeman » malabar, tenant dans la main par leurs sept queues, comme une harde de chiens de meute, sept « Celestials » qu'il vient d'arrêter pendant qu'ils pillaient une maison des faubourgs. Ce coup d'œil original nous frappe vivement, et rien ne peut vous donner une idée des grimaces de ces perfides larrons (*voir la gravure, p.* 545), secoués vigoureusement par le poignet de l'officier de paix. Quelquefois la queue est entièrement fausse, et reste, paraît-il, entre les mains de la justice.

Pour terminer une journée déjà si intéressante, le Gouverneur, au lieu de nous servir le festin préparé par son cuisinier français, réputé excellent, nous donne dans le plus chinois des restaurants de la ville chinoise, chez Hang-Fa-Loh-Chung, dans Taëping-Chan, un vrai souper de mandarin. Nous grimpons au sommet de l'édifice de bois, qui compte à chaque étage une trentaine de cabinets particuliers. Un tapage infernal y résonne de toutes parts, et tout y brille de lanternes bariolées. Aux sons des violons à une corde et des tambourins de quatre jeunes Chinoises rieuses et peintes, nous nous trouvons avec le Gouverneur, sir Charles Mac Donnel, lady Mac Donnel, une de ses amies, et l'aide de camp Brinkley, devant une table jonchée de fleurs et couverte de plus de deux cents petits plats, et d'autant de petites tasses mignonnes; puis chacun de nous a deux bâtonnets d'ivoire, en guise de fourchettes et de couteaux. Voici le menu textuel et l'ordre de notre festin :

Fruits confits, — œufs de poisson glacés dans du caramel, — amandes et raisins, — ailerons de requin sauce gluante, — gâteaux de sang coagulé, — hachis de chien, sauce aux lotus, — soupe de nids d'hirondelle[1], — soupe de graines de lis, — nerfs de baleine, sauce au sucre, — canards de Kwaï-Poh-Hing, — ouïes d'esturgeon en compote, — croquettes de poisson et de rat tapé, — soupe à la graisse de requin, — compotes de bêche-la-mer[2] et de

Les voleurs, menés au tribunal, étaient attachés par la queue, qui, malheureusement pour eux, n'était pas en faux cheveux.

têtards d'eau douce. — Ce dernier plat, dont parle le Père Huc, m'avait toujours paru une illusion. Maintenant qu'il a passé par mon estomac, je dois déclarer qu'il est épouvantable. Enfin,

[1] C'est la seule chose mangeable : grossier et fade vermicelle qui se vend pour un poids égal d'argent (voir la gravure, p. 549). Le dîner a été commandé par M. C. Smith, contrôleur du quartier chinois, et a coûté environ dix taëls, quatre-vingts francs par tête.

[2] Les bêche-la-mer sont les étoiles marines, sorte de gousse visqueuse, que nous avons vu pêcher sur les bancs de corail de la côte orientale de l'Australie.

ragoût au sucre composé de nageoires de poisson, de fruits, de jambon, d'amandes et d'aromes, et une soupe aux lotus et aux amandes comme dessert.

Les vins sont un vin rose, très-médicinal, et le « sam-chou », eau-de-vie de riz tiède et écœurante. Ce dernier mot, je puis le donner comme adjectif qualificatif à chacun des mets que nous avons tenté d'introduire dans nos solides estomacs. Il me semble qu'avec un grand pot de gélatine, des abatis de volailles, des balayures de la boutique d'un droguiste, et un fond de tiroir de pharmacie, j'arriverai à vous reproduire, à mon retour, l'ensemble antigastrique qui s'appelle un dîner purement chinois. C'est assurément la première et la dernière fois que je me laisserai, en novice, tomber dans une pareille bouillie visqueuse et fade, sucrée et dégoûtante. Qu'importent les ravissantes porcelaines à l'enluminure pittoresque, les tasses et les soucoupes qui font envie à nos étagères d'Europe; le chien, le rat, l'aileron de requin qu'on y mange, nous font regretter les graisses du *Chow-Phya*, et ce n'est pas peu dire!

Mais... je m'arrête! Ce premier jour sous lequel m'apparaît la Chine n'est-il pas un lieu commun! Les Chinois qui se promènent sur nos boulevards n'attirent même plus l'attention des passants; vous en avez vu trente, vous les connaissez comme si vous en aviez vu dix mille, et je ne devrais plus vous les décrire. D'ailleurs, à force d'être extraordinaire, l'Empire du Milieu est devenu sinon ordinaire, du moins chose très-connue : ici plus que partout ailleurs, ne dois-je pas penser :

Qu'il faut être ignorant comme un maître d'école
Pour se flatter de dire une seule parôle
Que personne ici-bas n'ait pu dire avant vous.

Les centaines de publications qui ont mis la Chine en relief me découragent dès la première heure de vous en parler.

En effet, rien de ce que j'ai vu aujourd'hui ne m'a surpris : j'étais préparé, et mon attente n'a pas été dépassée. Pourtant, si la Chine extravagante d'aspect, de mœurs, de pensées, a été divulguée par ceux qui l'ont étudiée dans son essence indigène; si la Chine *postiche et paravent*, avec ses magots vivants ou de faïence, avec ses petits pieds et ses nids d'hirondelle, est passée jusque dans les récits des bonnes d'enfants, il me semble qu'il reste un point moins pittoresque, mais plus intéressant à y chercher, et malgré les détails nécessaires du journal de chaque jour, je l'y chercherai : c'est le mariage du Chinois excentrique avec la civilisation importée d'Europe; la contagion moderne dont ce peuple, resté antique par lui-même, doit être affecté; le mélange du fluide indigène et du courant étranger; le choc du missionnaire contre le bonze de Bouddha, du bateau à vapeur contre la jonque, de l'article de Paris contre la potiche, des balles de cotonnade anglaise contre le paravent laqué : en un mot, la lutte entre le grand mouvement utilitaire et la proverbiale stagnation du globe! Cela certes sera plus nouveau, quoique plus prosaïque, et fera pour moi, au lieu d'un voyage pressenti et prévu dans toutes ses étapes, une route moins battue où peut-être quelques fruits sont à découvrir, et où, en tout cas, la pensée sera aiguillonnée. Elle seule en effet peut animer un ensemble de pagodes, de mandarins à robe de soie, de repas d'apothicaire, de « cloisonnés » connus chez nous, dont le tableau offert à l'avance ne laisserait pas plus de souvenirs qu'une lanterne magique dont on aurait affiché le programme. S'il y a une Chine moderne greffée sur la Chine classique, puisse-t-elle m'apparaître !

Dimanche, 10 février.

J'ai été tout stupéfait ce matin, en entrant à l'église, d'y voir officier des missionnaires français habillés en Chinois. La tête rasée, une queue (fausse, bien entendu) tombant jusqu'à mi-jambes par-dessus la chasuble ; des moustaches cirées à la tartare, un casaquin et un cuissard collant bleu de ciel, des babouches montées en galère : tout l'équipement d'un pur Chinois, en un mot, remplaçait la soutane. C'est là une première transformation à laquelle j'étais loin de m'attendre. Il paraît que cette concession faite aux mœurs indigènes est du plus grand effet sur les populations : en se rapprochant d'elles par ses dehors, en brisant cette apparence européenne qui élève une barrière infranchissable entre le Barbare et le « Fils du Ciel », les serviteurs de Dieu ont pénétré plus facilement jusqu'aux cœurs ignorants, et la plus grande facilité donnée ainsi au missionnaire en voyage a, du même coup, rapproché les distances morales. — L'assistance, composée d'un millier de fidèles environ, comptait autant de Portugaises que de Chinoises : j'ai bien reconnu la religion méridionale des premières en les voyant arriver sous mantilles et en robes de couleur voyante, au moment de l' « Ite missa est », pour se baiser le pouce et embrasser la poussière. Les secondes, dont la plupart étaient à petits pieds, se faisaient soutenir par leurs servantes dans leurs moindres mouvements.

Mais si l'autorité ecclésiastique a fait avec raison un pas vers les coutumes locales, l'autorité civile est restée, à Hong-Kong, exclusivement anglaise. C'est un point de vue curieux que de suivre les phases progressives par lesquelles a passé cet îlot rocheux, long de neuf milles et large de quatre : — en 1839, 7,000 pirates seulement l'habitaient ; aujourd'hui, il compte 125,000 âmes et un ancrage annuel de 2,264 navires jaugeant 1,013,748 tonneaux! Avant-poste de la rivière de Canton, la rade de Hong-Kong servit d'abord de station aux navires de la Compagnie des Indes qui importaient l'opium dans le Kwan-Tong ; puis elle devint un refuge en 1839, quand le commissaire impérial Lin brûla les célèbres factoreries et déclara guerre ouverte au commerce pestilentiel imposé par l'Europe. En 1841, le capitaine anglais Elliot obtint la cession partielle de l'île, le traité de Nankin la livra tout entière en 1842, et elle fut proclamée colonie en 1843. Ainsi naquit cet entrepôt puissant dont le premier jalon avait été jeté par la maison Jardine : aujourd'hui, cette même maison fondatrice étale, plus brillante que jamais, sa ville de magasins ; et en examinant avec ma lunette les navires de la rade, j'ai déjà compté neuf de ses navires à vapeur et douze de ses navires à voiles. C'est un monde immense que celui de ces grandes maisons anglaises qui ont des flottes sur mer et des régiments de coolies sur le rivage : important les cotonnades et l'opium, exportant les thés et les soies, leurs comptoirs-casernes se développent sur les quais. En moyenne, chacun de leurs navires, avec son chargement, vaut de huit à dix millions, et pensez quel est le roulement des fonds, quand, de Londres à Calcutta, de Calcutta à Hong-Kong, à Amoy et à Chang-Haï, leurs vingt ou vingt-cinq navires courent à toute vapeur ou sous toutes voiles.

De plus, le mouvement commercial est ici, plus que partout ailleurs, capricieux et inattendu. Tantôt un typhon écarte de leur direction première les centaines de jonques qui ont le cap, — ou plutôt l'œil, — sur Hong-Kong, et les jette sur Saïgon et Singapour; tantôt le riz y baisse de 25 pour cent, comme le 23 mai 1855, quand il en arrive en une nuit 35,000 picols à la fois (plus de 2,000,000 de kilogrammes), ou bien le thé, venant en abondance de l'intérieur, dérange tous les calculs, et porte des coups effroyables à la gigantesque maison Dent, en 1865 par exemple. Néanmoins, c'est là le coin formidable par lequel l'Angleterre entame la Chine, et il est saisissant l'aspect de cette première station commerciale où les Dent, les Livingston, la Compagnie péninsulaire et orientale, et nos Messageries impériales, etc., rivalisent d'activité. Certes je ne m'attendais pas non plus à trouver ici deux journaux quotidiens, l'*Evening Mail* et le *Daily Press*, trois hebdomadaires, le *China Mail*, l'*Écho do Povo* en portugais, et l'*Omnibus* en allemand. Ajoutez à cela des écoles pour les jeunes Chinois, où sont instruits 1870 élèves, deux cathédrales, des clubs, et quinze banques des plus riches : voilà la sentinelle européenne qui tient garnison au sud de la Chine.

Magnifique entrepôt au point de vue des chiffres, Hong-Kong n'en est pas moins un séjour peu enviable comme climat, comme sécurité, comme cherté dans les moyens d'existence. Le soleil d'été y a engendré des fièvres telles que les régiments anglais qui y stationnent ont été plus que décimés, et que la presse anglaise a comparé ce point à Cayenne. De plus, les 2,000 commerçants européens noyés dans cette population de 121,000 Chinois et de 25,000 autres Orientaux ont beau renforcer la police locale et sévir comme dans une ville en état de siège; les vols, les meurtres, les pillages ne leur laissent pas un moment de repos. Cette rade et ces quais qui lui servent de bords me font l'effet de ces plats creux, dits piéges à mouches, où un appât quelconque attire, pour les détruire, les insectes dévorants et nuisibles. Échappant à leurs mandarins persécuteurs, fuyant des taxes exorbitantes, cherchant fortune dans un milieu hétérogène et nouveau, les Chinois, dont la population en cette île s'est accrue de 118,500 âmes par l'appât du commerce européen, convergent vers Hong-Kong, y viennent travailler un peu, assassiner passablement, voler beaucoup, et se faire pendre en fin de compte!

J'ai entrepris ce matin de lire dans un almanach local les annales de la colonie depuis 1839, mais j'y ai renoncé; car c'est pour chaque mois une même note dans ce genre-ci : « 25 septembre 1855 : Le brick de Sa Majesté Britannique le *Bittern* a poursuivi une flotte de pirates jusqu'à Cheï-Fou; il a coulé trente-trois jonques et 1,200 hommes. » Le lendemain, c'est le « godown », magasin d'un commerçant, qu'une mine fait sauter : on découvre trente coulies qui se propo-

Comment les Chinois du bord de la mer dénichent les nids d'hirondelle. (*Voir p.* 545.)

saient de détruire ainsi tout un quartier : — le surlendemain, c'est le boulanger chinois qui a mis tant d'arsenic dans ses pâtes, que ses employés sont pris de nausées avant même que le pain soit livré. — Une autre fois, arrive la nouvelle que trois navires de commerce ont été pris par une flottille de pirates : la *Magicienne*, l'*Inflexible* et le *Plover* partent aussitôt, et de nouveau quarante jonques sont coulées et une batterie anéantie. Bref, « piraterie, piratérie! » telle pourrait être la devise de cette rade, d'où une dizaine de canonnières s'élancent chaque jour sur les innombrables écumeurs de mer qui sillonnent les chenals environnants. En un seul mois, trente-neuf cas de piraterie ont été « rapportés » à la Cour de justice!

Il est tout simple alors que dans le voisinage de populations chinoises fournissant, il est vrai, des coulies, mais dangereuses pour la vie commune, le taux de toute chose soit fort élevé pour l'Orient; la viande de mouton coûte 42 cents par catty (21 sous par 670 grammes); les domestiques et coulies chinois, qu'il faut employer en grand nombre, reviennent à 480 fr. par an, et un seul étage de quatre chambres se loue fort bien 1,250 fr. par mois.

Si donc les particuliers doivent faire de grands sacrifices et chercher une compensation dans des transactions commerciales immenses, l'État, lui aussi, en faisant de Hong-Kong un port franc, se résout à faire des dépenses qui excèdent de 3,153,450 fr. les recettes, et cela pour concentrer sur un même point le commerce de toute la Chine, et faire gagner mille fois aux ports producteurs ce que perd le port de transbordement.

La méfiance qu'inspire la population indigène, les dangers toujours imminents d'une rupture avec les mandarins des provinces voisines, l'état de commerce armé qui caractérise nos échanges avec le Céleste Empire, ont forcé l'Angleterre à laisser cette colonie de vingt-six milles de tour sous une tutelle autoritaire. Le Gouverneur, nommé par la Reine, partage le pouvoir avec le Conseil exécutif (composé du secrétaire colonial, du colonel commandant et de l'attorney général) et avec le Conseil législatif (composé des trois fonctionnaires précités, auxquels s'adjoignent le trésorier, l'auditor et le surveyor généraux, plus trois membres non officiels nommés par la métropole sur le choix du Gouverneur). Les questions les plus graves ont souvent agité la colonie, et dans ces moments de crise où l'intérêt commun abattait les délimitations théoriques des pouvoirs, ce ne fut point le Gouverneur, de son propre chef, mais bien toute la communauté européenne qui décida des mesures à prendre. En 1858, par exemple, les mandarins du continent lancèrent des proclamations menaçantes contre les Chinois qui resteraient au service des Européens à Hong-Kong : en quelques jours des milliers de coulies émigrèrent, les marchandises demeurèrent sans porteurs, les marchés de vivres sans approvisionnements! Le meeting força le Gouverneur à dépasser ses pouvoirs et à faire porter aux mandarins fauteurs de cette désertion une menace de guerre, s'ils ne revenaient sur leurs ordres, absolument contraires au traité qui venait d'être signé à Tien-Tsin. Un boulet de canon chinois fut la seule réponse faite à notre drapeau parlementaire : inutile d'ajouter qu'un mois après la ville de Nam-Taw, foyer de cette révolte, était réduite en cendres.

Malgré les pillages qui se font chaque nuit à terre, les luttes intestines entre les tribus rivales des « Haccas » et des « Puntis », les captures incessantes de navires européens par les pirates qui massacrent capitaine et équipage, l'autorité anglaise foudroie les bandes de maraudeurs qui s'abattent sur Hong-Kong comme dans une souricière, et s'efforce de gagner à elle la partie honnête de la population

COURSES DE HONG-KONG.
La tribune occupée par les personnes ne faisant pas partie de la Société d'encouragement.

indigène : voici, par exemple, un Chinois respecté, Wong-Ashing, qui figure sur la liste du jury !

11 février.

Hong-Kong est en liesse aujourd'hui! Grande réunion dans la vallée de Wong-Neï-Chong, où va se courir le « Challenge Cup » de douze mille francs. — Voilà la transformation de la Chine par le Jockey-Club anglais! Voilà le Chinois turfiste, parieur, gentleman-rider ou jockey! De belles avenues, la route de la Reine et la Praya conduisent au « Race course », et nous fendons sur ce parcours la foule la plus dissemblable et la plus animée. Ici de purs Anglais, en voitures légères, munis de champagne et de salades de homard comme pour le « Derby »; là des milliers de palanquins dans lesquels sont portés les riches négociants chinois, drapés dans les plus belles broderies du monde. Nous montons dans la tribune, d'où la vue est réellement pittoresque : la piste est tracée en ovale dans une vallée verdoyante, encadrée, comme par un fait exprès, de hautes roches grani-

tiques : une seule échappée de vue est laissée sur la gauche; semblable à un portique sauvage, elle nous montre sur la mer bleue les flottilles de jonques louvoyant sous leurs voiles en nattes jaunes.

L'hippodrome est foulé par plus de vingt mille Chinois sémillants, avides de spectacles; tout autour des tribunes se presse, en élégantes toilettes d'Europe, la communauté anglaise, entremêlée des

Ils débutèrent par un « faux départ ».

uniformes de la garnison. — Après la course des officiers, sur laquelle sont engagés des paris proportionnés à la richesse proverbiale des négociants anglais en Chine, viennent les cavaliers chinois se démenant sur des poneys à crinière crétée, à l'air mutin et caracoleur. Les uns ont un chapeau-gibus qui contraste avec leur casaquin bleu, leurs cuissards orange et leurs bottes de satin blanc; les autres laissent pendre leur queue par-dessus une casaque de jockey anglais :

d'autres enfin, des grooms japonais, absolument nus jusqu'à la ceinture, montrent leur dos et leurs bras tatoués des plus vives couleurs : tous offrent le spectacle le plus amusant. Douze chevaux partent : cinq, en passant devant les tribunes, rentrent droit à l'écurie; dans le groupe qui reste, quatre se choquent au tournant et tombent comme des capucins de carte; un se dérobe et renverse une douzaine de palanquins où s'étaient entassées des Chinoises en gala; les deux jockeys

« celestials » se disputent alors le prix, excités par les hurlements de la foule enivrée. Le plus habile, roulant comme un sac de farine sur le dos de son cheval, criant de toutes ses forces, fouettant à tour de bras avec sa queue de cheveux, gagne d'une demi-longueur son rival, qui n'a plus que sa peau pour bottes à revers, et qui arrive malgré lui, suspendu par les bras et par les jambes au cou de son cheval emporté. Trois autres courses se succèdent au milieu de l'hilarité générale; et presque tous les Chinois présents parient à outrance.

XIII

MACAO

Les rivages des pirates. — Aspect portugais de Macao. — Théâtre. — La grotte de Camoëns. — Visite aux « Barracons », bureau de la traite des coolies chinois. — Splendeur passée et difficultés actuelles de la colonie. — Arrivée de nuit dans la ville flottante de Canton.

Mais nous nous arrachons au turf international pour prendre la route de Macao, sur le *Fire-Dart,* vapeur américain à deux étages, où nous avons pour compagnons de voyage six cents Chinois avec leurs femmes, entassés comme des anchois dans un pot. Ils fument pacifiquement l'opium et se blottissent dans leurs douillettes pour se garantir du froid. Leur humeur, paraît-il, n'est pas toujours aussi douce; et de tout temps ç'a été pour les Européens un grand danger de transporter une cargaison de « Celestials ». Trois navires de cette Compagnie américaine sont déjà tombés entre les mains des pirates, grâce à la connivence des passagers, qui garrottaient le capitaine et l'équipage, quand ils n'avaient pas le courage de les massacrer.

Nous prenons le « Sulphur Canal », et passons entre les îles Lantao, Chung, Patung et Siko, terres de funeste mémoire. C'est dans ces étroits parages, en effet, que furent capturés, puis brûlés par les pirates, l'*Arratoon Apcar* (onze Européens tués), le vapeur *Queen,* le *Wing-Sunn,* près des neuf îles; le *Cumfa,* le *North Star,* le *Chico,* l'*Andreas* enfin, qui clôt la liste de 1865! Ce sont d'horribles détails que ceux de ces luttes entre un malheureux navire européen et souvent une trentaine de jonques! Les feux convergents l'arrêtent dans une passe; on l'aborde, on y massacre tous les êtres vivants qui ne sont pas dans le complot tramé d'avance; après que les marchandises sont transbordées sur les navires assaillants qui se partagent la proie, l'incendie fait sombrer au fond de la mer la coque et la mâture, pièces à conviction du carnage. Aussi tous les matelots du *Fire-Dart,* depuis les mousses jusqu'aux machinistes, sont-ils armés de revolvers mis en évidence : dans le faux-pont et dans l'entre-pont il y a des canons chargés à mitraille, mais non pas braqués sur la mer; ils sont, au contraire, disposés de telle sorte que chacun d'eux, sur un coup de sifflet du capitaine, doit balayer horizontalement d'une manière foudroyante tout l'intérieur du navire, tandis qu'un autre coup de sifflet aura fait monter l'équipage dans les hunes. En effet, les premiers coupables à exterminer, s'il y a une agression venant du dehors, ce sont les passagers indigènes, sans la participation nécessaire desquels les pirates ne s'attaquent jamais à nos bâtiments. Pour détruire les navires à vapeur, il faut une vaste conspiration, et je vous en ai cité quelques résultats épouvantables : quant aux navires à voiles, c'est l'occasion saisie qui fait leur perte. Sont-ils pris en calme, vite les pêcheurs, devenant pirates, mettent en branle vingt rames sur chaque jonque et organisent le siége contre le pauvre « clipper » qui n'en peut mais.

Grâce au ciel, nous ne voyons que les champs de bataille témoins de tant de désastres, et nos Chinois ne songent qu'à fumer leur opium dans leur nonchalante béatitude. La pureté de l'atmosphère nous fait voir dans leurs moindres sinuosités les anses de cet archipel mille fois découpé qui relie Hong-Kong à Macao. Soudain, dans les passes étroites, nous tombons sur un banc de jonques : un gros œil est peint à l'avant, superstition protectrice de la marche : trois canons sur le gaillard d'avant, trois de chaque bord sur le flanc, trois autres sur le château d'arrière, donnent à ces esquifs de pêcheurs aventureux l'apparence la plus guerrière. Il y a des familles entières sur ce pont en montagne; là on naît, on se marie, on meurt, et cinq générations barbotent à la fois dans le plus inextricable fouillis que l'on puisse imaginer. Malgré les peintures fantastiques, les oriflammes brillantes, les bandelettes écarlate et dorées qui décorent l'extérieur de ces navires aux courbes élégantes et hardies, je ne saurais comparer ce que l'on voit par les ouvertures de l'entre-pont et du château d'arrière qu'à la cargaison d'une hotte de chiffonnier ! A la vue de notre « Dard de feu », une population de cent et cent cinquante êtres vivants sort des écoutilles (*voir la gravure, p.* 557) de chaque jonque : la fourmilière marine, soit par plaisir, soit par fanfaronnade, prend ses tam-tams et frappe dessus de toutes ses forces, allume pétards et fusées, et les lance dans toutes les directions.

Mais, dans les jonques, tout n'est pas colifichet et enfantillage : il y a à la fois naissance et progrès de l'art. Les Chinois sont des barbares (à notre tour de leur renvoyer l'épithète), en ce sens qu'ils ne naviguent surtout que vent arrière, descendant avec une mousson et attendant cinq mois pour remonter avec l'autre. Leurs épaisses voiles de nattes, maintenues en tension plate par cinq bambous transversaux dans le plan de la voile, sont d'un lourd assemblage. Mais leur gouvernail est un petit chef-d'œuvre : suspendu à un treuil, pour être enfoncé ou élevé, suivant le besoin qu'on a de sa pression, il est manœuvré par une barre d'une grande longueur : la force en est encore quintuplée par une étrange et ingénieuse disposition. Les Chinois ont découvert que la résistance à l'eau est rendue beaucoup plus forte si, au lieu de lui opposer une barrière plane et compacte, on perce cette barrière d'une quantité de trous en forme de losange. Alors l'eau ne glisse plus simplement contre le gouvernail, mais elle fait un effort pour se précipiter, en tourbillonnant, au travers de ces ouvertures trop étroites, et de cette lutte s'engendre une action plus efficace.

Après trois heures et demie de route, nous doublons le mouillage de Typa, et la presqu'île de Macao nous apparaît sous les derniers rayons du soleil : les couleurs portugaises flottent sur les forts escarpés qui dominent cette terre rocheuse. Figurez-vous sept ou huit pics hardis, couronnés de créneaux de granit rouge; une agglomération de mamelons déserts arrivant jusqu'à deux cents mètres au-dessus du niveau de la mer, puis un chaos de maisons à terrasses méridionales en guise de toits, et peintes en bleu, en vert et en rouge ; une douzaine de clochers de cathédrales, des fenêtres barricadées de barreaux de fer, des ruelles dallées, larges de deux mètres, se faufilant dans des quartiers construits en pain de sucre, et, au pied de tout cela, une rade circulaire et enveloppante, où sont pressées des milliers de jonques, voilà Macao!

Nous débarquons sur un quai encombré de coulies, et nous gravissons les plus portugaises des « Calçadas do bom Jesus », des « Travessas do san Agostino », véritables corridors montueux entre des maisons basses de granit qui semblent des prisons. Étrange population que celle des conquérants de cette terre! Les descendants d'Albuquerque qui trottinent ici en foule, suspendus à leur sabre ou enfoncés dans leur cachenez, forment une race de Portugais croisés de Chinois, lesquels avaient déjà été croisés d'un mélange de Malais, d'Indiens et de Nègres; en somme, race rabougrie et chétive, au teint chocolat clair, aux yeux fendus en amande, végétant dans une atmosphère demi-chrétienne, demi-sorcière, demi-civilisée et demi-asiatique! Il y a ici deux cabarets anglo-américains : après une course indescriptible à travers les ruelles sombres, nous trouvons un gîte dans l'un d'eux, sorte de grange sans fenêtre, humide et puante, où les cancrelas par myriades ont élu domicile avant nous.

Cette demeure ne sera évidemment que temporaire pour nous, car nous pouvons en espérer une meilleure. — Quand, à propos de notre occupation mexicaine, les États-Unis du Nord trouvèrent la situation tellement tendue que la guerre menaça d'éclater entre eux et nous, le duc de Penthièvre dut, à son grand regret, donner sa démission de la marine fédérale, pour ne point courir l'éventualité d'être forcé de se battre contre son pays. Voulant alors continuer son activité maritime, il passa avec le même grade dans la marine de son cousin le roi de Portugal, fit une première campagne sur le *Don Juan,* et une seconde de dix-huit mois, comme lieutenant de vaisseau, sur la corvette le *Bartholomeo Díaz,* à la côte d'Afrique, à Rio, à Montevideo et à Buenos-Ayres. Étant encore au service du Portugal, mais en congé, il se trouve donc à même de jouir de tous les priviléges d'une marine dans laquelle il a servi, et il écrit au Gouverneur dès ce soir.

Rien de triste et de nauséabond comme notre case; aussi, pour échapper aux armées d'insectes voraces, prions-nous l'hôtelier de nous faire conduire par un

À la vue de notre vapeur le « Dard de Feu », une population entière sort des écoutilles. (*Voir* p. 565.)

de ses coulies aux théâtres chinois, qui sont la seule chose à voir après le coucher du soleil. Escaladant et grimpant aux échelles pierreuses, décorées du nom de rues, je me sens ici devenir singe! Nous entrons enfin dans une baraque de bois où résonne une musique assourdissante : les abords sont remplis de Chinois mangeant, fumant et buvant (*voir la gravure, p.* 560), quatre par quatre, à de petites tables; nous pénétrons jusqu'à l'avant-scène, et une tragédie, mêlée de tours d'acrobates, qui dure depuis dix heures du matin, se développe devant nous. Mais à peine sommes-nous depuis une heure à jouir de ce spectacle curieux en nous bouchant les oreilles, que tout à coup un grand mouvement se fait; les bancs et les tables sont culbutés, un flot confus, poussé depuis la porte d'entrée, s'ouvre passage dans un désordre bruyant; qu'est-ce donc? Ce sont les aides de camp du Gouverneur, et un capitaine de corvette, et tout un état-major en grande tenue, avec leurs chapeaux à plumes et un musée de décorations sur la poitrine! Le coup de théâtre est magnifique. Comme nous étions jusqu'alors les seuls Européens de la salle et en simple costume de voyageurs, tout le public chinois trépigne et se heurte, croyant qu'on vient nous arrêter. — Mais ces messieurs, avec une courtoisie parfaite, sont, au contraire, envoyés au Prince pour lui présenter les félicitations du Gouverneur et l'inviter à loger au palais; ils ont dû pour cela, par la nuit sombre et froide, nous relancer à travers toutes les ruelles de la ville, et la foule immense qui encombre la sortie du théâtre, déserte tout à l'heure, nous prouve que cette insolite promenade a réveillé toutes les portières Après un échange de mille politesses, il est convenu que nous nous rendrons demain à midi à l'aimable invitation.

Profitant d'un dernier reste de séjour non officiel à Macao, et pensant que les dîners-gala empêcheront désormais les vraies découvertes de touristes, nous repartons infatigables avec notre coulie, et nous pénétrons dans la ville chinoise proprement tenue et illuminée de ravissantes lanternes. Ce qu'il y a de plus curieux ici, ce sont les maisons de jeu; car Macao est le Monaco du Céleste Empire. La plupart des riches Chinois du Haï-Nan, du Kwang-Tong et du Fou-Kien sont assez fous pour venir ici perdre leur argent à un « trente et quarante » prohibé chez eux. Un croupier patriarche à queue blanche, à barbiche de quatre poils cirés et à ongles démesurément longs, préside à cette banque, sur laquelle se ruent des centaines de joueurs.

Il est près de minuit, et content de l'aspect original de ces Chinois habillés de soie, circulant chacun avec sa grosse lanterne vénitienne, nous prions notre coulie de nous ramener à la case des cancrelas! Je ne sais si les uniformes des aides de camp lui ont fait croire que nous sommes couverts d'or, mais le vilain « Celestial » prend plaisir à nous égarer : les maisons deviennent rares, et nous nous trouvons insensiblement perdus dans une campagne déserte, nous sondant l'un l'autre d'un regard inquiet: des buissons et des lagunes sont les seules choses qui s'offrent à notre vue en avant, sur une route qui devient sentier de chèvres, tandis que six gaillards chinois, marchant bon pas, nous suivent à une centaine de mètres dans tous les méandres que nous offre le hasard. La disparition soudaine de notre perfide acolyte nous fait voir d'un trait la situation, et dans ce repaire des mendiants,

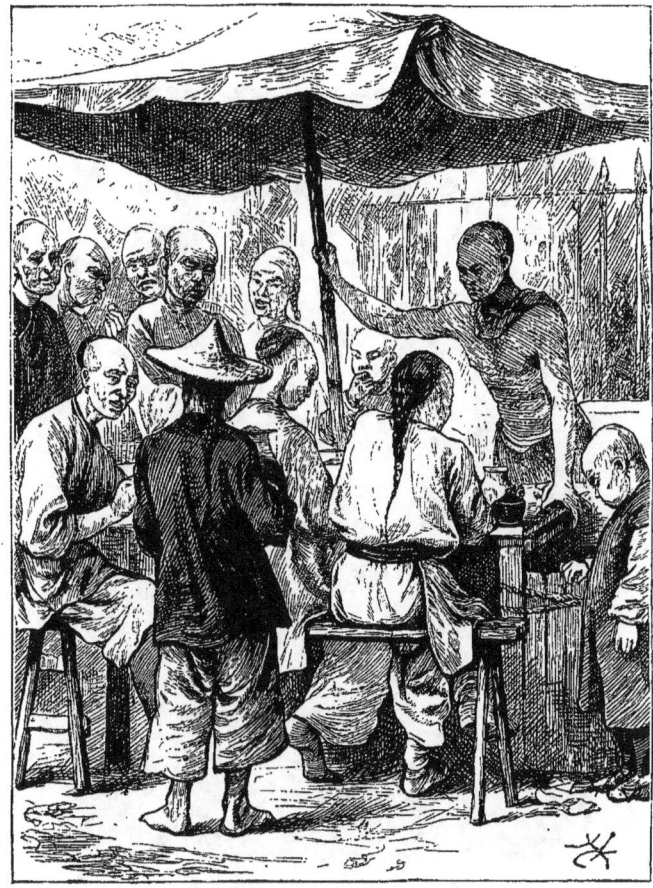

Les abords sont remplis de Chinois buvant et mangeant. (*Voir* p. 559.)

des évadés, des vauriens de la Chine, nous songeons tous deux que les quelques minutes qui suivent peuvent bien représenter toutes les années que nous espérions vivre encore. Les ombres humaines qui s'attachent à nous rôdent avec une insistance de plus en plus marquée; elles se rapprochent, dès que les roches qui surplombent sur la route la rendent plus sombre encore; elles se disséminent dès que, nous retournant résolûment, nous allons droit à elles pour mettre fin à cette poursuite odieuse. Mais évidemment ces hommes attendent

Enfin les ombres humaines qui nous suivaient se disséminent.

des camarades, car leurs sifflets demeurent sans échos, et la fermeté de notre marche leur impose encore... Enfin, — après plus d'une demi-heure, pendant laquelle nos cœurs ont battu des plus vives angoisses, — une lueur blafarde nous apparaît dans la direction où, livrés à notre instinct, nous voulions toujours trouver la ville européenne... c'est la lucarne grillée d'un poste ! c'est une porte fortifiée des remparts! L'habitude des formules des patrouilles militaires et la connaissance parfaite du portugais font vite triompher le Prince des hésitations de l'artilleur qui monte la garde derrière les créneaux, et dès lors nos maraudeurs sont hors de vue. Nous revenons édifiés sur les bons instincts du coulie, qui peut se vanter de l'avoir échappé belle; car s'il avait disparu moins lestement, il aurait commencé par payer pour ses amis. Après avoir raconté notre campagne à Fauvel, nous allons nous rouler par terre dans la même couverture, comme en Australie, jurant, heureusement pas trop tard, qu'on ne nous y reprendra plus !

12 février.

Gracieusement conduits pendant la première partie du jour par don Osorio, aide de camp du Gouverneur, et pendant la seconde par Son Excellence elle-même, don José-Maria do Ponte Horta, major d'artillerie, nous visitons aujourd'hui la possession tout entière, ce qui est facile, vu qu'elle ne semble avoir cinq kilomètres de long sur deux de large. Cette presqu'île a exactement la forme d'une empreinte de pied humain, dont le talon est tourné vers la mer, tandis que le pouce aboutit à une langue de terre, large de quatre cents mètres, qui la réunit à la grande île de Hiang-Chan. Le talon est formé de neuf hautes collines rocheuses qui dominent les forts Bom-Parto, Barra, San João et San Jeronimo : la grande courbe intérieure de la plante du pied est garnie des habitations entassées des Chinois, qui sont au nombre de cent vingt-cinq mille, tandis que les deux mille résidents portugais sont domiciliés sur le bord opposé et extérieur. La Praya Grande, esplanade marine, est leur boulevard : manoirs à grilles sombres, castello du Gouverneur, capitania do Porto, villas officielles ou commerçantes y sont alignés, présentant absolument le cachet colorié, cintré et monastique de la mère patrie. Supposez alors qu'une muraille escalade le cou-de-pied (c'est notre muraille d'hier soir!) et que toutes les articulations des doigts se crispent et se relèvent; ce ne sont plus que montagnes en soubresauts, au haut desquelles s'élèvent les forts de San Francisco, de la Guia, de San Paulo do Monte, et sept ou huit autres ; ensuite viennent la plaine cultivée par les maraîchers, le village de Mong-Ha et la barrière de seize pieds de haut qui sépare la colonie du territoire chinois.

Les routes que nous suivons dans notre course intéressante sont taillées en corniche dans le granit, et du plus pittoresque effet : une centaine de canons de gros calibre, braqués sur les hauteurs, se partagent la besogne de défendre la presqu'île du côté de la mer enveloppante, ou de bombarder le quartier des cent vingt-cinq mille queues en cas d'émeute.

Puis nous visitons la méridionale Plaça da Sé, la cathédrale, le vieil hôtel de ville, où siége le Sénat, et où figure cette inscription depuis 1654 :

CIDADE DO NOME DE DEOS. — NAO HA OUTRA MAIS LEAL [1].

Nous parcourons les casernes, les monastères, l'église Saint-Paul construite en 1594 par les Jésuites et aux trois

---

[1] Cité du nom de Dieu. — Il n'en existe pas de plus loyale.

quarts incendiée aujourd'hui, l'Asylo dos Pobres, etc., etc., en un mot une série d'édifices antiques et chrétiens, surmontés de croix, ornés de saints dans des niches, couverts de fresques curieuses. Ajoutez la mantille qui cache la tête des femmes, l'immense chapeau noir et oblong sous lequel cheminent les moines, la cornette blanche des Sœurs de charité, et l'on jurerait, je vous assure, qu'on est à l'ombre des basiliques de Lisbonne ou de Gênes! Après les spectacles modernes que viennent de nous donner depuis dix mois les mondes entièrement nouveaux, et les mondes asiatiques où du moins l'invasion industrielle a tout le cachet de l'actualité, c'est comme une illusion de trouver à la porte de l'Empire du Milieu une bonbonnière antique avec des ruines chrétiennes qui semblent attester qu'il n'y a eu, sur cette terre lointaine, que nos vieux monuments et nos vieilles croyances.

Vers trois heures, les canots pavoisés nous font naviguer entre trois cents jonques tapageuses, et nous gagnons en rade la canonnière *Principe Carlos*, où l'on boit à la santé de « l'Armada ». Puis nous prenons la route de terre et cheminons sous des bosquets d'arbres à verdure éternelle que vient baigner la vague : le soleil d'hiver, avec sa triste pourpre un peu pâlie, est près de l'horizon, et perce à peine l'ombre du bocage, nous sommes dans la grotte de Camoëns! L'histoire raconte qu'en 1556 le grand poëte, venant de faire naufrage dans ces mers inhospitalières, et n'ayant sauvé que les premiers vers des « Lusiades », parvint à la nage jusqu'à la colonie portugaise, alors naissante. Il se réfugia dans cette grotte battue par la mer, et, pleurant sur sa vie d'exil, il chanta les gloires de sa patrie. Le site en lui-même, isolé et sauvage, ouvrant la vue sur l'Empire du Milieu, et sur l'Océan qu'aucune grande terre ne rompt jusqu'aux glaces du pôle sud, le site aux gigantesques blocs de granit, a dû, sans contredit, inspirer son admirable épopée. Mais l'édilité locale a eu le malheur d'en profaner toute la pureté solennelle et poétique. A l'endroit même des plus touchants souvenirs qu'il fallait laisser grands par la pensée, on a construit un kiosque comme ceux de nos boulevards, sur lequel on a affiché des vers, et derrière les grillages duquel on a enfermé un buste de papier mâché qui est ridicule, et qui doit pourtant représenter l'exilé, le poëte à l'âme amoureuse et sublime.

Un autre exilé, un Français, a voulu, sur la face septentrionale de la grotte, unir en ce lieu perdu le souvenir de deux infortunes subies pour les Lettres, et sa pièce est signée : « Louis Rienzi, poëte religieux. 30 mars 1827. »

Pour nous, un bon temps de galop nous mène par monts et par vaux au village de Mong-Ha, où s'élève une pagode qui produit un grand effet de loin, et qui de près sent fort mauvais. Les bonzes n'en font pas les honneurs gratis, mais ici il y a un fait vraiment curieux. A cause de l'antiquité de la colonisation, les Chinois sont devenus si Portugais, ou les Portugais si Chinois, que les Bouddahs sont nommés, dans la bouche même des bonzes, des noms de nos saints ; et il y a là, à la douzaine, des san Francisco et des san Agostino à quatre bras, à trois têtes, à plis et replis d'embonpoint.

Le crépuscule va finir au moment où finit aussi pour nous le territoire de la colonie; nous sommes sur l'étroite langue de terre qui relie Macao à Hiang-Chan; à environ deux cents mètres de nous, sur la droite comme sur la gauche,

Bonzes de la pagode de Mong-Ha (le préau).

se brisent les flots de la marée montante, et la barrière granitique de l'Empire chinois nous arrête. Le voilà donc le sol fameux où flotte librement le drapeau jaune de l'Empereur! Mais quelle désillusion! C'est couverte des immondices, des pourritures et des chiffons des « descendants du Feu », que nous apparaît la « Terre céleste des Fleurs ». Un groupe d'une soixantaine d'hommes vêtus de blanc, tapant sur des tam-tams, et hurlant d'une voix aiguë, portent un mort en terre et défilent devant nous. Mais ce cortége bizarre, ressortant plus

Type d'un des mendiants de Macao.

vivement sous les reflets d'une lueur pourpre qui meurt et d'une nuit qui commence, rend encore plus impressionnant pour nous le récit qu'on nous fait du drame accompli en ces lieux.

A cette place même est mort assassiné l'avant-dernier Gouverneur de Macao, le vaillant Ferreira do Amaral. Ayant pris en main la revendication entière de Macao par le Portugal, il s'attira la colère des mandarins de Canton, qui voulaient à toute force maintenir leurs suppôts avec parité d'autorité dans la colonie portugaise. Ils ne recoururent pas à la guerre ouverte, et luttèrent par le meurtre, ce qui leur coûtait bien moins cher : le 22 août 1849, leurs sicaires se ruèrent sur Amaral au moment où il se promenait à cheval le long de cette muraille, avec un aide de camp, et ils emportèrent jusqu'aux pieds du Gouverneur de Canton la tête et les mains ensanglantées du malheureux officier.

13 février.

Nous commençons à nous habituer à la température d'hiver, et les longues marches en ces lieux fort intéressants nous font vite passer le temps.

Au haut du Monte, nous visitons d'abord les ruines d'un couvent de Jésuites, puis nous étudions en détail la chose la plus caractéristique de Macao : les « Barracons », entrepôts célèbres de la prétendue « émigration des coulies », plus justement flétrie du nom de traite des Chinois. La première boutique du marchand d'hommes chez lequel nous entrons se présente sous les dehors les plus riants : des terrasses ornées de fleurs, de grandes poteries chinoises, des salons à meubles d'acajou ; ce sont les salles de réception... pour les fonctionnaires. Un petit bureau dans un coin, avec des piles de gros livres usés, vient seulement nous rappeler que c'est là que se fait « l'enregistrement de la chair humaine ». Les murs sont couverts de tableaux à grand effet (ce peuple aime tant les arts !), représentant les fortunés navires destinés à transporter lesdites cargaisons de « Fils

du Ciel » sous le soleil meurtrier des plantations de Cuba ou dans les puits fétides de guano du Pérou. Je regrette d'avoir à dire que le pavillon français se montre beaucoup trop dans ces tristes annonces.

Au premier abord, cela paraît donc magnifique. Mais après les civilités d'usage faites aux moricauds maîtres de céans, nous apercevons de longs corridors où, de droite et de gauche, sont entassés dans les hangars tous les Chinois « en partance pour l'émigration ». Ils sont là, attendant le départ, la figure décomposée, le corps aux couleurs blêmes ; à peine vêtus de guenilles pourries, ils portent le cachet hideux de la misère sale, et gisent dans la plus abominable infection.

C'est une trop déplorable histoire que celle de la traite des Chinois : quoiqu'elle soit née seulement depuis dix-neuf ans, elle compte les plus horribles massacres, les plus infâmes spéculations, mille fois plus d'atrocités que la traite des nègres qu'elle a remplacée : du sang, toujours du sang !

Les provinces du sud de la Chine sont en proie à des guerres intestines qu'aucune force n'a pu encore étouffer : les prisonniers que fait le clan vainqueur sont vendus par lui à un « acheteur d'hommes » portugais, qui a des agents en croisière le long des côtes ; tel est le principal mode de recrutement ! Puis les pirates innombrables dont cet archipel est le nid le plus fécond viennent apporter à ces entrepôts la plus belle part de leurs prises : de pauvres pêcheurs surpris en nombre inégal. Enfin, unis par l'appât d'un gain réglementé entre eux, de misérables entrepreneurs chinois et européens s'entendent pour attirer par mille réclames et pour convoyer *à crédit* des troupeaux de joueurs qui viennent tenter la fortune aux maisons de jeu légales que nous visitions avant-hier soir. Pour deux qui gagnent, vingt perdent jusqu'à leur dernière sapèque, et, débiteurs abusés, ils doivent, pour payer, s'abandonner en chair et en os à leurs fallacieux créanciers. Si nous avons vu cette coutume à Siam pour les femmes, les enfants et les esclaves, nous la retrouvons aujourd'hui en Chine pour l'homme libre lui-même; il paye donc de sa liberté.

Pris par la force ou trompés par la ruse, des milliers de pauvres diables sont donc, sans contrôle aucun, embarqués d'ici pour leurs lointaines destinations. Cinq fois sur dix, une révolte naît à bord, et l'équipage européen est massacré sans merci; ou bien, par la cruauté d'un capitaine irrité, les cargaisons humaines tout entières meurent étouffées dans la cale. Je crois qu'il n'y a pas au monde de récit plus dramatique que celui de pareils voyages : pendant quatre ou cinq mois de mer, des hommes vendus, traités comme des bestiaux, enfouis dans une cale fétide, ne doivent-ils pas devenir de vraies bêtes féroces, quand la fureur de la faim et de la soif, le besoin torturant d'air et de liberté, les décident, par cinq et six cents, à se jeter sur une quinzaine de matelots européens, instruments aveugles de la spéculation, et devenus à leurs yeux des bourreaux?

Les plus heureux sont ceux qui arrivent à destination pour y passer de longues années en esclavage : leur vie pourtant est bien plus dure que celle des Nègres. Car, dans le Noir, le planteur ou l'extracteur de guano voyait sa propriété et la ménageait pour la faire durer; tandis que du Chinois, qui n'est qu'un usufruit de quelques années, il ne songe qu'à tirer le plus de besogne possible en un temps donné, sans s'inquiéter de l'avenir.

Ne sachant ces détails lointains que par ouï-dire, je puis du moins me faire une idée des soixante et quelques émeutes qui ont ensanglanté ces navires d'émigrants par le récit du naufrage de la *Martha*, publié à Hong-Kong en janvier dernier. Les coulies paraissaient animés d'un tel désespoir en perdant de vue les côtes de la Chine, qu'ils durent être confinés dans la cale, tandis qu'un sur vingt était, en otage, attaché dans les barres de perroquet. La nuit, la crainte d'une émeute avait fait semer sur le pont une centaine de biscaïens armés de pointes, destinés à les empêcher de faire irruption, leurs pieds nus devant se blesser sur ces projectiles. Néanmoins ils rompirent les écoutilles, tuèrent dix hommes, garrottèrent les autres, et manœuvrèrent si mal qu'après cinq jours ils firent naufrage : une moitié périt dans la mer; deux matelots seuls se sauvèrent et racontèrent cette tragédie qui glace d'épouvante!

Si tel est le fond des choses, si depuis 1848 jusqu'en 1856 l'autorité locale a fermé les yeux sur ce commerce immoral, il est juste de dire qu'à partir de cette dernière époque le gouvernement portugais a pris la surveillance de ce qui n'avait été jusqu'alors, même avant le départ, que désordre et inhumanité. Après bien des questions, voici ce que je puis vous dire sur l'état actuel des coulies, au point de vue de l'embarquement : les malheurs, les révoltes en pleine mer échappent naturellement à la juridiction portugaise, et ne diminuent pas pour si peu. D'ailleurs, si l'inspection du Barracon tend à prouver que les coulies montent *libres* sur ces infâmes bateaux, il n'est pas moins vrai qu'ils débarquent plus légalement *esclaves* à Cuba ou aux îles de guano !

Il part chaque année de Macao environ cinq mille Chinois pour la Havane et huit mille pour le Callao. Certes, si l'émigration était dirigée par des bureaux désintéressés et honnêtes, elle serait un immense bienfait pour le pays qui manque de vivres comme pour celui qui manque de travailleurs, et il faudrait saluer de la plus vive sympathie ces jonques libératrices, dégrevant de l'excès de la plus féconde des populations du globe cette Chine dont le sol n'est pas riche partout, et qui est loin de pouvoir nourrir tous ceux qu'elle porte sur sa surface. Mais alors il ne faudrait pas qke les clans de pillards, les pirates et les enjôleurs fussent les premiers agents, marquant toute l'entreprise d'une tache originelle que rien ne peut effacer. C'est dans ce recrutement qu'est la racine du mal ; on aura beau plus tard, à Macao, demander à ces milliers de coulies s'ils partent ou non de leur plein gré ; que signifiera leur réponse affirmative ? Une fois saisis par les griffes des agents devenus des créanciers une fois lancés dans les bureaux du Barracon par des commissionnaires qui reçoivent de quarante à cinquante francs par tête d'engagé, une fois livrés par contrat signé entre les enrôleurs et les mandarins de l'Empire qu'ont gagnés des pots de-vin, les malheureux ne doivent-ils pas mentir par la gorge à l'inspecteur portugais qui leur demande de signifier, oui ou non, leur consentement ? Car ils savent que s'ils refusent de partir, trois intéressés, créanciers, commissionnaires et mandarins, s'acharneront sur eux avec toutes les horreurs de la plus implacable vengeance ; traqués et torturés, mourant de peur et de faim, ils retomberont presque forcément sous leur joug odieux et sous leurs coups meurtriers.

Bref, après la première infamie de la capture par les agents subalternes, voici comment se continue... le négoce ! Celui qui « a fait la commission dans l'article homme » reçoit, par tête de Chinois livré, cinquante francs pour lui et environ trois cents francs pour le vendeur. Le Portugais demi-nègre qui nous promène dans ses magasins en a ainsi aujourd'hui une centaine, acquise par ses commis-voyageurs à Canton, dans le Kwang-Tong, le Kwang-Se et le Hou-Nan ; c'est un déboursé de trente mille francs. Ce propriétaire a bien le véritable aspect d'un marchand de chair humaine : il est gros, huileux, trapu et court ; le nez est épaté ; l'œil farouche, la barbe sale, et il a en main un énorme gourdin à esclaves : — c'est tout dire !

Avant de traiter (le mot n'est que trop vrai) avec un capitaine de navire, — avant d'embarquer à fond de cale ses ballots vivants, le maître d'un « Barracon » doit faire passer ses coulies devant le « procurador » portugais. C'est là que commence l'action gouvernementale, et que les dispositions actuelles tendent à donner leurs fruits, tandis que le mal porte en soi son châtiment ; car il se trouve précisément que la ruse et la violence, qui semblaient dans le principe un moyen de grande économie et une source

Les Barracons : les coulies avant le départ.

immense de gain pour les agents enrôleurs, deviennent, grâce à la nouvelle loi, la cause même de l'élévation des frais et de la diminution des bénéfices. Sur mille Chinois interrogés par le juge colonial, et mis en demeure de retourner en Chine ou de faire voile pour la Havane, il en est souvent jusqu'à deux cents qui ont le courage de refuser et de risquer les vengeances « barraconiennes » : si les créanciers qui les ont achetés, convoyés et nourris dans leurs hangars d'attente, n'exercent pas de terribles représailles, toute la dépense faite pour ces prétendus déserteurs est perdue !

La cargaison humaine qui, par-devant les juges, a consenti au départ, est alors réinternée au « Barracon ». La loi nouvelle défend qu'elle en sorte avant six jours, délai dans lequel apparaît une seconde fois le « procurador » qui dit aux coulies : « Décidez-vous, vous êtes encore libres ! » Souvent ceux-ci attendent un ou deux mois qu'un navire lève l'ancre, et, pendant cette attente, ils doivent prononcer le *oui* fatal *deux fois encore* avant l'embarquement, pour que leur consentement soit démontré d'une façon manifeste.

Tout en louant hautement l'autorité locale de sa sollicitude dans l'inspection et de son enquête pendant l'attente du départ, il faut pourtant se dire que plus le coulie demeure entre les mains du marchand, moins il lui reste la faculté de se retirer. Car il est un mendiant, un insolvable ! A quels sévices ne s'exposerait-il pas, s'il disait : « Je ne veux pas partir », quand il aura été logé et nourri pendant deux mois par l'entrepreneur ? Tournant dans un cercle vicieux, après avoir refusé de partir comme homme libre, il devra, pour payer sa dette, partir après s'être constitué l'esclave de cet entrepreneur !

Enfin le navire est arrimé, il va lever l'ancre, l'heure solennelle approche ! et, la veille seulement du départ, le contrat est signé devant le « procurador ». Les coulies sont embarqués, et chacun alors est vendu environ sept cent cinquante francs par le propriétaire du « Barracon » au représentant de l'agence espagnole de navigation. Après avoir harcelé de questions tous nos compagnons, nous obtenons comme bouquet un exemplaire du fameux contrat : il est rédigé en espagnol et en chinois, signé et parafé par le Chinois engagé, le procureur du Roi et le consul d'Espagne. En voici les principales clauses :

« Je m'engage à travailler douze heures par jour, pendant huit ans, au service du possesseur de ce contrat, et à renoncer à toute liberté pendant ce temps. — Mon patron s'engage à me nourrir, à me donner quatre piastres (20 francs) par mois, à me vêtir, et à me laisser libre le jour de l'expiration de ce contrat. »

Comme c'est beau l'administration sur le papier ! Mais, en résumé, cet homme ne devient-il pas pour huit ans la bête de somme d'un planteur ? Et ne comprend-on pas que le suicide, comme on me le racontait l'autre jour à Hong-Kong, est la ressource finale de tant de misères ! Mais une mort plus affreuse les attend souvent, et je me souviens de l'impression profonde que fit sur moi un récit de M. Vanéechout dans la *Revue des Deux Mondes* : le voici en deux mots. Pour l'extraction du guano aux îles Chincha, la matière est versée par des manches à vent directement du sommet des roches dans la cale du navire, et cela fait un trajet d'environ cent mètres : il avait vu un malheureux Chinois entraîné avec sa charge de guano dans un tube resserré, et réduit en poussière quand il arriva en bas : — de pareils accidents sont là très-fréquents. — Mais, préoccupé surtout des travaux d'esclaves de ces pauvres êtres, j'oubliais de terminer la relation de l'affaire commerciale ; j'y reviens.

Excepté à Canton, où l'agence cubaine, en l'année 1865-1866, a exporté deux mille sept cent seize coulies, « misérables... hères et pauvres diables », il n'est d'abord pas très-facile de trouver

Un malheureux Chinois fut entraîné dans un tube resserré.

des capitaines et des équipages qui consentent à faire ces transports ; mais enfin l'appât d'un gain assuré, un fret de cinq cents francs par « Celestial », tente certains capitaines, bien qu'ils jouent là leur vie comme sur un coup de dés. Après les horreurs d'une navigation où le typhus, les révoltes, les coups de revolver amènent chaque jour un incident nouveau, on arrive à Cuba, et voilà alors les survivants de nos Chinois conduits sur la place, vraie foire de bétail humain ! Selon la saison, les besoins de la culture, ou l'encombrement de la marchandise, les « Fils du Ciel » sont en hausse ou en baisse, comme la farine, le café ou les bœufs : on fait donc là des coups de bourse sur les arrivages : mais en général la cote est de trois cent cinquante dollars (1750 francs) ! Je doute seulement que le compte rendu du marché de cette foule criarde porte jamais une des formules proverbiales : « Aujourd'hui le Chinois est calme! » Ainsi, depuis le bouge de Macao jusqu'à la plantation de sucre de Cuba ou à la roche de guano, le coolie a passé de la valeur de 300 francs à celle de 1750 francs, partagée entre les mains de ceux qui l'ont « entrepris », c'est-à-dire cinquante francs pour l'embaucheur, quatre cents francs pour le Barracon, cinq cents francs pour le capitaine, et cinq cents francs pour l'agence de vente à destination!

En promenant mes regards vers ces pauvres êtres pâles, empestés et dégue-

Nous croisons la chaise du procurador, à laquelle un jeune Chinois se cramponne. (*Voir p.* 574.)

nillés, qui gisent là autour de nous sur les planches de ces chenils appelés Barracons, je ne puis vous dire combien mon cœur se serre! Je sais bien pourtant que, de cette même terrasse, don Osorio nous montre les toits et les jardins de quelques Chinois partis d'ici il y a vingt ans, embarqués coulies, et revenus riches! Si elle résiste aux fièvres, à douze heures de travail forcé pendant huit ans d'esclavage; si elle se fait, comme on le dit, aux coups de bâton et au guano, je sais bien que cette race de travailleurs pourra ensuite s'enrichir, car les salaires du travail libre sont très-rémunérateurs! Mais combien en est-il revenu de riches, sur les milliers que la contrebande, la piraterie et les réclames dorées ont entassés dans les cales meurtrières? Si c'est une des plus lucratives spéculations du dix-neuvième siècle qui fait gagner à ces agences de coulies environ quatorze cents francs par tête, ces « messieurs » ne me feront pourtant jamais l'effet d'être autre chose que des pirates déguisés en « employés »; et il me semble que j'entendrai toujours les coups secs et affreux dont je les ai vus frapper le dos d'hommes vendus par escouades, entrant et sortant à l'instar de troupeaux de moutons qu'on mène aux champs..... ou à l'abattoir!

Ah! que je félicite du fond du cœur la colonie anglaise de Hong-Kong d'avoir, dans un de ses premiers édits, prohibé sur son sol et dans ses eaux l'*émigration des coulies!* Elle a senti qu'il fallait flétrir moins encore les souffrances qui les attendent sur leur terre adoptive, que les fraudes hideuses et les exactions dissimulées qu'entraîne forcément leur recherche en Chine. Pour Macao, la situation est délicate : sangsue apposée au colosse chinois, cet établissement amphibie n'a jamais été bien délimité dans ses éléments organiques, comme j'espère avoir le temps demain de vous le raconter, en m'inspirant de son histoire. Ni portugais pur, ni chinois pur; ni chrétien, ni bouddhiste; hésitant entre ses Gouverneurs portugais et ses mandarins tenaces sans cesse en lutte; tantôt proclamant des allures conformes à notre politique européenne dans l'extrême Orient, tantôt intimidé et tenu en laisse par les menaces venues de Canton et de Pékin, Macao n'a acquis une assiette véritable que depuis les efforts du vaillant Ferreira do Amaral; mais le vieux fonds de pourriture d'une origine bâtarde est difficile à balayer d'un seul coup. Il est certain que les « Barracons » ont été d'abord de simples dépôts pour la « traite des Chinois » : on pourrait dire aujourd'hui que ce n'est plus qu'une « émigration involontaire » de coulies. Je souhaite sincèrement que le temps arrive bientôt où le Gouvernement portugais, renonçant honnêtement aux revenus qu'il perçoit sur ce commerce, imite ce que fait l'Irlande pour l'Australie. Une fois l'émigration purgée de toute spéculation lucrative, qu'ils partent par centaines les navires payés par Cuba et le Callao, comme Sydney et Brisbane en payent! Qu'ils arrachent aux douleurs de la misère, de la faim et du pillage les milliers de Chinois qui étouffent dans leur air! Que ceux-ci se vendent eux-mêmes pour huit ans, à raison de dix-sept cents francs par tête, mais qu'eux-mêmes du moins touchent et gardent l'argent qu'ils sont censés valoir! Mais non, le travail libre, la seule idée qui puisse régénérer le monde asiatique, leur ouvrira une carrière plus pure, plus noble et plus encourageante, et leur niveau moral s'élèvera d'autant plus qu'ils auront échappé aux « Barracons », la plus vile et la plus flétrissable des agences que je connaisse!

Nous avions à peine quitté les « Barracons » depuis cinq minutes, et nous escaladions tout haletants la « Calçada da buenita Maria Virgem », une montagne russe en dalles glissantes, entre deux rangées de cases peintes en vert avec des grilles de prison en guise de fenêtres, quand nous croisâmes la chaise à porteurs du « procurador », à laquelle un jeune Chinois hurlant et sanglotant se cramponnait convulsivement (*voir la gravure, p.* 573). Nous saluâmes la « Sua Excellencia » (tout le monde est Excellence ici, même moi!), et nous lui demandâmes la cause des larmes si abondantes de son malheureux acolyte, qui portait au cou un écriteau de bois marqué d'un gros numéro. Don*** revenait de l'hôtel de ville en grand costume, et y avait parafé les contrats de sept cents coulies qui doivent partir demain. Mais, se conformant à la loi, il avait refusé le « contrat » à ce pauvre Chinois, car cette jeune queue n'avait pas dix-huit ans! Le candidat éliminé ne cessait de se rouler aux genoux du juge, et l'on nous traduisit ses paroles : « il le suppliait de le laisser partir; car s'il était rendu à l'agent qui l'avait acheté, il lui faisait perdre par là tout son bénéfice, et il s'exposait en conséquence à subir les plus mauvais traitements. » Misérable enfant, tout éperdu de désespoir, parce qu'on l'arrête au moment où il doit partir pour un nouvel Eldorado... de guano!

14 février.

A six heures du matin nous embarquons sur le « *Principe Carlos* », jolie canonnière que le Gouverneur de Macao a donnée au Prince pour aller jusqu'à Canton. Nous contournons les anses rocheuses de la presqu'île, et peu à peu la « Praya Grande », le fort de la « Guia », où a été construit le premier phare des mers de Chine, le Monte et les créneaux des bastions se perdent dans un horizon confus : nous disons adieu à cette colonie, le dernier avant-poste européen qu'il nous est donné de voir avant le Céleste Empire lui-même.

Mais Macao est le premier jalon qu'ont posé aux abords de la Chine les navigateurs de l'Occident, et son histoire se rattache par là même à tous les événements de guerre entre l'Europe et la grande puissance asiatique. C'est le Portugais Perestrello qui aborda, avant tout autre, dans la rivière de Canton, en 1516. Pendant quarante années, ses compatriotes, séduits par les trésors inconnus jusqu'alors des ressources commerciales de l'Empire, tentèrent d'établir d'humbles comptoirs; mais depuis Ning-Po au Nord jusqu'à l'embouchure de la rivière de Canton au Sud, ils furent successivement culbutés et balayés par les hordes indigènes ou par les décrets des mandarins, comme un navire battu par la tempête qui se heurte aux rochers d'une côte abrupte, sans pouvoir atterrir nulle part. Quoique leurs proclamations pacifiques et les faibles forces navales dont ils disposaient montrassent assez qu'ils avaient en vue de créer seulement un comptoir de commerce profitable aux deux nations, ils furent partout expulsés comme des pestiférés. Après avoir enfin obtenu le droit d'ancrage sous le vent des îles Chang-Chwan et Lam-Pa-Cao, ils furent en 1557 autorisés à bâtir un entrepôt sur un roc désert, perdu à l'extrémité d'une île. En quelques années ils le fortifièrent si bien, que les mandarins ne purent plus les en chasser : Macao était fondé. Dès lors, pendant plus de deux siècles et demi, ce comptoir demeura à la fois portugais et chinois, partagé entre l'autorité des mandarins et celle d'un sénat local. Curieux assemblage de deux pouvoirs opposés, levant les impôts en commun, s'observant l'un et l'autre, et s'efforçant d'établir une pondération politique semblable à l'échange commercial dont Macao était l'entrepôt entre l'Empire du Milieu et tout le reste du monde! Souvent le pavillon européen dut pourtant céder au dragon jaune, et le « Senado » local, composé de deux « juizes », de trois

« vereadores » et d'un « procurador », tous élus par la communauté, fut contraint de passer en droit et en fin par les Fourches Caudines des mandarins, et de leur abandonner les plus précieuses des prérogatives, — la juridiction sur les sujets portugais et l'interdiction de la conversion des Chinois au christianisme.

Il semble que dans ce mariage du pouvoir asiatique avec la colonie catholique, cette dernière fut contrainte au rôle passif de la femme et bien souvent maltraitée par son maître. Comment! par deux fois, en 1802 et en 1808, quand les troupes anglaises, protectrices de la Compagnie des Indes, débarquent à Macao pour défendre cet avant-poste contre l'éventualité d'une attaque française, les mandarins interviennent et forcent les Portugais à chasser leurs propres défenseurs! Et, en 1839, quand le commissaire impérial Lin anéantit les factoreries, et que tous les commerçants européens de Canton viennent chercher refuge à Macao, Lin arrive avec une armée de deux mille hommes, menace la ville, et exige que tout sujet anglais s'embarque sur l'heure. Force est de céder et de s'enfuir jusqu'au mouillage de Hong-Kong. Mais il en coûte à l'Empire la cession de cette île, exigée par le traité qui termine la guerre. Enfin la fermeture de la douane portugaise, en 1849, ne peut entraîner celle de la douane chinoise, et la dispute se termine par l'assassinat du Gouverneur. Ce crime rompt la digue qui contenait jusqu'alors des courants juxtaposés, mais si violents, qu'un orage nouveau devait tout submerger. Autant, jusqu'alors, il y avait eu respect de la mitoyenneté dans le comptoir chinois-portugais, autant, politiquement parlant,

une ère de vengeance et d'indépendance s'ouvre pour la colonie, qui sort de deux cent quatre-vingt-douze années d'étreinte, d'intimidation et de tutelle. Donc, à partir de 1846, ses Gouverneurs royaux, soutenus par un sénat élu, y règnent en maîtres, construisent, jugent et édictent, sans avoir à demander permission aux suppôts des mandarins de Canton. Mais il n'y a plus qu'un malheur, c'est que le Portugal n'a jamais été légalement possesseur de Macao, et que les Chinois n'avaient peut-être pas tellement tort d'y réclamer la part du lion dans l'administration des affaires. Entre la permission, donnée en 1557, d'élever un comptoir, et la cession totale du sol, il y a une barrière que le cabinet de Pékin a laissé sauter de fait, mais non de droit, aux artilleurs portugais, et le « senhor » Guimaraes a fait la plus pitoyable des grimaces quand, en 1862, les plénipotentiaires chinois refusèrent carrément de ratifier un traité où la souveraineté du Portugal sur la vieille colonie était implicitement reconnue. Quoique la proposition fût appuyée par le chargé d'affaires de France à Pékin, la nullité des prétentions mises en avant n'en fut pas moins affirmée par la Chine. Ainsi, par un singulier retour des choses de ce monde, le Portugal, qui a ouvert la route de l'Orient aux autres nations commerçantes, est seul à y voir flotter ses couleurs sans l'assentiment de la Chine; tandis que, légalement et par des traités, l'Angleterre est maîtresse à Hong-Kong, et, avec elle, la France et les États-Unis à Chang-Haï; tandis qu'enfin la Prusse a, dit-on, fort envie de se faire bel et bien céder la magnifique île de Formose.

Mais pendant que l'indépendance po-

Dans le cabinet particulier voisin du nôtre, on soupait gaiement.

litique de Macao, gagnée pied à pied jusqu'en 1849, arrive maintenant à son apogée, la prospérité commerciale de l'entrepôt subit une marche inverse. Durant le dix-huitième siècle, le florissant commerce de la Compagnie des Indes ébranle tout le sud de la Chine : il puise là comme à une source vive, ou il y déverse ses importations d'Europe, et c'est Macao qui est le bureau des échanges. Plus Canton devient inhabitable par suite des vexations des mandarins, plus Macao s'ouvre à nos négociants d'Europe; et non-seulement les jonques, chargées de marchandises, y convergent par milliers, mais cette ville devient un lieu de plaisance pour les nababs dépensiers du trafic oriental. Que de rêves on fonde alors sur ce point infiniment petit, converti en phare des mers de Chine, appelant à lui les navires qui viennent du bout du monde, déchargeant et emmagasinant leurs cargaisons, puis les relançant, comme les rayons divergents d'un foyer de lumière, vers de lointains parages avec les produits, encore si recherchés, de l'Empire du Milieu ! Mais en un jour tout cet édifice brillant s'écroule ; il suffit qu'en 1841, grâce à l'admirable activité et aux capitaux de la Grande-Bretagne, un autre rocher désert, du nom de Hong-Kong, soit cédé à la reine des mers et déclaré port franc, pour que le centre de gravité se déplace ! La naissance de cette colonie britannique tue l'antique comptoir portugais; et il n'y a plus ici, affourchées sur leurs ancres, que quelques vieilles coques de navires noircies au service de la traite des coulies.

Macao compte environ 125,000 Chinois et 2,000 Portugais. En 1865, au lieu des 1,000 sorties d'il y a trente ans, il n'en a enregistré que 206; son commerce se résume presque à l'importation de 7,500 caisses d'opium, d'une valeur de 16,310,000 francs, et à l'exportation de thé pour une valeur de 3,400,000 francs. Comme bien vous le pouvez penser, c'est sur les Chinois qui l'habitent ou qui y passent que tombent toutes les impositions, et, suivant la règle fatale des peuples asiatiques, c'est en imposant leurs vices que l'on gagne le plus. Plus de 100,000 piastres (500,000 francs) proviennent de la ferme des jeux; plus de 300,000 francs de celle de l'opium et des Barracons ! Et c'est quelque chose dans un budget de recettes de 1,188,000 francs seulement. — Quant aux dépenses, grâce à l'exiguïté du lieu et à la modicité des appointements [1], elles ne s'élèvent qu'à 973,000 francs : les 215,000 francs de bénéfice rentrent dans les coffres de la métropole, où il y a, dit-on, place pour eux.

Singulière et pittoresque physionomie que celle de ce comptoir antique, qui a eu ses grandeurs comme la marine des Diaz, des Vasco de Gama et des Albuquerque !... Il représente l'ancien monde et la race latine à côté de la fougue financière des Anglo-Américains de l'Orient; et la rivière de Canton, découlant de la Chine pure, se heurte à son estuaire contre ces deux sentinelles opposées ! Si l'une est florissante, il ne faut pas oublier qu'à l'autre nous devons l'ouverture de la Chine à notre commerce. Celle-ci a semé dans la douleur, celle-là a recueilli aux jours d'abondance.

En comparant ces trois colonies de

---

[1] 18,750 fr. pour le Gouverneur, 11,500 fr. pour le juge, 3,900 fr. pour le colonel, 3,000 fr. pour le procurador.

Singapour, de Hong-Kong et de Macao, ceinture de tirailleurs dont nous avons garni les abords de la Chine, je viens tout naturellement à penser aux migrations en sens inverse qu'ont faites les Chinois pour se répandre, — abeilles

Notre canonnière serpente entre des estacades de bambou. (*Voir p.* 582.)

laborieuses, — en nuées envahissantes tout autour de leur ruche. Quel vol hardi ils ont pris, et quelle est la terre de l'Orient, qu'elle soit baignée par l'océan Indien, l'océan Antarctique ou l'océan Pacifique, dont ils n'aient pas abordé les plages? Nous les avons vus courir aux mines d'or de l'Australie, et nous savons qu'ils se ruent sur celles de Californie. Nous les avons vus accapareurs et usuriers à Java, commis utiles et aimés des Blancs à Singapour, négociants virils, — et les seuls, — à Siam : ils activent heureusement la circulation cochin-

Des milliers de lanternes illuminent cette cité nautique. (*Voir p.* 583.)

chinoise; ils se font honneur à Manille; ils se plaisent aux îles Chincha, dans le guano, et à Cuba, sous les planteurs! Quel peuple immense formerait à lui tout seul ce peuple pris hors de chez lui! Aimé ici, chassé là-bas, utile à droite, malsain à gauche, mais persévérant dans son négoce, qui pour lui est la vie, le

Chinois d'exportation revient toujours au pays natal......, mais presque toujours dans son cercueil, ce qui a fait dire sur quelqu'une des terres où il émigrait : « Nous recevons le Chinois brut et vivant; nous le renvoyons dans sa patrie manufacturé et mort. »

Pour moi, qui ai vu ainsi déjà tant de « Fils du Ciel » avant d'avoir mis le pied en Chine; pour moi qui ai entendu des hommes sincères tant louer ou tant flétrir le Chinois, il me semble qu'une théorie absolue ne peut être émise sur lui! Le considérant uniquement comme émigrant, je le compare à un genre de plante parasite portant le mal ou le bien suivant la séve de l'arbre auquel il s'attache, absorbant cette séve si elle est plus riche que la sienne, la nourrissant si elle lui est inférieure. Cherche-t-il en effet à prendre place égale dans une race supérieure? il en pompe pour lui seul la fécondité; il est forcé par son essence même d'y descendre dans les bas-fonds, d'en exploiter, d'en exagérer les vices et de leur servir d'aliment. Tombe-t-il, au contraire, dans une population paresseuse, abâtardie et froide? il la réchauffe par sa vivacité, il la régénère par son sang, la stimule par l'exemple de son travail. Mais par-dessus toute chose, au dehors, c'est un travailleur infatigable; dans la zone plus proche qui entoure sa patrie, c'est un pirate : nous verrons ce qu'il est sur la terre de ses ancêtres.

Le voilà, en effet, qui se déroule devant nous, le sol classique de « l'Empire des Fleurs » ! Guidée par un pilote chinois fort habile, notre canonnière serpente entre des centaines d'îles rocheuses, des estacades de bambou (*voir la gravure, p.* 580) et des flottilles de jonques de pêche qui animent à son embouchure le coup d'œil grandiose de la rivière de Canton. Mais comme nous sommes en plein hiver, les fleurs sont absentes; et, seules, des tombes disséminées, taillées en amphithéâtre dans les roches granitiques, font diversion à la nudité des montagnes qui encaissent le cours d'eau. A droite et à gauche, les hauteurs des rocs sont couronnées de forteresses démantelées, vestiges de la puissance première et de l'humiliation récente de l'Empire. Nous franchissons Hu-mum (ou Boca tigris), Anung-Hoy, Wantong et Ticok-Tao, où les ruines attestent les défenses formidables qu'ont anéanties nos canons en 1839 et en 1856. En voyant, dans les canaux nombreux qui communiquent avec le fleuve, des convois interminables de jonques, semblables à des bancs de harengs, nous pensons aux désastres épouvantables que devaient faire nos bombes dans une pareille forêt de mâts. Nos coups sont plus modestes aujourd'hui et moins inhumains, car nous nous contentons de faire la guerre avec mitraille à des nuées épaisses de canards sauvages qui nous rappellent ceux d'Australie.

Après avoir passé la « Gueule du tigre », qui forme les Dardanelles si renommées de Canton, nous voyons les beaux clippers anglais mouillés pacifiquement en flotte sur cette magnifique rivière, puis les docks commerciaux de Whampoa, et à neuf heures et demie du soir, par un demi-clair de lune, nous entrons dans la ville flottante de Canton. Sur un espace d'environ une lieue et demie, des millions de lanternes de papier colorié illuminent de droite et de gauche cette cité nautique (*voir la gra-*

vure, p. 581), la plus populeuse du globe. En se reflétant sur les ondes tremblantes, et en éclairant chacune une habitation qui flotte, ces lueurs me rappellent les nuées de lucioles et leur magique effet dans les paysages de Java. Arriver de nuit et par eau à Canton, c'est descendre dans un « aquarium » d'hommes, de femmes, de lanternes et de bateaux entassés; c'est se jouer dans un dédale de navires qui dorment sur leurs ancres et qui forment une ville amphibie! Il y a là comme de l'illusion et du rêve. N'y avait-il pas ainsi une ville populeuse près du Styx, et les tam-tams, les pétards innombrables dans leur effrayant concert ne font-ils pas croire à quelque aspect infernal? Je suis tellement sous l'impression de notre entrée nocturne dans le Canton flottant, ayant pour horizon une forêt de mâts illuminés de feux de Bengale, et les crêtes des toitures dentelées des pagodes, que je crains de trouver au jour cette ville dépouillée de son cachet saisissant : les lanternes doivent ici faire plus d'effet que le soleil!

Mouillant devant l'îlot de Cha-Myen, petite concession européenne, nous cherchons un gîte en frappant à plusieurs portes, enfin nous sommes « cantonnés » pour cette nuit chez le vice-consul anglais. Le consul lui-même devait nous donner asile, mais il a son *yamoun* (résidence) dans l'intérieur de la ville, et les portes des remparts sont barricadées depuis le coucher du soleil.

XIV

CANTON

Monts-de-piété. — Serpent tentateur. — Le village des vieillards et le village des morts. — Sept enfants exposés. — Rue de l'Éternelle Pureté. — Pagode des tortures. — Bienfaits des missionnaires. — Cortége du Vice-Roi. — Première impression sur la Chine.

15 février.

Température + 2° centigrades. Canton s'étend sur les deux rives de sa large rivière, et se compose de deux villes, la ville flottante et la ville terrestre. Dès le matin, le consul anglais, M. Robertson, vient nous prendre; et grâce à sa yole rapide, nous naviguons de droite et de gauche au milieu de milliers de barques habitées par des familles entières. Un toit de bambou et de feuilles sèches abrite chacune de ces barques-maisons : à l'arrière, l'autel des ancêtres est illuminé par de petites torches parfumées, et vingt fois par jour on y tire des feux d'artifice. Voici les bateaux de fleurs, vrais pontons d'horticulture, où, derrière des arbustes torturés et sous une sorte de serre, végètent à la fois des fleurs et des Chinoises prisonnières. Sirènes d'eau douce, ces dernières sont peintes de carmin sur les joues, de noir sur les sourcils ; elles ont l'air endormi et paresseux. Mais dès que la brune tombe, il paraît que la barque s'illumine, les instruments de musique sont mis en mouvement, et les riches Chinois viennent s'y récréer en vidant des théières. Plus loin, une forêt de mâts indique la station d'où les jonques partent pour l'intérieur par les canaux qui sillonnent l'Empire, et quinze têtes de passagers se montrant à chaque sabord prouvent l'encombrement de ces bateaux-omnibus. Mais les canons du gaillard d'avant, destinés à les défendre contre les pirates de rivière, me rassurent peu sur ce genre de transport.

Ce qu'il y a de plus curieux, c'est sans contredit la petite anse du fort Fung-Kwang-Paotaï, où les canards, par bandes de quinze et vingt mille, sont encore plus bruyants que les Chinois, ce qui est pourtant bien difficile. Là, chaque navire, deux fois par jour, abat des claies qui viennent en pente douce, comme les tabliers d'un pont-levis, se baigner dans l'eau de la rivière; des canards, à raison d'environ mille par bateau, prennent leur vol, et vont clapoter dans les bourbes voisines. Au son criard d'une corne dans laquelle souffle le propriétaire des volatiles, tous reviennent au nid avec une étonnante obéissance, et chaque soir il s'en vend un grand nombre pour les dîners-gala des mandarins. Le village de Fati, peu éloigné de cette anse, est le lieu où l'on fait couver et éclore les œufs par la chaleur artificielle. Je croirais volontiers que l'administration des autorités couveuses est bien supérieure à la police de l'Empire tout entier.

La ville de la terre ferme nous présente bientôt le coup d'œil le plus original : les rues n'ont guère plus d'un mètre et demi de large, elles sont dallées et glissantes, et une foule immense s'y presse. La première que nous prenons est celle des poissonniers, où une glu visqueuse nous fait presque tomber à chaque pas ; la seconde est celle des bouchers, et à leurs étaux sont suspendus des rats tapés en faisceau, aplatis et fumés comme les oies de Poméranie, des chiens comestibles dont la queue seule est ornée d'une bouffette de poils jaunes ; la troisième nous montre des magasins immenses de soieries ; puis viennent les porcelaines. Mais toutes ces rues, vrais corridors d'une salle de spectacle asiatique, ont un cachet indescriptible : les dalles sont foulées par une population aux vêtements voyants, à longues queues de cheveux et à chapeaux pointus ; les mandarins en soie azur y heurtent des files d'aveugles qui serpentent en se tenant à la robe l'un de l'autre, des lépreux immondes, et des malheureux que l'éléphantiasis fait ramper à terre. Des escouades de vigoureux coulies y bousculent tout le monde. Mais, hélas ! pour un Chinois bien mis que nous voyons, nous sommes attristés par la vue de deux cents êtres infirmes ou mourants de faim, se traînant sans vêtements, et dévorés par une vermine si dense qu'on croirait voir des hannetons sur un chêne. Au-dessus de ce mouvement bruyant, des millions de planches écarlate, marquées de caractères d'or, et suspendues verticalement, se balancent sous l'effort de la brise. Ce sont des affiches de marchands ou des sentences religieuses.

Nous nous sentons véritablement étourdis par le va-et-vient de cette fourmilière humaine après deux heures de

Ces vieillards, vrais squelettes vivants, sont blottis dans leurs cases sombres, à côté de leur cercueil, dont le voisinage leur paraît tout naturel. (*Voir p.* 591.)

promenade dans ces voies encombrées, où il faut faire le coup de poing pour se frayer un passage. Dégoûtés par les odeurs repoussantes que répandent des seaux jaunâtres portés sous notre nez, et par les lèpres superposées des mendiants qui s'attachent à nous; dévorés par les insectes qui les quittent pour nous donner la préférence; éblouis de la richesse des boutiques, étonnés du trafic merveilleux des coulies, et apitoyés à la fois par une misère qui fait venir les larmes aux yeux, nous voulons essayer de nous rendre compte de cette grande ville, dont nous avons parcouru trente rues, sans jamais voir à plus de dix pas devant nous. Nous montons donc dans une grande tour en bois, et après avoir escaladé deux cent cinquante-trois marches, nous dominons cette marqueterie curieuse de maisons de bois et de ruelles se coupant à angle droit. Notre tour n'est autre chose qu'un mont-de-piété : chose curieuse, c'est là une des plus vieilles institutions de l'Empire chinois. Dans les huit étages de ce monument de bois, nous voyons, rangés avec un ordre admirable, des milliers de petits paquets étiquetés : le Gouvernement a la haute main sur cette administration de bienfaisance, et certes c'est bien la dernière chose que je comptais trouver dans l'empire asiatique.

Le large sommet en tuiles bleues qui nous sert de premier observatoire ressemble à une succursale de pharmacie. Des centaines de pots de terre vernissée sont rangés sur ses bords, et ils sont pleins de vitriol destiné à être versé sur les yeux des assaillants. De plus, une trentaine de vigies, perchées sur des échafaudages semblables à notre mont-de-piété, dominent cette mer de toits bas et de ruelles sales; non-seulement ils donnent l'alarme pour les incendies, mais ils surveillent les voleurs, qui pullulent ici plus qu'en aucun lieu du monde. Mais Canton est si vaste que nous n'en distinguons pas bien encore les fortifications et les portes; deux pagodes nous frappent, nous nous y dirigeons d'abord, voulant ensuite gagner une montagne fortifiée qui s'élève au Nord-Est, d'où nous planerons mieux à vol d'oiseau sur l'ensemble de cette agglomération humaine.

Nous descendons dans la ville, et après avoir marché pendant une heure au milieu d'une foule intense, nous entrons dans la pagode que nous cherchions : c'est celle du dieu gardien du Nord; à peine y sommes-nous qu'une chose nous frappe bien plus que les troupeaux de bonzes, les tam-tams sonores et les Bouddhas enluminés. C'est un bouquet d'arbustes placé sur un autel, résidence d'un serpent sacré que viennent chaque jour nourrir et adorer les fervents. Dans la légende chinoise, c'est aussi une femme qui a écrasé la tête du serpent; mais l'esprit de cette tradition toute chrétienne a été pris à l'inverse par les Chinois. Au lieu d'honorer la femme bienfaitrice, ils sacrifient à l'animal tentateur. Nous avons déjà vu à Java, à Singapour et à Siam, toutes les offrandes faites par les bouddhistes aux démons pervers et aux mauvais génies; nous avons appris que, lorsqu'ils frappent à tour de bras sur les tam-tams de leurs jonques, c'est pour chasser l'Esprit des ténèbres; leur grande maxime est celle-ci : « Ne pas s'inquiéter de la bonne Divinité, puisqu'elle est bonne par essence, mais apaiser la mauvaise, qui pourrait nuire. »

Donc, sous nos yeux, les adorateurs se pressent autour du buisson; tournant le dos à une peinture qui représente une déesse écrasant le reptile, ils portent leurs offrandes à la vilaine bête, qui me paraît longue de deux pieds, et qui se « love » près des cendres chaudes. A la porte de sortie, nous voyons l'urne au-dessus de laquelle on coupe la tête du coq pour tous les serments; c'est un symbole : « Que ma tête soit coupée comme celle du coq, dans l'éternité, si je suis un parjure ! » Cette coutume, ingénieusement encouragée par les bonzes, nous fait rire de bon cœur. Car, en fin de

Le dieu du Nord.

compte, ce sont les coqs qui font les frais de la dévotion publique, à la grande joie des bonzes, qui les mangent à belles dents tous les soirs.

Les murs de cette pagode, peints de fresques grotesques, sont ornés de grands placards dorés, sur lesquels sont inscrits les noms et prénoms des dieux et des hommes honorés par l'Empereur en vertu de quelque action mémorable. Chaque souverain, à son avénement à l'Empire, les fait tous monter d'un degré dans cette canonisation progressive, et l'on nous montre un certain dieu récemment promu de six grades au-dessus des autres. C'est celui sous la protection duquel s'étaient mis les Chinois, le jour où ils ont si terriblement battu les Anglais au fort de Ta-Kou, à l'entrée du Peï-Ho : plus bas, trois noms sont rayés. Le Vice-Roi de Canton, défait le mois dernier par des bandes rebelles, a mis en pénitence les dieux qui ne l'ont pas écouté.

En effet, en grimpant sur le toit de la pagode, le consul nous montre une flottille amarrée non loin de là; s'il y a plus de jonques que de mâts et plus de trous de boulets que de sabords, c'est que les troupes impériales sont rentrées ainsi depuis six jours, après avoir laissé un millier de morts sur le terrain; un district voisin a tout simplement refusé de payer l'impôt et

Le quai où l'on embarque le thé.

résiste vigoureusement au Vice-Roi.

La seconde pagode que nous visitons est celle des cinq cents dieux. Ils y sont représentés en statues de trois pieds de haut, toutes plus grotesques les unes que les autres. Je ne vous parlerais point de ce temple, qui, à l'instar de toutes les pagodes chinoises, inspire un ennui profond, si je n'étais étonné d'y voir des saints bouddhistes portant la mitre, des croix et des chapelets; si la politesse n'était de garder son chapeau sur la tête, et si des porcs, rôtis tout entiers, apportés par les fidèles en holocauste à Bouddha, n'étaient, séance tenante, découpés et avalés par les bonzes.

Reprenant notre marche, nous pointons enfin droit au Nord, désireux de promener nos regards sur cette ville populeuse, dans les ruelles de laquelle nous n'avons trouvé jusqu'à présent qu'un étouffant encombrement. Nous escaladons les échelles qui mènent au sommet de la fameuse pagode à cinq étages, qui est au centre d'un groupe de douze forts, et qui s'élève à l'extrémité nord au-dessus de la ville tout entière. Avec ses boiseries peintes en rouge foncé, elle est véritablement grandiose; il n'y reste aucune trace du culte bouddhiste, mais elle porte sur ses murs des inscriptions plaisantes et des caricatures de caserne, qu'y ont bariolées les troupes alliées pendant l'occupation, depuis 1858 jusqu'en 1861. De son sommet, nous voyons clairement le triangle arrondi que forme la vieille ville terrestre, avec ses murailles de plus de dix kilomètres de long, ses seize portes à bastions bizarres, ses pagodes, ses mosquées et ses « yamouns[1] ». Voici, à notre gauche, la brèche où les alliés montèrent à l'assaut en 1857; tout à côté, sous un ombrage de peupliers, au pied même de la muraille, est le cimetière de nos braves tués à l'ennemi. Voilà le temple des cinq génies, et un kiosque ouvert à tous les vents, où est suspendue une cloche immense : des boulets bien pointés ont égratigné le bronze, et on nous raconte que, coulée il y a deux cents ans, cette cloche fut ébranlée trois fois ; après quoi les bonzes la condamnèrent au silence, en prophétisant que le quatrième coup sonnerait la ruine de la cité antique. Il paraît qu'en 1857, au bombardement de Canton, c'était parmi les commandants des canonnières à qui ferait, non pas, comme d'ordinaire, « sauter le cavalier », mais sonner la cloche. Les boulets firent vite la besogne, et deux jours après Canton fut investi.

Certes, quand on arrive dans une ville lointaine, c'est avec une sorte de fièvre qu'on aime à promener ses regards sur les méandres et les saillies de son panorama. Mais je ne veux plus vous citer qu'un champ qui semble désolé et privé de vie au milieu de tant de bâtisses entassées; c'est l'emplacement des anciennes factoreries, les ruines de la splendeur commerciale de Canton.

Nous voulons rester sur cette impression générale, et préférer le Canton vu de haut et de loin, aux ruelles fétides où l'on barbote avec des lépreux ; nous demandons à nos compagnons de nous conduire dans la campagne chinoise. Nous suivons d'abord pendant deux kilomètres le sommet de la muraille : elle a de sept à huit mètres de large; à chaque créneau est un canon abrité d'un toit de bois et de feuilles, et l'on nous dit qu'il y en a ainsi deux mille tout autour de la ville. Mais il y en a bon nombre en pierre, et, somme toute, je crois bien que si les soldats en guenilles que nous voyons monter fièrement la garde autour de ces pièces séculaires devaient les servir toutes, elles feraient en éclatant plus de mal aux assiégés qu'aux assiégeants.

Sortant par la porte de l'Est, nous cheminons dans une campagne qui nous semble l'abomination de la désolation : collines dénudées et rocheuses, flaques d'eau croupissante, amas d'immondices, sentiers affreux, rien n'y manque de ce qui peut attrister les regards sur un horizon de tombeaux disséminés. Bientôt nous sommes dans une enceinte fortifiée,

---

[1] Palais de mandarins entourés de parcs et de casernes.

où sont des étangs et des oiseaux sacrés ; nous franchissons un portique, et plus de six cents maisonnettes alignées nous apparaissent. C'est un hospice fondé par le Gouvernement chinois pour les vieillards. Tous ces débris, ces squelettes vivants, au nombre d'un millier, sont blottis dans leurs cases sombres, et ils couchent à côté de leur cercueil ouvert tout prêt à les recevoir (*voir la gravure, p.* 585); quelques-uns, plus valides, charment les loisirs de leur reste d'existence en sculptant de leurs doigts tremblants des fioritures qui ornementent la boîte où ils reposeront peut-être demain. Ce peuple stoïque ne craint pas la mort.

Tout à côté est la cité des défunts : c'est une ville carrée dans les ruelles de laquelle nous pénétrons sans peine; chaque maison en granit est éclairée par une lampe funéraire. Là il y a neuf cent cinquante habitants, mais seulement trois êtres vivants, les gardiens! Moyennant quinze francs par mois, les cercueils sont déposés en ce lieu, jusqu'au moment où la famille du défunt trouvera l'argent ou les moyens de transport nécessaires pour rapatrier ces dépouilles dans le Nord ou dans l'intérieur de la Chine. J'admire ici la facilité avec laquelle les familles peuvent trouver la consolation de réunir dans la terre natale les membres épars que la mort a frappés au loin...

. . . . *Ut jungat eosdem
Quos junxit communis amor, commune sepulcrum.*

Le culte des Chinois pour les morts a quelque chose de touchant, bien fait pour contraster avec leur cruauté classique, leurs tortures et leurs exactions sur les vivants. Combien nos formalités européennes en pareil cas sont coûteuses, en comparaison des coutumes chinoises! car voilà en outre cinq cents cercueils pour lesquels on n'a pu payer, et qui n'en sont pas moins hébergés pendant un mois.

Nous traversons de part en part cette nécropole, au milieu des offrandes de fleurs, de la fumée de l'encens et des torches résineuses. Ce silence, ces lueurs funèbres, cette population morte forment un ensemble qui impressionne au plus haut point, et l'on ne peut s'empêcher de se dire : « Est-ce une réalité, ou bien un rêve? »

Certes, si c'est un rêve, il n'est pas gai. Mais la Chine semble ne vivre absolument que pour vénérer les morts ; c'est là le point caractéristique de cette nation. Les lampes qui brûlent jour et nuit dans les barques, les feux d'artifice tirés devant chaque maison au lever et au coucher du soleil, les autels enluminés de chaque boutique, ne sont que l'expression de la vénération de ce peuple pour ses pères. Peut-être ce respect du passé est-il la clef de leur opposition à tout ce qui est innovation. Peut-être en enterrant leur aïeul dans leur potager, comme nous le voyons faire tout autour de nous, se jurent-ils de l'imiter en tout, et une génération première doit-elle demeurer le type de toutes les générations postérieures du Céleste Empire.

Mais quittons la ville des morts : le soleil va se coucher; pour revenir à notre demeure, il nous faut encore traverser la ville des vivants, dont les portes ferment le soir, et il ne serait pas tentant de découcher de ce côté-ci. Nous revenons donc par le tombeau d'un Ming, général tartare qui a subjugué Canton, il y a quelques siècles, et dont la dépouille est gardée par des lions, des chameaux, et des guerriers sculptés dans le granit.

Soudain, tandis que nous pressons le pas, dans les sentiers boueux et déserts qui longent les murs en terre d'un petit village presque en ruine, nous voyons à trois pas, dans des herbes abattues par la gelée, un petit panier en nattes, cousu à son orifice : quelque chose semble remuer dedans ; la natte molle se soulève, puis retombe ; avec un couteau nous entr'ouvrons le tissu grossier, et nous trouvons un pauvre petit être nu, bleu et glacé de froid, âgé peut-être de vingt-quatre heures : à peine rendu à la lumière du jour, il vagit plaintivement ; au bout d'un instant, d'autres cris lui répondent, ils s'échappent d'un buisson voisin, et un autre enfant s'y débat aussi contre la mort. Celui-ci a sans doute été jeté par-dessus le mur, car il semble fracturé, et sur un espace de cinq cents mètres, le long de ce sentier, nous comptons bientôt *sept* moribonds, âgés de quelques heures seulement ; les uns sont atteints de la lèpre, les autres sont presque entièrement gelés ; un d'eux a un coup de couteau dans le côté ! Je ne puis vous dire combien notre cœur se soulève de pitié, de douleur et de colère à la vue de ces enfants qui gisent là tellement meurtris ou gelés que rien ne saurait les rendre à la vie. Sept, en moins d'un quart de lieue ! n'est-ce pas le spectacle le plus affreux et le plus navrant ? Pour notre premier jour en Chine, le hasard nous fait voir un exemple de la plus affreuse des cruautés ; cherchant encore au milieu des immondices, nous ne pouvons découvrir un seul de ces petits êtres qu'on puisse espérer de sauver : ici le sang coule, là le froid a glacé ces membres frêles, plus loin l'enfant empoisonné vomit en râlant... Mais les tam-tams des fortifications nous avertissent qu'il faut courir, pour ne pas trouver notre retraite coupée ; et, portant dans le cœur la plus poignante des tristesses, nous hâtons notre marche, et au bout d'une heure nous arrivons à Cha-Myen, concession européenne.

Certes, je l'avoue bien franchement et je prie les Missions de me le pardonner, je n'avais jamais voulu croire à l'exposition des petits Chinois ! Je me disais que puisque les bêtes féroces soignent leurs petits, il ne devait pas y avoir de pays où l'abandon des enfants fût devenu une coutume. Qu'il y ait des crimes isolés, des infanticides comme dans certains quartiers de nos capitales, c'était, pensais-je, là, comme chez nous, une triste conséquence des colères ou des misères humaines ; c'était, selon moi et selon mon ignorance, pure question de cour d'assises chinoise, exploitée en Europe et exagérée par les correspondances qui nous parvenaient et qui étaient encore amplifiées dans chaque paroisse.

Ah ! maintenant que j'ai vu la plaie comme Thomas, je suis convaincu et je m'incline ! Je verrai toute ma vie ces sept enfants jetés aux gémonies, à la porte de la première ville chinoise que nous visitons, ces sept enfants que nous fait découvrir notre première promenade au hasard dans la campagne de Canton. Je ne m'étonne plus désormais du chiffre de vingt ou vingt-cinq mille auquel les *Annales de la Propagation de la Foi* portent, si je m'en souviens bien, le nombre des enfants exposés par an dans

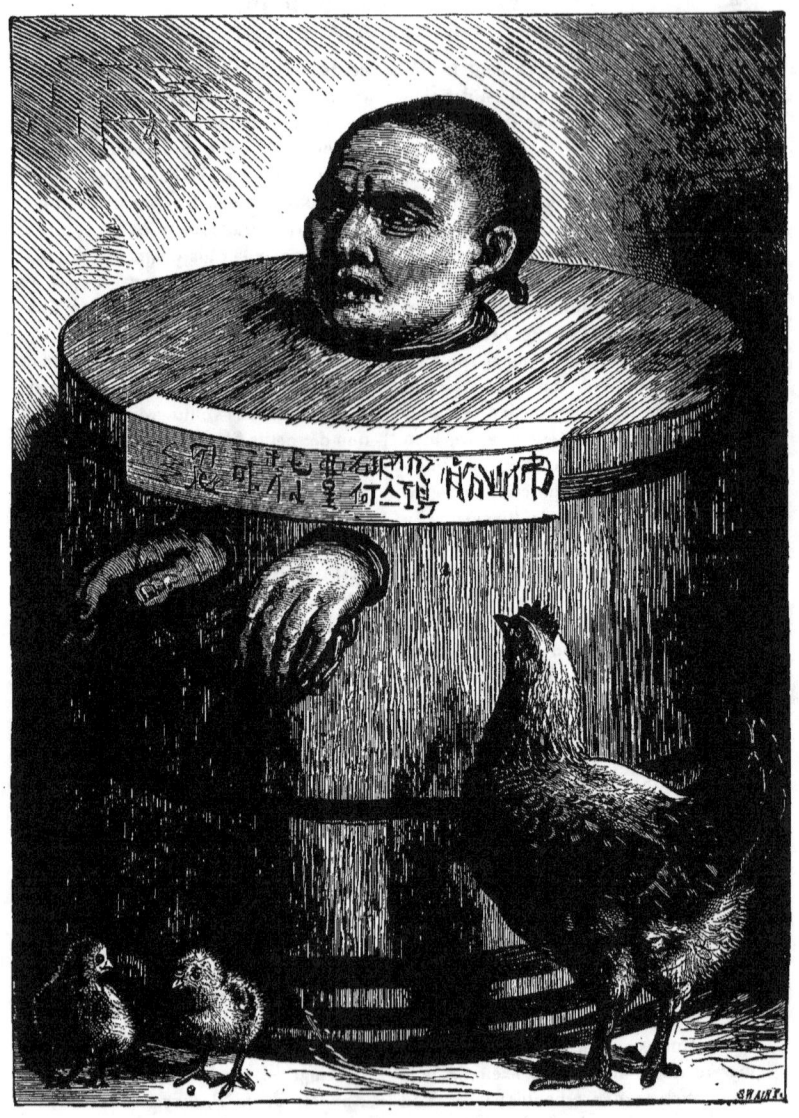

Le tonneau préventif. — Exposition d'un criminel chinois avant l'interrogatoire.

les grands centres chinois. De ces tristes chiffres et de ce qu'il nous a suffi d'une heure pour voir aujourd'hui, que pouvons-nous conclure, sinon que l'exposition est bien véritablement une coutume nationale, et que l'abandon des enfants, qu'il commence par la vente ou finisse par le meurtre, ne révolte pas le moins du monde un bon nombre de mères chinoises, qui ont évidemment un caillou à la place du cœur? Il nous reste à chercher jusqu'où cet usage, — puisque c'en est un ! — porte en soi l'impunité aux yeux des Chinois, et nous saurons assurément si les mandarins ferment les yeux sur ce point ou s'ils ne condamnent même pas moralement tant de mères coupables. — Sous cette pénible impression se termine notre journée d'excursion, et, en devisant sur ces tristes choses, nous passons la soirée à écrire tous trois près du feu d'un aimable homme, M. Hancock.

A Canton, il n'y a rien qui ressemble à un hôtel, à un caravansérai, à un gîte public quelconque pour le voyageur. Les négociants européens logent les touristes qui leur sont adressés, et le Gouverneur de Hong-Kong a bien voulu nous recommander à celui-ci. Il est en général tout seul dans son «bungalow», passant ses matinées à étudier des centaines de thés différents ; car il est « Teataster » (dégustateur de thés) pour la maison Gibb, et il nous montre son laboratoire, où chaque pincée du végétal précieux est, par poids égaux, répartie dans des eaux à différents degrés de chaleur, et où chaque décoction de thé, provenant de plantations diverses, est humée par lui en gorgées sérieuses, puis minutieusement et savamment classifiée.

De l'appréciation de notre hôte dépendent l'achat de milliers de caisses et le bénéfice de plusieurs millions pour Gibb-Gibb and C°.

Après le bruit de la journée, nous n'entendons plus dans notre paisible demeure que le choc sourd de deux bâtons frappés l'un contre l'autre par le veilleur de nuit de notre hôte. Cha-Myen, l'îlot où nous logeons, était encore, il y a dix ans, un banc de boues, couvert à marée haute, rendez-vous des pélicans, des corps morts apportés par le courant, et de toutes les infections imaginables. Après la prise de Canton en 1857, les négociants, désirant ardemment reprendre un commerce jadis si florissant, se désolèrent de ne trouver que des ruines à la place des factoreries, et voulurent les reconstruire. Mais les plénipotentiaires alliés préférèrent convertir ce banc en une île artificielle, et des quais de granit furent construits, pour encadrer ovalement la concession, qui mesure deux mille huit cent cinquante pieds de long sur neuf cent cinquante de large : le tout coûta 325,000 dollars, dont un cinquième fut payé par la France et quatre autres par l'Angleterre. Le 3 septembre 1861, les lots furent mis en vente, et les négociants anglais y portèrent tant d'entrain, que les lots — de douze mille pieds carrés seulement — montèrent jusqu'à 9,000 dollars. En six ans, il y a déjà là une petite bourgade anglaise, une église protestante, un « criquet ground », un terrain d'entraînement pour les courses, des villas spacieuses et des «godowns» magnifiques pour les grandes maisons théifères de la Chine. Un sentier sépare le territoire britannique du territoire français. — Sur le nôtre, il y a des touffes d'arbres incultes, des ordures, des chiens errants, des chats, des taupes, mais pas une maison!

Pour nous, heureux d'avoir trouvé un gîte, nous avons à remercier aussi ceux qui nous ont accompagnés aujourd'hui : le matin, ç'a été le consul anglais; à midi, dans l'intérieur de la ville, le docteur Grey, et ensuite, dans la campagne, M. Hancock. Le docteur Grey, qui con-

La cangue. — « Cet âge est sans pitié. » (*Voir p.* 598.)

naît à fond la Chine, avait, il y a deux ans, servi de guide ici à Son Altesse Royale Monseigneur le Duc de Brabant. A Hong-Kong, comme ici, tous sont sous le charme de ce Prince, qui a été le premier voyageur d'un sang royal pénétrant jusqu'à l'Empire du Milieu. Ils nous disent avec quelle ardeur, quelle instruction et quelle affabilité il cherchait sur sa route tout ce qui passionne les âmes généreuses. Il espérait pousser plus avant ses pas investigateurs, quand de tristes messages sur la santé du Roi Léopold Ier le rappelèrent soudain dans sa patrie, où, rapportant les fruits fécondés par la comparaison des peuples lointains, il devait, après avoir accompli un grand voyage, commencer un grand règne.

16 février.

Reprenant nos excursions, et guidés par un domestique chinois, qui n'a d'autre mission que de nous ramener à Cha-

Dès que ses orteils fléchissent, il reste suspendu par le cou. (*Voir p.* 538.)

Myen dès que nous prononcerons ce nom, nous parcourons le centre de la cité, qui est un vrai labyrinthe. Pourtant de longues artères droites, étudiées d'avance sur le plan de la ville, nous servent de points de repère : ce sont les rues de « la Droiture immaculée » (le boulevard Haussmann de Canton), de « l'Éternelle Pureté » (qui correspondrait au boulevard de la Madeleine), de « la Bienfaisance et de l'Amour des Peuples » (boulevard de Sébastopol)! Bref, les noms les plus emphatiques de sentences morales et abstraites ont été donnés par les Chinois à leurs sales corridors dallés, et il est amusant de voir les inscriptions qu'ont placées au-dessous, pendant l'occupation alliée, les loustics gaulois ou irlandais : les voies chinoises du « Savoir clairvoyant », de « la Virginité raisonnée », de « l'Amour » et de « l'Espérance », ont été rebaptisées : « Impasse de l'Opéra-Comique, rues de la Mère-Michel, du Sergent-Isidore et des Pig-tails ! »

Mais la gaieté passe vite dès que nous entrons dans les cours des prisons : là, dans des cages de bambou de quelques mètres carrés, sont entassés des centaines de misérables ! Presque nus, grelottants, enfoncés jusqu'à mi-jambe dans une boue fétide, portant sur leur figure et sur leur corps la pâleur de la faim, des meurtrissures et des plaies, ils attendent en fourrière le sabre du bourreau ! Les uns se jettent sur les sapèques que nous leur donnons à travers leur bouge, tandis que d'autres, grimpant et se contournant, tendent fébrilement les bras, semblables à des bêtes qui se débattent dans leur cellule et qui meurent de faim. Tout à côté est la pagode des tortures, où sont rangés, par gradation dans la douleur, les instruments les plus affreux. La « cangue » (*voir la gravure, p.* 596) et les « lattes » pour fouetter jusqu'au sang sont des douceurs en comparaison des petits appareils que je vais vous citer. — Cinq baguettes de bois, longues de vingt centimètres, sont intercalées entre les doigts de chaque main et de chaque pied, puis solidement liées de chaque côté, de telle sorte qu'elles compriment fortement les phalanges. On met l'accusé à genoux, et on l'attache à un pieu; puis, avec des cordes de quelques mètres, on tire par coups saccadés sur les baguettes : ainsi, chaque fois, les phalanges, qui craquent, sont douloureusement distendues et presque arrachées. — Ici, une simple corde, passée dans une poulie, élève au-dessus de terre un malheureux suspendu seulement par un pied et une main, tandis que la tête et le reste du corps restent ballants. — Là, on fait entrer le prévenu dans une cage, et on lui lie les mains derrière le dos : la partie supérieure de la cage se compose de deux planches munies de pointes de fer qui, en se rapprochant, serrent le cou du patient sans laisser glisser sa tête : on élève ces planches de telle sorte que l'homme ne soit pas pendu, s'il se tient sur l'extrémité des orteils des pieds. Dès que ces orteils fléchissent, il reste accroché par la gorge (*voir la gravure, p.* 597) et macéré par les piquants; il lui faut donc sautiller sans cesse, alternant pour point d'appui entre le bout extrême des pieds et les os maxillaires ! — Puis viennent les pinces pour arracher les ongles et les yeux; — les étrilles à dix lames de rasoir pour ratisser la peau et la fendre jusqu'à un demi-centimètre de profondeur; les bouteilles à huile, comme celles de nos mécaniciens, pour verser dans ces fentes de l'huile bouillante ; — le pal, sur lequel on fait tourner un homme comme une toupie; — en un mot, plus de cent appareils plus raffinés les uns que les autres, et destinés à extorquer les confessions des prévenus. Bien souvent ceux-ci meurent au bout de douze heures de souffrance ! Dès qu'ils avouent, ils sont condamnés; le dilemme devient pléonasme, et la mort y trouve son compte toutes les fois que la torture n'est pas exploitée par les bourreaux en extorsions pécuniaires. Le patient agonisant fait alors apporter par les siens tout l'argent qu'il possède; et, si les inquisiteurs se déclarent satisfaits, il est libéré!

Cette pagode des tortures m'a inspiré un tel dégoût et m'a tellement bouleversé, que je ne puis la détailler davantage! Je ne crois pas qu'il y ait au monde quelque chose de plus atroce que la cruauté judiciaire du Céleste Empire, et je me suis senti incapable d'affronter plus d'un instant une pareille officine de douleurs et d'agonies. Deux grandes galeries donnent sur ce temple, et contiennent une douzaine de divinités réputées propices aux patients : à grand'-peine nous nous frayons un passage entre des milliers d'adorateurs brûlant des cierges et de l'encens, offrant à leurs idoles des poulets et des porcs, afin que leurs parents qui se tordent à cette même heure sous les coups, sur les pointes de fer, ou entre les pinces des interrogateurs, échappent à la mort!

Nous nous arrachons vite à ce quartier maudit, et nous gagnons la ville haute, où nous savons que sont situées les Missions étrangères. Là, dans une modeste cabane de planches presque en ruine, nous sommes reçus par Mgr Guillemin, évêque de Canton. Le vénérable prélat a les traits de saint Vincent de Paul, et sa parole française, pleine de douceur et d'onction, nous va droit au cœur. Accompagné du Père Guérin, qui a perdu la santé à évangéliser dans les terres malsaines de l'intérieur; du Père Bernon, qui a été soldat avant d'être apôtre et qui a encore tout le cachet entraînant de notre armée, Mgr Guillemin nous montre les fondements de la cathédrale qu'il construit et qui sera le plus beau monument chrétien de la Chine. Quel contraste entre l'humble et misérable demeure du serviteur de Dieu, et le temple sacré qu'il élève; entre la croix de charité et l'emplacement arraché à la barbarie! C'est ici même, en effet, qu'étaient les palais du fameux gouverneur Yëh! La mémoire exécrée de cet homme cruel qui a fait couper tant de têtes, et qui s'est complu dans le despotisme le plus sanguinaire, sera effacée ici par les bienfaits des Missions, consolatrices des affligés, et protectrices de ceux qui souffrent.

C'est le 25 janvier 1861 que le vice-roi Laou céda à perpétuité ce lieu à Mgr Guillemin pour le culte catholique. Cet espace de deux cent quatre-vingts mètres de long sur cent trente de large est entouré de murs : c'est la citadelle sainte d'où rayonnent les missionnaires qui vont porter le bien dans les provinces du Kwang-Tong et du Kwang-Si. Mais les fonds ont manqué pour faire encore de ce terrain de ruines le centre de bienfaisance tel que le rêve la Mission.

Pourtant il y a déjà là le remède à bien des douleurs! Mgr Guillemin, nous menant à droite au fond de son enclos, nous ouvre la porte d'une maison carrée : nous entrons dans une vaste salle que garde une Sœur de charité, et nous ne comprenons point au prime abord ce que signifient une vingtaine de sortes d'auges de bois, sur lesquelles sont étendues des couvertures grossières et de couleur foncée. La Sœur soulève celles-ci, et que voyons-nous? plus de deux cent cinquante petits enfants rangés là, les uns à côté des autres : c'est la récolte de la semaine ! Si quelques-uns semblent vivaces, la plupart sont livides : douze ou quinze se meurent déjà, quatre viennent de mourir ! Et aussitôt, devant nous, ces corps inanimés sont enlevés à leurs frères d'infortune : le cœur se serre quand on voit ainsi côte à côte ces enfants parmi lesquels la mort se hâte de faire des vides. Pauvres petits anges qui râlent en commençant à vivre, et qui vivraient si leurs infâmes parents ne les avaient jetés par le froid sur les chemins et contre des cailloux ! Bien plus, on nous dit que les Chinois leur font boire quelque liqueur forte avant de les offrir à la charité publique, et c'est là la cause de tant de morts !

Chaque matin les Chinoises chrétiennes élevées par les Sœurs partent avec une hotte, et, « chiffonnières d'enfants », elles vont par les ruelles, dans les faubourgs, près des buissons, des murailles, des terrains déserts, et elles rapportent les pauvres petits êtres qu'elles trouvent les moins meurtris (*voir la gravure, p. 601*). Dans le principe, les Chinois vendaient avec complaisance les enfants qui leur semblaient superflus; puis ils ont renoncé à cette coutume, agacés de voir élever par d'autres ceux dont ils devaient avoir charge. Mais on nous fait une remarque curieuse : en moyenne, sur cent enfants exposés, il y a quatre-vingt-dix filles et dix garçons seulement.

Avec plus de ressources pour payer des « chercheuses d'enfants », pour élever ceux qu'elles trouvent, et surtout pour augmenter le nombre des Sœurs de France, on recueillerait ici des centaines d'enfants par jour ! Car « l'exposition » étend, comme une tache d'huile, ses tristes ravages. Par pauvreté surtout, par apathie souvent, par une morale faussée toujours, les familles les plus régulières et les plus légitimes, mais qui s'estiment déjà assez nombreuses, se débarrassent ainsi, dès les premières heures, des nouveau-nés qu'elles *trouvent de trop !*

En dehors de l'impression douloureuse qu'inspirent ces quelques sauvés du grand naufrage, rien n'est plus extraordinaire que cette coutume dans ses écarts, pour celui qui la considère de sang-froid. Ainsi, dans le Kong Tcheou, avant les derniers ravages des rebelles, il était presque inouï de voir des enfants exposés. On les tuait dans l'intérieur de la famille, me dit le Père Guérin, mais on ne les jetait pas sur les chemins ou dans les champs. A Canton même, certains quartiers ne donnent aucune recrue à la crèche, d'autres ne cessent de l'approvisionner.

O la belle et touchante œuvre que celle des Crèches chrétiennes en Chine ! Maintenant que j'en puis parler *de visu*, je voudrais faire voir à ceux qui nient « l'exposition des petits Chinois », la modeste demeure qu'a bâtie Mgr Guillemin, — ces auges remplies d'enfants apportés en une semaine, ces quatre Sœurs françaises occupées nuit et jour à les soigner, — ces salles où sont entassés ceux de l'année dernière et d'il y a deux ans, — ces groupes d'enfants de trois à quatre ans qui jouent dans la cour, — enfin ces écoles d'orphelins et d'orphelines adultes qui ont grandi sous l'aile des Missions et qui leur doivent la vie et l'instruction.

Mais, au seuil de cet enclos, où

Yèh dressait des listes de cent hommes à décapiter par nuit, il y a maintenant un « registre d'entrée », tenu par l'Évêque français pour tous les enfants chinois qu'il cherche à rappeler à la vie, et voici un chiffre plus

Les « chiffonnières d'enfants » déposent leur récolte dans des auges. (*Voir* p. 600.)

fort que mes humbles paroles et qui marque la réception des douze derniers mois :

4,883 enfants ont été en un an trouvés abandonnés, ont été recueillis, baptisés et soignés *ici*. Cette recherche a coûté 4,245 francs, ce qui fait 87 centimes par tête (la valeur d'une livre de laine en

Australie!). Le personnel employé à l'intérieur de la Crèche se compose de 4 Sœurs françaises, de 15 Sœurs chinoises, de 30 orphelines et de 7 domestiques. Avec l'entretien et la réparation de la maison, l'ensemble des dépenses de ce chapitre n'est monté qu'à 14,534 francs.

Pour une somme à peu près égale, l'Évêque entretient l'orphelinat des garçons, où cent jeunes Chinois sont instruits, logés et nourris, et où sont hébergés de plus une vingtaine d'autres dont il paye l'apprentissage. Ces garçons se marient ensuite, et prennent pour femmes les pauvres filles recueillies comme ils l'ont été eux-mêmes; ils s'installent aux environs de l'église, et grossissent ainsi peu à peu le noyau d'une population laborieuse et honnête, aimant l'Europe qui lui a envoyé des bienfaiteurs, aimant ses enfants qu'elle « n'exposera » jamais!

Tel est le bilan de l'œuvre charitable dont il nous est donné de voir les moindres détails. L'œuvre est en enfance, il est vrai, car les sommes allouées ne suffisent guère. Avec trois ou quatre feux d'artifice de moins dans nos fêtes publiques, que de milliers d'existences on pourrait sauver ici! Ajoutez-y les trente-six écoles réparties dans la province, où quatre cents enfants sont élevés, cinq petits orphelinats qui entretiennent une centaine d'enfants (le tout coûtant environ onze mille francs), et vous saurez à peine la vingtième partie du bien que font en Chine les Missions étrangères.

17 février.

Notre dimanche a commencé, comme si nous étions en France, par la bénédiction latine de l'Évêque à l'autel; mais il a bien fini en Chine par les clameurs de plusieurs centaines d'enfants qui criaient derrière nous : « Fan-qwaï! fan-qwaï (diables et chiens d'Occident)! »

S'il y a environ dix-huit mille chrétiens dans toute la province, il y en a deux mille à Canton. Nous trouvons ces derniers agenouillés en plein air sur le sol, tout autour de la cabane de feuilles sèches qui sert de chapelle provisoire. Puis l'Évêque, qui aime déjà tendrement le Prince, nous garde au repas de midi, avec neuf missionnaires des villages environnants. C'est un petit coin de la France : à nos pieds, un canon donné par l'amiral Jaurès rappelle les temps de guerre; mais aujourd'hui c'est de la conquête pacifique faite par le christianisme qu'il s'agit seulement. Que les heures nous paraissent douces au milieu de tant de cœurs amis, et que de curieuses et intéressantes aventures chacun nous raconte! Si j'avais été attristé depuis Singapour en voyant à quel point le commerce français est pauvre dans l'extrême Orient, et combien le pavillon tricolore n'y apparaît que *rara avis in terris*, l'impression générale que je ressens est moins désespérée et plus consolante aujourd'hui. Oui, c'est vrai : l'Angleterre, la reine des mers, est la dominatrice matérielle des empires asiatiques par son commerce colossal; elle y importe ses cotonnades et elle en exporte pour des milliards les thés et les soies; mais la France est le pays des idées, et elle les importe par ses missionnaires jusque dans les régions les plus inconnues de la Chine. Cette force morale, vivifiante et inépuisable, relevée par la pureté et la pauvreté de ses agents, illustrée par des martyrs et corroborée par la foi, secondons-la de tout notre cœur!

Les rapports des missionnaires avec les mandarins varient beaucoup suivant les lieux et les circonstances ; ici l'intelligence est parfaite, là les prêtres sont odieusement persécutés, moins en eux-mêmes, ce qu'ils préféreraient, que dans la personne de leurs ouailles.

Mais de tels obstacles n'arrêtent pas l'œuvre chrétienne, à laquelle il répugnerait de s'imposer, et qui se maintient dans cet admirable rôle : — recueillir les orphelins dont personne ne veut, sauver les enfants jetés sur les routes et soigner les malades qui l'implorent! L'étendue immense des districts fait du missionnaire un pèlerin dont l'allure ordinaire est la marche forcée : appelé sans cesse à quinze et vingt lieues, il s'y rend en hâte, couchant souvent sur la dure et plus souvent encore insulté : ses chapelles disséminées sont des huttes de bambou. Mais il sape la polygamie, il fait tomber la coutume barbare « des petits pieds », il forme des cœurs honnêtes, et se fait, le front haut, auprès des mandarins et jusqu'à la cour de Pékin, l'avocat des malheureux injustement opprimés. Pour subvenir à tant de labeurs, il touche cent vingt piastres (600 francs) par an, et je ne vous étonnerai pas en vous disant que les appointements de l'Évêque de Canton (1,200 francs), réunis à ceux de tous ses missionnaires, sont inférieurs au traitement minimum du dernier des dix ou quinze ministres protestants envoyés par les sociétés bibliques, et qui, dans leurs belles villas, vivent très-confortablement sans ennuis et sans troupeau. Aussi, depuis notre arrivée en Chine, n'avons-nous pas trouvé un seul négociant anglais qui ne déplorât la stagnation lucrative de ses ministres, et qui n'admirât nos missionnaires pauvres, mais écoutés, hardis soldats de leur foi, abordant avec la fougue française les remparts d'une barbarie séculaire : ce sont les zouaves du clergé militant.

Quant à nous, la nuit vint presque nous surprendre dans cette atmosphère pure et française, bien faite pour réchauffer les cœurs qui commencent à souffrir du mal du pays... Mais nous rentrons au logis, pensant qu'au bout d'un an nous reverrons la terre natale, et que nos courageux hôtes de ce matin y ont, par force d'âme, renoncé presque tous pour la vie!

Dans notre rentrée vers Cha-Myen, nous sommes bientôt arrêtés net au beau milieu de la « rue de l'Amour » (*voir la gravure, p.* 605). Une foule au trot, venant en face de nous, nous heurte d'une façon sauvage, et force nous est de chercher refuge dans une boutique remplie de poissons puants et d'œufs conservés dans de l'acide urique. Nous voyons alors défiler devant nous le plus baroque des cortéges : une vingtaine d'hommes montés sur des poneys zébrés cheminent les uns derrière les autres, criant : « Hou-ouh, tou-ouh (Circulez, circulez!)! » et comme la ruelle n'a qu'un mètre et demi de large, il nous faut être lestes pour que les chevaux n'appuient pas leurs fers sur nos orteils. Ces cavaliers majestueux portent d'une main une pique, et de l'autre agitent leur longue queue de cheveux pour fouetter leurs montures (ici, la queue sert à tout, à battre les chiens, les femmes et les chevaux, et à monter au ciel!). — L'escadron, égrené comme un chapelet, escalade ou descend à l'aventure les marches glissantes qui relient les différents niveaux d'une rue chinoise (*voir la gravure, p.* 612). Viennent, à la file, des licteurs en rouge, portant des fouets, des haches, des sabres et des chaînes; ce sont les bourreaux de Canton, compagnons indispensables de l'autorité locale. Puis une foule confuse de deux cents porte-étendards s'échelonne sous nos yeux : mendiants en guenilles, hideux de saleté et de lèpre; ils ont, pour l'occasion, revêtu la livrée gouvernementale, qui se compose de loques voyantes. Rien ne fait mieux voir qu'un cortége de mandarin combien en Chine les dignités et la vermine, la magnificence et la misère marchent côte à côte; comment des gamins, vagabonds à midi, sont licteurs à quatre heures, et coucheront demi-nus le soir sur un tas de fumier! Enfin passent une douzaine de chaises à huit porteurs, palanquins fermés auxquels un petit carreau seulement donne du jour. La face ronde et grasse du Gouverneur du Kwang-Tong s'y colle pour nous considérer d'un œil farouche, et les dix-sept officiers de sa suite, portant la moustache à la tartare, se laissent plus ouvertement voir au peuple dans leurs robes enluminées, brodées d'or et d'argent.

Nous trouvons poli de saluer ces messieurs, mais leur figure impassible nous prouve que les Européens ne leur sont guère sympathiques; ils se souviennent trop que nous avons lancé quelques boulets dans leurs pagodes il y a dix ans; après tout, ils auraient raison de nous appeler des Barbares, si nous ne cherchions pas une autre manière de les civiliser.

En opposition aux faces féroces des bourreaux de Sa Seigneurie, à l'immonde troupeau des acolytes de louage et à la majesté de décadence du cortège viceroyal, les coquettes « Filles du Ciel » aux joues rosées, à la coiffure mastiquée, aux colliers de jade, se penchent toutes à leurs fenêtres; la « rue de l'Amour » offre à cette heure un vrai ensemble de paravent chinois : sentences peintes en écarlate, mandarins en riches costumes, mendiants qui hurlent, chevaux sur des escaliers, femmes peintes, palanquins et boutiques bariolés, tout s'y confond dans les plus vives couleurs d'une palette de potiche!

Ce quartier pourtant n'a pas toujours joui d'une aussi bruyante gaieté : dans une rue voisine qui a peut-être quatre cents mètres de long et qui est fermée à chaque extrémité par des portes, deux de nos soldats français avaient été tués en plein midi et en pleine rue pendant l'occupation alliée. Aussitôt que le commandant apprit ce crime, il n'hésita pas, fit fermer les portes de la rue, et y lança deux compagnies avec l'ordre de tout tuer, excepté les femmes et les enfants. Cet exemple nécessaire a arrêté désormais les meurtres, continuels jusqu'alors, et nous voyons par nous-mêmes « qu'en ouvrant l'œil » on peut circuler en sûreté à Canton. Aussi le Prince s'est-il hâté hier soir de refuser la garde de vingt matelots portugais mis à sa disposition par le commandant du *Principe Carlos*. Nous avons à notre suite un cortège de deux cents gamins moqueurs (*voir la gravure, p.* 608) et harcelants, mais

Le passage d'un gros bonnet dans une rue de Canton. (Voir p. 603.)

ils sont surtout curieux; et, somme toute, ils me rendent au centuple le désagrément que j'ai dû causer dans mon enfance à quelque marchand chinois égaré à Paris en le dévorant des yeux et en le suivant pas à pas.

18 février.

Nous cherchons à faire quelques achats, ayant pour guide l'aimable Père Chouzy; grâce à lui, nous découvrons que le domestique chinois qui nous avait servi d'interprète jusqu'alors prenait contre nous les intérêts des marchands et leur disait : « Demandez-leur dix fois plus; ils ne savent pas les prix, et ils payeront. » Du reste, s'il y a surabondance de marchandises dans les boutiques, ce n'est guère que du « moderne ». Le « vieux chine » est payé par les Chinois bien plus cher que par nos amateurs, et les seules belles choses que nous trouvions sont dans la rue de « l'Éternelle Pureté », chez un brocanteur qui les extrait de caisses arrivées d'Amsterdam. Quelques-unes ne sont pas encore ouvertes, et il y aura sans doute quelque Européen qui fera faire à leur contenu une seconde fois le voyage d'Europe!

Suivant les indications de notre boussole (car ici nous naviguons à pied), nous explorons l'est de la ville, et nous passons par une grande place carrée d'où s'élèvent les plus malsaines odeurs. Là, nous buttons contre quelques cadavres de lépreux; bientôt une cinquantaine de ces pauvres êtres, soulevant chacun la natte qui le couvre, nous tendent les mains sans pouvoir se lever sur leur séant (*voir la gravure, p.* 609). Quand ils se sentent à bout de forces, ils viennent là, se blotissent les uns contre les autres et attendent la mort avec résignation. Dans cette cité misérable, où personne de sain n'ose mettre les pieds, et où nous nous sommes égarés, les lépreux eux-mêmes font leur police. Nous en voyons trois ou quatre, encore valides quoique chancelants, arracher leurs confrères morts des nattes pourries qui leur ont servi de maison, puis de linceul; ils les tirent par un pied jusqu'au quai, comme un chien qu'on va jeter à l'eau; et, pour eux aussi, le fleuve devient un cimetière!

Comme ici tout est contraste, nous arrivons rapidement à un quartier riche; reçus poliment dans quelques magasins, nous nous rendons compte de l'habillement des familles aisées. A mesure que l'automne et l'hiver s'avancent, les Chinois endossent casaquins sur casaquins et cuissards sur cuissards : ils n'ont point de feu dans leurs salons, et ne se déshabillent pas pour se coucher; semblables à des oignons, ils ont quinze et vingt pelures au fort de l'hiver, et ils se maintiennent ainsi, sous des couches d'ouate superposées, dans une douce chaleur... et exhalent une odeur que je m'abstiens de qualifier. Au printemps, la pelisse est remise dans l'armoire, les casaquins diminuent en raison inverse du thermomètre, et l'habillement resté six mois prisonnier est rendu à la lumière du jour. Quel peuple de chrysalides!...

Il semble donc que l'eau ne leur est pas sympathique! Mais s'ils ne s'en servent pas pour se laver, je leur rends cette justice qu'ils savent l'employer habilement pour en faire des horloges. Depuis des siècles, Canton a eu la spécialité d'un appareil hydraulique des plus simples, qui se compose de quatre jattes de cuivre placées sur des gradins, de telle sorte que le niveau de l'une arrive au niveau inférieur de l'au-

Nous avons à notre suite un cortége de gamins moqueurs. (*Voir p.* 604.)

tre; l'eau en tombant goutte à goutte y indique vingt-quatre heures par un flotteur qui correspond à une échelle graduée.

Nous finissons notre journée par le champ des exécutions, où un apprenti coupeur de têtes, très-familier et très-jovial, veut à toute force me donner une

Ces pauvres lépreux, soulevant la natte qui est leur seul abri contre la pluie et le froid, nous tendent la main sans pouvoir se lever. (*Voir p.* 607).

poignée de main ; puis nous passons par « le mont Vénus », près duquel sont les salles d'examen. Des deux côtés d'une avenue de trois cents mètres de long, sont disposées à angle droit neuf mille deux cent trente-huit niches carrées, dans chacune desquelles un homme a juste la place pour s'asseoir. C'est là que pendant huit jours on enferme, tous les trois ans, les candidats aux trois examens. La composition est écrite, et de ce concours sortent les bacheliers, licenciés, docteurs, mandarins, lettrés et officiers supérieurs de l'Empire du Milieu. Dans le dialecte supérieur (obligé pour ce concours), il y a trente-deux mille caractères! Tout le mérite, paraît-il, est dans la calligraphie. Une commission de dix mandarins, sous la présidence du ministre de l'instruction publique, examine les copies et récompense la plus belle main.

C'est bien là le cachet, le symbole, le type de l'esprit et de la civilisation des Chinois. Assurément ils ont une intelligence des plus étendues, et d'admirables aptitudes : ils ont le génie du commerce, et poussent l'entente de la vie matérielle à une perfection qui nous étonne souvent. Il faut le dire, ils étaient civilisés, ils avaient la boussole, la poudre, les tissus, l'imprimerie, quand nos pères mangeaient des glands dans les forêts de la Gaule, se couvraient de peaux de bêtes sauvages et faisaient la guerre avec des flèches; mais on sent que cette civilisation, coulée dans un même moule, s'y est figée depuis longtemps.

En matière politique, ils ont eu leur 1789 bien des siècles avant nous : l'aristocratie de naissance a cédé à la libre compétition des places par des examens publics. Quand le dernier coulie peut, s'il s'adonne à des travaux littéraires, parvenir au bouton de mandarin, comment se fait-il pourtant que les fonctionnaires issus des concours libres deviennent les despotes les plus impitoyables, les plus vénaux et les plus injustes, maltraitant cette plèbe dont ils faisaient partie hier?

De même dans les temples, cela fait froid à voir! En dépit du nombre des adorateurs, la routine grossière, la cupidité des bonzes, vous diront que la pensée est absente, et que la matière seule est en jeu.

Le Chinois n'a pas de religion, il n'a qu'un culte, celui de ses intérêts, et, par suite, une superstition et une adoration aveugles envers les génies qui passent pour présider à la fortune. Et dans toutes leurs œuvres, s'il y a quelquefois perfection, il n'y a jamais étincelle! Tout est là : ici ils sculptent et vénèrent des cercueils, mais là ils tuent sans scrupule des nouveau-nés! Ils cherchent le mérite dans la calligraphie, et non dans la pensée! Comment les idées peuvent-elles progresser dans un pays, quand il faut toute la vie d'un homme supérieur pour acquérir la connaissance de l'alphabet? Il en résulte que les quatre-vingt-dix-neuf centièmes de la population de la Chine ignorent la moitié des caractères qui expriment les idées, et qu'ils ne comprennent pas le langage de ceux qui s'instruisent pour eux-mêmes et non pour enseigner! Les grands lettrés passent

Fac-simile d'un autographe de l'Empereur de la Chine.

leur vie un pinceau à la main, s'essayant à tracer avec élégance, sur une brique poreuse, de pieuses sentences inintelligibles pour le commun du peuple, et qui,

Nous croisons le cortége du Vice-Roi, dans une rue étroite et glissante. (*Voir p.* 604.)

éclatantes d'or au fond des pagodes, ne parlent pas à l'âme de leurs adorateurs. Leur littérature n'est plus qu'un coup de pinceau; et le Chinois, si avancé dans le progrès matériels, demeure fatalement immobile dans le champ des idées!

Nankin, aux tours de porcelaine.

PÉKIN, YEDDO, SAN FRANCISCO

I

CHANG-HAÏ

Débarquement à Chang-Haï. — Arrêté sur la chasse. — Restaurants variés. — La plaine couverte de cercueils. — Les Jésuites à Zi-Ka-Waï.— Récits de la guerre contre les rebelles.

Chang-Haï, 6 mars 1867.

Canton et ses pagodes rouges, Hong-Kong et ses palais pleins de thé, toute la Chine méridionale et ses odeurs nauséabondes sont déjà loin de nous. Nous venons de faire trois cent quatre-vingt-dix lieues sur une mer semée de rochers entre le continent et les rivages trèslaids de Formose, tout avides de visiter jusqu'au delà de Pékin la Chine du Nord, qu'on dit plus sauvage; nous remontons les eaux jaunes du fleuve Bleu, et nous débarquons à Chang-Haï, la voisine de Nankin aux tours de porcelaine, le boulevard des Impériaux contre les Taëpings ou Rebelles, la porte du Yang-Tze-Kiang, pour apprendre les nouvelles suivantes :

1° La chasse vient d'être fermée le 1er mars courant;

2° Le conseil municipal de la concession française s'est déclaré en insurrection complète contre notre consul, qui a été obligé de le mettre sous clef; on songerait même, dit-on, à remplacer les conseillers actuels par des négociants anglais!

Quelle désillusion! n'est-ce pas à renoncer sur l'heure à faire un voyage en Chine? — Nous nous promettons bien d'abord de laisser le conseil municipal chang-haïen discuter jusqu'à extinction de chaleur naturelle sur les bords de son fleuve Bleu; mais quel chagrin nous cause l'arrêté prohibitif du mandarin-préfet! Nous nous étions, depuis tant de mois, « forgé une telle félicité » de faire des coups doubles sur les faisans dorés et les canards-mandarins! Nos fusils étaient prêts, nous voyions déjà nos carniers pleins d'ailes et de queues miroitantes! Et c'est en un pays aussi perdu, par une telle longitude que les rayons du soleil mettent huit heures à vous parvenir à Paris après nous avoir éveillés, c'est dans ces paysages essentiellement chinois de tous les paravents traditionnels que nous devons craindre, comme en la plaine Saint-Denis, la gent des gardes champêtres boiteux et des bons gendarmes!

Je me vois déjà bel et bien courant à toutes jambes, pour échapper à une escouade de fonctionnaires hurlants du Céleste Empire, vêtus de bleu-azur, la queue au vent et les babouches embourbées, sans quoi j'aurais grande chance d'être capturé, mené au Yamén, empalé ou passé à l'huile bouillante.

Chang-Haï appartient à tout le monde et n'appartient à personne : il y a concession française, anglaise, américaine; le gouvernement chinois a la bonté de se croire propriétaire du sol, et nous sommes censés, moyennant redevance, n'être que locataires; mais nous y sommes, et je souhaite qu'une fois, par extraordinaire, nous sachions y fonder un comptoir actif, honorable et durable.

Cela m'a fait un sensible plaisir mêlé de surprise, de voir le long du quai, le képi sur l'oreille et le rotin à la main, un brave douanier français, avec une tunique vert foncé et tous les dehors tracassiers de l'inspecteur de l'octroi, aussi martial et aussi autoritaire qu'en son pays natal. Il faut voir comme il sait se faire obéir, beaucoup du regard, mais surtout de la baguette, par la foule grouillante des Chinoises pêcheuses et pêcheresses, qui amarrent leurs barques fétides en contravention avec les ordonnances du conseil municipal; à vrai dire, quelle Chine peu poétique, quel Céleste Empire de banlieue!

Aussi, comme vous le pensez bien, à peine entrés à Astor-House, l'hôtel le moins horrible de l'endroit, nous empressons-nous de prendre des informations afin d'en sortir, de gagner Pékin, et la Mongolie, si c'est possible. Mais, nouveau tracas, le golfe de Pe-Tchi-Li n'est pas encore dégelé, le Peï-Ho encore moins, et la route par terre serait interminable. Force nous est donc de patienter en ce lieu qui nous plaît médiocrement, jusqu'à la débâcle des glaces du Nord, que nous souhaitons avec une inexprimable ardeur.

Nous nous mettons donc à parcourir la ville, qui ressemble à tout ce que nous avons déjà vu dans le Céleste Empire; mais l'aspect de la population locale est bien différent de celle du Sud : là les Chinois étaient jaunes, cuivrés, maigres et légèrement vêtus de cotonnades; ici ils nous apparaissent roses comme des poupons et gras comme des bouddhas; de plus, ils sont emmitouflés de quatre et cinq pelisses superposées, doublées de peaux de mouton ; un seul homme exhale l'odeur d'un troupeau tout entier. L'économie de leur habillement est celle-ci : une demi-douzaine de gilets sans manches sont recouverts d'une seule houppelande avec des manches extrêmement longues et tombant jusqu'aux genoux. En somme, ils ont l'air d'avoir fort chaud, mais ils ressemblent plutôt à des ballots de laine qu'à des hommes.

Le hasard veut que nous débutions par le quartier des restaurants. Je vous ai déjà parlé des menus chinois, et je me garderai bien d'y revenir; mais ce qui me frappe ici, c'est l'agglomération étonnante de toutes les castes, depuis la plus pauvre jusqu'à celle des négociants millionnaires, venant bruyamment faire, presque côte à côte, les repas les plus somptueux ou les plus dégoûtants.

Voici, à droite, un restaurant pour les riches; ils sont plus de trois cents, assis quatre par quatre, autour de petites tables ornées de fleurs de papier et de mandarines (oranges); des garçons bien vêtus leur servent, avec mille démonstrations de respect, des compotes verdâtres et gluantes que leurs bâtonnets, je ne sais par quel artifice, font passer des soucoupes craquelées jusqu'à leur vaste et rieuse mâchoire.

La rue parallèle est affectée aux gens de fortune médiocre; ici pas de palanquins armoriés attendant à la porte; peu de fleurs, moins de fruits, mais beaucoup plus de tapage — et de tapage chinois! Plus loin, près de la porte Montauban, est une longue rue dont l'aspect donne une sorte de frisson : c'est là que viennent manger par milliers de pauvres mendiants ayant à peine forme humaine, et presque totalement nus, même par ces temps de neige et de gelée. J'en vois toute une troupe — joyeuse quand même — qui apporte à cinquante autres affamés un vieux chien gonflé, lisse et pourri, tiré de la vase des fossés fétides qui longent la fortification crénelée. Ils ont, eux aussi, des sortes de tables basses ou tabourets, et se font — encore en cette misère! — des politesses pour s'asseoir autour d'un pareil mets et pour le déguster : ce peuple est si poli!

Quittant ce quartier, qui semble être un fourneau multiple, une gigantesque cuisine de deux kilomètres carrés, nous prenons une ruelle, espérant nous esquiver plus vite vers la campagne; mais nous tombons en un vaste cloaque au milieu de la dernière classe des consommateurs! Entre eux, pas de politesses échangées; pour eux, la chasse n'est pas fermée! une nuée de gibier à deux, quatre, huit, dix et mille pattes, à trompe et à queue, sautille par bandes nomades sur leurs haillons; dès qu'un rayon de soleil réchauffe ces escadrons piquants, rampants et puants, amis et protecteurs de la lèpre et de l'éléphantiasis, les pauvres mendiants font avec leurs dix doigts une chasse acharnée dans tous les replis ténébreux de leurs loques putrides ; aussitôt harponné par leurs ongles, vite le gibier est croqué à belles dents et avalé. Je ne puis d'abord le croire, et je me demande si je rêve ; mais, sur un parcours d'un kilomètre et demi que nous faisons à grands pas, nos yeux ne voient que ces «hallalis courants» de vermine ; nos oreilles n'entendent que les craquements saccadés d'insectes broyés entre des dents de singes ; nos cœurs se soulèvent, nous nous sauvons et courons encore. — Dante a-t-il, dans ses cauchemars poétiques, imaginé un pareil cercle pour ses anges déchus ? Et n'est-ce pas un enfer anticipé qu'une ville chinoise ?

En rentrant au logis, nous passons devant le Yamên, résidence du gouverneur local ou Tao-Taï : l'autorité devant, dans l'Extrême-Orient, ne se manifester que par l'apparat donné aux châtiments, et administrer signifiant punir, la prison est en face de la loge du concierge préfectoral. Le contraste est frappant entre les toits vernissés et bizarres, les portiques de marbre ciselé, les sculptures à jour des murailles ornementées de ce palais, et la cage lugubre où sont entassés plus d'une centaine de délinquants : les barreaux sont des gaules de bambou, laissant entrer librement la neige et la bise ; et le balai qui nettoierait ces nouvelles écuries d'Augias n'a jamais été coupé sur les bouleaux de la forêt. C'est donc sur des amas indescriptibles, et d'une odeur écœurante, que gisent ces malheureux ; ils attendent là le décret fantaisiste par lequel ils seront condamnés au supplice du gril, ou de la scie qui les coupera par tranches en commençant par les pieds, ou du puits dans lequel on les suspendra la tête en bas, ou du rasoir auquel sera jointe une fiole de vitriol arrosant les fentes taillées dans leur peau vive.

Chang-Haï, 7 mars.

Les promenades en ville nous ont vite lassés : il faudrait avoir le « cœur pétri dans une argile étrange » pour avoir même de la curiosité deux jours de suite devant de pareils spectacles. Nous voulons aujourd'hui aller à la campagne ; Zi-Ka-Waï est notre but : c'est une petite colonie fondée par les Jésuites, à deux lieues de Chang-Haï. Figurez-vous une plaine sablonneuse, nue et pelée, coupée de plusieurs canaux bourbeux, sans eau à marée basse : par-ci, par-là, quelques villages dont les huttes misérables ne sont construites qu'en roseaux jaunâtres et en boue ; à droite et à gauche du sentier que nous suivons, des centaines et des centaines de cercueils ! Dans la Chine septentrionale, il n'y a pas de cimetières, et sur ce sol immense, les cercueils sont disséminés comme les corbeilles de fleurs et les touffes d'arbres dans un parc anglais. Tantôt c'est un champ de choux ou de légumes fins au milieu duquel sont déposés sur le sol, sans plus de précautions, les longues boîtes en bois ciselé ; tantôt, dans un champ de blé, quatre Chinois défunts semblent jouer aux quatre coins. Ici, il y a des piles de cercueils élevés en pain de sucre ; là, ils servent de bancs sous une tonnelle, et voilà sous quels ombrages la brise légère vient féconder les riantes cultures des jardins chinois. C'est pousser bien loin l'amour et le respect de ses ancêtres! Mais de tels sentiments ne doivent-ils pas plutôt s'émousser, quand des gamins jouent gaiement, ainsi que nous pouvons le voir, dans un bosquet où se mêlent les émanations de l'opium, de l'oignon, du jasmin et de la belle-mère? Et c'est ainsi tout autour de nous, et bien loin encore, nous disent nos compagnons de route. Certes tout cela est fort peu gai. De plus, le vent souffle de l'intérieur, et les ondes atmosphériques nous apportent des bouffées

Chinois en costume d'hiver.

malsaines et délétères qui achèvent d'éteindre en nous toute gaieté, s'il en restait encore.

On nous raconte quelques-unes des bizarreries qu'entraîne cette singulière façon de vénérer les aïeux. Tant que règne à Pékin la même dynastie, ces tombes en plein air doivent s'accumuler sur la surface du sol, et malheur à ceux qui profaneraient en y touchant cet ensemble de menuiserie jadis enluminée, aujourd'hui vermoulue. Mais l'histoire enseigne qu'à chaque révolution impériale on a fait table rase de ces monuments fragiles. Seulement, comme en Chine on est moins friand que chez nous de tuer un gouvernement, et que trois cents ans se passent— est-ce croyable? — sous le règne de la même race, on enterre moins souvent la population défunte, qui cohabite ainsi plus longtemps avec les vivants.

J'ai le chagrin, malgré la meilleure volonté du monde, de ne pouvoir apprendre, pendant un si court séjour, les quatre-vingt mille caractères chinois qui me faciliteraient la vérification de ce dire, et je ne l'inscris que pour mémoire; mais je puis, avec tristesse et étonnement, vous assurer que ce culte pour la décentralisation des tombes est actuellement le dernier, mais presque insurmontable obstacle à la construction des chemins de fer et des télégraphes en Chine.

La maison Reynolds, de Chang-Haï, avait établi une ligne télégraphique sur un parcours de quelques kilomètres, jusqu'à Wo-Soung, pour annoncer à la ville l'entrée en rivière des malles et des voiliers toujours impatiemment attendus. Eh bien! au bout de quelques jours, le fil a été *coupé* en plus de cinq cents endroits divers; la coupure avait été faite en *tous* les points où son *ombre* projetée par le soleil levant était tracée sur les cercueils échelonnés dans la plaine; or, ils sont aussi nombreux que chez nous les gerbes de blé au temps de la moisson[1].

Songez donc alors sans effroi au travail des ingénieurs chargés de poser les jalons d'une voie ferrée! Mais il faut espérer que peu à peu la superstition tombera devant les inventions utilitaires des Barbares, et qu'en montrant nettement aux Chinois le nombre de dollars qu'ils pourront gagner grâce à la vapeur et à l'électricité, ils feront quelques expropriations dans leur nécropole immense. Je gagerais volontiers que dès qu'ils auront compris les avantages pécuniaires, ils s'empresseront de déblayer la poussière de leurs ancêtres.

Cependant nous arrivons à Zi-Ka-Waï : les Révérends Pères, vêtus à la chinoise et fumant la longue pipe indigène, nous reçoivent avec la plus aimable cordialité, puis nous promènent pendant deux heures dans leurs écoles.

Il y a trois catégories d'élèves. La première, qui en compte plus de quatre cents, se compose des pauvres petits diables plus ou moins guéris de toutes les variétés de la lèpre, recueillis mourants de faim dans les environs, et compris sous la dénomination générale d'orphelins. C'est en Chine, en effet, plus qu'en aucun lieu du monde, qu'on peut à bon droit appeler orphelins des enfants qui ont encore père et mère. A leur arrivée, on les passe à une forte friction de pierre ponce; on les gratte, on les étrille au moral comme au physique, puis leur journée est partagée entre les travaux de l'intelligence et ceux du corps : à droite est la salle où ils apprennent à lire et à écrire; à gauche les ateliers de cordonnerie, de menuiserie, d'imprimerie; ici, ils filent le coton, là, ils le tissent. Bref, les Pères les reçoivent *bruts* à l'âge de cinq ou six ans, et les relancent dans le monde à vingt et vingt-deux ans, manufacturés et manufactu-

---

[1] En mars 1871, le télégraphe sous-marin de Chang-Haï à Hong-Kong vient de relier le nord de la Chine aux Indes et par là au reste du monde. Au moment où l'extrémité nord du fil allait être fixée à terre, le gouvernement chinois s'y opposa formellement, et les Européens furent réduits à installer le bureau télégraphique sur un petit bateau, au milieu de la rivière !

rants. Il y a dans cette série d'écoles un ordre, une activité et une propreté qui font plaisir à voir. C'est vraiment une belle œuvre.

A trois cents mètres de là est un collége d'un rang supérieur : on trie les plus intelligents de l'agglomération des jeunes travailleurs, et on les jette à pieds joints dans la culture des belles-lettres — chinoises, bien entendu. C'est assurément fort drôle de les entendre à « l'étude », non point ânonner leur texte pour l'apprendre par cœur, mais le hurler à tue-tête. Le silence est défendu; le Révérend Père préside avec calme — et sans devenir sourd — à ce glapissement étourdissant de voix enfantines, et ne gourmande que les paresseux qui trahissent leur répit en ne s'égosillant pas. Cela me rappelle certain village célèbre pour ses cerises, où les propriétaires les font cueillir par de nombreux gamins, à la condition expresse qu'ils ne cesseront un seul instant de siffler : sans de pareilles mesures, ceux-ci mangeraient les cerises et nos Chinois dormiraient. Il semble, à voir chacun, ouvrant une grande bouche, déclamer sa sentence, que le texte ne doive se graver dans sa mémoire qu'en raison directe du cube des formidables vibrations sonores dont il remplit la salle.

Enfin voici la haute classe : elle se compose d'environ deux cent cinquante grands jeunes gens bien tenus, aux bonnes manières, à l'air grave. Ce sont messieurs les rhétoriciens, fils des familles riches des mandarins du faubourg Saint-Germain de Chang-Haï, et payant grassement. En faisant ici de fortes et solides études, ils deviendront successivement bacheliers, licenciés, docteurs, puis mandarins, et s'élèveront de bouton en bouton, par-devant la faculté du grand Empire du Milieu. — Que de patience, de force d'âme et de veilles il a fallu aux Pères pour apprendre, de façon à pouvoir les enseigner, non-seulement les règles de prononciation et de peinture des caractères chinois, mais encore l'esprit, les finesses et les idiotismes d'une littérature, d'une poésie et d'une histoire où les légendes baroques et les sentences surannées le disputent à l'ennui des théories de Confucius ! Les difficultés ne les ont pas rebutés jusqu'à ce jour, et ils poursuivent avec calme et fermeté ce noble but : au-dessus du niveau des orphelins et des pauvres qui composent presque seuls aujourd'hui la classe susceptible de conversion, introduire peu à peu un élément moral et chrétien dans les rangs des hauts fonctionnaires de l'Empire.

Jusqu'à présent la qualité de chrétien n'a pas été réellement incompatible — aux yeux du gouvernement chinois — avec la dignité de mandarin ; mais il n'en est pas moins vrai qu'il est impossible d'être mandarin sans se livrer officiellement à certaines pratiques idolâtres... Il nous faut espérer du moins que ces futurs dignitaires, une fois parvenus à l'exercice du pouvoir, voudront être plus bienveillants pour nous que leurs devanciers, et ne plus traiter de Barbares ceux qui leur ont appris à lire, à écrire et à faire le bien.

Cet éternel surnom de Barbare nous fait rire à chaque heure, et pourtant je vous assure que depuis le coup d'œil arrogant du Tao-Taï ou gouverneur qui nous croise dans la rue, entouré d'une pompe brillante, jusqu'au geste du simple coulie qui marchande fièrement pour porter une malle, tout ici révèle contre nous la haine et le mépris. Et quand j'entends parler de tous les exploits passés de nos volontaires pour vaincre les Rebelles, des arsenaux que l'on construit au compte des Impériaux, des canonnières montées par les Européens qu'on pense leur fournir, de l'éducation navale et militaire que nous voulons leur donner, je me demande toujours avec effroi, sous le coup de ma première impression, si nous ne leur donnons pas là des verges... pour nous battre.

Certes nous ne méritons pas une pareille désillusion, après les sacrifices qu'ont faits les armes françaises pour combattre les Rebelles et la piraterie ! Qui pourrait jamais oublier, en effet, en foulant cette terre, le nom de l'amiral Protêt, qui trouva la mort au milieu de son triomphe, le 17 mai 1862 ? Commandant en chef la division de Chine, et défendant le gouvernement chinois contre les Rebelles, il venait de sauver Chang-Haï bloqué par eux et les attaquait dans la ville fortifiée de Nekiao. Au moment où le brave amiral lançait avec une indicible ardeur les colonnes d'assaut commandées par le comte d'Harcourt, il recevait un biscaïen en pleine poitrine et tombait entre les bras du lieutenant Desvarannes.

Qui aussi ne rendrait hommage aux longs et valeureux efforts de deux Français, les lieutenants de vaisseau Giquel et d'Aiguebelle, dont tous parlent ici et dont les journaux vous ont raconté l'histoire ? Outre les combats livrés par leur corps franco-chinois, les Impériaux devront à ces deux hommes de cœur, de science et d'énergie, des arsenaux et des chantiers qu'ils construisent sur une grande échelle à Fou-Chao : avant cinq ans, ils auront lancé quatorze canonnières et formé non-seulement des ouvriers et des ingénieurs indigènes, mais des équipages capables de manœuvrer des vapeurs. Bref, c'est l'armement à l'européenne de toute une marine impériale pour laquelle le gouvernement fait de fabuleuses dépenses.

Chang-Haï a été dans ces dernières années le théâtre sanglant des incursions et du pillage des Rebelles. De Zi-Ka-Waï, que nous venons de visiter, les Jésuites ont dû se sauver dans la ville avec tout leur jeune troupeau; mais les hordes des Rebelles arrivaient si vite, qu'un des Pères, entouré d'une centaine d'enfants, fut massacré avant de pouvoir gagner les murs. Chang-Haï à cette époque comptait, paraît-il, près de deux millions d'habitants, précisément le triple de sa population actuelle. Lors de l'attaque formidable d'il y a sept ans, ce fut un spectacle étrange : les habitants des campagnes venaient chaque nuit par milliers se réfugier dans la ville, et nos Européens avaient trouvé là une spéculation bien plus lucrative que celle des thés et des soies : ils bâtirent d'immenses casernes en bois où ils empilaient comme des sardines tous les Chinois immigrants, auxquels la peur faisait payer chaque jour et par famille jusqu'à cent et deux cents francs. On exécutait alors en Chine des merveilles, et, à entendre nos compagnons, témoins oculaires, des merveilles de politique, d'argent et de bravoure.

La situation était étrange. Vous vous souvenez, en effet, que nos forces alliées faisaient à la fois la guerre aux Impé-

Un attelage à la Daumont, près Chang-Haï.

riaux et à leurs plus grands ennemis, les Rebelles : tandis que nous luttions avec acharnement, en payant chèrement nos succès, contre les armées de l'Empereur à Ta-Kou, au Peï-Ho et à Pékin, Chang-Haï, bloqué du côté de la terre, se défendait non sans angoisse contre les hordes de plus de cent mille pillards prétendant faire la guerre à la cour de Pékin et remplacer la dynastie des Tsing par celle des Wang. Tel était leur but en théorie : mais, à vrai dire, l'insurrection n'était qu'un prétexte à la plus vaste entreprise de rapine qui ait été jamais organisée depuis Attila. Un fait curieux s'ajoutait encore à la bizarrerie des belligérants. Les Rebelles, qui n'étaient pas chrétiens du tout, combattaient bien haut au nom du Christ, et avec tant d'assurance que certains Européens des côtes, dont la bonne foi pourtant me paraît douteuse, leur prêtèrent assistance : sous le nom de « caisses de Bibles », ils faisaient passer aux Rebelles des caisses de revolvers, et l'on dit même que l'on trouva dans des maisons passant pour respectables des ballots avec l'étiquette de « parapluies » miraculeusement convertis en carabines rayées. Il va sans dire que bon nombre d'aventuriers barbares avaient passé dans les hordes rebelles et y faisaient de grandes fortunes.

Et cela se passait encore après la prise de Pékin, après les traités de 1860, après l'installation dans la capitale, le 25 mars 1861, des ministres de France et d'Angleterre. Ce n'était donc pas assez d'avoir battu sur toute la ligne les armées de l'empereur Hien-Foung, et envahi en une campagne brillante et hardie le cœur du plus vaste empire du monde ; il fallait désormais ne songer qu'à une seule chose : relever et affermir le vaincu tout en l'intimidant. Car si l'anarchie continuait à miner quatre cents millions d'âmes, que devenaient les garanties de nos victoires ? Reconstituer l'empire, de l'ordre nouveau faire naître un commerce régulier et des relations durables, tel était le but évident auquel tendaient nos efforts, et grâce à l'esprit de conciliation de nos ministres, rien ne fut négligé pour la création et la protection des corps francs anglo et gallo-chinois, destinés au service de l'Empereur.

Ces corps improvisés sont un mélange singulier de braves et de loyaux officiers, d'aventuriers, de coquins, de voleurs, de soldats chinois de l'Empereur que leurs nouveaux chefs ont longtemps combattus, et vaincus la veille encore. Le Chinois n'est pas absolument et essentiellement lâche : s'il avait fui souvent devant une poignée d'hommes, c'est que les mandarins lui en avaient donné l'exemple. Sous la conduite des Européens, il allait faire des prodiges dans la guerre civile qui déchirait l'Empire.

Le commencement de cette guerre n'est qu'une aventure : Ward, un Américain qui, dit-on, a couru le monde en faisant tous les métiers, excepté les bons, un des héros de la trop fameuse campagne de Walker au Mexique et au Nicaragua, un « regular rowdy », fait un compromis avec les autorités chinoises municipales et provinciales de Chang-Haï, réunit cinq mille indigènes et quelques centaines d'hommes qui sont la lie de toutes les nations, et, moyennant près de trois cent mille francs, voilà le premier champion du grand parti de l'ordre et de l'Empereur. Il acquiert vite une étonnante popularité. Habillé en Chinois, ayant épousé une Chinoise, se battant comme un lion, il chasse haut la main tous les Rebelles des environs de Chang-Haï, prend Ning-Po, appuyé cette fois par nos forces navales; après sept mois de campagne et vingt-cinq combats victorieux, qui font donner à la vaillante troupe américo-chinoise ce surnom, bien empreint du cachet typique des deux peuples, « the ever victorious army [1] », il meurt frappé d'une balle, en montant à l'assaut du mur de terre d'un village.

Types des Impériaux dans la guerre contre les Rebelles.

Son indomptable bravoure lui fit pardonner la première partie de sa vie; il avait pu donner de l'enthousiasme aux Chinois, maîtriser ses officiers et rendre honorable un groupe d'hommes qui, en tout autre pays, n'eût été qu'un gibier de potence. Le sauveur de deux provinces, qui avait su vaincre, avait su mourir.

C'en est assez pour éblouir les mandarins, leur donner une confiance idolâtre dans des chefs barbares, les encourager à la création de nouveaux corps. Désormais donc, ce ne seront plus les autorités locales menacées et luttant *pro domo sua*, qui seules prendront sur

[1] L'armée éternellement victorieuse.

elles de tenter l'aventure : c'est la cour de Pékin qui va consacrer des millions à la répression des Rebelles.

Le corps de Ward est alors commandé par un autre aventurier, nommé Burgevine. Celui-ci commence par se faire battre, ce que les mandarins ne lui pardonnent pas : aussitôt surviennent les difficultés d'argent et de solde : pris entre les troupes qui murmurent avec raison parce qu'on ne les paye pas, et les banquiers chinois du gouvernement de

Vue d'un des forts du Peï-Ho, avant la guerre de 1860.

Pékin qui lui refusent les sommes dues, il finit par entrer dans une colère folle et soufflette les banquiers Za-Kee à Chang-Haï. Cette violence lui fait perdre son commandement et ses deux cent mille francs d'appointements : il va à Pékin, les réclame, et, sur un refus, passe aux Rebelles ! Sa fin est lamentable : fait prisonnier près d'Amoy, il est transporté dans l'intérieur, enfermé dans une cage portative de bambou, et en passant une rivière, la cage, soit par hasard, soit par un fait exprès, tombe à l'eau, et il se noie.

Un homme alors s'est offert à la cause impériale, plein de vertu et de courage; il n'est pas venu guerroyer pour faire

. fortune, mais il a vu son devoir dans cette nouvelle carrière : il y a apporté toute la grandeur de ses vues et toute la pureté de son caractère. Travaillant seize heures par jour, dominant par son exemple aussi bien les six mille Chinois que les nouveaux officiers dont il s'entoure, transformant en quelques semaines l'esprit de ses troupes, il est arrivé comme un héros pour terminer brillamment par trente-sept succès une lutte inégale. Cet homme, c'est Gordon : son nom a emporté l'admiration de tous, et il ne faut parcourir que peu de jours ces contrées où furent ses champs de bataille, pour trouver dans toutes les bouches des paroles de vénération en l'honneur du brave officier de l'armée anglaise.

Sous lui, ce qui n'a été qu'aventure auparavant devient stratégie, et à une bande de pillards succède une armée presque régulière. Avec cette armée il reprend successivement toutes les villes qu'a désolées l'invasion des Rebelles, cette hydre toujours renaissante : à chaque combat, le premier sur la brèche, il est comme le coin fait pour pénétrer hardiment jusqu'au cœur de la Chine et y détruire l'ennemi social. Seul il fait tout, et fraye, en avant-garde, la route aux armées impériales d'environ cent mille hommes, qui ne se battent guère et qui le suivent surtout pour la parade.

Pendant trois mois pourtant et au plus fort de l'action, sa marche victorieuse est soudainement interrompue. Il a pris Sou-Chao et fait prisonniers vingt-trois mille Rebelles : il les cantonne dans une province éloignée, et garde seulement une cinquantaine de leurs chefs en otage. Mais pendant une reconnaissance qu'il pousse dans la province de Che-Kiang, le mandarin Li-Fou-Taï, qui commande la grande armée impériale, les fait tous massacrer par perfidie.

Dès qu'il apprend ce crime, Gordon quitte le camp. L'Empereur de la Chine lui envoie des messagers; tous tendent les bras vers lui comme vers un sauveur : devant cet appel unanime et suppliant, quoique blessé dans son honneur, il cède, revient, repousse encore une fois les hordes (1864) ; et après avoir refusé deux millions que lui offre l'Empereur pour avoir défendu sa cause, il retourne en Angleterre plus pauvre qu'il n'en est parti, pour y refuser aussi les honneurs dont la Reine veut le combler, et pour continuer, comme lieutenant-colonel dans le corps des ingénieurs de l'armée, des travaux qu'il n'a interrompus que par des fatigues, des victoires et des douleurs.

Tels sont les récits que nous font nos aimables compagnons en nous promenant dans la campagne de Chang-Haï, où vingt fois gronda sous leurs yeux une terrible fusillade. Qui sait si le temps n'est pas proche où il faudra recommencer à faire ici la seule diplomatie qui soit efficace sur l'Empire du Milieu : celle des coups de canon?

Mais, pour l'heure actuelle, nos navires de guerre dorment encore paisibles sur leurs ancres, dans les eaux du fleuve Bleu. La jolie corvette *le Primauguet*, commandant Bochet, et l'aviso *le Deroulède*, commandant Richy, nous offrent comme une parcelle bien-aimée de la terre de France; aussi pendant près d'une semaine, qui sans cela nous eût paru un grand mois, passons-nous un temps délicieux dans des causeries toutes françaises, au coin du feu et vraiment en famille.

II

TIEN-TSIN

Débâcle des glaces du Pe-Tchi-Li et du Peï-Ho. — Bonne rencontre à Tche-Fou. — Notre navire s'échoue sur la barre du Peï-Ho. — Les forts de Ta-Kou. — La pagode des traités. — Une revue de cavalerie tartare.

13 mars, mer Jaune, à bord du Sze-Chuen.

La bonne nouvelle est arrivée! Une jonque bruyante, tirant mille pétards, est entrée cette nuit en rivière, annonçant que la blanche nappe de glace s'est craquelée, que la débâcle générale est certaine, que le golfe de Pe-Tchi-Li et le Peï-Ho, après quatre mois d'emprisonnement, sont rendus à la liberté. Nous sommes dans la joie : vite, nous courons au quai, sachant que plusieurs navires tout chargés sont aussi impatients que nous : voilà déjà le *Sze-Chuen* qui chauffe; et nous de mettre les malles sur des coulies, de les faire galoper jusqu'à bord, d'y sauter aussi, et de partir enchantés pour Tien-Tsin et pour Pékin.

Nous avons, je crois, toutes les bonnes chances. Car ce n'est point seuls et au hasard que nous allons tenter la route vers la grande capitale, mais avec des compagnons aimables qui sont déjà nos amis. Depuis Hong-Kong, en effet, nous nous sommes liés intimement avec le voyageur le plus cordial, le plus gai, le plus instruit que nous ayons encore rencontré, M. James Porter, « commissioner » des douanes impériales chinoises. Il nous promet de nous guider, de nous faire voir toutes les choses curieuses de parler chinois pour nous et de nous faire respecter au besoin au nom du gouvernement de Sa Céleste Majesté, au service de laquelle il est un haut fonctionnaire. En outre, à Chang-Haï, nous avons connu, sur le *Pelorus,* corvette anglaise, un brave chapelain que nous avons adjoint à notre joviale colonne, non pour prêcher — dans le désert de Mongolie — mais pour photographier les sites qui nous frapperont le plus. Le Révérend Parkin, jeune, ardent, spirituel, a déjà cultivé son art photographique sous toutes les latitudes, dans des pérégrinations qu'il nous raconte avec une verve charmante. Telle est la composition nouvelle de notre groupe voyageur. Le bord, d'ailleurs, nous offre encore un ami des aventures lointaines, M. Buissonnet, instruit et audacieux Français qui a fait plusieurs fois le voyage de Pékin à Paris par la Sibérie, et qui, avec une rare modestie, parle de cette route étrange comme d'une chose toute simple; de plus, il a navigué sur le fleuve Amour — que je l'envie! — pendant plus de trois mille kilomètres.

Le *Sze-Chuen* est un joli navire construit aux États-Unis, long et effilé, muni d'une simple « steam engine », à multiplicateur de deux cent cinquante chevaux ; il compte sept cents tonneaux nominaux ; les cabines et le carré sont construits sur le pont : il y règne donc une clarté parfaite, et un calorifère hydraulique nous donne une température à souhait, tandis que le vent du nord soulève la mer et nous fait rouler sur les lames avec une vertigineuse agilité. Mais qu'importe ! les milles s'ajoutent aux milles, nous longeons la côte abrupte et pelée, nous doublons Kin-Toan, Chao-Weï-Chan, Chun-Tang et Ta-Ching-Chan, tous points aussi riants que leurs noms sont euphoniques.

Nos compagnons à bord du *Sze-Chuen*, d'après une photographie.

Tche-Fou, 15 mars.

Nous jetons l'ancre en rade, prenons un sam-pang manœuvrant à la godille et allons au port. Là, plus de trois cents jonques alignées présentent fièrement leurs gaillards d'arrière avec un cachet de marine du moyen âge ; une population de cinq à six mille portefaix de tout âge et de tout sexe travaille un peu et hurle beaucoup, en chargeant et en déchargeant de fort légers fardeaux par d'innombrables passerelles. Le village en lui-même est le plus abominable trou qui se puisse imaginer, et je renonce absolument à vous en parler, tant il ressemble au quartier insecticide de Chang-Haï. Mais il faut pourtant prononcer le nom de Tche-Fou avec respect, commercialement parlant, car nous y apportons force caisses d'opium qui par tent de là en brouettes — et souvent en brouettes à voiles — pour faire les délices des vicieux fumeurs que recèlent les vertueuses campagnes de l'Empire; lesdites brouettes reviennent, si le vent est favorable, avec d'immenses quantités de haricots et de graines oléagineuses, dont les jonques se chargent pour les échelonner dans la série interminable des ports de la côte méridionale. Tout ce trafic est consigné dans une pauvre maisonnette, un vrai corps de garde avec un poêle chauffé au rouge, où tiennent tristement garnison les employés de Sa Majesté Impériale; voici en quatre lignes le résumé (1866) des brillants échanges faits en ce misérable village de boue pendant les douze derniers mois.

Le quai de la Douane, à Tien-Tsin.

Importations. . . . . 48,000,000 fr.
Exportations. . . . . 19,000,000 »

Mouvement du port, 994 navires, jaugeant 347,782 tonneaux.

Recettes de la douane chinoise, 2,584,000 francs.

Après une longue promenade, nous étions à nous réchauffer et à causer avec un aimable Français, M. de Champs[1], dans les bureaux de la douane, quand nos yeux découvrent soudain, au milieu de la forêt des mâts de jonques, une « flamme » de guerre portant nos couleurs. A vrai dire, il n'y avait de guerrier que la « flamme »; car le *Mirage* est une ancienne citerne de l'escadre convertie en goëlette, comptant cent dix tonneaux, vingt hommes d'équipage et deux ca-

---

[1] M. de Champs accompagna depuis, comme second secrétaire, l'ambassade fameuse de M. Burlingame et de ses mandarins en Amérique et en Europe.

nons; mais de ces pièces, il en est une qui est logée à terre, car lorsqu'elles sont toutes deux sur le *Mirage,* il n'y a plus de place pour les hommes. Nos cœurs furent remplis de joie en apprenant que la goëlette avait à son bord un ami du Duc de Penthièvre, le jeune comte de Chabannes, fils de l'amiral. Nous n'avons pas tardé à le rejoindre, et à deviser longuement avec lui. Frappé d'une balle dans la jambe, au combat de la Pagode en Corée, ce brave officier était encore bien loin d'être guéri, et portait la trace de longues souffrances; mais il fut plein d'entrain, ce soir-là, en nous donnant à dîner sur le *Mirage,* car notre malle lui apportait deux bonnes nouvelles : le matelot qui l'avait ramassé et sauvé sous une pluie de balles avait reçu la croix; et au dessert nous ouvrîmes un paquet adressé à Chabannes, qui contenait ses épaulettes de lieutenant de vaisseau. Vous pensez si la gaieté fut gauloise, et si chacun avait oublié ses douleurs, l'officier celle de la balle coréenne, et l'exilé celle de la patrie absente, puisqu'il était à bord d'une humble barque, mais d'une barque française !

16 mars, golfe de Pe-Tchi-Li, sur la barre du Peï-Ho, à bord du *Sze-Chuen.*

Hier soir, par une mer tourmentée, le *Sze-Chuen* était inondé sous les lames ; ce matin, bien avant que nous vissions la terre, le pont était couvert de près d'un pouce de sable blanc que la bise nous apportait du désert en nuages épais; ainsi se terminait d'une façon désagréable une heureuse traversée de trois cent quatre-vingts lieues.

Accostant dès l'aube la barque d'un pilote qui croise en zigzag, nous voulons nous renseigner au juste sur notre situation; mais l'excellent homme, de l'air le plus doux du monde, nous affirme qu'il ne sait trop lui-même où nous sommes. Nous lançons alors, par une *brume sablonneuse* d'une intensité extraordinaire, trois canots avec des sondes, pour reconnaître la barre du Peï-Ho, dont nous devons être tout près. Soins inutiles ! Nous entendons soudain le bruit d'un frottement pénible : une longue secousse ébranle notre steamer effilé; un coup de barre hasardé nous fait aller à gauche, et nous sommes bel et bien échoués sur les sables gluants; la marée baisse, nous n'avons qu'une seule chose à faire : attendre avec patience, en regardant de nombreux Chinois pêcher avec des cormorans; les ingénieux naturels mettent un anneau au cou de cet aimable oiseau, qui plonge, prend le poisson et ne peut l'avaler; sans se lasser jamais, il rapporte à son maître de magnifiques rougets que celui-ci n'a plus qu'à tirer par la queue hors du bec de « l'oiseau emmanché d'un long col ».

18 mars. Encore sur la barre du Peï-Ho.

Semblable à un bélier qui charge tête baissée contre une muraille, et qui prend son élan à plusieurs reprises, le *Sze-Chuen* a fait de vains efforts. Grâce au ciel, l'atmosphère est calme, et aucun grand frais ne s'annonce vers l'est, sans quoi les lames en déferlant sur la barre et..... sur nous, qui y sommes embourbés, briseraient en mille pièces notre pauvre navire. Nous avons du reste des compagnons d'infortune, car trois voiliers et deux vapeurs sont à notre droite dans une situation aussi critique que la nôtre. Mais faire passer un navire qui cale treize pieds d'eau, là où, à marée haute, nous n'en trouvons que onze, c'est un problème qui rappelle la parabole du chameau et de l'aiguille : notre jeune capitaine yankee ne doute pourtant de rien, et cinq fois il nous lance à toute vapeur sur cette *banquette irlandaise* d'un nouveau genre ; cinq fois, après des soubresauts inouïs, après une lutte désespérée sous trente-cinq livres de pression, il fait machine en arrière, décolle et dégage le *Sze-Chuen,* en disant toujours : « Ce n'est que de la boue, nous devrions la couper comme du gâteau. » Mais ce raisonnement nous mène droit à la sixième épreuve : nous nous précipitons sur cette boue avec rage; outre la force de notre machine exaspérée, toute notre toile est dessus, nous nous cramponnons de toutes nos forces à des ancres et à des grelins jetés en avant dans les sables, si bien que notre salamandre serpente dans la vase, se traînant, boitant, hésitant, reglissant et vacillant ! Mais enfin un grelin casse, tout l'attirail s'incline, nos forces s'éteignent, un foc s'envole, la machine devient impuissante, et du coup nous sommes vissés sur la barre.

Il faut alors avoir recours au grand moyen : par bonheur le temps s'est éclairci; de terre, on aperçoit nos signaux, et des chalands viennent se ranger le long du bord pour nous alléger de notre cargaison de l'avant. Alors, vers midi seulement, trouvant douze pieds et demi à la sonde, nous tentons l'essai décisif ; avec une forte pression nous virons sur un grelin pour nous éviter le cap au nord-ouest; l'impulsion est bonne, la boue est moins dure, tribord la barre ! et nous sommes sauvés ! Nous entrons avec une vitesse de dix milles dans la passe des forts de Ta-Kou, disant adieu avec pitié à nos cinq compagnons d'échouage, qui, malgré tous leurs efforts, restent immobiles comme des bouées ! Décidément notre capitaine est hardi : c'est lui du reste qui dernièrement, par une nuit noire, coupa en deux l'*Express,* un grand vapeur courant de Chang-Haï à Ning-Po. — Dans les cas d'abordage, les Américains excellent à être celui qui coupe et ne sombre pas.

Nous franchissons avec émotion l'entrée du Peï-Ho. Que de tristes souvenirs sont attachés à ce lieu ! L'entrée est très-étroite et défendue à droite et à gauche par des bastions qui furent formidables et qui aujourd'hui ne sont qu'à moitié démolis. Le plus grand bastion, ou le fort du Sud, est sur la rive droite du fleuve ; il a trois cavaliers, un au centre et deux à chaque extrémité; le fort lui-même est fait de « torchis », et les cavaliers, de pieux fichés en terre, amarrés fortement ensemble et recouverts de boue. L'extrémité nord touche au fleuve ; l'autre extrémité est à cinq cents mètres plus loin, au sud-sud-ouest ; le fort Nord, sur la rive gauche, enfile tous les abords du fort Sud ; il a deux cavaliers au sud-est, et le passage entre ces deux colonnes de la porte fluviale n'est que de deux cents mètres. Là furent livrés trois combats entre nos forces et celles des Impériaux : le premier en mai 1858, le second en juin 1859, le troisième le 25 juin 1860.

Nos cœurs se serrèrent à la vue de cette plage vaseuse, où, à la seconde attaque, furent engloutis tant de braves marins; c'est là le plus sombre épisode de l'histoire de nos campagnes en Chine; les canonnières avaient franchi la barre qui nous retenait tout à l'heure; mais quand elles arrivèrent sous le feu des forts, elles furent criblées de boulets; par contre, elles ne faisaient que peu de ravages dans les solides remparts de boue qui dominaient ces rives plates et marécageuses. Le désastre était certain, mais les alliés combattirent avec héroïsme jusqu'à la dernière heure plutôt que de fuir. Trois canonnières s'échouent et se perdent; trois détachements débarquent pour monter à l'assaut; les malheureux

Vue de Tien-Tsin, avant le démantèlement imposé par le traité de 1860.

enfoncent jusqu'à la ceinture dans les boues fétides qui couvrent les longues lagunes en avant des forts; en se débattant, ils sont bientôt engloutis jusqu'aux épaules, et les Chinois, accourus sur les bords de la terre ferme, les déciment par les flèches, les balles et la mitraille. Vient le soir, et la marée montante couvre d'un même linceul les morts, les blessés et les vivants.

Un an plus tard, l'orgueil des Chinois, si gonflé par cette facile victoire, devait être justement abaissé quand nos canons éteignirent les feux de leurs forts, brisèrent leurs estacades, et anéantirent les formidables moyens de défense qu'ils avaient dès longtemps et si fièrement préparés.

Un ouragan commence au moment où nous pénétrons dans l'intérieur des terres, en remontant le cours brusquement sinueux du Peï-Ho. Rien en ce monde d'affreux comme ces rives : un désert de sable que le vent soulève par nuages et dont les tourbillons nous aveuglent, un désert où, dans les éclaircies, nous n'apercevons que des tombeaux sous la forme de milliers de petits mamelons de terre jaunâtre, semblables aux huttes des Mormons.

La monotonie n'est rompue de distance en distance que par des salines

Marchands chinois sur le quai de Tien-Tsin, d'après une photographie.

étagées, se confondant dans la teinte uniforme d'un paysage qui est tout sable, tout sel, tout poussière et tout cendres.

Après deux heures de navigation nous arrivons à des contrées moins désolées; des arbres apparaissent au milieu d'une campagne qui semble un peu cultivée; nous voyons même bientôt une charrue traînée par deux hommes : évidemment nous rentrons dans la civilisation. Voici les villages de Ko-Kou, Tong-Kou, Chieng-Chia, et la route de Pe-Tang sur le Petang-Ho! Leurs habitants sortent de huttes basses faites de boue et de feuilles, et nous rions de bon cœur en voyant les femmes vêtues de houppelandes écarlate; des jonques nombreuses sont encore en plein champ, alignées dans des docks où les Chinois les gardent pendant l'hiver à sec et à l'abri des

LIVRAISON 80. 80

glaces. Plût au ciel que les esquifs chinois fussent tous encore déposés et en repos dans les terres labourables! Mais déjà des groupes d'une dizaine de jonques naviguent de front et côte à côte dans cette étroite rivière; ne profitant que de la marée montante, elles se contentent de faire quatorze lieues en quinze jours : mais comme nous préférons une autre allure, nos imprécations pleuvent comme grêle sur les innombrables *impedimenta* que nous offrent en rivière ces barques dignes du temps de Mérovée; dans presque tous les tournants difficiles, nous apercevons en travers une jonque dont l'équipage ahuri par notre sifflet perd la tête et hurle au lieu de se garer. Sur un espace de sept à huit cents mètres nous en rasons un groupe d'une quarantaine, se heurtant, s'échouant, se brisant, grâce au désordre indicible dans lequel les jette notre venue subite. Seuls deux navires nous laissent passer avec une rare placidité : ce sont le *John and Henry* et le *Sun Lee* pris ici par les glaces en novembre dernier et condamnés par la gelée à cinq mois de prison : ils étaient chargés de thés qui, sortis de la cale en désespoir de cause, devinrent thés de caravane, et partirent à dos d'âne d'abord, puis sur des chameaux, par Kiakta pour Saint-Pétersbourg. Les amateurs ne les trouveront que meilleurs!

Quant à nous, nous faisons à cette heure une navigation vraiment extraordinaire; car nous sommes sur un navire qui a doublé le cap Horn, et qui est construit pour la grosse mer; mais c'est dans une rivière de septième ordre que nous barbotons. Pendant plus de cent kilomètres notre marche est pleine d'émotions dans des tournants et des coudes d'une brusquerie inouïe. Tantôt nous nous trouvons jetés par le courant contre une rive, et notre hélice s'y débat dans les herbes et la boue; tantôt, et cela vingt fois, pour doubler les angles les plus aigus, nous envoyons à terre un canot avec six hommes : ils attachent au plus vigoureux pommier du voisinage un câble qui nous aide à pivoter sans échouer. Mais de telles manœuvres comportent mille accidents : une fois, c'est le pommier qui vient à nous avec toutes ses racines; une autre fois notre beaupré entre dans une maison trop rapprochée de la rive (*voir la gravure, p.* 636); enfin nos malheureux matelots, en sautant à terre à la recherche d'un arbre, sont presque constamment forcés de se jeter dans la vase jusqu'aux aisselles. Le parcours que nous faisons ne peut s'interrompre : mouiller à la nuit tombante en un pareil courant serait plus imprudent que de naviguer même à l'aveuglette, à cause des jonques qui montent et qui descendent. Bien tard dans la nuit nous arrivons au quai de Tien-Tsin.

Tien-Tsin, 10 mars.

Dès le matin, nous parcourons les rives presque désertes de la concession européenne. Si l'on est vraiment en Chine en considérant les longues queues de cheveux qui pendent sur le dos des naturels, on peut aussi se croire en un camp français, en lisant encore sur les murs ces traces du passage de nos troupes : *État-major de la place. — Cantine du* 101e. — *Logement de l'officier payeur*. Mais nos amis nous emmènent bien vite dans la campagne, une mer de sable, pour visiter les lieux que la guerre a rendus célèbres.

C'est dans cette plaine, en effet, qu'était campée l'armée chinoise : nous longeons là une muraille de boue qu'avait construite le général en chef San-Ko-Lin-Sin, et qui est restée baptisée du nom de San-Ko-Lin-Sin-Folie. A Siam et à Canton, nous avons déjà vu le même terme caractériser la folle mais patriotique tentative de défense des indigènes contre les envahisseurs. Nous ne pouvons nous empêcher de sourire devant ce vrai paravent de deux lieues de long auquel s'était confiée la jactance chinoise.

Plus loin, nous visitons la pagode de Haï-Kouan-Tzeou, où fut signé le traité de 1858. C'est un fouillis de petits temples à toits courbés et à fenêtres de papier : des sacs de blé sur lesquels jouent des rats sont empilés aujourd'hui autour de la table illustrée par la fameuse cérémonie de la signature, et dans la salle où il fut décidé du destin du Céleste Empire. Est-ce un symbole de la religion avec laquelle sera observé le traité?

Dans la plaine qui nous environne nous voyons bientôt s'élever des nuages réguliers de poussière : nous braquons nos lunettes et distinguons des mouvements de troupes. Une curiosité bien naturelle nous porte de ce côté; c'est une revue des régiments impériaux. Là, huit à neuf cents cavaliers mongols, montés sur de petits poneys à poil d'ours que l'on a pris au laço dans les troupeaux sauvages des steppes, exécutent gaillardement le : « Par peloton rompez les escadrons! » L'étrier très-court, la selle très-haute, ils se tiennent pour ainsi dire debout sur ces rats qui galopent ventre à terre, et ils ne les cravachent qu'avec leurs queues de cheveux tressés : les régiments se composent de vingt-trois pelotons de quarante-quatre hommes chacun : une confusion inextricable de boutons coloriés aux nuances de l'arc-en-ciel dénote le grade; la moustache est martiale, mais la longue robe de chambre, qui recouvre même les éperons, n'a rien de guerrier. Bref, il est impossible de rien voir de plus bouffon exécuté avec plus de sérieux : la charge est étourdissante. Mais si la galopade a encore un aspect étrange et sauvage, si tous ces escadrons de Fils du Ciel ont un cachet diabolique dans leur ensemble, ce ne sont cependant plus les Tartares de jadis aux lances et aux arcs bariolés; ils sont parfaitement armés de bons sabres anglais et de revolvers américains.

Ils ont, grâce à cet armement, une outrecuidance dont rien ne peut donner une idée. Pour moi, qui ne saurais être compétent en cette matière, je demeure pourtant fermement convaincu que, s'ils nous provoquaient, nous marcherions d'un pas aussi ferme que par le passé jusqu'au cœur de l'Empire.

Mais l'heure est aux conquêtes pacifiques, et nous pouvons constater que les chiffres du commerce dont Tien-Tsin est le pivot sont assurément encourageants pour l'avenir. Tien-Tsin, en effet, est non-seulement le port le plus proche de la capitale et de la résidence de l'Empereur, mais par sa communication avec le grand canal, qui est lui-même l'artère de quatre provinces de l'intérieur, ce comptoir est bien fait pour fixer l'attention de nos grandes maisons de commerce. Le relevé de la douane y a donné en 1866 :

IMPORTATIONS.	Cotons. fr. 36,000,000
	Opium. 46,000,000
	Lainages. 6,900,000
	Total. fr. 88,900,000

EXPORTATIONS. 20,000,000

Mouvement du port : 592 navires jaugeant 178,518 tonneaux.

La ville chinoise compte environ

Notre beaupré entre dans une maison trop rapprochée de la rive. (*Voir p.* 634.)

quatre cent mille habitants, et les résidents étrangers sont au nombre de cent douze, dont dix français.

Seize grandes maisons de commerce appelées « Hongs » centralisent les fortes opérations; c'est un gros regret pour nous de n'en point voir une seule qui soit française.

Aux environs des villages, la route impériale est semée de dalles et de blocs de briques. (*Voir* p. 639.)

III

PÉKIN

Route de Tien-Tsin à Pékin par terre. — Les murs grandioses de la capitale. — Aspect des rues, des palais et des ruines. — Les cerfs-volants. — Le champ des exécutions. — Le pont des Mendiants. — Les légations. — Service des douanes maritimes impériales chinoises dirigées par M. Hart. — Quelques chiffres sur le commerce de la Chine avec le reste du monde.

Pékin, 21 mars.

Nous venons d'arriver dans la céleste capitale de l'Empire du Milieu, et je veux vous raconter à la hâte notre rapide voyage de trois jours.

Nous sommes partis de Tien-Tsin le 19 avril dans l'après-midi : notre petite caravane était composée de sept charrettes chinoises, attelées chacune de deux mules, et nous avons fait deux cent quatre-vingt-deux « li », c'est-à-dire cent soixante-quatorze kilomètres, sans qu'aucun de nous puisse dire quelle espèce de pays nous avons traversé : les rafales incessantes d'une poussière épaisse nous ont à la lettre aveuglés, et pour ma part je n'ai absolument rien vu, sinon un désert de sable.

C'est une singulière construction que celle d'une charrette chinoise : une sorte de civière de toile bleue repose comme un château branlant sur un essieu long de moins d'un mètre, et sur deux roues grossières ; on ne peut ni s'y coucher, car elle est trop courte, ni y mettre une banquette pour s'asseoir, car elle est trop basse. En revanche, c'est un véhicule fort léger et qui passe partout. Je m'y blottis de mon mieux, grâce à un sac de son qui fera office de ressort : quant à mon muletier, il prend place sur le brancard de gauche, et saute à terre à chaque instant pour harceler bruyamment, même cruellement, mon attelage ; la mule de volée n'obéit guère qu'à la voix, et de ses caprices dépend notre sort ; son harnachement ne consiste qu'en deux traits excessivement longs, liés ensemble à l'essieu, près de la roue gauche : de là, elle ne tire que par le côté et trotte toujours obliquement.

Pendant la première heure, nous sommes réellement abasourdis. La route, — si l'on peut donner ce nom à un pareil tracé de chemin de traverse mérovingien, — est large tantôt de deux mètres dans les passes resserrées, tantôt de cinquante à soixante dans la campagne ouverte : de plus, aux environs des villages, cette mer de poussière est semée de milliers de pointes de dalles ou de vieux blocs de briques (*voir la gravure, p. 637*) qui vous font sauter en l'air comme une balle sur la raquette. C'est là que les muletiers opiniâtres mettent de préférence leurs bêtes au grand galop : vous vous imaginez alors quels nuages de sable soulève notre caravane ! Nous sommes comme étouffés, et quand je me risque à ouvrir les

ENVIRONS DE PÉKIN

yeux, je n'aperçois ni la charrette qui me précède, ni même ma mule de volée, ni le soleil qui n'est plus qu'un point rouge opaque dans cet étrange brouillard. Quand on n'a pas fait l'expérience de semblables cahots et d'aussi innombrables contusions, on ne peut se figurer le plaisir avec lequel nous saluons le village où nous devons coucher.

A Yang-Soun, en effet, vers dix heures du soir, nous sortons de nos boîtes, bien figés, bien meurtris, et chacun rit pourtant de bon cœur en racontant ses aventures et ses chutes, ses bleus et ses impressions. Notre premier soin est de casser la glace pour tenter de débarras-

La charrette du mandarin Ching, d'après une photographie. (*Voir p.* 642.)

ser nos paupières et nos narines du mastic qui les obstrue complétement ; une véritable boue s'est formée dans nos dents et au fond de notre gorge irritée. L'hôtellerie ressemble beaucoup à ce que sont chez nous des arrière-cours de ferme en état de vétusté, avec de petits hangars bas et des étables éboulées, n'ayant connu de longtemps la truelle du maçon réparateur : vingt charrettes appartenant à des mandarins en voyage y sont déjà pêle-mêle, et quarante mules se roulent dans la poussière en brayant à l'envi ; les palefreniers de la première caravane injurient les nôtres ; mais nous les laissons sans peine vider leur querelle pour aller chercher un gîte à notre usage.

Au fond de la cour est une hutte avec de larges fenêtres de papier ; dans l'intérieur, le long du mur, se trouve une sorte de plan incliné en planches comme les couchettes des chiens dans nos chenils. C'est notre logis pour cette nuit. — Nous allons chercher tout un tas de riz bien chaud à la marmite des muletiers, et l'eau-de-vie versée copieusement dans du thé nous rend notre verve gauloise. Après quoi, nous serrant le plus possible les uns contre les autres, le Prince, ce bon Fauvel, Porter, son ami Wright, Louis et moi, nous nous étendons en brochette, décidés à dormir de notre mieux. Hélas! nous avions compté sans la curiosité des indigènes : un crépitement extraordinaire ne tarde pas à se faire entendre aux quatre points cardinaux de notre rustique appartement : mille craquements se succèdent, et nous découvrons, grâce à la lueur de la lune, que l'aimable population de Yang-Soun, très-intriguée de notre venue, se presse en foule autour de notre hutte; bientôt, dix, vingt, deux cents doigts indiscrets s'enfoncent dans le papier des fenêtres, afin d'y pratiquer des ouvertures multiples. Nous apostrophons les naturels; ils ne disparaissent que pour revenir plus nombreux, tandis que la bise de l'est nous glace en sifflant avec fureur par ces anches éoliennes d'un nouveau genre. Jamais nous n'avons été si agacés de voyager dans un pays dont nous ne savons pas la langue; force nous est de recourir à un idiotisme du langage universel qui ne manque jamais son effet : le bambou. L'un de nous, sorti furtivement, trouve une gaule longue de vingt pieds : d'un seul coup, trente spectateurs clignant de l'œil aux trous de la fenêtre reçoivent sur le dos un dernier mais cuisant avertissement.

Si nous dûmes passer le reste de la nuit presque à la belle étoile, ce ne fut plus la faute des Chinois, mais bien du Révérend. Les insectes variés du sol sur lequel nous couchions lui faisaient horreur; et comme, en vrai marin, il avait emporté son hamac, il le suspendit au-dessus de nos têtes, aux deux poutres extrêmes de la hutte. Je l'y hissai, il s'y blottit; sa toile planait gracieusement et le berçait sur ses légères amarres; mais, hélas! quand je lâchai tout, il se fit un bruit immense, un déchirement général, et nous nous trouvâmes tous pêle-mêle, avec le hamac, les poutres, les murs de terre, les fenêtres de papier, le tout cassé, brisé, et une poussière séculaire répandue à profusion! Les rires furent notre seule consolation; il fallait bien prendre son parti de tant de mésaventures. Je n'ai point voulu vous cacher cet aperçu désagréable de nos pérégrinations en Chine; mais je vous promets, si cela se renouvelle, de ne plus vous fatiguer de nos petits ennuis.

Le 20, à trois heures du matin, les quarante mules des mandarins agitent leurs grelots et nous précèdent : à quatre heures et demie, nous nous mettons en route avec un nouveau compagnon. Le gouverneur de la province de Tien-Tsin, Tchoung-Hao, nous a en effet envoyé un mandarin bouton de cristal, avec force passe-ports et sauf-conduits pour nous aider à pénétrer sans encombre dans la Ville Céleste. L'officier impérial ouvre notre marche, dans sa charrette que traîne un charmant mulet noir (*voir la gravure*, p. 641). Dès que nous arrivons dans un village, il met sur son nez d'immenses lunettes de verre ordinaire de cinq centimètres de diamètre, et montées sur de grossières tiges de bois. C'est une mode que suivent ici les lettrés; et l'on n'est pas réputé studieux sans ce pince-nez traditionnel.

A Ho-Chi-Wou, nous faisons halte vers le milieu du jour, et profitons d'un moment de calme et d'éclaircie pour donner au Révérend l'occasion de photographier notre mandarin et notre caravane. La population tout entière veut s'enfuir quand nous braquons le pacifique instrument, et nous ne parvenons à garder autour de nous que nos palefreniers et nos « boys » fidèles (*voir la gravure, p.* 644). — Nous arrivons à la nuit à Tchiang-Tia-Ouan, après les mêmes cahots et la même poussière qu'hier.

Le matin, bien avant l'aurore, nous sommes sur pied, tout émus de la pensée que quelques heures à peine nous séparent de Pékin : Pékin que nous avons tant rêvé de voir, et pour lequel nous avons couru tant de mers !

Nous passons à midi devant le magnifique pont de Pa-Li-Kao (*voir la gravure, p.* 645), de glorieuse mémoire, et à trois heures nous entrons à Pékin. Grâce au ciel, nous quittons la chaussée sablonneuse et nous nous trouvons en face d'un vaste pont dallé, d'une longue et gigantesque muraille à créneaux et d'un portique majestueux (*voir la gravure, p.* 648). C'est bien assurément ce que j'ai vu de plus grandiose dans le Céleste Empire ! Cet ensemble a quelque chose des images saisissantes de l'histoire sainte, des descriptions des hautes enceintes de Babylone et des formidables remparts de Ninive. Figurez-vous un donjon élancé portant un toit à cinq étages de tuiles vertes, et percé de cinq rangées de gros sabords d'où sortent des gueules de canon [1]; à droite et à gauche, à perte de vue, s'étend la muraille, tantôt en granit, tantôt en grosses briques grisâtres; des saillants, des créneaux, des meurtrières lui donnent un air martial. — Au pied de cette muraille s'ouvre une voûte profonde où viennent pacifiquement s'engouffrer une foule convergente de Chinois, de Mongols, de Tartares bariolés, des convois de charrettes bleues, des files de mulets noirs, des caravanes de chameaux fauves et bien haut chargés : c'est l'entrée de la ville chinoise.

Grâce à Ching, notre potentat boutonné de cristal, nous passons sans arrêt les premières barrières; puis, au milieu de ce peuple qui semble vierge de civilisation européenne, nous trouvons avec stupéfaction en face de nous un cavalier anglais, en uniforme de grande tenue, épinglé comme un « horse-guard », et monté sur un magnifique cheval d'armes : c'est un maréchal des logis de l'escorte du ministre d'Angleterre, porteur d'une lettre pour le Prince. Avec une grâce que nous n'oublierons jamais, sir Rutherford Alcock, prévenu à notre insu de notre arrivée, invite le duc de Penthièvre et son « party » à loger à la légation, où tout est prêt pour le recevoir : notre joie ne peut s'exprimer. Autant nous nous étions promis, en partant de Chang-Haï, de chercher à passer incognito et à risquer mille aventures chinoises à Pékin, où nous pensions trouver la vie mandchoue dans sa pure essence, autant la courte expérience du comfort négatif des

---

[1] J'ai découvert le lendemain dans une promenade que ces canons étaient des canons de bois. Quelle chute !

hôtelleries indigènes nous effrayait à juste titre depuis Yang-Soun.

C'est décidément un décor d'opéra que la majesté d'une porte de Pékin ; dès qu'on est de l'autre côté, on croit qu'on a rêvé : les terrains vagues et les masures viennent de nouveau frapper les yeux comme une réalité lugubre. Pour vous en donner l'idée en un seul trait, les chameaux dans cette partie de la Ville Céleste suivent des sentiers sinueux comme s'ils étaient dans le désert : quant à nous, continuant droit notre route, nous voyons verser deux charrettes sur sept qui composent notre caravane. En effet, Pékin, aux environs des portes, est

Notre caravane quitte l'auberge de Yang-Soun. (*Voir p. 643.*)

pavé en immenses dalles d'un à deux mètres carrés, mais entre chacune d'elles il y a souvent un intervalle creusé d'un à deux pieds ; de là secousses et soubresauts comparables à ceux de grenouilles électrisées.

Bientôt une nouvelle grande muraille encore plus majestueusement crénelée, bastionnée et babylonienne, nous montre ses portiques sombres en avant de nous : elle est haute de cinquante à soixante pieds et large de quarante ; c'est, paraît-il, la séparation entre la ville chinoise que nous quittons, et la ville tartare où nous entrons. Là, une sorte de cirque sans gradins, mais formé de gigantesques murs, protége la porte principale comme une demi-lune, de façon que, la première grille une fois passée, nous nous trouvons comme dans une spacieuse cage d'ours dominée par des créneaux et des toits vernissés.

Avant de sortir par une seconde grille (la porte centrale est réservée à l'Empereur[1]), il faut faire plusieurs centaines de mètres. Comme nous passons sous la voûte, notre mandarin conducteur nous offre de monter au sommet de la muraille, afin d'embrasser Pékin d'un seul coup d'œil : aussitôt dit, aussitôt fait. Nous sommes assez haut pour distinguer les grandes lignes, et cette porte, Tchien-Mén, semble comme le pivot sur lequel il suffit de tourner pour se rendre compte

Le pont de Pa-Li-Kao. (*Voir* p. 643.)

de la marqueterie de cette cité bizarre.

Derrière nous est la ville chinoise, un trapèze géométrique, où des bois, des temples et des bourgs, avec des rues animées et commerçantes, sont enclavés

[1] Elle est réservée aussi aux trois premiers lauréats des examens du doctorat qui ont lieu tous les cinq ans et où douze mille candidats viennent des différentes provinces de l'Empire.

dans des murailles surmontées des cinquante pagodes bastionnées dont je vous parlais à l'instant; cinq portes monumentales donnent accès de cette ville sur la campagne.

Devant nous est la ville tartare, un grand carré, tranchant sur l'horizon par arêtes crénelées et mêmes murailles ninivites, avec une dizaine de portes fortifiées et d'innombrables forts à cinq étages. Cette enceinte murale renferme trois villes concentriques séparées les unes des autres par des murs intérieurs : la ville tartare d'abord, la plus vaste, avec de grandes artères, des casernes, et le cachet guerrier des conquérants ; puis la ville impériale avec des palais de mandarins, dont chacun comporte jusqu'à cent kiosques juxtaposés ; et enfin, au centre, la ville interdite, résidence de l'Empereur, avec ses milliers de toits en tuiles jaune impérial et son Mé-Chan, « mont de charbon ou des dix mille années », butte artificielle, et *sacrosanctum* de l'Empire Céleste. — Notre mandarin nous montre du doigt et les sommets des murailles qui, pendant quarante-deux kilomètres de tour, pourraient porter quatre voitures de front, et les toitures vert clair des palais des mandarins, et les dômes bleu foncé des temples, et certains espaces qui sont tout faïence, et des ponts de marbre. Mais, grand Dieu ! sur quel échiquier de ruines sablonneuses doivent errer nos regards pour découvrir ces merveilles !

En vérité, ces constructions séculaires, ces pagodes héraldiques qui dominent la cité, font paraître l'homme bien petit ! La population qui s'agite à leurs pieds semble n'être qu'une troupe de fourmis égarées ! Et pourtant c'est la main de l'homme qui a élevé ces prodiges ! Ç'a été l'œuvre d'une nation guerrière, et sous l'impression de l'admiration profonde, on voudrait pouvoir remonter bien loin en arrière, voir dans les siècles passés les armées chinoises couronnant ces murs, faire feu de leur bruyante artillerie, et les fiers Mongols aux arcs bariolés, aux flèches et aux dards antiques, monter à l'assaut de cette nouvelle Ninive ! Et Genghis-Kan ? et Kublaï-Kan ?

Assurément, quoique notre curiosité soit peut-être émoussée par onze mois de spectacles constamment variés, je ne puis m'empêcher d'éprouver un grand étonnement à me trouver dans cette ville de Pékin ! S'il est au monde peu de lieux aussi tristes, il en est peu aussi qui soient plus frappants. Parmi les nombreux étonnements qui y attendent le voyageur, le plus imprévu est sans contredit celui de se voir lui-même circuler au milieu d'une foule curieuse, au cœur d'un empire fermé comme un sanctuaire aux étrangers, qui l'ont ouvert à la civilisation par la violence et souvent par la cruauté.

Nous venons de traverser les trois quarts de Pékin, depuis les faubourgs de la ville chinoise, jusqu'aux abords de la cité interdite ; nous avons, en près de deux heures, passé en revue, sans avoir le temps de les détailler, les quartiers du commerce et les agglomérations des palais de mandarins ; c'est une vue d'ensemble dont plus tard nous chercherons les traits particuliers ; mais ma première impression est celle-ci : quand on n'a pas vu Pékin, on ne sait pas ce que c'est que la décadence. Thèbes, Memphis, Carthage, Rome, ont des ruines qui rappellent la secousse : Pékin se ronge lui-même ; c'est un cadavre qui tombe chaque jour en poussière.

Quand, du haut des admirables murailles presque intactes qui entourent la ville tartare, j'ai jeté les yeux sur la ville interdite et la ville impériale renfermées dans son sein ; quand j'ai sondé la splendide perspective des bastions, des portes surmontées de pagodes, des fortifications aux angles des murailles, et que j'ai examiné les toits coniques et vernissés des temples qui surgissent au milieu d'une vraie forêt; quand, faisant un demi-tour, j'ai porté mes regards sur la ville chinoise qui fait à l'autre un véritable socle, et qu'enfin je me suis imaginé tout cela vivant, frais, vert, coupé partout d'eaux limpides, garni de canons, peuplé et bruyant, j'ai rêvé que je retraçais par la pensée le Pékin d'il y a mille ans, et je suis resté confondu, admirant sans restriction cette merveille de l'extrême Orient.

Mais, peu à peu, j'ai pris le spectacle corps à corps : j'ai parcouru ces rues ravinées par les chariots à vingt pieds de profondeur, dans lesquelles les anciens égouts éventrés semblent un escalier géant pour atteindre l'étroit sentier qui borde les maisons de chaque côté du précipice; descendant de ma charrette pour mieux voir, j'ai enfoncé jusqu'à mi-jambe dans une poussière fétide d'immondices séculaires, j'ai suivi le lit des fossés, des canaux et des rivières pour jamais à sec, sous des ponts de marbre rose ruinés et désormais inutiles : ces jardins, ces parcs, ces étangs autrefois merveilleux sont transformés en désert; à côté d'arcs de triomphe de marbre, des huttes éboulées de marchands misérables élèvent au-dessus d'elles une forêt de perches avec des affiches de papier qui dansent au vent; tout cela est affreusement uniformisé sous une couche épaisse et à travers un nuage incessant d'une poussière âcre et étouffante : — Non, me suis-je dit à cet aspect, cela n'est pas une ville; n'est-ce pas plutôt un camp de Tartares ravagé par le simoun au milieu du désert?

Cette ville immense, dans laquelle on ne répare rien, et où il est défendu, sous les peines les plus sévères, de rien démolir, se désagrége lentement, et se transforme chaque jour en poussière. C'est un spectacle affligeant que celui de cette décomposition lente qui accuse la mort bien plus sûrement que les convulsions les plus violentes. Dans un siècle, Pékin n'existera plus; il aura fallu l'abandonner; dans deux, on le découvrira comme une autre Pompéi, mais enseveli sous sa propre poussière.

Tandis que je laisse ainsi s'envoler ma pensée, reflétant à la hâte tout ce qu'inspire un premier aperçu du panorama multiple de la Ville Céleste, nos mules s'arrêtent devant une pagode, et notre air de rouliers chinois couverts de poussière et vraiment repoussants nous fait horreur à nous-mêmes, quand nous nous trouvons soudain au seuil de la légation, et reçus d'une façon charmante par le ministre, qui veut bien ne pas trop sourire à notre aspect. Des chambres, et surtout d'immenses baquets pleins d'eau chaude, sont préparés pour nous dans les kiosques charmants qui composent ce « Fou », ancienne résidence d'un prince chinois convertie en palais diplomatique; sir Rutherford Alcock nous mène incontinent au bord de nos baquets, qui voient en un instant leurs eaux limpides se changer en une boue noire, et nous nous hâtons de reparaître devant nos semblables avec le corps aussi pur que la conscience.

Nous sommes présentés alors à lady Alcock et à miss Louder, sa fille, pleine de grâce et de charme, la seule jeune personne européenne de la céleste capitale des descendants du Feu!

Pékin, 22 mars.

Nous sommes réveillés par le départ du facteur; un Chinois à longue queue et en soie azur vient prendre nos lettres, et va courir à dos de mulet jusqu'à la Grande Muraille. Là, un Mongol, vêtu de cuir rouge, s'en chargera, et c'est à dos de chameau qu'elles traverseront les steppes sauvages. Puis elles glisseront en traîneau sur les neiges sibériennes, au milieu des ours blancs et des bandes de loups, jusqu'aux chemins de fer de toutes

Nous entrons à Pékin par la porte de l'Ouest.

les Russies. Si aucun des monstres habitants des terres glaciales ne les croque en faisant son déjeuner du porteur, j'espère qu'elles vous arriveront à l'époque du Derby, sans trop s'imprégner des parfums de poche chinois, mongols, tartares et mougiks.

Je vous écris dans le kiosque charmant qui me sert de chambre, au sein de toutes les chinoiseries imaginables. Mais, par malheur, il s'est élevé un coup de vent d'équinoxe effroyable vers sept heures du matin. En un moment, le soleil qui brillait dans toute sa splendeur a été obscurci par un nuage épais de sable rougeâtre; il est huit heures, et il

La rue Circulaire, à Pékin.

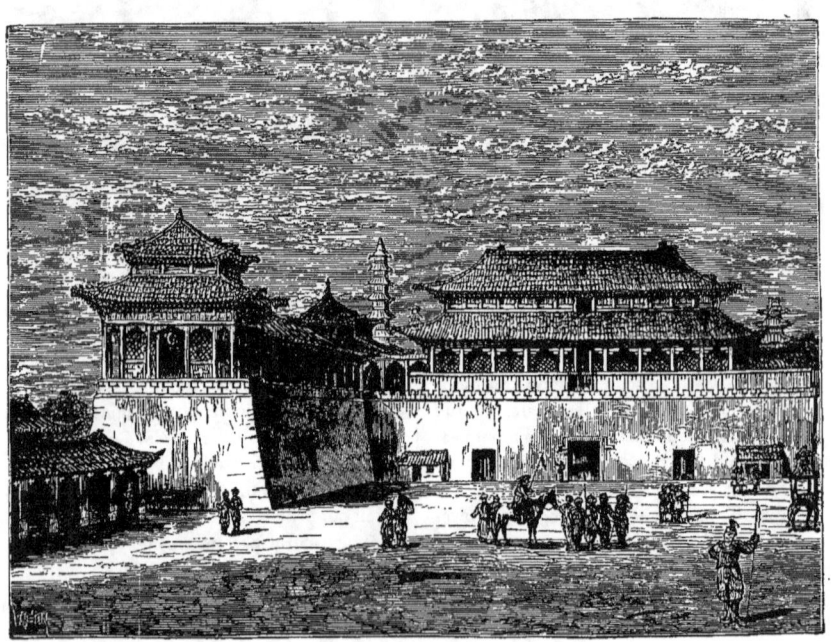

Le palais de l'Empereur, à Pékin.

fait si bien nuit qu'il me faut une lampe.

De plus, je pourrais écrire avec mon doigt sur mes meubles un brouillon de lettre à l'Empereur de la Chine, car il y a une couche de plus d'un centimètre de sable ; l'envahisseur entre à vue d'œil par mes fenêtres de papier affreusement ébranlées, et ma redingote noire est devenue rapidement du gris cendré de la légende.

Je suis fâché de vous apprendre, après informations prises, que nous ne pouvons en aucune façon espérer de présenter nos hommages à notre voisin l'Empereur du Céleste Empire. Ce n'est pas qu'il ait refusé spécialement notre visite, mais celui qui lui en aurait pour nous demandé la permission aurait eu la tête tranchée. C'est très-net. Il paraît même que cet aimable prince n'a jamais vu d'Européen, et que lorsqu'il sort dans Pékin, les soldats tartares rendent toutes les rues désertes sur son passage; il est défendu, sous peine de mort, de se glisser le long des murs pour chercher à le voir ; comptez donc que nous ne prendrons part à aucune manifestation en faveur de l'Empereur. Mais n'allez pas croire qu'il manque d'esprit ; loin de là ; tout Pékin se raconte, en effet, qu'il vient de recevoir une lettre autographe de son collègue, l'Empereur des Français, l'invitant pompeusement non-seulement à venir visiter en personne l'Exposition qui ouvrira le 1er mai au Champ de Mars, et qui doit être merveilleuse, mais encore à vouloir bien envoyer, pour la section de l'Extrême-Orient, des spécimens de curiosités chinoises.

« Vous êtes bien gracieux, aurait répondu Sa Majesté Céleste, mais vous m'avez pris tout ce que j'avais de plus beau au Palais d'Été; exposez-le vous-même. »

Sur ce, j'aurais encore bien des choses à vous raconter; mais, comme chez nous, l'heure de la poste me presse, et je ferme mon courrier.

Pékin, 25 mars.

Que de choses nous venons de voir en quarante-huit heures ! Je craindrais vraiment de vous fatiguer en vous entraînant avec nous aux portes de la Victoire Vertueuse, de la Grande Pureté, aux temples du Ciel, de l'Agriculture, du Génie des Vents, du Génie de la Foudre et du Miroir brillant de l'Esprit. Regardez un beau paravent de laque avec de jolis reliefs de clochetons, de clochettes, de portiques, de balcons, de kiosques et tous les accessoires du style colifichet, et vous aurez assurément le cliché véridique des pagodes que l'architecture chinoise a tiré à Pékin à mille exemplaires.

Ici nous avons vu la charrue dorée et la herse sacrée avec lesquelles chaque année l'Empereur vient tracer un sillon pour appeler les bénédictions de Bouddha sur les semences et les récoltes; pour cette cérémonie, il se met en tenue de villégiature : jaune serin; son chapeau rural, large d'un mètre, et teint de cette même couleur, est suspendu dans le temple. — Là, sous un toit de faïence gros-bleu, entre des chaises curules de marbre rose, et des treillis en bâtons de verre bleu, en face de dragons et de caniches de porcelaine perchés sur des corniches de bois sculpté, sont des vases faits de fils de fer dans lesquels l'Empereur brûle tous les six mois les sentences de ceux qui ont été condamnés à mort dans l'Empire. Le feu purifie tout.

Plus loin, sur la muraille, près de

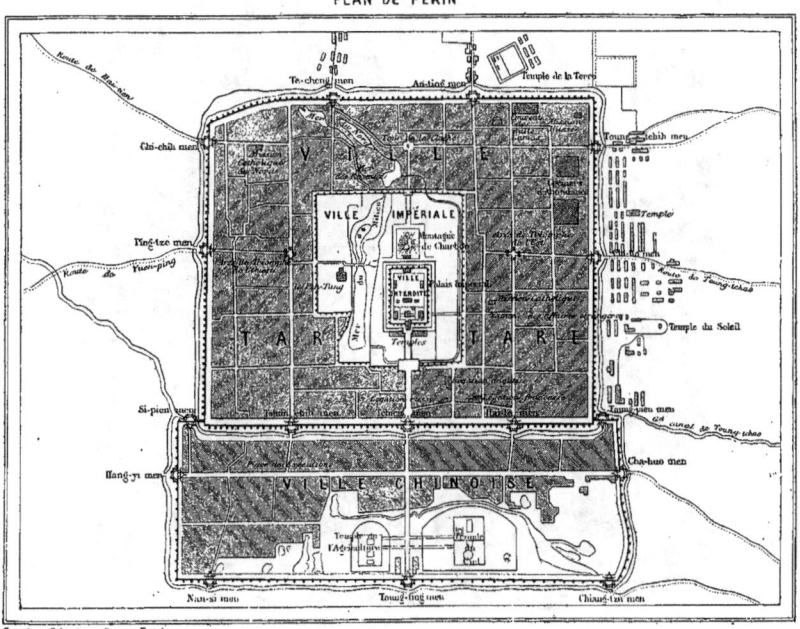

Tung-Chi-Mén, est un observatoire magnifique, construit il y a deux cent soixante-dix ans, sous l'empereur You-Ching, par le Père Verbiest, de l'ordre

Le diseur de bonne aventure.

des Jésuites. Les gigantesques instruments de bronze sont d'une admirable perfection, et supportés par de fantastiques dragons ailés; j'admire surtout une sphère céleste de huit pieds de diamètre, où sont rapportées toutes les étoiles connues en 1650 et visibles par la latitude de Pékin, 39 degrés 54 minutes nord. Le climat est tellement sec dans ce pays, que depuis la construction rien n'a été détérioré dans ces appareils exposés en plein air; nous les avons manœuvrés en tous sens, et ils sont aussi précis qu'au premier jour.

Je passe le palais des examens pour les lettrés, immense rectangle contenant douze mille cases à candidats; « l'étang des poissons rouges », où il n'y a ni eau ni poissons; les théâtres de Ta-Chan-Lan-rh et de Yen-Chien-Tang, pareils à ceux de Canton et de Macao; le temple de la Lune; celui des Lamas, où mille bonzes, tout de jaune habillés, et coiffés de grands casques de peluche jaune, chantent d'une voix caverneuse sur un rhythme éternellement monotone; le temple de Confucius, où l'on montre un dépôt d'aérolithes autour d'une machine à prier que nous avons fait fonctionner, sorte de cylindre de quatre mètres de diamètre, rempli de papiers sacrés, multiplicateur de prières ferventes, que l'on tourne comme une toupie, au lieu de psalmodier; et enfin la cloche de bronze, la plus grande du monde qui soit suspendue[1], haute de vingt-cinq pieds, pesant quatre-vingt-dix mille livres, et ornée des gravures les plus fines.

La plus pagode des pagodes, et la plus chinoise des chinoiseries, parlent si peu à l'âme, et le culte en Chine n'est tellement qu'une question de bon goût, de respect humain et de politesse, que je suis incapable de vous tracer les mille et une minuties qui constituent l'architecture et les pratiques religieuses en Chine.

[1] Celle de Moscou n'a pu être élevée au-dessus du sol.

Je suis fort content d'avoir vu au galop tous les temples de la ville de Pékin, et je crois que vous serez encore plus contents si je vous fais grâce de leurs descriptions répétées et de leurs noms baroques.

C'est au galop, en effet, que nous avons couru Pékin, depuis le lever du soleil jusqu'à son coucher; je crois même qu'en cette ville il n'y a que deux alternatives : ou jouir rapidement des contrastes dans une visite superficielle, ou y séjourner sept à huit ans, apprendre le chinois, et faire comme notre ami M. Lemaire, interprète de la légation de France, qui, chaque soir avant la tombée du jour, met une fausse queue, chausse ses babouches, s'habille en « celestial gentleman », passe la porte de la ville chinoise, et va là, dans la haute société, deviser toute la nuit en langage correct sur tous les cancans, les « rebus scibilibus et quibusdam aliis » de Pékin.

La nuit, en effet, les salons de la société sont animés, gais et intéressants; mais M. Lemaire est peut-être le seul Européen qu'une science approfondie et un goût particulier aient fait triompher du mystère et du rigorisme dont les Chinois ont sauvegardé leur vie d'intérieur.

Sir Rutherford Alcock nous a prêté pour notre séjour de jolis petits poneys mongols; vous pensez si notre groupe curieux s'en est servi pour circuler de l'est à l'ouest, et du sud au nord de la capitale; je pourrais presque dire que dans nos longues promenades, les murailles m'ont toujours empêché de voir Pékin; dans chaque direction la route est coupée quatre fois par des fortifications naissant l'une de l'autre avec une désespérante monotonie.

On n'est que fort rarement dans une rue ouverte, et presque toujours on longe un mur. Puis, à l'inverse de Siam, rien n'est sacrifié aux décors extérieurs : l'esprit chinois oppose toujours à la magnificence croissante du dedans l'ornementation négative du dehors, de telle sorte que la fameuse cité interdite, remplie, *dit-on*, de nattes d'argent, supportée par des colonnes d'or, émaillée de perles fines, un bijou en un mot, est d'un aspect minable, vue de l'enceinte qui l'enveloppe ; c'est un écrin grossier : une pagode de trente-sixième ordre fait plus d'effet que la demeure sacro-sainte du Fils du Ciel.

Dans les quartiers militaires et nobles il y a une certaine roideur peinte sur les physionomies qui nous fait impression : tandis qu'ailleurs on nous rend au centuple la curiosité dont nous avons tous dans notre jeune âge harcelé les ambassadeurs chinois sur nos boulevards, ici les arrogants autocrates croisent les Européens sans les regarder, et affichent au contraire une indifférence voisine du mépris. — Au fait, pourquoi nous aimeraient-ils, et pourquoi plutôt ne nous détesteraient-ils pas ? Quelques-uns daignent aller à pied, mais le plus grand nombre circule dans des charrettes semblables à celles qui nous ont amenés de Tien-Tsin, mais avec une modification toutefois. Chose curieuse, en effet, le rang, ou pour me chinoiser, le bouton d'un mandarin en voiture se reconnaît à la disposition des roues mobiles de son carrosse : plus il est d'un bouton rouge ou bleu bon teint, plus les roues de l'essieu sont en arrière du centre de gravité de ce château branlant et ambulant. Un prince les recule jusqu'à l'extrémité même, ce qui est fort comique : ainsi les ressorts absents sont remplacés par une élasticité plus grande donnée aux brancards ; le dandinement part des roues et aboutit à la sous-ventrière de l'infortuné mulet. Il y a mieux encore : certes la meilleure manière de voyager en Chine sans se contusionner affreusement est de se faire porter en palanquin : le bambou rebondit fort doucement pour le porté sur les épaules des porteurs. Mais sur quatre cents millions d'habitants, il n'est qu'une seule caste *restreinte* à laquelle la loi permette de se payer un palanquin : celle des princes et des ministres.

Quant aux quartiers bourgeois et roturiers de Pékin, le coup d'œil y est mêlé de pittoresque et d'horrible.

Je ne saurais assez vous dire combien il y a en effet de couleur orientale dans ce que nous appelons la Rue circulaire (j'ai oublié son imprononçable nom chinois). Des milliers de planches écarlate relevées d'inscriptions dorées sont suspendues à des perches obliques au-dessus de deux à trois cents boutiques juxtaposées dans cette rue tournante. C'est le seul point de Pékin où il y ait de l'animation : avec charrettes, palanquins, mulets, chameaux, coulies, les militaires et les négociants s'y entre-croisent, s'y heurtent, puis se confondent en politesses, examinent des ballots, les marchandent, les emportent : c'est comme une oasis où se serait abattue une bande de cacatois au milieu d'un désert silencieux ; tout ce qui constitue les *impedimenta* d'une foule y est accumulé : et non-seulement des myriades d'enfants vous tombent dans les jambes en jouant aveuglément, mais les vieillards — ces grands enfants en Chine — arrivent au beau milieu de la confusion générale, en tenant fièrement la ficelle d'un immense cerf-volant qu'ils sont allés lancer sur les terrains vagues proches des murailles. Car, vous le savez, si l'Espagne a la castagnette et Naples les pifferari, la Chine a le cerf-volant, qui est ici passé à l'état d'institution sérieuse; et je l'accorde, c'est assurément par là que se révèle le plus le génie artistique des Fils du Ciel. Construire, dans des dimensions de six à sept mètres d'envergure, un cerf-volant qui devient dragon volant, aigle volant,

Portefaix chinois.

mandarin volant; l'enluminer et lui donner le geste et la vie, l'équilibrer si admirablement qu'il monte avec calme, sans les mille soubresauts des nôtres, et se maintienne comme une étoile presque verticalement au-dessus de la tête du dévideur de ficelle; y adapter je ne sais combien d'appareils éoliens, presque invisibles, qui imitent le chant de l'oiseau ou la voix de l'homme avec un tapage infernal; l'amener à travers les perches et les banderoles dans les centres les plus animés, lui envoyer à cheval sur le fil des « postillons » étourdissants, grouper la foule, l'égayer de lazzi, voilà à quoi ils excellent, et cela — point capital de leur statique — sans mettre de queues à leurs cerfs-volants!

Les têtes des exécutés sont exposées en pleine rue. (*Voir p.* 661).

En nous promenant au milieu d'une cinquantaine de ces enfants à cheveux blancs, nous vîmes un pigeon se prendre l'aile dans un fil et tomber à nos pieds : j'eus aussitôt l'explication d'une chose étrange dont je tentais en vain depuis trois jours de me rendre compte. Des ondes harmonieuses et sonores m'avaient semblé à chaque instant du jour traverser l'atmosphère et s'élever en zigzag dans les hautes régions célestes : d'où pouvait venir cette harmonie? Plus je cherchais, plus j'étais convaincu que c'était un bourdonnement localisé dans mon tympan depuis les contusions que je m'étais données à la tête sur la route de Tien-Tsin à Pékin. Mais le pigeon moribond éclaircit le mystère : il était porteur d'une ravissante harpe éolienne, légère comme une bulle de savon et admirablement travaillée : ce petit appareil se place à cheval sur la naissance de la queue de l'oiseau, et se fixe aux deux plumes centrales d'une façon fort solide ; les pigeons fendant les airs le font résonner avec un trémolo strident ou des accents plaintifs suivant la rapidité de leur vol. Je croyais d'abord que c'était un des cent mille colifichets futiles qui caractérisent l'esprit des disciples de Confucius, mais j'ai appris sur l'heure que ces harpes avaient pour but de préserver les tendres colombes des griffes des vautours qui volent par bandes autour des bastions crénelés. J'ai acheté immédiatement toute une série de ces jolis épouvantails que je destine aux pigeonniers de mes amis de France. Mais c'est à peu près la seule catégorie d'objets qu'il soit permis aux bourses modestes d'acheter à Pékin : j'ai marchandé, mais inutilement, des émaux assez beaux, et surtout deux petits éléphants en cloisonné blanc portant des tourelles d'or. Hélas ! jades, ivoires, laques anciennes et cloisonnés sont vendus ici aux étrangers à peu près quatre fois plus cher qu'à l'hôtel de la rue Drouot.

Nous nous contentons donc du plaisir des yeux ; quant à l'odorat, je vous assure que ce sens fait souffrir à Pékin un véritable et constant supplice. Car, pour faire tomber un peu cette poussière toujours soulevée, les Pékinois, de toute éternité, arrosent la rue des eaux les plus sales provenant de leurs maisons, et cet acide, dont la formule chimique est, je crois : $C^{40}H^4O^6Az^4$, s'évapore en bouffées âcres et malsaines ; puis voici le superlatif du genre : ils font sécher devant leurs portes de longues galettes — que je m'abstiens d'expliquer — jaunâtres et brunâtres, mélangées d'un peu d'argile, et qu'ils coupent en losanges, pour alimenter leurs petits fourneaux de cuisine : combustible très-économique, mais écœurant et fétide.

Au sortir de ce quartier commence l'horrible ; nous nous laissons entraîner au galop de nos chevaux, sans deviner dans quelle direction nous allons. Nous le voyons trop tard : nous sommes dans l'avenue des exécutions, au carrefour des deux rues qui vont l'une à Toung-Tchien-Mên, et l'autre à Chang-i-Mên, dans la ville chinoise. Ici c'est avec du sang que la poussière est abattue. Nous nous détournons à la hâte d'un groupe de plusieurs condamnés auxquels on bande les yeux, devant un hangar, où « Monsieur de Pékin » tranche les nuques d'un seul coup de sabre : cet employé, le plus travailleur et le plus affairé de l'Empire, est là dans l'exercice de ses fonctions. Les passants n'ont point l'air impressionné du spectacle que nous fuyons, mais ils continuent paisiblement leur chemin; on nous dit qu'aux

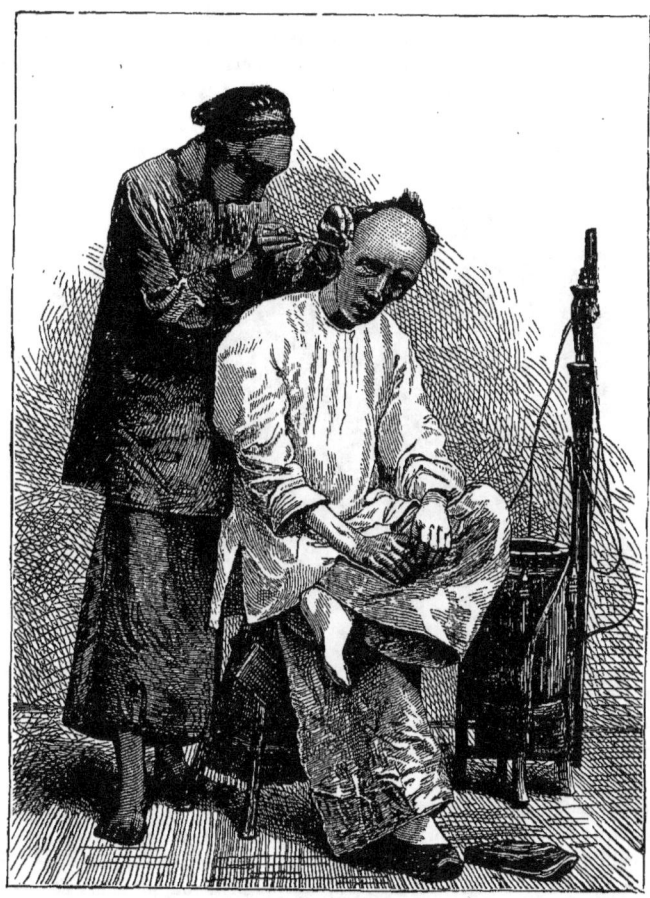

Le barbier ambulant.

heures où il n'y a pas d'audience officielle sous ce hangar, un boucher ordinaire remplace le fonctionnaire, et vend sur l'étal encore baigné de sang humain des morceaux de bœuf et de mouton. Mais un peu plus loin, nous pouvons constater *de visu* que les têtes des exécutés sont exposées en pleine rue (*voir la gravure, p. 657*). Sur le sable encore barbouillé de traînées rougeâtres nous voyons sept petits socles, supportant chacun une cage d'osier : six têtes d'hommes et une tête de femme, fraîchement décollées, y sont enfermées, avec une sentence inscrite sur un petit papier, appliqué sur l'affreux mélange des nerfs sanglants et des glandes du cou : une expression poignante de douleur est peinte sur ces visages blêmes, aux yeux encore ouverts, à la bouche béante et aux cheveux rougis.

Ils prennent les têtes des suppliciés, les salent et les mangent.

Un de nos interprètes lit le motif de l'exécution : « La justice a puni le vol. »

La sépulture se fait longtemps attendre pour ces restes mutilés, destinés à servir d'exemple aux malfaiteurs. Si je ne l'avais vu à trois reprises différentes, je ne croirais pas au triste sort qui est réservé à une tête de condamné ; mais sur le pont fameux connu sous le nom de « Pont des mendiants », grandiose construction de marbre antique, s'assemblent tous les jours, pour implorer la charité publique, plusieurs centaines de pauvres êtres demi-nus, lépreux, galeux et aveugles ; ils sont si affamés qu'ils vont chercher dans les cages d'osier les têtes en décomposition, — les salent — et les mangent !

Je confesse que nous étions souvent bien pâles en revenant de semblables promenades; mais la vie européenne des légations nous ramenait vite à des conversations intéressantes qui nous faisaient souvenir de régions plus pures. Nous avons entendu la messe au Fa-Kwo-Fou, légation de France, où M. de Bellonnet nous avait parfaitement reçus, puis nous avons rendu visite à tous les membres du corps diplomatique, qui sont les seuls Européens autorisés à résider à Pékin. M. Burlingame, ministre des États-Unis, et le comte Vlangali, ministre de Russie, ont donné au Prince de superbes dîners : le soir où nous sommes allés chez ce dernier, une nappe de neige épaisse de plus d'un pied était étendue sur la Ville Céleste. Que je voudrais savoir faire l'aquarelle pour peindre notre pittoresque cortége ! dix chaises à porteurs, capitonnées de soie, attelées de six hommes chacune, servaient de véhicule aux dix invités du représentant du Czar : nous cheminions par les sentiers sinueux, les escaliers tortueux des ruines qui à Pékin s'appellent une rue ; et chacun de nous était flanqué de quatre Chinois, dont deux portaient des torches fumeuses, et deux autres des lanternes rondes de papier, d'un mètre de diamètre, sur lesquelles était peint en lettres chinoises couleur écarlate le nom de Sa Majesté Britannique.

Il est bien naturel que le demi-exil du corps diplomatique ait réuni dans une sorte de fraternité ceux que divisent parfois des intérêts politiques opposés. Nos cœurs ont été touchés de voir ici cette grande concorde naissant d'une mutuelle estime, et, après tout, inspirée par une même pensée : la pression pacifique de la civilisation des races saxonne et latine sur la race cuivrée récalcitrante. S'il est vrai qu'il y ait ici deux courants dans la politique : le courant russe et le courant anglo-français, ils doivent tous deux confluer et former alors un fleuve — fécond peut-être — pour lutter contre la digue souvent ébréchée, mais éternellement renaissante, de la stagnation ou du mauvais vouloir de l'Empire du Milieu.

Mais tout à fait en dehors et peut-être au-dessus des représentations diplomatiques des soi-disant Barbares et des conseils des ministres soi-disant Fils du Ciel il existe une influence pour ainsi dire amphibie, également chinoise, également européenne, une arme à deux tranchants qui, seule, a des chances de couper le nœud gordien entre les empiétements justifiés de notre politique de novateurs et la résistance invétérée des doctrines rétrogrades. Il a suffi de l'intelligence supérieure d'un seul homme, et d'un homme bien jeune encore, pour créer ce rôle insolite et imprévu d'où peut dépendre la destinée d'un empire de quatre cents millions d'âmes. Cet homme est M. Robert Hart, que nous avons vu d'abord à l'ambassade de Russie, puis chez lui : les heures nous ont paru des secondes quand nous avons eu l'honneur de causer avec lui.

Vous avez déjà deviné que l'intermédiaire entre deux influences politiques contraires ne peut être que l'intérêt commercial. En effet, depuis que les canons nous ont ouvert cet empire, depuis que, loin du fracas et de l'excitation féroce de la guerre, on a pu étudier ce peuple et espérer que l'honnêteté, la douceur et la persuasion obtiendraient de lui ce que la force brutale n'obtiendrait jamais, il y a eu des hommes qui n'ont pu se défendre d'un grand enthousiasme à la pensée de faire une révolution pacifique en Chine, afin de chasser les préjugés enracinés contre les Barbares, et de prouver, chiffres en main, que nous sommes capables de faire autre chose que de piller le Palais d'Été.

On avait vu à la même heure la guerre acharnée aux portes de Pékin entre les alliés et les Impériaux, et les trafics commerciaux les plus paisibles dans Canton et dans les ports du Sud; à la même heure, quinze mille coulies chinois portant les bagages de nos armées et les échelles pour monter à l'assaut des forteresses chinoises[1], dans une campagne où nous marchions contre la cité sainte de leur Empereur; enfin, à quelques mois de distance, des soldats vainqueurs de Pa-Li-Kao et de Yuen-Ming-Yuen, devenus les défenseurs de la Cour céleste contre les Rebelles, recevant du trésor impérial des appointements légitimes, et de l'Empereur des remercîments. N'était-il donc pas évident qu'il y avait avec les « Fils du Ciel » des accommodements, et que nous devions opérer désormais sur le terrain des échanges commerciaux? De là naquit le plan de l'établissement des douanes chinoises, dirigées avec conscience par des Européens sous l'impulsion souverainement loyale, énergique et pratique de M. Robert Hart, « inspecteur général », l'homme le plus puissant de la Chine aujourd'hui.

Quand il fallut donner une garantie au payement de l'indemnité de guerre, le gouvernement chinois affirma qu'il avait la meilleure volonté du monde. Mais, grâce à l'indépendance et à la rapacité de ses agents, tous plus voleurs les uns que les autres, les droits exorbitants et fantaisistes perçus sur les importations et les exportations laissaient les quatre-vingt-dix-neuf centièmes de leur produit dans le sac des mandarins locaux. Il fut alors convenu que l'on formerait, sous M. Lay d'abord, puis sous M. Hart, cet admirable « service des douanes » où les employés européens, admettant tout contrôle des autorités chinoises et agissant de pair avec elles, présentent chaque année des comptes en règle au gouvernement impérial, et versent au trésor, au lieu de quelques centaines de dollars, une moyenne de soixante-dix à quatre-vingts millions de francs. La cour de Pékin, qui avait toujours à toute réclamation opposé une complainte sur sa misère, fut forcée de reconnaître et la friponnerie séculaire de ses anciens percepteurs et la probité évidente de ses nouveaux agents.

Des tarifs fixes, une honnêteté à toute épreuve, une activité européenne, sources vivifiantes d'où découleront des idées fécondes et civilisatrices, ont remplacé sur l'heure les dilapidations et la routine arriérée des mandarins. Du reste, si la cour de Pékin est pleine de reconnaissance pour ses nouveaux fonctionnaires, qui prennent si chaudement ses intérêts et qui sont pour ainsi dire naturalisés Chinois, vous pensez combien les négociants européens s'applaudissent d'avoir à régler leurs comptes, non plus avec des despotes lents et tracassiers, mais avec des hommes rompus aux affaires, expéditifs, parlant la même langue, et surtout formant comme les rayons multiples

---

[1] A Ta-Kou, des soldats alliés traversaient le fleuve à califourchon sur le dos des coulies cantonnais.

d'un foyer moderne destiné à réchauffer, à faire fondre cette vieille Chine engourdie et figée.

M. Hart, sur lequel d'ailleurs il n'y a qu'une seule voix parmi tous les négociants de Chine, est le premier Européen qui soit parvenu à gagner entièrement la confiance du conseil des ministres et du prince Kong, régent de l'Empire [1]. Pour qui connaît l'Extrême-Orient, c'est une victoire inespérée, un prodige que de voir la simple loyauté forcer l'entrée

Types de passants dans les rues de Pékin.

de cette forteresse murée qui s'appelle le cœur des potentats asiatiques. Ce triomphe est aujourd'hui un fait accompli ; M. Hart, à bon droit, peut se considérer comme un ministre des affaires étrangères et indigènes, avec une sanction mixte, et ne relevant que de sa conscience ; il assume sur sa tête la responsabilité des actes de ses nombreux chefs de mission et de leurs secrétaires, qui re.

[1] L'Empereur est mineur, n'a que quatorze ans, et est encore entre les mains des femmes, sous la direction des deux impératrices, s'appelant l'une l'Impératrice de l'Est et l'autre l'Impératrice de l'Ouest. La mère dudit Empereur était absolument dépourvue d'instruction, et n'avait été épousée que parce que la première Impératrice n'avait pas d'héritier.

présentent sa politique en réglant la comptabilité des treize ports ouverts au commerce européen ; il les choisit, les domine, les inspire, les révoque ou les

L'Hôtel des ventes, à Chang-Haï.

élève, les invite surtout à pousser aux roues du char qui porte ses idées novatrices, et il ne fait que justice en récompensant leur zèle par de magnifiques appointements. Les plus jeunes, en débutant à leur arrivée d'Europe, touchent, outre le payement du voyage, dix mille francs la première année pour apprendre le chinois, quinze mille chacune des deux années qui suivent, vingt et vingt-cinq mille les deux années d'après, trente-cinq et quarante mille comme sous-commissaires de douanes dans un des treize ports, et jusqu'à soixante-quinze mille comme chefs commissaires. Je ne doute pas que l'« inspecteur général », quoique âgé de trente ans seulement, ne reçoive du gouvernement impérial plus de deux cent mille francs d'honoraires.

Notre ami P., âgé de vingt-sept ans et entré tard dans le service, reçoit depuis trois ans vingt-cinq mille francs, et il est mandé cette fois-ci à Pékin pour monter le dernier échelon de cette échelle, qui paraît comme dans un rêve plus brillante que celle de Jacob! J'ai aussi connu à Chang-Haï un jeune employé anglais, M. Kopsch, qui n'a pas encore vingt ans, et dont les appointements dépassent vingt-deux mille francs. Pour guider les choix de M. Hart, il n'est ni lettre de recommandation, ni influence diplomatique qui puisse vaincre ce « tenacem proposili virum »; il vous devine d'un coup d'œil, et vous remplit de confiance en ses idées; puis il vous lance, et vous êtes assuré, si vous travaillez, du plus bel avenir. Décidément, c'est dans ces contrées lointaines qu'il faut voyager pour voir des hommes de cœur et d'intelligence tracer leur voie d'une manière d'autant plus frappante qu'ils se meuvent dans un milieu plus hétérogène.

L'institution des douanes impériales maritimes a bien nettement deux forces : l'une pécuniaire, l'autre morale et politique.

Voici neuf chiffres que m'a donnés M. Hart pour résumer l'année commerciale qui vient de s'écouler, et qui, mieux que trente pages de tableaux statistiques, me paraissent donner une idée de la Chine actuelle; il y a là plus que des pagodes et des lampions, qui chez nous semblent le trait caractéristique d'une leçon de géographie sur la Chine.

Les treize ports ouverts au commerce européen sont donc : Chang-Haï, Fou-Chao, Kiou-Kiang, Canton, Taï-Ouan, Tam-Soué, Chin-Kian, Swa-Tao, Ning-Po, Chi-Fou, Amoy, Han-Kao, Tien-Tsin et Niou-Chouang.

Les registres de ces treize comptoirs marquent :
Importations. . . . 596,512,200 fr.
Exportations. . . . 449,296,000 fr.
Recette de la douane
 chinoise. . . . . 70,378,200 fr.
Avec mouvement de. 16,628 nav.
 jaugeant. . . . . 7,136,301 ton.
pour ne prendre que les grands traits du commerce européen et indien.

Dans les importations :
L'opium compte pour. 3,896,046 kil.
 valant. . . . . . 278,216,820 fr.
Les cotonnades, pour. 3,371,973 pièces
 valant. . . . . . 123,240,143 fr.
Ces deux derniers chiffres ont été doublés pendant l'année 1869.

Dans les exportations :
Le thé compte pour. . 73,407,130 kil.
 valant. . . . . . . 213,548,016 fr.
 dont, pour l'Angle-
terre seule. . . . . 148,101,536 fr.
La soie, pour. . . . 2,459,817 kil.
 valant. . . . . . . 158,542,270 fr.

Mais que de ruisseaux variés servent à former ces grosses rivières! Songez, pour la curiosité du fait, que toutes ces pièces de cotonnade mises les unes au bout des autres couvriraient une ligne de quarante mille lieues de long, et que des millions de Chinois sont habillés par les tissus des manufactures de Manchester. Comme Mac Arthur, prédisant en 1788 le succès futur des laines australiennes, le plénipotentiaire anglais qui signa le traité de Nankin en 1842 disait donc vrai en annonçant à ses compatriotes « qu'il ouvrait à leur commerce une contrée si vaste, que tous les métiers du Lancashire ne suffiraient pas pour vêtir une seule de ses provinces! »

L'année a été belle pour les aiguilles, importées d'Europe au nombre de trois cent vingt-deux millions, pour les allumettes allemandes, au nombre de neuf cent trente et un millions, et pour les boîtes à musique suisses, dont il s'est vendu pour cent mille francs de plus que l'année précédente. Je note en passant que la Chine nous a envoyé pour trente-deux mille francs de rhubarbe, quatre cent cinquante-six mille francs de graines de fleurs de lis, et neuf cent trente-six mille francs de drogues médicinales, prix indigènes, ce qui suppose clairement que MM. les pharmaciens nous le revendront pour sept ou huit millions.

Un des assaisonnements les plus piquants des négociations commerciales en Chine est la variabilité inouïe du change. Je ne parle pas des sapèques, misérables rondelles encombrantes et difformes, enfilées dans des ficelles et bonnes tout au plus à jeter aux lépreux ; elles ont un cours différent même entre Tien-Tsin et Pékin, et à Tien-Tsin même suivant la saison. — Comme c'est commode pour établir des comptes ! — Mais s'il est vrai que le dollar mexicain soit la monnaie courante dans les ports de ce Mexique encore plus gangrené qui s'appelle la Chine, il n'existe pas dans l'Empire du Milieu une monnaie d'argent réelle : tout est donc rapporté à une monnaie décimale fictive, « le taël[1] », dont on ne saura jamais ni l'effigie ni la forme, et dont le cours est déterminé par l'arrivée de chaque malle d'Europe et des Indes. J'ai passé sept jours à Chang-Haï, notre malle avait mis le taël à sept francs vingt-cinq centimes ; la veille de notre départ pour Tien-Tsin, la malle anglaise arrivait et le faisait monter à huit francs dix centimes : de là, quel agiotage ! quelle gymnastique de traites ! quels changements à vue dans les décors de l'opéra commercial ! Et cela, sur une échelle que vous ne sauriez vous imaginer. Voici précisément un trait qui se rapporte à Chang-Haï. Comme la malle destinée à faire monter ou baisser le baromètre du change stoppe vingt-quatre heures à Singapour et autant à Hong-Kong pour faire son charbon, deux grandes maisons de Chang-Haï ont inventé de faire construire à Glasgow des navires superbes, coûtant deux millions chacun, et qui sont tout machines, de façon à pouvoir courir plus vite que la malle et à gagner sur elle trois ou quatre jours depuis Singapour, et plus souvent trente heures depuis Hong-Kong. Une simple lettre pour un agent est le chargement le plus précieux de ces hardis steamers ; vous voyez du coup les opérations *inouïes* que peut faire l'agent mis ainsi dans le secret : sachant à l'avance l'abondance ou la faiblesse des demandes, les cotes qui seront apportées ; calculant à coup sûr le

---

[1] Les subdivisions sont de dix en dix : le « mace », le « candarin » et le « casch ».

marché du surlendemain, où le picol de thé montera de deux cent quarante-cinq francs à deux cent cinquante-trois francs, où la pièce de grey-shirting s'élèvera de cinquante-sept francs à soixante francs, où la caisse d'opium tombera de quatre mille deux cent vingt francs à quatre mille francs, il aura beau jeu à vider ses magasins encombrés de milliers de caisses d'opium et acheter énergiquement les cotonnades et les thés; le roulement de fonds extraordinaire des commerçants de ces parages fait sur chacun de ces articles des différences d'un quart de million de francs.

On m'a raconté qu'un navire de Jardine avait, dans sa première course, payé sa construction tout entière; il n'était pas entré en rivière, et, profitant d'un temps de brouillard, il avait envoyé « la lettre d'avis » par un sam-pang dans le hameau d'une crique perdue : de là un piéton indigène l'avait apportée à l'agent de Chang-Haï, informé ainsi trois jours et demi avant qui que ce fût. Faire de tout une course au clocher, tel est bien l'esprit entreprenant des Anglo-Saxons; ce qu'ils tentent pour les taëls, ils le font aussi pour les thés d'une façon régulière, et nous n'entendons parler depuis un mois que des exploits du *Tae-Ping,* qui s'est montré un coursier de premier ordre. Parti en même temps que deux autres clippers de Fou-Chao avec les premiers thés de la saison nouvelle, il a mis quatre-vingt-dix-neuf jours pour aller par le cap de Bonne-Espérance jusqu'au cap Lizard sur les côtes d'Angleterre. Les trois rivaux ne s'étaient aperçus que deux fois en suivant la route que chacun estimait la plus rapide : le quatre-vingt-dix-neu- vième jour, ils se trouvèrent côte à côte en vue de la terre anglaise. Alors la lutte monta au paroxysme : malgré un grand frais d'ouest, chaque capitaine mit toute sa toile dessus, au risque de jeter la mâture à bas; les équipages étaient comme affolés et ne reculaient devant aucune témérité! Ce fut le *Tae-Ping* qui aborda une heure avant les autres au quai des East-India Docks de Londres : une prime de douze francs cinquante centimes par tonneau — (le *Tae Ping* en compte plus de deux mille) — est affectée à l'heureux capitaine qui remporte chaque année pareille victoire.

Mais je reviens à nos productions chinoises. L'empire, hélas! qui dès l'abord avait paru une mine d'or, n'est déjà plus qu'une mine de cuivre, et beaucoup craignent qu'il ne produise bientôt que du plomb; le thé a perdu 6 0/0, et le coton brut ne trouve plus d'acheteurs.

Si le gouvernement chinois voulait sortir de son déplorable entêtement, et consentait à laisser exploiter les mines de charbon du Pe-Tchi-Li et de l'île Formose, tout le commerce prendrait un nouvel essor, et nous ne verrions pas le charbon, cet alpha et cet oméga de l'industrie, importé de l'Angleterre à des prix vraiment fabuleux, qui s'élèvent quelquefois de quatre-vingts à quatre-vingt-seize francs la tonne. Vous voyez dès lors ce que brûlent les steamers et ce que devient conséquemment le fret. — A la Douane de Pékin, il y a un gazomètre alimenté par du charbon venant de Cardiff (Angleterre). Ce charbon est acheté à un taux exorbitant par le gouvernement chinois, qui aime mieux faire cette folle dépense que de laisser exploiter les mines de charbon situées, à

Types de porteurs de palanquins.

quelques kilomètres à l'est de Pékin.

Mais la plus sérieuse calamité, — et elle est générale, — c'est l'impossibilité pour les négociants européens fixés en Chine comme patrons ou correspondants de grandes maisons, de traiter directement avec les producteurs et les courtiers chinois : ils sont forcés d'avoir recours à des « compradores », corporation d'indigènes mixtes ayant survécu à l'état de choses qui en avait rendu la création nécessaire ; aujourd'hui non-seulement ils se maintiennent, mais ils augmentent nos frais de deux à trois pour cent dans leur seul intérêt. Les compradores s'entendent trop souvent avec les producteurs et les acheteurs chinois, déjà si tenaces par nature, tandis que les rivalités les plus grandes divisent les trop nombreux commerçants européens pris d'une véritable fièvre dans cet Eldorado de la spéculation. Songez qu'il y a des maisons qui ont jusqu'à cent millions de roulement de fonds.

Pour les thés, par exemple, l'exportation en 1865 fut immensément trop forte, et pour les besoins de l'Angleterre et pour les demandes de la Russie, que l'on s'était beaucoup exagérées. On acheta à tout prix : le Chinois en profita et tint bon : de là des augmentations absurdes, des qualités inférieures résultant d'une mauvaise récolte, un débouché mal calculé, et cinq faillites sur dix maisons.

Les correspondants étrangers s'emportent avec raison contre les compradores, mais l'étude de la langue indigène pourrait les en affranchir, s'ils imitaient les travaux des jeunes employés des douanes : l'avenir est assurément là, car il est inadmissible de laisser subsister l'abus qui met dans la poche des compradores une somme égale au fret depuis l'Europe, ou même à la taxe perçue par la douane.

Il va sans dire que les Anglais et les Américains sont ici, plus que partout ailleurs, les princes des marchands. La Grande-Bretagne est assez heureuse pour fournir à ses négociants des marchandises incessamment renouvelables qui leur font réaliser de gros bénéfices, et qui leur procurent sur place, sans frais (chose si importante ici), le numéraire avec lequel ils achètent les produits indigènes exportables [1].

Les Anglais seuls ont la facilité de faire parvenir à leur métropole dans de meilleures conditions le thé, la soie et le coton, et d'absorber par suite la majeure partie des transactions de la Chine, en même temps que par eux Londres est resté l'entrepôt général des exportations de l'Extrême-Orient, si bien que certains articles font forcément et en pure perte la route de Marseille à Londres, pour revenir de Londres à Lyon !

Quant aux Américains, ils ont couvert la côte de leurs steamers, incomparablement supérieurs aux navires anglais ; de plus, ils ont douze grands vapeurs à plusieurs étages, de deux mille tonneaux, en tout semblables aux fameux « river boats » du Mississipi, pour remonter les mille kilomètres du Yang-Tze-Kiang, de Chang-Haï à Hang-Kao, au cœur de la Chine.

[1] Les chiffres qui suivent peuvent seuls donner une idée de l'immense commerce dont la Chine est pivot :

	IMPORTATIONS	EXPORTATIONS	TOTAL
184..	410.348.624 f	432.052.072 f	842.400.696 f
1865..	494.753.264	484.437.072	975.190.336
1866..	596.512.200	449.296.000	1.045.803.848
1867..	554.637.928	463.175.704	1.017.803.632
1868..	568.969.704	542.917.864	1.121.887.568
1869..	599.835.608	537.151.904	1.136.537.502

La recette de la douane a été de 62,762,920 fr. en 1864, et de 78,724,584 fr. en 1869.

Le temps n'est plus où les navires de commerce américains devaient naviguer sous pavillon anglais pour fuir devant la chasse de frégates comme l'« Alabama » (qui dans ces mers-ci a pris entre autres le « Contest », chargé d'un million de livres de thé); aussi les Yankees gagnent-ils chaque jour du terrain et prennent-ils une prépondérance menaçante; leur escadre, la plus belle et la plus forte qui croise dans les mers de Chine, vient vigoureusement imposer le respect devant le pavillon bleu étoilé.

Quant à la France, le pays des idées,

Type de Chinois du Nord.

elle en importe beaucoup en Chine par ses missionnaires, mais elle s'occupe peu d'y importer des cotonnades ou des lainages, et laisse à d'autres nations pl s positives le champ libre pour des transactions vulgaires, mais lucratives. La table des importations du commerce étranger marque, hélas! à son avoir quelque chose comme un zéro : nous n'avons même pas l'honneur d'être cités dans une colonne spéciale si petite qu'elle soit, et nous restons confondus avec les pays divers d'Europe, tandis que l'Angleterre et les Indes y alignent cinq cent cinquante-huit millions d'entrées. Quelques articles de Paris, quelques photographies de théâtres, du vermout, et des bibelots de foire de village, c'est peu, il

Les coiffures des femmes.

faut l'avouer, pour la France, qui, il y a sept ans, envoyait une armée planter ses drapeaux sur les murs de Pékin. En 1861, il y avait à Chang-Haï dix maisons françaises : à peine en compte-t-on trois maintenant; et elles n'ont exporté que le modeste chiffre de deux mille cinq cents balles de soie.

Notre glorieuse guerre de Chine aura en somme amené beaucoup d'étrangers vers ce pays, mais pas de Français. Quand donc sortirons-nous de cette infériorité irritante, et prendrons-nous sous le soleil la place que nous devrions occuper? Le jour où nous ne croirons pas descendre d'un rang vis-à-vis de nous-mêmes et de nos semblables en risquant des capitaux ailleurs qu'à la Bourse, sur des terres lointaines, mais fécondes.

Seules les Messageries impériales viennent ici consoler ceux qui souhaitent du fond du cœur de voir la France prendre dans l'Extrême-Orient la place que méritent ses industries, ses sciences et ses intérêts.

C'est par elles qu'on arrivera peu à peu à détruire ce fâcheux état de choses, qui force la place de Lyon à demander au marché de Londres les soies qu'elle emploie. Cette considération à elle seule justifierait les 7,500,000 francs de subvention que lui octroie l'État pour ces magnifiques paquebots-poste qui sont les pionniers du commerce maritime, si la Compagnie n'excellait en outre à donner au dehors une haute idée de la métropole, à attirer à elle la plus grande circulation possible de voyageurs, le plus incessant mouvement de matières premières et d'objets manufacturés.

Certes, ce serait fermer les yeux sur les faits qui se manifestent avec le plus d'éclat dans notre temps, si, après avoir assisté aux luttes d'influence qui se sont produites autour de Constantinople, on ne reconnaissait pas autour de la Chine et du Japon les premiers effets du même travail d'émulation. Si, par leur éloignement du centre européen, ces terres n'éveillent pas l'idée de la conquête, il faut du moins que nous substituions l'action constante du commerce à cette action intermittente que manifeste l'envoi d'une division navale ou d'une armée, et qui laisse — en Chine — plutôt des dates à l'histoire qu'elle ne maintient des influences.

En 1863, les Messageries ont débarqué à Marseille 375,000 kilogrammes de soie ; en 1864, 400,000 kilogrammes ; en 1865, 1,138,000 kilogrammes ; un de ces chargements représentait jusqu'à une valeur de vingt millions de francs [1]! Aussi, en 1865, Marseille a-t-il reçu la moitié de l'exportation des soies de l'Extrême-Orient, tandis que, avant la création du service postal français, et malgré l'arrivée périodique à Marseille depuis quinze ans de deux courriers anglais venant chaque mois de la Chine, la France n'en recevait pas en moyenne un dixième. Les neuf dixièmes passaient par Gibraltar.

Sans violenter les habitudes du commerce, sans créer de protection pour aucune place, on peut prévoir, par le fait même que les soies destinées à être consommées sur le continent vont à Londres en passant par Marseille, qu'elles s'arrêteront de plus en plus à Marseille. C'est le bénéfice naturel qu'il faut attendre de la situation géographique de notre pays; le commerce anglais réalisera probablement le premier les épargnes d'ar-

[1] Le fret est de 130 francs les 100 kilogrammes.

gent et d'économie sur le temps que l'entrepôt de Marseille procure aux importations de soies orientales. Il opérera en France, et notre commerce gagnera indirectement à ces opérations, surtout si nous nous efforçons — enfin! d'importer en Chine les marchandises que la Chine consomme et que notre industrie *peut* produire. Les Messageries impériales auront déterminé ce résultat : gloire à elles!

C'est assurément une lutte intéressante que celle de nos Messageries contre la

La rade de Takao.

Compagnie anglaise péninsulaire et orientale. Prises dans leur *ensemble*, nous voyons les Messageries compter aujourd'hui 63 naviires d'une puissance collective de 18,640 chevaux et de 112,000 tonneaux, transportant 153,000 passagers et 169,000 tonnes de marchandises, en accomplissant un parcours de 472,000 lieues, — et la Compagnie péninsulaire aligner 62 navires de 22,300 chevaux, 94,000 tonneaux, et convoyant 19,000 passagers[1].

[1] Cette dernière nourrit chaque jour à la mer environ 10,000 employés. La subvention postale lui donne 3,080,000 francs ; ses dépenses s'élèvent à 49,425,000 francs, et ses recettes à 53,400,000 francs.

La concurrence de ces deux flottes pacifiques a créé pour les voyageurs un comfort, une sûreté et une rapidité de navigation qui vont grandissant chaque jour; et c'est avec un profond sentiment de joie que je tiens à vous dire combien les Messageries impériales l'emportent sur leur rivale. Dans ces mers où la France était à peine représentée par quelques négociants isolés, l'influence de notre pavillon a passé de 0 à 100 par ce fait que la Compagnie française est, entre

Le port de Takao.

Suez et Yokohama, celle à laquelle la grande majorité des voyageurs et des commerçants confie avec le plus de sympathie, pour un voyage de trois ou quatre mille lieues, familles, correspondances et richesses. Elle est justement fière de cet hommage que lui rendent ces adversaires d'autres temps, nous acceptant pour émules dans la navigation où ils sont passés maîtres, et venant abriter sous notre pavillon même les gouverneurs anglais se rendant à leur poste.

Tels sont les traits d'union les plus marquants entre les vendeurs et les acheteurs d'Europe et d'Asie. Il est donc devenu presque banal de faire le négoce entre Pékin et Londres : il faudrait que la même banalité s'établît entre Pékin et Paris.

Il ne faudrait pas croire cependant que la fécondité des transactions soit intarissable; car un danger imprévu vient de surgir en Chine, et nous avons entendu bon nombre d'Européens établis en ce pays se plaindre que le commerce même des articles manufacturés échappât à leurs mains pour passer entre celles des maisons chinoises qui se les font expédier directement; les « Hongs », magasins de ces marchands indigènes, peuvent devenir par trop puissants, soutenus comme ils le sont par les banques chinoises, qui acceptent avec confiance leurs traites à longue échéance sur tous les ports où ils étendent leurs si faciles ramifications.

C'est ainsi qu'à Tien-Tsin, tout d'un coup, les transactions ont échappé aux étrangers qui s'y étaient établis. Les Chinois ont la partie belle dans cette concurrence, et ils réussissent à merveille à faire pénétrer de là, surtout par le fameux grand canal, leurs marchandises jusqu'au cœur de la Chine.

Ce nouveau système de trafic par eux-mêmes me semble encore incompatible avec la lenteur naturelle et la classique routine du Chinois; mais, indolent et mou quand il s'agit de l'intérêt des autres, il paraît qu'il est expéditif et plein d'ardeur pour le sien propre. Depuis peu de mois, il s'est mis à envoyer dans toutes les directions des émissaires et des échantillons, de sorte que la précision et la vitesse de la navigation à vapeur ont fait passer dans la « langue des fleurs » le prosaïque adage « Time is money. » Les vieux doivent déjà reconnaître que de leur temps on se pressait moins.

Cette chute des préjugés contre l'emploi des steamers dans toutes les classes de la société chinoise est jusqu'ici l'indice le plus patent des progrès opérés par le contact des étrangers. Bacheliers se rendant à Pékin pour leurs examens, mandarins à globules de toutes les couleurs gagnant leurs postes, négociants infatigables, même les morts dans leurs cercueils (et cela prescrit par testament), ne veulent plus voyager que sur des navires à « roues de feu ». — Et pourtant, en présence de ce mouvement caractérisé, croiriez-vous que les mandarins, ces..... arriérés! n'ont encore voulu permettre aux négociants chinois, ni de changer la forme traditionnelle et nationale de leurs jonques, ni de devenir acquéreurs de navires à vapeur?

Il est encore bien d'autres détails de l'institution des douanes qui m'ont frappé; mais je dois arrêter là mes notes, voulant seulement vous indiquer en somme tout l'intérêt matériel, moral et politique de ce recours d'un peuple corrompu, mais non inintelligent, à l'honnêteté européenne; ce changement d'une politique méprisante pour les Barbares en une faveur aussi imprévue qu'intéressée; ce grand pas enfin que, peut-être, va faire la Chine vers une administration régulière, grâce à un corps d'élite choisi par un chef remarquablement doué qui s'est sincèrement dévoué aux Chinois et qui veut leur bien! S'il est donné carrière à ses généreux instincts, le but premier des douanes, organisées pour le payement de l'indemnité de guerre et la répression des Rebelles, sera largement dépassé; car entraîner le gouvernement chinois à l'établissement d'une série de phares sur ces côtes si dangereuses ; prendre en main la poste aux lettres dans cet empire où l'immense majorité des hommes sait lire et écrire, et où la politesse multiplie les correspondances ; essayer la construction de routes, de chemins de fer, de télégraphes ; exploiter les mines de charbon ; aller de l'avant soit au compte du gouvernement, soit par des concessions avantageuses, tel est le complément du plan de M. Robert Hart. En prenant le Chinois par le seul point qui lui soit sensible, c'est-à-dire par la « question dollar », il pourra en moins de vingt ans transformer l'Empire du Milieu : à une seule condition cependant, c'est que ce flambeau qu'il allume ne sera pas éteint en ses mains par ceux qu'il veut éclairer.

Voilà sous quel jour m'est apparue, malgré ses premiers dehors prosaïques, l'institution des douanes chinoises ; en un mot, c'est une greffe moderne et régénératrice sur le vieux tronc sec d'un arbre séculaire : mais y a-t-il encore assez de sève sous cette écorce vermoulue ? J'en doute.

IV

LA GRANDE MURAILLE

Les caravanes de Mongols. — L'avenue des colosses de granit. — Les treize tombeaux des empereurs Mings. — Passe de Nang-Kao. — Aspect majestueux de la grande muraille. — Une alerte. — Les ruines du Palais d'Été. — Retour à Pékin.

26 mars.

Nos poneys mongols sont sellés de bonne heure, notre colonne se met en marche. Personne aujourd'hui n'aurait songé à être en retard : nous allons voir la grande muraille de la Chine ! Je commence vraiment à croire que ce n'est plus une pure invention des géographes, car tout le monde ici nous a parlé sérieusement de ce colossal rempart, situé à trois journées de marche de Pékin, sur la route de Sibérie.

Nous ne tardons pas à reconnaître toutes les qualités de nos montures : ruer, se cabrer, mordre, se rouler par terre avant la marche, puis boiter, ou s'entêter à un trot lilliputien, tirer sur les rênes comme sur un cabestan, s'é- chapper à la halte et briser le harnachement, voilà le poney mongol à poil d'ours et à caractère du même genre.

C'est ainsi que nous chevauchons tout le jour, guidés par un officier de la légation britannique, M. Mac Clatchie, qui nous sert d'interprète, et suivis de deux charrettes contenant non des bagages et des vivres, mais des finances ! Quels heureux voyageurs, devez-vous penser, en songeant que quatre mules arrivent à grand'peine à traîner ces deux charrettes remplies jusqu'aux bords de précieux métal. Mais à la vérité nous n'avons que huit cents francs, sous la forme de centaines de mille pièces dites de cuivre, enfilées par chapelets de mille sur des brins d'osier, seule monnaie courante dans la campagne chinoise, et dont il faut donner, quand on est un Barbare, un rouleau pesant une livre pour avoir deux œufs de poule.

Par hasard le ciel se découvre à deux ou trois reprises différentes dans le cours de la journée, et le soleil vient éclairer par intervalles, tantôt des trombes lointaines de poussière s'élevant en spirales opaques du milieu de la plaine vers le ciel, tantôt les crêtes arides et découpées en aiguilles des montagnes de la Mongolie.

Des gorges de cette chaîne arrivent de longues caravanes de chameaux que nous rencontrons et dont les files en capricieux méandres se dessinent au loin dans la plaine sablonneuse. Chacune de ces caravanes compte plusieurs centaines de bêtes à deux bosses, précédées d'autres centaines de poneys oursons pris au laço dans les troupeaux sauvages des steppes. C'est à Pékin que les Mongols viennent vendre, en même temps que leurs chevaux, des milliers de moutons à

Nous rencontrons une caravane mongole.

longue laine, dont la queue plate et large d'un pied, tombant en parachute, fait le plus singulier effet : j'aime l'aspect austère de ces caravanes dans le désert; j'aime les figures cuivrées de ces hommes aux traits sévères, ces longues robes de cuir rouge, doublées d'épaisses fourrures, ces immenses bonnets de poil d'ours aux étranges ornements de corail. Il y a quelque chose d'antique et d'imposant dans ce spectacle : un chef bien reconnaissable à ses armes guide la troupe; ses hommes sont perchés entre les deux bosses de leur chameau, qui,

attaché par le nez à la queue de son devancier, semble, dans son allure languissante et sonore, balancer sa charge lourdement en cadence, à l'instar de la longue cloche de bronze peinte en écarlate qu'il dandine à son cou.

Les Mongols portent sur leur visage un air farouche et fier; le Chinois n'est pour eux qu'un objet de mépris. Il paraît, — trait frappant, — que chez eux le mot « mongol », leur nom national, est le seul qu'ils emploient pour exprimer l'idée de courage et de vertu.

Le soir, au coucher du soleil, après

Nous faisons une halte dans l'avenue des animaux de granit, conduisant aux tombeaux des empereurs, d'après une photographie.

dix heures de route dans une plaine de sable, nous arrivons à la « ville fortifiée » de Tchang-Pin-Tchao. C'est un hameau horrible avec des murs de boue. La population, poussée par la curiosité, se rue pour nous voir. Nous sommes habitués maintenant aux huttes indigènes!

27 mars.

Quand le soleil se lève, nous sommes déjà au pied des montagnes, et ses premiers rayons éclairent pour nous les cinq portiques majestueux qui, chacun à huit cents mètres d'intervalle, ouvrent la vallée des tombes des empereurs. Le coup d'œil est grandiose : figurez-vous une longue vallée sablonneuse, enclavée par un amphithéâtre de montagnes élevées, au pied desquelles treize tombes gigantesques, entourées de bois d'arbres verts, s'échelonnent en demi-cercle.

Du portique de l'entrée de la vallée jusqu'à la tombe du premier empereur il y a plus d'une lieue, et une longue avenue est dessinée d'abord par des colonnes ailées en marbre blanc, puis par deux files d'animaux sculptés de grandeur colossale : des chameaux, des éléphants, des hippopotames, des lions de quinze pieds de haut et d'un seul bloc de granit, des dragons ailés, une quantité de bêtes, puis douze empereurs trois fois grands comme nature et portant casque et cuirasse!

C'est dans cette avenue extraordinaire que nous faisons halte, ne pouvant songer sans effroi aux travaux surhumains qu'il a fallu pour rouler de pareils blocs au milieu de cette plaine de sable : il y a donc eu un siècle où les Chinois savaient « faire grand », au lieu de consumer leur vie dans des fumoirs d'opium et dans des maisons de jeu!

Au bout de l'avenue, nous arrivons aux tombeaux, autour desquels sont groupés des bosquets d'arbres verts; chaque tombeau est un vrai temple où le marbre blanc et rose, où le porphyre et les sculptures de teck se marient non avec harmonie ni avec goût, mais — chose si rare en Chine — avec des lignes vraiment pures et d'une grande sévérité.

Une des salles du tombeau a soixante mètres de long sur vingt-cinq de large; les colonnes qui la supportent sont faites d'un seul tronc d'arbre de quatre à cinq pieds de diamètre, et depuis neuf cents ans ces splendeurs austères ne semblent pas avoir vieilli d'un jour. Une obscurité lugubre sied fort bien à ces demeures sépulcrales, et le bruit des « gongs » sourds qu'agitent les gardiens du temple fait résonner les voûtes de vibrations étranges. Cet aspect sombre porte à la rêverie, et il nous semble voir toute la pompe des funérailles des empereurs Mings : un peuple en deuil vêtu de blanc escortant le cercueil d'or entre les colosses de granit, les hurleurs funèbres se roulant devant la tombe, les torches fumeuses éclairant les colonnes d'une lueur blafarde, et les fossoyeurs qui ont déposé les cendres de l'Empereur à sa demeure dernière immolés sur l'heure, afin que le secret des trésors enfouis avec lui ne soit pas trahi!

Vers trois heures, nous partons, malgré les instances d'un bonze muet qui s'évertue à tracer sur le sable et devant nous des caractères inintelligibles, et nous cherchons à gagner rapidement Nang-Kao, l'entrée de la passe de la Grande Muraille.

Mais quand vient la nuit, nous sommes encore en rase campagne, complétement égarés. Des sentiers rocheux nous mènent à des huttes éparses, et plus nous demandons à leurs hôtes effarés la route de Nang-Kao, plus ces naturels nous renvoient de l'un à l'autre vers les quatre points cardinaux, et nous font faire en circuit des S qui ressemblent terriblement à des O. Enfin en promettant à un excellent paysan une charge de sapèques (les sous chinois) presque trop lourde pour qu'il puisse la porter, nous obtenons qu'il guide notre colonne dans la nuit. Je lui donne mon cheval et me mets sur un des chars à argent; tout

Le portique de l'Avenue.

semble pour le mieux : le naturel galope à droite, à gauche, sonde les gués, éclaire la route, évite les ravins, et, quoique la nuit soit bien noire, nous cheminons avec confiance, quand soudain ma carriole roule de la corniche à une trentaine de pieds de profondeur; cinquante mille pièces de monnaie valant deux cent cinquante francs cassent leurs liens et roulent aussi éparpillées dans les ronces, le sable et les rochers; j'avais, quant à moi, sauté lestement et sans encombre, mais le pauvre palefrenier (mafou) gisait à terre comme une masse et sans connaissance, après avoir exécuté involontairement un horrible saut périlleux. Notre caravane tout entière vient à son secours : deux d'entre nous prennent le blessé, qui hurle bientôt comme si nous voulions l'assassiner et qui vomit beaucoup de sang; d'autres, voulant sauver au moins une petite part du mètre cube de billon que nous venions de semer sur un terrain de pierres, en remplissent un ou deux sacs; enfin, après quatre heures d'une angoisse que je n'oublierai pas de longtemps, nous distinguons deux ou trois lumières aux fenêtres de papier de Nang-Kao, petit village situé par rapport à la Grande Muraille, comme Lanslebourg au mont Cenis; du reste, le paysage a beaucoup de liens communs avec la lugubre vallée de la Maurienne : il semble qu'ici il ait plu des pierres!

Nous passons la nuit dans une étable,

Seconde halte au portique des Tombeaux.

pêle-mêle avec les mules, nos poneys, nos mafous, à soigner de notre mieux le blessé; il a assurément un certain nombre de côtes cassées. Mac Clatchie, notre interprète, donne, au nom du Prince, une forte somme pour qu'on aille le lendemain chercher, n'importe où, un rebouteur indigène. Mais nous avons beau prodiguer nos soins, coucher avec tout ce monde couvert de vermine, manger du riz à leur marmite et boire dans leurs tasses, nous sentons je ne sais quelle hostilité dans tout ce qui nous entoure; jamais regards aussi farouches ne nous ont dévisagés; jamais groupes chuchotants, physionomies irritées, manières brutales, n'ont formé un ensemble plus effrayant. Mac Clatchie nous confie qu'il croit comprendre à leur patois qu'ils nous accusent des blessures du mafou :

ils ont même arraché les bandes de linge que nous avons faites avec nos mouchoirs et appliquées sur les parties lésées : cela nous étonne fort, car dans l'Extrême-Orient les Européens les plus ignares passent pour des médecins émérites. Mais la fatigue l'emporte sur une appréhension que nous déclarons unanimement futile, tandis qu'en son for intérieur chacun est réellement inquiet. De plus, ayant obéi à une injonction fort nette de sir Rutherford Alcock, nous n'avons sur nous aucune arme. « Vous allez vous trouver au nombre de cinq Européens dans un pays où dix mille Chinois peuvent vous attaquer sans qu'un sixième Européen vienne à votre secours : il faut donc ne pas avoir l'air de suspecter leurs mauvais instincts, et vous confier entièrement aux lois sacrées de l'hospitalité. » En nous répétant cela, nous passons une nuit calme ; nos craintes se dissipent avec le jour.

Quant à moi, je ne puis me défendre d'une autre émotion : je suis au pied de la Grande Muraille, et je salue le jour de mes vingt et un ans ! L'accident de la veille, les cailloux de la route, une ascension difficultueuse mais passionnante devant moi, toutes ces choses ne semblent-elles pas me dire : C'est l'image de la vie ; il faut monter ?

28 mars.

A peine sortis du bourg de Nang-Kao, nous nous sommes trouvés à l'entrée de la passe, et dès lors la grandeur du spectacle s'est successivement déroulée devant nous sur le parcours des six lieues qui nous séparaient du col et de la muraille. D'abord la gorge est sauvage et sombre, resserrée étroitement par la montagne presque à pic, dont les flancs ne laissent place qu'au torrent qui est notre seule route.

Peu à peu toute la profondeur rocheuse de cette longue vallée, tous les plans des versants escarpés qui la forment, apparaissent en un superbe panorama : voici en effet le premier contre-fort de la Grande Muraille ; c'est un cordon de murs à hauts créneaux et à tourelles, hardiment jeté sur la première chaîne principale et qui suit à perte de vue toutes les aiguilles, les lignes brisées ou aiguës, les soubresauts tantôt sinueux, tantôt à pic, de cette crête granitique et tourmentée.

Rien de curieux, rien de frappant comme ce mur, colossal serpent de pierre ; il escalade des roches que l'on croirait infranchissables et qui le seraient sans lui : je suis intimement convaincu qu'il serait aussi difficile d'y grimper pour le défendre que pour l'attaquer. Ce premier contre-fort à lui seul est une œuvre de géant, et bien digne, au point de vue pratique, de la jactance chinoise. Dès ce premier pas, je me demandais déjà ce que pouvait bien être la Grande Muraille elle-même, quand bientôt, à mesure que nous avancions dans la farouche vallée, les rayons du soleil vinrent éclairer loin devant nous les lignes crénelées de deux autres murailles parallèles, également situées sur la crête extrême et se dessinant en silhouette d'opéra sur le fond du tableau.

Je me souviens d'une gorge où nous tournâmes brusquement et dont l'aspect était vraiment admirable. Ce n'était déjà plus sur les pierres du torrent, mais bien sur une longue nappe de glace tourmentée, que nous marchions ; le dégel commençait à peine, et dans les crevasses on voyait l'eau du torrent couler au-dessous de nous. Deux kiosques aux couleurs écarlate, posés comme des nids d'aigle au sommet de deux roches noires très-hautes, formaient le portique naturel d'une nouvelle passe; des bandes de canards et d'oies sauvages tournaient au-dessus de nos têtes, et sur les sommets inaccessibles brillaient toutes ces fortifications continues et gigantesques. Autour de nous, à plusieurs lieues à la ronde, pas un être humain.

A midi, nous étions au col. Le bastion qui sépare la Mongolie de la Chine n'est qu'un peu ébréché à sa base et aux fenêtres, mais la Grande Muraille, qui de là s'élève rapidement à droite et à gauche en se maintenant sur la crête de la chaîne principale et en dominant au loin les monts subalternes, est parfaitement conservée; des tours carrées se dressent à chaque point culminant comme les jalons de cette œuvre immense, qui compte, dit-on, plus de deux mille années d'existence!

Ce spectacle m'a vivement impressionné : c'est souverainement grand! Quand on songe que c'est en vingt-deux ans que des hommes ont construit douze cents kilomètres de murs, sur des points paraissant inaccessibles, comme pour opposer à la Voie lactée du ciel une voie murée sur les cimes, on croit à un rêve. Et pourtant nous l'avons escaladée, nous avons marché en long, en large, plongeant nos regards en avant vers la Tartarie, à droite vers le Pe-Tchi-Li, où elle s'enfonce à mille mètres *sous la mer*, à gauche vers le Thibet, en arrière vers les plaines fertiles de la Chine méridionale. Oui, assurément ce seroent de pierre fantastique, ces créneaux sans canons, ces meurtrières sans fusils, ces remparts sans un seul défenseur, ces fortifications qui ne protégent rien et que personne n'attaque, resteront dans nos souvenirs comme une vision magique. Mais, malgré les rafales et les nues qui voulaient nous enlever pour ainsi dire les preuves de notre vision, nous tenons la photographie de cette œuvre étrange; car sur le haut de la muraille, vieille de vingt siècles, le Révérend nous contempla et nous dit : Ne bougez plus!

Mais si, après avoir admiré une vue si pittoresque, on vient à réfléchir, comme on voit bien là l'œuvre d'un peuple de grands enfants mené par des despotes! Quelle folie que d'élever une enceinte continue là où deux forts seulement, aux passes de Nang-Kao et de Kou-Peï-Kao, auraient fermé la Chine à toutes les invasions du Nord! Que de milliers d'hommes ont dû succomber à ce travail surhumain, vainement inventé pour la défense d'un empire dont il n'a pu d'un jour arrêter l'envahissement!

Il fallut pourtant nous arracher à la majesté du spectacle que les chiffres ne font qu'atténuer; car le site, la longueur, l'inutilité, le désert, font surtout de la Grande-Muraille un monument incroyable : haute d'environ cinquante pieds et large de dix-huit à vingt, en granit à sa base, en longues briques grises à son revêtement supérieur, elle a forcément une hauteur bien plus grande aux endroits où elle franchit une gorge; puis elle monte, descend, côtoie et serpente comme si elle était un être rampant et vivant. Je suis heureux de pouvoir vous envoyer une photographie et non un dessin; le collodion ne sait pas mentir comme le crayon : mais songez seulement que le cadre est restreint, en ce sens que, pour prendre la vue d'ensemble la plus curieuse, nous avons dû hisser l'appareil photographique sur la muraille même, à peu près comme si l'on se mettait sur l'arête d'un toit pour le dessiner. J'ai cru pouvoir honnêtement emporter comme souvenir de ce monument des siècles passés une brique du parapet ; elle est longue, d'une pâte grisâtre, mesure cinquante centimètres sur douze, et pèse environ quinze livres. Je doute qu'il y en ait beaucoup en France, et je lui fais gaiement faire sa première étape sur mon épaule, en la soignant comme si c'était une pierre précieuse ! Mais les six lieues du retour à la nuit, à pied, furent pénibles, car il fallait sauter de cailloux en rocher, et de rocher en cailloux; aucune botte ne résistait aux angles tranchants d'un marbre verdâtre. Arrivés dans notre étable de Nang-Kao, nous n'eûmes plus qu'à nous coucher par terre, tandis que les cris d'ivresse de nos farouches hôtes nous tenaient éveillés : le mafou n'allait guère mieux.

29 mars.

Dès que nous sortons de la hutte pour seller nos chevaux, mettre le mafou dans la seule charrette qui nous reste, et donner une vingtaine de milliers de sous à l'hôtelier, nous ne pouvons comprendre le silence qui règne autour de nous ; toutes les portes de la cour sont hermétiquement fermées, et personne ne répond à nos appels répétés. Nous essayons d'ouvrir une des portes latérales donnant sur une autre cour; elle résiste encore, puis soudain elle cède, et un gros Mongol tout rouge, avec des moustaches à la tartare, s'avance droit sur nous, et nous dit avec une volubilité inouïe une série de choses que naturellement nous ne comprenons en aucune façon ; vite Mac Clatchie arrive, il écoute, devient pâle, puis ses yeux s'animent, il répond, il s'emporte, et se retournant vers nous, il nous dit avec effroi : « Ils nous accusent d'avoir blessé le mafou, et ne nous laisseront sortir que si nous leur abandonnons les deux mules, la charrette et tout l'argent qui y est enfermé. »

Vous devinez si la colère nous prend : « Allons donc ! Quels insolents de nous rançonner ainsi ! » est le cri général. Et ne tenant aucun compte de la férocité peinte sur les traits du Mongol, nous lui montrons de nouveau le sac de sapèques convenu à notre arrivée le 26, et nous retournons au paquetage de nos montures. Cette besogne faite, nous allons droit à la porte cochère, plus barricadée, plus cadenassée que tout à l'heure. A chaque secousse que nous donnons, des murmures et des rires éclatent de l'autre côté dans la rue. — Que faire ? — Céder, se laisser rançonner, donner mules, charrette, argent, voilà ce que conseillait la prudence. Mais, excepté le Révérend, nous avons tous moins de vingt-trois ans; notre sang bouillonne ; et, véritablement furieux, nous tentons contre la porte un assaut formidable. Hélas ! pendant plus de vingt minutes qui nous paraissent une heure, elle résiste, et notre tapage ameute tout le village. Nous essayons de parlementer : notre mafou, empaqueté dans la charrette sur un lit de monnaie — et bon diable après tout — leur crie d'ouvrir, car il veut revenir à Pékin avec nous : mais, pour la populace, nous

La grande muraille de la Chine (passe de Nang-Kao). 28 mars 1867.

sommes accusés, c'est-à-dire coupables! Pourtant l'idée de courber la tête devant ces misérables nous semble odieuse, et coûte que coûte, nous nous décidons à faire une sortie en règle. Tout en marmottant : « Quel troupeau de Hottentots! » le Révérend, plus agacé encore que nous, est l'heureux assiégé qui fait sauter les cadenas. Il fait craquer une poutre, tout s'écroule; vite nous prenons nos poneys-oursons par la bride, et, quasi triomphants, nous franchissons le seuil. A ce moment s'élève un *tolle* général, et nous ouvrons les yeux trop tard : plus de soixante Mongols ramassent des pierres et nous en accablent (*voir la gravure, p.* 692); l'hôtelier saute sur Mac Clatchie, le frappe et le renverse par terre; le Prince et moi, nous courons à son secours, le relevons; mais nous voyons à notre gauche le Révérend qui tempête et qui hurle : il est pris corps à corps. En une seconde une centaine d'autres Chinois arrivent à la rescousse, comme s'ils sortaient de terre; il tombe autant de pierres que de gouttes d'eau par un orage tropical. L'instinct nous pousse à tourner vite à droite, traînant nos chevaux rétifs par la bride et courbant la tête, pour parer les coups des maladroits qui nous manquent.
— La fuite, hélas! notre seul expédient, est si précipitée dès le début, que si nous perdons une seconde pour enfourcher nos oursons, nous sommes pris. Force est donc de les traîner à notre remorque en nous en servant comme de paravent; les pauvres bêtes, en effet, reçoivent la première avalanche de pierres et de briques, et je vous assure qu'il en volait une effroyable quantité ; un seul de ces projectiles à la tête nous eût tués roide. Mac Clatchie en reçoit trois à la cuisse et perd du terrain; le Révérend est bon premier; comme lui nous fuyons à toutes jambes, poursuivis, harcelés;
— les injures chinoises me sont indifférentes, mais, juste ciel! que de pierres!
— Puis en quelques minutes toute la rue est inondée par la foule sortant des maisons au bruit du tumulte, et cette populace hurlante, fanatique, s'arme de longues gaules, grosses comme le bras, et de crocs de fer emmanchés à des perches; notre déroute est à son comble : ils sont cinq cents et nous sommes cinq! Nos cannes seules parent les coups les plus proches, ceux des enfants qui, comme les roquets de nos villages, nous harcèlent les jambes. Sur un parcours de deux kilomètres se poursuit cet hallali courant, dont nous sommes les victimes haletantes; la foule de plus en plus furieuse augmente à vue d'œil, comme en un jour de révolution, chaque ruelle apporte son bataillon, et chacun de nous pense que sa dernière heure peut bien être proche ; une mort rapide, passe encore, mais l'idée du supplice nous glace le sang dans les veines. Je vois encore ce pauvre Louis regardant en arrière, tout en fuyant, pour éviter les plus grosses pierres, puis faisant un faux pas, et roulant à terre sous les pieds de son cheval! Je le crois pris et perdu, mais il se relève comme une panthère! Il me semble aussi que je sens encore le vent d'une immense gaule que brandit un mendiant demi-nu, la bouche écumante; à un tournant il me gagne de vitesse, assène un coup terrible que j'évite, mais que mon poney reçoit sur la jambe de devant; la pauvre bête chancelle, tombe, se relève, boite et retombe.

Je confesse pourtant que nos jambes ont une incontestable supériorité sur celles des Chinois, et qu'une lueur d'espoir nous apparaît. Nous sommes sur la route de la Grande Muraille ; si nous sortons de Nang-Kao, nous nous orien-

Les Mongols ramassent des pierres et nous en accablent. (Voir p. 691.)

terons dans la campagne, nous tournerons la ville, et retrouverons la direction de Pékin. Illusion ! au moment où les jeteurs de pierres sont déjà distancés de soixante à quatre-vingts pas, et où les champs ouverts vont peut-être nous sauver ; au moment où c'est devenu pour nous un espoir que d'errer sans vivres, sans guide, dans la plaine sablonneuse, la porte de sortie sur le bastion en boue se ferme devant nous, et un relais de pillards nous coupe la retraite. A cette vue, nous échangeons tous cinq un douloureux regard, et, plus rapidement que

Les coquins qui nous ont dévalisés, se battent entre eux. (*Voir p.* 694.)

l'éclair, nous recommandons notre âme à Dieu. Pendant un court instant je ne sais plus rien de ce qui nous arrive, sinon qu'un grand Mongol me secoue comme un prunier par le collet de ma veste, pendant que trois autres me prennent cravate, argent, chaîne de montre, que sais-je?(Par bonheur j'avais pu à temps casser l'anneau de ma montre et la glisser dans ma botte.) L'or du Révérend fait fureur ; quèlques dollars pris sur le Prince lui valent quinze hurleurs suspendus en grappe à ses poches ; Louis, porteur de billets de banque chinois, ressemble à un distributeur de prospectus sur nos boulevards.

Alors commence un spectacle unique : dès que nous sommes absolument dévalisés, les coquins ne se battent plus qu'entre eux, et se donnent des coups horribles (*voir la gravure, p.* 693) ; trois ou quatre roulent par terre, frappés à la nuque : cela devient une bousculade grotesque, sans cesser d'être bien désagréable pour nous. Car il nous faut traverser le village en sens inverse, — moins vite heureusement, — et défiler piteusement devant les femmes, les filles et les mères de nos vainqueurs ; puis, sous nos yeux, notre voiture de monnaie est pillée en règle, au milieu des injures et des rires de ces sauvages. J'ai alors la surprise de retrouver un morceau de la brique que j'avais si soigneusement portée hier et qui avait servi de projectile aux aimables indigènes. Ce souvenir est, avec dix négatifs photographiques confiés au mafou blessé, tout ce que nous sauvons de cette bagarre ; nous en sommes quittes pour perdre notre bagage, une charrette, mon cheval et six cent cinquante francs : que c'est peu de chose en comparaison de l'angoisse poignante qui nous saisissait quand nous pensions trouver la mort au bout de la rue !

Nous devons peut-être nous féliciter de n'avoir pas eu de revolvers ; car, à la première attaque, nous n'aurions pas hésité un instant à faire feu sur la foule des assaillants, et dès lors la population aurait demandé sang pour sang. Je conclus cependant, comme morale, que si jamais je retourne à Nang-Kao, j'aurai deux revolvers — au moins.

Le butin une fois partagé, nos geôliers ne manifestent aucune intention de nous garder ; ils sont à bout d'injures, à sec de salive, épuisés par la course, et pressés de jouir de leur voiture de sapèques. Aussi, sous une salve de huées, pouvons-nous nous arracher à ce lieu maudit, et prendre la route de Pékin. Chacun alors de raconter ses émotions les plus palpitantes, et de trouver la campagne délicieusement calme après cet orage : la gaieté revient vite, et nous faisons prononcer au Révérend ses quatre premiers mots français : « Petit bonhomme vit encore ! »

C'est à Tcha-Ho, après une rude marche, que nous faisons la halte du milieu du jour. Sur les parois de la hutte qui nous sert d'auberge sont inscrits quelques vers chinophiles d'un voyageur partant en 1865 de Pékin pour la Sibérie ; au-dessous nous mettons seulement : « Souvenir de l'hospitalité chinoise. Cinq cents naturels de Nang-Kao ont roué de coups cinq honnêtes Européens. »

A la nuit nous arrivons à Haï-Tien, sans posséder un centime, ni une sapèque ; nous avons le bonheur d'être logés à crédit dans une étable, bien flattés de n'être pas traités en vagabonds. Nous sommes à la porte du Palais d'Été : quel contraste !

30 mars.

Nous voici devant le fameux Yuen-Ming-Yuen, le Palais d'Été ! A droite et à gauche, les avenues autrefois garnies de portiques, de monuments et de kiosques ne sont plus qu'un amas de ruines. Ruines aussi et décombres affreux sont les centaines de demeures contiguës qui formaient une ville entière de palais impériaux. Seuls deux énormes lions de bronze, les plus belles pièces fondues dans l'Empire Céleste, demeurent intacts et gardent le seuil de ce qui fut le Versailles des grands empereurs descendant du Feu!

Ces lions sont les seuls objets que les alliés aient respectés, par la bonne raison, il est vrai, qu'il n'y a pas moyen de les emporter, et qu'il aurait fallu construire, tout exprès pour les voiturer, une quinzaine de ponts jusqu'à Tien-Tsin!

Ah! que ce Palais d'Été a dû être splendide! Figurez-vous un lac tout entouré d'arbres verts et de belles terrasses de granit et de marbre : quinze collines artificielles forment comme l'enceinte naturelle de cette élégante ligne d'ombrage et de verdure ; une montagne dont le flanc est en roches noires coupées à pic, domine ces vastes jardins ; elle est couronnée par un temple en tuiles vernissées auquel conduit un double escalier gigantesque de pierres de taille. Une île couverte de kiosques — jadis! — est reliée à la terre par un pont à hautes arches et à gradins des plus pittoresques. Voilà ce qui reste de tant de grandeurs : toute la ville de palais qui était située sous ces ombrages a été détruite par les flammes, et il n'y a plus que des pans de murailles écroulées, des amas de briques aux couleurs sulfureuses, des monceaux de statues et de vases brisés, des groupes d'arbres noircis et calcinés! C'est donc là qu'étaient et les magnificences des empereurs, et les kios-

ques des innombrables impératrices, et les caisses pleines de perles, et les colonnes d'or, et les cloisonnés, les craquelés, les jades, les laques rouges, en un mot toutes les plus admirables merveilles de quinze siècles de civilisation, d'art et de travail. Juste ciel! c'est trop de douleur que de voir un anéantissement aussi lugubre! Je me crois moi-même atteint par la flamme et la décomposition, en errant au milieu de ces amas informes ; on sent la désolation vous gagner aussi le cœur : voir les ruines du Palais d'Été et ne pas avoir un frisson, c'est au-dessus des forces d'un honnête homme! Aussi ne vous en dirai-je pas long sur ce cimetière, où la Chine a vu s'ensevelir son plus pur trésor, et où les alliés ont foulé aux pieds tout ce qui s'était appelé l'honneur jusqu'à notre triste époque. Que les uns aient pillé, ou les autres brûlé, qu'importe! Aucune force humaine n'étouffera ce cri de mon cœur : « Sortons d'ici, fuyons ce lieu dont le sol nous brûle, dont la vue nous humilie : nous étions venus en Chine comme les champions armés de la cause de la civilisation et d'une religion de miséricorde ; mais les Chinois ont raison, mille fois raison, de nous appeler des barbares! »

Je crois que je pourrais vous répéter vingt anecdotes extraordinaires qu'on raconte ici sur ces jours inouïs, où les chevaux de l'armée avaient pour litière un demi-pied d'épaisseur de soie jaune impériale ; mais le silence est seul décent devant ces ruines, et je vous transmets seulement la vue de la chapelle du palais, située si haut sur un rocher que les flammes n'ont pu l'atteindre (*voir la gravure, p.* 697). Là, j'ai passé de longues heures à réfléchir à la triste fin de cette expédition si hardiment, si vaillamment et si merveilleusement conduite pour l'honneur des armes françaises jusqu'au jour néfaste du pillage et de l'incendie ; à contempler ce qui fut le Palais d'Été, et à rougir malgré moi devant de pauvres mendiants qui nous montraient du doigt et semblaient nous appeler voleurs et incendiaires.

A la tombée du jour nous rentrions à Pékin, où nous trouvions la légation anglaise dans une émotion violente, et notre excellent Fauvel dans une angoisse affreuse. Le bruit était arrivé depuis deux heures que nous avions été massacrés à Nang-Kao, et le ministre allait partir lui-même avec une escorte pour s'enquérir de nous[1] ; nous rassurâmes nos amis par notre joyeux retour, résolus d'oublier au plus vite quelques heures de cauchemar. Mais, pour sauvegarder l'honneur et la sécurité des étrangers, sir Rutherford Alcock voulut que justice fût faite ; et nous dûmes signer un procès-verbal en règle, rédigé par Mac Clatchie, constatant le vol de nos six cent cinquante francs et nos moindres pertes individuelles[2]. Grâce à une trop vieille habitude, j'avais fort peu de dollars sur moi quand je fus rançonné, mais je me joignis naturellement au Prince, qui demanda que cet argent, s'il était repris par le gouvernement chinois, fût distribué aux pauvres mendiants, — afin qu'ils salassent une ou deux têtes de moins.

[1] Les cancans traversent la Chine si vite d'un bout à l'autre, qu'avant notre retour à Chang-Haï ce bruit avait gagné toute la côte méridionale jusqu'à Canton.

[2] De Pékin, on nous a écrit depuis que le gouvernement chinois avait extorqué soixante-quinze mille francs des environs de Nang-Kao, à titre d'amende. Voilà des coups de bâton qui ont été désagréables à recevoir, mais en revanche qui ont été payés bien cher.

V

LES IDÉES NOVATRICES DU PRINCE KONG

Mémoires présentés à l'Empereur par le prince Kong et les ministres. — Extraits d'un rapport de M. Hart au gouvernement chinois. — Un déjeuner chez le Régent de la Chine. — Nous descendons le Peï-Ho en barque. — Le mandarin Tchung-Hao. — Le Foung-Chouï. — Les Sœurs de Saint-Vincent de Paul à Tien-Tsin.

Pékin, 2 avril.

Nous avons trouvé fort douces les heures de repos et de causerie que nous a offertes la légation. A chaque heure nous apprenions quelque anecdote curieuse, et nous sentions vraiment que nous vivions ici dans une atmosphère étrange, — presque dans une autre planète. — Mais cette différence organique si tranchée entre le sanctuaire de l'Extrême-Orient et les progrès de l'Occident tendra forcément à s'effacer chaque jour davantage, si quelque révolution de palais ne vient jeter le trouble dans cette

La chapelle du palais d'été, d'après une photographie. (*Voir p. 695.*)

vieille machine. Je me sens pour ma part bien vivement intéressé par la lutte habile et courtoise de la civilisation contre la barbarie, lutte qui résume ici toute notre diplomatie : c'est à Pékin, en effet, qu'a été poussé jusqu'à l'extrême perfection de la part des Chinois l'art de dissimuler, de faire naître vingt délais l'un de l'autre, d'exploiter nos moindres fautes, et de nous accabler des politesses les plus exquises pour conclure au refus le plus déguisé. Mais n'ayant pas l'honneur d'appartenir au corps diplomatique, et ne pouvant invoquer les dépêches chinoises ou européennes, qui sont les pièces vivantes de cette partie d'échecs politique, je crois de mon devoir de ne pas m'exposer à avancer mon humble opinion, sans l'arsenal de pièces justificatives qui me manque. Cependant je vous envoie quelques traits, tirés de la gazette du gouvernement chinois, et qui renferment, je crois, toutes les couleurs de la palette politique à laquelle puisent à cette heure Orientaux et Occidentaux. Vous y verrez et les efforts du parti européen *qu'inspire le prince Kong (voir la gravure, p.* 701), et la résistance de l'instinct national, tracés non par un Européen plus ou moins mal renseigné, mais par les Chinois eux-mêmes.

Mémoire du yamen (ministère) des affaires étrangères sur la convenance et la nécessité d'enseigner les sciences aux Chinois lettrés.

« Les serviteurs de Votre Majesté lui font les représentations respectueuses sur ce qui suit :

« On propose que les lettrés soient invités à passer des examens en astrono- mie et en mathématiques au yamen de vos serviteurs, en vue de leur faire acquérir l'intelligence complète de l'industrie et des arts étrangers. Ils prient Votre Majesté de vouloir bien répondre à leur respectueux mémoire.

« Ils exposent humblement que, si d'un côté l'inauguration d'institutions nouvelles destinées à l'encouragement du talent a toujours été une mesure extraordinaire, il faut reconnaître de l'autre que toutes les fois qu'on a élargi la route qui mène aux services publics, il n'a jamais manqué de se présenter des hommes instruits et habiles, prêts à entrer hardiment dans cette voie nouvelle. Dans la septième lune de la première année de Tung-Chih (juin 62), le yamen de vos serviteurs établit l'école des langues, et des classes d'anglais, de français et de russe... (Suit le recrutement et ce qui a rapport à l'avancement des étudiants.) . . . .

« Vos serviteurs ont été frappés de voir que les arts des étrangers, leurs machines, leurs armes à feu, leurs navires et leurs voitures, dérivent entièrement de la connaissance de l'astronomie et des mathématiques. A Chang-Haï et à Kiang-Nan, on surveille bien la construction et la manœuvre des vapeurs de différentes classes ; mais, sans l'étude consciencieuse des principes sur lesquels reposent la construction et la manœuvre, ce que l'on apprend ainsi n'est que superficiel, et partant n'a aucune utilité réelle.

« En conséquence, après délibération, vos serviteurs proposent d'ouvrir une nouvelle école, et d'inviter à se présenter au yamen pour y être examinés,

« tous les Mandchoux et Chinois qui ont
« pris leur degré de licencié, de même
« que ceux qui ont été pourvus du même
« grade, soit par acte de grâce, soit comme
« hommes de douze années, soit comme
« anciens bacheliers ou licenciés de la
« liste supplémentaire, ou bacheliers du
« mérite, tous possédant à fond la litté-
« rature chinoise, et âgés de vingt ans au
« moins... (Suivent les règles d'admission relatives à l'établissement, à l'arbre
généalogique et aux certificats exigés,
suivant qu'ils appartiennent à une des
bannières, qu'ils sont Chinois ou Mandchoux, originaires de la capitale ou des
provinces.) . . . .
. . . .

« Quand vos serviteurs auront fait la
« liste de ceux qui auront été admis à la
« suite de cet examen préliminaire, on
« engagera des professeurs de l'Occident
« pour les instruire dans l'école nou-
« velle. Alors on espère en toute con-
« fiance qu'ils apprendront sérieusement
« l'astronomie et les mathématiques. La
« théorie étant ainsi perfectionnée dès le
« commencement, les applications seront
« aussi perfectionnées, et, au bout d'un
« petit nombre d'années, un heureux ré-
« sultat est certain.

« Les écoles déjà ouvertes n'en subsis-
« teront pas moins, et dès lors l'accès de
« la carrière se trouvant élargi, il est
« impossible qu'il ne se présente pas des
« hommes d'une intelligence et d'une
« capacité au-dessus de la moyenne. Les
« Chinois ne sont ni moins habiles ni
« moins intelligents que les hommes de
« l'Ouest; et quand en astronomie, en
« mathématiques, dans l'examen des
« causes et des effets, en histoire natu-
« relle, en mécanique et en astrologie,
« les étudiants voudront s'appliquer à
« découvrir tous les secrets, alors la
« Chine sera forte de sa propre force.

« La question des professeurs étran-
« gers a été examinée avec l'inspecteur
« général H rt, et il est autorisé par le
« yamen à les faire venir. Quant aux
« règles d'établissement et de récom-
« pense pour les étudiants qui réussiront,
« elles seront discutées avec soin et sou-
« mises au trône par vos serviteurs, dès
« qu'ils auront eu l'honneur de recevoir
« de Votre Majesté l'assentiment au plan
« développé dans ce mémoire.

« Maintenant ils présentent respec-
« tueusement ce mémoire, soumettant
« que les lettrés soient admis à passer un
« examen en astronomie et en mathéma-
« tiques, dans le but d'acquérir la com-
« plète intelligence des applications mo-
« dernes de la science ; et, prosternés, ils
« demandent avec prières les instructions
« de Leurs Majestés les Impératrices
« douairières et de Sa Majesté l'Empe-
« reur.

« 5ᵉ jour de la IIᵉ lune de la 5ᵉ année
« Tung-Chih (5 janvier 1867) »

Deuxième mémoire du yamen sur le même sujet.

Le mémoire qui précède avait reçu l'approbation suivant la forme consacrée. « Nous consentons à ce qui est proposé : qu'on respecte ceci ! » — Mais voyant que l'ordonnance allait rester lettre morte, le yamen présenta, moins d'un mois après, un nouveau mémoire dans lequel, rappelant sommairement les dispositions du premier en ce qui concerne l'admission des candidats, il continuait ainsi :

« La présente proposition de vos ser-
« viteurs n'est pas *le moins du monde*

« (ainsi qu'ils tiennent à le faire observer humblement) déterminée par leur admiration pour la nouveauté, ou leur passion pour ce qui est à l'étranger, mais par l'étonnement où les a mis le savoir mécanique des Occidentaux.

« Ils font ces propositions, parce que toutes les applications mécaniques de l'Occident dérivent de la connaissance approfondie de la géométrie. Or, maintenant que la Chine veut entrer à fond dans la construction des steamers et des machines, vos serviteurs appréhendent que si, poussée par un esprit de vanité nationale, elle refuse de se laisser guider par des savants de l'Ouest

Le Prince Kong.

« dans l'étude des principes et des applications de la mécanique, on appauvrisse le trésor public sans aucun avantage sérieux.

« On va sans doute critiquer ces propositions, sans se préoccuper du mérite qu'elles renferment; il ne manquera pas de gens pour insinuer que ces mesures ne sont pas nécessaires; d'autres feront un crime d'abandonner les *vieux usages chinois*, pour se laisser guider par les Occidentaux. Il y en aura même qui affirmeront que c'est une *honte* d'agir ainsi. Ces arguments ne peuvent venir que d'hommes entièrement ignorants des exigences de cette époque.

« S'il est admis que la vraie politique de la Chine doive être de constituer sa force nationale, elle n'a pas de temps à

« perdre. Parmi ceux qui comprennent
« les exigences de l'époque, il n'en est
« pas un seul qui ne sache que l'acquisi-
« tion des sciences occidentales, permet-
« tant de construire les machines étran-
« gères, est le plus court chemin pour
« arriver à cette puissance propre et in-
« dépendante. Nous citerons pour exem-
« ples parmi les gouverneurs des pro-
« vinces, Tso-Tsun-Tang, Li-Hung-Chang
« et d'autres qui voient avec lucidité la
« justesse de cette théorie et l'approu-
« vent avec une grande persistance dans
« leurs lettres et dans leurs mémoires.
« L'année dernière, Li-Hung-Chang a
« établi à Chang-Haï un arsenal dans le-
« quel des employés de Pékin ont été en-
« voyés pour étudier ; et tout récemment,
« Tso-Tsun-Tang a demandé l'autorisa-
« tion d'ouvrir une école d'arts méca-
« niques, de choisir des jeunes gens intel-
« ligents et d'engager des étrangers qui
« leur apprendraient leurs langues (écri-
« tes et parlées), les mathématiques et le
« dessin ; ajoutant que ces connaissances
« étaient indispensables pour qu'ils pus-
« sent plus tard construire des steamers
« et des machines.

« On peut voir d'après cela que ce
« n'est pas seulement le corps restreint
« de vos serviteurs qui pense qu'il n'y a
« pas de temps à perdre pour acquérir
« les sciences occidentales.

« On dira aussi : Pourquoi ne pas na-
« liser des steamers, ne pas acheter des
« armes européennes ? cela s'est fait dans
« tous les ports, ce serait plus conve-
« nable et plus économique ; dès lors, à
« quoi bon tant de peine et de dépense ?
« Ceux qui tiennent ce langage ne savent
« pas d'abord que ce ne sont pas seule-
« ment les steamers et les armes qu'il
« faut à la Chine ; mais laissant de côté
« toute autre question pour le moment,
« il ne faut pas perdre de vue que si,
« pour faire face à une exigence pres-
« sante, on achète des steamers et des
« armes, le secret de leur utilité et de
« leur emploi n'est pas une question de
« *chose*, mais de *personne*. Les principes
« de leur construction doivent être étu-
« diés à fond, et leur secret une fois dé-
« couvert, ce seront seulement ceux-là
« qui s'en seront rendus maîtres qui
« pourront en tirer parti. Ce qu'on pro-
« pose est quelque chose de permanent,
« car il est de toute évidence que la ques-
« tion se résout à ceci : Y a-t-il plus de
« chance de succès dans une mesure pro-
« visoire que dans un plan répondant à
« tous les temps et embrassant l'avenir ?

« Quant à l'objection « qu'il est crimi-
« nel d'abandonner les vieux usages de
« la Chine pour ceux de l'Occident »,
« elle ne peut venir que d'esprits faibles
« et *crochus*.

« Il semble prouvé que les Occiden-
« taux sont redevables de leurs sciences
« à l'étude qu'ils ont faite de l'*astronomie*
« *chinoise*. Ils pensent eux-mêmes que
« leur civilisation leur est venue de l'O-
« rient ; mais doués d'un esprit subtil et
« spéculateur, ils ont écarté, dans la
« suite des temps, les vieilles traditions
« pour en développer de nouvelles. C'est
« une prétention à eux de les dire occi-
« dentales ; car, en réalité, le principe de
« la science était chinois. Il en a été de
« même en astronomie, en arithmétique
« et pour toute autre invention. Les Chi-
« nois ont fait les découvertes, les Occi-
« dentaux les ont appliquées.

« Or, si la Chine les devançait en
« sciences, si elle possédait une connais-

« sance approfondie des principes fon-
« damentaux, il est clair qu'elle n'aurait
« aucun besoin de s'adresser aux étran-
« gers pour les choses qui lui manquent.
« L'avantage de l'éducation proposée
« n'est donc pas à dédaigner.

« Mais, de plus, le saint ancêtre
« de Votre Majesté canonisé sous le
« nom de l'Humain (Kang-Hi) tenait
« dans la plus haute estime les arts de
« l'Occident. C'est lui qui plaça les étran-
« gers à l'Observatoire et qui régla par
« une loi qu'il y en aurait toujours dans
« cet établissement. Tolérante et embras-
« sant toutes choses, qu'elle était infinie,
« la sagesse de Sa Majesté! Convient-il à
« la dynastie actuelle d'oublier de pa-
« reilles traditions?

« En outre, l'arithmétique est un des
« six arts. Autrefois le laboureur aussi
« bien que le soldat étaient familiarisés
« avec l'astronomie. Plus tard, on en
« *défendit* l'étude, et cette science dé-
« clina. Pendant la période Kang-Hi de
« la dynastie actuelle (1661-1722), cette
« prohibition fut levée, et dès lors le sa-
« voir abonda et la science refleurit. A
« l'étude du « King » (les anciens clas-
« siques), on ajouta celle de l'arithmé-
« tique. On fit des ouvrages sur cette
« matière, examinant les autorités et ti-
« rant des conclusions.

« Le proverbe dit : « Le savant a honte
« d'ignorer quelque chose. » N'est-ce pas
« une honte en effet qu'un savant, sor-
« tant de chez lui et levant les yeux au
« ciel, ne puisse se rendre compte des
« constellations? Quand même il n'y
« aurait pas d'école ouverte pour cela,
« ce serait son devoir de cultiver
« cette science. Combien n'y est-il pas
« tenu davantage aujourd'hui qu'on

« *a élevé un but qui l'invite à tirer?*

« Mais l'argument le plus pervers est
« celui qui prétend que c'est une *honte*
« de prendre des leçons des Occiden-
« taux. La chose la plus honteuse du
« monde est d'être inférieur à ses sem-
« blables. Les nations de l'Occident ont
« employé des masses d'années à étudier
« la construction des steamers, et comme
« toutes ont pris des leçons les unes des
« autres, cette construction s'est modi-
« fiée jour par jour. Dans l'Extrême-
« Orient, le Japon vient d'envoyer des
« hommes en Europe pour apprendre
« l'anglais, étudier l'astronomie, et les
« livres qui traitent de la navigation à
« vapeur; et en quelques années ils au-
« ront accompli leur entreprise. Sans
« parler davantage des puissances mari-
« times de l'Occident, cherchant à faire
« rivaliser leurs marines, quand on voit
« un petit État comme le Japon faire un
« suprême effort pour devenir puissant,
« y aurait-il rien de plus honteux pour la
« Chine que de rester seule attachée à
« des coutumes vieillies et surannées,
« indifférente au renouvellement de sa
« force? Croit-on qu'une semblable honte
« puisse être effacée par les arguments
« de ceux qui, bien loin de se sentir hu-
« miliés de leur infériorité, lorsqu'on
« propose un plan qui nous permet d'é-
« galer et peut-être de dépasser les autres
« peuples, prétendent que la seule chose
« possible est de les prendre pour maî-
« tres, et s'endorment dans la doctrine
« qui en découle : que le plan le plus
« sage est de ne jamais s'instruire?

« On avancera peut-être que la fabri-
« cation est une œuvre d'artisan et,
« comme telle, *au-dessous* du lettré. Vos
« serviteurs ne laisseront pas passer ceci

« sans observation. Dans le rituel de
« « Chou », la note relative à l'inspection
« des ouvriers et de leurs produits porte
« seulement sur la mise en œuvre du bois
« de tzu (cèdre) pour la construction des
« cercueils, des roues, des couvertures
« et des chariots. Pourquoi, pendant des
« milliers d'années, ces arts ont-ils été
« tenus pour classiques dans les écoles?
« Parce que, pendant que l'ouvrier met
« son art en pratique, le lettré en pénètre
« les principes.

Savetier en plein vent.

« Pour conclure : le but de l'étude est
« l'utilité, la valeur des choses dépend
« de leur adaptation aux temps. Les ob-
« jections au présent système peuvent
« être nombreuses; c'est le devoir de
« l'administration de conclure, après en
« avoir pesé les mérites. Quant à vos ser-
« viteurs, ils ont mûrement réfléchi. Mais
« le système, étant complétement neuf, de-
« mande dans les détails une grande at-
« tention. Généralement parlant, si le
« cours des études est ardu, des appoin-
« tements élevés doivent être prodigués,
« et il ne faut pas perdre de vue que les
« promotions seules pourront stimuler
« les étudiants. En conséquence, vos ser-
« viteurs réunis en conférence solennelle
« ont proposé six règlements. Ci-joint en

En visite chez le Prince Kong. (*Voir p. 710.*)

« est la copie, soumise à l'examen et à la
« décision de Votre Majesté Impériale.

« Ils émettent de plus l'opinion que le
« Pion-Hsiu, le Chien-Tao et le Shu-Chi-
« Shih du collège de Nankin, éminents
« pour leur savoir, et ayant comparati-
« vement peu à faire, acquerraient fa-
« cilement la connaissance de l'astrono-
« mie et des mathématiques, si on les y
« obligeait. C'est donc un devoir pour
« vos serviteurs de demander que, pour
« étendre la limite des choix, on invite
« ces employés à passer l'examen indiqué,
« et aussi tous ceux qui, dans la capitale
« et les provinces, ont commencé comme
« docteurs (Chin-Shih) leurs carrières of-
« ficielles, aussi bien que les cinq déno-
« minations de licenciés énumérés pré-
« cédemment.

« Prosternés, ils implorent pour leurs
« propositions le regard sacré de LL.
« MM. les Impératrices douairières et de
« S. M. l'Empereur, et une réponse qui
« leur apprenne si elles ont été jugées
« convenables ou non. »

Le 24ᵉ jour de la 12ᵉ lune, 5ᵉ année
Tung-Chih (29 janvier 1867), on a reçu
le rescrit suivant :

« Nous consentons à ce qui est proposé.
« Qu'on publie le projet aussi bien que
« le mémoire. — Qu'on respecte ceci ! »

Voici enfin quelques extraits du dernier rapport que M. Robert Hart, inspecteur général des Douanes, a adressé au
Gouvernement impérial chinois. Vous y
verrez avec quelle hardiesse, quelle net-
teté et quel tour à la fois original, le no-
vateur dit la vérité en face à un gouvernement essentiellement oriental.

« Une vue bien plus étendue est donnée
« à un petit homme placé sur les épaules
« d'un homme grand, qu'à l'homme

« grand lui-même, et le coup d'œil di-
« rect du mont Lô embrasse non-seule-
« ment la silhouette des collines et la
« profondeur des eaux, mais aussi les
« moindres détails. Il en est précisément
« ainsi de l'homme qui s'aventure à ra-
« conter ce qu'il a vu d'une façon tout à
« fait désintéressée ; et, comme dans le
« cas du petit homme, quelque profit
« peut être tiré même de sa témérité.

« Il résulte des observations prises par
« les races occidentales, que c'est en
« Chine que l'on trouve la faiblesse la
« plus évidente.

« Autrefois les Chinois n'entretenaient
« aucun rapport avec les races étran-
« gères ; mais depuis le dernier demi-
« siècle, chaque pays est entré graduelle-
« ment en négociation avec eux : il est
« impossible qu'ils se maintiennent sur le
« terrain de leurs anciennes traditions.

« Le code des lois chinoises est, en
« théorie, excessivement sévère et admi-
« rablement coordonné ; mais, en pra-
« tique, il n'est mis à exécution qu'avec
« un relâchement immense. La théorie
« de l'administration a beau être raffinée
« et élaborée, le temps l'a complétement
« réduite à une machine sans valeur.

« Les mandarins administrateurs des
« provinces ne restent jamais assez long-
« temps en place ; le nombre de ceux qui
« font bien leur devoir est restreint :
« ceux qui ont recours à des pratiques
« malhonnêtes abondent. Un patronage
« puissant est donné à des hommes sans
« valeur, et une licence extrême est ac-
« cordée à la rapacité des amis et parents
« de ceux qui sont au pouvoir : les justes
« réclamations du peuple sont mécon-
« nues.

« En même temps, les membres des

« ministères permettent à leurs commis
« de saisir les rênes du pouvoir, et de
« décréter des permissions et des refus
« de payement d'argent, de telle sorte
« que celles des autorités provinciales qui
« ne sont pas corrompues exécutent
« inconsciemment des ordres iniques.
« Avec un pareil système, quel que soit
« le désir qu'on ait de travailler à la
« prospérité du peuple, comment faire?

« Quoique les taxes de guerre soient
« élevées à un taux énorme dans chaque
« province, il y a toujours dans le paye-
« ment de la solde un arriéré de plusieurs
« mois et même de plus d'un an. Les
« soldats sont comptés par millions...
« sur le papier : prenez-les par corps, et
« vous trouverez que la moyenne se com-
« pose de gens vieux, décrépits, igno-
« rants, qui en temps de paix gagnent
« leur vie comme coulies, au lieu d'ap-
« prendre le service militaire.

« Si soudain les troupes sont appelées
« à la guerre, on ne pourra faire qu'une
« levée précipitée de paysans armés de
« piques et de sabres faits de socs et de
« faux. Les troupes tartares en temps de
« paix tirent à l'arc et manœuvrent la
« fronde, mais seulement pour la parade,
« et elles ne tendent qu'à l'effet : leurs
« bras et leurs muscles s'énervent, et elles
« passent surtout leur temps à élever des
« oiseaux!

« Quand les Rebelles apparaissent et
« qu'une sanglante bataille a été évitée,
« alors un homme se suicide pour attirer
« la compassion impériale sur toute sa
« famille. Ou bien, quand les deux forces
« sont en présence, les Impériaux n'avan-
« cent que si les Rebelles se retirent vo-
« lontairement. Mais si les Rebelles ne
« commencent pas par battre en retraite,

« ce sont les soldats impériaux qui se re-
« plient. Alors les officiers, pour donner
« créance aux rapports qu'ils envoient
« sur une prétendue victoire, tuent un
« ou deux êtres paisibles. Enfin, si après
« la retraite des Rebelles ils trouvent
« quelques paysans qui n'aient point le
« crâne rasé [1], ils les décapitent instan-
« tanément, sous prétexte qu'ils sont des
« Rebelles à longs cheveux : après en
« avoir tué un grand nombre, ils deman-
« dent une récompense pour services mé-
« ritoires.

« Au point de vue financier, on tra-
« casse tellement le peuple pour le paye-
« ment des impôts, qu'il se dit « scalpé ».
« De plus, toutes les dépenses impériales,
« petites et grandes, ne sont liquidées que
« par des réquisitions, ce qui jette le
« peuple dans de mauvaises pratiques.

« On arrive donc à cette conclusion
« sur la politique intérieure de la Chine,
« que tout ce qui est affaires civiles ou
« militaires est fondé sur le mensonge.
« Les administrateurs chargés de l'exécu-
« tion des lois n'envisagent que la ques-
« tion du gain : les gardiens de la fortune
« publique sont les ouvriers ardents de
« leur bourse personnelle, et pour ce
« qui est vu par les hommes au pouvoir,
« c'est comme s'ils ne voyaient rien du
« tout. Si le Gouvernement ne sort de
« cette léthargie, il est à craindre que les
« populations ne donnent carrière à leur
« mépris pour les supérieurs et n'entrent
« en rébellion.... »

Tels sont, à mon avis, les aperçus les
plus rapides, mais les plus typiques, de

---

[1] Les Rebelles laissent pousser tous leurs cheveux, mais les paysans — non Rebelles — ne se rasent pas toujours la tête.

la situation actuelle; je ne me permettrai pas d'y ajouter une ligne; car si je devais entrer dans la question historique et diplomatique du Céleste Empire, il en ré-

Tchung-Hao, gouverneur de Tien-Tsin. (*Voir p.* 711.)

sulterait probablement un gros volume et beaucoup d'ennui pour vous.

J'aime mieux vous dire au contraire ce qui nous a causé infiniment de plaisir, une gracieuse invitation à déjeuner chez Son Altesse Impériale le prince Kong, oncle de l'Empereur, régent de l'empire, fils du Ciel et descendant du Feu.

Par un dégel boueux, nous allons à cheval, en bottes et en éperons, jusqu'au yamen des affaires étrangères, où un piquet de cavalerie indigène rend les honneurs au duc de Penthièvre; nous donnons nos chevaux à des grooms vêtus de bleu de ciel, et chaussés de bottes de velours noir; nous sommes devant trois potentats, boutonnés de rouge, en casaquins de peau de renard, sous des chapeaux officiels recouverts de franges de soie rouge et ornés d'une longue queue de plumes de paon, dans des robes de soie gris perle à boutons d'or, et des bottes de satin blanc. Ce qui s'est fait de révérences périodiques et mécaniques dans la cour d'honneur n'est pas calculable sans une table de logarithmes. Nous nous inclinons, vous vous inclinez, ils s'inclinent, sans qu'on imagine quand l'étiquette permettra de relever la tête. De plus, en Chine, on éclate toujours d'un rire forcé, en se disant bonjour, avec des oh! oh! ah! ah! sur un rhythme qui va *crescendo*. Enfin les trois gros mandarins nous emmènent par une série de passerelles sautillantes et de ponts torturés autour de kiosques à parois de papier, et nous nous trouvons en présence de Son Altesse Impériale, dont la figure est intelligente et l'accueil des plus aimables; nous passons de nouveau un petit quart d'heure en révérences réciproques, mais nous gardons nos chapeaux sur la tête (le contraire serait une haute impolitesse). — Un séjour de deux mois et demi en Chine nous a donné l'habitude des grandes manières célestes, et je vous assure que vous nous auriez tous pris pour des descendants du Feu,

tant nous savons rentrer nos poings fermés dans nos manches, puis avec componction, avec méthode, les porter réunis jusqu'à toucher notre front; tant nous savons faire une démonstration d'hilarité, et enfin tant nous manœuvrons habilement les bâtonnets d'ivoire. En effet, pendant que M. Brown, premier secrétaire de la légation, traduisait les compliments du régent au duc de Penthièvre et *vice versa,* la table se couvrait, comme par enchantement, de centaines de soucoupes craquelées, de petits pots d'émail gros comme un dé à coudre, le tout chargé de mets hachés et gluants, verts, roses, bleus; de pâtes écarlate et juteuses; de fruits, de piments, de viandes, etc... (*voir la gravure, p.* 705).

Prévoyant la maladresse des Barbares, les Célestes potentats avaient fait pompeusement apporter fourchettes et couteaux; mais nous mettions notre amour-propre à jouer des bâtonnets, ce qui leur fit plaisir. Le duc de Penthièvre était à la droite du régent, Fauvel à sa gauche; pour moi, j'avais le bonheur d'être entre le ministre du commerce et le ministre de l'instruction publique. Vous ne pouvez vous imaginer combien ils ont voulu être gracieux : j'ai eu en un instant de plus de vingt plats à la fois dans mon assiette, et je confesse avoir goûté à peu près de cent cinquante plats sucrés qui étaient alignés sur la table; tout aurait été pour le mieux, si le Révérend n'avait pris à tâche de me faire rire, en marmottant quelque plaisanterie chaque fois que l'excellent ministre de l'instruction publique — avec une politesse extrême — me mettait dans la bouche même, avec ses bâtonnets, des quartiers d'orange sucrés, tandis que le ministre du commerce—rivalisant de zèle—introduisait par la gauche, sous mes dents, des tranches de jambon confit dans du gingembre. « That old gentleman will poison you again » (Ce vieux Monsieur va vous empoisonner), répétait chaque fois notre aimable compagnon de course à Nang-Kao. — Sans que nous ayons fait la moindre allusion à notre mésaventure, le ministre de l'intérieur a amené peu à peu la conversation sur les difficultés des voyages, et voyant que nous faisions semblant d'ignorer l'attentat commis par ses administrés, il s'est confondu en excuses avec une grâce qui nous fera tout oublier.

Tien-Tsin, 6 avril.

En quatre jours, nous venons de regagner les rivages du Pe-Tchi-Li; nous avons fait route par eau, afin de voir un nouveau paysage : mais nous avons seulement vu un autre genre d'horreur, car la monotonie du Peï-Ho, que nous avons descendu pendant ces quatre-vingt-seize heures, n'est rompue çà et là que par l'aspect de quelques cadavres de mendiants suivant le fil des eaux ou échoués sur les bancs; et c'est de cette eau-là qu'il faut boire.

Pour ce court voyage, chacun a sa barque, de sorte que nous naviguons sur une espèce de flottille, guidée par la barque cuisine et la barque salle à manger. Chaque esquif a deux matelots indigènes, couverts de vermine, avec lesquels il faut vivre côte à côte; tantôt ils nous poussent de la gaffe, tantôt de la rame; de temps en temps, un peu de brise vient enfler nos voiles faites de jonc, puis un coude de la jaunâtre rivière nous met vent debout, et nous lançons à terre nos matelots avec une cordelle, pour laquelle ils se métamorphosent en chevaux de halage. — La gelée seule nous fait passer des nuits assez dures, d'autant plus que depuis Nang-Kao nous sommes devenus prudents : chaque barque a son quart à faire, prend à son tour la tête de colonne, avec deux carabines toutes prêtes sur l'avant. On parle de pirates redoutables, mais nous n'en voyons pas, heureusement! et nos seules victimes sont des oies sauvages et des pluviers.

Je crois volontiers que les Chinois sont fort insensibles au froid; car, malgré les glaçons que charriait encore la rivière, nous avons vu autour d'un convoi de jonques échouées sur un banc, plusieurs centaines de Chinois, dans l'eau jusqu'à la ceinture, tenter inutilement de les remettre à flot, en faisant un tapage sans doute égal à celui qui fit tomber du ciel les vols de grues aux jeux Olympiques; ils avaient laissé tous leurs vêtements à terre, et, devenus rouges comme des homards, ils barbotaient gaiement.

Nous retrouvons à Tien-Tsin notre *Sze-Chuen*, complétant notre chargement[1]. Nous attendons son départ jusqu'au 8 avril. Nous avons d'abord une grande réception chez Son Excellence Tchung-Hao[2] (*voir la gravure, p.* 709), qui est, après le

---

[1] Le fret pour les marchandises est presque aussi élevé de Tien-Tsin à Chang-Haï, que de Chang-Haï à Londres.

[2] Tchung-Hao est le mandarin compromis dans les massacres de Tien-Tsin, et envoyé depuis en France pour faire amende honorable. Chacun a appris les péripéties de cette ambassade ambulante, qui a dû rédiger des *memoranda* successifs à Napoléon III, puis à l'Impératrice Régente, à la Délégation de Tours, au Chef du Pouvoir exécutif, et enfin au Président de la République. Elle est retournée en Chine, où elle s'évertue actuellement à *expliquer*

prince Kong et M. Hart, l'homme le plus important de l'Empire du Milieu. C'est lui qui a signé nos derniers traités de paix, et que l'on consulte dans toutes les questions barbaro-chinoises.

J'ai vu chez lui de bien jolis dragons de bronze tout couverts de pointes, sorte de fétiches ayant ramification avec le Fong-Chouï, une des superstitions les plus répandues de la Chine, et dont nous avons déjà pu maintes fois remarquer les curieux effets. Le Fong-Chouï, si j'ai

Vue d'Amoy.

bien compris et observé juste, est pour les Chinois la forme matérielle par laquelle la divinité affirme sur un lieu sa protection ou sa haine. Si une montagne a la forme grossière d'un animal quelconque, leur imagination bizarre se met en œuvre de compléter la ressemblance et de l'outrer par mille moyens; des arbres plantés en ligne sur la crête feront la crinière du lion; un trou perforé de part en part fera l'œil, etc... La contrée qui possède une telle émanation de la divinité devient « heureuse et sacrée » :

à la Cour de Pékin la déclaration de guerre à la Prusse, le 4 septembre, le pacte de Bordeaux, le 18 mars, la Commune et les deux siéges de Paris.

des villages entiers émigreront vers elle, ou bien les villages des environs, devenus jaloux et fanatiques, enverront une belle nuit tous les hommes valides pour couper la crête par une tranchée, et c'est ce qu'on appelle briser l'épine dorsale

Le Fong-Chouï.

du dragon. C'est une chose des plus curieuses; et des gens qui ont habité vingt ans la Chine m'ont dit qu'ils avaient vu des contrées entières en émoi, quand le vent avait arraché la crinière végétale du monstre factice. De plus, il semble que, par un vague pressentiment des phénomènes de l'électricité, ce soit à leurs yeux par les pointes hérissées que le dieu diffuse toutes ses bonnes influences; aussi roches et piquets sont-ils accumulés pour la multiplication du fluide bienfaiteur, et les collines sont-elles converties en vastes porcs-épics.

Loin de toutes ces bizarreries erronées, nous passons quelques heures bien douces sous un toit cher à tout Français. En parcourant les rues sordides de Tien-Tsin, nos regards sont attirés par une porte surmontée d'une croix; nous frappons, pensant trouver un missionnaire et voulant lui rendre visite; bientôt un guichet s'ouvre, et une pâle figure de Sœur de Saint-Vincent de Paul nous demande craintivement ce que nous voulons. « Nous sommes simplement des Français, dîmes-nous, heureux, ma Sœur, si nous pouvons vous rendre hommage et parler de la France, que, dans l'Extrême-Orient, vous représentez par le sacrifice et la charité. » — On hésite un peu à nous ouvrir, mais enfin une autre Sœur rassure sa compagne, et nous avons le bonheur de visiter en détail une école admirablement tenue. Il y a là près de deux cents petites filles, arrachées à la misère et élevées maternellement dans un bien-être véritable, au moral et au physique. Rien de plus touchant et de plus grand que ce dévouement et cette abnégation des Sœurs de Saint-Vincent de Paul. Après le spectacle de tant d'horreurs sur ce sol de pourriture appelé Empire Chinois, la vue de ces Sœurs de Charité a quelque chose qui élève l'âme et la purifie : on se sent meilleur après un temps même court passé dans une atmosphère qui est vraiment céleste. Les Sœurs ne savaient pas qu'un des deux visiteurs français était de sang royal; tout demeura donc, sauf une offrande de celui-ci à la dernière minute, dans l'admirable simplicité qui est le propre de cet ordre touchant. Elles nous répétaient avec tant de foi ce que m'avait déjà dit la Sœur de Mervé à l'hôpital de Chang-Haï, quand je lui demandais si elle reviendrait bientôt en France : « La Chine est un lieu de douleur pour nous, mais un lieu de passage entre la terre et le ciel, que nous voulons mériter; nous quittons la France pour n'y jamais revenir, pour soigner ici les malades et les pauvres, et y mourir dans notre devoir[1]. »

[1] Le 21 juin 1870, dix-sept personnes européennes, dont neuf Sœurs de Charité et le Consul de France, furent massacrées à Tien-Tsin par la populace furieuse, qui les accusait de fabriquer des médicaments avec les yeux des petits enfants. Sans doute, nous aurions pu venger par les armes cet acte de barbarie, si la France elle-même n'était alors devenue un lugubre champ de bataille. S'il est triste de penser qu'en Chine la charité a été récompensée par l'assassinat, n'est-il pas consolant, pour l'honneur du dévouement français, de savoir qu'après la nouvelle des massacres, le Père Etienne, supérieur des Sœurs de Saint-Vincent de Paul, ne pouvait suffire aux demandes des Sœurs qui sollicitaient de partir pour la Chine?

VI

YOKOHAMA

Premier aspect de la population japonaise.— L'escadre française. — L'expédition de Corée. — Les maisons de bains de Yokohama. — Course à cheval à Kamakoûra. — Le Daïbout. — Les « tcha-jias » ou maisons de thé. — Le Yankirô. — Un incendie. — Souvenirs des attentats contre les Européens. — Le *Kien-Chan*, commandant Trève. — La montagne.

Nous avons quitté la Chine du nord le 9 avril, — un an, jour pour jour, après notre départ de Gravesend pour l'Australie; nous avons célébré gaiement cet anniversaire, en bénissant Dieu de nous avoir protégés sur tant de mers et de terres, près des glaces du pôle sud comme dans les gorges de la Grande Muraille, au détroit de Torrès comme à Batavia et à Nang-Kao?

Le 14, nous touchions à Chang-Haï, et le 21 avril au matin, après une traversée agitée mais heureuse, au moment où le globe de feu du soleil levant semblait sortir de la pleine mer pour dorer de ses rayons la côte riante du Japon, nous entrions dans la rade de Yokohama et nous jetions l'ancre tout près des navires de guerre.

Les couleurs françaises de la *Guerrière* nous réjouissent l'âme, car l'espoir de passer un mois avec nos amis de l'escadre du Japon nous avait, pendant notre longue course errante, consolés de bien des peines ; c'était la patrie que nous allions retrouver. Mais au moment même de notre première joie, comme je demandais au quartier-maître venu pour chercher la malle, si mon excellent ami le lieutenant Humann était vivant à bord, j'apprenais que, sous trois jours, l'amiral était forcé de partir pour Osaka!

Vite, il s'agit maintenant de prendre terre; nous hélons de fragiles barques japonaises qui n'ont pas du tout l'air pressé de nous recevoir; mais bientôt pourtant la vue d'un dollar mexicain les décide.

Ce qui nous frappe tout d'abord sur ces barques légères, comme sur les lourdes jonques à gros ventre, c'est l'absence totale de peinture. Puis rien d'original comme cette embarcation effilée, manœuvrée à la godille par six gaillards robustes qui, le corps en avant, debout sur une planchette, entonnant un chant cadencé et bizarre, donnent à leur barque, par la douceur et l'enchaînement de leurs rames, l'aspect, la rapidité, le frétillement d'un véritable poisson.

C'est aujourd'hui le saint jour de Pâques; nous nous mettons en quête de l'église : mais, tandis que nous cherchons de droite et de gauche avec cet air embarrassé de Parisiens déposés sur le rivage, et dans l'impossibilité de se faire comprendre, voici un détachement de matelots français en guêtres blanches, en grande tenue, qui va nous servir de guide. Nous sommes tout heureux de voir passer nos bons « Mathurins » avec ce cachet exquis du matelot à terre, faisant vibrer sur les notes les plus hautes du classique clairon une entraînante fanfare.

Pendant que j'y suis, je voudrais vous dire deux mots de l'église. D'abord il n'y avait pas un seul Japonais, pas même en peinture. — Ceci n'est pas une plaisanterie : comme le catholicisme ouvre les rangs du sacerdoce à toutes les races, je n'avais pas été surpris de voir les portraits de saints nègres à Singapour, et des enluminures de saints chinois à Hong-Kong; je m'attendais à trouver toute une coupole illustrée de saints japonais. Il n'en est rien; mais je n'ai pas tardé à apprendre que si aux environs de Yokohama on ne connaît pas un seul Japonais converti, au contraire à Nangasaki il y a des milliers de chrétiens indigènes, pratiquant leur religion à l'ombre, dans les montagnes, dans les cavernes, et subissant avec un courage héroïque une affreuse persécution.

Après l'église nous cherchons un gîte, et nous trouvons dans une maison de bois, décorée du nom de « Commercial Hotel », de fort modestes chambres. Pour moi, suivant ma coutume dès que je touche terre, je me mets avidement à ma fenêtre, en admiration devant les costumes et les non-costumes de la foule active qui court dans la rue. Tous ces Japonais sont plus petits de corps que les Chinois, mais il y a dans les physionomies un air vif, aimable, spirituel, qui vous gagne au premier instant. — Les dames (commençons par elles) sont charmantes; leurs cheveux d'ébène sont élégamment rattachés en trois étages par des épingles ornementées; elles sont rieuses et pimpantes, gaies et roses, un peu peintes, je l'avoue, surtout quand il leur prend fantaisie de se pourprer ou de se dorer les lèvres. Elles trottinent sur de petites planchettes, emmitouflées dans une houppelande qui ferme quelquefois; une épaisse ceinture d'étoffe verte ou écarlate, avec un gros nœud d'un pied carré placé dans le dos en forme de giberne, leur donne un petit air mutin qui plaît fort. Quant aux hommes, suivant les catégories, ils ont des costumes qui varient depuis zéro jusqu'à une demi-douzaine de casaquins ou de pantalons collants superposés. — Voici un potentat, un officier, coiffé d'un chapeau circulaire en laque, sur lequel sont gravées en or les armes du Daïmio ou prince auquel il appartient; sa démarche est majestueuse; deux grands sabres, très-longs, sont passés dans sa ceinture; cette première vue est très-peu rassurante pour de nouveaux arrivants! Il a un paletot à manches de deux pieds et demi d'envergure, et une grande fente dans le dos qui lui remonte presque jusqu'aux épaules et qui laisse passer ses deux sabres. — J'allais oublier le plus joli : au milieu du dos, il porte en broderies les armes de son suzerain : ce sont des hiéroglyphes ou des fleurs renfermées dans un cercle d'environ un pied de diamètre, et cela en rouge, en jaune, en bleu, en vert. A la ceinture de ce seigneur est suspendu tout un petit attirail baroque; c'est le matériel compliqué d'une pipe, dont le fourneau est égal au volume de la moitié du dé à coudre d'une petite fille : blague à tabac en papier-cuir, fermée par un petit bronze ravissant, briquet, mèche, fourreau, etc., etc., c'est une vraie artillerie! Et toutes les deux

Un cortége imposant s'avance, et la foule se prosterne. (*Voir* p. 719.)

ou trois minutes, Sa Seigneurie prend une pincée de son foin jaune, fait toute une manœuvre pour allumer, tire une ou deux bouffées, et le plaisir est fini!

La chaussure est aussi bien originale; c'est une chaussette bleue, avec un petit compartiment séparé pour le pouce, puis une sandale de paille tressée, retenue seulement aux pieds par deux bourrelets en arc-boutant, adroitement pincés par le pouce.

J'étais tout absorbé par la vue des « hommes à deux sabres », et je m'imaginais que c'étaient des voyageurs qu'on avait la chance de contempler très-rarement au Japon; mais en dix minutes, j'en ai vu toute une procession suivie d'acolytes, de porte-piques, hallebardiers et arbalétriers! ils cheminaient gravement dans toutes les directions. Puis, tout d'un coup, un cortége plus imposant s'avance : c'est évidemment quelque prince de haut rang : une escorte à cheval, couturée d'armoiries et de sabres, perchée sur des selles historiées, et agitant violemment des rênes qui sont de larges écharpes en étoffes bleues, le précède en écartant la foule..... et la foule aussitôt de s'incliner et de se prosterner le front vers la terre! (*Voir la gravure, p.* 717.) Quant à cette foule, je voudrais au galop vous la décrire. Une quantité d'hommes sont vêtus seulement d'une paire de sandales et d'un ruban de toile blanche large de trois doigts, passé autour des reins en ceinture; beaucoup sont tatoués des couleurs les plus vives, des pieds à la tête, en bleu et en écarlate. Tout ce qu'il y a de plus diabolique, des dragons, des guerriers, des femmes, est représenté avec une étonnante perfection sur leur peau jaunâtre.

Les uns portent des « kangos » et des « norimons », sorte de panier où se blottit le voyageur : c'est le fiacre au Japon. D'autres poussent de lourds chariots à roues pleines, en battant la mesure par les cris les plus incroyables que vous puissiez imaginer. Enfin des marchands de fruits, des charpentiers, des ouvriers de toute nature, grouillent de toutes parts, vêtus d'une courte jaquette de calicot, et portent dans le dos une grande inscription en langue japonaise, soit pour indiquer leur métier, soit pour marquer de quel Daïmio ils sont serfs.

Vous le voyez, en plein dix-neuvième siècle, nous voici transportés au sein de la féodalité; je suis tout étourdi d'entendre parler de vassaux, de suzerains, de serfs; de voir que chacun de ces hommes est la propriété de quelque seigneur! En écoutant l'histoire du Mikado, chef spirituel du Japon, devenu roi fainéant par les usurpations persévérantes et hardies des Taïkouns, véritables maires du palais; en apprenant qu'une partie seulement des Daïmios rend hommage au Taïkoun; que d'autres sont rebelles à leur suzerain, et, se retranchant dans leurs manoirs, le défient insolemment de franchir la limite de leurs domaines; en entendant dire que certains Daïmios ont vaincu l'année dernière les armées taïkounales et canonné dans les détroits nos vaisseaux européens, tandis que d'autres, au contraire, se serrant fidèlement autour du Taïkoun, appellent de toutes leurs forces l'influence et les armes de l'Europe pour soutenir son pouvoir unitaire contre les princes de Nagato et de Satzuma, ces nouveaux ducs de Bourgogne qui le tiennent en échec, — il me semble que je suis transporté de quel-

ques siècles en arrière, et je ne puis vous dire combien ma curiosité est excitée à la vue de ce peuple, où il y a des chevaliers armés à la fois de hallebardes et de revolvers, et des preux fanatiques courant à la croisade contre l'Européen et ayant pris pour devise : « Je tue et je meurs. »

C'est en effet à cette lutte entre le parti national qui nous exècre, et le parti européen et taïkounal qui nous appelle, que sont dus les nombreux assassinats des dernières années : aussi notre premier soin est-il de charger nos revolvers, et nos amis nous recommandent-ils la prudence; en dehors d'un certain rayon

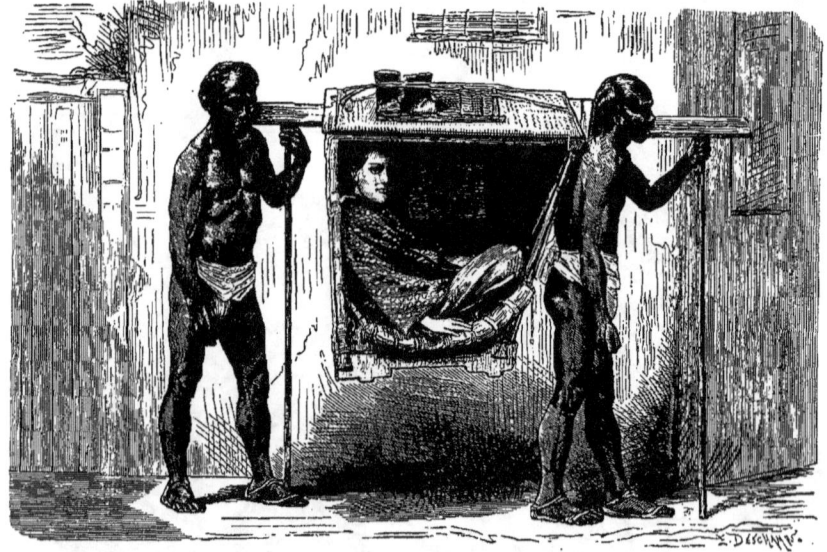

Un fiacre à Yokohama.

autour de Yokohama, le gouvernement japonais ne nous permet pas de nous aventurer sans une escorte de « yakonines », officiers à deux sabres.

Je ne crois pas avoir eu de journée où tant de choses nouvelles se soient présentées à moi : on dit pourtant qu'en voyageant dans l'Extrême-Orient on s'accommode si rapidement aux circonstances les plus diverses, qu'on s'habitue aux

surprises, et que l'on contemple froidement les figures les plus singulières ! Mais aujourd'hui tant de spectacles ont passé sous mes yeux que j'en suis ébloui, et que je remets à plus tard le plaisir de vous en parler.

C'est qu'il y a eu aussi pour nous tous un grand bonheur : nous sommes allés à bord de la *Guerrière*.

L'amiral Roze et le commandant Jouan,

anciens amis du prince de Joinville, et MM. Humann, Touchard et Desfossés, firent au duc de Penthièvre un accueil si chaleureux, que les larmes lui en vinrent aux yeux. L'amiral le reçut à la coupée, lui fit voir son beau navire, plus beau encore pour un exilé! et lui montra toutes les cartes de l'expédition de Corée; Fauvel retrouvait d'anciens camarades, compagnons de Bomarsund et de Sébastopol, de la Réunion et de la Martinique : quant à moi, Humann me recevait comme un frère! c'était la France, avec une joie ineffable.

Ne vous étonnez donc pas si le Japon n'a plus existé pour nous pendant quelques heures d'illusion! Nous avons dîné joyeusement, séduits au possible par les récits du commandant Jouan : on a tant parlé de la France, de Sydney, de la Corée et de Pékin, que je renonce à vous décrire Yokohama!

Vers neuf heures du soir, tandis que le « Commercial Hotel » est encore tout bruyant de nos voix françaises, nous entendons des chevaux au galop : un spahi s'arrête, demande si nous y sommes, et le Prince a le grand plaisir de voir M. Léon Roches, ministre de France, ancien compagnon du duc d'Aumale à la Smalah : avec une amabilité charmante il lui offre l'hospitalité sous pavillon français dans sa légation de Yeddo, où nous irons le plus tôt possible.

Mais je ne veux pas fermer mon journal d'aujourd'hui sans y consigner pour mémoire quelques notes rapides sur l'expédition de Corée, qui a été faite l'automne dernier par notre escadre. Venger l'assassinat épouvantable de nos missionnaires, c'était une tâche bien digne du patriotisme et de l'âme chaleureuse de l'amiral Roze. Il l'accomplit avec une fermeté et une habileté rares; si l'expédition ne se termina point par l'occupation de la capitale et la conquête du pays, c'est qu'au moment où la France entière saluait avec bonheur dans le retour des troupes du Mexique la fin des guerres lointaines, il avait dû se conformer à des instructions précises et n'exécuter qu'un coup de main vigoureux avec des moyens matériels forcément restreints.

En octobre 1866, il rallia donc rapidement sa division à Tche-Fou, la conduisit, après une exploration délicate et admirable, devant la citadelle du pays, au point limité que le tirant d'eau de ses bâtiments lui permettait d'atteindre, attaqua résolûment les positions occupées par les Coréens, et s'empara de la ville de Kangoa, résidence royale, contenant les archives du gouvernement, onze forts, trois dépôts d'armes considérables, des poudrières énormes et des magasins de toutes sortes.

Au premier abord, les Coréens avaient été surpris de la promptitude de notre attaque; mais dès qu'ils connurent notre petit nombre, les combats devinrent incessants et parfois meurtriers : pourtant les Coréens n'arrêtèrent pas un instant nos canonnières dans leur fréquente navigation le long du canal de Kangoa, malgré une fusillade qui partait des deux rives.

Des colonnes mobiles parcoururent l'île de Kangoa et détruisirent tout ce qui appartenait au gouvernement coréen. Pendant ce temps, le travail hydrographique avançait : on levait avec soin et non sans danger les passes terribles que franchissaient pour la première fois des navires de guerre, et que les Américains avaient été jusqu'alors *impuissants* à affronter. Honorable au point de vue militaire, admirable au point de vue nautique, cette campagne, commencée le 18 septembre 1866, a été terminée le 23 novembre; le sang français, le drapeau de la France, la croix des missionnaires étaient vengés; en outre, une escadre française livrait au monde maritime une carte, dressée par elle, de côtes inhospitalières et inexplorées jusqu'alors, des indications mathématiques sur des courants de foudre et des bancs extraordinaires; enfin plus de soixante îles étaient baptisées de noms français.

Yokohama, 23 avril.

Comme toutes les choses heureuses, ce temps si court a passé trop vite : c'est aujourd'hui que la *Guerrière* nous quitte pour Osaka, où se sont déjà rendus, avec leurs frégates, les ministres d'Angleterre et d'Amérique à l'occasion d'une grande réception diplomatique. Le Taïkoun y a invité les représentants des puissances européennes, pour fêter l'ouverture des ports d'Hiogo et de Yeddo.

Nous avons fait aujourd'hui nos premières explorations dans la ville japonaise. A part une petite portion de terrain encore déserte et marquée par des décombres calcinés, on ne se douterait pas qu'elle a été entièrement détruite par un effroyable incendie en novembre dernier. Les rues sont très-larges et bien alignées; chaque maison est en sapin, sans un atome de peinture, un vrai bijou, un joujou, un petit chalet suisse lilliputien, d'un goût, d'une finesse, d'une propreté et d'une simplicité admirables. — Le peuple japonais travaille merveilleusement le bois, et c'est un plaisir que de voir ce toit léger, mais solide, supporté par des parois à coulisses, minces châssis en baguettes de sapin, sur les treillis desquels est appliqué un papier cotonneux et transparent. Je n'aurais jamais pu penser qu'une maison pût n'avoir que ces minces cloisons de papier. Le soir, quand tout est fermé et que les lanternes bariolées jettent une douce lueur dans ce kiosque tout blanc, on se croit devant une lanterne magique; le jour, on fait glisser en un tour de main, comme par enchantement, les parois des quatre façades du kiosque, et la maison n'est plus qu'un toit reposant sur quatre poutres légères; l'intérieur est ouvert à tous les vents; et, de la rue, on voit au travers de ces bizarres habitations, et tout ce qui s'y passe, et toute la charmante verdure, les cascades, les arbres nains du jardinet qui est situé par derrière. — Le grand luxe des Japonais consiste dans leurs nattes, en paille tressée, ayant la forme d'un rectangle parfait, épaisses de trois pouces, et molles au toucher. Jamais ils ne les souillent de leurs chaussures, et c'est nu-pieds seulement qu'ils circulent chez eux. De meubles, ils n'en ont presque pas : un petit fourneau dans un coin, une armoire à coulisses pour les matelas de la nuit, une petite étagère sur laquelle est rangée toute la batterie des soucoupes de laque destinées au riz et au poisson, tel est l'ameublement de la maisonnette où ils vivent au grand jour, comme ce Romain qui ne souhaitait rien tant que d'habiter une maison de verre. — Rien de caché pour le prochain ! — Au milieu du kiosque sont les deux objets d'un usage général pour toutes les classes : le

« chibat » et le « tabaccobon », c'est-à-dire le brazero et la boîte à fumer. — Grands buveurs de thé, grands fumeurs et grands causeurs, c'est devant leur brazero que les Japonais passent tout le jour : nous les voyons réunis au nombre de sept ou huit, assis sur leurs talons autour de la théière; dans toutes les boutiques où nous sommes entrés, ils nous ont accueillis avec une distinction et un charme d'amabilité comme il n'en existe pas chez nous.

Pardon si je passe brusquement de la rue des boutiques, appelée, je crois, « Benten-odori », à une rue parallèle où le spectacle le plus curieux est venu nous amuser pour la première fois et non certes pour la dernière !

Mais ne vous scandalisez pas : au Japon on vit au grand jour, la pudeur ou plutôt l'impudeur n'y est pas connue; c'est l'innocence du paradis terrestre, et le costume de nos premiers parents n'a rien qui choque les sentiments de ce peuple encore dans l'âge d'or! Eh bien, toute cette rue est la rue des Bains. — Chacun y vient jusqu'à deux ou trois fois par jour faire ses ablutions : tous sont là pêle-mêle, hommes, femmes, jeunes gens et jeunes filles, en costume d'archange, au nombre de cinquante à soixante par maison, accroupis et sautillants sur un plan incliné, entourés de pyramides de petits baquets cerclés de cuivre et remplis d'eau chaude; toutes ces grenouilles humaines s'aspergent de la tête aux pieds et deviennent peu à peu de la couleur du homard. (*Voir la gravure, p.* 725.) On frotte, on frotte ! On se promène, on vient gentiment demander une cigarette aux « nobles étrangers » ; les tatouages les plus splendides des hommes brillent au milieu des roses couleurs des nymphes enjouées que des frotteurs en titre savonnent et essuient : ces braves gens font tout cela avec un tel sang-froid, ayant l'air de trouver la chose si naturelle, que pour un rien, je crois, nous nous mettrions de la partie, sans croire déroger à ce préjugé social qu'on appelle le « shocking ».

Nous commençons déjà à parler la langue des fleurs : « ohaïô », bonjour; « omedetto », je vous félicite; « irouchi », jolie, charmante; « séïanara », au plaisir de vous revoir. Et puis ce peuple est rieur et enjoué jusqu'au fond de l'âme : nos moindres paroles, nos moindres gestes les amusent beaucoup; ils viennent, dans le petit costume ci-dessus décrit, examiner nos montres, tâter nos étoffes, contempler nos souliers; et quand nous écorchons leur langage un peu trop audacieusement, les rires éclatent parmi les jeunes filles comme une traînée de poudre.

De là nous nous rendons à la pagode de Bentem : encens, parfums, *ex-voto* par milliers, grosses cloches et colifichets, rien en résumé ne diffère des pagodes chinoises, sauf la propreté. Ah! quand on vient de quitter cet Empire Céleste si sale, si ignoble, avec quelle joie on salue le Japon, où tout brille aux yeux de si riantes couleurs! Quel contraste ! On passe des fanges bourbeuses d'un étang malsain aux ondes limpides et fraîches d'une source vive; de la plaine des cercueils, à une verdure éternelle, et du peuple qui voulait nous assommer sous les pierres et sous les fourches, à la population la plus douce et la plus polie de la terre !

Aujourd'hui, pour la première fois,

Le bain : c'est avec beaucoup de bonhomie que l'on se retrouve pêle-mêle dans l'eau.

nous avons vu un peu la campagne japonaise, et nous avons été charmés par les teintes verdoyantes de la ceinture de montagnes qui forment un amphithéâtre autour de Yokohama. — Nous avons d'abord traversé les faubourgs; puis nous nous sommes aventurés sur la colline du Gouverneur; là sont construits les palais du grand officier japonais devant lequel tout Yokohama se prosterne. — Nous nous sommes arrêtés le long de la route chez un marchand de gaufres et de plaisirs, qui tenait sa boutique « in naturalibus » : ses gâteaux étaient exquis, et pour deux « tempos ». (grande monnaie ovale en cuivre, avec un trou carré au milieu) de la valeur de deux sous, nous avons eu de quoi nous donner une indigestion. — Plus loin, l'aimable sourire d'une marchande d'étoffes nous invite à nous asseoir sur les nattes de sa boutique : c'était, paraît-il, pour elle un grand honneur; car, à notre approche, elle se prosterne et de son front touche la natte. — Rassurons cette âme timide : vite elle nous offre à tous trois du thé dans des tasses charmantes, nous donne du tabac pour bourrer nos pipes, et, de sa main gracieuse, nous présente, avec deux légers petits bâtonnets, des charbons ardents. Jamais je ne saurais vous dépeindre toute l'élégance de cette femme du peuple jusque dans ses moindres mouvements : il y avait dans ses traits l'expression et comme l'habitude de l'affabilité féminine la plus naïve. Eh bien, dans quelque maison que vous entriez, vous trouverez la même distinction : nous en étions tout stupéfaits, et je reconnais vraiment à ce peuple le droit de nous traiter de barbares. Je n'ai pas vu une rixe ni une dispute dans la rue; tous les hommes, en se saluant et en se courbant profondément, ont toujours le sourire sur les lèvres; et, même quand nous voulons être aimables, nous avons l'air gauche en comparaison de ces Japonais, qui sont gracieux sans y penser. Pour eux, un homme qui cède à la colère et qui s'emporte en paroles est mis au ban de la société, est maudit et honni par les siens. Aussi quand, dans les premiers temps, nos plénipotentiaires s'animaient dans les conférences diplomatiques, les Japonais s'écriaient-ils : « Remettons cette affaire à un autre jour, et ne traitons pas avec un homme qui n'est pas maître de lui. »

24 avril.

A cinq heures du matin, nous nous mettons en marche avec M. Lindau[1] pour une excursion qui promet d'être charmante et qui en effet nous a enchantés. Nous allons essayer des chevaux que nous comptons prendre pour un mois; la course est de seize lieues; s'ils résistent bien à cette galopade, le marché sera conclu. Ce sont de doubles-poneys noirs comme l'ébène, à l'œil vif et gaillard, à l'encolure arabe. A cheval, à cheval, voilà le boute-selle ! — Nous avons débuté par une heure de grand trot dans la vallée qui s'étend au sud de Yokohama; nous suivions un sentier étroit au milieu des rizières, sautant à chaque instant par-dessus de petits ponts d'un pied de large, formés de trois bambous juxtaposés. Pendant tout ce temps je ne me lassais de regarder mon « betto », pale-

[1] M. Lindau est l'auteur du plus véridique et du plus ravissant livre qui puisse être écrit sur le Japon qu'il connaît à merveille, et dont il fit les honneurs au duc de Penthièvre avec une grâce et une complaisance parfaites. (*Un voyage autour du Japon*, Hachette, 1864.)

frenier japonais, qui courait devant moi avec l'agilité d'une gazelle, prévenant mon cheval, son ami, par un petit cri saccadé à chaque passe difficile. Il paraît qu'au Japon, jamais cavalier ne s'aventure sans ce coureur fidèle et infatigable, aux membres nerveux et élégants, qui devient l'émule du cheval. « Aramado » (c'est le nom de mon nouveau serviteur) a en effet, pendant cette longue journée, suivi tout le temps notre course rapide; descendions-nous dans quelque maison de thé, aussitôt il était là, il prenait soin de ma bête, lui arrosait les narines avec de l'eau fraîche et lui présentait un petit repas de haricots.

Aramado, mon betto (coureur).

Ah! comme je voudrais vous le faire voir effleurant à peine le sol de ses pieds légers! Au départ, son costume était superbe; il portait une casaque bleu foncé à manches immensément larges, et un pantalon collant qui dessinait les plus beaux mollets du monde. — Galopant ainsi dans les rizières, manches flambantes au vent, il avait l'air d'un grand papillon bleu voltigeant au ras des hautes fleurs; bientôt se dépouillant peu à peu de toutes ses enveloppes, il ne se trouva plus vêtu que d'une paire de chaussettes et... de son tatouage écarlate, qui représentait la lutte entre une femme, de grands oiseaux et un serpent. — Les Anglaises timorées auraient préféré le tatouage du betto de M. Lindau; absolument nu, il était habillé! Son tatouage représentait une jaquette bleue à

Quatre de nos jeunes filles vont pêcher dans ce vivier taillé dans le roc. (*Voir p.* 732.)

boutons blancs, à coutures rouges, à armes écarlate au milieu du dos, plus une culotte (très-collante, il est vrai, puisque c'était sa peau) à carreaux noirs et blancs!

Nous n'avons pas tardé à grimper dans les montagnes; et, au bout de deux heures, de ravissants chemins, frais, sinueux, ombragés par la verdure naissante, tantôt coquets comme dans un parc, tantôt sauvages comme en pleine forêt vierge, nous menaient à la crête de cette chaîne que nous admirions de loin l'autre jour; cette crête n'est large que de trois mètres; de là on découvre un merveilleux panorama.

Nous sommes arrivés au Japon dans la plus jolie saison de l'année, vers le milieu du printemps. La nature de ce pays si riche en pins et en arbres touffus, à verdure sombre et éternelle, semble relevée d'un nouvel éclat par la fraîcheur luxuriante des feuilles à peine écloses. Cette nature nous rappelait Java et nous ravissait. Java, pourtant, restera pour moi comme le véritable Éden de la terre : la campagne ici est mille fois plus jolie et plus coquette, mais Java avait ce grandiose qui frappe l'imagination et qui laisse d'éternels souvenirs ; à Java, au col magique du « Megamendong », nous étions à près de quatre mille mètres d'élévation; ici nous ne sommes guère qu'au quart de cette hauteur. — Pourtant je n'oublierai de longtemps le point de vue d'aujourd'hui : à gauche, encore à une grande distance, du sein de cette mer que nous voyions à nos pieds, s'élevait la forme brisée du volcan de «Vries»; du cratère s'échappaient en auréole blanche d'épais tourbillons de fumée, qui se détachaient vivement sur les gros nuages noirs que la brise nous amenait du large et qui donnaient à une partie de la mer la teinte lugubre du bronze, tandis que la baie la plus proche reflétait encore l'azur du ciel; — à notre droite, le « Fuzi-Yama » (la montagne sans pareille, la montagne sacrée) apparaissait tout éclatant de neige. Cette montagne domine tout le Japon, qui la vénère comme une divinité; sa crête d'une régularité parfaite se découpait sur le ciel comme la blanche toiture trapézoïdale d'une pagode argentée.

Je ne sais pas s'il est un peuple plus sensible aux beautés de la nature que les Japonais; partout où dans la campagne il y a quelque joli point de vue, partout où un bel arbre et la retraite d'un charmant ombrage semblent inviter le voyageur au repos, même dans les sentiers presque perdus à travers les prairies, se trouve une maison de thé, légère cabane à toit de chaume et à parois de papier, où de molles et propres nattes sont étendues autour du brazero sur lequel chauffent le thé et le riz. Nous en avons déjà vu tout le long de la route; mais en ce lieu féerique il ne pouvait manquer d'y en avoir une. Nous descendons de nos chevaux, et aussitôt, doucement, gentiment, deux ou trois jeunes filles nous apportent le thé et le riz dans de petites coupes; la vieille maman nous offre le brazero et du tabac. Des voyageurs japonais arrivent par d'autres sentiers et s'arrêtent comme nous. Chacun d'eux nous parle et nous dit sans doute les choses les plus aimables; nous sommes désolés de ne pouvoir leur dire combien nous aimons leur beau pays; mais M. Lindau, qui est un vieux Japonais, nous traduit tout ce qu'ils nous racontent de gracieux et leur transmet nos politesses. Puis nous nous remettons en route pour descendre jusqu'au lointain village que nous apercevons au fond de la baie. — Là, comme par tout le chemin, je ne puis vous dire combien nous avons été surpris de la politesse et de l'amabilité de toute la population. « Anàtà! ohàïhô! » (bonjour, salut) nous criaient toutes les rieuses jeunes filles des maisons de thé en nous voyant passer au galop! « Ohàïhô! » nous disaient tous les cultivateurs qui laissaient la fourche dans la rizière pour accourir nous voir et nous sourire sur le bord du sentier! « Ohàïhô, omedetto! » telles étaient les paroles de tous les voyageurs et voyageuses que nous croisions en route. Oui, il faut venir au Japon pour voir comme l'étranger est reçu, fêté, choyé par la population des campagnes! C'est certes le peuple le plus poli de la terre, et c'est avec tristesse que nous reportons notre pensée vers nos pays si différents.

Nous voici donc vers le milieu du jour à Kànàsàwa, petit village qui dépend du manoir du prince Niràna-nô-Kami, au fond d'une baie si bien fermée par deux promontoires de verdure qu'on se croit sur la rive d'un petit lac. Nous descendons cette fois dans une magnifique maison de thé, haute de deux étages, toujours avec du papier transparent comme parois. Tout est si charmant et si propre que nous ôtons nos chaussures pour y pénétrer, car je crois que nos hôtes auraient pleuré de nous voir salir leurs nattes élégantes. — Vite, une quinzaine de jeunes filles en costumes fort coquets se mettent en devoir de préparer le festin; les petites soucoupes fourmillent, mais nous comptons les renforcer de quelques mets solides emportés par précaution. — Quatre de nos jeunes filles deviennent pêcheuses; elles assiègent un grand vivier taillé dans le roc (*voir la gravure, p.* 729), puisent chacune leur poisson dans un léger filet, et la bête toute frétillante passe directement dans la poêle à frire. Du reste, la cuisine japonaise est loin d'être mauvaise; elle abonde en petits plats très-propres, mais le poulet est la seule viande que l'on puisse obtenir par grande faveur. Ce peuple, à l'âme innocente, n'a jamais versé le sang d'un bœuf ni d'un mouton.

Une petite sieste sur les nattes, des tasses de thé à profusion, des parties de rire avec la « troupe joyeuse », ont vite fait passer le temps, mais nous avons encore une foule de choses à voir. Nous repartons donc, précédés par nos bettos aussi frais coureurs que le matin. Nous ne pouvons nous empêcher de rire en passant devant le portique qui ferme l'avenue du château du Daïmio suzerain de céans : il était gardé par une jeune portière en train de se peigner sur le seuil, et qui n'avait pour vêtements que les rayons du soleil. Tout est étrange ici : tantôt ce sont des processions où brillent des robes et des écharpes d'un grand luxe; tantôt, quand nous passons dans les villages, au bruit de notre cavalcade, des groupes d'enfants crient : « Todgin, todgin » (voilà les étrangers!)! les jeunes filles qui se baignent dans un baquet en sortent précipitamment pour venir nous contempler, nous sourire et nous dire l'éternel « ohàïhô! »

Nous continuons à voyager sur une route toujours aussi pittoresque et aussi jolie, bordée de ruisseaux et de cascades, au milieu de bosquets continus de camélias en fleurs, d'azaléas et de mille autres plantes en plein éclat, dont les noms m'échappent, mais dont il me semble encore respirer les parfums enivrants. Nous arrivons aux Thermpoyles du Japon, gorge sauvage où l'on sent le frais de la caverne, et où la lumière du jour pénètre à peine au travers des lianes et des hardis arbrisseaux qui se sont cramponnés aux parois du sommet et qui forment un gigantesque berceau.

Le village de Kànàsâwa.

Bientôt, dans une vallée où plusieurs sentiers se croisent au pied d'un gros arbre séculaire, M. Lindau nous montre la place où, en 1862, deux officiers anglais (le major Baldwin et le lieutenant Bird), en promenade comme nous, furent assassinés par un homme à deux sabres.

Vous le voyez, on passe de l'enchantement le plus complet à de tristes souvenirs, et en folâtrant avec ce peuple « si poli », nous ne quittons pas un instant nos revolvers. — A quoi attribuer cette sourde hostilité? N'est-ce pas nous, Européens, qui nous sommes introduits dans un pays qui avait vécu jusqu'ici isolé, et dont les lois sociales comme les lois religieuses défendaient, sous peine de mort, l'accès aux étrangers? — De ce peuple guerrier et fanatique, sous l'empire des lois féodales, gouverné par des daïmios fiers et indépendants, les uns nous ont adoptés, les autres ont repoussé les armes à la main l'invasion étrangère. Toute cette demi-aristocratie d'hommes à deux sabres, au nom de l'honneur et des droits sacrés du Japon, a juré notre mort. Sur la réclamation de nos ministres, l'assassin de ces deux officiers a été exécuté à Yokohama devant une foule immense; mais il est mort avec sang-froid et en martyr aux yeux des Japonais, protestant jusqu'au dernier instant qu'il avait cru agir selon « droit et honneur », comme nos chevaliers qui « se croisaient » pour aller porter la mort au Turc.

Quoi qu'il en soit, il faut avouer que ce sont des mœurs assez étranges pour les excursionistes; mais, à vingt ans, il ne faut pas songer au lendemain avec tristesse, et « par honneur et damoiselles », vogue la galère!

Des vallées, nous sommes arrivés au rivage de la mer; une superbe galopade sur la plage nous amène à l'île sacrée d'Inosima, immense roche volcanique qui semble sortie du sein des flots comme un champignon. Pour l'escalader, il n'y a pas de chemins, mais seulement des escaliers; nous laissons reposer nos chevaux, et grimpons des centaines de marches qui nous conduisent à une série de petits temples, devant lesquels sont agenouillés des pèlerins portant besace et coquillages. — Les naturels de cette presqu'île sont assez hostiles aux étrangers, à cause de la sainteté du lieu : aussi, à la place des sourires de tout à l'heure, nous n'avons plus devant nous que les visages farouches de prêtres rasés, balbutiant des prières, avec cet air stupide, insolent et paresseux que donne un pouvoir incontesté et immérité.

Des idoles bizarres..... très-bizarres même, ornaient les bords des escaliers. Du sommet de ce pain de sucre sacré, la vue était splendide; mais, tout en bas, là où les vagues venaient se briser avec fracas contre les récifs couverts d'écume, un nouveau spectacle nous attendait. Là, en effet, s'ouvre une grotte de trois cents mètres de profondeur qui s'enfonce jusqu'au centre de l'île : nous y pénétrâmes éclairés par des torches; la mer déferle à l'entrée, de sorte que chaque grande vague semble une porte aquatique qui vient nous enfermer. Sans doute par quelque effet volcanique, toutes les roches sur lesquelles nous marchions étaient couleur rose lilas, d'un effet admirable. Nous avons trouvé au fond de cette grotte un autel brillamment éclairé et orné d'un millier d'*ex-voto*. Toute une troupe rieuse de jeunes demoiselles en vraies toilettes d'opéra, avec des robes écarlate et azur, et les lèvres dorées, étaient venues y faire leur pèlerinage.

Comme nous sortions, la confrérie des bonzes pécheurs se présente à nous, et moyennant quelques « tempos » que nous jetons au fond de la mer, très-profonde en cet endroit, tous ces messieurs piquent une tête et rapportent chacun d'une main la pièce, de l'autre une coquille brillante.

La journée n'était pas finie : nous n'étions encore qu'au point extrême de notre course, à huit lieues de Yokohama.

Dans notre voie de retour, après avoir traversé la petite ville de Kamakoûra, qui conserve comme souvenirs de sa grandeur passée de beaux ponts de pierre et des portiques, nous arrivons à l'un des plus grands temples du Japon : il est élevé à la Volupté! Des ponts de pierre, des ponts de bois recouverts de vernis rouge, de grandes avenues séculaires entretenues comme celles de nos parcs, des étangs et des canaux, tels sont les abords de cette étrange collection d'édifices. Au milieu des nénuphars nageaient des bandes de canards-mandarins, de canards à aigrettes dorées et argentées, et d'oies au plumage moiré. Oh! que j'aurais payé cher pour faire feu sur ces admirables oiseaux! Mais ils sont sacrés, on nous demanderait sang pour sang, et, quand il s'agit d'oies, c'est loin d'être flatteur : il a donc fallu y renoncer et nous engager hardiment dans le sanctuaire. En passant le dernier pont-levis, nous voyons un grand mouvement s'exécuter tout autour des temples, et des bonzes courir dans toutes les directions; c'est qu'on ferme à grand fracas quatre grands temples où sont, paraît-il, renfermées quelques centaines de princesses de haut rang, mais de passé un peu volage, venues ici pour expier leurs fautes; nous en sommes réduits à admirer des chevaux blancs, lilliputiens, à nez et à oreilles roses, consacrés à la déesse de Kamakoûra. Nous entrons : quatre temples, recouverts de toits aux courbures élégantes, forment un quadrilatère : au centre est un clocheton de bronze à neuf étages, et au fond un édifice très-vaste, peint en écarlate, soigné jusque dans ses moindres détails et orné des sculptures les plus fines : tout cela au milieu d'un parc magnifique, avec des avenues comme celles de Versailles. Sous le plus beau des arbres de ce parc se trouve l'idole de pierre « d'Omanko Sama », image *pittoresque* et fort singulière devant laquelle les pèlerins viennent se prosterner. Les arbres environnants sont couverts d'*ex-voto;* on y vient adorer la déesse des parties les plus lointaines du Japon, et nous avons vu une foule de jeunes garçons et de jeunes demoiselles lui offrir leurs prières et les premiers fruits du printemps.

Encore une galopade et encore un temple! Entre des haies taillées en forme de remparts, des haies de camélias et d'azaléas de trente pieds de haut, s'élève une belle statue de bronze de cinquante pieds : elle représente un Bouddha assis, gros, joufflu, d'un aspect imposant. Nous lui grimpons sur les pattes, mais auprès de lui nous avons l'air de pygmées : nous entrons dans son corps par une fenêtre pratiquée dans son dos, et un prêtre nous vend, pour une pièce de cuivre ne valant pas deux sous, l'image du dieu! moyennant quoi, nous sommes guéris de toutes les maladies possibles et imaginables, passées, présentes ou futures : c'est quelque chose comme le talisman universel de l'Empire du Soleil levant.

Après cette visite, nous repartons pour Yokohama : nos agiles bettos nous ont suivis tout le temps comme de vrais cerfs. Nous avions fait seize lieues, bu au moins une cinquantaine de tasses de thé dans une vingtaine de « tchajias » (maisons de thé), vu des temples et des idoles à en perdre la tête, entendu et rendu des milliers de « ohâïhô, anâtà, omedetto! » et reçu de charmants sourires, ce qui n'était pas la partie la plus désagréable de la fête. Le *nec plus ultra*, c'est que nous n'avions pas rencontré un seul homme à deux sabres.

25 avril.

Décidément la vie japonaise a bien des charmes! Je serais tout prêt à recommencer aujourd'hui notre promenade d'hier, mais les devoirs de la société viennent nous rappeler que nous sommes nés ailleurs que dans les « tchajias » du Nippon : il faut rendre nos civilités aux autorités constituées. Nous avons notamment fait une visite au camp du régiment anglais, chez le colonel Knox. Le camp est composé de baraques

Temple de Kamakoûra.

de bois où l'on gèle en hiver et où l'on étouffe en été : pourtant, la situation en est jolie : il est assis au sommet d'une haute colline qui domine Yokohama; mais le colonel se plaint beaucoup de ce que, pour une cause autre que la fatigue, ses soldats aient de la peine à la gravir le soir.

Il y a à Yokohama, comme dans toutes les villes japonaises, pour ainsi dire une seconde ville appelée « Yankirô ». Cette ville, triste et froide pendant le jour, voit, dès la tombée de la nuit, toutes ses rues s'illuminer par enchantement, au moyen de longues guirlandes de lanternes papillonnantes; ce soir on nous mène voir ce coup d'œil magique : c'est ce qu'il y a de plus commun et de plus caractéristique au Japon. Les promeneurs y abondent en foule, et il y règne le plus grand entrain. La population du Yankirô se compose de neuf cents à douze cents jeunes filles, danseuses et chanteuses : fées invisibles le jour, elles

Statue en bronze du Daïbout, à Kamakoûra.

n'apparaissent que sous les reflets des lanternes écarlate, parées de longues houppelandes de soie, peinturlurées, enluminées, ornées d'une coiffure en écha- faudage et couvertes de bijoux. Toute la rue est bordée de leurs maisons illuminées; mais au lieu de parois de papier, la façade n'est qu'un léger treillis en baguettes blanches. Chaque maison est donc comme une grande cage, et, derrière ces minces barreaux, les passants admirent toute une brochette de tendres fauvettes becquetant des pâtes coloriées devant un petit brazero. On entre; au son de la guitare et des chants orientaux, à la fois langoureux et criards, de petits « réveillons » à trois cents soucoupes s'organisent sur les nattes des salles qui entourent un petit jardin intérieur à cascades et à arbres nains. Quant au théâtre, où les Japonais paraissent se passionner, à part la splendeur des costumes, c'est une répétition de tout ce que nous avons vu en Chine et à Java. Pour moi, le théâtre artificiel de l'Orient ne m'attire plus : le vrai spectacle est celui de tous les instants, celui de la rue ou de la campagne pendant les premiers jours où l'on se trouve en contact avec un peuple de mœurs si bizarres! Certes, je ne crois pas qu'on puisse avoir un coup d'œil plus étonnant que celui des rues du « Yankirô » ! Songez à l'affabilité, à l'entrain, à la légèreté de ce peuple de polichinelles badinant au milieu des gazouillements de cette cité de volières, et voyez le tableau!

26 avril.

A trois heures du matin nous nous réveillons en sursaut, au bruit d'un tapage infernal. Chacun de nous, en se frottant les yeux, est ébloui par une grande lueur : le feu est dans la ville. Un bruit de roues et de carrioles remplit la rue, et nous n'entendons que de bruyants « ohâïho » ! Ce sont les cohortes des pompiers japonais qui se précipitent au pas de course et qui (ce peuple est si poli !) se disent, en se croisant, bonjour d'une façon si tapageuse devant nos fenêtres. Dans un costume très-japonais, c'est-à-dire presque nul, nous courons au balcon et nous voyons, à quatre-vingts pas de notre baraque, toute une partie de la rue en flammes ; les flammèches tombent déjà sur notre toit. Nous avons eu alors un de ces petits coups de feu (c'est le cas de le dire) dont je me souviendrai longtemps! Sous une pression de quarante atmosphères, nous avons empilé à la hâte toutes nos affaires dans nos malles, et nous nous empressons de les transporter dans la cour, afin de les sauver, si notre case de bois vient aussi à flamber : puis nous allons au feu ; c'était la maison d'un révérend qui rôtissait. Je n'ai jamais rien vu de drôle et de pittoresque comme les cohortes des pompiers japonais! Coiffés d'un haut casque de fer orné de cornes, couverts d'un masque de bronze, de cuirasses, de brassards, de cuissards et de tout un attirail de chevalerie, la compagnie manœuvre avec fracas une pompe qui jette un petit filet d'eau imperceptible, comparable à celui de certaine fontaine de Bruxelles : c'est à rire de bon cœur de voir toute cette pompe! Les officiers ont des casques dorés et argentés, comme pour une revue d'opéra ; le capitaine, perché sur le sommet du portique de l'église, dirige ses cohortes en tenant à la main une sorte de vexillum à pommeau doré, une grande machine de carton qui est le signal du ralliement. (*Voir la gravure, p.* 741.)

Quand nous avons vu que le feu ne gagnerait pas notre case, nous nous sommes mis à jouir du spectacle en curieux et sans préoccupation. Il va sans dire que les pompes européennes sont bientôt arrivées, traînées par le régiment anglais et nos matelots. Ces derniers étaient de mauvaise humeur, car on les réveille à chaque instant pour pareille fête! Aussi aspergeaient-ils de temps en temps le malheureux bourgeois en robe de chambre qui, du toit de la maison voisine, regardait anxieusement son toit s'effondrer. Au jour, chacun s'en retourna chez soi plus tranquille qu'il n'en était sorti; mais nous voilà nous-mêmes bien inquiets pour nos bagages pendant nos futures absences : c'est une vraie boîte d'allumettes que cette ville entièrement en bois, avec des brazeros et une foule de lanternes dans chaque maison. En novembre dernier, par un violent coup de vent, elle a brûlé tout entière, et comme c'est une ville de marchands, vous pensez quel désastre ç'a été. Eh bien, les Japonais n'ont pas l'humeur triste : trois jours après l'incendie, ils se mettaient à reconstruire, et, par parenthèse, c'est fort intéressant de les voir élever une maison! Il y a de par le monde des gens qui commencent une bâtisse par les fondements : pour eux c'est le contraire! On construit d'abord le toit par terre; on le garnit de petites tuiles de bois de deux doigts de large, minces comme une feuille de papier; puis on l'élève et on le supporte au moyen de quatre poutres : en un rien de temps, le paravent multiple et transparent qui sert de mur est glissé dans de doubles rainures, et voilà une maison charmante, régulière à l'excès jusque dans ses moindres détails, élevée sans un seul clou! Il n'y a guère dans tout le Japon que trois ou quatre types généraux de plans de maisons : c'est la natte qui en fait la base. Chaque natte a deux mètres de long sur un de large : de là des maisons à six, douze, dix-huit et vingt-quatre nattes, toutes de petits chefs-d'œuvre de menuiserie, d'élégance et de propreté.

Nous avons fait aujourd'hui à cheval une promenade de dix lieues, en suivant le Tokaïdo, cette route longitudinale qui traverse le Nippon dans toute son étendue, depuis la pointe sud-ouest de Nangasaki jusqu'à l'extrémité nord-est de Hacodadé. Tout le Japon est là, voyageant, circulant, s'agitant sur cette route : on croise à chaque instant des chevaux chargés de balles de soie ou de riz, ferrés avec des chaussons de paille, et arrivant des campagnes de l'intérieur avec toute la fougue impétueuse de la bête sauvage, — on pourrait presque dire avec les préjugés des provinces qui ne sont pas encore ouvertes; car sitôt que ces beaux animaux indomptés voient l'Européen, ils se cabrent, reculent, défoncent les maisons, écrasent les passants, renversent leur charge et entraînent dans leur fuite leur malheureux conducteur aussi impuissant qu'éperdu; plus loin, ce sont des troupes de coolies tout nus et tout tatoués, portant aux deux extrémités d'un bambou des caisses en osier, remplies de quelque tribut pour les daïmios; ici défilent des convois de « norimons » où sont blotties des princesses voyageuses, ayant presque toutes un enfant ficelé sur le dos avec une écharpe; le bébé japonais tout souriant envoie avec sa petite main le bonjour par-dessus les épaules de sa mère; enfin pèlerins et voyageurs à pied en grande foule, jeunes filles coquettes, la tête ornée d'étoffes à ramages, officiers à deux sabres au pas cadencé, telle est la foule qui se croise tout le long de cette charmante route. Oh!

quelle jolie peinture on ferait du Tokaïdo !

Mais je reviens à notre course : au moment où nous traversons Khànagàwà, voici le facteur qui passe : un homme sans aucun costume, lancé au grand trot, porte un paquet de lettres au bout d'un bâton appuyé sur son épaule.

Tous les trois villages, cet homme trouve un relais, et la poste marche ainsi jour et nuit. Les Japonais aiment beaucoup à écrire; ils s'envoient de petits billets de félicitations d'un bout du Japon à l'autre, simplement par amabilité et politesse, sans qu'il y ait le moins du monde affaire pressante. Et ce qui est curieux, c'est

Marchand de poissons.

Officier en imperméable.

qu'au moment du jour de l'an ils s'adressent ainsi une véritable pluie de cartes de visite.

Entre Kànagàwà et Kawasaki (cette dernière ville était le but de notre course), nous avons passé devant une jolie maison de thé dont le jardin éclipsait tous ceux que nous avions vus. C'est la « tcha-jia » de la « Belle Espagnole ». Là vit avec sa mère une courageuse fille dont les traits sont encore empreints d'une

grande beauté, et qu'avaient ainsi surnommée les résidents français de Yokohama. Un triste souvenir, raconté par M. Lindau, se rattache à ces lieux où la nature nous apparaissait si riante, et au seuil d'une porte qu'un sourire gracieux nous invitait à franchir. — Il y a quatre ans, le prince de « Satzouma », un de ces daïmios puissants qui tiennent en échec le pouvoir de leur suzerain le Taïkoun, était venu à l'époque fixée pour paraître

Le capitaine des pompiers, portant une sorte de vexillum, s'était juché sur le toit voisin. (*Voir p.* 738.)

à « l'hommage solennel » des daïmios, à Yeddo. — Cet acte extérieur de soumission avait aigri plus que jamais l'âme altière du prince féodal, irrité depuis longues années du pouvoir croissant du hardi et heureux « Maire du palais ». Comme le chien qui mord après avoir léché, Satzouma voulut humilier le Taïkoun, après lui avoir rendu hommage, et il se prépara avec pompe, à Yeddo, à se rembarquer pour regagner ses fiefs, sur un navire de guerre à vapeur qu'il venait d'acheter à Yokohama. Les ministres du Taïkoun, ce nouveau Richelieu, profitèrent de l'occasion pour abaisser l'orgueil seigneurial, et dans les vingt-quatre heures, messire de Satzouma reçut l'ordre de s'en aller comme ses ancêtres, par la voie traditionnelle du Tokaïdo, obligé ainsi de renoncer à son brillant vapeur. Or, il faut savoir que lorsque ces daïmios viennent à « l'hommage », ils ont avec eux un cortége de sept à huit cents hommes, tant officiers de leur suite que soldats, hallebardiers, vassaux et chevaliers à eux soumis. La colère du chef se communiqua « à tous ses gens », qui sortirent de Yeddo la rage dans le cœur. Non loin de la « Belle Espagnole », le cortége du prince vint à rencontrer une cavalcade composée de deux dames européennes, de l'infortuné Lennox Richardson et d'un de ses amis. On dit que ceux-ci, ne connaissant pas l'usage qui veut que la route soit entièrement libre devant un daïmio, ne se rangèrent pas assez tôt; mais il est plus croyable que la colère et l'espoir de mettre le Taïkoun dans l'embarras emportèrent quelques chevaliers de ce cortége, qui comptait sept cents hommes et quatorze cents sabres. On se rua sur les Européens : deux échappèrent, une des dames eut son chignon coupé d'un coup de sabre; quant à Lennox Richardson, il fut mortellement frappé; il se traîna jusqu'à la maison de la « Belle Espagnole » qu'il avait encore saluée un instant auparavant, et qui l'avait vu si souvent plein de jeunesse et de gaieté; il but, avec la soif fiévreuse d'un homme blessé à mort, la coupe d'eau fraîche qu'elle lui apporta. Elle pansait ses blessures, quand les sicaires de Satzouma revinrent, la repoussèrent avec violence, et traînant le mourant sur la route, l'achevèrent, puis le jetèrent dans le fossé d'un champ voisin, avec toutes les insultes de la rage assouvie... Alors, la pauvre et courageuse jeune fille ne craignit pas d'aller chercher le cadavre, de le porter chez elle, de le cacher dans sa maison, et elle allait pieusement l'ensevelir quand on vint le chercher de Yokohama.

Voilà donc encore un exemple de ce fanatisme dont je vous parlais l'autre jour, et, je vous l'avoue, il y a réellement un grand danger à circuler dans ce pays travaillé par les dissensions intestines, où à chaque heure nous pouvons devenir les victimes offertes en défi par un parti à un autre.

Par bonheur nous n'avons pas rencontré de cortége de daïmios sur notre route, et nous sommes arrivés, enchantés du paysage, au bourg de Kawasaki; il est situé sur le Lokungô, limite du territoire où les Européens peuvent faire des excursions sans escorte. Au carrefour central de Kawasaki sont les splendides maisons de thé, où étaient attablés une foule de voyageurs japonais, engloutissant avec leurs bâtonnets riz et poissons crus; des centaines de tabourets en laque rouge, couverts de soucoupes et de mets coloriés, étaient portés de l'un à l'autre par un essaim de jeunes filles coquettes et pimpantes dans leurs riches toilettes. A l'éclat des robes et des ceintures, au tumulte des groupes, il était aisé de pressentir que nous étions en pleine fête religieuse. Nous nous installons sur les nattes; une douzaine de jeunes filles nous servent du thé, des gâteaux et des œufs durs; puis en route pour le temple de Daïzi-Gnavara-Hejienzi! Deux de ces demoiselles veulent être nos guides; elles partent en avant, joueuses et rieuses, bras dessus, bras dessous, clapotant sur leurs petites planchettes, promenant

L'une de nos guides vers le temple de Daïzi-Gnavara-Hejienzi.

leurs houppelandes à ramages d'azur, leurs cotillons écarlate au milieu des blés et des bluets, et ne craignant pas que la brise fraîche vienne déranger l'artistique échafaudage de leur belle chevelure d'ébène. Avouez que c'est une jolie manière de courir les sentiers sinueux de la verte campagne. Des petites pêcheuses, vêtues en archanges, barbotant dans les rizières, nous criaient gaiement l'aimable « ohâihô », et portaient sur leur dos leur petit frère presque aussi grand qu'elles; des mendiants, échelonnés le long du sentier, imploraient la charité des pèlerins au son de grelots, de marmites fêlées et d'une musique de l'autre monde.

Nous voici bientôt dans le temple, superbe édifice de bois sculpté, orné sur sa grande façade d'un immense tam-tam

Un bonze, revêtu d'une chasuble rouge, officiait en grand apparat. (*Voir p.* 747.)

sur lequel chaque pèlerin, en arrivant, donnait un grand coup qui produisait un rauque bourdonnement; un fossé de six mètres de long sur un mètre de large, creusé devant l'autel, recevait les oboles des pèlerins, et cette vaste tirelire, qui s'emplit chaque jour par la charité publique, fournit aux bonzes paresseux la vie la plus luxueuse et la plus recherchée. Je ne vous décris ni les statues, ni les candélabres à cent lumières, ni les *ex-voto* suspendus aux colonnes; mais ce qui m'a frappé, c'est la ressemblance extérieure des cérémonies religieuses de ces temples avec celles de notre culte. Un bonze, entouré d'encens, vêtu d'une chasuble de soie rouge (*Voir la gravure, p.* 745), officiait en grande pompe et brûlait, en se prosternant, des papiers sacrés sur un grand vase de bronze rempli d'une huile qui flambait comme de l'esprit-de-vin. J'avoue humblement que nous ne nous sommes pas arrêtés longtemps dans ce temple; une foule s'y précipitait pour célébrer la fête; il y avait un grand nombre d'hommes à deux sabres « torva facie »; et dans ces pays où les convictions religieuses sont si fortes, où la présence de l'étranger est contraire aux lois, il est imprudent de rester en contact avec une foule que le fanatisme peut aveugler. Aussi nous esquivons-nous au plus vite sans tambour ni trompette.

28 avril.

Nous déjeunons aujourd'hui à bord du *«Kien-Chan»*, canonnière française commandée par M. Trève[1], lieutenant de vaisseau, qui a reçu le duc de Penthièvre avec une cordialité touchante. Si le *Kien-Chan* n'est plus neuf, il a du moins son histoire. Avant ses exploits dans la campagne de Corée, c'est lui qui, un beau jour, passant près de Simonosaki, fut, à propos de bottes, canonné par le prince de Nagato, vassal du Taïkoun, heureux de jouer un tour à son suzerain en attaquant ses amis les Européens. Ce fait brutal provoqua l'expédition de l'amiral Jaurès, et coûta cent mille francs au suzerain, quarante mille francs au prince.

Près de nous était mouillée une canonnière japonaise, yacht charmant donné au Taïkoun par la reine Victoria. Il est un des curieux exemples de l'horreur que les Japonais ont pour la peinture. Comme il s'agissait d'Orientaux, la reine d'Angleterre avait cru bien faire en décorant ce joli yacht des peintures les plus fines et de le dorer à l'intérieur sur toutes les coutures. Après une longue navigation, il arrive à Yokohama : ces bons Japonais n'ont rien de plus pressé que de le gratter à mort de la quille au bordage, ce qui, à leurs yeux, le rendait mille fois plus beau et de meilleur goût!

Peuple hardi et aussi léger qu'entreprenant, aimable, mais naïf comme l'enfance, et croyant tout savoir quand il a vu une chose une seule fois, les Japonais se sont lancés avec frénésie dans la navigation à vapeur : ils ont acheté une foule de bâtiments et ont voulu les manœuvrer tout seuls. Un jour, ils demandent à la maison Dent un superbe navire, le *Laï-*

---

[1] M. Trève, qui avait eu comme lieutenant de vaisseau la fortune d'être pendant un temps chargé d'affaires de France à Pékin, est aujourd'hui capitaine de vaisseau. — C'est lui qui, le 21 mai 1871, à trois heures de l'après-midi, eut l'insigne honneur de franchir de sa personne, *le premier*, l'enceinte de Paris, près de la porte de Saint-Cloud, et de voir pénétrer à sa suite l'armée libératrice de la France dans la capitale esclave de la Commune.

moun; il arrive en rade le matin; à midi ils en avaient chassé tous les matelots et mécaniciens européens, et, seuls maîtres de la barque, les voilà partis en rade à toute vapeur! Très-joli! mais quand ils veulent stopper, impossible! ils ne savent plus en trouver le moyen! Alors nos grands imprudents de mettre la barre d'un bord et de tourner toujours en cercle en appelant au secours, à la grande jubilation de tous les équipages de la rade, jusqu'à ce qu'un de nos navires de guerre, pris de pitié, leur envoyât un canot avec un mécanicien pour stopper la folle machine.

Dans la journée, nous avons visité en détail le poste des matelots fusiliers détachés à terre pour la sécurité de la ville; on l'appelle « la Montagne »; trois cents hommes y sont commandés par les lieutenants de vaisseau de Thouars et Mortemart, qui sont nos meilleurs amis à Yokohama. — Voici comment on nous a raconté l'histoire de cette hardie prise de possession : un beau jour, le gouverneur de Yokohama vient en toute hâte dire qu'à cause de la nouvelle activité qu'a prise la guerre entre le Taïkoun et son vassal le prince de Nagato, il ne pouvait plus répondre de la sécurité des résidents européens, et que d'un moment à l'autre la ville pouvait être prise et mise à feu et à sang. Le commandant anglais auquel il s'était adressé « n'avait pas d'ordres ». Excellente occasion! se dit l'amiral Jaurès. Ah! vous demandez les premiers une défense et un poste à terre! Le même jour, à midi, trois cents hommes étaient débarqués, faisaient patrouille, prenaient possession de la Montagne et y plantaient le drapeau tricolore, qui depuis lors flotte victorieusement sur ce point. Bientôt tout redevint calme, et, peu à peu, les innombrables marchands de Yokohama, qui avaient, une belle nuit, déserté la ville avec leurs bibelots, revinrent s'y installer. L'amiral anglais s'aperçut alors qu'il avait manqué l'occasion. Il chauffa à toute vapeur pour Hong-Kong et ramena un régiment entier qu'il campa sur une autre colline : mais c'était du réchauffé, il était trop tard, ce qui fit beaucoup rire nos malins Japonais.

VII

YEDDO

Nos yakonines. — Meïaski. — La légation de France à Yeddo. — Palais, parcs, forteresses, jardins resplendissants de la ville. — Cortéges de princes. — Temple des quarante-sept chevaliers qui se sont ouvert le ventre. — Le temple où l'on adore le dieu du mal de dents. Odgi. — Un câble de cheveux. — La Monnaie. — Cadeau du gouvernement japonais au duc de Penthièvre. — Le tour des papillons.

29 avril.

Sous la conduite de M. Weuve, gracieusement mis à la disposition du duc par le ministre de France, nous partons pour Yeddo, la capitale du Taïkoun. Au premier abord, cette partie ressemble moins à une excursion de plaisir qu'à une reconnaissance militaire en pays ennemi. Yeddo n'est pas encore ouvert au commerce : il est habité par un grand nombre d'hommes à deux sabres hostiles aux Européens ; aussi le gouvernement japonais, qui est responsable de notre sécurité, ne nous permet-il pas de nous y aventurer sans escorte. Toutes les formalités sont accomplies, nos passe-ports délivrés, et, à l'heure dite, notre escorte vient nous prendre : le chef s'avance à sa tête et nous salue avec cette distinction à la fois affable et martiale dans laquelle excelle le Japonais. Nos « yakonines » sont au nombre de dix : ce sont

Un yakonine à cheval.

de gentils cavaliers coiffés d'un chapeau plat et rond, en laque dorée, posé comme un plateau à dessert sur le sommet de la tête : deux grands sabres à gardes brillantes sont passés dans leur ceinture ; leur casaque est ornée dans le dos des armes du Taïkoun ; ils ont un large pantalon de soie de couleur, des sandales de paille et de longs étriers de bronze laqué, vrais petits bateaux d'un pied et demi de long sur lesquels le pied tout entier repose à plat ; de larges écharpes d'étoffe servent de rênes à leurs chevaux noirs à crinière rasée, qui ruent sous l'éperon. Ces braves cavaliers nous entourent et trottent à nos côtés, exactement comme nos gendarmes escortent des prisonniers : un piquet de quatre d'entre eux ouvre la marche et écarte la foule devant nous au cri de : « Haï! haï! abounaï! » Tantôt ils prennent des airs menaçants quand la route est obstruée; tantôt, enjoués, ils galopent deux par deux, côte à côte, en se donnant la main comme dans une gaie fantasia.

J'ai remarqué aujourd'hui qu'à la porte de chaque village se trouvait une maison décorée de drapeaux; sur les nattes qui forment le plancher de cette sorte d'estrade, devant de petits tabourets de laque, sont assis quatre hommes presque dans l'immobilité d'une statue, écrivant les noms de tous les passants. Ici, le gouvernement sait tout et inscrit tout : chaque pèlerin, chaque voyageur doit déclarer ses nom, prénoms et profession, le but et la durée de son voyage; c'est là aussi que se payent les droits de douane, qui portent sur *tout* et qui rapportent des sommes immenses au trésor.

Nous arrivons au bord du Lokungô après deux heures de route : une porte de bois et un poste de police nous avertissent que nous quittons le territoire franc : nos officiers d'escorte (ils ont tous le grade de capitaine dans l'armée) exhibent nos passes, et bientôt nous traversons la rivière sur trois bacs légers. Une heure après, nous nous reposions à la ravissante tcha-jia de Meïaski, où trente-cinq jeunes filles (je les ai comptées!) servaient les voyageurs : on nous a reçus dans un kiosque qui avait vue sur le jardin et où les paravents les plus merveilleux, les tringles de laque, tout, jusqu'à des kiosques *à l'anglaise* en laque, qui vous reflètent de toutes parts comme le plus pur miroir, annonçaient quelque chose d'extraordinaire. C'est, en effet, dans cette tcha-jia qu'a reposé le dernier Taïkoun : on nous montre religieusement conservées la natte sur laquelle il a couché, et des lampes funéraires qui brûlent encore en souvenir de lui.

Cet infortuné Taïkoun mourut peu de jours après sa visite à Meïaski, et tout porte à croire qu'il fut assassiné par les sicaires de Nagato. Triste pensée que celle de ces meurtres continuels au Japon! triste pensée pour nous surtout, Européens!

Mais j'aime mieux quitter ces souvenirs pour visiter le jardin qui s'étend à nos pieds; c'est bien le jardin le plus drôle de la terre, et je ne puis mieux le comparer qu'à un parc féerique regardé d'une hauteur par le gros bout de la lunette. Il offrait tout un assemblage bizarre d'arbustes nains pourpre, vert sombre, étendant leurs petites branches biscornues sur de petits lacs à poissons rouges : allées lilliputiennes au milieu de parterres de pygmées, rivières-rigoles sur lesquelles étaient jetés des ponts de verdure larges tout au plus pour laisser passer un rat, enfin tonnelles et berceaux où ne pourraient se nicher que des lapins, tel était ce diminutif de jardinet. Des voyageurs à deux sabres, et *pourtant* très-aimables, folâtraient avec des jeunes filles devant leur déjeuner à cent soucoupes, et nous appelaient pour nous faire partager et leur admiration pour les charmes de ce petit paysage, et les innombrables tassettes de saki que les servantes leur versaient. Nous nous sommes attablés avec eux, écorchant de notre mieux les quelques phrases aimables que nous nous figurons donner pour du japonais, et, après force salutations, compliments et sourires, nous nous sommes quittés les meilleurs amis du monde.

A mesure que nous nous rapprochons de Yeddo, la situation devient moins rassurante; cette ville a eu de tout temps pour les « Todgins » (hommes de l'Occident) l'accueil le plus défiant; mais nos yakonines répondent de nous, et c'est pour eux une rude besogne : je vois leur œil inquiet deviner les obstacles loin devant nous : brusquement ils nous font appuyer à gauche, sur le bord du sentier, pour laisser passer quelque samouraï (homme à deux sabres) que le saki a grisé et qui, la main sur la garde de son épée, — d'une de ses épées — fait des zigzags et des imprécations qui effrayeraient les moins timides. (*Voir la gravure, p.* 752.)

Nous voici à Sinagawa, faubourg de la ville taïkounale, qui a près de trois kilomètres, et qui, il y a deux mois, a brûlé dans toute sa longueur : déjà ce faubourg est reconstruit, et il nous semble que nous sommes au sein d'une cité de boîtes d'allumettes et de cages à jour. Ici, par exemple, au pas et l'œil ouvert! Nos yakonines sont pour ainsi dire collés à nous et nous entourent comme d'une muraille vivante. Pauvres gens! Dieu sait ce qui arriverait si quelque insulte nous était faite! Et comme je ne veux pas leur faire l'outrage de croire qu'ils se sauveraient les premiers, je demeure assuré qu'ils seraient les premiers écharpés. C'est que nous sommes dans le quartier le plus fameux des « maisons à thé » et le plus mal famé de Yeddo. Là, la jeune noblesse désœuvrée vient festoyer; et souvent les vapeurs du saki ont donné naissance aux rixes, aux complots et aux assassinats.

Avant d'arriver à la légation, nous avions une vue superbe sur la baie où, derrière de gros îlots fortifiés en granit, étaient au mouillage une douzaine de navires de guerre de la cour de Yeddo.

Ces hauts blocs de fortification se détachaient sur la mer de pourpre qui reflétait les derniers rayons du soleil : le canon retentissait à droite et à gauche : les tambours battaient la retraite dans les palais des daïmios qui couronnent les collines, et nous étions dans une foule où presque chaque homme portait au côté deux grandes lames de combat. Il y avait réellement quelque chose de saisissant dans ce spectacle : tout cet extérieur d'un peuple guerrier me reportait au souvenir de l'histoire du moyen âge, et il me semble que le coup d'œil ne devait pas être autre, quand messire Bertrand du Guesclin faisait sa ronde sous les portiques et les donjons, au milieu de centaines de chevaliers en armures!

Enfin nous arrivons à la légation de France, et alors c'est le souvenir de l'estomac qui nous rappelle aux soins les plus prosaïques : il faut songer au dîner. Ainsi que M. Roches nous l'avait dit, la légation était nue comme Ève; c'était un toit, des parois de papier et des nattes, rien de moins, rien de plus; cette immense baraque carrée était divisée en corridors et en chambres par une cinquantaine de doubles lignes de rainures se coupant à angle droit, et où glissaient ces mobiles châssis dont je vous ai déjà parlé : ces châssis sont fort commodes ; en les déplaçant du bout du doigt (et ça glisse comme par enchantement), on forme, dans une salle qui ferait une immense salle de bal à Paris, une demi-douzaine de chambres carrées; et là où il y avait une série de chambres, on fait un corridor. Du reste, la distribution des appartements nous inquiétait peu; ce qui était comique, c'est que le panneau que l'on faisait glisser pour s'échapper de sa cage de papier, enfermait le voisin : de là une volée de coups de poing qui détraquaient toute cette cité fragile.

Bref, après un quart d'heure d'exploration dans notre nouveau dédale, nous trouvons à notre grand étonnement une

Un samouraï, grisé par le saki, faisait des zigzags qui eussent effrayé les moins timides.
(*Voir p.* 751.)

table mise, avec nappe, fourchettes et serviettes. Nous allons remercier de son activité notre groom japonais, expédié en avant avec vivres et couvertures ·

Tchin-Tchin n'y comprend rien ! C'est donc une fée ! Oui, la voilà ! sous la forme de trois brillants militaires français, un lieutenant, M. Messelot, et deux maré-

Nous rencontrons des compagnies de fantassins auxquels un jeune « cadet » expliquait la nouvelle théorie. (*Voir p.* 758.)

chaux des logis, venus depuis hier afin de dresser un polygone pour l'artillerie japonaise. Nous faisons bien vite ménage commun, et, quoiqu'ils nous racontent avoir vu aujourd'hui un « samouraï » se carrer au milieu de la rue et dégaîner pour les empêcher de passer, la soirée s'écoule vite, pleine de gaieté et d'entrain. La moitié de nos vivres n'était pas arrivée, ce qui a fait hautement apprécier la cantine de nos compagnons improvisés, aussi surpris que nous de rencontrer des humains dans une case que nous croyions tous déserte.

30 avril.

Ici il n'y a pas à plaisanter, il est impossible de faire un pas sans notre vigilante escorte, en dehors de l'enceinte et de la porte solidement barricadée de la légation. Nous commençons la journée par une course à pied dans ces rues célèbres par tant de splendeurs passées et tant d'assassinats. M. Weuve, notre guide, a la bonne pensée de nous mener à une montagne d'où nous dominons Yeddo dans toute son étendue : c'est le temple d'Atàngo-Yàhmà. Au sommet, une centaine de marches de granit nous conduisent à une vaste terrasse d'où tout le panorama se déroule devant nous sous les premiers rayons du soleil levant. Il n'est rien que j'aime tant, avant d'explorer une ville, que de l'embrasser d'abord d'un seul coup d'œil et de m'en rendre bien compte, afin de n'avoir plus à la parcourir ensuite en aveugle et en ignorant.

La voilà donc devant nous, la ville des jardins et des palais ! Elle s'étend comme un parc immense, dont l'œil ne découvre pas les limites; elle est baignée par la mer, traversée par un fleuve, et présente, grâce à ses trente collines, un spectacle vraiment unique dans le monde. Yeddo compte trois villes : « Siro », le palais du Taïkoun ; « Soto-Siro », les palais des daïmios; et « Midzi », la cité marchande.

Le « Siro », qui a huit kilomètres de circonférence, nous apparaît au centre comme une hardie citadelle élevée sur de gigantesques glacis de gazon, dont les pieds viennent se perdre dans des lacs et des canaux circulaires. Plus de trente ponts de granit relient la citadelle taïkounale à la ville des princes, qui compte plus de trois mille palais !

Le « Soto-Siro » est bien différent des villes japonaises que nous avons vues jusqu'alors : ici, plus une seule maison de bois; ce ne sont que grands rectangles au style sévère, en pierres blanches et noires à dessin régulier, fermés comme des forteresses et entourés de fossés alimentés d'une eau pure et courante. Ce sont là les résidences officielles de toute la noblesse japonaise, de tous ces daïmios batailleurs qui règnent en seigneurs et maîtres sur les laborieuses populations du Japon et les fertiles plaines dont les produits rapportent à quelques-uns jusqu'à trente millions de revenu! Il n'y a pas bien longtemps, tous ces vassaux du Taïkoun venaient passer une année sur trois dans la cité sacrée, pour rendre hommage au suzerain qui voulait, dans son faste oriental, comme Louis XIV à Versailles avec la noblesse de France, réunir les grands pour les éclipser de tout l'éclat du pouvoir unitaire. Certes, ce devait être une belle ostentation d'apparat féodal, quand on pense qu'il y avait dix-huit daïmios d'origine sacrée, trois cent quarante-quatre daïmios créés par le Taïkoun depuis plus de deux siècles, et près de quatre-vingt mille «hattamothos» ou grands capitaines et chevaliers! Ces princes étaient obligés de venir à Yeddo rendre «l'hommage», accompagnés de

Assano, d'un seul coup, s'ouvrit les entrailles. (*Voir p.* 759.)

leurs harems, de leurs officiers et de leurs troupes. Chacun mettait son amour-propre à s'entourer du cortége le plus brillant. Chacun traînait à sa suite en moyenne huit à neuf cents personnes qui logeaient dans cette véritable ville intérieure qu'on appelle un palais de daïmios. Je ne vous étonnerai plus alors en vous parlant des parcs d'artillerie, des champs de manœuvre que contiennent un grand nombre de ces palais, et des nuages de fumée qu'au milieu des détonations roulantes du canon, nous voyions s'élever au-dessus

Le ministre des affaires étrangères rendant visite au duc de Penthièvre. (*Voir p.* 760.)

de magnifiques bouquets de verdure.

Aujourd'hui beaucoup de ces palais sont presque déserts, et le nombre des daïmios résidant dans la capitale ne peut plus se comparer à celui des années passées. C'est que, il y a quatre ans, l'ingérence croissante des Européens a hâté encore, par un coup plus décisif, la révolution sociale et politique dans ce pays, qui était si heureux avant leur apparition; et, soit manque d'habileté de la part du Taïkoun, qui en disséminant ses vassaux inquiets, presque rebelles, avait espéré écarter les dangers de ses relations avec les Européens; soit recrudescence d'insubordination et d'insolence de la part des daïmios qui voulaient forcer la main au maire du palais; bref, l'obligation de résidence et d'hommage rendu à Yeddo fut levée : chaque daïmio retourna dans ses fiefs, où son humeur chevaleresque et patriotique n'est plus aigrie, il est vrai, par le contact immédiat des hommes de l'Occident, mais où il a pu grandir son pouvoir féodal sans être inquiété par la présence du suzerain, fortifier ses ports, équiper de plus fortes armées, lever plus fièrement la tête, et, par une union morale avec tous les daïmios de son parti, créer dans tout l'empire une ligue de rébellion et d'indépendance contre laquelle les troupes taïkounales sont venues se heurter pour se faire vaincre. Telle est la cause de l'abandon de Yeddo par toute cette noblesse qui en faisait le plus éclatant boulevard de la chevalerie, et qui a donné à cette ville un cachet indescriptible !

Toutefois les rues sont encore animées, et nous les parcourons avec curiosité : les portiques des palais des princes sont ornés des blasons dorés de leurs armoiries. Nous rencontrons des compagnies de fantassins appartenant à différents daïmios (*voir la gravure, p.* 753) : les officiers nous saluent avec grâce. Je me souviens d'une colline que nous descendions pour passer de Soto-Siro à la cité marchande, et où le coup d'œil était vraiment frappant. Nous marchions entre des murailles de granit qui entouraient de grands parcs, et immédiatement au-dessus du mur s'élevait une haie large de cinq à six pieds et haute de trente à quarante, taillée avec perfection : c'était une haie entièrement en camélias, en azaléas et en lauriers : émaillée de fleurs écarlate se détachant sur le vert sombre, et entourée des vols folâtres des oiseaux sacrés au plumage blanc, elle me semblait plus brillante et plus féerique que tout ce que mon imagination avait rêvé des jardins suspendus de Babylone! Toute la pente de la colline déroulait de pareils étages merveilleux de feuillage et de fleurs! A ce moment nos yakonines se serrent rapidement contre nous d'un air à la fois grave et empressé : ils nous mettent à l'écart sur la gauche de la route pour laisser passer tout un cortége qui s'avançait majestueusement. C'était le prince Matzedera-Setzouno-Kami qui se rendait à la promenade : des hérauts (bleu de ciel) le précédaient et écartaient la foule. J'ai beaucoup ri en apprenant que le sabre qu'ils portent au côté est un sabre de bois! Puis toute une procession de hallebardiers, d'arbalétriers, de fauconniers, de damoiseaux et de pages escortait pompeusement le « norimon » laqué, porté par huit hommes, où Sa Seigneurie était assise les jambes croisées, avec un sabre sortant de deux pieds en dehors de chaque fenêtre; elle ne daigna pas abaisser les regards sur notre troupe sacrilége, qui se permettait de fouler le sol sacré du Nippon.

La cité marchande est pleine d'une foule affairée qui lui donne beaucoup d'animation : dans cette ville, comme dans les deux autres, les rues sont d'une propreté inouïe, et ressemblent aux allées d'un parc; mais ce n'est plus un plaisir de s'y promener quand il faut errer comme le prisonnier entre une compagnie de gendarmes, tenir le revolver en évidence et l'œil ouvert de tous côtés. Ce qui me frappe, c'est de voir combien les précautions sont prises contre l'incendie : de distance en distance, s'élève, sur les points principaux de la ville, un haut clocheton de bois, en forme de colonne, où l'on monte par une série d'échelles et d'où l'on domine tout le quartier; au sommet se trouve une magnifique cloche de bronze pour sonner le tocsin. Presque dans chaque maison il y a une pompe en bois prête à fonctionner, et tous les cinquante pas sont dressées des pyramides de seaux cerclés en cuivre brillant et remplis d'eau.

En quittant la cité marchande, nous sommes arrivés, après une heure de marche le long de parcs magnifiques, au temple de Senga-Routchi. On y monte par une grandiose allée de cyprès; du haut des terrasses on ne voit que bosquets fourrés et vallons verdoyants qui, au sein même d'une ville de plusieurs centaines de mille habitants, respirent la tranquillité des bocages chantés par Virgile. Mais, dans ce lieu paisible où les beautés de la nature sont répandues à profusion, s'élèvent des pierres sépulcrales qui rappellent le drame sanglant dont tout le Japon a été ému, il y a un demi-siècle.

Là, en effet, sont les tombes de quarante-sept chevaliers; ici, le puits où ont été jetées leurs têtes ensanglantées; plus loin, la salle du temple où des statues de grandeur naturelle représentent ces héros japonais en grand costume de guerre, lesquels, avec le délire et l'ensemble de l'enthousiasme, se sont ouvert le ventre. Voici l'histoire de ce drame, racontée par M. Lindau. Une querelle s'était élevée au conseil d'État entre le daïmio Assano-Takounino-Kami et un grand ministre : à la suite de quelques mots vifs et insultants où l'honneur avait été en jeu, Assano rentre dans son palais, déclare que son antagoniste a forfait à l'honneur et aux lois de la chevalerie, et il demande aux siens de le venger par de sanglantes funérailles. Alors, rassemblant toutes ses femmes et tous ses officiers, retournant en signe de deuil les riches nattes de la salle d'honneur, revêtant enfin ses plus beaux habits d'apparat, il dicte ses dernières volontés, lève son sabre jusqu'à la hauteur de son front en signe de salut et d'adieu, puis, d'un seul coup, s'ouvre les entrailles. (*Voir la gravure*, p. 756.)

Le lendemain, le soleil ne s'était pas encore levé que déjà quarante-sept de ses plus fidèles chevaliers avaient vengé sa mort et rapporté sur la tombe de leur maître la tête de celui qui l'avait insulté. Déjà aussi, suivant en cela les lois sacrées du Japon, ils s'étaient réunis dans le temple, et, à un signal donné, s'étaient ouvert leurs quarante-sept ventres.

C'est là, je crois, un des traits les plus frappants des mœurs japonaises déjà si bizarres : la haute position de ces illustres meurtriers, vénérés comme des héros par tout bon Japonais, a donné plus d'éclat à leur histoire; mais rien n'est plus commun dans ce singulier pays, et il ne se passe pas d'année sans qu'il y ait des centaines d'exemples de ces duels au suicide entre les nobles. D'abord, tout Japonais doit être préparé à faire le sacrifice de sa vie pour donner la mort à celui qui a offensé son suzerain. Encore plus susceptibles sur le point d'honneur que ne l'étaient nos preux, ils veulent la mort de l'adversaire comme vengeance de l'outrage. Eh! ne devons-nous pas, nous aussi, nous souvenir des « combats à mort en champ clos », et de ces duels appelés « le doigt de Dieu », où, au nom de la religion, on justifiait le meurtre et l'on faisait de la victime le coupable?

Au Japon, dès que le meurtre a été commis, l'assassin s'ouvre le ventre afin de prouver que, s'il a su donner la mort, il sait aussi la souffrir; s'il survit à son forfait, il est honni, traité de lâche et mis à mort au nom de la loi; s'il s'exécute vaillamment, sa mémoire est honorée comme celle d'un brave. Souvent les deux adversaires s'ouvrent le ventre chacun chez soi, à la suite de la querelle, tranquillement et d'un commun accord; même après le meurtre de ces sacriléges Européens, tous les assassins, excepté deux, se sont fièrement immolés au nom de l'honneur. Rien, paraît-il, n'indique sur leurs traits, au moment suprême, la crainte ou l'hésitation. Eh bien, quand on compare ces mœurs à celles du reste de l'Orient, quand on songe aux flèches perfides du sauvage Calédonien, au kriss traître du Malais qui frappe dans le dos, à la lâche cruauté du Chinois, on ne peut s'empêcher, tout en blâmant la barbarie avancée du Japonais, d'admirer son âme chevaleresque et altière, abusée par des traditions mythologiques et l'éclat de l'histoire de ses ancêtres, mais imbue par-dessus tout de la religion du point d'honneur, et forçant encore dans ce nouvel écart les traits déjà si marqués de la féodalité et de la chevalerie.

Comme nous entrions à la légation pour déjeuner, le ministre des affaires étrangères « Jshaïo-Tchikousonno-Kami » vient rendre visite au duc de Penthièvre; il est orné des plus beaux sabres que j'aie encore vus et qui sont, par parenthèse, presque aussi grands que lui (voir la gravure, p. 757). C'est le revolver à la ceinture que nous recevons l'illustre personnage, qui est, du reste, d'une politesse exquise dans toutes ses manières. Il faudrait bien se garder de croire que nos armes offusquent en rien la fierté nationale des Japonais; rien au contraire ne leur semble plus naturel: leurs sabres sont toujours le plus beau joyau de la famille; ils ne comprennent même pas l'homme sans arme. Nous apprenons même aujourd'hui par nos interprètes une chose assez curieuse, c'est que nos yakonines sont tout désillusionnés de voir apparaître le duc de Penthièvre, un daïmio français, armé et habillé sans plus de distinction que ses compagnons de route. Ils espéraient sans doute que le duc ne sortirait qu'avec deux ou trois sabres au travers du corps et couvert de quelque brillante armure de fer comme celle d'un don Quichotte: nous en sommes donc réduits à nous avouer qu'à leurs yeux nous avons fait un fiasco complet, et qu'ils nous prennent pour des marchands, ce qui est le terme le plus méprisant au Japon.

Les marchands, les voilà! Ces visiteurs à l'apparence plus modeste succèdent au grand ministre, inondent les corridors en papier de notre demeure, étalent des millions de bibelots ravissants, et se prosternent devant nous trois avec une componction religieuse qui

Un officier en norimon avec son escorte.

nous fait pressentir ce qui nous attend. Les bons négociants ne nous appellent que « daïmios franzés », et veulent nous extorquer nos malheureux écus dans des proportions formidables, à la hauteur de notre grade. Il ne nous reste qu'à nous arracher à la tentation; car, si l'on y cédait, on serait ruiné en quelques heures.

Grande faveur! le gouverneur nous fait dire, avec tout un tourbillon de salamalecs, que nous serons le troisième « party » européen auquel il permet de visiter le jardin du Taïkoun. En une heure nous sommes dans ce parc magnifique. Pont-levis, créneaux, remparts et bastions de granit ceignant un îlot de près de deux kilomètres carrés; voilà ce qui d'abord frappe nos regards. Nous avions vingt-cinq hommes d'escorte, et beaucoup de jeunes nobles s'étaient réunis près des avenues et sous les portiques cyclopéens, sans doute avec l'espoir de nous voir dans un costume tout bardé de fer! Nous avons parcouru avec bonheur les allées de ce parc splendide où l'on passe sans transition de la forteresse héraldique et sévère au jardin de plaisance le plus coquet. Kiosques donnant sur la mer, lacs couverts d'oiseaux sacrés au plumage doré et argenté, ombrages variés d'arbres pourpre, voile léger de glycines suspendues et ondulantes, eaux limpides et brillantes où se reflètent ces douces couleurs, fauconneries avec tous les appareils curieux de la chasse seigneuriale, kiosques de musique, de chasse ou de danse, quel ravissant Éden! Oh! quand le Taïkoun donne là une petite fête de famille, comme on doit s'amuser!

Les soins et les préparatifs du dîner ont agréablement occupé le reste de l'après-midi; mais la cuisine n'est pas facile à confectionner chez ce peuple à l'âme compatissante, qui verse libéralement le sang des hommes, mais qui ne tuerait pas un agneau et ne tordrait pas le cou à un canard pour tout l'empire du monde! Nous nous sommes endormis au son du tocsin retentissant dans le lointain; les incendies sont si fréquents, et il y a tant de campaniles disséminés dans cette ville immense, que l'oreille s'habitue sans inquiétude à cette étrange harmonie du soir.

1er mai.

Partis de bon matin sur nos excellents petits chevaux, nous avons traversé au pas, par prudence, toute la ville de Yeddo. Ce n'est pas peu dire, quand on songe qu'elle a environ quatre-vingt-dix kilomètres carrés! Aucun désagrément n'est venu à l'encontre de cette promenade, où tous les spectacles les plus variés se sont successivement déroulés devant nous. Au bout de deux heures et demie nous étions à l'un des temples les plus fameux, celui d'Asaxâ, égayé ce jour-là par le bruit d'une foire installée dans les longues avenues dallées qui s'étendent aux environs. Quatre lanternes rondes en papier, chacune haute de trois grandeurs d'homme, en décoraient le péristyle : le fossé pour les aumônes avait huit mètres de long, et l'on y voyait une épaisseur de plusieurs pieds de monnaie de cuivre jetée depuis le matin par les nombreux pèlerins. Je ne sais si la « bonzerie » d'Asaxâ compte autant de prêtres que de dieux, mais pour vous donner une idée du panthéisme de ces contrées, je puis vous dire que ce temple est surtout connu sous le nom de « Séjour des trente-trois mille trois cent trente-trois divinités ». Deux d'entre elles sont en grand honneur : à l'une, les jeunes femmes viennent demander la faveur d'avoir un fils et non une fille, et apportent un coq en offrande : les prêtres mangent le coq, et le dieu — dit-on — se charge du reste; l'autre, représentée par cinquante tableaux les plus bizarres, pouvait, à cette heure, compter plus de trois à quatre mille adorateurs ; c'est le *dieu du mal de dents!* Les patients venaient lui offrir leur obole, puis, mâchant et remâchant une boulette de papier jusqu'à ce qu'elle devînt comme du mastic, ils la projetaient sur un des tableaux avec une adresse bien supérieure à la nôtre, quand,

Le dieu du mal de dents : les patients mâchent des bulettes de papier qu'ils projettent sur des tableaux.

il y a à peine deux ans, nous couvrions aussi de boulettes le plafond du collége. Le tableau, quoique très-haut suspendu, en devenait tout blanc. Le pèlerin avec sa boulette a-t-il envoyé son mal... au dieu? — Il s'efforce du moins de le croire, et il se retire avec la conviction d'être guéri. Quant aux *ex-voto,* en les regardant, on aurait pu se croire dans une chapelle catholique de port de mer : ce n'étaient que représentations de pêcheurs et de matelots luttant contre la tempête, en danger de naufrage, et sauvés miraculeusement. La peur serait-elle donc, dans toutes les religions, comme sur toutes les plages, de l'orient à l'occident, le plus stimulant aiguillon de la ferveur?

Quant à nous, la peur nous fait fuir au plus vite cette foule religieuse : un samouraï s'était approché tout menaçant de Fauvel, avait répondu fièrement aux deux yakonines qui, se serrant contre notre ami, avaient enjoint au guerrier arrogant de se retirer, et qui forçaient le pas pour ne pas avoir à entamer la lutte : ils en étaient devenus tout pâles. Des jardins, nous passâmes au théâtre par des corridors décorés de grandes poupées de cire dans des positions impossibles : la cérémonie d'un suicide à ouverture de ventre y était brillamment représentée ; c'était un saint modèle offert à l'imitation des jeunes générations de la noblesse. Des marchands forains japonais y exhibaient des vues photogra-

Un serpent apparut et mit en fuite jouvenceaux et jouvencelles. (*Voir p.* 766.)

phiques représentant les merveilles de l'Europe : la colonne Vendôme et les boulevards de Paris, les portraits des principaux souverains de l'Europe et celui de la Belle Hélène, le mont Blanc et la cascade du bois de Boulogne. Le Guignol de céans était un polichinelle superfin qui faisait rire, non comme chez nous les marmots et les nourrices, mais une foule d'officiers à deux sabres, pleins de majesté au milieu de ce spectacle enfantin.

Une promenade d'une heure et demie nous mena ensuite au village d'Odgi : nous passions insensiblement de la cité à la campagne; les rues devenaient peu à peu des sentiers ombragés de glycines en fleur; les eaux qui emplissaient tout à l'heure les fossés des donjons s'enfuyaient en ruisseaux sinueux sous des berceaux d'azaléas : rien de charmant comme ces méandres au milieu d'un paradis de verdure. Ah! qu'elle est belle et riante, la nature du Japon!

Le déjeuner se fit à la tcha-jia d'Odgi, une série de kiosques élégants, situés à l'ombre de grands arbres, près d'une cascade et sur le bord même du torrent. Une trentaine de jeunes filles nous y reçurent avec les amabilités ordinaires : elles nous servirent des œufs, du riz, du poisson, du saki et du thé : nous avions l'air de chevaliers égarés dans les jardins d'Armide. Sous un féerique rideau de verdure s'étageaient les tourbillons de la cascade, et les globules liquides, comme une gaze vaporeuse, reflétaient toutes les vives couleurs du prisme solaire. Grâce à cette heureuse absence de « shocking » qui caractérise les mœurs naïves de ce pays, une cinquantaine de jeunes filles et de jeunes garçons folâtraient dans les eaux vives du torrent. Bientôt une grande agitation se manifeste : nous voyons fuir toute la foule clapotante au milieu de l'eau et des roches, devant un long serpent d'un vert moiré (*voir la gravure, p.* 765) qui remontait le courant la tête haute : dans cette course acharnée, le serpent était encore vainqueur de la femme!

Dès que nos chevaux et nos fidèles bettos furent reposés, nous reprîmes le chemin de la cité en suivant la crête des collines, où les cultures de thé et de pois en fleur se déroulaient au loin devant nous. C'était tout à fait la campagne; de simples maisonnettes de laboureurs bordaient le sentier; c'est dire que nous y retrouvions les « ohàïhô », les sourires, les invitations à nous arrêter à chaque porte pour prendre le thé en famille, les offrandes de fleurs, et tout cet ensemble charmant qui m'avait tant frappé dans notre première promenade au Japon.

Non loin de l'entrée de la ville est l'arsenal : on y avait été prévenu de notre visite, et nous y fûmes reçus par un groupe de grands seigneurs. Après la classique tassette de thé, les gâteaux et la pipe, qui sont la première offre de tous les hôtes, le directeur japonais de cet arsenal, M. Da-Keda, nous le fit visiter en détail, et je ne saurais vous dire combien nous avons été frappés des résultats qu'a obtenus cet homme vraiment supérieur. Il n'est jamais allé en Europe! jamais un Européen ne l'a aidé en quoi que ce soit! Il a appris seul le hollandais dans les livres, et, une fois cette langue acquise, il s'est hardiment lancé dans les sciences mathématiques, dans la mécanique et la chimie. Toujours avec le seul secours de ses livres, il a construit un grand nombre de machines, puis il en a fait venir trois ou quatre d'Europe, et nous avons vu ses canons rayés, ses carabines rayées; ses pièces de montagne et ses obusiers; nous l'avons vu à l'œuvre, et ç'a été une grande joie pour nous de pouvoir le féliciter bien sincèrement. Oui, ce peuple est bien attachant dans tout ce qu'il fait! Tandis que la paresse et le *statu quo* sont les lois normales de tous les Orientaux, le travail a du charme pour le Japonais : il veut apprendre, et il me semble être resté si longtemps dans l'isolement le plus complet de la civilisation occidentale, que pour amasser des trésors d'énergie, d'entrain et de persévérance qui vont, du premier coup, en faire la première nation de l'Orient.

Comme nous tournions l'angle d'un grand parc, et que nous passions le portique blasonné d'un manoir seigneurial, M. Weuve nous raconta un de ces drames dont l'histoire des dernières années fourmille, et qui ne sont que les préludes de la terrible révolution dont les Européens sont la cause au Japon.

Parmi les daïmios du parti national pour qui le sol du Japon est sacré, les Occidentaux des barbares, et les daïmios du parti progressiste « des vilains forfaisant à l'honneur », se distinguait un certain prince de Mito, dont la cour égalait presque en splendeur celle du Taïkoun. Comme dans toutes les maisons princières de ce pays, ses nombreux chevaliers avaient épousé et exagéré les haines du seigneur. Aussi un beau soir jurèrent-ils la mort du prince Kamouno-Kami, du parti étranger, à qui appartenait le palais que nous côtoyions. A la première brume du soir, au moment où le Prince sortait en norimon du portique, quinze hommes, relevant leur capuchon et ramenant leur écharpe sombre sur leur visage, se précipitent sur lui, l'assassinent au milieu de ses gardes surpris, jettent sa tête dans son propre palais, puis ils reviennent en pompe, après avoir assouvi leur vengeance nationale, s'ouvrir le ventre dans le palais de Mito.

Nous rencontrons à chaque instant de ces hommes dont la tête est enveloppée d'une écharpe, et qui marchent en portant la main sur la garde de leur sabre; ils ont quelque chose de fantastique. Quand, le soir, ils glissent comme des fantômes le long des murs des citadelles, quand résonne le cliquetis de leurs sabres au milieu du silence de la nuit, comme si,

Dans son vol criminel, le sombre esprit du soir
Sur le guerrier courant jetait son manteau noir,

l'imagination se remplit de tous les souvenirs et de toutes les images des scènes tragiques qui ont illustré les nocturnes spadassins de cette nouvelle Venise. C'est dans ces hommes masqués qu'il faut chercher les frères des assassins de Heusken, de Vos, de Deker et de tant d'autres victimes.

Ah! voici un spectacle que j'aime mieux : nous croisons tout un harem de daïmio, brillant cortége d'une vingtaine de jeunes femmes qui s'en vont à la promenade pour respirer les douces brises du soir. Il y a bien deux ou trois vieilles desséchées qui ouvrent la marche, mais tout le reste est mignon, rieur, parfumé et enchanteur. Pleins d'admiration, nous demandons aux « messieurs » attachés à la suite de ces dames, quel est l'heureux propriétaire de ce joli poulailler. — C'est le prince Sakaï-Imonnino-Kami, nous ont-ils répondu d'un air ingénu et d'une voix presque féminine.

Quelqu'un de nous disait ce matin que les yakonines étaient des poltrons et qu'ils n'oseraient jamais nous faire respecter : nous avons eu, en rentrant, la preuve du contraire. Un samouraï ayant fait mine de vouloir nous barrer le chemin, puis ne nous ayant laissé qu'une place trop exiguë pour passer, nos cavaliers l'entourent et l'insultent; et lui de se prosterner le front contre terre en implorant le pardon d'une voix tremblante. Nous avons obtenu de nos hommes qu'ils ne le frappassent pas de leurs cravaches sur la tête, ce qui est une si affreuse humiliation pour un Japonais!

2 mai.

Nous sommes partis ce matin de bonne

heure, à cheval, pour de nouveaux temples : je vous ennuierais en les décrivant; je passe donc sous silence les statues incroyables, les allées majestueuses, les clochetons à neuf étages en bronze du temple de Mio-Houdchi, pour ne citer que deux faits assez curieux. D'abord un *ex-voto* qui se compose d'un véritable câble ayant neuf pouces de tour et cent pieds de long, fait entièrement en queues de cheveux de Japonais! C'est le testimonium de *ferveur* le plus frappant que l'on puisse voir dans ce pays-ci, car il n'est rien à quoi chaque homme tienne plus qu'à cette partie de sa coiffure qui a peut-être en tout dix centimètres de long. Pensez combien il aura fallu de cœurs religieux pour former une telle offrande!

L'autre curiosité est un tableau représentant deux très-jolies personnes, fameuses par leurs exploits très-peu monastiques, et (chose étrange!) proposées comme but de pèlerinage et comme un saint exemple à toutes les demoiselles japonaises.

Bientôt après nous étions au temple de Fondo-Sama, que nous avions gagné en suivant toujours ces rues féeriques, garnies de bastions ou perdues sous l'ombrage de haies gigantesques : après un frugal déjeuner dans la plus proche tcha-jia, nous grimpions les escaliers qui conduisent au temple. Dans une cavité du roc, plusieurs filets d'eau s'élançaient en formant une courbe élégante, et réunissaient en une jolie cascade leurs jets convergents : c'est une eau sacrée où l'on vient en pèlerinage des parties les plus éloignées du Japon.

Dans l'après-midi nous allons à la Monnaie. Reçus par le directeur et le vice-directeur des affaires étrangères, nous avons parcouru tous les ateliers, et j'avoue que, pour la première fois depuis mon arrivée au Japon, je n'ai plus trouvé ce fini et cette recherche dans l'art qui caractérisent le peuple japonais : beaucoup d'argent était perdu dans la fonte, dans le coulage, dans chaque point du travail. Une fois coulé grossièrement en lames plates de deux centimètres de large, l'argent ne passe plus par aucune opération mécanique régulière : il est coupé approximativement en petits rectangles que l'on pèse

Monnaies japonaises.

jusqu'à ce qu'ils ne dépassent plus le poids voulu; puis un ouvrier les met entre deux matrices, et un autre, vraie machine humaine, donne avec une grande régularité un grand coup de marteau pour imprimer le coin. Le rectangle est la forme adoptée pour l'or et pour l'argent : le *ni-bou* vaut 3 fr. 30, l'*ichi-bou*, 1 fr. 65; puis viennent les fractions divisionnaires du *bou*.

Depuis notre arrivée dans la capitale du Taïkoun, c'est la première fois aujourd'hui que nous trouvons dans les rues un véritable embarras à marcher et de plus une certaine inquiétude. Dans les quartiers que nous traversons, évidemment l'Européen est moins connu,

Japonais à table.

car une foule compacte de quinze à dix-huit cents personnes nous entoure, nous pousse, nous dévore du regard : le cri de « Todgin! Todgin! » retentit de toutes parts, et à chaque carrefour la foule devient plus nombreuse et plus pressante. Nous n'avons pourtant pas résisté à la tentation de visiter un magasin de soie très-renommé, qui avait cent cinquante mètres de long sur soixante de large, et où, sur les nattes les plus fines, cent commis étalaient des soies et des crépons devant des princesses accroupies. Plus loin, nous nous arrêtons dans une rue étroite, pour acheter des peintures sur papier qui nous semblent assez originales; à peine sommes-nous descendus de cheval, que la rue est entièrement inondée par la foule, la boutique envahie, notre escorte acculée. Nous entendons un grand bruit; ce sont nos yakonines restés à cheval qui ne veulent pas céder devant le flot envahissant qui les sépare de nous, et qui, poussés à bout, font caracoler et ruer de droite et de gauche leurs chevaux impatients; des clameurs s'élèvent, et ils nous demandent de partir au plus vite, ce qui, je vous assure, est lestement exécuté! Quand nous vîmes, en effet, que tout le cercle qui venait d'être élargi, grâce aux ruades, se composait d'hommes à deux sabres, et que c'était sur les pieds de ces aristocrates fanatiques que nos yakonines avaient gaillardement marché, nous fûmes effrayés des conséquences qu'aurait pu avoir cet incident. Nous partîmes en rang et avec calme, malgré les cris de « Pégué kindà! » (Va-t'en, canaille!) qui résonnaient à nos oreilles; et nos bons cavaliers nous remercièrent de leur avoir si vite obéi, « car cette foule était, disaient-ils, animée de sentiments très-hostiles : c'étaient des « samouraï » rebelles arrivant de l'intérieur avec tous les préjugés du fanatisme, et voyant pour la première fois des Occidentaux ».

Ainsi, il y a huit jours, à ma première course, je vous disais, dans mon premier enthousiasme, que c'était ici qu'il fallait venir pour trouver le peuple le plus poli de la terre; aujourd'hui je suis obligé de dire qu'il est difficile de se promener au sein d'une multitude plus hostile! Cette contradiction n'est pas mienne, mais bien celle des faits eux-mêmes! En ce court espace de temps, les impressions les plus opposées se sont fait place dans mon esprit; car nous avons vu deux classes distinctes dans ce pays où les divisions sociales sont si tranchées. Le premier jour, les paysans et les laboureurs, race simple et candide, la plus hospitalière du monde; plus tard, l'aristocratie de la cité sainte, ou des cités de l'intérieur, aveuglée par le fanatisme national. Mais le premier accueil m'a tant charmé et si sincèrement impressionné, que jamais, non, jamais je ne l'oublierai.

Le soir de cette mémorable journée, nous avions à dîner un interprète du Gorodgio (grand conseil du gouvernement), messire Ita-Sima, qui apportait au duc de Penthièvre, de la part des ministres, un cadeau consistant en deux arbustes nains d'une grande élégance : l'un, haut de deux pieds, représente un chapeau pointu; l'autre est un pin d'une espèce fort rare, âgé de plus de dix ans, dont les branches torturées, s'échappant de ce tronc en miniature, portent de charmantes petites touffes : il a tout à fait l'air d'un petit vieux! Mais il est regrettable que ce cadeau soit si peu portatif, et nous serons obligés de l'abandonner sur le « sol sacré du Nippon ». On nous a expliqué à cette occasion que les daïmios se faisaient ainsi fort souvent entre eux des cadeaux d'amitié, mais ce

L'interprète du grand conseil apportant son myrte. (*Voir p.* 771.)

sont toujours ou des arbustes rares, ou des fleurs éclatantes, ou des fruits d'une grande beauté. Avec ce tact exquis que je retrouve en tout chez eux, les cadeaux qu'ils se font entre égaux dans la même société ne sont jamais ni d'or ni d'argent, ni de valeur de commerce. Ici, les classes élevées, comme les plus pauvres, ont dans leurs manières une délicatesse que nous ne cessons d'admirer chaque jour; leurs inflexions de tête, l'étiquette du salut et du prosternement, le sourire éternel, les phrases les plus gracieuses sont les préludes ordinaires de toute con-

Les Japonais un jour de pluie. (*Voir p.* 775.)

versation : ajoutez que leurs mains, celles des femmes surtout, sont petites et distinguées au possible.

J'allais oublier leur adresse! Ce soir, nous avons organisé dans une des salles de la légation une grande représentation de faiseurs de tours et de jongleurs : des tables font l'estrade; tout le reste de nos bougies est étalé en ligne de bataille, fiché dans des tronçons de pommes de terre et des goulots de bouteilles. L'orchestre se compose d'un bonhomme accroupi qui tape à tour de bras sur un tambourin assourdissant. Je passe une foule de tours charmants exécutés par une jolie jongleuse, pour vous décrire le « tour des papillons », si célèbre dans le monde des prestidigitateurs, mais qui ne peut être fait que par un Japonais. Le voici : notre bonhomme a pris une feuille de papier, l'a pliée en quatre, et, la déchirant adroitement de l'ongle, il en a fait un papillon blanc de grandeur naturelle; puis, agitant gracieusement son éventail, il a soulevé mollement des aires régulières de vent qui ont fait, pendant plus de vingt minutes, voltiger légèrement son papillon dans la chambre. Rien de gracieux comme ce vol capricieux, plein de folles oscillations, de la petite bête blanche qui allait, venait, montait et descendait tour à tour en battant des ailes! On aurait juré, je vous assure, que c'était un véritable papillon; mais la main nerveuse du jongleur accroupi était toujours là, agitant son éventail avec une adresse merveilleuse. Puis, d'une autre feuille de papier il a créé une nouvelle bête ailée : toutes deux voltigeaient en l'air, courant l'une après l'autre : il nous a expliqué en souriant que c'était le papillon qui papillonnait autour de la papillonne; ils se sont fait une cour charmante, tantôt se posant, au gré du jongleur, sur la mince crête de la feuille de papier de l'éventail; tantôt descendant presque du plafond sur une touffe de colza en fleur que notre homme tenait par terre de la main gauche; tantôt enfin décrivant, les ailes planes, une douce spirale pour venir se réunir au fond d'un vase vide : après s'y être reposés quelques instants, voilés à nos regards, tout d'un coup, ils s'envolaient à nouveau pour reprendre leur léger essor! Cette dernière partie de cette charmante historiette amoureuse a enlevé les applaudissements les plus bruyants! Quelle adresse il a dû falloir pour amener ainsi le vent à soulever les papillons du fond du vase! Nous ne pouvions nous lasser de les voir planer en zigzag dans leur vol folâtre : c'était vraiment le

Per flores volitans trepidis flos aliger alis

du « Gradus ad Parnassum » : on n'a rêvé que papillons toute la nuit!

VIII

YOKOSKA

Retour à Yokohama. — Un steeple-chase dans des champs de thé. — Course à pied à Yokoskà. — Intérieur d'une famille japonaise. — Les dieux lares. — Le jardin des trois cents divinités bizarres. L'arsenal dirigé par M. Verny. — La mission militaire française. — Achats de bibelots.

3 mai.

Nous voici au moment de quitter la cité sainte, et nous emportons comme dernier souvenir celui d'un déjeuner entièrement japonais, fait à Daïchi, dans un restaurant de princes. Tout est là décoré avec splendeur : les mets les plus soignés brillent dans les soucoupes de laque fine, et l'on y sert des festins depuis dix francs jusqu'à cent et cent cinquante francs par tête. Parmi les mets de luxe qui ont orné notre table, étaient des myriades de petites compotes sucrées, des œufs arrangés sous toutes les formes; puis un beau poisson qu'on a sorti du vivier au moment même, pour le manger tout cru et tout vivant.

Le retour à Yokohama s'est fait sans encombre, mais assez lentement, car une pluie battante rendait la route fort glissante. Les Japonais sont très-drôles à voir par un jour de pluie : perchés sur des escabeaux de trois et quatre pouces de haut, ils se mettent à l'abri sous un immense parapluie plat en papier blanc (*voir la gravure, p.* 773). Ce papier japonais est vraiment admirable : il est à la fois le tissu doux et moelleux qui sert de mouchoir et de serviette, la paroi cotonneuse et transparente qui sert de mur aux maisons, l'enveloppe indéchirable et imperméable qui recouvre les parapluies et les balles de soie. Seuls les « bettos » et les coulies, à cause de la rapidité de leur course, ne portent pas au-dessus de leur tête cette tente emmanchée sur un long bambou; mais ils s'enveloppent d'un casaquin en herbes longues et pendantes qui leur donne l'air d'un ours en paille jaune, trottinant dans la crotte.

En arrivant dans la ville européenne, nous avons trouvé notre courrier du vieux monde : c'est une joie bien grande pour le voyageur perdu à l'autre bout de la terre! Ce sont de ces jours fortunés que l'on n'oublie jamais! de ces heures de rêverie où la pensée s'envole vers les plages lointaines où vous êtes tous! Et en lisant ces chères lettres, vos voix, je les entends! votre air, je le respire! mais l'illusion ne dure qu'un instant, et il me semble que je n'ai jamais été plus loin de vous.

8 mai.

Quatre jours viennent de se passer depuis notre retour de Yeddo; quatre jours de promenades, de fêtes, d'achats, en un mot, de cette activité dévorante par laquelle notre jeune bande est toujours entraînée. Nous avons eu les visites de tous les négociants français de Yokohama, et entendre parler français nous a remplis de gaieté. Un grand dîner nous a réunis à eux chez un des leurs, M. Valmale, gros négociant en soieries.

Une des choses qui nous ont beaucoup amusés, ç'a été l'agitation de toute la colonie européenne de Yokohama à l'occasion des courses, auxquelles on préludait par de magnifiques déjeuners. Dès qu'il s'agit de courir et de parier, les Anglais deviennent fous; et je crois que l'émotion est aussi grande que pour le solennel Derby d'Epsom. J'avais beaucoup entendu parler de la munificence avec laquelle le Taïkoun avait voulu créer un champ de course pour le plaisir des étrangers, mais j'ai encore été surpris en m'y rendant le grand jour. Yokohama est situé dans une plaine marécageuse; mais cette plaine est entourée d'une ceinture verdoyante de collines où la végétation est admirable. Eh bien, c'est en reliant les crêtes arrondies de deux collines parallèles par des remblais gigantesques, que le Taïkoun a formé une des pistes les plus pittoresques qu'il y ait au monde; elle suit comme le couronnement d'un mamelon circulaire d'où la vue s'étend au loin sur la mer et sur les campagnes; au centre même de l'anneau formé par la piste, est une vallée toute riche de bosquets sauvages et de cultures florissantes, arrosée des sueurs de quelques tranquilles laboureurs japonais. Pauvres gens, leurs mœurs rustiques contrastent singulièrement avec l'aspect brillant de la fête que les Occidentaux ont transportée au milieu d'eux! Près de leur modeste cabane est le « betting »; contre la rizière et le champ de thé se trouve l'enceinte du pesage. De petits drapeaux sont alignés comme des jalons au fond de la vallée emprisonnée par les terrassements; mais du seuil de leurs maisons nos bons paysans ont la consolation de voir les casaques de soie rouge, blanche ou jaune, débouler dans la bourbe profonde des rizières, au moment du steeple-chase. Celui-ci était vraiment charmant; on a galopé à travers les cultures, en suivant les jalons : thé, riz, blé, pois en fleur, tout a été traversé par l'escadron des casse-cou. Les Japonais de la ville et des environs étaient accourus en foule, et, couronnant tous les points culminants, ils riaient de tout leur cœur quand nos beaux messieurs piquaient avec ensemble une tête dans la rivière. La fête a duré pendant deux jours d'une heure à six heures. On a parlé de sommes folles gagnées par quelques heureux.

9 mai.

Nous venions de voir toute une cité restée purement japonaise; nous venions d'étudier de près les Japonais dans leurs mœurs antiques, leurs manoirs féodaux et leurs donjons à fossés et à ponts-levis : nous voulions maintenant aller à Yokoskà, baie retirée au sud de Yokohama, une véritable colonie française appelée par le Taïkoun pour créer et diriger les travaux d'un arsenal maritime et des chantiers de construction. L'aller devait se faire à pied, le retour par eau. Nous sachant bons marcheurs, deux capitaines du régiment anglais nous demandent de nous accompagner : nous avions pour tout bagage notre petit équipement habituel, c'est-à-dire un revolver et en sautoir notre boîte de bœuf conservé. Voilà comme j'aime à courir la campagne dans ce ravissant pays, sans toute cette smalah ordinaire de nos pérégrinations passées!

A cinq heures du matin, nous allons réveiller au camp nos deux officiers, deux « marcheurs de profession », s'entraînant depuis six mois tous les jours pour réaliser le plus de milles possible en deux heures de marche. Ils se réjouissaient sans doute de vaincre nos longues jambes. Aussi, grâce à cette lutte courtoise où le duc de Penthièvre avait voulu soutenir l'honneur du pavillon, et dans laquelle nous avons bel et bien distancé nos Anglais, nous avons fait, en deux heures quarante-quatre minutes, les dix-neuf kilomètres qui séparent Yokohama de Kanasawa; et par quels chemins, bon Dieu! tantôt dégringolant comme une boule de neige dans les ravins de la belle baie de Mississipi; tantôt grimpant dans les herbes et les roches jusqu'aux crêtes boisées d'une chaîne de montagnes. Mais du paysage, je ne me rappelle pas grand'chose : je ne voyais que les têtes étonnées des voyageurs et des jeunes filles qui nous lançaient un « ohaïhô » rieur, et semblaient rester le bec ouvert en se disant : « Quel peloton de fous! »

Cependant le printemps est déjà

avancé; les camélias sont dans tout l'éclat de leur première floraison; des champs entiers de pois roses s'élèvent comme des îlots au-dessus de la nappe verdoyante des riz en herbe.

Je ne reconnais presque plus les paysa-

Le temple aux trois cents divinités. (*Voir p* 779.)

ges que j'ai vus il n'y a que peu de temps. La chaleur était devenue étouffante : aussi je vous laisse à penser avec quel enthousiasme nous saluâmes une ravissante tcha-jia où, sur les nattes fraîches et molles d'un kiosque aéré par la brise de mer, nous nous sommes étendus morts de fatigue, malgré les sourires, les tasses

Livraison 98.

98

de thé et les coups d'éventail de la folâtre légion des élégantes « mousmies ». Après un bon sommeil et un premier coup de couteau dans la boîte de bœuf, nous nous remîmes en marche et arrivâmes assez tard dans l'après-midi à un village de pêcheurs situé à l'extrémité d'un joli promontoire. On nous avait remis à Yokohama une pancarte ornée d'un tas d'hiéroglyphes, vrai talisman moyennant lequel nous devions nous procurer, au nom du Taïkoun, une barque et des rameurs pour traverser la baie. A l'entrée du village se trouvait un poste d'officiers; le talisman passe de main en main : on le retourne en tout sens, on court dans toutes les directions, et on nous amène un homme à deux sabres, évidemment monsieur le maire, qui nous honore de salutations profondes, en se frottant les cuisses avec frénésie. Il nous donne une barque, et deux heures après, nous étions au village de Yokoska. Une première maison de thé nous avait plu, mais nous n'avons pu y trouver place : une quinzaine de seigneurs à deux sabres devaient y passer la nuit. Nous nous rabattons sur une autre, plus modeste en apparence, mais bien propre, bien coquette, donnant sur la mer, et où toute une famille et l'essaim ordinaire d'une demi-douzaine de jeunes filles richement habillées nous reçoivent à bras ouverts. Un orage affreux venait d'éclater, il pleuvait à torrents; nous n'avions donc plus la tentation de courir la campagne, et l'on se promit de confectionner, avec toutes ces demoiselles, un gai et bon dîner. On tint une vraie cour plénière autour du fourneau; et bientôt vous auriez pu voir des homards bouillir à droite, des poissons presque encore vivants frire à gauche et petiller en sautillant; des œufs et un tas de petites popotes réjouissantes mijoter dans les bains-marie; et au milieu des baquets, des soufflets, des plats de laque, deux grands marmitons de vingt et un ans, nés natifs de l'Occident, faisant la cuisine, le revolver à la ceinture, entourés de la troupe rieuse des demoiselles qui écossaient des pois et bavardaient joyeusement! — A la tombée de la nuit, le vieux papa à cheveux blancs alla, avec tout son petit monde, allumer les cierges de ses dieux lares, nichés sur un joli autel au fond de la maison : on leur porte à chacun une ration de riz et de gâteau que sans doute les rats mangeront en régal cette nuit. Mais n'importe, il y a quelque chose de touchant dans l'antique habitude de cette famille qui ne veut pas commencer le repas de chaque soir sans en offrir une part, en signe de reconnaissance, à la divinité protectrice du foyer domestique. Tous se sont prosternés respectueusement; le vieillard, d'une voix faible, récite la prière; le recueillement le plus saint se voit sur tous les visages; l'ange gardien du modeste toit est imploré pour cette nuit encore; puis tout le monde se relève, revient avec enjouement aux homards, et pour notre part nous faisons fête au repas. Peu à peu on éteignit les lanternes de papier colorié et on nous apporta nos préparatifs du coucher. L'oreiller se compose d'un petit morceau de bois, haut d'un pied, ayant la forme d'un fer à repasser; ce qui figure la poignée est recouvert d'une soixantaine de feuilles de papier cotonneux. Tout bon Japonais se met l'oreille là-dessus; pour moi, cette barre de bois m'a bien vite scié la nuque, et j'ai préféré la position horizontale. Nous n'avions pour matelas que la natte de jonc; mais d'une armoire cachée on nous tira d'immenses robes de chambre ouatées et rembourrées, de trois pouces d'épaisseur, avec des manches larges, et d'une rare propreté; c'est là dedans que, bien emmitouflés, nous nous endormîmes du sommeil de l'innocence, — à la japonaise.

10 mai.

Nous nous sommes réveillés aux murmures de la prière matinale adressée par nos hôtes à leurs dieux lares. Vite nous avons fait notre toilette, comme dans le paradis terrestre, aux premiers rayons du soleil; nous trouvâmes dans un petit meuble délicat une glace grande comme une pièce de cent sous, des peignes de ces demoiselles, des serviettes de papier d'un pied carré, des brosses à dents (petits pinceaux entièrement en bois, dont le bout se compose des filaments étirés du bois), de la poudre de corail au clou de girofle, etc., etc., bref, de quoi se faire pimpant pour se présenter à l'arsenal du Taïkoun.

Avant de nous y rendre, nous visitons les jardins d'un temple (*voir* *gravure*, *p.* 777), les plus bizarres que nous ayons jamais vus : environ trois cents divinités que je n'oserais décrire, et qui, adorées dans l'ancienne Grèce, se sont réfugiées au Japon, étaient érigées en tuyaux d'orgue, dans une attitude martiale! Les couleurs les plus variées des marbres veinés dont elles étaient faites donnaient à cet ensemble quelque chose de réjouissant.

En arrivant à l'arsenal, le prince a été reçu par M. Verny, ingénieur des constructions navales; avec lui nous avons parcouru d'un bout à l'autre tout le terrain des chantiers. Si la rade est pittoresque, elle n'est pas du moins bien large pour un port militaire, et, quand il y aura deux corvettes et une frégate au mouillage, il nous a semblé que toute évolution deviendrait fort difficile. Mais ce choix a été dicté par le Taïkoun, qui a voulu avoir un arsenal à une courte distance de Yeddo. Quant aux cales de halage, il a fallu raser des collines de deux cents pieds de haut pour trouver la place de les construire. Douze mille ouvriers japonais étaient occupés, les uns à ces gigantesques terrassements, les autres au creusement des bassins, d'autres enfin à la construction de deux canonnières. Un grand hangar de deux cent cinquante mètres de long, ayant une corderie dans sa partie supérieure, abrite une trentaine de machines superbes qui, venues de France et de Belgique, ont coûté des millions. Voilà de quoi construire des *Monitors* et des *Merrimacs* pour le Taïkoun. Bien que de véritables constructions ne puissent commencer avant trois ans, on s'est hâté de faire faire d'immenses achats par les Japonais; car, à l'instar de tous les Orientaux, ils sont si changeants qu'il faut songer à assurer le maintien du contrat par un premier engagement de fonds. Quarante-cinq ouvriers français sont les conducteurs de travaux de M. Verny : cette petite colonie, demandée par le Taïkoun, cédée par la France, travaille avec ardeur au service de ses nouveaux patrons, qui, j'en suis sûr, leur ont assuré de magnifiques appointements. Le village français est propre et coquet : il a sa petite chapelle et son aumônier; et certes là nos compatriotes nous font honneur.

C'est un grand triomphe pour la politique de la France qu'a remporté là M. Léon Roches. La jalousie des autres nations se révéla maintes fois à ce sujet, comme chaque jour où, grâce à lui, l'influence française se manifestait plus énergiquement. On peut dire à bon droit que notre ministre excellait à ne jamais laisser échapper aucune occasion profitable pour la France.

Au milieu de la journée, le *Kien-Chan* entrait en rade. M. Trève, avec son amabilité ordinaire, avait voulu venir chercher le duc de Penthièvre et lui faire faire, du moins pendant quelques heures, une navigation sous le pavillon tricolore. Il nous amenait Fauvel et plusieurs Français. Après une courte station, nous repartions tous ensemble, nous naviguions par belle mer et jolie brise, et, à la nuit, notre aviso rentrait en rade de Yokohama, en passant « à l'honneur » et en rasant les nombreux navires qui dorment sur leurs ancres en attendant leur cargaison.

14 mai.

Nous venons de passer quatre jours sans sortir de Yokohama; nous avons dû nous réjouir dans la compagnie de tous les Français qui ont été si pleins d'amabilité pour nous. C'est pourtant une ville où les relations sont quelquefois difficiles. On s'y querelle autant qu'on s'y amuse. Chacun, en outre, mène avec une folle vigueur les affaires de commerce, et les jeunes têtes de vingt ans se voient, du jour au lendemain, grâce à l'arrivée de tel ou tel navire, ou à l'achat de tel lot de balles de soie, en gain ou en perte de deux à trois cent mille francs d'un seul coup. Aussi, pour échapper à tant de discussions et au contre-coup de tant d'émotions, nous sommes-nous restreints le plus possible et avons-nous particulièrement établi notre quartier général parmi les officiers de la garnison française, qui nous ont cordialement accueillis.

Un jour, nous avons eu un superbe déjeuner à la Montagne, dans un beau jardin, sous un berceau de glycines en fleur : c'était une vraie « fête de France », et jamais nous n'oublierons nos bons amis les lieutenants de vaisseau de Thouars et Mortemart.

Bien souvent aussi nous allions à la mission militaire, à Tobé (*voir la gravure, p.* 784), où nous appelait la fanfare de la « Casquette ». La mission est située de l'autre côté du canal de Yokohama et parallèlement à la « Colline du gouverneur » : de grandes casernes de bois, des magasins, des ateliers, un manège, remplissent un grand espace; et c'est là qu'au nombre de six (un capitaine et cinq lieutenants), des officiers français ont la rude tâche d'instruire et de former environ sept cents jeunes nobles japonais destinés à leur tour à devenir capitaines instructeurs dans les armées taïkounales. Sous peu, la question de l'uniforme sera décidée, mais c'est déjà un plaisir de voir ces petits Japonais emboucher le clairon, manœuvrer les pièces, faire des demi-voltes au manège et former la ligne de tirailleurs ou le bataillon carré sur les champs de manœuvre. Dans les ateliers, des sous-officiers du génie et de l'artillerie leur font faire la théorie comme la pratique des constructions et du tir. Je ne saurais vous dire combien nous avons été frappés du cœur et du zèle que tous ces officiers mettent à l'œuvre ardue pour laquelle ils se sont imposé dix heures de travail par jour. Tous, jeunes et ardents,

Jeune Japonaise se peignant les lèvres.

MM. Chanoine, Brunet, Messelot, Dubousquet, Descharmes, nous parlent avec bonheur des progrès qu'ils ont obtenus en quelques mois : comprenant toute la grandeur de leur œuvre, ils la poussent avec l'ambition de l'homme qui sent que le temps lui échappe, et déjà ils ne parlent que de doubler les trois ans pour lesquels ils ont été envoyés ici [1]. Ah ! c'est que les Japonais, peuple peut-être un peu enfant, mais plein de cœur, de naïveté et de confiance, vous attachent fermement à lui ! C'est que de leur côté ils ont tant du caractère français, qu'ils se sentent attirés vers nous par tous leurs instincts les plus chevaleresques, et que tout leur plaît en nous, surtout nos défauts. La mission semble donc faite pour gagner aux Occidentaux l'élément le plus puissant du Japon, car elle a pris le Japonais par le point le plus sensible et le plus attachant, la passion militaire.

La cause de l'établissement de cette mission, la voici. Au milieu des embarras de la révolution qui remue le Japon jusque dans ses entrailles, le Taïkoun, après avoir franchement adopté le parti européen, a vu ses armées battues par celles des daïmios rebelles. M. Roches, notre ministre, a habilement profité de l'occasion pour proposer au Taïkoun de faire venir des instructeurs européens qui rendraient ses armées invincibles. C'est à l'énergie du capitaine Chanoine qu'a été confiée la direction de cette œuvre. Tous ces jeunes officiers japonais brûlent d'ardeur, et si le côté puéril perce déjà quand on les voit couper leur queue de cheveux, se garnir de boutons de métal, et prier avec instance le Taïkoun et nos officiers de les mettre sous « le plus bel uniforme franzé [1] », du moins ce zèle porte-t-il aussi ses fruits pour les choses sérieuses : ils apprennent merveilleusement vite le français, et ils travaillent avec ardeur tout le jour et bien avant dans la nuit pour étudier la mécanique, la géométrie, les théories de manœuvres et de tir. Oui, nous pouvons bien sincèrement féliciter M. Roches d'avoir, par ce dernier coup, porté si haut l'influence française, qu'il avait déjà si habilement et si heureusement établie au Japon, en se rendant vraiment maître de la situation, et en laissant victorieusement l'Angleterre, l'Amérique et la Hollande dans une lointaine infériorité. Je vous ai dit combien nous étions tristes d'avoir couru le monde pendant treize mois, d'avoir longé les côtes de l'Indo-Chine et de la Chine, de Singapour à Pékin, de l'Équateur aux neiges, sans trouver pour la France une position digne d'elle. Mais ici nous pouvons marcher la tête haute. On appelle avec raison les Japonais « les Français de l'Extrême-Orient » : ce peuple s'est pris pour nous d'une véritable passion qu'une suite d'événements heureux n'a fait que fortifier depuis, et que nous avons largement reconnue par la franchise et l'appui de notre politique. Notre triomphe serait complet, si à l'armée et à l'arsenal nous pouvions joindre la flotte ; mais les exigences de la politique et une sage prudence ont forcé le Taïkoun à ne point pousser à bout l'exaspération des An-

---

[1] En mars 1872, une nouvelle mission militaire a été envoyée au Japon pour instruire l'armée du nouveau gouvernement : MM. Chanoine et Descharmes en font partie.

[1] Ils sont si légers qu'en apprenant nos désastres ils ont immédiatement voulu s'équiper à la prussienne.

glais, autour desquels se groupaient tous les autres jaloux, les Hollandais, les Allemands, les Russes et les Américains. La direction de la flotte a été promise comme calmant à l'irritation britannique; toutefois jamais ce service, dont ils n'ont qu'une moitié, n'aura la popularité, l'enthousiasme et l'influence de notre mission militaire!

Mais je vois qu'aujourd'hui je me suis trop laissé entraîner par le point de vue politique, que, « suivant ma coutume », je ne devrais vous offrir qu'à la fin de mon séjour. Je quitte donc au galop le

Le pont de Tobé.

bagage historique pour courir du côté des bibelots de laque, boîtes à gants, broches de bronze, peintures et babioles charmantes qui trouveront, j'en suis sûr, une foule d'amateurs en France.

Eh bien, je l'avoue, le bibelot nous a monté à la tête d'une façon vertigineuse. A peine descendus de cheval, au retour de nos promenades, nous allions passer de longues heures dans les boutiques de laque qui animent les rues de Yokohama; c'était une vraie fièvre! Nous étions arrivés à mourir d'envie de tout acheter, et à savoir le prix de chaque objet chez les différents marchands. Devenus profonds appréciateurs des ouvrages des Japonais, nous connaissions aussi leur langage et leurs ruses infinies. Car c'est un singulier marchand que le Japonais! Pour lui la loi du négoce est pourtant

La rue de Yokohama où nous faisons nos emplettes.

bien simple, vendre le plus cher possible! mais jamais il ne paraît pressé de conclure un marché, ou ému par la pensée de le manquer. Il demandera aux étrangers vingt fois la valeur d'un objet, et, imperturbable, fumant et buvant dans sa coquette boutique, il laissera passer indifféremment les heures et les jours, jusqu'à ce qu'il ait doucement triomphé de la patience de l'acheteur. Mais nous aussi, grâce à notre habitude de l'Orient, nous étions devenus patients à l'excès; j'ai déjà pour ma part passé, en diverses fois, plus de vingt heures dans certaines boutiques sans y avoir dépensé un tempo!

Nous entrons dans une boutique : aussitôt aimables bonjours, pipes et tasses de thé; le marchand alors nous présente des laques de quarante-cinquième ordre, nous croyant assez « jeunes » pour les acheter. Mais nous de causer, de lui faire des cigarettes, de dire que nous sommes Français, de rire, de débiter des compliments à la dame de céans. « Ah! vous Franzé! nous disent-ils dans leur langue, vous aimez à rire comme nous; vous êtes allés faire la guerre en Corée; vous avez une belle frégate, la *Guerrière*, et des officiers en bel uniforme qui nous apprennent à nous battre... » Que d'heures entières nous avons ainsi passées avec ces aimables causeurs! Puis, tout en n'ayant l'air de rien, on fouille dans les étagères, on y découvre un joli cabinet de laque. « Ikoûrà? » (Combien?) Aussitôt le bonhomme prend un air profond, se frotte les cuisses, hésite, fronce le sourcil, et après une mimique anxieuse vous jette du fond de la poitrine et comme avec douleur : « Ftàz-yâck-ichi-bou ! » (Deux cents bous, c'est-à-dire trois cents vingt francs.) — Remarquez bien que cela en vaut quarante. Alors on se rassoit, on bavarde, on lui dit : « A la gigoto! » ce qui signifie « Montre-moi des choses pareilles » : il étale alors des centaines de choses ravissantes, riant, riant toujours, et il faut voir toutes les drôleries qu'il raconte! Sur ce, les naïfs cèdent, offrent la moitié du prix, et sont encore volés de cent francs. Les malins reviennent un autre jour, entortillent le marchand en le tentant par un achat en gros, puis n'ont plus l'air d'y tenir du tout : notre homme soupire alors et, d'une voix indescriptible, vous crie sur le seuil de sa porte que vous quittez : « Magotto! magotto! magotto! Ni jiou bou! » (Au plus bas prix, vingt bous.) On rentre, on recause, on refume et l'on reboit du thé! On tire douze bous de sa poche, on les met dans la main du marchand, qui refuse, se prosterne, range sa boutique; mais enfin, au bout de deux heures, au moment où l'on s'en va pour tout de bon, il vous appelle et vous jette avec désespoir pour douze bous les objets dont il vous avait demandé deux cents; vous tapez trois fois dans vos mains, il s'écrie « Irouchi! » et le marché est conclu! Alors, il semble que tout le nuage des anxiétés du dernier moment s'est dissipé : le rieur est votre meilleur ami, il vous fait rentrer chez lui, emballe l'achat dans de ravissantes petites boîtes avec un soin minutieux, vous donne des gâteaux, essaye de vous tenter encore, et chacun demeure enchanté de son marché. Quant aux Anglais, jamais ils n'agissent ainsi : aussi je les ai vus payer certains objets sept et huit fois plus cher que nous : ils arrivent roides comme des piques, dans leurs faux cols, s'arrêtent fièrement sur le seuil de la boutique, et trouvant trop au-dessous de leur dignité de marchander, ils payent grassement, regardant d'un air de mépris le Japonais, avec lequel ils ne s'abaisseraient jamais à causer familièrement.

Certes, c'est, autant qu'une politique franche, la familiarité de notre nation, l'abandon, l'amour de la plaisanterie, le côté badin et vif de notre caractère, qui nous ont conquis toute la sympathie de ce peuple de grands enfants.

Le colonel de notre escorte en costume de gala.

IX

MIONOSKA

Excursion à cheval. — Les lis sur les toits des chaumières. — Compassion des voyageurs pour les mendiants. — Un bain chaud à Oudawara. — Administration d'un fief de daïmio. — Sentiers abrupts sur le flanc d'un volcan — Le Baden-Baden de l'aristocratie japonaise. — Une scène de l'âge d'or. — Le chiri-fouri, danse nationale. — Jolie tcha-jia d'Atta. — Une pêche aux flambeaux. — La cuisine japonaise.

15 mai.

Nouveau départ : nous devons pénétrer dans l'intérieur jusqu'au pied de la montagne sacrée de Fuzzi-Yama, à la ville sainte de Hakoni : cette course a été faite, nous dit-on, pour la première fois l'année dernière par des Européens, entourés d'escortes et précédés des lettres du Taïkoun. Nous serons accompagnés de deux guides connaissant tous deux à fond la langue et les mœurs du Japon, et nous devons partir ce matin; mais le conseil des ministres de Yeddo n'a pas encore envoyé nos passe-ports ni désigné notre escorte : nous avons attendu toute la journée, les chevaux sellés à la porte. L'arrivée prochaine du *Colorado* nous fait regretter ce retard.

16 m i.

Le gouverneur de Yokohama a reçu hier soir nos passe-ports : à cinq heures

Les chaumières à toitures de lis. (*Voir p.* 793.)

du matin, en selle! et de l'entrain. Nos bettos partent comme des dards en avant; notre escorte de yakonines s'avance, et son chef, vieux noble à la figure martiale, armé de trois sabres, et portant une coiffure que je ne lui envie pas, nous salue profondément. La première partie de la route était animée d'un aspect de fête : tous les postes militaires de la ville et des faubourgs, défendus par de gros canons et hérissés de piques, de lances, de hallebardes et d'arquebuses, étaient décorés avec apparat! Les rues étaient balayées, on voyait les femmes en toilette écarlate, les officiers allant, venant, sur des chevaux noirs caparaçonnés d'argent, et faisant briller leurs plus beaux sabres : ce devait être un grand jour pour la population japonaise! Voici en effet le successeur désigné du Taïkoun, suivi d'un cortége de plus de trois cents chevaliers, qui vient visiter Yokohama.

Pour nous, nous continuons notre route vers l'ouest, suivant ce magnifique Tokáïdo qui devient peu à peu fort sauvage. Aux rues prolongées des villages, bordées des élégantes tcha-jias et djorojias où nous appellent tout le long de la route des « ohâihô » et des sourires, succédèrent des points de vue superbes : nous suivions, presque sous un berceau de cèdres séculaires, une suite de collines qui devinrent bientôt des montagnes ; et un horizon de verdure se déroulait devant nous, avec des précipices et des cascades, des forêts vierges et des rizières, des temples antiques en silhouette, de grandes roches rougeâtres couronnées de verdure, et la ligne lointaine d'une mer azurée.

Peu à peu, nous avancions dans une campagne de plus en plus féerique ; nous retrouvions cet accueil amical et aimable qui réjouit toujours le cœur, et des lointaines rizières ou des sentiers perdus on accourait pour nous fêter ; de l'eau pour rafraîchir nos chevaux ; pour nous du thé, des gâteaux et des sourires, voilà ce que, sous un soleil ardent, nous trouvions dans chaque coquette cabane. Toutes ces maisons, disséminées au milieu de bosquets d'azaléas, de camélias, avaient la partie supérieure de leur toiture de chaume recouverte d'une légère couche de terre d'où s'élevait comme une épaisse couronne de lis bleus en pleine floraison (*voir la gravure, p.* 789). C'était un charmant coup d'œil ! Mais j'ai été bien surpris en apprenant l'histoire de ces jardins suspendus comme une auréole d'azur sur de si légers kiosques. Il paraît que c'est de ces lis que les Japonais extraient l'huile rosée dont les femmes parfument leurs longs cheveux noirs comme l'ébène. Il existe à ce sujet un ancien édit religieux du Mikado dont l'originalité m'a bien frappé. « La déesse du soleil nous a
» donné la terre pour la labourer et
» l'ensemencer, afin d'en faire jaillir les
» plantes utiles destinées à nourrir les
» femmes, qui sont l'ornement du foyer,
» et les guerriers qui se battent au nom
» de l'honneur : vous ne sèmerez donc
» que des plantes utiles ! Quant aux lis,
» qui sont l'emblème du luxe des femmes, la déesse vous défend de les cultiver sur le sol sacré ; mais semez-les
» sur les sommets de vos maisons, en une
» place impropre à tout autre usage ; et
» là, de même qu'ils donnent la beauté
» aux cheveux des femmes, ils seront
» comme la chevelure vivante de votre
» toit paternel. » Vraiment n'y a-t-il pas un symbole plein de délicatesse dans cet usage antique, et n'éprouve-t-on pas un regret de n'avoir pas le temps de suivre dans sa littérature un peuple dont la civilisation s'est faite dans l'isolement complet de toutes les nations du monde ?

Une autre chose encore est bien remarquable : les routes de la campagne sont souvent attristées par la vue de pauvres mendiants échelonnés de distance en distance, malheureux êtres amaigris, mourant de faim, et implorant la pitié du passant en montrant leurs membres déformés par l'horrible éléphantiasis. Généralement ils sont accroupis dans une charrette de bois, posée sur quatre petites roulettes, leur seule habitation jusqu'à la mort. C'est cette charrette que les nombreux pèlerins qui fourmillent sur les routes viennent, en passant, pousser un peu chaque jour. Le pauvre est ainsi traîné de village en village, grâce à la pitié des voyageurs qui l'amènent à de nouveaux bienfaiteurs ; il parcourt dans sa misérable vie de longues routes à travers le Japon, espérant toujours trouver sa guérison aux sources lustrales vers lesquelles chacun lui a fait faire un pas.

C'est une vieille légende qui entretient chez les Japonais cette touchante coutume : Une jeune princesse, aimée de deux officiers, épousa le plus riche et rejeta le plus jeune et le plus brave. Après deux années de tyrannie, son odieux maître mourut frappé par la foudre. Encore d'une éclatante beauté, elle alla à un lointain pèlerinage pour s'y cacher aux humains ; chaque matin elle traînait jusqu'au prochain village le pauvre estropié qui s'offrait à sa vue, et le dernier qu'elle amena à la fontaine sainte de guérison fut celui qu'elle avait vu jadis si jeune et si beau, mais qui, l'âme brisée par son refus, était devenu fou et se mourait de faim sur les routes. A peine l'eau lustrale eut-elle touché ce malheureux qu'il se leva tout guéri hors de sa charrette de douleur, et alors seulement ils se reconnurent ! La divinité avait voulu récompenser l'âme charitable de la jeune femme et le cœur chaleureux du jeune guerrier. J'aime les légendes de ce peuple sensible : l'amour et la guerre, voilà ses dieux !

Mais j'ai demandé en vain, par exemple, s'il était une légende pour expliquer un usage général qui nous a produit une bien triste impression. Les jeunes filles ont de beaux sourcils arqués et des dents blanches comme des perles : mais dès qu'elles se marient, elles se rasent les sourcils et se laquent les dents en noir d'ébène. Est-ce un symbole et une cruelle renonciation au désir de plaire ?...

Le temps passe bien vite dans notre course rapide, grâce aux paysages toujours nouveaux qui viennent égayer notre route, grâce surtout aux conversations intéressantes de notre guide, plein d'érudition et d'expérience. Il avait traduit toutes les annales des légendes sacrées, mais le feu désastreux de novembre dernier lui a tout détruit. Il me faisait remarquer les statues de la déesse des voyages, installées de distance en distance le long de la route, et autour desquelles étaient suspendues des myriades de sandales ; les pèlerins et les voyageurs offrent ainsi à leur protectrice leurs vieilles chaussures de paille.

La halte se fit dans une belle tcha-jia, au village de Fouzisawa ; tout y est si propre, si coquet, que nous n'osons pénétrer dans l'auberge qu'après avoir retiré nos bottes, à la grande satisfaction de nos hôtes.

Tandis que nos infatigables bettos baignent nos chevaux, nous réussissons une magnifique omelette de trente-cinq œufs, arrosée d'un peu de saki. Puis nous reprenons notre route au grand trot, sur un chemin fort animé, le long de la mer, sous des roches, à l'ombre de grands sapins. Jamais je n'ai rencontré tant d'enfants ni tant de poissons ! C'est le lieu du monde où la nature en a été le plus prodigue ; mais comme tout est étrange dans ce pays, les enfants nageaient gaiement au milieu des lames qui brisaient, et les poissons étaient à terre, et à cheval, s'il vous plaît ! C'étaient de gros esturgeons à bec pointu, de cinq à six pieds de long, dont deux suffisaient à faire la lourde charge d'un vigoureux cheval de montagne. Les Japonais sont très-friands de poisson, qu'ils mangent cru; on en conduisait à Yeddo une longue caravane. Nous avons vu aussi haler la seine, et nous pouvions nous convaincre par nos propres yeux de la richesse poissonneuse de ces mers orientales.

Il nous a fallu passer à gué un torrent qui a plus de quatre cents mètres de large; il s'échappait d'une sombre vallée qu'on nous dit être la plus fameuse pour ses champs de thé : plus loin, de légers bacs transportèrent d'un bord à l'autre d'une rivière toute notre cavalcade. Que de jolies aquarelles on aurait pu faire de tant d'épisodes et de points de vue charmants! Bref, après douze heures de cheval, une série d'émotions toujours

Paysannes japonaises.

nouvelles et des spectacles toujours pittoresques, après quinze lieues de marche pour nos chevaux et nos bettos, nous apercevions les toits de la ville d'Oudawara, les tours et les donjons du manoir seigneurial qui couronne la hauteur, dorés par les derniers rayons du soleil couchant. Un grand pont de pierre se dessinait à un quart de lieue : nous promettons un ichi-bou à celui de nos bettos qui l'atteindra le premier. Malgré la longue course qu'ils viennent de faire, ces gaillards infatigables n'ont pas hésité à entamer la lutte : oh! πόδας ὠκὺς Ἀχιλλεύς. « Achille aux pieds légers », n'était qu'une tortue en comparaison des coureurs japonais! Au milieu d'une foule immense qui ne voyait que pour la troisième fois des Occidentaux, nous arrivons, nous nous installons dans une superbe tchajia : tout l'essaim des demoiselles, nos servantes, va, vient, voltige, se trémousse comme une volée de tourterelles. Pendant qu'on apprête un festin de homards et de riz, je tombe par hasard sur un charmant kiosque de cette auberge, ayant vue sur le jardin ; il y avait dans ce kiosque une baignoire de bois, pleine d'eau : c'était bien tentant après les fatigues du jour! Comme je me préparais à y entrer, deux servantes de vingt ans viennent ouvrir un petit poêle d'argile qui se trouvait sous la baignoire, y allument un feu bien flambant ; bientôt l'eau devient si chaude, qu'au bout d'un quart d'heure je sors de ce bain-marie aussi rouge que les homards dont je me réjouissais de manger. Les timides baigneuses m'ont alors offert deux serviettes de papier cotonneux, qui n'étaient pas plus grandes que la feuille sur laquelle je vous écris. C'était réellement très-

Château féodal japonais. (*Voir p.* 794.)

drôle : mais les mœurs de l'intérieur du Japon sont si candides, que rien ne nous semble plus extraordinaire, et que la journée qui suit n'est que la continuation du rêve de la veille.

Après le repas, chacun s'est étendu sur ses nattes blanches avec une grande envie de dormir ; les bougies renfermées dans de rondes lanternes coloriées s'éteignent, et plusieurs d'entre nous ronflent déjà à côté de leur revolver. Tout à coup, une des parois de papier glisse légèrement dans la coulisse, et il entre... un homme aveugle, agitant une petite clochette et sifflant dans une flûte aiguë : c'est un masseur appelé pour nous par la gracieuse hôtesse. Nous acceptons ses services, et, au bout d'une demi-heure, il nous procure un doux sommeil et un bien-être délicieux.

17 mai.

Dès le matin, près de trois à quatre mille personnes se pressaient tumultueusement dans la grande rue devant notre tcha-jia, pour voir des Occidentaux : au moment où nous avons paru, rien de gracieux comme leur accueil!

Nous avons tourné autour des murailles à créneaux du château seigneurial de cette province (voir la gravure, p.793). J'ai su à ce propos quelques détails sur le gouvernement des fiefs japonais.

Le daïmio est tenu de venir chaque année rendre hommage au Taïkoun, de lui payer un certain tribut, et de le suivre dans les guerres nationales; mais il est maître absolu dans sa principauté : à lui appartient le droit d'exiger le service militaire, de régler comme il l'entend la culture des terres, d'établir des corvées; en un mot, il a droit de vie et de mort sur ses vassaux comme sur ses serfs.

Mais il faut dire à la louange des daïmios qu'ils sont très-bons pour leurs sujets, et qu'ils les traitent très-paternellement.

Quant au fisc, voici comment il est établi. Propriétaire unique du sol que ses populations cultivent, le daïmio fait apporter dans ses greniers la plus grande partie des récoltes, et il fixe à sa guise un prix de... pour un picol de riz[1] et le paye au producteur; puis, à certaines époques de l'année, il fait de grandes ventes publiques à l'enchère; alors son « bon peuple » vient acheter, pour sa subsistance, cette denrée indispensable, et la paye un prix bien supérieur à celui auquel il a dû la vendre. Et, comme de juste, la différence fait le revenu du «bon prince». Ceci nous paraît inouï, à nous Occidentaux; mais ce serait se tromper gravement que de croire que de tels principes de gouvernement choquent les idées des Orientaux, qui n'en ont jamais connu d'autres ; et l'on peut affirmer que, dans leur naïve simplicité et leur fidèle dévouement au seigneur, ces populations paisibles jouissent d'une grande félicité. Ce qui se comprend plus aisément, ce sont les craintes qu'inspirent à la nuée des samouraïs à deux sabres, petite noblesse privilégiée, les idées européennes de commerce et de gouvernement qui vont, si le Taïkoun continue, la réduire à néant. De là, ces airs farouches; de là, nos désagréables rencontres dans la ville sacrée!

Aucune figure farouche n'est pourtant venue nous troubler aujourd'hui, quoique nous ayons rencontré une foule de cortéges princiers avec tout l'apparat féodal. C'est que nous sommes plus directement leurs hôtes, et que chez eux l'hospitalité a le caractère sacré de l'antique Grèce. Nous avons donc continué à suivre le Tokaïdo : jusqu'à présent cette route avait été comme une allée grandiose de quelque parc féerique; soudain elle est devenue pour nous un sen-

---

[1] C'est en riz que le Prince paye lui-même son tribut annuel au Taïkoun : il est curieux de voir, sur toute l'échelle de cette hiérarchie compliquée de la noblesse japonaise, les appointements se payer en nature. Depuis le chef temporel jusqu'à l'officier de police à un sabre, ce n'est point par sacs d'or, mais bien par sacs de riz que se compte le traitement. La mesure adoptée est le « kokou », qui est égal à cent cinquante-trois litres et un tiers, et qui sert de base à toutes les évaluations. Le domaine impérial est estimé à huit millions de « kokous », celui de Mito à trois cent cinquante mille, celui de Nagato à trois cent soixante-dix mille, etc...; enfin le revenu total du pays monte à vingt-cinq millions de « kokous », soit un milliard six cents millions de francs.

tier serpentant, par une pente abrupte, dans des montagnes sauvages; des roches rondes, usées et polies, brillantes et glissantes comme une glace sous les feux d'un soleil ardent, en formaient l'affreux pavé. Nos pauvres chevaux patinaient en grimpant, tombaient, puis retombaient de plus belle en essayant de se relever; nos bettos s'écorchaient les pieds; il fallait s'étourdir par des cris excitants et pousser de l'avant jusqu'au col! Enfin, à mi-côte, nous trouvâmes un village sur le bord d'un torrent et au bas d'une gigantesque cascade. Là, nous achetons toute une provision de chaussons en paille tressée dont nous enveloppons les sabots de nos chevaux.

Nous avions suivi pendant sept heures les flancs sinueux et escarpés d'une gorge profonde et silencieuse ; une forêt vierge la couvrait tout entière, et, quand nous sortions par intervalles des sombres fourrés, nous avions de belles échappées de vue sur les précipices et les torrents.

Nous voici au col après un rude labeur : derrière nous la longue gorge, la forêt d'un beau vert, les cascades et la mer; devant nous, à cette hauteur où le froid commençait à nous saisir, un grand lac coupé dans les rochers avec des baies sinueuses, puis des grandes crêtes dénudées avec des cratères ouverts et de longues déchirures volcaniques qui semblaient fendre en deux les flancs de la chaîne de montagnes : à l'horizon du lac, le cône hardi de Fouzi-Yama tranchait vivement sur ce tableau varié et admirable. Il nous apparut d'abord tout blanc de neige, se détachant sur le ciel comme une pyramide éclatante; mais tandis que nous cheminions, le soleil s'était couché derrière les montagnes. Alors sa cime neigeuse a pris soudain des teintes rosées : puis peu à peu la lumière s'étant retirée de ce dernier asile, la gigantesque tête de la montagne s'est dérobée dans les brumes du soir. C'est vraiment un ensemble frappant par ses contrastes : l'œil en un instant embrassait à la fois, sur les plans si tranchés de ce tableau, la neige éternelle, le volcan avec la dévastation de la lave, la forêt avec toute la fraîcheur de sa verdure.

Nous étions à Hakoni : une longue avenue de cyprès et de cèdres longe le lac et mène droit à une grande porte fortifiée, toute vernissée et brillante, représentant peintes en écarlate les armes du Taïkoun. Notre colonne, chevauchant dans la sombre et mystérieuse allée, fut arrêtée devant les insignes sacrés par des hallebardiers en grand costume, gardiens de ces abords seigneuriaux! Il est vrai que nous avions perdu notre escorte depuis une heure, et que, même pour les Japonais, il est difficile de pénétrer dans les murs célèbres de Hakoni. Ah! voilà enfin notre bon vieux chef qui arrive sur son cheval essoufflé : il se prosterne devant la porte et trois fois touche le sol de son front. Puis il montre nos passe-ports aux officiers, qui nous demandent de saluer les armes du Taïkoun et de ne passer le seuil que chapeau bas; et nous voilà admis dans l'enceinte sacrée. Notre halte ne fut pas longue dans un endroit si cérémonieux, quoique la population ait été fort polie et que les tcha-jias aux balcons donnant sur le lac soient d'une splendeur princière. Un sentier sablonneux nous fait entrer dans la région volcanique : crêtes pelées et torturées, vallons formés dans les déchirures de la montagne d'où s'élevaient, comme des colonnes blanchâtres, des tourbillons de vapeurs sulfureuses, collines dont les flancs n'étaient qu'une nappe de lave, tel est le paysage, si différent du précédent, qui vient de se dérouler devant nous. Il était presque nuit quand nous arrivâmes, au bout de notre journée, au village de bains de Mionoska, le Baden-Baden de l'aristocratie japonaise, lieu désert dans la saison froide, et inondé de baigneurs en été.

Certes, c'était une des choses les plus curieuses à voir! Bâti dans une vallée très-profonde et sur le flanc d'une montagne fort escarpée, le village n'a que des escaliers de granit pour rues, et les maisons, perdues au milieu des cascades, semblent perchées les unes au-dessus des autres. Nous avons dégringolé plusieurs centaines de marches avant d'arriver à la plus belle tcha-jia, le grand Casino de céans : oh! jamais je n'oublierai ce coup d'œil! Sur une profondeur de plus de cent mètres, la tcha-jia se composait de deux belles galeries ouvertes, liées en fer à cheval : là se prélassaient, dans le costume d'Adam et d'Ève, plus de trois cents baigneurs et baigneuses, à peine sortis de la douche du soir. A notre vue, ils ont appelé toute une nouvelle recrue qui était, paraît-il, à barboter encore dans l'eau, et la foule se pressa curieusement et poliment autour de nous pour nous contempler. Il y avait des princes, des princesses, des enfants, des jeunes filles. Nous demandons si le Casino peut nous loger aussi; mais il ne peut nous accorder cette faveur, ce que nous regrettons fort, car le local semblait bien amusant. Nous remontons de nouveaux escaliers, nous trouvons une autre tcha-jia plus modeste, habitée par une centaine d'hôtes seulement : ils se promenaient dans un beau jardin en terrasse, où une nappe de fleurs grimpantes très-touffue semblait jetée sur les ondulations des roches et formait comme une tenture odorante. Tout cela était très-joli, mais nous étions bien fatigués après cette journée; aussi, avant le dîner, me suis-je dirigé vers le kiosque des bains. Les sources sulfureuses jaillissaient abondamment de terre; des conduits de bambou amenaient l'eau toute fumante dans le kiosque. Là, des baignoires carrées en bois, ayant environ un mètre et demi de côté, étaient enfoncées dans le sol, et des groupes folâtraient dans chaque casier d'eau chaude.

Chacun de nous chercha une place dans une de ces baignoires, et, avec la simplicité de l'âge d'or, j'allai m'installer dans celle qui paraissait la moins chaude. Dans ce petit espace d'onde limpide nous étions six, trois Japonaises assez jolies, deux Japonais, et votre très-humble serviteur! Il m'a semblé que j'avais sauté dans une bouillotte : en une minute j'étais cramoisi comme un chambellan, et j'avais bien envie de me sauver; mais mes camarades, rieurs et rieuses, entamèrent une conversation à laquelle je ne comprenais pas grand'chose; je répondais par ma phrase habituelle, qui a toujours eu un plein succès.

Ce bon bain chaud me reposa autant qu'il me fit rire...; puis, après un dîner que nous trouvâmes exquis, nous exécutâmes dans notre kiosque une représentation gratis pour le nombreux public de baigneurs qui venait nous admirer. Toutes les parois de papier furent supprimées; nous étions comme sur une estrade illuminée; on improvisa des feux

Le Tokaïdo (*Voir p.* 794.)

d'artifice, on organisa une loterie et une foule de jeux qui faisaient rire nos spectateurs. Comme les Japonais sont très-forts sur les lois de la politesse, ils voulurent nous rendre une fête de leur cru, et aussitôt apparurent des danseuses en costumes éclatants, peignées, peintes, poudrées, décorées à ravir, et jouant du sam-sin, sorte de guitare criarde. Puis est venu le *chiri-fouri*, la danse classique du Japon! C'est assez difficile à décrire : cela ressemble au jeu vif de la « mora » italienne, à la « parole volante », à « pigeon vole », etc., mais avec quelques petites modifications. Les danseuses se divisent en deux camps, et, tout en dansant et en jetant les mains en cadence comme pour se défier, l'une commence une phrase rhythmée qu'une autre doit continuer, puis une troisième, et ainsi de suite, de sorte que chacune contribue successivement à improviser une cantate capricieuse et folâtre, où l'esprit devient aussi vif que le geste. On nous explique les bons mots à mesure qu'ils font éclater de rire toute l'assistance; mais voici un changement de décoration : dès qu'une danseuse s'est trompée de rime ou de cadence, elle doit être punie, et, pour gage, se dépouiller d'une partie de ses vêtements. Peu à peu tout s'anime : l'amour-propre de chacune est en jeu, les yeux jettent des étincelles, et ce ne sont que fous éclats de rire. Voilà la manche droite qui tombe, puis la manche gauche, puis l'écharpe, puis la houppelande, puis la giberne!... jusqu'aux boucles d'oreilles! et la dernière muse qui reste victorieuse sur le champ de bataille, après avoir mis toutes les autres hors de combat, est applaudie, félicitée et couverte de fleurs par toute l'assistance japonaise. Rien ne peut donner une idée de la vivacité des gestes, des rires bruyants et du feu roulant de paroles de ces danseuses s'agitant à la lueur de belles lanternes de couleur et au son d'une folle musique!—Sur ce, pas de mauvais rêves.

18 mai.

Baignade dès l'aube; ce matin, nous n'étions que deux; une cascade d'eau glacée à côté du bain chaud a fait merveille; puis, départ rapide; nous voici en voie de retour. Sur notre route, nous montons au cratère de Hungo-zang, qui me rappelait le Tankoubanprahou de Java; la chaleur y était suffocante, des ondes de boue flottaient comme dans un lac infernal, et leurs gros bouillons s'élevaient par étages en mousseux glouglous qui formaient en une minute une cloche de la hauteur d'un homme, puis qui éclataient comme une bombe, pour naître de nouveau. Nous avons approché des vapeurs une branche d'azaléa rose qui a tourné immédiatement au blanc pâle. C'est vraiment effrayant de se sentir sur le bord du soupirail ténébreux par où s'échappent les vapeurs affreuses du grand fourneau qui est au sein de la terre. Depuis notre arrivée dans ce pays, il ne s'est point passé une semaine sans qu'on ait ressenti de légères oscillations à Yokohama.

Nous avons dû aujourd'hui passer un autre col pour rejoindre notre belle vallée d'avant-hier; pendant trois heures, nous avons descendu le flanc abrupt de la montagne, tenant nos chevaux par la bride et glissant sur les pierres usées sans pouvoir nous arrêter. Chacun de nous est tombé deux ou trois fois; mais heureusement les chevaux ne se sont fait aucun mal. Enfin, il faut faire descendre à nos bêtes un escalier de quarante marches, et nous voilà dans le joli village d'Atta, logés à la tcha-jia Miànàgiànà, un vrai palais, avec de grandes salles tapissées de nattes blanches, et dont la charpente et le treillis artistique des parois à jour sont en laque superbe. Cette tcha-jia est cent fois plus belle que celle de Meïaski, et je vous assure que, lorsque entourés de vingt jeunes filles élé-

Un pont en pierre aux environs de Yokohama.

gamment parées, qui nous apportaient du riz et des gâteaux, nous étions à dîner dans une de ces belles salles, avec la vue d'un jardin admirable devant nous, nous pouvions nous croire dans la réalité de quelque féerie d'opéra. Le jardin était le flanc même, le flanc à pic de la montagne, couvert de petits arbres pourpre et lilas, de bosquets nains, et tapissé d'un gazon entretenu avec un soin minutieux. Six cascades, chacune d'une double hauteur d'homme, aménagées avec art entre de belles roches, se succédaient sur cette muraille de verdure et de fleurs, et y brillaient comme de larges lames argentées. Au bas était un petit lac, avec

Ménestrels japonais en voyage.

de petits ponts et de gros poissons rouges que nous estimions environ de douze livres chacun.

Nos yakonines, avant de se mettre en grande tenue, allèrent se placer sous la cascade, et des nymphes les y suivirent.

Quand la brume est venue, toutes les demoiselles de la maison, en bande joyeuse, se sont mises en cercle autour du petit lac, et ont battu des mains bien fort, en chassant devant elles le troupeau des poissons; je ne comprenais rien à cette battue aquatique, mais elles nous ont expliqué que chaque soir elles faisaient rentrer leurs poissons au fond d'une grotte taillée dans le roc artificiel, où ils restaient toute la nuit à l'abri des éperviers et des oiseaux qui leur font la chasse. Oh! qu'il est donc drôle ce peuple d'enfants, couchant ses poissons, leur ordonnant de rester sages toute la nuit, et allant à l'aurore, le lendemain, leur donner la clef des eaux!

Nous avons eu, malgré les masseurs, un peu de mal à nous endormir; les yakonines, qui soupaient dans une salle seulement séparée de la nôtre par l'épaisseur de tringles de laque et de feuilles de papier, s'échauffèrent un peu trop la tête, grâce à de nombreuses rasades de saki; ils échangèrent quelques vives paroles, et nous les entendîmes s'animer si fort qu'ils ne parlaient plus que de se battre en duel sur-le-champ avec leurs grands sabres. Trois fois il a fallu que nous intervinssions et que nous missions le holà! Grâce à nos instances, cela a fini, mais vers minuit seulement.

19 mai.

Ç'a été une rude journée que celle du retour à Yokohama; nos bêtes étaient harassées de fatigue, et nous avions encore vingt lieues à faire. Hier soir, on avait dit : « Coûte que coûte, il faut arriver demain. » Aussi, dès cinq heures, départ précipité, et nous piquons des deux. Ces pauvres bettos, qui n'avaient cessé de nous suivre, m'inspiraient une si profonde pitié, que j'ai fait tout au monde pour les faire rester en arrière; mais ces coureurs infatigables ont autant d'amour-propre que de nerf, et m'ont dit que jamais « les chevaux ne les avaient vaincus à la course ». Dans notre longue retraite par le Tokaïdo, nous ne nous arrétions dans les tcha-jias que pour arroser nos excellentes montures de quelques seaux d'eau.

J'ai vu aujourd'hui l'armée du prince d'Oudawara. Elle faisait l'exercice à boulet dans la vallée d'un grand torrent; la cible était à quinze cents mètres; elle était rarement atteinte : on ne voyait que nuages de fumée. Voilà qui enivre les Japonais! le bruit et l'odeur de la poudre avaient fait tourner toutes les têtes, et la petite armée seigneuriale était heureuse et étonnée de faire à elle seule tant de tapage.

Notre course fut si rapide que nous échelonnâmes tous les yakonines de notre escorte le long de la route et loin derrière nous; le vieux chef fut le seul qui, avec son magnifique cheval noir, resta notre fidèle compagnon.

Nous étions encore à quatre lieues de Yokohama, que la nuit était déjà bien noire; nous poussions de bruyantes clameurs pour dégager la route devant nous; puis nous avons coupé au plus court par les sentiers sinueux qui traversent les rizières, sautant les fossés et passant des ponts formés de trois bambous. Les pauvres gens qui se garaient enfonçaient de deux pieds dans la bourbe. Au moment où nous débouchions sur la baie de Kanagawa, la mer sembla illuminée par de rougeâtres et vacillantes lueurs ; c'était une pêche aux flambeaux, pêche favorite des Japonais. On voyait des ombres se baisser, se relever, passer en silhouette fugitive sur des barques légères (*voir la gravure, p.* 805) ; les unes semblaient agiter les torches résineuses dont la mer reflétait les nuages d'étincelles ; les autres brandissaient le harpon et luttaient avec les poissons : le coup d'œil sur cette flotte et sur ces ombres avait quelque chose de mystérieux et de fantastique.

Deux jours après, le canon du *Colorado* retentissait au large, et la rade lui répondait. Mais c'est nous surtout qui avons répondu du fond de nos cœurs, en poussant un immense cri de joie ! Oui, certes, le Japon est le plus ravissant pays que nous ayons parcouru dans tout notre voyage ! Oui, je suis bien enchanté de l'avoir si bien vu et d'y avoir passé un temps si délicieux ! mais... le canon du *Colorado*, c'est le signal du retour vers l'Europe ! vers le « home » si chéri ! Maintenant enfin nous ne nous éloignons plus, nous revenons ! Et il faut avoir couru plus de quatorze mois tant de terres et de mers, ne vivant que du souvenir des siens, pour s'imaginer combien est grande la soif du retour ; et, si les yeux sont éblouis par tant de beaux spectacles, comme le cœur n'est pas là, mais bien par delà les mers, au milieu de vous tous, hurrah ! trois fois hurrah ! et en avant pour le retour !

Nous pensions devoir nous embarquer immédiatement, et nous étions dans toute la presse fiévreuse d'un départ pour l'Europe ; mais le gros monstre, qui semble être le géant de la rade, doit prendre ici un millier de tonneaux de thé et une immense cargaison ; nous ne partirons donc que le 25 au soir. Pendant ce temps nous avons fait nos préparatifs de départ et nos adieux à tous les amis que nous laissons dans ce beau pays.

Un seul incident nous fit passer le temps de cette anxieuse attente : ce fut un grand dîner japonais.

Au son de la musique orientale, nous entrions dans la grande salle d'une légation où une véritable illumination éclairait la table couverte de mets coloriés ; il y avait là huit danseuses, accessoires obligés de toute fête japonaise, toutes brillantes de fraîcheur et de costume. Elles étaient assises sur leurs talons, avec un petit tabouret de laque devant elles, et jouaient langoureusement de la guitare.

Sur des tables séparées, nous pouvions admirer les « pièces montées » que les Japonais aiment tant. Une de ces pièces, qui avait bien un mètre carré, toute en œufs, poissons, fleurs, oignons, carottes, etc., etc., représentait un paysage avec perfection : il y avait des rivières en filaments d'oignons, des canards mandarins en navets sculptés et peinturlurés, des champs de verdure, des ponts en briques de carotte. Un autre plateau représentait la pêche. Sur un rocher de pommes de terre, perdu au milieu de flots de mayonnaise, et écumant de mousse de blanc d'œuf, un pêcheur halait un long filet à mailles de navet et ramassait des myriades d'huîtres crispées et d'épinoches sautillants. Enfin voilà une grande barbue qui s'avance ! elle est convertie en galiote ornée de mâts et de voiles gonflées par la brise. C'est de tout cela que nous avons mangé

On voyait des ombres passer sur des barques légères. (*Voir p.* 804.)

avec nos bâtonnets. Je vous fais grâce d'une cinquantaine de plats d'un goût très-fin, mélangés à dose homœopathique d'écrevisses pilées, de sauces et de poissons. Les demoiselles s'animèrent peu à peu, grâce au champagne dont nous les régalions; elles dansèrent, firent la roue, chantèrent en chœur. Puis, comme couronnement de l'édifice, nous eûmes un chiri-fouri! (*Voir la gravure, p.* 808.) Nous avions déjà emporté comme souvenirs nos bâtonnets et notre serviette en papier; l'usage japonais voulait plus : l'amphitryon nous fit escorter par un de ses « kotz-koï », portant pour chacun de nous une jolie corbeille ornée d'un gros homard et d'un poisson. C'était une fort charmante fête et notre dernier morceau du délicieux Japon.

X

A BORD DU *COLORADO*.

Quelques notes sur le gouvernement du Japon. — La marche du *Colorado*. — Sa machine. — La semaine des deux lundis. — Deux mille francs pour une alouette. — Les repas en douze temps.

Ainsi, le voilà déjà fini notre charmant séjour au Japon! La nature la plus luxuriante du sol, l'amabilité si originale de ses habitants nous ont ravis à chaque heure davantage.

Mais pendant ces trente-trois jours d'une vie d'excursions, comment arriver à se rendre un compte exact des grandes questions sérieuses qui agitent ce pays? Comment lever, même un instant, une portion du voile mystérieux qui enveloppe cette terre vierge, si longtemps isolée des autres nations du monde, et qui faisait son bonheur de son isolement?

Je sens qu'il me faudrait de longs mois pour étudier à fond un peuple chez qui s'est réfugiée la féodalité, exilée des autres continents! — D'ailleurs, ne connaissant pas la langue, et n'ayant pas occupé une position officielle, qui peut *seule* donner la clef des péripéties de la politique actuelle, je ne saurais que vous envoyer à la hâte les premières impressions d'un excursionniste[1].

Je voudrais me tromper, mais je crois sincèrement que les Occidentaux ont apporté ici un élément de troubles terri-

[1] J'ai cru devoir laisser telles quelles ces notes rapides de mon journal, quoique la face des choses ait complétement changé au Japon. Dans ce pays que nous avons parcouru à cheval, le revolver à la ceinture, précédés de bettos vêtus d'un simple tatouage, on construit aujourd'hui des chemins de fer, et on vend des habits noirs! — Ce n'est plus le Taïkoun s'appuyant sur l'alliance étrangère pour faire la guerre au Mikado : le Taïkoun a été battu, renversé; le Mikado règne en maître... et nous fait le meilleur accueil. Il n'est plus question, à ce qu'il paraît, d'hommages féodaux, de vassaux et de suzerains; il ne s'agit rien moins que de fonder le parlementarisme, avec un Corps législatif, et d'inaugurer le suffrage universel dans l'Empire du Soleil levant. Un de mes anciens camarades de collége, M. Georges Bousquet, avocat à la Cour de Paris, vient de partir pour Yeddo, appelé par le nouveau gouvernement, afin d'introduire à forte dose dans les lois japonaises le *Code Napoléon*.

bles, et que la révolution profonde qui travaille toutes les classes de ce pays est en majeure partie notre fait. Songez qu'il y a une trentaine d'années le Japon vivait seul, heureux et prospère, sous des lois féodales qui faisaient d'une hiérarchie politique une institution sacrée. Aujourd'hui, le cri d'alarme est jeté et se répand sur toute cette terre pour la bouleverser. Au nom de la civilisation de l'Occident, la révolution est aux portes du Japon pour y soutenir un choc d'autant plus terrible qu'il est plus soudain et que, sans transition aucune, les éléments les plus opposés du moyen âge et de notre siècle vont se trouver en lutte.

De la Chine, où l'Occident avait fait ses premières armes pour la guerre immorale et ignominieuse de l'opium, il a donc fallu venir encore une fois à la remorque de l'Angleterre jeter le trouble chez une paisible nation! Il a donc fallu, pour fournir un aliment nouveau et nécessaire aux populations ouvrières comme à la marine marchande de la reine des mers; pour voir toujours fumants, et encore fumants, les fourneaux de Manchester; pour contraindre un peuple qui se suffisait à lui-même à nous acheter nos produits, il a donc fallu forcer l'entrée du Japon, faire de notre volonté une loi, violenter le commerce [1] et dire à un peuple : « Nous sommes les plus forts, et, dans notre siècle, nous n'admettons pas qu'une partie de la société humaine s'isole et se retranche : nous venons vous imposer notre amitié! »

Cela est vrai assurément; mais le flambeau de la civilisation occidentale ne doit-il pas aussi éclairer le monde d'une si vive lumière que les ténèbres des nations les plus lointaines soient chaque jour repoussées et dissipées davantage? La force morale et irrésistible des races supérieures ne doit-elle pas conquérir avec le temps les autres races, les arracher à leurs préjugés, à leur indépendance, et, en développant toutes leurs ressources pour le profit commun, faire naître chez elles de nouveaux besoins dans l'ordre matériel comme dans l'ordre moral? Cette crise terrible, cette révolution qui, comme un tremblement de terre, va ébranler le Japon, ne sera-t-elle qu'une transition vers une nouvelle prospérité, un travail plein d'angoisses d'où s'enfantera dans la douleur une nouvelle génération avec de nouvelles idées?

C'est là ce que je voudrais espérer pour l'avenir! Mais avant d'envisager quelles peuvent être les conséquences heureuses d'une révolution si cruelle, je crois devoir en quelques lignes retracer, pour mémoire, les principaux traits de l'histoire du passé.

Race guerrière et passionnée, les Japonais s'étaient déjà montrés, il y a quelques siècles, bien supérieurs à tous les

---

[1] Les statistiques les plus curieuses de notre commerce au Japon seraient assurément celles d'il y a dix ans, époque à laquelle — pour ne citer qu'un trait — l'or n'y était acheté par nos heureux négociants qu'à raison de quatre fois son poids en argent, tandis que partout ailleurs il vaut quinze fois l'argent.

Aujourd'hui, la France reçoit du Japon pour vingt-six millions de soies grèges et autres, et pour vingt-huit millions de graines de vers à soie en cartons. Ce second article est d'une *importance capitale* ; il est le contre-poids de nos mauvaises récoltes, et la planche de salut de l'industrie lyonnaise.

Les importations générales en 1866 (cotonnades, lainages, armes, métaux) sont de quatre-vingt-cinq millions de francs.

Orientaux. Ils avaient accablé les Chinois de tant de défaites, que ceux-ci, même à l'époque de leurs grands chefs mongols, durent abandonner dans un rayon de vingt lieues toutes les côtes les plus proches du Japon [1]. Mais, après ces

Le chiri-fouri, danse japonaise. (*Voir p.* 819.)

exploits, il semble que cette nation n'ait plus voulu que s'isoler du monde, vivre dans tout l'éclat des pompes féodales, et, se suffisant à elle-même, conserver pour elle seule toutes ses richesses dans son île sacrée!

[1] Jusqu'à présent, les rapports étaient toujours demeurés très-froids entre la Chine et le Japon.

Le Mikado, véritable idole, gouvernait avec omnipotence ce riche pays : dix-huit grands daïmios se partageaient les provinces et rendaient, chaque année, hommage au suzerain demi-dieu ! Mais la passion guerrière devait se réveiller insensiblement dans ces âmes batailleuses. Comme chez nous au moyen âge, les seigneurs s'habituèrent à guerroyer les uns contre les autres, et les fastes de la chevalerie échauffèrent toutes les têtes. Lorsque l'on remonte à deux siècles et demi de notre époque, les mystères dont les races orientales enveloppent leur histoire semblent se dissiper, et des faits succèdent enfin à des lé-

Assassinat de Faxiba par le général Iliéas. (*Voir p.* 810.)

gendes. Le Mikado qui régnait alors chargea un de ses généraux, nommé Faxiba, de soumettre quelques daïmios rebelles : Faxiba était ambitieux, et, au lieu de porter la guerre à d'autres ambitieux, il profita du pouvoir dont il était investi pour se mettre à la tête du gouvernement. C'est là l'origine des Taïkouns. L'heureux maire du palais fit du Mikado un roi fainéant. Il exagéra encore toute la splendeur religieuse dont le chef spirituel de l'empire avait aimé à s'envelopper ; il le plaça comme un dieu dans des palais magnifiques d'où il ne devait plus songer aux choses de la terre,

Mais voici qu'en 1871 il a été conclu entre ces deux grandes puissances de l'Orient un traité d'amitié dont les conséquences ne sauraient nous échapper. (Voir le *Journal de Saint-Pétersbourg*, mars 1872)

et où il lui forma un entourage brillant de seigneurs qui devaient lui composer comme une cour céleste. Mais le fils de l'usurpateur rencontra un usurpateur plus ambitieux encore, et il fut assassiné par le général Hiéas (*voir la gravure, p.* 809), son propre tuteur. Hiéas consacra le pouvoir taïkounal : d'une part il se sentit assez fort pour faire une sorte de compromis avec le Mikado, qui fut forcé par là même de le reconnaître ; il le vénéra et lui rendit hommage, il l'éleva encore plus haut dans les sphères spirituelles; d'autre part, il s'adjugea à lui-même un pouvoir temporel agrandi. Aux dix-huit grands daïmios de la vieille noblesse sacrée, il opposa la création : 1° de trois cent quarante-quatre jeunes daïmios auxquels il distribua fiefs et seigneuries, 2° de quatre-vingt mille hattamothos ou capitaines auxquels étaient réservés tous les emplois du gouvernement. Ainsi constitué, le nouveau pouvoir s'amalgamait singulièrement avec l'ancien; l'éclat de la chevalerie devint de plus en plus brillant; la force des choses avait fait un tout de deux éléments opposés d'abord. La plus grande paix s'était rétablie dans cette belle région, où seigneurs et chevaliers régnaient en demi-dieux sur une population douce et laborieuse qui les vénérait et les aimait.

Mais voici qu'en 1842, tout à coup le bruit des armes anglaises en Chine et de la guerre de l'opium est venu troubler le repos du Japon, qui ne voulait que vivre dans l'isolement, et chez lequel les lois sacrées défendaient comme un *sacrilége* l'accès aux étrangers!

Dès que les Japonais apprirent l'humiliation de la Chine, la puissance étrange des armes et des navires de l'Europe, et enfin le traité de Nankin, une fraction du conseil taïkounal vit à la fois dans ces événements une menace et un avertissement pour le pays. De là, naissance de ce que l'on a appelé « le parti des étrangers » , et résistance fanatique du parti religieux et « national ».

Les uns, prévoyant que les Barbares ne s'en tiendraient pas à la Chine et viendraient frapper impérieusement à la porte du Japon, comme l'avaient fait les Portugais en 1644, les Anglais en 1674, les Russes en 1805, enfin les Hollandais en 1844, conseillaient de les accueillir, ou plutôt de les subir en amis, et pour cela de réformer les lois de prohibition.

Les autres, au contraire, criaient avec fanatisme que les Chinois étaient des lâches et des chiens, et qu'il fallait accueillir les étrangers... à coups de canon.

Le sort en était jeté! ce malheureux pays était divisé en deux factions contraires, et, pendant quelques années, les chefs de chacune de ces factions devaient préluder par des duels et des assassinats à notre apparition sur ces rivages.

En 1853, arrive la flotte américaine sous le commodore Perry : grand embarras du Taïkoun Minamoto-Yeoski! Il fallait qu'il se déclarât, aux yeux du Japon tout entier, *pour* ou *contre* les Barbares. Après une courte hésitation, il reçoit avec bienveillance les communications du commodore; huit jours après, il expire! Personne ne doute que le prince de *Mito*, chef des patriotes, ne soit pour beaucoup dans le mystère qui entoure sa mort. C'était une étrange mission que celle de Perry : moitié pour réclamer un équipage naufragé, moitié dans un but politique, en cas d'une guerre entre le Japon et l'Angleterre, il était chargé de faire sentir au Japon combien il lui serait utile de pouvoir compter sur l'Amérique.

On ajourne la réponse à un an. En 1854, il revient; nouvel ajournement : il menace alors, et aussitôt on cède. Ce premier traité autorisait l'établissement d'un consulat dans la petite île de Simoda, une roche perdue sur la mer, en vue de l'île d'Inosima. Malgré cette sorte d'emprisonnement, le consul américain ne cessa d'encourager le parti étranger; de 1854 à 1858, il montra aux chefs de ce parti tous les enseignements de la seconde guerre de Chine, et parvint, à force de les intimider et de grandir la puissance militaire de nos flottes, à faire signer au Taïkoun un second traité.

Ce malheureux Taïkoun signa en juillet; en août il mourut assassiné! Que de tristes préludes! Si la prévision et la crainte de notre arrivée causaient tant de meurtres, et dans de si hauts rangs, que serait-ce donc quand tant de nobles fanatiques se trouveraient en contact avec les Barbares? L'Amérique avait ouvert la voie, mais elle ne pouvait rester longtemps avec une telle avance sur nous dans la politique de l'Extrême-Orient : en 1858, la France, l'Angleterre et la Russie envoyèrent à la cour de Yeddo des plénipotentiaires chargés de signer les mêmes traités. Le Taïkoun nous ouvrit trois ports de son domaine particulier : Yokohama, Nangasaki et Hakodadè, et promit de nous ouvrir en 1863 Hiogo, Osaka, Yeddo et Nigata.

C'est à partir de cette époque que notre histoire est écrite au Japon en lettres de sang : six assassinats en six mois! Des samouraïs venaient des provinces de l'intérieur pour venger les lois sacrées, mettre un barbare à mort, puis s'ouvrir le ventre. Ils devaient passer pour des héros dans les fastes de l'Empire.

Le gouvernement du Taïkoun se trouvait lui-même en butte aux attaques les plus violentes des daïmios patriotes (*voir la gravure, p.* 812). « C'est, disaient-ils, pour s'élever plus haut et réduire à néant le parti national que ce gouvernement seconde des fonctionnaires froids et orgueilleux, des marchands intéressés et rapaces, des matelots grossiers et débauchés. »

« Quoique nous ne soyons que des êtres stupides et dégénérés, ajoutait un de leurs manifestes, nous observons cependant, sans leur porter la moindre atteinte, les sages lois que nous tenons de To-chio-gou. Il y a quelque temps, nous vîmes nos ports envahis par une foule d'ennemis étrangers qui y ont fixé leur demeure, et tout dernièrement, nous osons le dire, le gouvernement corrompu du prince (le Taïkoun) a engagé notre royaume dans une voie qui doit le mener à sa ruine, en signant un traité de paix lequel autorise l'exportation des productions rares qui font la richesse du pays.

» Si le gouvernement du prince n'a pas la force de se débarrasser de ces étrangers, eh bien, nous, qui n'avons pas la dix-millième partie de ses moyens, nous nous chargeons de les exterminer.

» L'année passée, si nous avons assassiné Ykammono-Kami, c'est uniquement parce qu'il s'était rendu tributaire des puissances étrangères, et qu'en agissant de la sorte il s'était comporté en ennemi audacieux de notre royaume, dont il avait juré la perte.

» Depuis, nous avons vu, sans pouvoir l'empêcher, l'immigration prendre des développements extraordinaires; et, dans l'entourage du prince, il ne s'est

Les Daïmios présentant leurs doléances au Taïkoun. (*Voir p.* 814.)

trouvé personne pour dénoncer le fait. Ceux-là ont assumé sur eux une grande responsabilité qui ont renversé les sages lois de To-chio-gou...

» Tous les faits qui viennent de se passer, ce traité d'amitié et de commerce... sont dus à l'ineptie des employés du gouvernement, le Gorodgio en tête.

Attaque de la légation anglaise par des fanatiques. (*Voir p.* 815.)

» C'est pourquoi nous avons résolu de maintenir les sages institutions de Tochio-gou : telle est l'opinion de notre insigne stupidité. »

« Quel besoin d'ailleurs, disait un autre manifeste [1], de tolérer à Yokohama ces yakonines insolents (les ministres des puissances étrangères)? A des marchands il ne faut que des comptoirs. Il avait été expressément convenu que les traités de commerce conclus avec les étrangers ne devaient être qu'une grande faveur qu'on leur accordait après des demandes réitérées et humbles de leur part. Au lieu d'accepter ces concessions comme une faveur, ils osent dire maintenant que ces traités constituent pour eux un droit légal; on peut leur permettre, comme dans les temps passés, de gagner de l'argent sans trop voler.

» C'est avec bien du regret que nous vous entendons, depuis longtemps, faire allusion au mode de gouvernement des nations étrangères, et parler toujours de la concentration du pouvoir dans les bureaux du gouvernement. Vous vous exposez par là à d'amères critiques, et vous excitez les défiances de vos plus fidèles partisans. Y a-t-il donc parmi les nations étrangères des pouvoirs dignes de porter le nom de gouvernement comme le nôtre? Est-ce qu'elles ont un Mikado, auguste descendant des dieux? Vous savez mieux que nous que l'autorité procède d'une seule source, le Mikado, qui a distribué son pouvoir parmi certaines familles. Que si vraiment vous songiez à imiter les gouvernements étrangers, il faudrait de toute nécessité vous consulter préalablement avec notre souverain le Mikado, qui est notre chef suprême.

» Nous désirons abolir les relations avec les étrangers. Leur présence au Japon n'a pas plus de raison d'être aujourd'hui qu'à l'époque de leur arrivée. La seule différence, c'est qu'autrefois ils avaient des vaisseaux à voiles, et que maintenant ils les ont mus par la vapeur : tant mieux! ils partiront plus vite! »

Par suite de cette irritation du parti national, les assassinats continuent de plus belle : le régent est mis à mort à Yeddo par des samouraïs du prince de Mito.

Yeddo devient inhabitable à cause des meurtres d'Européens; nos ministres y amènent leur pavillon et se retirent à Yokohama.

En 1861, à la suite de l'attaque de la légation anglaise par des fanatiques (*voir la gravure, p.* 813), tandis que des hommes studieux commençaient à mieux connaître la langue japonaise, que découvre-t-on? C'est que, nous croyant au Japon en vertu de traités conclus avec le chef de l'empire, nous n'avions que la signature d'un lieutenant général, qui n'avait point de valeur sans la sanction du Mikado, et que nous étions dupes d'une erreur complète.

Mais n'avions-nous pas un pied sur cette terre? Et si nous l'en retirions, ne courions-nous pas le risque de nous la voir fermée pour longtemps? En somme, ces traités, nous les avions signés, notre parole était engagée : nous ne pouvions point reculer.

Si, dans la suite, la France demeure la plus chaleureuse observatrice de cette

---

[1] Je dois la communication de ces deux manifestes à l'obligeance de M. Vasseur, inspecteur des Messageries impériales

politique, on peut dire que, dans le principe, l'Angleterre l'avait aussi adoptée. Lord Palmerston demandait un jour à un agent qui s'étendait trop longuement avec lui sur l'organisation en apparence compliquée du gouvernement japonais :

La femme du Mikado, d'après une photographie.

« Qui a signé nos traités? — Le Taïkoun. — Qu'est-ce que le Taïkoun? — C'est le plus puissant des daïmios. — Eh bien, répliqua le premier ministre d'Angleterre, pourquoi chercher ailleurs le pouvoir auquel nous devons nous adresser Le Taïkoun a signé nos traités, nous devons donc admettre qu'il avait le droit de

Vue de Osaka, l'un des ports ouverts aux étrangers en 1868.

les signer, et, en le soutenant, nous lui donnerons la force de les exécuter. »

Le contre-coup de cette politique fort juste fut de resserrer plus étroitement l'union du Mikado avec la vieille noblesse.

Or, le Mikado qui régnait alors était jeune et ardent : c'était une belle occasion pour lui de ressaisir un pouvoir qui lui échappait chaque jour; il se sentait appuyé par l'immense majorité des daïmios; il s'agissait donc de se mettre hardiment à la tête du parti réactionnaire, de personnifier en lui-même le parti patriotique dont Mito et Hori, deux princes du sang le plus antique, venaient d'être les glorieux martyrs : il fallait qu'il renversât le Taïkoun !

Il n'osa l'essayer. Le Taïkoun, d'ailleurs, avait concentré toutes ses troupes à Yeddo, sa capitale, et réuni autour de lui tous les daïmios qui lui avaient promis de le soutenir. Cet homme énergique voyant que désormais il pouvait non-seulement sauver, mais consolider son pouvoir en s'appuyant sur les étrangers, frappé des merveilles de notre civilisation comme de la puissance de nos engins de guerre, avait armé ses soldats de carabines et de canons, acheté des vapeurs qui devaient terrifier ses rivaux; il avait de plus en plus engagé nos ministres dans sa politique; il n'hésita donc point à faire face à l'orage qui s'accumulait à Miako.

Le Mikado *dut céder*, et, au grand mécontentement des daïmios de vieille roche, c'est d'une main forcée et les larmes aux yeux qu'il *ratifia* solennellement les traités de son téméraire lieutenant temporel. Pour le Taïkoun,

c'était la plus éclatante des victoires : il tenait désormais d'une main plus sûre les rênes de l'État; il n'avait plus que des ennemis isolés et divisés; il avait pleine confiance dans l'appui des étrangers, et il se lançait à corps perdu, malgré les préjugés, les suicides, les assassinats des samouraïs, dans notre alliance !

Le châtiment infligé au prince de Nagato, chef du parti hostile aux étrangers, vient changer brusquement la face de la situation : la facilité avec laquelle sont détruites les batteries élevées par ce daïmio pour interdire à nos navires l'accès de la mer intérieure (*voir la gravure, p.* 820), prouve au Japon tout entier que nous avons non-seulement le droit, mais le pouvoir d'exiger le respect des actes internationaux que l'on voudrait déchirer.

Quant aux oscillations qui se succédèrent alors dans les effets de notre alliance, je sens qu'en vous les racontant je me laisserais entraîner trop loin. Ces événements nous montrent les derniers efforts tentés par les représentants des vieilles idées japonaises pour s'opposer à l'introduction de l'étranger, qu'ils confondent avec le trouble et le désordre : tout est mis en œuvre pour rendre nos relations impossibles.

Mais il est une chose que j'ai par-dessus tout à cœur de vous dire, c'est combien le ministre de France, M. Léon Roches, arrivé ici depuis mai 1864, a porté haut le nom et l'influence de la France. Ancien officier d'Afrique, aux allures et à l'esprit militaires, plein de franchise et de patience, possédant par excellence les qualités qui en faisaient et en font le diplomate le plus accompli pour comprendre les Orientaux et traiter avec eux, il n'a pas tardé à « enlever » les Japonais.

En très-peu de temps, il montrait au puissant maire du palais et à tous les daïmios de son parti combien ils pour-

Batteries japonaises détruites à coups de canon. (*Voir p.* 819.)

raient vite, avec le secours de notre instruction, de nos armes, de nos vaisseaux, se rendre omnipotents au milieu des factions qui divisaient leurs ennemis. Et

aussitôt un arsenal annexe est fondé à Yokohama, un grand arsenal à Yokoskà; on appelle notre mission militaire, et toute une moitié du Japon nous achète par milliers fusils et canons, étoffes et produits de l'Occident.

Quant au Taïkoun actuel, c'est un homme de trente-cinq ans, de belle figure et à l'âme guerrière. Il est plein d'ambition, plein de bonté pour les Eu-

Le Taïkoun reçoit les ministres étrangers à Osaka.

ropéens, fermement convaincu que tout espoir de grandeur est pour lui dans l'alliance européenne, et il a voulu consacrer son avénement par une chose qui ne s'était encore jamais vue sur la « Terre sacrée ». Après avoir eu une première conférence avec notre ministre *seul*, il a voulu se montrer en personne aux Européens, et a convoqué à Osaka, sa résidence, tous les ministres étrangers. Les réceptions ont été superbes, le Taïkoun charmant de courtoisie, de noblesse et de distinction. Il a prononcé pour le 1ᵉʳ janvier 1868 l'ouverture de quatre nouveaux ports, Yogo, Osaka, Yeddo et un port de l'ouest, et il a invité tous les plénipotentiaires à y préparer l'installation des nouveaux résidents européens. Une moitié de nos officiers de la mission militaire s'est rendue à Osaka; l'organisation de l'armée, d'un ministère de la guerre, l'acquisition de nouvelles armes et de nouveaux vapeurs y ont été décidées.

Les ministres n'étaient pas encore de retour d'Osaka quand nous avons quitté le Japon, mais un vapeur de guerre japonais a apporté à Yokohama la nouvelle de l'ouverture des ports, qui a fait grand bruit, et celle de la meilleure entente avec le Taïkoun, qui en a fait plus encore. Combien de temps cette harmonie durera-t-elle, et la révolution est-elle étouffée, ou... retardée seulement? C'est ce que nous nous demandons avec angoisse, en quittant ce beau pays. — Mais, en dehors des querelles intestines entre daïmios, Taïkoun et Mikado, l'indépendance future du Japon n'est-elle pas menacée aussi par les agissements de la Russie et des État-Unis d'Amérique? La première de ces deux puissances suit dans l'Extrême-Orient une politique qui lui a valu déjà bien des succès, mais qui lui en assure de plus importants encore, si la Chine et le Japon n'unissent pas leurs efforts pour y mettre obstacle.

L'agent du Czar au Japon n'a jamais résidé à Yeddo, et il semble s'appliquer à séparer son action de celle de ses collègues européens. Il n'a d'ailleurs que peu d'intérêts commerciaux à protéger, et il s'épargne ainsi bien des conflits qui useraient son influence, exclusivement réservée à un but politique. Ce but est d'étendre les possessions russes en empiétant sur le territoire nord du Japon. C'est ainsi que le gouvernement de Saint-Pétersbourg est parvenu à s'emparer de la plus grande partie de l'île de Saghalin, qu'il occuperait aujourd'hui tout entière si l'escadre anglaise n'avait fait en temps opportun une démonstration significative. Mais n'est-on pas en droit de penser qu'à la faveur de telle complication facile à prévoir, la Russie ne retrouve bientôt une occasion favorable pour reculer encore les limites de ses possessions dans l'Extrême-Orient?

En cela elle est secondée par les États-Unis d'Amérique, avec lesquels elle semble avoir contracté une alliance étroite. Les États-Unis, j'en ai la conviction, ratifieront toutes les annexions que la Russie essayera de réaliser dans le nord du Japon, afin de s'assurer à elle-même des ports ouverts pendant toute l'année. Ceux qu'elle possède en Mandchourie jusqu'au fleuve Amour, et même ceux dont elle s'est emparée dans l'île Saghalin, sont obstrués par les glaces pendant quatre ou cinq mois de l'année. — Par compensation, la Russie ferme les yeux sur les tentatives accomplies ou à accomplir par les États-Unis pour s'immiscer dans les affaires intérieures du Japon et pour faire confier à des sujets américains quelques hautes fonctions dans le gouvernement japonais.

Puissent tous ces dangers être écartés d'une terre où il y a tant d'éléments de bonheur auxquels nous devons nous efforcer de donner essor! Puissent l'intelligence et le travail, encouragés par l'action désintéressée des puissances occidentales, se faire place sous le soleil du Japon! Alors s'amoindrira et finira par disparaître la classe oisive et ruineuse des samouraïs. Alors le Japon déchirera les langes qui l'enveloppent, et il sortira de la féodalité du moyen âge pour entrer à pleines voiles dans la civilisation moderne.

En mer, 28 mai.

Pendant que je me hâtais d'écrire pour vous ces quelques notes, le grand navire qui nous berce nous emportait rapidement bien loin de l'Empire du « Soleil levant ». Nous venons de visiter pendant sept mois le vieux continent des terres asiatiques; nous venons d'étudier la transformation que font subir aux races anciennes de l'Orient les hardis pionniers de la civilisation moderne de l'Occident : maintenant nous sommes emportés vers de nouveaux spectacles ; nous allons traverser le Pacifique, et, en vingt jours, nous espérons franchir les deux mille trois cents lieues qui nous séparent du nouveau monde! Là, nous aurons à voir dans la plus jeune province de la jeune Amérique tout le développement, sur une terre neuve, des races occidentales régénérées par la liberté.

C'est donc le 25 mai, à cinq heures du soir, que nous levions l'ancre en rade de Yokohama. Tous nos amis les officiers français étaient venus nous dire adieu à bord : le canon a résonné, et avec ses nuages de fumée se sont dissipées dans la brume les montagnes de ce beau pays.

C'est toujours avec bonheur que je me retrouve sur l'Océan : il repose mes yeux fatigués des spectacles de la terre, et ici du moins j'ai le temps de rappeler tous mes souvenirs et de vivre avec eux. Depuis quatorze mois de voyage nous avons passé plus de deux cents jours à la mer! c'est assez pour donner l'habitude de cette vie qui m'était inconnue et qui est devenue pour moi un vrai plaisir. Notre navire est réellement magnifique ; c'est le plus grand sur lequel je me sois encore trouvé : nous y menons une vie de château, seulement le château se promène et nous promène sur cette plaine immense dont l'aspect ne me lasse point, car j'y trouve une variété infinie d'aspects, grâce aux perpétuels changements de la lumière, du ciel et de l'Océan. La conversation avec des voyageurs venus de toutes les parties du monde, l'intérêt de la navigation, et puis le spectacle, toujours le même et toujours nouveau, des magnifiques couchers de soleil, sont les distractions de chaque jour. Je reste toujours tard sur notre vaste pont, et je me couche heureux en me disant que je suis chaque soir de cent lieues plus près de la France!

Il faut maintenant que je vous décrive notre géant, le *Colorado*, qui vient d'inaugurer si heureusement la première ligne de vapeurs entre l'Amérique et la Chine.

Figurez-vous un navire à lignes d'une grande élégance et d'une longueur de *cent dix mètres*. Tout l'avant de cette vaste coque est consacré aux passagers chinois ; des entre-ponts bien aérés, bien peints, bien lavés, y sont disposés pour contenir douze cents Chinois, qui, comme vous le savez, émigrent en foule vers la Californie. Chacun a sa couchette; ils ont leur salon où ils fument, chantent et font de la musique ; mais ce qui est agréable, c'est que non-seulement nous ne les voyons jamais, mais encore jamais nous ne sentons ces effroyables odeurs qui marquent la piste de tout fils du Ciel.

Au centre est tout l'emplacement de la machine ; le cylindre unique a 105 pouces de diamètre et 12 pieds de course. La pression de régime est de 12 kilogrammes par pouce carré ; cela donne, pour la surface du piston, 8,490 pouces avec une pression totale de 101,880 kilogrammes. Dans les circonstances actuelles, avec une détente variant de 4 à 5 pieds sur 12, la machine donne 10 tours,

L'entre-pont consacré aux Chinois.

ce qui fait 80 mètres pour la vitesse du piston par minute, ou 1^m333 par seconde. Si l'on divise cette expression vraie de la machine par 75 kilogrammes, valeur du cheval-vapeur, on trouve que le piston est poussé par une force de 1,371 chevaux-vapeur. Avec le grand balancier suspendu, les frottements sont infiniment réduits, pendant que le cylindre unique, qui les réduit encore, permet avec une longue manivelle une course de piston énorme. Nous sommes descendus dans la longue galerie des 16 fourneaux, au-dessous des chaudières, et en un instant nous avons été couverts de sueur. Eh bien, ce navire de 4,000 tonneaux, qui n'a cessé de filer avec une vitesse moyenne de 11 nœuds, ne brûle que 35 tonnes de charbon par vingt-quatre heures, résultat impossible à atteindre

La salle à manger du *Colorado*. (*Voir* p. 831.)

avec nos machines. Il n'a pas, comme tous les steamers sur lesquels nous avons navigué, été obligé d'une part de stopper pour renouveler ses feux, de l'autre de les activer davantage en raison de la couche de sel qui se dépose généralement au fond des chaudières, car il n'a jamais employé que de l'eau distillée. C'est vous dire que nous avons une série de petites machines accessoires, sans parler du robinet qu'il suffit de tourner pour faire communiquer la grande machine avec la pompe à feu, qui en un instant inonde tout le navire. (*Voir la gravure, p.* 828.) Pendant les six premiers jours, mer très-grosse et brise très-fraîche, droit debout. Peu à peu le vent tourne et adonne, puis calme magnifique. Notre gros monstre, ne marchant qu'à demi-vapeur par économie (la tonne de charbon coûtant 125 francs à Yokohama), fait encore ses 260 milles (120 lieues) par vingt-quatre heures, fameuses enjambées sur la carte.

Lundi 3 juin ; à la mer, 37° latitude nord ;
177° 35′ longitude ouest.

C'était hier lundi 3 juin. Un jour de plus a passé sur nos têtes, et pourtant c'est encore aujourd'hui *lundi 3 juin.* Surprise profonde des passagers, peu forts sur les rotations de cette pauvre terre. C'est que nous avons franchi, pendant la nuit, le 180° degré de longitude ; nous entrons seulement aujourd'hui dans la seconde moitié de la surface de la grande boule. Il est midi ici, et nous déjeunons gaiement ; il est minuit chez vous, et vous dormez tous là-bas, sur les bords de la Seine. Voici ce qui nous a obligés à retarder la date d'un jour, si nous voulons être d'accord avec le temps de San Francisco, puis d'Europe. Depuis notre départ d'Angleterre, nous avons toujours couru à l'Est ; chaque jour à midi il nous a fallu, suivant la distance parcourue, avancer nos montres de cinq, dix ou vingt minutes ; c'était la différence en longitude faite entre deux midis consécutifs. Allant en apparence au-devant du soleil, nous devancions chaque jour de quelques minutes l'heure à laquelle il se levait au point quitté la veille, et toutes ces avances ajoutées les unes aux autres auraient monté à vingt-quatre heures à notre retour, après le tour entier du globe. Nous aurons donc vu le soleil se lever une fois de moins que les personnes restées au point de départ. Mais aujourd'hui tout est remis en ordre, grâce à notre répétition d'un jour. Nous n'aurons plus l'air de vous arriver de la lune, et d'avoir perdu la connaissance du temps. Nous aurons eu, il est vrai, une semaine de deux lundis. Quel bonheur si nous avions été au temps du collège, et si c'était tombé un dimanche !

Le premier trait de caractère que je remarque à bord de notre navire, où la majorité des passagers comme la totalité du personnel appartient aux États-Unis, c'est la glorification perpétuelle de la patrie. Quand les Californiens parlent de San Francisco, ils ajoutent presque : « Nous n'avons mis qu'un quart d'heure à le faire ! »

Quant au capitaine du navire, il a une tenue et un air comme il faut qui l'ont fait estimer et aimer de tout le monde. Il ne nous avait pas produit cette impression la première fois que nous l'avions vu : à l'agence de Yokohama, il se trouvait dans un coin au moment où nous venions nous informer du départ. Et comme nous demandions le jour probable de notre arrivée à San Francisco : « Vous pouvez être certains, nous dit le capitaine, que le 15 juin, à six heures du soir, vous serez arrivés à destination. » Prédire l'heure de l'arrivée quand on a l'océan Pacifique à traverser et toutes

Essai de la pompe. (*Voir p.* 827.)

les incertitudes de la mer devant soi pendant deux mille trois cents lieues, c'était bien hardi! mais je commence à croire qu'il tiendra parole! En attendant, il passe deux fois par jour l'inspection complète du navire, entre dans chaque cabine, dans les cuisines, partout enfin, et son bâtiment est réellement brillant comme un miroir : la mâture est grattée à neuf et le gréement irréprochable.

Dans la société qui nous entoure, mêlée de missionnaires et de cabaretiers, de journalistes et de mineurs enrichis, venus

J'ai appuyé mon revolver sur son ventre, et je l'ai tué roide. (*Voir p.* 830.)

en Chine pour s'enrichir encore plus, il n'y a pas de figures moroses.

Un type surtout est caractéristique : grand, maigre comme un clou dérouillé, cheveux plats, longs et collants, figure osseuse et anguleuse, peau de bouc, nez immense en bec à corbin, et au bout d'un menton pointu comme le cap Horn,

une barbiche rousse à l'américaine, tel est l'être le plus sérieux du bord le matin, le plus grotesque le soir. Il nous raconte alors, avec un sourire enfantin et une naïve intonation, la fièvre qu'il avait, il y a douze ans, en Californie, quand il cherchait des lingots : il en a trouvé de gros, bien gros... (sa figure s'illumine); puis, avec un calme inouï : « Quelque-
» fois, ajoute-t-il, on se querellait le soir
» au cabaret des mineurs; et, tenez, à
» San Francisco je pourrai vous montrer
» un « bar » où un gaillard m'a donné un
» coup de poing : j'ai tiré paisiblement
» mon revolver, je l'ai appuyé sur son
» ventre, j'ai fait feu, et, ma foi, je l'ai
» tué roide (*Voir la gravure, p.* 829.) » Ce bonhomme nous dit cela dans un cercle de vingt personnes en ricanant bonassement et paraissant trouver la chose fort naturelle. L'autre soir, on jouait sur le pont, par un temps superbe, avec les dames : rien d'amusant comme le geste rapide avec lequel il s'est mouché au moyen de deux de ses doigts, puis a stoppé à mi-chemin, ébahi de l'ébahissement des dames, en cachant la main coupable. Mais ne plaisantez pas, c'est un « first class passenger », et nous avons le plaisir de le voir à notre table. Je ne sais s'il a réalisé un beau magot en Chine. Toutefois cette âme innocente s'y est prise de tendresse pour les oiseaux du ciel. Il a rapporté dans une cage une grosse alouette chinoise, parfaitement dressée. Je me souviens fort bien d'avoir vu, sous mes fenêtres, en Chine, quinze et vingt pantins tenant une cage sur leur main renversée, à la hauteur de leur figure, et sifflant pendant quatre et cinq heures des airs à ces oiseaux gris. Ladite alouette, il faut l'avouer, chante à ravir et jamais le même air; elle imite le chat, le chien, siffle sur les tons les plus charmants et les plus variés : on l'entourait chaque jour, on la choyait, et, jusqu'aux dames, c'était à qui attraperait des mouches pour elle. Notre malin mineur, voyant que sa bête devenait la coqueluche de tous les passagers, eut une idée superbe, et, un jour, sans vergogne, fit circuler une liste avec deux cents numéros de *loterie* et l'inscription suivante :
« A celebrated Bird, lately imported at
» great expense from China by an equally
» celebrated, but exceedendly modest
» Trapper, will be raffled for, on board
» *Colorado;* the present proprietor of
» this valuable ornithological specimen,
» being entirely *busted,* is obliged to part
» with the only thing he ever *loved,* for
» filthy lucre : two hundred chances at
» two dollars each [1] ! »

Le jour même, les deux mille francs étaient versés dans la poche de notre compagnon de route, que cet américanisme ne rendait pas plus embarrassé que son coup de pistolet du temps jadis. Le soir, on procédait à la loterie avec une grande animation : lui seul fumant une énorme pipe allemande, vêtu de son éternelle veste jaunâtre, nous regardait avec un malin sourire, en ayant l'air de dire : « Les naïfs! » Inutile d'ajouter que je n'ai pas gagné l'oiseau; mais il faut avouer que deux mille francs pour une alouette, c'est un joli prix!

Un détail qui mérite aussi une descrip-

[1] Un fameux oiseau, récemment importé de Chine par un voyageur également fameux, mais excessivement modeste, va être tiré en loterie à bord du *Colorado.* Le propriétaire actuel de ce précieux spécimen d'ornithologie, étant entièrement *ruiné,* est obligé de se séparer, en échange de vil métal, de la seule chose qu'il ait jamais *aimée.* deux cents chances, à deux dollars chacune!

tion dans notre vie de bord, est celui de nos repas. Un gong (tam-tam) étourdissant, faisant vibrer les ondes sonores les plus bruyantes au-dessus de l'onde amère, nous appelle : six tables sont garnies, et toute une armée de garçons nous attend, rangée en bataille : il y a des nègres à lèvres immenses et à gros ventre ; des blancs à barbiche, des mulâtres à favoris et à faux-col. Le steward en chef, l'ordonnateur, un vrai personnage, est noir, et les blancs lui obéissent au doigt et à l'œil, comme des noirs ! Le steward sonne un timbre : en avant, marche ! chaque garçon s'avance *au pas ;* deux coups de timbre, il dépose l'assiette ; trois coups, il repart. Puis, un temps, comme au théâtre. Un coup de timbre, vingt bras s'avancent et restent suspendus comme pour donner une bénédiction au-dessus des réchauds ; deux coups, enlevez et maintenez en position ! trois coups, en marche, en rang, au pas, réchaud en main. Tout le dîner est ainsi servi ; c'est fort risible. Un coup de timbre sonore ordonne la distribution des fourchettes ; à un autre coup, soixante cuillers s'abattent avec ensemble sur la nappe comme une volée de pigeons ; deux coups de sonnette, et toutes les lampes s'allument ; trois coups, à dix heures du soir, et tout s'éteint. Bref, c'est le timbre qui règle et résume toutes nos actions à bord, avec une superbe ponctualité. Je m'étonne qu'on ne sonne pas pour que tout le monde soit endormi à la fois (*Voir la gravure*, p. 825.)

Le temps est toujours magnifique : nous suivons la ligne droite la plus parfaite du Japon à la Californie, et c'est avec bonheur que, suivant des yeux le sillage que nous traçons chaque jour dans ces eaux si bleues, nous voyons les milles s'ajouter aux milles, et diminuer ainsi peu à peu la distance qui nous sépare de vous.

13 juin.

Aujourd'hui nous passons la « Porte d'Or », qui ferme la vaste baie de San Francisco : la côte est haute et escarpée ; ce ne sont que des crêtes de roches pelées et des sables déserts. Nous avons été prévenus de cette pénible impression. Mais, a-t-on ajouté, c'est dans les montagnes de l'intérieur que vous trouverez *les plus beaux sites du monde.* Tel est donc le premier aspect sec et monotone de la Terre de l'Or ! Pourquoi faut-il que les terres qui recèlent dans leurs entrailles les plus immenses trésors apparaissent toutes sous l'aspect le plus dénudé et le plus inhospitalier !

Au moment où le soleil se couchait, notre grand *Colorado* manœuvrait pour se mettre le long du quai de San Francisco : la terre, les maisons, le ciel semblaient tous de la même couleur ; jaune et vilain aspect que celui de cette ville ! Les tristes collines qui l'entourent semblent vouloir l'ensevelir sous des nuages de sable qu'une bise désagréable promène en tourbillons dans les rues. — Ah ! quand on vient de quitter les rivages si frais, si ravissants, si verts, si féeriques du Japon, on éprouve une pénible impression en abordant la plage de la Californie. Nous avons décidé de coucher encore à bord avant de fouler un sol qui nous sourit si peu. Pourtant, vers les neuf heures du soir, nous avons voulu jeter un premier coup d'œil dans la ville.

A peine avions-nous fait cent pas sur le quai, que nous rencontrons une maison... *en promenade :* le duc de Penthièvre et Fauvel m'avaient toujours parlé de la facilité avec laquelle les Yankees promenaient une maison tout habitée à travers les rues et la campagne ; j'y croyais..., mais je ne pouvais me l'imaginer. Eh bien! c'est la première chose que j'ai vue dans ce pays d'extravagance. C'était une maison en bois, à cinq fenêtres de façade et trois de côté, composée d'un rez-de-chaussée et d'un premier étage; il y avait de la lumière dans plusieurs des chambres ; au premier, un bon citoyen à barbiche de chèvre fumait une longue pipe ; en bas, un ménage soupait en compagnie d'une bande d'enfants. Pendant ce temps, la maison avançait

La maison ambulante à San-Francisco.

de quelques pieds : vous pensez que je me suis arrêté pour voir un peu la chose; un cheval tournait en rond à cent mètres de là et faisait virer un cabestan; un palan et un câble attiraient toute la baraque, qui reposait ou plutôt glissait sur des rouleaux de bois. Ainsi un seul cheval suffisait pour faire mouvoir l'habitation de deux familles : on m'a dit qu'on allait mettre la maison au coin de la rue 277 et de la rue 48, à trois kilomètres de là. Je n'en revenais pas, car ce n'était pas une de ces charrettes de bohémiens que l'on voit chez nous, et je n'ai eu qu'à me retourner pour voir qu'elle était absolument semblable à toutes celles qui formaient la rue dans laquelle nous étions.

A dix heures, nous étions au théâtre. Je confesse que nous étions singulièrement

San Francisco.

ébahis. Huit grands mois s'étaient passés depuis que nous avions quitté l'Australie : nous n'avions cessé de courir les pays plus ou moins sauvages de l'Orient; aussi sommes-nous restés en pâmoison devant les toilettes étourdissantes et les fraîches figures des belles Américaines qui remplissaient les loges. Nous étions comme des Iroquois tombant au milien de fêtes du « high life ». (*Voir la gravure, p.* 833.) Il y avait dans cette salle de spectacle une élégance, un brillant, un parfum inouï de civilisation dont nous ne pouvions plus nous faire une idée.

Pourtant nous pouvions comparer encore la féerie de l'Orient à la féerie du nouveau monde ; car sur la scène, c'étaient nos amis les Japonais qui faisaient des tours merveilleux, et nous étions ravis de retrouver en eux ce charme, ces manières douces et aimables qui nous avaient fait tant aimer ce peuple. Nous avons lancé de notre loge deux bruyants : « ohàïhô! anàtâ! » à deux Japonaises qui étaient tout intimidées sur la scène, et à l'instant leur figure s'est illuminée de joie et leurs yeux sont devenus étincelants à la vue de deux *compatriotes*, éblouis comme elle de spectacles si nouveaux.

Après le spectacle, nous sommes revenus nous coucher à bord du *Colorado;* il nous semble que nous allons respirer encore une dernière fois l'atmosphère de l'Extrême-Orient ; et lorsque nous quitterons ce navire, c'est au Japon, à la Chine, à Java et à l'Australie que nous croirons dire adieu, sur le seuil du nouveau monde.

XI

SAN FRANCISCO

Analogie entre San Francisco et Melbourne. — Premier aspect des rues. — Souvenirs du général Mac Dowell. — Départ pour l'intérieur.

14 juin.

En débarquant sur une terre aurifère, aux États-Unis, dans une ville civilisée, mon impression est celle-ci : d'une part, nous allons trouver ici la répétition peu modifiée des mines de l'Australie, les récits d'une même fièvre de l'or, les mœurs excentriques des mêmes mineurs; de l'autre, après Siam, Pékin, Yeddo, l'aspect des œuvres de la race anglosaxonne a quelque chose de quasi européen à nos yeux, qui fait que nous croyons arriver dans la banlieue de l'Europe. Le télégraphe et les journaux quotidiens vous mettent rapidement au courant de ce qui se passe ici : nous vivons donc presque de la même vie que vous: De plus, vous avez lu tant d'œuvres remarquables sur l'Amérique, que je crois bien faire en ne vous donnant pas dans mon journal des détails qui ne seraient que la reproduction de mes premières lettres, ou une pâle redite de choses admirablement peintes par d'autres. Aussi il me semble que je rentre dans les sentiers connus du commerce et

Revue de l'artillerie. (*Voir p. 838.*)

de la politique; *ce sera donc désormais une règle pour moi, par égard pour vous, de n'entrer ni dans le récit de ce que le télégraphe vous annonce plus vite que je ne mets de temps à vous l'écrire, ni dans les considérations sur la démocratie américaine qui m'intéressera beaucoup, mais dont vous me saurez gré de ne pas tirer une centième fois le cliché aujourd'hui vulgarisé.*

Mes rapides impressions sur les différentes phases de notre retour en Europe, voilà mon seul but, en continuant à vous envoyer mon journal par chaque cour-

La diligence de Stockton. (*Voir p.* 839.)

rier; j'espère presque le *gagner de vitesse.*

Comme premier aperçu, San Francisco ressemble beaucoup à Melbourne, mais en moins bien. Une seule rue est animée, c'est le boulevard des affaires, Montgommery street; les autres sont tristes et désertes; elles sont traversées dans toute leur longueur par deux et quelquefois par quatre rails de chemins de fer sur lesquels circulent de longs omnibus, moins confortables que celui de Paris à Sèvres. Les hommes sont habillés d'une façon vulgaire, et portent des chapeaux de feutre en casseurs d'assiettes ; quelques-uns sont encore armés d'un revolver, mais c'est par simple religion de souvenir : car la mode est complétement passée de s'entre-tuer, comme jadis, en plein midi et en pleine rue. C'est aussi de l'histoire ancienne que celle des prix fabuleux de toute chose : partout où il y a des mines d'or, chaque habitant vous raconte qu'à telle époque il a payé cinq cents francs une paire de bottes, trois cents francs un dindon, et deux cents francs par jour un domestique : aujourd'hui, les conditions de la vie sont à peu près les mêmes à San Francisco qu'à Paris.

18 juin.

Le général Mac Dowell, qui a le commandement de toute la côte du Pacifique, est venu voir le duc de Penthièvre ; c'est un ancien compagnon d'armes du comte de Paris et du duc de Chartres, et nous étions tout émus en l'entendant parler de ses souvenirs de batailles et de son dévouement pour les princes. « Ah ! » votre père et vos cousins, disait-il, sont » si sincèrement aimés par tous les Amé- » ricains, que nous voulons venir vous » dire notre reconnaissance et notre atta- » chement pour votre famille. L'Améri- » cain n'a pas les formes du langage, » mais il a le cœur haut placé, et il n'en » est pas un qui ne veuille se souvenir de » ce que les vôtres ont fait pour nous.

» Quand on nous méprisait en Europe, » quand on disait que nous allions « to » the devil », quand toutes les nations » nous criblaient d'injures, nous les dé- » mocrates, des princes de race royale » sont venus franchement donner leur » sang pour notre cause, combattre en » simples capitaines dans nos rangs pour » la liberté. Dites-leur bien que nous leur » en serons éternellement reconnaissants, » car nous les avons vus pendant onze » mois les premiers au feu, les plus infa- » tigables, les plus avides des corvées du » service militaire, et les meilleurs cama- » rades comme les plus braves. » Mais ce que je ne saurais vous rendre, c'est la simplicité et l'émotion avec lesquelles parlait ce brave général, qui a fait son éducation en France, qui a la physionomie, les manières et le langage d'un Français. C'est lui qui nous a fait remettre de onze jours notre départ, qui nous a tracé tout le plan de notre voyage dans l'intérieur et aux montagnes Rocheuses, et qui enfin a voulu faire passer ce matin au duc de Penthièvre la revue de plusieurs batteries d'artillerie. (*Voir la gravure, p. 836.*)

19 juin.

Le lendemain de la revue, nous nous arrachions aux charmes de la vie mondaine pour nous donner tout entiers à notre voyage dans l'intérieur. Nous nous embarquons sur un de ces fameux navires à quatre étages, véritable maison sur l'eau, que les Californiens affectionnent particulièrement, et nous remontons à toute vapeur la baie du Sacramento.

XII

LES *WELLINGTONIA GIGANTEA*

La diligence de Stockton. — Fertilité de la plaine californienne. — Voyage à cheval dans la Sierra-Nevada. — Les dimensions des arbres géants. — L'Yo-Semite Valley. — Ses cascades. — Un serpent à sonnettes. — Vallée de Calaveras.

20 juin.

Nous débarquons de bon matin à Stockton : plusieurs diligences attendent le steamer, elles sont attelées de quatre et six chevaux ; en un instant, elles se remplissent de monde. Si tout chemin mène à Rome, ici tout chemin mène à une mine d'or. Nous avons dans notre guimbarde des spécimens de plusieurs nations (*voir la gravure, p.* 837), types de bandits les mieux accentués : dans l'intérieur, sept ou huit Chinois fument leur opium, portant pour tout bagage leur pioche de mineur et le classique plateau-cuvette de fer-blanc qui sert à laver le sable aurifère. Le langage harmonieux de l'Empire des Fleurs contraste singulièrement avec la conversation animée de deux Mexicaines vêtues de mantilles, de chiffons de soie verte, orange, bleue, écarlate, et qui fument en gazouillant. Sur l'impériale, une foule de mineurs yankees, ivres et débraillés, coiffés d'immenses chapeaux mexicains dont les bords ont un mètre de rayon, mâchent du tabac et le crachent sur nos bottes. Tout ce monde va dans quelque centre de mines, à la recherche de la fortune.

Plus loin, nous rencontrons des Français ; un sentiment naturel nous porte à nous rapprocher de nos compatriotes. Bon, ce sont des insurgés de juin. « Je vous reconnais, vous », dit l'un d'eux à Fauvel. Et, en effet, Fauvel retrouve en lui un gaillard qui avait voulu le jeter par-dessus bord, sur le vaisseau *le Triton*.

Voilà la compagnie avec laquelle nous avons voyagé tout le jour, compagnie d'élite pour les bonnes manières, comme vous pensez ! La plaine qui s'est déroulée devant nous, par une chaleur rôtissante, était couverte de moissons. Pendant des lieues et des lieues encore, nous traversions le même champ de blé, appartenant au même propriétaire : la récolte était superbe, et je ne m'étonne plus que cette Californie qui, il y a quinze ans, ne produisait pas un seul épi de blé, et qui faisait venir toute sa subsistance des États de l'Est, par Panama, soit devenue aujourd'hui non-seulement le grenier de la mère patrie, de la Chine et de l'Australie, mais presque notre rivale jusque sur les marchés du Havre !

Elle exporte, année moyenne, des céréales pour trente-trois millions et demi de francs. L'agriculture est devenue la plus sûre et la plus productive des spéculations ; les progrès de la science lui ont donné des machines admirables pour

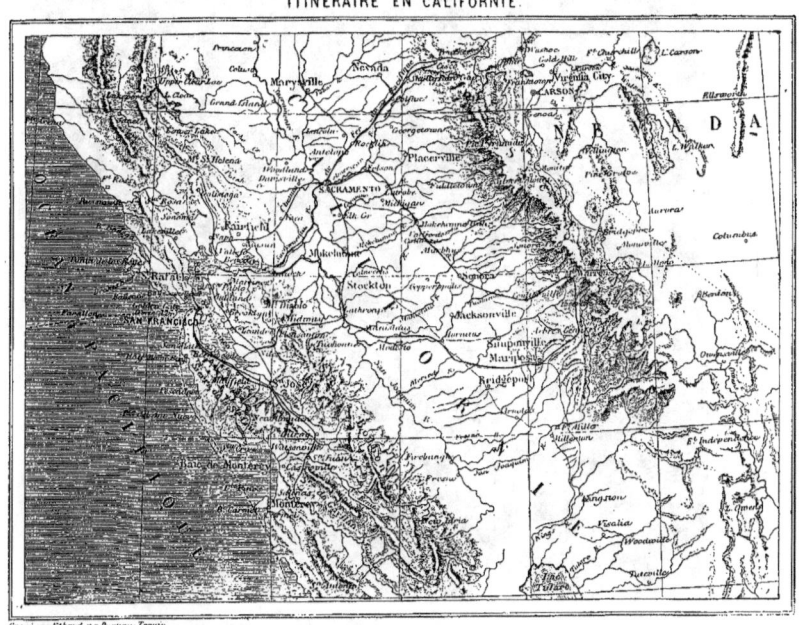
ITINÉRAIRE EN CALIFORNIE.

Le village de mineurs où nous dépose la diligence.

toutes les opérations de l'année, ce qui est la compensation de la cherté du travail manuel : le manœuvre, en effet, gagne dix francs par jour au minimum. Mais le grand auxiliaire de la culture californienne, c'est le climat; pendant cinq mois de l'année, il ne pleut pas une seule minute; les fermiers promènent d'abord leurs moissonneuses à vapeur sur leurs « Ranches » étendus, récoltent, puis battent sur place! En un jour de voyage on peut voir la récolte encore debout, plus loin la récolte fauchée, plus loin les piles de sacs attendant en plein air, depuis un mois ou deux, la charrette de l'acheteur.

Nous avons rencontré plusieurs de ces singuliers attelages appelés « Prairies-schooner » (la goëlette des prairies); quatorze à dix-huit mules, deux par deux, traînent toute une procession de trois ou quatre longues charrettes attelées en un seul bloc : cette caravane porte sa provision d'eau avec elle et navigue presque à la boussole dans ces plaines sans fin : les conducteurs sont à cheval, vrais types de bandits, le revolver à la ceinture.

Vers le soir, nous arrivons au pied des collines qui mènent à la Sierra-Nevada, dont les sommets neigeux étincelaient à l'horizon : nous avions changé plusieurs fois de chevaux dans des « haciendas » et nous avions vu les cahots devenir presque chinois. Une veine d'ardoise, de plusieurs lieues de large, traverse perpendiculairement la route à peine tracée, et vous devinez la série de saccades et de soubresauts que nous éprouvions. La culture a cessé; le pays est nu et rôti; seuls des Chinois en longues files viennent rompre la monotonie du paysage : ils grattent et lavent le sable dans les lits presque desséchés des torrents. Race âpre au gain, mais routinière, ils lavent pour la centième fois des terres que les blancs ont déjà bien souvent bouleversées : ils gagnent de sept à dix francs par jour, et, vivant sobrement de riz, ils espèrent revenir, au bout de vingt ans, dans leur Céleste Empire, ou riches, ou... morts. Car, chose curieuse! aucun d'eux n'est enterré sur le sol californien; leurs plus belles économies sont toujours réservées pour l'achat d'un cercueil et le rapatriement de leur cadavre.

Bien tard dans la soirée, notre diligence déposait son monde dans un village de mineurs, à la porte d'une baraque de bois, à peine reconstruite à la suite de trois incendies successifs. Ce lieu de délices se nomme « Hornitos », qui signifie « petit four » en espagnol. C'est la première parole vraie que nous entendons dans ce pays, auprès duquel la Gascogne serait terre d'Évangile. On nous avait dit en partant que nous allions voir « la plus belle campagne du monde », faire six lieues à l'heure, et qu'il faudrait quatre hommes pour tenir les rênes de nos chevaux! — Non, c'était plaine chinoise, qu'on devait dire, quatorze lieues en quinze jours, et quatre hommes pour fouetter!

21 juin.

A quatre heures du matin, la diligence repart, et à midi nous sommes à Mariposa, à l'extrême limite de toute espèce de route carrossable. Nous voulons aller voir les fameux « grands arbres » et « l'Yo-Semite Valley » dans la Sierra-Nevada, les deux merveilles, paraît-il, de la Californie. Nous nous hâtons donc de nous procurer des chevaux et un guide; le guide est un Mexicain de bonne volonté, nez busqué, teint couleur chocolat clair, œil faux, corps étique et brisé, revolver à la ceinture, cela va sans dire.

Voyez-vous quatre cavaliers chevauchant dans cette immense barrique? (*Voir* p. 847.)

et grandes phrases redondantes à l'espagnole. Nos selles aussi sont mexicaines. La Californie a gardé beaucoup de traits de ses premiers conquérants. Nous nous faisons vite à ce harnachement de cuirs et de banderoles, à ce pommeau arabe; à ces « calçaneros » battant les flancs du cheval, et à ces « zapaderos » (étriers) où le pied est emboîté dans un monument de bois et de cuir destiné à le protéger du soleil et de la poussière. C'est ainsi que nous gravissons les sentiers difficiles de la Sierra ; et grâce à cet accoutrement, nous représentons, sauf la

Nous avions l'air de pygmées à côté de ces géants. (*Voir* p. 847.)

figure toutefois, de vrais bandits mexicains.

Le pays des montagnes devient sauvage; nous galopons sous d'épaisses forêts de pins. De la plaine hideuse nous passons à une nature verte et accidentée; la transition est rapide, comme dans une décoration de théâtre, et la nature de la

Californie veut nous paraître aussi brusque dans ses spectacles que ses habitants dans leurs manières. Bientôt nous traversons des torrents desséchés, nés d'une avalanche et morts avec elle; ce n'était qu'un chaos de roches arrachées, de troncs d'arbres immenses accumulés en ruine par le tourbillon; puis nous côtoyons des ruisseaux d'eau glacée découlant des neiges et roulant un sable de pyrites brillantes comme de l'or aux rayons du soleil. « Ah! si c'était de l'or! » nous écrions-nous à tout moment; car dans cette terre que tous bouleversent et lavent pour trouver le riche métal, on croit toujours fouler quelque trésor. A chaque pas, nous faisons envoler des couples de cailles ravissantes portant une aigrette noire sur le sommet de la tête, et nous voyons une foule de lièvres à grandes oreilles, appelés « prairies jakasses » (ânes des prairies). Il est assez curieux de remarquer que dans cette Californie, la terre la plus sablonneuse et la plus jaune qu'on puisse imaginer, on s'est évertué à tout décorer du nom de prairies. Nous rencontrons aussi des dindons sauvages, des chouettes innombrables et des rats-écureuils. Tout d'un coup, nous voyons comme une colonne de feu s'élever au milieu de la forêt, et la flamme embraser le tronc d'un gros pin, qui nous apparaît comme un gigantesque candélabre à mille branches. C'est notre coquin de Mexicain qui s'est amusé à incendier un bel arbre, pour le plaisir de détruire une belle chose. Déjà le long du sentier nous avions remarqué des troncs brûlés, des traces de campements des Peaux-Rouges; ainsi après les dévastations des sauvages, les blancs deviennent eux-mêmes les destructeurs barbares de la forêt. Nous étions déjà loin de ce vallon, que nous voyions encore la fumée résineuse de l'incendie; qui sait jusqu'où le vent aura porté la flamme envahissante dans la forêt vierge?

Le soleil s'était couché, nous suivions les flancs escarpés d'une sombre vallée, et nous ne pouvions trouver la hutte d'un pâtre-chasseur où nous devions passer la nuit; nous n'avions pour nous consoler qu'une nuée de moustiques insupportables. Enfin nous arrivons. Le brave homme a du lait de ses vaches, et un daim qu'il a tué le matin même. Le torrent coule avec fracas à côté de nous; quelques Indiens, avec des bâtons au travers des narines et des oreilles, se chauffent autour d'un grand feu qui éclaire tous les arbres de la vallée. C'était un sévère mais beau spectacle : ces feux, ces lueurs, la forêt, le silence de la nuit, cette troupe d'Indiens, nos chevaux au piquet, formaient un ensemble plein de sauvage mélancolie.

De bon matin, nous nous mettions en route pour aller voir les *Wellingtonia gigantea*. Sans être incrédules, nous voulions constater par nous-mêmes si, sur ce point encore, la Garonne n'avait pas arrosé de ses eaux ces arbres californiens. J'avoue même que je n'avais jamais cru bien sincèrement au *Wellingtonia* du Palais de cristal de Sydenham.

Après avoir grimpé pendant deux heures dans des sentiers sinueux, nous arrivions au sommet où se trouvent ces grands arbres. Il fallut bien alors se rendre à l'évidence! Rien ne saurait donner une idée du spectacle qui s'offrait à nos yeux : j'en demeurais confondu. Nous avions l'air de pygmées à côté de ces géants de la nature végétale (*voir la gravure, p.* 845) : nos chênes les plus majestueux, les sapins les plus élevés des Alpes et des Pyrénées, les arbres à gomme de l'Australie, sembleraient des nains accroupis sous leur ombre.

Ils sont là au nombre de six cent douze, presque en un seul bloc, s'élevant comme de gigantesques colonnes de cent mètres de haut. Quand on les voit, on ne peut que les admirer! Mais il me faut pourtant vous donner des chiffres, et voici ceux qu'a publiés la Commission scientifique envoyée par l'État pour mesurer ces arbres :

Le « *Grizzly* », le plus beau, a onze mètres de diamètre et cent dix mètres de hauteur. La première branche est à soixante-dix mètres du sol. Tous ceux qui l'entourent approchent de ces dimensions. Que de siècles il leur aura fallu pour dominer de si haut la forêt vierge!

Mais songez-y! cent dix mètres! c'est deux fois la hauteur de la tour Saint-Jacques! c'est plus haut que la croix du dôme des Invalides; et le sommet des tours de Notre-Dame pourrait encore s'abriter sous la branche la plus basse [1]!

Onze mètres de diamètre, c'est, si je ne me trompe, la longueur d'une jolie salle de bal à Paris. Figurez-vous alors un salon entièrement rond, de trente-trois mètres de circonférence, creusé dans un seul arbre, et le parquet de ce salon fait d'un seul morceau! N'est-ce pas merveilleux!

Nous avons parcouru longtemps ce bois incroyable, digne de l'époque des Titans. Par malheur, les Indiens y ont campé jadis, et leurs feux allumés au pied d'un grand nombre de ces arbres ont laissé sur leur épaisse écorce de larges plaques charbonneuses. Mais la sève de ces rois de la végétation, éternelle comme leur éternelle verdure, a résisté aux années et aux incendies. Quatre cependant sont tombés; sur l'un d'eux, nous nous sommes promenés quatre de front dans toute la longueur; et nous avons pu compter 68 *mètres* jusqu'à la *première branche*. Un autre a pris feu, peu de temps après sa chute : l'intérieur seul de l'arbre s'est consumé; toute l'écorce, épaisse de plusieurs pieds, bulbeuse, et imprégnée d'humidité, s'est conservée intacte. Nous sommes entrés *à cheval* dans ce tunnel de bois; nos chevaux étaient grands, et nous sommes de bonne taille; eh bien! en levant les bras nous ne pouvions toucher la voûte qui nous couvrait. Voyez-vous quatre cavaliers chevauchant dans cette immense barrique! (*Voir la gravure, p.* 844.)

A une heure, nous étions de retour dans notre cabane; je n'avais qu'un regret, celui de n'avoir pu trouver quelque rejeton de ces gros arbres pour le rapporter en France. Mais je n'avais pas perdu de vue mon idée. Aussitôt revenu, je prends à parti notre homme des bois, et j'obtiens de lui, malgré la chaleur et la fatigue, qu'il vienne avec moi sous certain des géants où je pourrai arracher quelques jeunes rejetons. — Ce n'était pas chose facile que de découvrir une place où il y en eût, mais ma peine ne fut point perdue; à la nuit, je revenais avec une soixantaine de brins verts sur le pommeau de ma selle. Je les soigne comme des enfants; nous les planterons

---

[1] La tour Saint-Jacques a 54 mètres de haut; les tours Notre-Dame, 67 mètres 20; le Panthéon a, jusqu'à la naissance de la croix, 80 mètres; et le sommet de la croix du dôme des Invalides est à 100 mètres 70 centimètres du sol.

à Sandricourt ; nous causerons sous leur ombre : je sais bien quel nom je graverai dans leur écorce, et comme l'a dit le chantre des Églogues :

Crescent illæ : crescetis amores!
. . . .
Cèdres, vous grandirez : vous verrez chaque jour
Croître avec vous mon heur et grandir mon amour.

23 juin.

En attendant, il faut avancer. Nous montions depuis le matin la Sierra-Nevada ; nos chevaux enfonçaient dans des flaques de neige, quand enfin l'Yo-Semite Valley se trouva tout à coup à pic, à plus de mille pieds au-dessous de nous! C'est

La vallée de l'Yo-Semite.

d'un bloc surplombant que nous dominions ce grand spectacle.

Cette vallée a quelque chose de diabolique et d'austère qui semble envelopper tous les détails pour ne laisser voir que de grands traits. Ce n'est pas la nature riche et féerique de Java ; ce n'est plus le coquet Japon ; ce n'est pas la Suisse avec ses glaciers. C'est le grandiose du roc nu et aride! On dirait que le Créateur, dans un moment de colère, a donné un immense coup de sabre dans de gigantesques blocs de granit. Il a fait une fente d'un kilomètre de profondeur dans le roc : des parois nues, à pic, tranchées comme un glacis, de trois mille pieds de haut, reflètent les rayons du soleil, tandis que le fond de la vallée est dans l'ombre noire. C'est une de ces vues qui frappent sans charmer et qui font pres-

La chute de l'Yo-Semite.

que peur... — Le grand coup de sabre a interrompu le cours des rivières bouillonnantes ! en un instant elles sont devenues des cascades colossales, les plus hautes du globe. Sur la paroi de droite du grand précipice étaient les aiguilles de granit appelées « Cathedral-Rocks », vrais clochers naturels, et la cascade de « Poh-ho-no-ho » qui a neuf cent quarante pieds de hauteur : l'œil peut suivre les grandes masses d'eau de la rivière qui tombent en flocons avec fracas, et qui étendent sur le roc nu le voile scintillant des couleurs de l'arc-en-ciel. A gauche, la gorge semble fermée par le bloc de granit cyclopéen du Tu-Toch-nu-lale (noms indiens) qui a trois mille quatre-vingt-cinq pieds de haut et qui semble coupé au couteau. Enfin la chaîne continue pour déverser au fond de la gorge un nouveau torrent qui forme la grande cascade, tonnante au loin, de l'Yo-Semite (deux mille deux cent cinquante pieds)! Celle-là est la seule qui ne tombe pas d'un seul jet : elle s'interrompt deux fois, mais la première de ses chutes est de mille quatre cents pieds : c'est splendide !

Il nous a fallu trois heures pour descendre, par un chemin de chèvres, au fond de la gorge où coule le torrent impétueux formé par tant de cascades. Là, nous avions le sentiment d'être au fond d'un puits. Nous trouvâmes dans cette gorge des cabanes de bois; avec quel bonheur nous y entrâmes ! Bêtes et gens n'en pouvaient plus.

24 juin.

A cinq heures du matin nous étions déjà à cheval au lac-miroir, qui reflète admirablement toutes les roches environnantes, puis sous la cascade de l'Yo-Semite ; à deux mille mètres, on est déjà inondé comme par une belle pluie d'orage : le tonnerre de la chute est saisissant !

Peu après, nous avions une grande dispute avec notre guide. Nous voulions partir sur-le-champ et atteindre le jour même la prochaine étape, ce qui nous faisait gagner vingt-quatre heures ; mais lui ne voulait à aucun prix, prétendant (et il avait raison) que les chevaux en mourraient. Cependant nous avions tant à voir avant le départ du steamer fortuné qui doit nous ramener plus près de vous, qu'il nous fallait tripler les étapes. Le Mexicain est resté de deux heures en arrière, et nous avons galopé tout le jour, harcelant constamment nos bêtes et suivant seulement notre boussole. Ah ! ma pauvre canne ! elle a rossé les poneys de Java, les reins des Chinois, les flancs des ânes de Mongolie, des chameaux et des chevaux de revue ! Aussi elle en est toute courbée : c'est que quinze lieues ventre à terre dans les roches et les sentiers les plus affreux, c'est dur à faire ; mais nous avions l'entrain de l'aventure !

J'avais toujours mes *soixante* « wellingtonia gigantea » dansant la cachoucha d'une façon désolante sur le pommeau de ma selle ; je les avais amarrés dans une petite boîte de fer-blanc qui me sciait le genou ; j'avais enveloppé le tout d'un bouquet de fougères et de mon unique chemise de toile ; et, à chaque ruisseau, j'arrosais ma collection, qui résistait ainsi quelque temps au soleil torride. Puissé-je les rapporter vivants !

A six heures et demie du soir, nous galopions encore dans un sentier tortueux ; tout à coup mon cheval s'arrête court, dresse la tête et tremble de tous ses membres : une musique de grelots arrive alors à mes oreilles! Le duc de Penthièvre, qui ouvrait la marche, avait dérangé dans son sommeil un serpent à sonnettes! Il était là, à cinq pas de

Gorge de l'Yo-Semite.

moi, enroulé quatre fois sur lui-même, agitant tout le paquet des sonnettes blanches qu'il a au bout de la queue, et levant la tête droite à deux pieds au-dessus du sol, il dardait avec rage son trident bleuâtre. Ce charmant animal était d'un jaune verdâtre, et gros à peu près comme le bras; il faisait une musique infernale à laquelle mon cheval et moi nous nous sommes soustraits avec un enthousiasme remarquable ; car j'avais entendu dire que quand un serpent à sonnettes est en colère, joue de son instrument et est enroulé sur

Il était là, à cinq pas de moi.

lui-même, il prend ainsi son point d'appui pour s'élancer sur vous comme une flèche, et vous envoyer jouir de la félicité éternelle avec vos respectables aïeux, beaucoup plus tôt qu'on ne le voudrait.

Mais nous voici de nouveau le long des ruisseaux qui charrient de l'or et où barbotent les Chinois, gratteurs infatigables; quelques cabanes de bois pour les mineurs nous indiquent notre étape, où nous arrivons ruisselants. — *Nota.* Les chevaux tiennent encore bon : nous n'avons pas encore revu le guide mexicain.

25 juin.

Six heures de fouet nous ramènent aux routes fréquentées et aux centres miniers. C'est un vrai tour de force que nous avons fait là : nous retrouvons Fauvel à Coulterville, chez M. Coulter, le père de cette jeune cité où l'on grille de chaleur. Pour nous, nous étions à « La Fayette Hotel », un de ces taudis de mineurs comme vous ne pourrez jamais vous les figurer; en attendant la diligence, nous avons passé toute la journée dans l'eau. On fouille les entrailles de la terre avec une ardeur fébrile dans cette rôtissoire. Je comprends d'ailleurs cet entrain : un petit puits de quinze pieds carrés vient de rapporter 75,000 dollars (375,000 fr.) !

26 juin.

Nous venons de passer en diligence vingt heures consécutives, et nous avons traversé successivement Sonora, Murphy, des campements et des villes de bois. La recherche de l'or a ici comme partout quelque chose de diabolique : le lit d'un torrent que nous avons longé pendant des heures n'est qu'une série d'aqueducs, de roues de moulins, soit pour élever l'eau, soit pour faire mouvoir des pilons à quartz : mais il me semble que je reviens à Ballarat.

Sortant des vallées agitées de la fièvre de l'or, nous arrivons à Calaveras, sombre gorge où nous pouvons de nouveau contempler de magnifiques *wellingtonia*, ou *washingtonia gigantea*. Ils sont ici réunis en un groupe de quatre-vingt dix ; chacun porte le nom de quelque grand homme; aucune trace de feu n'est venue abîmer leurs beaux troncs. C'est en 1852 qu'ils furent découverts par un chasseur d'ours ; ils ont été mesurés par une commission scientifique. Un d'eux, la « Mère des Forêts », est celui qui a été dépouillé de son écorce pour le Palais de Cristal : l'arbre est mort ; il est à nu jusqu'à cent seize pieds de hauteur, et il porte la trace de chaque coup de hache qui a arraché son enveloppe. C'était surtout celui-là que je tenais à voir : il est parfaitement debout, et a cent neuf mètres de haut et vingt-sept de circonférence sans l'écorce !

Je ne puis vous énumérer tous ces géants : les « Trois Grâces », « les Sentinelles », le « Père des Forêts », qui a trente-huit mètres de circonférence ; le « Roi des Étoiles », qui s'élève à cent vingt-deux mètres ; la « Vieille Fille », dont la ceinture virginale mesure vingt mètres de diamètre… et tant d'autres ! Vraiment, je suis ravi d'avoir vu deux fois un pareil spectacle.

Un de ces arbres est tombé dans un ouragan avec un fracas épouvantable : il a creusé et comme broyé la terre dans sa chute. Un homme situé à une extrémité paraît tout petit vu de l'autre.

Une belle ruine encore, c'est la victime d'un autre orage : trente-quatre mètres de circonférence à la base ! En tombant, le monstre s'est cogné contre un voisin qui l'a coupé net au point de contact ; c'était à cent mètres du pied. Les cent mètres sont étendus gisants par terre, et, à l'extrémité brisée, il mesure encore quatre mètres et demi de diamètre! C'était évidemment le roi des rois, et l'on peut, en le comparant aux autres, lui assigner cent trente-trois mètres de longueur!

Enfin on a voulu couper l'un d'eux pour compter ses milliers d'années par la section : cinq hommes ont dû travailler pendant vingt-cinq jours pour l'abattre : le tronçon scié a trente mètres de circonférence! On en a raboté la surface, nous nous sommes promenés là-dessus comme sur un immense parquet, et il paraît qu'on y a donné une fois un grand bal. — Mais on y a compté jusqu'à six mille cercles concentriques, ce qui le fait remonter plus haut que le déluge. Quel mystère! Saints archanges, j'entrevois des abîmes : je m'arrête.

XIII

MINES ET CÉRÉALES

Sacramento. — Premier tronçon du chemin de fer du Pacifique. — Cisco. — Cinq mille Chinois en grève. — Nevada. — Mines d'or hydrauliques. — Mines de mercure de New-Almaden. — Quelques chiffres sur les productions californiennes.

Nevada, 30 juin.

En deux journées de diligence, par de vilains chemins sablonneux, nous avons traversé les comtés d'Amador et d'Eldorado; à Latrobe, nous avons trouvé le chemin de fer qui, en quelques heures d'une marche fort lente, nous a amenés à Sacramento, la capitale de la Californie. Cette ville est fort laide, d'une monotonie désespérante, et d'une grande saleté. De plus, une chaleur suffocante de 45° à l'ombre la rend pour nous plus odieuse encore : des myriades de moustiques et de punaises qui nous dévorent, semblent seules s'y plaire.

Le matin, heureusement, M. Dussol, représentant de la maison Sellière, et M. Robinson, associé de M. Pioche, sont venus fort aimablement de San Francisco pour nous conduire jusqu'au sommet de la Sierra-Nevada, sur le parcours non encore exploité de ce qui sera le grand chemin de fer du Pacifique : ils ont obtenu de l'administration une locomotive spéciale, grâce à laquelle nous allons avoir la primeur de cette œuvre immense. En sortant de la ville, nous voyons d'abord des digues élevées pour la protéger contre l'envahissement des eaux · Sacramento, en effet, est au-dessous du niveau moyen du fleuve. Jusqu'à Colfax, le paysage n'a rien de saillant; mais, à partir de ce point, la route ne tarde pas à devenir fort curieuse : ponts-chevalets à jour, en bois, solides et légers tout à la fois, où il n'y a que juste la largeur des rails, et dont la force consiste précisément dans une élasticité extraordinaire; corniches hardies autour de la montagne appelée le cap Horn, et au-dessus des précipices de l'American River ; courbes brusques, pentes effrayantes; ascension à toute vapeur sur des tabliers vertigineux qui surplombent avec mille pieds de vide au-dessous d'eux; nature sauvage et rude, mélangée de sapins, de granit rouge, de sables blancs, de neige et de gravier aurifère : tel est l'ensemble de notre course à Cisco : en trois heures, nous avions fait environ cent quarante kilomètres, et nous nous étions élevés à une hauteur de cinq mille pieds!

De Cisco au sommet de la chaîne, il y a 27 kilomètres, sur le parcours desquels la voie s'élève encore de deux mille pieds. Là, nous voyons 5,000 terrassiers

Le pont en bois du chemin de fer du Pacifique.

chinois; sans eux, la construction de la voie californienne eût été bien difficile et bien coûteuse à établir. On ne saurait s'imaginer tout ce que font les Asiatiques dans cet État de l'Union : ils y sont déjà au nombre de 40,000. Ils y ont formé des associations qui tiennent à la fois des sociétés commerciales, des communautés religieuses et des corporations de secours mutuels; chacune de ces associations (au nombre de six actuellement) a ses obligations, ses règlements et ses registres; le nom de chaque affilié y est inscrit, afin qu'en cas de décès le corps soit rapporté dans la terre natale. Mais sur la terre étrangère, ils savent bien vite emprunter à la civilisation anglo-saxonne ce qu'elle a de pire, et ici ils n'ont eu rien de plus pressé que de se déclarer en grève : chaque terrassier gagnait jusqu'à

Les Fils du Ciel ont laissé les pioches plantées dans le sable et se promènent les bras croisés avec une insolence vraiment occidentale. (Voir p. 859.)

présent 34 dollars par mois; aujourd'hui il en exige 40; la Compagnie[1] n'ayant point le désir de céder, les Fils du Ciel ont laissé les pioches plantées dans le sable, et se promènent, les bras croisés, avec une insolence tout à fait occidentale. (Voir la gravure, p. 857.)

Nous restons quelques heures au milieu des campements chinois, tout entiers aux pensées que font naître à la fois et nos souvenirs récents de l'Empire du Milieu, figé depuis des siècles dans son moule rétrograde, et la vue de ces Chinois enrôlés pour l'exécution de la plus grande œuvre qu'ait entreprise la civilisation moderne.

Le soir, nous revenons, par Colfax et Grass Valley, dans la ville aurifère de Nevada.

Nevada, 2 juillet.

Si j'avais sous la main mon journal sur les mines d'or d'Australie, je n'aurais qu'à remplacer les noms de l' « Albion » et du « Black Hill » de Ballarat par ceux des mines d' « Euréka » et d' « Emperor », des environs de Nevada, pour vous donner la description la plus exacte de cette vallée aurifère qui depuis 1849, époque à laquelle l'or y fut découvert, a produit plus de 115 millions de francs! Je passe donc complétement sous silence nos descentes par des échelles dans des puits de neuf cents pieds de profondeur et nos promenades souterraines dans des galeries, qui côtoient des filons de quartz,

[1] L'État donne 48,000 dollars de subvention par mille : on nous dit que, dans cette partie montagneuse, le mille coûte environ 100,000 dollars. La Compagnie du « Central Pacific » travaille de l'ouest vers l'est, tandis que la Compagnie de l'Union prend son point de départ à Omaha sur le Missouri, pour s'avancer vers l'ouest, jusqu'à ce qu'elle rencontre sa collaboratrice.

pour vous parler rapidement d'une « mine hydraulique », mine toute nouvelle pour nous, fort curieuse, et dont nous avons été vivement frappés.

Partis de bon matin de Nevada, nous nous engageons dans la montagne, et, après deux heures d'une route pittoresque sous des bois verdoyants, nous arrivons subitement dans une vallée jaunâtre, bouleversée, coupée de tranchées, et où l'œil au premier abord chercherait vainement autre chose qu'un chaos de gravier.

Pourtant, à plus d'un kilomètre de distance, sous une sorte de falaise abrupte de près de cent pieds de haut, nous ne tardons pas à voir bouillonner, comme un « gyser d'Islande », une source immense, d'où jaillissent des jets d'eau multiples.

En effet, de longs tuyaux de tôle, hermétiquement emmanchés les uns au bout des autres, prennent naissance, à six kilomètres d'ici, à un vaste réservoir alimenté par un torrent de montagne, et conduisant au pied de la falaise des eaux qui, poussées par une pression de 275 pieds d'élévation et par les 150 mètres cubes du réservoir, s'échappent avec une force énorme d'une lance relativement étroite : à vingt pas, un homme serait tué roide par le choc de la colonne d'eau! C'est avec ce moyen nouveau, et d'une puissance mathématiquement colossale, que les Californiens ont imaginé de « laver » les montagnes aurifères. Nous n'avions jamais vu jusqu'à présent que l'opération contraire, c'est-à-dire l'extraction laborieuse du minerai jusqu'à la surface du sol, puis le lavage par fractions dans de petits appareils, tels que moulins, « sluices », cuvettes de fer-blanc, etc. Mais ici, avec une hardiesse de conception vraiment américaine, on attaque la montagne avec quatre, cinq et six jets combinés qui font immédiatement dans ses flancs une blessure profonde. Deux ou trois hommes suffisent pour étayer et diriger les lances; ils commencent par creuser hydrauliquement une caverne dans la partie basse de la montagne, en ménageant quelques espaces qui deviennent des piliers provisoires; puis ils changent la direction des jets; des blocs énormes de terre se désagrégent et s'écroulent avec fracas; rien ne résiste à une action si violente, et en quelques instants on voit fondre comme

La mine hydraulique de Nevada.

du sucre des mamelons qu'il faudrait cent hommes et dix jours de travail pour abattre : c'est merveilleux!

Les quatre jets de la mine du Blue-Tent, manœuvrés par trois hommes, lavent par jour 2,500 tonneaux de gravier aurifère; d'autres entreprises plus considérables arrivent à laver, par ce procédé, jusqu'à 20,000 tonneaux dans le même temps.

Mais il y a forcément une grande irrégularité dans le travail : tantôt des groupes d'arbres pétrifiés sont mis à nu au sein de la montagne, et doivent être déblayés; tantôt des blocs d'argile sont si denses qu'on ne les peut briser qu'avec la poudre.

Telle est la première partie de l'opération, pour laquelle les mineurs sont convertis en pompiers; la seconde est des plus simples. On a creusé à l'avance au pied de la falaise un chenal d'un mètre de profondeur et de 500 mètres de long; on l'a pavé en gros galets, dans les interstices desquels on a versé, sur toute l'étendue du chenal, une couche de mercure, qui y demeure comme un lit fixe C'est par ce chenal que s'écoulent les masses d'eau qui ont été lancées contre le flanc de la montagne; elles entraînent dans leurs gros bouillons la boue jaunâtre qui n'est autre chose que le sable aurifère; sur leur parcours de 500 mètres, les paillettes d'or sont arrêtées, absorbées par le mercure, qui s'amalgame avec elles, tandis que les parties

Le réservoir à mercure, dans la mine de New-Almaden. (*Voir p.* 863.)

inutiles, gravier, cailloux, argile, sont entraînées rapidement par le torrent artificiel. Tous les mois on ferme l'écluse du réservoir, les jets d'eau meurent, le torrent est à sec, on recueille le mercure amalgamé, et on le porte dans les laboratoires, où, comme vous savez, le mercure se volatilise et l'or pur reste.

Nous avons passé toute notre journée dans cette vallée, guettant les éboulements, et ne pouvant nous arracher à ce spectacle grandiose. Impossible d'opérer avec moins de monde et des moyens plus simples sur des milliers de mètres cubes de sable aurifère! Impossible de convertir plus vite des collines et des montagnes tout à l'heure encore florissantes en une vallée désolée, mais où le sable devient or!

New-Almaden, 7 juillet.

Après avoir vu tant de fois l'or s'amalgamer avec le mercure, nous avons été tentés de visiter la contrée célèbre d'où s'extrait le mercure lui-même. Tandis que tous les centres aurifères du globe sont obligés de faire venir à grands frais le lourd vif-argent, qui est l'auxiliaire indispensable de l'exploitation de l'or, la Californie a l'immense fortune de recéler en son sein, et à peu de distance l'une de l'autre, ces deux matières que la main de l'homme rend si fécondes en les rapprochant encore.

Nous avons donc pour la dernière fois dit adieu au sable des paillettes d'or et gagné rapidement la ville de Sacramento; là nous prenons un confortable navire à quatre étages, l'*Yo-Semite*, et nous descendons le beau fleuve à toute vapeur. La nuit était déjà venue quand nous passions au confluent du San Joaquin, et pourtant il y avait trente-neuf degrés de chaleur. Je crois même que le thermomètre monta encore plus haut pendant près d'une heure : des bouffées brûlantes nous étaient apportées de temps à autre par la brise, à mesure que nos yeux découvraient sur notre gauche une lueur qui se développait peu à peu avec une intensité extraordinaire.

Bientôt, en effet, nous étions par le travers d'une vallée où sur plus de trois kilomètres s'étendait une ligne sinueuse de feu : les joncs desséchés et touffus d'un ancien marécage flambaient avec un crépitement incessant, et une fumée âcre nous prenait à la gorge. Qui sait où s'arrêtera cet incendie qui chasse devant lui les serpents et les troupeaux? On nous dit que dès qu'il approchera d'une zone plus habitée, les populations accourront, et, faisant la part du feu envahisseur, faucheront en avant de sa marche un long espace qui, par son vide même, deviendra une barrière. Cependant le courant et la vapeur nous emportent, et après huit heures et demie de navigation qui nous ont fait parcourir cent vingt-cinq milles, nous rentrons dans San Francisco.

Là, pendant deux jours, nous assistons aux fêtes anniversaires de l'Indépendance, pour lesquelles les sociétés de tempérance et les clubs de feniens, les pompiers et les orphéons, l'armée régulière et les zouaves californiens, les corporations de tous les métiers, ont déployé des milliers de bannières. Puis des Français, et surtout M. Pioche, dont les concerts sont aussi remarquables que les dîners, font au Prince un fort aimable accueil.

Le 6, enfin, nous sommes arrivés en chemin de fer, par San José, dans la vallée fameuse de New-Almaden, rivale de l'Almaden d'Espagne, où nous reçoit gracieusement et nous loge M. Butterworth, le « manager » des mines de mercure. C'est ici que les Indiens nomades venaient jadis fouiller le sol et se colorer de carmin. Les Peaux-Rouges, sans s'en douter, indiquaient ainsi aux races blanches la richesse minéralogique d'un sol où des usines et des condensateurs devaient rapidement succéder à leurs campements sauvages. Le minerai se trouve surtout dans les collines qui nous entourent, ramifications du « Coast Range », dont le plus haut sommet atteint de seize à dix-sept cents pieds. Les roches qui les composent sont en majeure partie des schistes magnésiens, quelquefois calcaires, rarement argileux ; les fragments de fossiles qu'on y trouve sont indéfinis et obscurs.

Nous entrons dans la mine par un large tunnel horizontal, pratiqué dans le flanc de la colline, à trois cents pieds au-dessous du sommet; mais la promenade ne tarde pas à devenir compliquée : nous descendons par des escaliers inclinés à trente degrés dans la direction du nord magnétique; des petits filets de quartz ou de serpentine légèrement colorés de rouge sont les seuls guides du mineur dans la direction des terriers qu'il creuse, et où nous circulons non sans peine. Des odeurs délétères nous arrêtent par moments; un contre-maître trouve fort à propos de nous raconter que des fuites d'acide carbonique ont, en ce lieu même, occasionné avant-hier la mort de deux travailleurs. Ce récit ne nous empêche point de marcher pendant plus d'une heure dans les galeries qui s'entre-croisent et qui forment un parcours total de vingt-cinq kilomètres dans les entrailles de cette chaîne de collines. Nous voyons là des types de toutes les races : des Anglais, des Allemands, des Français, mais surtout des Mexicains d'un vilain aspect : plus de dix-neuf cents personnes sont employées à ces travaux. Tantôt le cinabre (dont s'extrait le vif-argent) se trouve par couches entre des roches d'ardoise, ou par blocs qui ne sont que du sulfite de mercure, se composant de 86,8 parties de mercure et de 13,2 parties de soufre; tantôt il est en poussière coagulée par l'argile et d'un rendement relativement pauvre : de petits wagons roulant sur une voie ferrée l'amènent de l'orifice de la mine à l'usine elle-même. Là le minerai rouge cochenille est réparti dans l'un des sept appareils construits en briques, et ayant coûté environ cent cinquante mille francs chacun, où s'opère la transformation. On charge le four en introduisant le minerai par la partie supérieure, à raison de cinquante mille kilogrammes par appareil. On allume les feux; en cinq ou six heures, le mercure se volatilise, et, grâce à une série de casiers qui alternent, la condensation s'opère dans de grandes chambres pavées, où les rigoles reçoivent les ruisseaux brillants du métal qui coule abondamment. Rien de joli comme les couleurs successives qui s'offrent aux yeux dans cette rapide opération. D'abord, le minerai est vermillon et solide; puis il passe à l'état de vapeur nuageuse, s'attache à des parois couvertes d'une suie noire, et tombe en gouttelettes argentines et isolées qui, courant les unes après les autres, se groupant et glissant en zigzags saccadés et capricieux jusqu'aux rigoles du plancher, semblent alors des barres d'argent immobiles plutôt que des ruisseaux coulant. Enfin, par une série de cascades huileuses et régulières, il forme dans un réservoir de huit mètres carrés un petit étang d'argent, qui est un miroir, et où viennent s'emplir d'innombrables flacons, destinés à l'Australie, à la Chine, au Mexique et au Pérou! (*Voir la gravure, p.* 861.) — Au point de vue des chiffres, les résultats de la mine de New-Almaden sont magnifiques. Dans l'année qui vient de s'écouler, 13 millions de kilogrammes de minerai ont donné 1,266,000 kilogrammes de mercure, expédiés en 37,000 flacons d'une valeur de 7 millions 600,000 francs. Depuis quinze ans, il est arrivé plusieurs fois que la mine paraissait épuisée; au bout de quelques semaines de recherches, on retrouvait soudain la veine qui avait un instant échappé. Mais l'expérience a montré que les masses les plus riches de cinabre suivaient généralement vers le nord une direction presque constante dans un plan parallèle à l'inclinaison de la colline, à un angle un peu plus élevé. A deux cents pieds du sommet, on a trouvé un dépôt de cinabre mou, d'une richesse extraordinaire : une charge de 50,000 kilo

Notre route vers El Capitan.

grammes de minerai donna en un jour 460 flacons, c'est-à-dire environ 15,000 kilogrammes de mercure!

En quittant New-Almaden et en traversant une seconde fois les plaines fertiles qui s'étendent jusqu'à San Francisco, il nous semble que, dans notre court trajet, la Californie se montre une dernière fois à nos yeux sous les deux traits saillants qui doivent le plus nous frapper : les mines et les céréales.

San Francisco reçoit à lui seul les métaux qui sont extraits des entrailles de la terre par plus de trois mille compagnies,

Abordage d'une baleine par le *Sacramento*. (*Voir* p. 870.)

dans cette partie si riche du sol des États-Unis comprise entre les montagnes Rocheuses et l'océan Pacifique.

L'or et l'argent extraits de la Californie et apportés à San Francisco forment pour 1862 la somme de 246 millions de francs, et pour 1864 celle de 356 millions, dont 79 millions ont été frappés en or à la Monnaie de ce grand entrepôt aurifère. A ces chiffres, il faut ajouter une production annuelle de 14 millions de tonneaux de minerai de cuivre, d'une valeur de 5 millions de francs; quant au mercure, 130,000 kilogrammes sont employés dans l'État, tandis que près de 10 millions sont exportés!

Malgré des résultats aussi nets, il s'est fait ici une réaction analogue à celle de l'Australie. La colonie aurifère, après la fièvre de l'or, a cherché la vraie richesse dans les trésors incalculables d'une colonie pastorale et agricole. Sur une superficie de 413,000 kilomètres carrés que compte la Californie, 155,000 représentent des terres labourables et susceptibles d'une étonnante fécondité : 2,580 sont déjà mis en culture et produisent 344 millions de kilogrammes de céréales. Comme dans toute entreprise naissante, l'irrégularité des productions et des prix a été forcément l'écueil de ces premiers efforts. C'est ainsi, par exemple, que les prix, qui avaient été en 1863 de 14 fr. 10 l'hectol. de froment (80 kilogr.), et 10 fr. 70 celui de l'avoine (54 kilogr.), sont montés par suite d'une sécheresse en 1864, à 40 fr. 10 pour le froment, à 17 francs pour l'avoine! Quelles que soient les variations et les souffrances premières, malgré les exagérations de production ou de disette d'une agriculture qui n'est pas encore assise, n'est-il pas évident que la question des céréales californiennes est absolument symétrique à la question des laines australiennes, et que ce pays est destiné, quand le chemin de fer du « Central Pacific » sera terminé, à peser d'une force réelle sur nos marchés de céréales en Europe? Comment pourrait-il en être autrement quand on songe que sa production était égale à zéro, il y a vingt ans, et qu'à l'heure actuelle (1866) non-seulement la Californie nourrit dans l'abondance plus de 380,000 habitants, mais encore qu'elle *exporte* 327,500 barils de farine valant 9,275,540 francs, — 2,558,022 sacs de froment valant 20,927,990 francs, — et pour 3 millions et demi d'orge et d'avoine?

Si l'on ajoute qu'elle possède déjà 1,100,000 bêtes à cornes, 150,000 chevaux et 900,000 moutons; qu'elle produit 8 millions de livres de laine[1]; qu'elle récolte 3 millions d'oranges, qu'elle compte 3 millions et demi de pieds de vigne, qu'elle a les plus beaux bois de constructions navales, qu'elle fournit 61 millions de tonnes de charbon, et que ses exportations s'élèvent au chiffre total de 367,267,000 francs, on peut s'imaginer avec quelle facilité cette jeune terre, reliée aux États de l'Est, et par là à l'Europe, est assurée, comme sa sœur l'Australie, de la plus admirable prospérité commerciale.

[1] Suivant les espèces, les prix sont ainsi fixés : 1 fr. à 1 fr. 25 la livre en suint pour les mérinos; 90 centimes à 1 fr. 15 pour la race américaine; 30 à 62 centimes pour la race métisse.

XIV

MANZANILLO

Une baleine blessée. — Les débris du « Golden Gate ». — Des prisonniers de guerre. — Promenade dans Panama. — Le chemin de fer et les marais pestilentiels. — Rapide navigation jusqu'à New-York.

Les passagers du *Goldengate* happés par des requins.

A bord du *Sacramento*, Océan Pacifique, route de San Francisco à Panama.

Le 10 juillet, nous nous embarquons gaiement sur le *Sacramento*, magnifique navire de 2,600 tonneaux, à trois étages de cabines et chargé de près de six cents passagers. C'est comme une ville flottante, avec ses quartiers, ses promenades, son animation et ses plaisirs; aussi nous oublions presque que nous naviguons. Au moment où nous nous élancions dans la rade de San-Francisco, le

Enfin, nous sommes libres! (Voir p. 871.)

fort de Black-Point hissa trois fois le drapeau tricolore en l'honneur du duc de Penthièvre, et la brise légère nous apporta par ondes intermittentes les échos animés de la *Marseillaise*, que jouait la musique militaire de la garnison; c'est par cet air seul qu'on croit généralement fêter les Français dans le reste du monde.

Nous nous amusons beaucoup de la variété infinie des toilettes des Américaines, qui, à bord, changent quatre fois de costume et veulent toujours finir la soirée en dansant. Rien, du reste, de plus pur que notre ciel et de plus calme que la surface de la mer : nous glissons comme sur un miroir immense, et, si ce n'était une chaleur étouffante de quarante-trois degrés, qui vient un peu paralyser la gaieté de notre cité nageante, jamais nous n'aurions eu une plus belle traversée. — Ce soir, au moment du dîner, toute la verrerie de nos longues tables reçoit une multiple blessure : un choc soudain ébranle le navire et fait pâlir plus d'un visage; tout le monde grimpe sur le pont d'un air effaré... mais c'est simplement notre avant qui a donné sur une jolie baleine ayant mal calculé sa route. Nous arrivons à temps pour voir encore, à vingt mètres du bord, le dos grisâtre du colosse des mers, filant rapidement vers l'ouest en lançant haut en l'air un jet comparable à celui du bassin des Tuileries, tandis que son sillage est marqué de grosses taches de sang qui veinent en zigzag les eaux bleuâtres de l'Océan. (*Voir la gravure, p.* 865.) Dans la même soirée, nous comptons autour de nous une dizaine de ces mammifères nageurs qui brisent et animent d'une façon étrange la ligne en général si nue d'un horizon maritime.

Le 16 au matin, nous nous préparons à entrer dans la petite baie de Manzanillo. C'est là que, dans nos projets d'il y a un mois, nous comptions débarquer pour visiter à cheval la côte occidentale du Mexique, et pénétrer le plus possible dans l'intérieur : mais l'assassinat de l'empereur Maximilien ne donne plus ici une seule heure de sécurité à son cousin le duc de Penthièvre : nous renonçons donc, mais avec chagrin, à un voyage qui eût été intéressant.

En nous rapprochant du rivage, nos yeux distinguent de plus en plus une longue masse noire à angles brisés qui gît sur le sable ; ce sont les épaves et la carcasse du *Golden Gate,* navire semblable au nôtre, qui brûla, il y a deux ans, en ces parages. Nous avons à notre bord des passagers qui ont échappé à ce naufrage, et dont les récits sont palpitants.

Le feu prit à l'avant d'une façon si intense, que la pensée de l'éteindre n'était qu'une folie : à tout prix il fallait échouer à la côte, et le navire y fut lancé avec vertige. Mais la flamme, chassée de l'avant à l'arrière par la vitesse même, balaya si rapidement sa proie, qu'il fallut, bien avant que d'être près du rivage, s'engouffrer dans les canots trop encombrés ou se jeter à la nage. Les passagers étaient pour la plupart d'heureux mineurs qui revenaient enrichis : suivant la coutume californienne, ils avaient tout leur or, fruit de tant de sueurs et d'aventures, enfermé dans une ceinture pesante. Ce furent alors des scènes horribles : les uns, ne voulant pas se séparer de leur trésor, bouclaient une ceinture de sauvetage sous leurs aisselles, sautaient par-dessus le bastingage, et coulaient à pic entraînés par le poids ; les autres, pleurant à chaudes larmes et s'arrachant les cheveux, combattus entre l'amour de la vie et le désespoir de se séparer de leur fortune, jetaient, puis reprenaient, et rejetaient enfin sur le pont brûlant et leurs lingots et leur poussière d'or ; grâce aux ceintures de sauvetage, ceux-là furent sauvés ou à peu près ;

beaucoup d'entre eux durent rester vingt-quatre heures comme des bouées avec la moitié du corps dans l'eau, tandis que les requins, qui fourmillent dans cette mer, venaient les happer par les jambes et les broyer affreusement.

A midi, nous jetons l'ancre dans une anse qui ferait croire que nous sommes dans un lac : tout autour de nous, de jolies collines verdoyantes et d'un sauvage aspect semblent fraîches malgré une température torride; nous retrouvons là les effets multicolores de la charmante végétation tropicale. Mais pendant que nous songeons à débarquer pour une heure ou deux, nous voyons une grosse barque s'avancer lentement vers notre steamer : une quarantaine d'hommes, serrés les uns contre les autres, s'y tiennent debout : la plupart sont en guenilles; ils n'ont que des restes de vêtements européens ombragés par d'immenses « sombreros » mexicains; quelques-uns sont appuyés sur la garde de leur sabre; tous, sous une barbe inculte, cachent des traits osseux et amaigris; et une expression poignante, mélange de douleur et de surexcitation, jaillit de leur physionomie hâve. « Mais ce sont des Français ! » nous écrions-nous à la vue de leurs traits et de leur tournure fière encore sous leurs guenilles.

Ils abordent, et avec une sorte de fièvre, ils escaladent l'échelle à la suite d'un homme grand et mince qui semble commander. A peine sur le pont, toutes ces mâles figures se détendent, leurs yeux se remplissent de larmes de joie; nous les entendons qui se disent : « Enfin nous sommes libres ! » (*Voir la gravure, p.* 869.) — Oui, ce sont de braves soldats français, captifs depuis sept mois, traînés de prison en prison à coups de plat de sabre, menacés chaque soir d'être fusillés, oubliés au Mexique lors du rapatriement, et parvenus après mille aventures, et grâce aux soins actifs des consuls d'Espagne et de Prusse, à joindre la malle américaine à Manzanillo. — Vous pensez avec quelle émotion, nous Français, nous les recevons, de quelles étreintes nous serrons leurs mains, et quelle même famille rayonnante de joie nous formons avec eux !

Aussi voudrais-je aujourd'hui vous parler un instant de ces braves, et vous raconter d'abord leur douloureuse journée de combat, puis leurs longues souffrances de captivité.

Le 18 décembre de l'année dernière, dans la contre-guérilla des côtes du Pacifique, le combat s'engage entre le corps de quatre mille hommes du colonel juariste Parra et la colonne maximilienne du lieutenant-colonel Sayn, composée de trois cents hommes des 5e et 7e bataillons de cazadores (franco-mexicains), de deux cents hommes du 6e de ligne mexicain, de deux pièces de 4 mexicaines, et de cent gendarmes à cheval.

A dix heures du matin, le lieutenant-colonel Sayn porte en avant deux compagnies, sous les ordres du commandant Séré de Lanauze[1] (celui-là même qui a survécu, qui monte aujourd'hui à bord à la tête des prisonniers et de qui je tiens ce récit). A deux kilomètres de la Coronilla, cette petite troupe est assaillie par

---

[1] Avant la guerre de 1870, était capitaine au 1er voltigeurs de la garde impériale, fit partie de l'armée de Metz, commande actuellement le pénitencier de Bougie.

le feu de nombreux cavaliers déployés en tirailleurs, et par celui d'une forte infanterie : les cazadores, déployés en tirailleurs derrière les murs qui longent la rue, ripostent en avançant et délogent l'infanterie; les gendarmes chargent avec assez de vigueur, mais sont repoussés; alors deux nouvelles compagnies, commandées par les lieutenants Noguès[1] et Arméria, se réunissent aux premières, et toutes quatre marchent en avant. Malgré le feu nourri et l'énergie des tirailleurs impériaux, les hauteurs environnantes se couronnent d'un nombre toujours croissant d'ennemis. Le lieutenant-colonel Sayn, qui se trouve à huit

Combat de la Coronilla entre les Juaristes et les Français.

cents mètres en arrière, ouvre alors un feu d'artillerie qui, par malheur, ne produit aucun effet. Cependant, à la tête de la colonne le combat continue avec acharnement, mais les gendarmes indigènes se débandent et disparaissent, laissant les Français se faire massacrer bravement : le commandant Séré de Lanauze est blessé et son cheval tué sous lui.

Le reste des troupes impériales mexicaines, voyant les Français trop engagés pour s'occuper d'elles, en profite et se sauve, officiers en tête : les deux cents Français restent seuls; trois fois, au cri de : Vive la France! ils chargent une position formidable et sont repoussés.

[1] A été blessé à Gravelotte et décoré pour sa belle conduite ; actuellement lieutenant au 75ᵉ de ligne.

Deux cents soldats juaristes viennent embarquer sur notre *Sacramento* cinq millions en dollars d'argent. (*Voir p.* 875.)

Tombent morts, le lieutenant-colonel Sayn et six officiers; un plus grand nombre encore tombent blessés. La valeureuse troupe, décimée, escalade alors un cerrito fortifié naturellement et offert par la Providence comme un refuge; mais l'ennemi ne cesse d'y faire pleuvoir des balles. Pendant cinq mortelles heures, les soldats, exténués de soif et de fatigue, ne tirent plus qu'à coup sûr pour prolonger la lutte; les cartouches vont manquer. Quand la dernière est tirée, il n'y a plus qu'environ quarante-cinq hommes sur pied, en comptant parmi eux des blessés qui ont fait le coup de feu jusqu'au dernier moment. L'ennemi envoie pour la quatrième fois un parlementaire : le chef juariste offre au commandant Séré de Lanauze la vie sauve pour tous, et pour les officiers le droit de conserver leurs armes.

Ces braves doivent céder, et peuvent dire bien haut, et à juste titre, que, loin de faillir à l'honneur en se rendant, ils ont ajouté par ce long combat inégal une émouvante page aux annales de notre valeur militaire.

A la fièvre du combat ont succédé sept mois de douleurs, d'ignominie, de mauvais traitements. Les malheureux savaient que, peu de jours auparavant, une colonne de cent trois hommes s'était rendue comme eux, non loin de Zakatecas : après avoir promis la vie sauve, les juaristes les avaient dans la nuit même passés par les armes! Oh! que l'on a eu raison de dire de ce pays que là les oiseaux sont sans voix, les fleurs sans parfum, les femmes sans vertu et les hommes sans honneur!

Quant à nous, nous sommes heureux de penser aux bonnes journées que nous allons passer avec nos chers blessés : le commandant Séré de Lanauze, le brave Noguès et l'aimable de Morineau[1] viennent surtout nous tenir compagnie dans le coin de la tente que nous réservons pour les Français.

Avant de lever l'ancre et de quitter la baie de Manzanillo, nous avons sous les yeux un curieux spectacle : une escorte de deux cents soldats juaristes vient embarquer sur notre *Sacramento* cinq millions en dollars d'argent (*voir la gravure*, p. 873) : ces bandits d'Opéra, vêtus du large pantalon de cuir fendu sur les jambes, de la veste de cuir jaune, chamarrés de bimbeloterie, et mettant tout leur luxe dans le serpent d'argent qui coiffe leur sombrero, véritable chapeau de meunier, ont une insolence qui n'a d'égale que leur odeur infecte : ils traînent orgueilleusement leur sabre autour de nous, tandis que les lourdes masses de métal font peu à peu monter la ligne de flottaison de notre gros navire.

Aspinwall, 25 juillet.

En quatorze jours de navigation sur les flots calmes du Pacifique et par une chaleur torride, nous sommes arivés hier soir en rade de Panama. Nous avons eu le temps de sauter dans un canot indigène et de porter à bord du « *Kaikoura* », qui chauffait pour Sydney, des lettres destinées à notre chère Australie; puis nous avons gagné la terre, en disant adieu à l'océan Pacifique et en songeant qu'une étroite langue de terre nous séparait seulement du dernier océan qui est entre nous et la patrie.

Nous eûmes quelque peine à atteindre le rivage, tant la marée était basse : la

---

[1] Lieutenant au 9ᵉ de ligne.

nuit était sombre; mais tout autour de notre barque, des requins, nous servant d'escorte, faisaient naître de leurs coups de queue des lueurs phosphorescentes qui éclairaient leurs ailerons et les silhouettes arrondies de leur dos. Ces vilaines bêtes naviguaient de conserve avec nous et venaient jusqu'à un mètre de nos avirons, prêtes à happer sans doute le premier qui se laisserait choir. Une fois débarqués, nous fîmes une promenade dans les rues fétides de l'épouvantable trou qui s'appelle Panama. A côté de cabarets horribles où une population de matelots et d'aventuriers se complaît dans l'ivresse, les naturels sont

Arrêt du train sous les lianes.

entassés dans des huttes éclairées faiblement par des mèches trempées dans l'huile de coco, et où un même hamac berce toute une famille d'êtres sales, en guenilles, de couleur chocolat, et tout couverts de vermine. Je ne crois pas avoir vu dans tout mon voyage une ville d'un aspect plus repoussant! Aussi avons-nous salué avec bonheur la cloche du chemin de fer qui nous a appelés ce matin. Un train d'une immense longueur était préparé, et, au milieu d'un désordre indescriptible, nous vîmes s'y engouffrer les six cents passagers du *Sacramento*, les cinq millions de piastres mexicaines, un équipage rapatrié de navire américain et des colis par milliers. — La voie ferrée qui relie un océan à l'autre est longue de quarante-huit milles seulement. C'est un vrai titre de gloire pour les Américains d'avoir triomphé des difficultés terribles qu'offrait la construction d'un chemin de fer sur ces terrains marécageux, où des escouades entières de travailleurs succombaient les unes après les autres à une fièvre foudroyante. — On ne nous étonne pas en nous disant que ce travail a coûté environ quarante millions. — Le paysage qui s'est déroulé devant nous était des plus pittoresques : la voie semble percer une forêt vierge, on passe à l'ombre des cocotiers, des palmiers, des lianes touffues et luxuriantes; de gros bosquets de lauriers-cerise et mille plantes vénéneuses s'élèvent au-dessus d'eaux stagnantes et jaunâtres : rien ne fait plus

Le mécanicien faisant du bois pour chauffer sa machine.

contraste qu'un wagon et une locomotive au milieu de cette nature que le poison a laissée éternellement vierge. — Quand le soleil s'est couché, nous étions depuis deux heures arrêtés au milieu des bois sauvages par le déraillement d'un train précédent : nous dûmes rester ainsi cinq heures en panne ! Peu à peu une buée opaque s'éleva au-dessus des flaques d'eau croupissante : une humidité chaude et malsaine nous pénétra de toutes parts, et les exhalaisons nocturnes d'une végétation pharmaceutique nous serrèrent les tempes. Vers une heure du matin, nous arrivions à Aspinwall, le comptoir le plus fiévreux et le plus redouté de ces parages.

Là, chauffe un gros vapeur, le *Henry Chauncey*, qui nous emmène rapidement vers le nord. — Le 28 juillet, nous passous le Tropique et nous côtoyons avec émotion l'île de San Salvador, où Christophe Colomb, en 1492, salua la découverte du nouveau monde.

De San Francisco à Panama, en quatorze jours, nous avions fait trois mille deux cent trente-quatre milles; d'Aspinwall à New-York, en huit jours, nous en parcourons dix-neuf cent soixante-seize; avec le retour en Europe, nous aurons dépassé dix-sept mille lieues de route!

Mais notre navigation sur le *Henry Chauncey* nous parut fort courte, grâce aux douces causeries que nous avions avec un nouveau et bien aimable compagnon, M. de Laski. Nous faisons déjà mille projets charmants pour parcourir rapidement les environs de New-York et le Canada, puis pour aller au centre des États de l'Est, à Chicago et à Saint-Louis, et, tout entiers à cet espoir, nous débarquons le 1er août à New-York.

XV

SARATOGA ET RETOUR

6 août 1867.

C'est au chevet d'un malade bien-aimé que je vous écris.

J'aurais voulu vous parler de toutes nos courses intéressantes : de New-York, cette ville gigantesque de quinze cent mille âmes, coupée à angles droits par ses avenues et ses milliers de rues baptisées de numéros; de Washington, avec son admirable Capitole de marbre et ses palais, où nous avons vu le président de la république américaine; du Niagara, où la chute d'un fleuve entier m'a émue jusqu'au fond de l'âme; enfin de Troie, de Paris, de Syracuse en Amérique! Mais je ne doute pas que ces lieux ne vous soient mille fois connus par des récits anciens. Pour nous, d'ailleurs, à l'heure actuelle, nous sommes en proie à une angoisse trop poignante : nous comptons les secondes par les battements de nos cœurs! Notre excellent ami Fauvel est torturé par la fièvre paludéenne, dont il a pris le germe dans les marais pestilentiels de Panama. Nous ne pouvons encore croire au danger, et pourtant à chaque heure l'empoisonnement semble le gagner davantage : le médecin lui donne de la quinine à doses répétées; mais le mal l'attaque avec une force telle, que nous tremblons d'une indicible frayeur.

13 août.

Hélas! malgré les soins assidus du docteur de Saratoga, malgré la science de M. O. White, le premier médecin de New-York, que nous avons mandé par télégraphe, notre malade si aimé n'a cessé depuis sept jours de sentir ses forces défaillir; la congestion cérébrale l'a saisi d'une étreinte si indomptable que tous les remèdes demeurent impuissants.

Nous ne l'avons pas quitté une seule minute, le frictionnant avec des linges brûlants; nous voudrions conserver une lueur d'espérance, quoique la science nous répète à chaque heure : Désespoir!

Juste ciel, quelle angoisse! ce pauvre corps inondé de sueur froide n'est plus qu'une plaie; un tremblement nerveux secoue ses membres amaigris; la mort..., la mort vient dans toute son horreur. Par moments, notre ami ouvre encore les yeux, et avec cette expression si douce, si sereine, qui fut celle de toute sa vie, il nous dit de ces paroles aimantes, comme lui seul sait les penser. Et il les dit aujourd'hui comme il l'a fait pendant ces seize mois de voyage; il se croit seulement indisposé et arrêté dans notre retour vers l'Europe.

Quoique ses dents se brisent sous le frisson de la fièvre, il parle de la patrie, il ne peut croire que Dieu ne le ramènera pas à sa femme et à ses quatre enfants. Le prêtre est venu et lui a donné les sacrements; mais ce chrétien si vrai, qui s'en approchait bien souvent en une même année, ne voit point là un signe de frayeur. Il répond à toutes les prières, et semble plus calme de cœur à mesure que l'agonie brise le corps!

14 août.

Après vingt-quatre heures de lutte déchirante, après les paroles de la résignation et de la sainteté, cette âme bien-aimée vient d'être rappelée à Dieu, et nous n'avons plus rien que le corps inanimé du meilleur père, du plus tendre ami!

Ainsi, à quarante-six ans, après avoir fait partie pendant vingt-cinq ans de la marine militaire, bravé les canons de Bomarsund et de Sébastopol, Fauvel s'éteignait sur la terre étrangère! Elle ne lui était même pas donnée, cette suprême consolation, de ramener au prince de Joinville son fils, dont il avait fait, par sept ans d'affection, de science et de grandeur d'âme, un homme, un prince, et, plus encore, un marin digne de la France! Et lui qui avait tout quitté, épaulettes, compagnons d'armes, patrie, femme, enfants, pour suivre, depuis 1860, de New-York à Montevideo, et de Sydney à Pékin, un exilé, il mourait comme exilé lui-même à dix jours de Cherbourg, où les siens l'attendaient avec impatience pour les plus pures joies de la famille! — Il y a plus encore! la France perdait en lui un de ces marins croyants, à l'âme haute, à l'esprit savant, au cœur incorruptible, qui, modestes en temps de paix, fuyant le bruit des honneurs vulgaires, deviennent à l'heure du danger des hommes enthousiastes et héroïques, plus fermes que le bronze des canons! — Certes, notre modeste groupe a voulu rester bien loin du bruit dans ses lointaines pérégrinations, mais je sens pourtant, à cette heure douloureuse, combien de larmes vont couler sur notre long sillage autour du monde, à mesure que cette nouvelle ira frapper les cœurs de tous ceux qui, même pendant une heure, ont connu Fauvel, c'est-à-dire qui l'ont aimé.

3 septembre 1867, à bord du *Pereire*,
en vue du Havre.

Au moment où, le 16 août, nous avions mis de nos mains tremblantes le corps de notre Fauvel dans le triste cercueil, le prince en me serrant dans ses bras m'avait dit avec une profonde douleur :

« Hélas! jamais l'exil n'a tant brisé mon

cœur; je ne puis même pas ramener à la veuve et aux orphelins celui que j'ai aimé comme un père, et qui est mort auprès de moi! Nous n'avons tous deux qu'une même pensée : laisser là notre voyage et donner à la veuve la seule consolation qui puisse lui rester, en lui rapportant ces chères dépouilles; mais nous allons avoir aussi un autre chagrin, celui de nous séparer après avoir vécu, tant de mois et sur tant de mers, de la même vie et des mêmes battements de cœur. Puisque la patrie vous est ouverte, tandis que je dois retourner en Angleterre, c'est vous qui aurez du moins cet adoucissement à nos larmes, de rendre à Cherbourg les derniers honneurs à notre ami si regretté. »

Le commandant Fauvel.

Le 24 août, sur le pont du *Pereire*, je dus donc me séparer de ce prince auquel depuis l'enfance j'avais voué ma vie, et qui, pendant dix-sept mille lieues, m'avait de plus en plus comblé de bonté et rempli d'admiration. Je l'aime avec tant de passion et de culte, je l'ai vu partout si aimant, si instruit, si noble, et surtout si Français, que ma voix est trop humble pour définir l'émotion et la reconnaissance de mon cœur qui lui doit trop!

. . . .

Et voici, après dix jours d'une traversée rapide, les rivages du Havre qui se dessinent en avant de notre beau navire! Voici ma famille vers laquelle mon cœur bondit d'impatience et d'amour! Voici la patrie où nous avions tant rêvé de revenir joyeux, et où je rentre seul, avec un cercueil!

TABLE DES MATIÈRES

AUSTRALIE

Avant-propos 3
    I. — Départ 5
    II. — Notre traversée jusqu'aux approches de l'Australie 6
    III. — Débarquement a Melbourne 19

Première vue de la terre. — Entrée dans la baie de Port-Philipp. — Nouvelle de la mort du Prince de Condé. — Débarquement. — Chemin de fer. — La ville. — Aborigènes devant l'Opéra. — Le musée. — Les prisons.

    IV. — Monument élevé a Burke 44

Un bronze coulé dans la colonie. — Feuilles autographes du journal de l'explorateur Burke. — Il traverse l'Australie du Sud au Nord. — Fatale méprise de ses compagnons. — Il meurt de faim au retour. — Ses restes retrouvés.

    V. — Melbourne et ses environs 63

Quartier européen. — Quartier chinois. — Chasse au cerf. — Perruches et cacatois. — Récits sur la Nouvelle-Zélande. — Un ex-zouave nous porte secours.

    VI. — Les Mines d'or 76

Aspect étrange de Ballarat. — Un lingot de 184,000 francs. — Un théâtre aux mines. — Traitement des filons de quartz aurifère. — Puits creusés dans les sables d'alluvion. — Orpailleurs à la superficie. — Port de Geelong. — Ravages des lapins importés.

    VII. — Impression sur les institutions politiques et sociales 100

Éléments de la colonie. — « Self government. » — Suffrage universel. — Parlements et ministres.

    VIII. — Voyage dans l'intérieur 111

Bendigo. — Marche à la boussole dans la prairies. — Le Murray. — Chasse aux cygnes, aux pélicans et aux dindons sauvages. — Duel avec un vieux kangroo. — L'autruche d'Australie. — Les Noirs. — Une station de bœufs.

    IX. — Un propriétaire de soixante-quatre mille moutons 138

Thulé. — Pêche aux flambeaux. — Un « corrobori », danse de guerre des Noirs. — Bilan d'une « station » de moutons. — L'ornythorynx. — Contrastes dans la nature australienne. — Echuca et son chemin de fer.

    X. — Derniers jours en Victoria 157

« L'Africaine » en Australie. — Clubs et réunions. — L'oiseau-lyre. — Le clergé. — Réservoirs de Yean-Yean. — Jardin botanique. — Résumé statistique.

    XI. — Terre de Van Diémen 171

Détroit de Bass. — Une rencontre intéressante à Launceston. — Hobart-Town. — Des bals aux antipodes. — Ruines de tombes françaises. — Pisciculture. — L'arbre de Cook. — Les adieux. — Ouragan. — Souvenirs politiques. — Refuge à Eden.

    XII. — Sydney 204

Baie féerique. — Les missionnaires français. — Charme et distinction de la société. — Botany-Bay et souvenirs de la Pérouse. — Convicts et immigrants. — Écoles. — Les montagnes Bleues. — Les fils de l'illustre Mac Arthur. — Rapport avec la Nouvelle-Calédonie. — Les institutions et les richesses de la Nouvelle-Galles du Sud.

XIII. — CÔTE ORIENTALE D'AUSTRALIE. 239

Une occasion unique pour franchir le détroit de Torrès : le HERO. — Newcastle et ses charbons. — Brisbane et les renards volants. — La Terre de la Reine, colonie naissante. — Un récit des sacrifices humains de Dahomey. — Une cité âgée de deux ans. — Les feux des Cannibales. — Les îles de corail. — Où le HERO faillit sombrer.

XIV. — LES CANNIBALES ET LE DÉTROIT DE TORRÈS 263

Navigation dangereuse. — Débarquement dans une île déserte. — L'oiseau constructeur. — Le poste de sauvetage. — Échanges curieux avec une tribu. — Les restes d'un repas de Cannibales. — Un tueur de noirs. — Les navires naufragés sur le corail. — Un rocher-boîte aux lettres. — Adieu à l'Australie. — Le feu à bord. — Les chaleurs de la mer d'Arafoura et la nature luxuriante de l'archipel malai.

JAVA, SIAM, CANTON

I. — UNE SEMAINE A BATAVIA. 293

Berceaux de feuillage ombrageant les rues et les canaux. — Un hôtel javanais. — Brillantes couleurs des costumes. — La vie élégante dès quatre heures du matin. — Une odalisque. — La villa des Nabads. — Miasmes vénéneux et meurtriers.

II. — CHASSES AUX CROCODILES ET AUX RHINOCÉROS. 308

Une pirogue renversée par un crocodile. — Voyage dans l'intérieur. — Tous les Indigènes accroupis devant les Blancs. — Singes aimables. — Un prince javanais et ses bayadères. — Sa tribu nous rabat les rhinocéros. — Ses trois canards favoris.

III. — VOLCANS ET MARAIS 339

Ascension au Tankoubanprahou. — Haies de fleurs de soufre et cavernes incandescentes. — Orage. — Le bois sacré des Wa-Wous. — Hommes, femmes et enfants à l'eau. — La fièvre. — Une noce javanaise. — L'élément chinois. — Le parasol d'un résident.

IV. — UN SULTAN 356

Fantasia de dragons javanais. — Fêtes pour la naissance du trente-troisième fils du sultan. — Le prince Mangkoe-Negoro. — Réception au palais. — Quatre mille personnes prosternées. — Le Harem. — Le fort hollandais. — Spectacles-gala.

V. — DJOKJOKARTA ET BORO-BOUDOR. 379

La courbache des gendarmes et le zèle de la population. — Une tortue adorée. — Les tigres de combat. — Visite nocturne et apparat pittoresque du Sultan. — Majesté et impuissance. — Temple grandiose. — Les ponts élastiques. — Mœurs hollandaises. — La nécropole d'Ambawarra. — Délices d'un palais de pacha. — Chemin de fer. — Victimes des tigres.

VI. — LE SYSTÈME COLONIAL. 407

Vingt millions d'indigènes et vingt-cinq mille Hollandais. — Habileté dans la domination. — Corvées. — Cultures forcées du sucre et du café. — Bénéfices nets. — Princes javanais et employés européens. — Prospérité matérielle. — Soumission aveugle. — Devoirs d'une métropole au dix-neuvième siècle.

VII. — SOUVENIRS ET RÉCITS 425

Le héros de Bornéo. — L'arsenal d'Onrust. — Un Chinois de moins. — Un rhinocéros au club. — Fêtes de nuit dans le palais du résident de Batavia.

VIII. — SINGAPOUR. 436

Le rendez-vous des malles de l'Orient et de l'Occident. — Population mélangée de Klings et de Bengalis, de Persans et de Chinois. — Une femme malabare. — Jardins de Wampoa. — Les fumeurs d'opium. — Création et progrès du Comptoir commercial et stratégique.

IX. — Le Chow-Phya 459

Départ pour Bangkok. — Navigation sur un navire siamois. — Un banc de poissons dans la machine. — Aspect scintillant des pagodes de faïence. — Costume léger des Siamois. — Où chercher un gîte?...

X. — Sept jours dans le royaume de Siam 471

Effroi du Callahoun, premier ministre. — Le latin des catéchumènes. — Temples et prêtres de Bouddha. — Montagne dorée artificielle. — Nous vénérons l'Eléphant blanc. — Crémation d'un Siamois. — Audiences royales. — La cour du second Roi. — Achat d'un harem. — La campagne siamoise. — Le père Larnaudie. — Les huit cents femmes et le régiment des Amazones du roi.

XI. — Retour de Siam 528

L'ambassade siamoise. — Le lac Thalé-Sap, objet du litige avec la France. — Politique du roi Mongkut.

XII. — Kong-Kong 537

Chinoises et palanquins. — Prisonniers à queue coupée. — Un dîner chez Hang-Fa-Loh-Chung. — Création et progrès du Comptoir de Hong-Kong. — Le turf anglo-chinois.

XIII. — Macao 554

Les rivages des pirates. — Aspect portugais de Macao. — Théâtre. — La grotte de Camoëns. — Visite aux « Barracons », bureau de la traite des coulies chinois. — Splendeur passée et difficultés actuelles de la colonie. — Arrivée de nuit dans la ville flottante de Canton.

XIV. — Canton 583

Monts de piété. — Serpent tentateur. — Le village des vieillards et le village des morts. — Sept enfants exposés. — Rue de l'Eternelle Pureté. — Pagode des tortures. — Bienfaits des missionnaires. — Cortége du Vice-Roi. — Première impression sur la Chine.

PÉKIN, YEDDO, SAN FRANCISCO

I. — Chang-Haï 613

Débarquement à Chang-Haï. — Arrêté sur la chasse. — Restaurants variés. — La plaine couverte de cercueils. — Les Jésuites à Zi-Ka-Waï. — Récits de la guerre contre les rebelles.

II. — Tien-Tsin 627

Débâcle des glaces du Pé-Tchili et du Peï-Ho. — Bonne rencontre à Tche-Fou. — Notre navire s'échoue sur la barre du Peï-Ho. — Les forts de Ta-Kou. — La pagode des traités. — Une revue de cavalerie tartare.

III. — Pékin 639

Route de Tien-Tsin à Pékin par terre. — Les murs grandioses de la capitale. — Aspect des rues, des palais et des ruines. — Les cerfs-volants. — Le champ des exécutions. — Le pont des Mendiants. — Les légations. — Service des douanes maritimes impériales chinoises dirigées par M. Hart. — Quelques chiffres sur le commerce de la Chine avec le reste du monde.

IV. — La Grande Muraille 679

Les caravanes de Mongols. — L'avenue des colosses de granit. — Les treize tombeaux des empereurs Mings. — Passe de Nang-Kao. — Aspect majestueux de la Grande Muraille. — Une alerte. — Les ruines du Palais d'Eté. — Retour à Pékin.

V. — Les idées novatrices du prince Kong 696

Mémoires présentés à l'Empereur par le prince Kong et les ministres. — Extraits d'un rapport de M. Hart au gouvernement chinois. — Un déjeuner chez le Régent de la Chine. — Nous descendons le Peï-Ho en barque. — Le mandarin Tchung-Hao. — Le Foung-Chouï. — Les Sœurs de Saint-Vincent de Paul à Tien-Tsin.

VI. — YOKOHAMA. 715

Premier aspect de la population japonaise. — L'escadre française. — L'expédition de Corée. — Les maisons de bains de Yokohama. — Course à cheval à Kanakoûra. — Le Daïbout. — Les « tcha-jias » ou maisons de thé. — Le Yankirô. — Un incendie. — Souvenirs des attentats contre les Européens. — Le *Kien-Chan*, commandant Trève. — La montagne.

VII. — YEDDO. 748

Nos yakonines. — Meïaski. — La légation de France à Yeddo. — Palais, parc, forteresses, jardins resplendissants de la ville. — Cortéges de princes. — Temple des quarante-sept chevaliers qui se sont ouvert le ventre. — Le temple où l'on adore le dieu du mal de dents. — Odji. — Un câble de cheveux. — La monnaie. — Cadeau du gouvernement japonais au duc de Penthièvre. — Le tour des papillons.

VIII. — YOKOSKA. 774

Retour à Yokohama. — Un steeple-chase dans des champs de thé. — Course à pied à Yokoska. — Intérieur d'une famille japonaise. — Les dieux lares. — Le jardin des trois cents divinités bizarres. — L'arsenal dirigé par M. Verny. — La mission militaire française. — Achat de bibelots.

IX. — MIONOSKA. 788

Excursion à cheval. — Les lis sur les toits des chaumières. — Compassion des voyageurs pour les mendiants. — Un bain chaud à Oudawara. — Administration d'un fief de daïmio. — Sentiers abrupts sur le flanc d'un volcan. — Le Baden-Baden de l'aristocratie japonaise. — Une scène de l'âge d'or. — Le chiri-fouri, danse nationale. — Jolie tcha-jia d'Atta. — Une pêche aux flambeaux. — La cuisine japonaise.

X. — A BORD DU *COLORADO*. 806

Quelques mots sur le gouvernement du Japon. — La marche du *Colorado*. — Sa machine. — La semaine des deux lundis. — Deux mille francs pour une alouette. — Les repas en douze temps.

XI. — SAN FRANCISCO. 835

Analogie entre San Francisco et Melbourne. — Premier aspect des rues. — Souvenir du général Mac-Dowell. — Départ pour l'intérieur.

XII. — LES *WELLINGTONIA GIGANTEA*. 839

La diligence de Stockton. — Fertilité de la plaine californienne. — Voyage à cheval dans la Sierra-Nevada. — Les dimensions des arbres géants. — L'Yo-Semite Valley. — Ses cascades. — Un serpent à sonnettes. — Vallée de Calaveras.

XIII. — MINES ET CÉRÉALES. 855

Sacramento. — Premier tronçun du chemin de fer du Pacifique. — Cisco. — Cinq mille Chinois en grève. — Nevada. — Mines d'or hydrauliques. — Mines de mercure de New-Almaden. — Quelques chiffres sur les productions californiennes.

XIV. — MANZANILLO. 868

Une baleine blessée. — Les débris du « Golden Gate ». — Des prisonniers de guerre. — Promenade dans Panama. — Le chemin de fer et les marais pestilentiels. — Rapide navigation jusqu'à New-York.

XV. — SARATOGA ET RETOUR. 878

TABLE DES GRAVURES

AUSTRALIE

	Pages
Frontispice	1
Deux remorqueurs entraînent rapidement l'*Omar-Pacha* entre les berges de la Tamise	4
Le clipper l'*Omar-Pacha*	5
Les poissons volants viennent en foule s'abattre sur le pont	8
Le *Pic de Ténériffe* brillait encore, tandis que nous étions déjà dans le crépuscule	9
L'ouragan venant de l'Ouest nous pousse avec une rapidité vertigineuse	13
Quelle douleur pour lui de voir fuir le vaisseau !	17
L'albatros décrit en planant une lente spirale	20
Il fallut plusieurs matelots pour amener l'albatros sur le pont	21
Le prince de Condé	24
Entrée dans Port-Philipp. — Cet ensemble de quais encombrés, de locomotives qui sifflent, de vapeurs qui chauffent, de grues qui crient, est bien fait pour surprendre le voyageur	25
Nous étions là, lisant les télégrammes à sensation, quand vint à passer un groupe d'aborigènes : quel contraste !	29
En nous disant cela, le savant professeur nous mettait en présence de la patte d'un dynornis	33
Carte et itinéraire du voyage	36-37
L'aptérix, descendant lilliputien du dynornis	40
La grande route que nous suivîmes était bordée de hauts eucalyptus	41
Le monument de Burke et de Wills	44
Bas-relief du monument de Burke : *Retour à Cooper's Creek*	45
Bas-relief du monument de Burke : *Mort de Burke*	45
Bas-relief du monument de Burke : *King retrouvé*	45
Portrait de Burke	48
Portrait de Wills, premier lieutenant de Burke	49
Deuxième étape. — Cooper's Creek, 16 déc. 1860. Burke laisse au centre de l'Australie les invalides de sa colonne avec des vivres destinés à les nourrir et *à lui servir* pour la route du retour. Il les quitte en leur criant : « Attendez-nous ! »	53
Près de l'Océan Indien. — Ils hachent, ils grimpent, ils se débattent dans un dédale de racines au milieu desquelles la marée montante menace de les engloutir	53
Le retour fut une longue torture : le chameau ne pouvait même plus porter la charge des vivres, et il fallut tuer Billy	56

Ils arrivent exténués à l'oasis... et découvrent que Brahe l'a quittée... le matin même. 57
Howitt retrouve parmi les noirs une ombre d'être humain, faible à ne pouvoir se tenir debout : c'était King!. 60
Guidé par King, Howitt retrouve les deux squelettes de Burke et de Wills que les naturels avaient abrités. 61
Environs de Melbourne. — Les « creeks » où nous avons chassé le cerf. 65
Cacatois à crête jaune, aussi commun en Australie que les corbeaux chez nous. 68
Notre plomb blessa un cacatois qui appela, en se débattant, les autres au secours. 69
Nous rencontrons un bûcheron s'en allant, suivant la mode du pays, à cheval à son travail. . . 72
Mais de cygnes noirs, pas même l'ombre. 73
Nous nous engageâmes dans la forêt en sautant par-dessus les grands arbres. 76
Le point appelé depuis Ballarat, où a été découverte la première pépite d'or, et sur lequel a été construite la ville de Ballarat. 77
La recherche de l'or a fait ici une vallée d'un aspect diabolique : c'est un dédale de travaux, un chaos de fouille. 81
Le pied passé dans la bague d'une corde, chacun de nous se laisse à tour de rôle glisser jusqu'à 300 pieds de profondeur. 85
Poussière d'or après le lavage. — Cristallisation d'or. — Fragment de quartz contenant de l'or. — Paillettes d'or dans le quartz. 88
Nous remontons à la surface en même temps qu'une grande quantité de boue chargée d'or. . . . 89
Ils détournent quelque filet d'eau de la montagne, et y lavent le sable aurifère. 93
Les mines d'or. — La découverte, — le guet, — le jeu, — le travail. 97
Bibliothèque de Melbourne. 100
Le chemin accidenté de Geelong à Barnon-Park. 26 juillet 1866. 101
Le « Luncheon » de deux heures en 1834 et en 1866. 105
Carte du continent australien et tracé du voyage. 108-109
Notre légère voiture est traînée par quatre chevaux non ferrés et récemment pris au laço ; nous nous dirigeons à la boussole, sans nous laisser tromper par le mirage. 112
Viaduc du chemin de fer entre Melbourne et Bendigo. 31 juillet. 113
2 août. — Nous passons le Murray en naviguant de conserve avec nos chevaux. 117
Nous envoyons le nègre à la recherche de quelques chevaux, nécessaires à notre nouvelle excursion. 121
Le kanguroo me charge ; un peu ému, je lui tire un premier coup de revolver qui le manque. 125
Le roi Tatambo, d'après une photographie. — La fille du roi Tatambo, d'après une photographie. 129
11 août. — Nous poussons devant nous trois mille bœufs têtes baissées et queues au vent. . 133
Nos compagnons et compagnes de chasse à Gonn, d'après une photographie. 137
La danse de guerre, le *corrobori*, commence. — 14 août. 140
Thule, 14 août. — Le lac est comme illuminé ; les Noirs, couchés ou à genoux sur des troncs d'arbres, tiennent d'une main un harpon, de l'autre une torche fumante. 141
Autour d'un gros arbre à gomme des environs de Thule, se groupait chaque jour quelque troupeau de passage sous la garde d'un berger à cheval 144
Les tondeurs échelonnés en file indienne travaillent à l'ombre ; quant à la laine, elle est éparpillée sur le toit, afin de sécher aux rayons du soleil. 145
Trois chaudières furent disposées dans la plaine, et les bergers, devenus chauffeurs, y entassèrent moutons sur moutons. 148

16 *août.* — J'ai cru pendant une heure que nous n'atteindrions jamais le grand oiseau coureur. 149
L'ornithorynx, cette bête étrange qui pond des œufs et allaite ses petits 152
En Europe, on met les morts à six pieds sous terre. — Ici, les indigènes les élèvent au-dessus du sol. 153
L'oiseau-lyre. — L'oiseau rieur. 157
23 *août.* — Nous songions à faire cuire le dîner, quand un cavalier vint nous surprendre : c'était le curé du district. 160
On ouvre les cages ; et vite les oiseaux s'envolent par nuées. 161
Quel événement joyeux lorsque arrive un vaisseau chargé de six cents jeunes vierges d'Irlande, destinées en bloc au mariage, et prenant, comme les oiseaux de l'autre jour, leurs premiers ébats après une longue traversée ! 165
Ecole modèle en Australie. 169
Les gorges du Tamar 172
Le premier essai de colonisation en Victoria (1835). — « Nous installâmes, dit Sams, nos quatre cents brebis sur de longs chalans, et nous tentâmes un débarquement, malgré la grêle des flèches des sauvages. » 173
Vallée de Launceston, d'après une photographie. 176
Nous traversons cette île voisine du pôle sud sur un classique « mail coach » anglais, à quatre chevaux 177
Le duc de Penthièvre, lieutenant de vaisseau, d'après une photographie faite par Alophe, à Paris, en 1873. 180
Guidé par l'évêque catholique, le duc de Penthièvre chercha dans la forêt de géraniums les vestiges des tombes françaises ; en grattant la mousse, en rassemblant les morceaux épars des croix de bois, nous retrouvons une partie des noms de nos marins 181
La vallée des fougères-arbres, près d'Hobart-Town 185
La rivière aux saumons. 188
Nous visitons la baie où Cook inscrivit lui-même avec son couteau le nom de son navire, l'*Aventure* (janvier 1877) 189
Hobart-Town, capitale de la Tasmanie. 192
La *Tasmania*, luttant contre des vagues immenses, double le cap Pillar, sorte de jetée druidique, à piliers gigantesques, dont la lune projette l'ombre au loin 193
Le généreux officier fut noyé en même temps que les prisonniers. 197
Onga-Ragga, l'un des trois Aborigènes restés sur la terre tasmanienne, d'après une photographie. 200
21 *septembre.* — Nous débarquons au cap Oomooroomoon, entre des brisants dentelés et des squelettes de baleines. 201
Sydney. 204
C'est au milieu des fleurs que galopent nos groupes d'élégantes amazones et de cavaliers . . . 205
Ainsi se fait la liqueur kaava, et…, pour ne point déplaire à l'évêque…, nous en buvons. . . 208
Mais je les ai mangées ! repartit ingénument le prosélyte 209
Monument de la Pérouse à Botany-Bay. 212
Une *première* à Sydney en 1796. 213
La gorge du Warragamba, dans les montagnes Bleues 217
Une série de viaducs et de lacets en zigzag escaladent la montagne 220
Entrée de Port-Jackson. 221
Types de moutons australiens. — Les descendants mérinos-bengalis du premier troupeau importé par M. Mac Arthur, d'après une photographie 225

Sydney en 1788. — Les *convicts* débarquent et bâtissent leurs premières huttes. 229
En revenant à Camden, nous tuâmes un vilain serpent, qu'un noir s'empressa de prendre à la main, sans montrer aucune répulsion. 233
Et les Noirs de courir par monts et par vaux à la poursuite de l'abeille, dont le vol est alourdi par un flocon de laine. 237
La panique a été courte, mais inouïe. Les vapeurs condensées se sont précipitées sous forme de grêlons gros comme des œufs de pigeon, et tels que les chiens blessés hurlaient de douleur. . 241
Des renards volants voltigeaient en travers d'une grande allée, semblables à des feuilles d'automne emportées par le vent. 244
Quand ils veulent se reposer, ils se cramponnent à une branche par leurs griffes et demeurent la tête en bas. 245
On l'avait arraché à la barbarie, élevé dans une école, présenté même à la Reine, et il court aujourd'hui tout nu sur les bords de l'Ulla-Dulla. 248
Aborigènes de la côte orientale, d'après une photographie 249
Après avoir bu dans des coupes qui n'étaient autre chose que des crânes humains, les seigneurs noirs s'arrachèrent les chapeaux à panaches. 252
Hommes, femmes, moutons, dindons, poulets, furent décapités : c'était dans l'esprit du roi une grande réjouissance pour le peuple. 253
27 oct. 1866. — Notre canot s'avance au milieu des flots phosphorescents; sur les silhouettes brisées de la côte brillent les feux des Cannibales. 257
L'île est une oasis flottante, reposant sur le branchage enchevêtré d'un arbre tout de corail. 260
Route du *Hero* au milieu des écueils des îles Howick 261
Il lança deux vigoureux jets de vapeur, et les pirogues qui nous entouraient se sauvèrent comme une volée de pigeons. 265
La maison de l'oiseau constructeur. 268
Nous entendons le cri de *Coo-hoo-hoo-e*, familier aux natifs, et nous voyons sur une roche, abrupte deux Noirs donnant l'alarme à la tribu. 269
Nous échangons nos cravates et nos mouchoirs contre les armes de la tribu et les ceintures de ces dames. 273
Le Noir projeta horizontalement le « boomerang », mais l'oiseau s'envola trop tôt. 276
Notre jardinière, vêtue d'un bracelet en herbes et d'un rayon de soleil, ouvre la marche en piqueur. 277
La rapidité du frottement engendra une petite fumée. 280
L'*Astrolabe* et la *Zélée* échouées sur les récifs de coraux du détroit de Torrès. 281
La boîte aux lettres. 284
En passant par le travers de l'île Mercredi, nous voyons les mâtures des navires qui ont eu leur coque brisée par les coraux et qui ont coulé 2 5
Notre *Hero* naviguait dans un banc de frai de poisson; autour de nous la mer était agitée. . 285
Carte de la route du *Hero*. 287
Les derniers feux des Cannibales. 288
Par toutes les cordes qui traînaient, les sirènes grimpaient à l'envi et formaient en relief, sur les mailles du filet, la plus extraordinaire des tapisseries qu'on puisse voir. 289
Les pirogues malaises déploient leurs grandes voiles coloriées. 292

JAVA, SIAM, CANTON

Marchand de volailles à Batavia 293
Un employé de la municipalité. 296
Une rue centrale à Batavia. 297
Un canal à Batavia. 300
Type de marchandes malaises. 301
Musiciens malais. 304
Marchands de fruits. 305
Le duc d'Alençon. 308
Le duc d'Alençon, le revolver au poing, entraîna ses hommes et escalada l'un des premiers les palissades du fort encore rempli d'Indiens, qui tiraient à bout portant 309
Le crocodile avait de ses dents rompu net le bois de fer et gardé le harpon enchevêtré dans son râtelier. 313
Les coureurs fouaillent, hurlent et trottent avec une agilité inouïe, à côté de nos ponies enjoués. 317
Relais sur la route de Buitenzorg 320
Le bout du câble est porté par des petits filles et des petits garçons sans le moindre vêtement. 321
Le gammelang 325
Entrevoyant au jugé, à travers les herbes, sa grosse tête, je fis feu... mais dame rhinocéros galope encore 329
Le palmier du voyageur. 332
Deux coups, trois pièces... — Ce sont trois canards domestiques. 333
L'intérieur du cratère 337
Carte de Malaisie et d'Indo-Chine 340-341
Une jongle. 344
Nous sautons de voiture à la vue de dix grands singes. 345
Notre hôtel à Sumadang 348
Un formidable effort faisant casser le câble, hommes, femmes et enfants qui nous traînaient tombent pêle-mêle. 349
Deux mannequins gigantesques précèdent les mariés. 353
Nos dragons ont galopé autour de nous en faisant force fantasias. 357
Ces charrettes sont traînées par des bœufs roses. 361
L'impératrice et le jeune prince de Solo. 364
Officier de la garde du Sultan. — Soldat de la garde du Sultan. 365
En route pour le harem. 368
Nous entrons dans la salle la plus étrange. 369
La danse de bayadères le soir de notre arrivée à Sourakarta. 373
Le fils aîné du sultan de Sourakarta. 376
Le gammelang fait résonner les accents langoureux des timbres de bois. 377
Un palanquin porté en cadence par deux coulies. 380
Le sultan de Djokjokarta. 381
Temple de Boro-Boudor. 385
Pont de bambou. 388
Nous rencontrons la voiture du contrôleur. 389

Touffe de bambou. — Palmier	392
Nous semblons plonger dans le ravin avec nos coureurs.	393
Je termine mon pensum en tenant mon parapluie.	397
Un gendarme à cheval m'apporte soudain un paquet	401
Une patrouille indigène fut attaquée dans un marais par un troupeau de crocodiles.	405
Des groupes d'ouvriers en corvée alignés dans leurs sillons.	409
Le prêtre et son enfant de chœur.	412
Un banquier chinois à Java.	413
La récolte du café.	417
Conseil de Mantries.	420
Intérieur malais.	421
Les radeaux de bambou furent entraînés comme une avalanche par les cataractes du torrent.	424
Les Malaises viennent demander un héritier au Génie de la pièce.	425
Rahden-Saleh.	428
Chalet de Rahden-Saleh, à Batavia.	429
On dirait que le fer du pieu s'enfonce dans les chairs.	432
Indigènes de Mintock.	433
Un Mandour.	436
Une marchande malabare	437
Ces voitures tiennent du corricolo de Naples et du char himalayen.	441
Ces moribonds se délectaient dans les pâmoisons enivrantes que donne l'opium.	445
Le bois des palmiers, près de Singapour	449
Le port intérieur à Singapour.	453
Le déjeuner à bord.	457
Le passager Naï-Poun.	460
Tout en gardant le petit, je vous écris sur mes genoux.	461
Les naïades, faisant place à notre rapide gondole, sortent de l'eau en fugitives.	465
Ils sont espiègles et très-gentils dans leur nudité enfantine. Cette feuille flottante marque leur caste.	468
Au fond de chacune est un petit autel en bois sculpté. Devant des statuettes de Bouddha et de dieux lares brûlent des baguettes d'encens	469
Sa Majesté Mongkut rentrant dans son palais.	473
Un éléphant armé en guerre.	476
Un camp d'éléphants.	477
Dressage d'éléphants sauvages.	481
La pagode du « pied de Bouddha »	485
Le grand Bouddha doré	489
Elles frémissent à chaque coup de dés	492
Le bûcher où doit être brûlé le second roi.	493
L'éléphant blanc.	497
Le soixante-douzième enfant du roi de Siam.	500
Le Roi dit quelques paroles au groupe de ses filles.	501
Le théâtre en plein air fait les délices des Siamois.	505
Le roi en bouteille.	508
C'est la « grande » femme qui est chargée par l'époux de faire les achats pour le harem.	509
Le ministre de l'agriculture se fait balancer à toute volée	513

TABLE DES GRAVURES.

Les amazones du roi de Siam, d'après une photographie.	516
Un arroyo à Bangkok, d'après une photographie.	517
Entrée du harem, palais du roi de Siam.	521
Elles se réfugient sur des marches d'escaliers tournants, sur des kiosques reliés par des passerelles de marbre.	524
Moi, ver de terre, moi, poussière de vos doigts de pieds, je rends hommage au maître du monde.	525
Les rives du Me-Nam.	529
L'ambassadeur Naï-Phloï et son fils.	532
Les trente épouses de l'ambassadeur viennent, éplorées, lui faire de tendres adieux.	533
Fac-simile d'une lettre autographe du roi Mongkut	536
Chinoise chrétienne de la classe riche, et à petits pieds, allant à la messe soutenue par sa servante.	537
Les batelières à Canton.	540
Nous escaladons en palanquin le pic de Victoria qui domine Hong-kong.	541
Les voleurs, menés au tribunal, étaient attachés par la queue, qui, malheureusement pour eux, n'était pas en faux cheveux.	545
Comment les Chinois du bord de la mer dénichent les nids d'hirondelle.	549
Courses de Hong-Kong. La tribune occupée par les personnes ne faisant pas partie de la Société d'encouragement.	552
Ils débutèrent par un « faux départ ».	553
A la vue de notre vapeur le « Dard de feu », une population entière sort des écoutilles.	557
Les abords sont remplis de Chinois buvant et mangeant	560
Enfin les ombres humaines qui nous suivaient se disséminent.	561
Bonzes de la pagode de Mong-Ha (le préau)	564
Type d'un des mendiants de Macao.	565
Les Barracons : les coolies avant le départ.	569
Un malheureux Chinois fut entraîné dans un tube resserré.	572
Nous croisons la chaise du procurador, à laquelle un jeune Chinois se cramponne.	573
Dans le cabinet particulier voisin du nôtre, on soupait gaiement.	577
Notre canonnière serpente entre des estacades de bambou	580
Des milliers de lanternes illuminent cette cité nautique.	581
Ces vieillards, vrais squelettes vivants, sont blottis dans leurs cases sombres, à côté de leur cercueil, dont le voisinage leur paraît tout naturel.	585
Le dieu du Nord.	588
Le quai où l'on embarque le thé.	589
Le tonneau préventif. — Exposition d'un criminel chinois avant l'interrogatoire.	593
La cangue. — « Cet âge est sans pitié. »	596
Dès que ses orteils fléchissent, il reste suspendu par le cou.	597
Les « chiffonnières d'enfants » déposent leur récolte dans des auges.	601
Le passage d'un gros bonnet dans une rue de Canton.	605
Nous avons à notre suite un cortège de gamins moqueurs.	608
Ces pauvres lépreux, soulevant la natte qui est leur seul abri contre la pluie et le froid, nous tendent la main sans pouvoir se lever.	609
Nous croisons le cortège du Vice-Roi dans une rue étroite et glissante.	612

PÉKIN, YEDDO, SAN FRANCISCO

Nankin, aux tours de porcelaine	613
Chinois en costume d'hiver	617
Un attelage à la Daumont, près Chang-Haï	621
Types des impériaux dans la guerre contre les rebelles	624
Vue d'un des forts du Peï-Ho, avant la guerre de 1860	625
Nos compagnons à bord du *Sze-Chuen*, d'après une photographie	628
Le quai de la Douane à Tien-Tsin	629
Vue de Tien-Tsin, avant le démantèlement imposé par le traité de 1860	632
Marchands chinois sur le quai de Tien-Tsin, d'après une photographie	633
Notre beaupré entre dans une maison trop rapprochée de la rive	636
Aux environs des villages, la route impériale est semée de dalles et de blocs de briques	637
Carte des environs de Pékin	640
La charrette du mandarin Ching, d'après une photographie	641
Notre caravane quitte l'auberge de Yang-Soun	644
Le pont de Pa-Li-Kao	645
Nous entrons à Pékin par la porte de l'Ouest	648
La rue Circulaire, à Pékin	649
Le palais de l'Empereur, à Pékin	649
Plan de Pékin	652
Le diseur de bonne aventure	653
Portefaix chinois	656
Les têtes des exécutés sont exposées en pleine rue	657
Le barbier ambulant	660
Ils prennent les têtes des suppliciés, les salent et les mangent	661
Types de passants dans les rues de Pékin	664
L'hôtel des ventes à Chang-Haï	665
Types de porteurs de palanquins	669
Type de Chinois du Nord	672
Les coiffures des femmes	673
La rade de Takao	676
Le port de Takao	677
Nous rencontrons une caravane mongole	680
Nous faisons une halte dans l'avenue des animaux de granit, conduisant aux tombeaux des empereurs, d'après une photographie	681
Le portique de l'avenue	684
Seconde halte au portique des tombeaux	685
La grande muraille de la Chine (passe de Nang-Kao). 28 mars 1867	689
Les Mongols ramassent des pierres et nous en accablent	692
Les coquins qui nous ont dévalisés se battent entre eux	693
La chapelle du palais d'Été, d'après une photographie	697
Le prince Kong	701
Savetier en plein vent	704

TABLE DES GRAVURES. 893

En visite chez le prince Kong. 705
Tchung-Hao, gouverneur de Tien-Tsin 709
Vue d'Amoy. 712
Le Fong-Chouï 713
Un cortége imposant s'avance, et la foule se prosterne. 717
Carte de la baie d'Yeddo 720
Un fiacre à Yokohama. 721
Le bain : c'est avec beaucoup de bonhomie que l'on se retrouve pêle-mêle dans l'eau 725
Aramado, mon betto (coureur) 728
Quatre de nos jeunes filles vont pêcher dans ce vivier taillé dans le roc. 729
Le village de Kânàsâwa 733
Temple de Kamakoûra 736
Statue en bronze du Daïbout, à Kamakoûra 737
Marchand de poissons. — Officier en imperméable. 740
Le capitaine des pompiers, portant une sorte de vexillum, s'était juché sur le toit voisin . . . 741
L'une de nos guides vers le temple de Daïzi-Gnavara-Hejienzi 744
Un bonze, revêtu d'une chasuble rouge, officiait en grand apparat 745
Un yakonine à cheval 749
Un samouraï, grisé par le saki, faisait des zigzags qui eussent effrayé les moins timides. . . . 752
Nous rencontrons des compagnies de fantassins auxquels un jeune « cadet » expliquait la nouvelle théorie. 753
Assano, d'un seul coup, s'ouvrit les entrailles 756
Le ministre des affaires étrangères rendant visite au duc de Penthièvre. 757
Un officier en norimon avec son escorte 761
Le dieu du mal de dents : les patients mâchent des boulettes de papier qu'ils projettent sur des tableaux 764
Un serpent apparut et mit en fuite jouvenceaux et jouvencelles. 765
Monnaies japonaises 768
Japonais à table 769
L'interprète du grand conseil apportant son myrte 772
Les Japonais un jour de pluie 773
Le temple aux trois cents divinités. 777
Jeunes Japonaises se peignant les lèvres. 781
Le pont de Tobé 784
La rue de Yokohama, où nous faisons nos emplettes 785
Le colonel de notre escorte en costume de gala. 788
Les chaumières à toiture de lis. 789
Paysannes japonaises 792
Château féodal japonais. 793
Le Tokaïdo 797
Un pont en pierre aux environs de Yokohama 800
Ménestrels japonais en voyage 801
On voyait des ombres passer sur des barques légères 805
Le chiri-fouri, danse japonaise 808
Assassinat de Faxiba par le général Hiéas. 809
Les Daïmios présentant leurs doléances au Taïkoun. 812

Attaque de la légation anglaise par des fanatiques	813
La femme du Mikado, d'après une photographie	816
Vue de Osaka, l'un des ports ouverts aux étrangers en 1868	817
Batteries japonaises détruites à coups de canon	820
Le Taïkoun reçoit les ministres étrangers à Osaka	821
L'entre-pont consacré aux Chinois	824
La salle à manger du *Colorado*	825
Essai de la pompe	828
J'ai appuyé mon revolver sur son ventre, et je l'ai tué roide	829
La maison ambulante à San Francisco	832
San Francisco	833
Revue de l'artillerie	836
La diligence de Stockton	837
Itinéraire en Californie	840
Le village de mineurs où nous dépose la diligence	841
Voyez-vous quatre cavaliers chevauchant dans cette immense barrique ?	844
Nous avions l'air de pygmées à côté de ces géants	845
La vallée de l'Yo-Semite	848
La chute de l'Yo-Semite	849
Gorge de l'Yo-Semite	852
Il était là, à cinq pas de moi	853
Le pont en bois du chemin de fer du Pacifique	856
Les Fils du Ciel ont laissé les pioches plantées dans le sable et se promènent les bras croisés avec une insolence vraiment occidentale	857
La mine hydraulique de Nevada	860
Le réservoir à mercure, dans la mine de New-Almaden	861
Notre route vers El Capitan	864
Abordage d'une baleine par le *Sacramento*	865
Les passagers du *Goldengate* happés par des requins	868
Enfin, nous sommes libres !	869
Combat de la Coronilla entre les Juaristes et les Français	872
Deux cents soldats juaristes viennent embarquer sur notre *Sacramento* cinq millions en dollars d'argent	873
Arrêt du train sous les lianes	876
Le mécanicien faisant du bois pour chauffer sa machine	877
Le commandant Fauvel	880

PARIS. TYPOGRAPHIE DE E. PLON ET Cⁱᵉ, RUE GARANCIÈRE, 8.

www.ingramcontent.com/pod-product-compliance
Lightning Source LLC
Chambersburg PA
CBHW070855300426
44113CB00008B/838